平成 29 年道路橋示方書に基づく
道路橋の設計計算例

平成 30 年 6 月

（公社）日本道路協会

平成 29 年道路橋示方書に基づく道路橋の設計計算例　目次

Ⅰ．はじめに -- 1

Ⅱ．設計計算書に明示が必要となる基本事項 ---------------------------------- 3

Ⅲ．構造物毎の設計計算例

１．上部構造の設計計算例
（１）鋼単純合成Ｉ桁橋の設計計算例

1 章　橋梁計画 --- 18
　　1．1　橋梁計画の前提条件-- 18
　　1．2　設計の基本方針--- 22
　　1．3　架橋位置と橋の形式--- 26
　　1．4　各部材の設計方針--- 29
　　1．5　詳細設計条件--- 32
　　1．6　設計 --- 35

2 章　床版 --- 37
　　2．1　検討概要 -- 37
　　2．2　耐久性能の照査-- 39
　　2．3　耐荷性能の照査-- 44

3 章　主桁 --- 50
　　3．1　検討概要 -- 50
　　3．2　耐荷性能の照査-- 52
　　3．3　耐久性能の照査-- 92
　　3．4　その他性能の照査-- 97

4 章　端横桁 --- 98
　　4．1　検討概要 -- 98
　　4．2　耐荷性能の照査-- 99
　　4．3　耐久性能の照査---100
　　4．4　その他性能の照査---100

- i -

5章 荷重分配横桁 --101

   5．1 検討概要 --101

   5．2 耐荷性能の照査--102

   5．3 耐久性能の照査--103

   5．4 その他性能の照査--103

6章 中間対傾構 --104

   6．1 検討概要 --104

   6．2 耐荷性能の照査--105

   6．3 耐久性能の照査--107

   6．4 その他性能の照査--107

7章 横構 --108

   7．1 検討概要 --108

   7．2 耐荷性能の照査--109

   7．3 耐久性能の照査--114

   7．4 その他性能の照査--114

8章 施工・維持管理に引き継ぐ事項------------------------------------115

   8．1 施工に引き継ぐ事項--------------------------------------115

   8．2 維持管理に引き継ぐ事項----------------------------------119

（２）ポストテンション方式連続ＰＣ箱桁橋の設計計算例

1章 橋梁計画 --121

   1．1 橋梁計画の前提条件--------------------------------------121

   1．2 設計の基本方針--124

   1．3 架橋位置と橋の形式--------------------------------------127

   1．4 各部材の設計方針--130

   1．5 詳細設計条件--133

   1．6 設計 --140

2章 床版，下フランジ及びウェブ--------------------------------------142

   2．1 検討概要 --142

- ii -

2．2 断面力の算出--146

2．3 床版（橋軸直角方向）の設計------------------------------------151

2．4 床版（橋軸方向）の設計--170

2．5 ウェブ・下フランジの設計------------------------------------176

3章 主桁 --186

3．1 検討概要 --186

3．2 断面力の算出--194

3．3 耐荷性能の照査--195

3．4 耐久性能の照査--221

4章 横桁 --224

4．1 部材寸法の設定--224

4．2 断面力の算出方法--225

4．3 耐荷性能の照査--226

4．4 耐久性能の照査--232

4．5 その他の検討--234

5章 ＰＣ鋼材定着部--235

5．1 検討概要 --235

5．2 突起定着部の引張力--238

5．3 突起定着部の照査--244

6章 支承部 --246

6．1 検討概要 --246

6．2 照査の方針--246

6．3 使用材料及び特性値--247

6．4 耐荷性能の照査--248

7章 施工・維持管理に引き継ぐ事項------------------------------------253

7．1 施工に引き継ぐ事項--253

7．2 維持管理に引き継ぐ事項--256

（3）プレキャストセグメント工法で施工する橋の接合部の設計計算例

1章　橋梁計画 ---258
　1．1　橋梁計画の前提条件---------------------------------------258
　1．2　設計の基本方針---262
　1．3　架橋位置と橋の形式---------------------------------------265
　1．4　各部材の設計方針---267
　1．5　詳細設計条件---270
　1．6　設計 --276

2章　プレキャストセグメントの接合部の設計-----------------------277
　2．1　検討概要 --277
　2．2　接合部における断面力の算出-------------------------------281
　2．3　前提となる事項の検討-------------------------------------283
　2．4　耐久性能の照査---284
　2．5　耐荷性能の照査---285
　2．6　その他の検討---296

3章　施工・維持管理に引き継ぐ事項-------------------------------303
　3．1　施工に引き継ぐ事項---------------------------------------303
　3．2　維持管理に引き継ぐ事項-----------------------------------303

2．下部構造の設計計算例
（1）直接基礎を有する鉄筋コンクリート逆Ｔ式橋台の設計計算例

1章　橋梁計画 ---304
　1．1　橋梁計画の前提条件---------------------------------------304
　1．2　設計の基本方針---308
　1．3　架橋位置と橋の形式---------------------------------------311
　1．4　各部材の設計方針---313
　1．5　詳細設計条件---316
　1．6　設計 --326

2章　橋台各部の設計---327
　2．1　検討概要--327

-ⅳ-

2．2　パラペットの設計--329

　2．3　たて壁の設計--338

　2．4　ウイングの設計--346

　2．5　橋座部の設計--352

3章　直接基礎の設計--353

　3．1　検討概要--353

　3．2　荷重の特性値から算出したフーチング下面中心における設計荷重-----355

　3．3　安定の設計--356

　3．4　フーチングの設計--363

4章　たて壁とフーチングの接合部の設計--376

5章　施工・維持管理に引き継ぐ事項--377

　5．1　施工に引き継ぐ事項--377

　5．2　維持管理に引き継ぐ事項--378

（2）場所打ち杭基礎を有する鉄筋コンクリートT形橋脚の設計計算例

1章　橋梁計画 --380

　1．1　橋梁計画の前提条件--380

　1．2　設計の基本方針--383

　1．3　架橋位置と橋の形式--386

　1．4　各部材の設計方針--388

　1．5　詳細設計条件--391

　1．6　設計 --407

2章　橋脚各部の設計--408

　2．1　検討概要--408

　2．2　張出ばりの設計--410

　2．3　柱の設計--429

3章　杭基礎の設計--443

　3．1　杭の配置--443

- v -

３．２　検討概要--443

３．３　杭の地盤抵抗特性--445

３．４　荷重の特性値から算出したフーチング下面中心における作用荷重-----448

３．５　安定の設計--449

３．６　杭体の設計--455

３．７　フーチングの設計--469

4章　偶発作用支配状況における耐荷性能の照査------------------------------491

４．１　張出ばりの設計--491

４．２　橋座部の設計--500

４．３　橋脚の設計--501

４．４　杭基礎の設計--510

5章　柱とフーチングの接合部の設計--529

6章　杭とフーチングの接合部の設計--529

7章　施工・維持管理に引き継ぐ事項--530

７．１　施工に引き継ぐ事項--530

７．２　維持管理に引き継ぐ事項--531

※令和元年７月２６日　初版第３刷発行は、(公社)日本道路協会ホームページ
　正誤情報（平成２９年道路橋示方書に基づく道路橋の設計計算例　平成３０
　年６月正誤表）を反映済みです。

Ⅰ. はじめに

　平成 29 年に道路橋の技術基準である「橋、高架の道路等の技術基準（国土交通省 都市局長，道路局長通知，平成 29 年 7 月）」（道路橋示方書）が改定されたのに合わせて，（公社）日本道路協会では，基準の解説を付した「道路橋示方書・同解説Ⅰ～Ⅴ（平成 29 年 11 月）」（以下，道示）を刊行した。

　改定道示では，性能規定型基準としての完成度が一層高められ，橋の性能の定義や要求性能の規定方法も刷新された。例えば，設計にあたって想定する橋がおかれる状況に対して，橋がどの程度確実に意図した状態になると考えられるのかを耐荷性能として位置づけ，これを信頼性の概念を考慮した限界状態設計法及び部分係数設計法を基本とした照査基準に従って照査することとされた。耐久性能については，耐荷性能の水準が所定の期間を越えて保持される見込みについて設計の一環として明確にすることが求められることとなった。このように改定道示は，これまでの許容応力度設計法を基本とした照査体系とは，性能の捉え方やその照査の方法が大きく異なっており，設計計算の進め方や設計成果が道示の要求に適合していることを示すために設計計算書等に明示されるべき事項もこれまでとは大きく異なる部分も多い。また改定道示では設計の妥当性と密接に関連する，設計の前提条件について十分な検討を行うとともに設計との関係性を明確とすることについても規定が充実されている。例えば，架橋環境条件をはじめとした様々な調査の結果，維持管理の条件，不測の事態への対処の考え方，施工方法および施工品質確保方法などについては，設計の前提条件として十分な検討を行うことが求められており，設計計算書には設計の妥当性を証明できるためにもその内容や考え方について明確にすることが不可欠である。

　本資料は，改定道示に則って設計を行う場合の便を図るために，標準的な条件を想定して，設計の進め方やその結果として設計成果として記録されるべき事項やその内容について，設計計算書の作成の補助となることを意図して例示を試みたものである。

　一方，実際の設計は，橋の条件や関連業務相互の関係などによっても千差万別であり，設計手順や設計計算書に記述されるべき内容や書きぶりについても定型のひな形を示すことは不可能である。そのため，本書で例に取り上げた橋梁や構造の形式と類似あるいは同じ橋の設計であっても，本書の記述ぶりや内容を模倣することで適当な設計になるというわけではない。あくまで設計成果に残されるべき様々な前提条件や，照査の妥当性を証明できる計算過程，根拠となる条文やその適用方法，参考とした知見を具体的にはどのように利用したのかなど，設計計算書にどのような事項をどのような着眼と内容レベルで記録する必要があるのかについて，本書の記述も参考にしつつ，個別の条件に適した手順と方法で設計を進め，適切な記録が残るようにすることが重要である。

　本書の概要と特に注意が必要な点を示す。
1）「Ⅱ. 設計計算書に明示が必要となる基本事項」には，各検討段階で示すべき項目と，これにかかる内容として設計計算書に記載する際に考慮すべき観点を示した。
2）「Ⅲ. 構造物毎の設計計算例」では，一般的な橋梁条件を例に取り上げ，実務で作られる設計計算書と対比して，設計計算の進め方や設計成果として記録されるべき事項と内容が理解できるよう設計計算例のスタイルで記述した。なお，実際の設計条件は多岐多様であり，具体の例を示すことが困難であったり，特定の例を示すことでそれを模倣した不適切な設計が行われることが危惧されるような場合には，敢えて記述を省略したり，補足説明を挿入したりしている。
3）本書の目的から，各構造物の設計計算例では，全ての部材や照査項目について網羅的に記述しているわけではなく，記述を省略した部材や照査事項もある。さらに計算過程の数値のとりまとめや解析モデル等の説明図なども断りなく省略しているものがあるため，本書を参考にするにあたってはその点に注意が必要である。

4）設計計算の過程を確認したり，条文に規定される式等の扱いを確認できるようにするなどの理由から，本書では道示に規定される有効数字の桁数や実際の設計計算での概数の扱いとは異なる扱いをしているところや，設計計算例の中で数字が厳密には対応しない箇所もある。

　設計体系が大幅に見直された改定道示については，実務レベルでの設計実績が乏しいこともあり，設計実務者が設計手順や設計成果としてどのような記録を残すべきかについて戸惑うことも想定される。そのため設計の便を図り，かつ改定道示の要求を満足する適切な設計が行われることに寄与することを意図して本書をとりまとめた。本書が正しく活用され実務者に有益なものとなることを期待している。

橋梁委員会
総括構造小委員会
計算例ＷＧ

Ⅱ．設計計算書に明示が必要となる基本事項

Ⅱ. 設計計算書に明示が必要となる基本事項

　道路橋の設計を行った際に作成することとなる設計計算書等の成果には，設計の前提条件と設計計算等の最終的な設計結果だけではなく，設計の妥当性が検証出来るための情報が漏れなく記述されている必要がある。例えば，設計の過程で行われた様々な仮定や選択，適用基準類をどのような解釈で適用したのかといった設計思想，技術基準類だけでは具体的な方法が確定しない条件や構造の決定要因，さらには，設計計算の進め方や計算の適切性を追跡出来るための設計計算の過程などは事後に設計の妥当性を証明するために不可欠であり設計計算書に明示されている必要がある。

　道示は，橋の技術基準として性能規定型の体系となっており，橋に求められる要求性能そのものが規定されていると同時に，要求性能を満足するとみなせるための条件についても規定されている。設計計算書によって，所要の性能が満足する設計が行われていることを具体的に確認あるいは証明できるように記録がなされていることが求められる。

　また，道示は技術基準として橋および橋の設計に対して求められる性能のみを規定している。そのため，それを実現するための具体的な設計計算の方法や手順などは原則として記述されていない。そのため実際に橋を設計するにあたっては，道示の要求を満足出来るように，当該橋の架橋条件や道路管理者が定める条件などを考慮して様々な仮定や前提条件の確定を行ったうえで，具体的な設計計算の方法や手順などを決定する必要がある。このような適用基準の記述だけでは確定しない様々な条件や意思決定の内容が設計計算書に漏れなく記述されていなければ設計の妥当性が判断できなくなることに注意が必要である。

　本書は，できるだけ標準的な道路橋の設計の流れに沿って，どのような情報が設計計算書に記録されるべきであるのかが理解しやすいことに配慮して全体を構成している。

　「Ⅱ. 設計計算書に明示が必要となる基本事項」では，共通編1章の総則に対応させる形で，基本的な設計条件などに関して，どのような情報が設計計算書に記録されることになるのかについて概略が把握出来るように記録の観点をまとめている。

　「Ⅲ. 構造物毎の設計計算例」は，実際の設計計算書のイメージがつかみやすいように，実務で作成される設計計算書に近い形で，なるべく設計計算の流れに沿うように記述方法や記述内容の例を示している。

　なお，実際の橋の設計計算では全ての設計項目や部材の設計結果が相互に関連し合っており，その全てを橋梁形式や採用した設計方法や手順に応じてわかりやすい構成で記録される必要がある。本書は，標準的な流れに沿って構成し，設計計算例としても一部の部材のみを取り出して記載しているため，実際の設計計算書の作成にあたっては，本書を参考としつつも，その記述内容や構成は設計条件に合わせて適切なものとなるようにする必要がある。

図-1　Ⅱ及びⅢと実際の設計計算書(報告書)との関係性

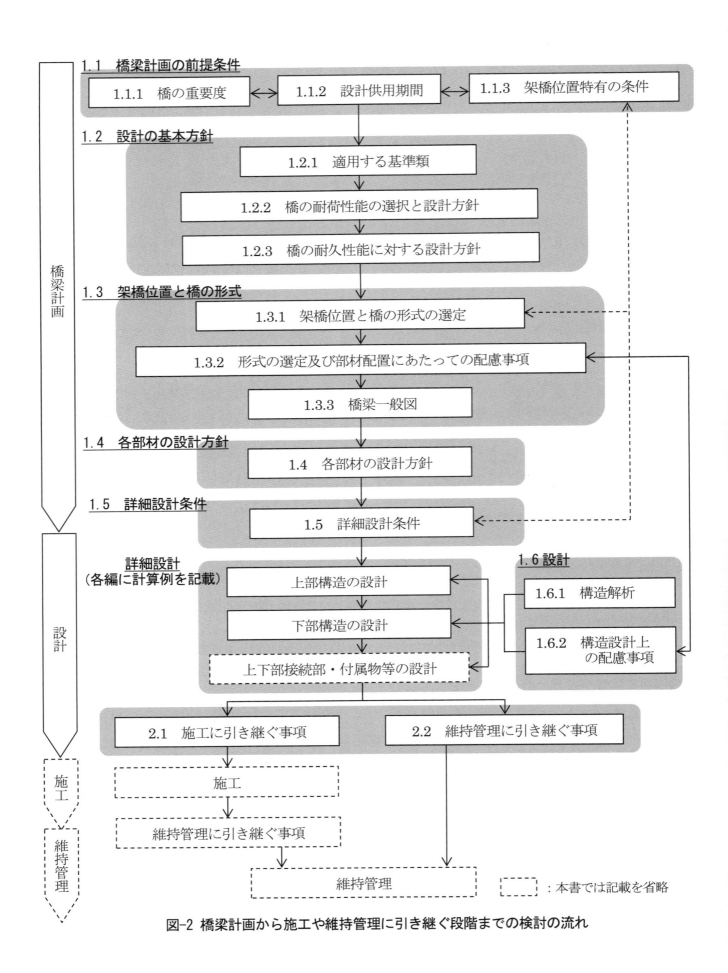

図-2 橋梁計画から施工や維持管理に引き継ぐ段階までの検討の流れ

以下に，設計計算書に明示が必要となる基本事項とその記述の観点を示す。

設計計算書に明示が必要となる基本事項とその観点	道示条文解説 該当箇所
1.1 橋梁計画の前提条件 　道路橋では，前提となる橋梁計画さらにはその前提条件によって設計内容や橋に求められる性能が異なってくるため，設計にあたっては，これらについて設計条件として確認しておくことが必要となる。 　設計計算書には，設計の前提条件となる，これらの橋梁計画およびその前提条件を明示する必要がある。これに該当する主な事項として，一般には少なくとも以下について示すこととなる。	
1.1.1 橋の重要度 　橋の重要度は，橋の性能や構造設計上の配慮事項，維持管理の条件など様々な設計内容と密接に関わってくる。例えば，橋の重要度は，設計の基本方針（1.2），架橋位置と橋の形式（1.3），各部材の設計方針（1.4）等に反映される。 　そのため，設計にあたっては道路管理者の設定する条件を確認するとともに，設計との関わりについて明確にする必要がある。そして，その結果については，設計の前提となる条件として設計計算書に記述しておくこととなる。 　橋の重要度に関連して，一般に明示しておくことが必要となる条件等については以下のものが挙げられる。	Ⅰ編1.4
(1)物流等の社会・経済活動上の位置付け 　■　道路区分 　■　物流ネットワーク上の位置付け 　　・国際物流基幹ネットワーク 　　・重さ指定道路 　　・高さ指定道路 　　など	
(2)防災計画上の位置付け 　■　緊急時の位置付け 　　・緊急輸送路（1〜3次）の指定の有無 　　・津波啓開道路の指定の有無 　　・地域防災計画（地震，津波，水害，風害，雪害，高波・高潮災害，土砂災害など） 　　・耐震設計上の橋の重要度 　　など	Ⅴ編2.1(2)
(3)路線の代替性 　■　迂回路の有無（通常時，災害時） 　　・(1)や(2)で示す各位置付けと同等以上の迂回路の有無	

・(1)や(2)で示す各位置付けと同等でない場合の迂回路の制約条件 　（重量規制など） 　など ■　周辺道路網に対して本橋が迂回路になる可能性とそのときに求められる条件 　など	
1.1.2 設計供用期間 　設計において，その期間内に適切な維持管理が行われることを前提に，橋が性能を発揮することを期待する期間である設計供用期間は，設計計算の前提条件としても道路管理者により設定される条件である。 　耐荷性能や耐久性能と密接に関係があるだけでなく，設計の前提となる維持管理の条件ともかかわってくる。 　そのため設計計算書には，設計供用期間について明示することとなる。 　なお，道示では橋の設計供用期間の標準が100年とされており，それに対応して多くの規定が定められている。	Ⅰ編1.5
1.1.3 架橋位置特有の条件 　架橋位置特有の条件は，設計の基本方針（1.2），架橋位置と橋の形式（1.3）や各部材の設計方針（1.4），詳細設計条件（1.5）等に反映される必要がある。そのため設計にあたっては，計画段階を含め，設計に関わりのある架橋予定地点及びその周辺特有の状況に関する条件およびその設定の根拠となった各種の調査の結果については確認しておくこととなる。そして，設計計算書には設計との関わりにおいてこれらの架橋位置特有の条件を明示しておくこととなる。 　なお，道路橋の場合，設計着手前に入手できている各種の調査結果を反映して設計計算を進めても，適切な設計を行うための情報を得るために追加の調査が必要となったり，何らかの理由で行われた調査等によって設計に関わる追加の情報が得られることもある。さらには施工段階に設計の妥当性や適切性に関わる新たな情報が得られることもある。 　このような場合には，必要に応じて設計の見直しや修正の要否の検討が行われたり，設計そのものが見直されることもある。作成しようとしている設計計算書と直接的に関係のあるこれらの新たな情報との関係についても，可能な限り記載しておくことが必要である。 　道路橋の設計において，設計内容に関わる主な架橋位置特有の条件には以下のようなものがある。 ■　路線条件 　・交通状況（将来交通量，大型車交通量） 　・将来計画（拡幅予定の有無，付属施設の設置など） 　・交差物件（道路，鉄道，河川，水路など） 　など ■　自然環境条件 　・腐食環境（地理的条件，飛来塩分など）	Ⅰ編1.6 Ⅱ編〜Ⅳ編2章 Ⅴ編1.3

- ・気象条件（温度，積雪，降雨量，風況など）
- ・地形・地質条件（軟弱地盤，液状化が生じる地盤，斜面崩壊等の発生，断層など）
- ・地盤変動
- ・河相（流況，過去の流心や河床の変動など）
- ・地下水（水位，水質など）
- ・気象等の過去の記録（過去の地震，津波遡上高さなど）
- など
- ■ 周辺環境
  - ・既存物件（住宅，商工業地，墓地，防雪林，水源地，温泉など）
  - ・地下埋設物（ガス，上下水道，史跡，文化財など）
  - ・架空条件
  - ・利水状況他（舟運，漁業，利水（工業，農業など）など（現状，将来計画））
  - など
- ■ 使用材料の条件の特性及び製造に関する条件
  - ・コンクリートプラントの条件（立地条件，設備，品質管理体制など）
  - ・使用材料の条件（材料の採取地，量，質，コンクリートの配合など）
  - など
- ■ 施工に関する条件
  - ・関連法規
    （騒音，振動，資材運搬，施工などに関わる法規についての制限など）
  - ・運搬路（道路条件，支障物件，迂回路，航路，水深など）
  - ・作業環境（作業空間，掘削土等の処理，電気・給排水など）
  - ・有害ガス，酸素欠乏空気等
    （有害ガスの種類と発生状況，酸素欠乏空気の状況）
  - など
- ■ 維持管理に関する条件
  - ・点検方法（通常時，緊急時）
  - ・被災時の修繕方法（作業空間，作業場の制約など）
  - ・維持作業計画（除雪，凍結防止など）
  - など

1.2 設計の基本方針

I編 1.8

　道路橋の設計が，前節までで定められた条件や調査結果等も適切に踏まえた上で，所要の性能を満足するものとなっていることを明らかにするために，具体的な設計の考え方などの設計の基本方針は設計計算書に明示しておくことが必要である。

　設計の基本方針は，架橋位置と橋の形式（1.3），各部材の設計方針（1.4），設計（1.6）にも反映される。

1.2.1 適用する基準類

　道路橋の設計では，道示以外にも様々な材料規格や道路管理者毎に定められている技術基準類などを適用することとなる。どのような規格・基準類が適用されているの

かは設計内容そのものを示すと同時にその妥当性の証明にも必要であり，これについては明示することとなる。

　なお，道示のように，その橋の要求性能全体を規定した技術基準として原則として全てが適用されるものだけでなく，基準類であってもその一部のみが適用される場合や，学協会等が出版する図書や論文などの参考文献の一部を設計に用いることもある。そのため，設計計算書には，適用基準類や参考図書等の刊行物についてはその名称をわかりやすくまとめて記載しておくのがよい。このとき名称は同じであっても発行年月や版が異なると内容が同じでないことがあるため，必ず対象が特定できるよう発行年月や版を明記しなければならない。　［I 編 1.1 (2) 解説］

　また，技術基準や公的規格類とは別に，図書や論文などの参考文献の一部が設計に用いられている場合には，技術基準や公的規格類とは区別して記述する方が設計計算書の記述内容の理解には混乱が生じにくく，さらに，図書や論文などの場合には，道示に照らして適切な適用方法であることが示されていないと設計の妥当性が確認出来なくなるため，設計計算書の中で実際にそれが使われている箇所において，都度それらの文献等のどの部分がどのように設計に用いられているのかについて，その参照や適用の方法が適切であることがわかるように記述しておくこととなる。

　技術基準の記載方法の例は以下のとおり。

　　　・橋、高架の道路等の技術基準
　　　　（平成 29 年 7 月　国土交通省都市局長，道路局長通知）
　　　・道路橋示方書・同解説
　　　　（平成 29 年 11 月　公益社団法人　日本道路協会）
　　　など

　その他に，参考とする図書等の文献の場合には，名称と発行年月・版以外に，例えば，次のような内容は記載しておくこととなる。
　・適用範囲や適用条件が当該設計条件に適合していることがわかる記述
　・適用する方法や用いる各種の式や係数などの諸値と道示の要求との関係
　（特に，道示の部分係数との関係については，橋や部材の要求性能に含まれる信頼性の水準に密接にかかわることから明確にされている必要があることに注意が必要である）

1.2.2 橋の耐荷性能の選択と設計方針

　道示では，橋の耐荷性能について設計条件に応じて選択することが求められており，どのような考え方で耐荷性能を選択したのかについて設計計算書において明確にしておく必要がある。

　橋の耐荷性能の選択にあたっては，特に橋の重要度（1.1.1）や架橋位置特有の条件（1.1.3），耐震設計上の橋の重要度（道示V編 2.1 (2)）が大きく影響することとなる。またその結果は，架橋位置と橋の形式（1.3），各部材の設計方針（1.4），詳細設計条件（1.5）等にも反映されることとなる。

　そのため，様々な条件がどのように考慮された結果，橋の耐荷性能を決定したのかについてはその内容や根拠についても設計計算書に記述されることとなる。

1.2.3 橋の耐久性能に対する設計方針 　道示では，橋の耐久性能およびその前提となる部材等の耐久性能について設計条件に応じて選択することが求められており，その考え方について設計計算書において明確にしておく必要がある。 　橋の耐久性能の設定にあたっては，橋の重要度（1.1.1）や架橋位置特有の条件（1.1.3）を踏まえ，また，橋を構成する部材等の維持管理の基本方針なども踏まえて，部材毎にも設計耐久期間とその耐久性確保の方法を橋全体の耐久性能と整合するようにする必要がある。これらは橋や部材等の耐荷性能の前提であり，それらとも整合している必要があるので，その考え方や設定根拠についても設計の妥当性を示すものとしてその内容を詳しく設計計算書に明示しておくこととなる。 　なお，橋の耐久性能に関する設計方針は，架橋位置と橋の形式（1.3），各部材の設計方針（1.4），詳細設計条件（1.5）や構造設計上の配慮事項（1.6.2）等にも反映される。詳細は1.4.2を参照のこと。	Ⅰ編6章
1.3 架橋位置と橋の形式 **1.3.1　架橋位置と橋の形式の選定** 　具体的に橋の構造設計等が行われる前に，詳細な架橋位置と橋の形式の選定が行われることとなり，それらは構造設計の条件として示されることが多い。しかし詳細な架橋位置の設定や橋梁形式の選定にあたっての決定要因や配慮事項については，具体的な部材等に対する要求性能の設定や様々な構造設計上の配慮事項の検討にも必要に応じて適切に反映される必要がある。 　そのため橋梁計画の前提条件（1.1）や設計の基本方針（1.2）を踏まえて，架橋位置の設定や橋の形式の選定に関する情報についても，設計との関わりについて明らかにしておく必要がある。そして設計計算書にはそれらについても明示することとなる。 　例えば，架橋位置の設定経緯や橋梁形式の選定理由との関わりによって設計内容が異なってくる代表的な項目には以下のものがある。 　　・部材毎の耐荷性能，耐久性能 　　・橋長，桁長，支間長 　　・支承条件 　　・幾何条件 　　・幅員 　　・架設工法 　　など	Ⅰ編1.7.1 Ⅰ編1.7.2
1.3.2 形式選定及び部材配置にあたっての配慮事項 　道示Ⅰ編1.8.3に規定される構造設計上の配慮事項は，設計のあらゆる段階において考慮されなければならない事項であり，形式選定及び部材配置にあたっては，架橋位置特有の条件（1.1.3），橋の耐久性能に対する設計方針（1.2.3）を踏まえ，整理しておくこととなる。形式選定及び部材配置にあたっての配慮事項については，検討の過程，設計で配慮する事項，構造設計への反映方法について明示することとなる。ここで整理した配慮事項は，構造設計上の配慮事項（1.6.2），上部構造，下部構造，上	Ⅰ編1.8.3

下部接続部・付属物の設計等に反映される。

　道示Ⅰ編1.8.3に規定される事項のうち，形式選定及び部材配置にあたって特に密接に関係するものとしては，例えば以下の項目がある。配慮した事項については根拠とともに設計計算書に示されることとなる。

- ■　部材設計における配慮
  - ・照査式との適合性
  - ・設計で前提とする部材状態の確保（二次応力，残留応力，ひび割れ）
  - ・部材の仮支持の状態における安全性への配慮

    など
- ■　設計で前提とする施工品質が満足されるための配慮
  - ・コンクリートの打込みの確実性
  - ・品質管理や検査が容易な施工法，施工順序，部材配置などへの配慮
  - ・支保工，架設用作業車など架設資機材の安全性
  - ・仮支持状態の安全性やたわみ
  - ・部材吊上時の状態における安全性
  - ・材料及び配合の適切な選定
  - ・型枠の材料や構造

    など
- ■　橋の一部の部材や接合部の損傷が原因となって崩落等の橋の致命的な状態となることを回避するための配慮
  - ・構造全体としての補完性又は代替性の確保
  - ・発散振動などの自励的で制御困難な現象の防止
  - ・フェールセーフ機能の付与

    など
- ■　橋の一部の部材や接合部の損傷等が原因になって橋の機能回復が困難となることを回避するための配慮
  - ・各部材等に不具合が生じた場合の対応の確実性や容易さの検討
  - ・補修や部材更新の方法
  - ・補修や更新の時期を判断する方法
  - ・点検や維持修繕作業に必要な空間確保

    など
- ■　設計供用期間中の点検及び事項や災害における橋の状態を評価するために行う調査を適切に行うための配慮
  - ・点検や調査の方法の検討（通常点検，異常時点検，定期点検など）
  - ・点検経路の検討，点検空間の確保（通常点検，異常時点検，定期点検など）
  - ・維持管理設備の設置の有無や範囲，構造の配慮

    など

1.3.3 橋梁一般図

　一般的に，橋梁一般図には，単に構造寸法などを記載するだけではなく，当該の橋の性能などの設計条件や設計の基本方針，架橋位置にかかる各種の条件，適用基準な

ど橋の設計概要が把握出来るために情報を明示することとなる。なお設計計算書と合わせて設計成果として作成される図面に記載すべき情報や記載の方法については道路管理者などの関係者との取り決めによることとなるため，本書では具体の方法等については言及していない。橋梁一般図の作成方法についても同様である。

1.4 各部材の設計方針

　前節までに定められた，設計の基本方針（1.2）や架橋位置と橋の形式（1.3）を踏まえて，各部材等の設計が行われることとなる。設計計算書には与条件との関係や施工や維持管理に関する事項などの設計の前提条件，構造設計上の配慮事項のうち各部材の設計に関わりのある事項など，各部材の設計内容の妥当性が確認出来るために必要となる情報は明示することとなる。

1.4.1 各部材の耐荷性能に対する設計方針

　橋の重要度（1.1.1），設計の基本方針（1.2）を踏まえ，各構造の耐荷性能が満足されるように各部材の耐荷性能を決定し，これを満足出来るように各部材の設計方法や内容を決定することとなる。設計計算書にはこれらの関係が分かるように各部材の耐荷性能の設計方針をその考え方とともに明示することとなる。

　なお，各部材の耐荷性能に対する設計方針は，設計（1.6），各構造の詳細設計等にも反映される。

　各部材の耐荷性能は，それらによって代表することとなる，上部構造，下部構造，上下部接続部などの構造単位の耐荷性能との関係で決定されることとなる。そのためこれらの構造の耐荷性能との関係について設計計算書において明確にされている必要がある。

1.4.2 各部材の耐久性能に対する設計方針 | I編6章

　道示では，橋の耐久性能およびその前提となる部材等の耐久性能について設計条件に応じて選択することが求められており，その考え方について設計計算書において明確にしておく必要がある。

　橋の耐久性能の設定にあたっては，橋の重要度（1.1.1）や架橋位置特有の条件（1.1.3）を踏まえ，橋を構成する部材等の維持管理の基本方針なども踏まえて，部材毎にも設計耐久期間とその耐久性確保の方法を橋全体の耐久性能と整合するようにする必要がある。これらは橋や部材等の耐荷性能の前提としてそれらとも整合している必要があり，その考え方や設定根拠についても設計の妥当性を示すものとしてその内容を詳しく設計計算書に明示しておくこととなる。

　少なくとも以下の観点を考慮して経年劣化や疲労等に対する所要の耐久性能を確保するための設計方針を部材等毎に示すこととなる。

・耐久性能の根拠（時間的信頼性である設計耐久期間との関係）
・対象の部材の耐荷性能の低下が橋の性能に及ぼす影響
・前提とした維持管理の条件と耐久性能の関係
　例えば，
　　・耐久性能が失われた場合の耐荷性能への影響
　　・耐久性能および耐荷性能にかかる異常の検出方法と点検の関係

・設計供用期間にわたる維持管理の確実性と容易さ ・前提とした施工の条件と耐久性能の関係 ・設計供用期間中に想定される耐久性能に関わる補修や部材更新等の方法 ・経済性 など 　これらの内容は，後述の維持管理に関する事項（1.4.5）とも密接に関係しており，設計計算書では全体を通して，耐久性能に関する設計が適切に行われていることを確認出来るための情報を過不足なく明示することとなる。	
1.4.3 橋の使用目的との適合性を満足するために必要なその他検討 　道示では，耐荷性能や耐久性能以外に「橋の使用目的との適合性を満足するために必要な事項」についてはこれを満足することが求められている。 　設計計算書には，これらの検討を行った事項について，耐荷性能や耐久性能などとの関係も踏まえて設計の結果を明示することとなる。 　通常，検討が必要となる橋の使用目的との適合性を満足するために，耐荷性能や耐久性能とは別途検討される事項には以下のようなものが該当する。 　・桁のたわみ 　・第三者被害の可能性 　・フェールセーフの設置 　・沈下の影響 　・斜面の影響 　・流水の影響 　など	Ⅰ編7章
1.4.4 施工に関する事項 　道路橋では，耐荷性能や耐久性能などの設計に用いられる制限値や部分係数を含む様々な照査基準が，その前提としている適切な施工方法によって行われることや，一定水準以上の施工品質が確保される方法で施工されること，さらには道示に規定される各種の検査基準によって所要の品質が確保されていることが確認されることなどを前提として規定されている。 　また，完成時に橋に生じる応力状態は施工方法や手順によって影響を受けるため，設計方針や設計方法は前提とする施工の条件と整合している必要がある。 　このため，設計計算書には，設計の前提とした施工の条件とそれが適切であることが確認出来るための情報，設計と矛盾する施工が行われないよう施工時に対して配慮されるべき事項等を明示することとなる。 　橋の性能確保の前提となる施工を行うために配慮される事項として代表的なものには次のものがある。 　・適用を想定している施工方法 　・想定する仮設備の配置，能力 　・架設計画で想定した荷重の設定や境界条件 　・架設時の付加的な応力の発生	

・架設時に発生する応力の残留 ・架設時の安全性 ・品質管理や検査の容易さ 　など	
1.4.5　維持管理に関する事項 　維持管理に関する事項は，橋の重要度（1.1.1）や設計供用期間（1.1.2），架橋位置特有の条件（1.1.3），架橋位置と橋の形式の選定（1.3.1）を踏まえ，設計の前提となる維持管理の条件とそれが適切であることが確認出来るための情報等を明示することとなる。 　橋の性能確保の前提となる維持管理を行うために配慮される事項として代表的なものには次のものがある。 　・通常時・緊急時の点検方法，定期点検の方法（アクセス方法など） 　・不測の事態に対する配慮 　・点検のための空間確保 　・部材の交換が必要となる場合の対応 　・鋼部材の塗替え塗装が必要となる場合の対応 　・耐久性を確保する手段の更新 　など	
1.5　詳細設計条件 　架橋位置特有の条件（1.1.3）や設計の基本方針（1.2），架橋位置と橋の形式の選定（1.3.1），各部材の設計方針（1.4）がどのように反映されたのかが分かるように，詳細設計条件を，体系的かつ要領よく明示することとなる。詳細設計条件は，設計（1.6）や各構造の詳細設計等に反映される。 　少なくとも以下について示すこととなる。 　■　構造諸元に関する設計条件 　　・橋種，構造形式 　　・形状・部材配置の概略 　　・橋長，桁長，支間長 　　・支承形式 　　・幾何条件 　　・幅員 　　・架設工法 　　など 　■　耐荷性能に関する設計条件 　　・荷重条件 　　・地盤種別 　　など 　■　耐久性能に関する設計条件 　　・部材毎の設計耐久期間	

・環境条件 ・かぶり など ■ 使用材料及び特性値 　・使用材料(種類，規格) 　・材料の特性値 　など	
1.6 設計 　橋の耐荷性能，耐久性能，橋の使用目的との適合性を満足するために必要なその他検討に関する性能を満足した橋を設計するために，橋全体や部材の評価を行うために用いる設計の手法や構造設計上の配慮事項について，当該手法等を適用した根拠や，構造上の配慮が必要となる理由とともに明示することとなる。	Ⅰ編1.8
1.6.1 構造解析 　道示では，耐荷性能や耐久性能などの設計に用いられる制限値や部分係数を含む様々な照査基準のそれぞれについて，従来より標準的に用いられる構造解析の方法によって設計計算された場合に最適な結果が得られるように定められているものが多い。設計計算における応答値の算出や応答値を制限値等と比較する場合，設計で用いる構造解析手法やそれらによる計算値の扱いが，道示の規定を適切に適用したといえるものであるかどうかは設計の妥当性を示す情報として不可欠となる。 　このため，設計計算書には，設計で用いた構造解析モデルの条件や構造解析の結果得られる応答値等と対比する方法およびそれらの適切性が確認できる情報については記述をしておくこととなる。 　■ 解析理論及びモデル化 　　・構造解析モデルの条件 　　・構造解析理論 　　・構造解析モデルの適用範囲 　　・関連する道示の照査基準との関係 　　・その他	Ⅰ編1.8.2 Ⅱ～Ⅳ編3.7 Ⅴ編2.6
1.6.2 構造設計上の配慮事項 　道示Ⅰ編1.8.3に規定される構造設計上の配慮事項は，設計のあらゆる段階において考慮されなければならない事項であり，設計の妥当性を示す上で重要な情報である。そのため，各部材等の設計段階においても，形式の選定及び部材配置にあたって特に配慮事項した事項（1.3.2）に加えて，架橋位置特有の条件（1.1.3），橋の耐久性能に対する設計方針（1.2.3），各部材の耐久性能に対する設計方針（1.4.2），詳細設計条件（1.5）との関係を踏まえて，検討した配慮事項とその考え方等について設計計算書に明示することとなる。 　例えば，一般的に以下の項目については配慮した事項について根拠とともに記述されることとなる。	Ⅰ編1.8.3

■　設計で前提とする施工品質が満足されるための配慮 　　道路橋の設計では，どのような施工方法および施工品質で施工がなされるのかを前提条件として，施工品質の信頼性などもその値を左右する部分係数や制限値等を用いた設計計算が行われる。このため，施工方法や手順は設計方針や設計方法と整合している必要がある。 　　設計計算書には，設計の前提とした施工の条件とそれが適切であることが確認出来るための情報，設計と矛盾する施工が行われないよう施工時に配慮されるべき事項等を明示することとなる。 　　・残留応力への配慮 　　　　（コンクリートの打設順序，打継目位置，製作や架設の条件など） 　　・品質管理の容易な継手や鉄筋継手の位置の計画 　　・品質管理や検査が容易な板組 　　・施工段階における部材の上げ越し量の算出 　　・架設途中と完成時における応力の照査 　　など	Ⅰ編 1.8.3(2)1)
■　設計供用期間中の点検及び事故や災害における橋の状態を評価するために行う調査を適切に行うための配慮 　　・点検が容易となるような継手の位置の検討 　　・施工段階で必要となる形状保持や輸送・架設のための各種の仮設物，仮補強材や鉄筋の配置の検討 　　など	Ⅰ編 1.8.3(2)4)
■　耐久性能の前提となる条件との乖離を小さくすることができる細部構造とするための配慮 　　・排水，水の滞留対策 　　・補剛材の位置関係 　　・継手の位置 　　・仮補強材や鉄筋の配置が局所的な応力状態に与える影響を小さくすること 　　など	Ⅰ編 1.8.3(2)5)
その他，以下については，形式の選定及び部材配置にあたっての配慮事項（1.3.2）を参照のこと。 ■　橋の一部の部材や接合部の損傷が原因となって崩落等の橋の致命的な状態となることを回避するための配慮 ■　橋の一部の部材や接合部の損傷等が原因になって橋の機能回復が困難となることを回避するための配慮	Ⅰ編 1.8.3(2)2) Ⅰ編 1.8.3(2)3)

所要の性能を満足する橋を構築するために施工や維持管理に引継ぐ必要がある留意事項について，橋梁計画の前提条件（1.1）や，設計の基本方針（1.2），各部材の設計方針（1.4）で定めたあるいは前提とした施工や維持管理の条件を示す。

設計計算書に明示が必要となる基本事項とその観点	道示条文解説 該当箇所
2.1 施工に引き継ぐ事項 　適切な施工が行われるために設計で前提としている条件等について明示することとなる。 **(1) 設計における留意点** 　■　橋の耐荷性能や耐久性能を達成するにあたって求められる，施工中の橋の各部の状態 　■　荷重条件 　　・示方書の条文のみから特定できない可能性のある荷重条件（雪，施工荷重） 　　など 　■　材料の条件 　　・材料の種類や規格 　　など 　■　製作・施工の条件 　　・設計で前提とした施工方法，施工順序 　　・設計で前提とした検査方法 　　・溶接の種別や開先，溶込み形状や深さ 　　など 　■　支承の設計条件 　■　伸縮装置の設計条件 　　など **(2) 協議の必要な事項** 　■　交差物件の利用 　■　既存物件の扱い 　■　資機材の運搬 　　など	Ⅰ編1.9 Ⅰ編12.3
2.2 維持管理に引き継ぐ事項 　適切な維持管理が行われるために設計で前提としている条件等について明示することとなる。 **(1) 設計における留意点** 　■　維持管理方法の条件 　　・点検の手段，頻度	Ⅰ編1.9 Ⅰ編12.3

・部材の更新の想定

　など
- ■ 橋の耐震設計にて各部材等の状態を想定するにあたって塑性化を期待する部材並びにその塑性化する位置や範囲
- ■ 通常点検，異常時点検，定期点検のアクセス方法の考え方や留意事項
- ■ 施工時の仮設物や用心鉄筋など部材内部に残置されるもの
- ■ 維持管理設備
- ■ 維持管理における留意点

　など

(2) 協議の必要な事項
- ■ 交差物件の利用
- ■ 交通規制

　など

Ⅲ．構造物毎の設計計算例

1．上部構造の設計計算例
（1）鋼単純合成Ｉ桁橋の設計計算例

1章 橋梁計画

1.1 橋梁計画の前提条件
＜省略＞

【補足】
　本書Ⅱ編1.1に示すように，設計の前提条件となる橋梁計画及びその前提条件について明示することとなる。

1.1.1 橋の重要度
＜省略＞

Ⅰ編1.4

【補足】
　本書Ⅱ編1.1.1に示すように，設計の前提条件となる道路管理者が設定する条件とともに設計との関わりについて明確にするために，橋の重要度に関連する事項について示すこととなる。
　以下に，これらを示すにあたって留意する事項の例を示す。

・橋の重要度は，物流等の社会・経済活動上の位置づけや，防災計画上の位置づけ等の道路ネットワークにおける路線の位置づけや代替性を考慮して道路管理者により定められているものを確認しておく必要がある。また，地震後における橋の社会的役割及び地域の防災計画上の位置づけを考慮して道路管理者により定められている耐震設計上の橋の重要度についても確認しておく必要がある。
・道路構造令上の道路区分や，物流等の社会，経済活動において，本橋の路線がネットワーク上どのような位置付けや重要度とされているのかは，橋の耐荷性能の確保の方法だけでなく，耐久性能の確保の方法として，災害以外の際に一時的な通行止めによる部材の交換を前提とした選択が可能かどうかなどを検討する際にも考慮が必要となる事項の一つとなる。
・緊急輸送道路としてネットワーク機能を担うことを求められているのかどうかにより，橋の設計の際に災害時に求められる機能に応じた応急復旧方法なども含めた検討が必要かどうかなどが変わるのでこれを確認する必要がある。また，橋梁計画上，地域の防災計画との整合も重要であることから，津波想定浸水域や斜面崩壊の危険性の有無等について，確認しておくことも必要である。
・迂回路となる路線に車両制限(重さ，高さなど)がある場合は，その条件等についても確認が必要である。

・迂回路の道路機能の規模や，本橋が迂回路となるときにこの橋がおかれる
状況の想定も勘案し，当該路線が担う道路ネットワーク機能ができるだけ
絶えないように配慮する必要がある。

なお，本編の2章以降では，耐震設計上の橋の重要度はB種の橋であるこ
とを前提とした設計計算例を示している。

V編2.1

1.1.2 設計供用期間

＜省略＞

Ⅰ編1.5

【補足】

　本書Ⅱ編1.1.2に示すように，設計の前提条件となる道路管理者の設定す
る条件と設計との関わりについて明確にするために，橋の設計供用期間につ
いて示すこととなる。

　なお，本編の2章以降では，鋼単純合成Ⅰ桁橋を対象として，平時及び緊
急時にも適切な維持管理が行われることを前提に設計供用期間を100年とし
た場合の設計計算例を示している。

1.1.3 架橋位置特有の条件

＜省略＞

Ⅰ編1.6,
Ⅱ〜Ⅳ編2章,
V編1.3

【補足】

　本書Ⅱ編1.1.3に示すように，設計との関わりについて明確にするために，
設計の前提条件となる架橋予定地点及びその周辺特有の状況に関する条件な
らびにその設定根拠となった各種の調査についてその内容と結果を示すこと
となる。

　本編の2章以降では，鋼単純合成Ⅰ桁橋を対象として，表-1.1.1，表-1.1.2
に示す調査結果を前提とした設計計算例を示している。また，本書では，そ
れぞれの調査内容については記載を省略している。

表-1.1.1 調査結果一覧表（1）

調査項目			調査内容	調査結果
1)架橋環境条件	①腐食環境	・地理的条件	※	沿岸部でない（飛来塩分：無）河川を跨ぐ平地部である
		・凍結防止剤の散布	※	無
	②疲労環境	・大型車交通量	※	1方向あたり 950 台/日
	③路線条件・用地条件	・将来拡幅計画	※	無
		・付属施設	※	標識 ：無 照明 ：無 添架物：有（水道管1条） 防護柵：有（車両用防護柵） 遮音壁：無
		・用地条件	※	用地買収済み
		・交差条件（構造寸法の制約）	※	道路（建築限界）河川（桁下空間・川幅）
	④気象・地形条件	・計画降雨量	※	橋面排水計画：本書では設定していないが，地域性等に配慮して適切に定める。
		・温度変化	※	普通の地方
		・積雪	※	無
		・地盤	※	岩盤（Ⅰ種地盤）
	⑤構造設計上の配慮事項	・維持管理設備	※	点検通路設計：維持管理性などを考慮して適切に行うものであるが，本書では設計を行わない。
2)使用材料の特性および製造に関する条件		・使用材料の制約	※	無（特に制約を受けない）
		・コンクリート製造プラント	※	JIS工場有（架橋位置の近隣）
		・コンクリート配合の制約	※	無（通常の配合は可能）
3)施工条件	①関連法規など	・クレーン作業の制約	※	無
		・搬入車両の制限	※	無
	②運搬路など	・部材輸送トレーラの搬入路	※	特に制約を受けない
		・クレーンの搬入路	※	特に制限を受けない
		・迂回路	※	有
		・切り回し道路	※	設置の必要なし
	③現場状況など	・既設構造物	※	無（電柱，電線，地下埋設物）
		・現場地形等	※	施工ヤードの制約：無 地盤耐力 ：クレーン，ベント設備の配置は問題なし （地盤改良の必要なし）
	④自然現象	・気象	※	架設に大きな影響は与えるような地域ではない （架橋位置の自治体の災害記録には，洪水，地盤沈下，地滑りなどの災害に被災した記録はない）

※省略

表-1.1.2 調査結果一覧表（2）

調査項目			調査内容	調査結果
3)施工条件	⑤現場周辺環境	・自然環境	※	景観を含めて特に留意する事項はない
		・歴史環境	※	無 （歴史的，文化的な価値のある遺跡や埋設物などはない）
		・生活環境	※	特に留意する事項はない （住宅密集地でない，小中学校の通学路でない）
		・施工時間	※	昼間の施工が可能
4)維持管理条件		・環境条件	※	沿岸部でない（飛来塩分：無） 河川を跨ぐ 平地部である
		・使用条件	※	凍結防止剤の散布：無 大型車交通量 ：1方向あたり950台/日
		・管理条件	※	法定点検を実施することを維持管理の条件としている

※省略

1.2 設計の基本方針

　＜省略＞

【補足】
　本書Ⅱ編 1.2 に示すように，具体的な設計の考え方などの設計の基本方針について明示することとなる。

Ⅰ編 1.8

1.2.1 適用する基準類

　＜省略＞

【補足】
　本書Ⅱ編 1.2.1 に示すように，設計内容の妥当性を証明するために，適用する基準類とともに，その適用にあたっての適切性を示す根拠について示すこととなる。
　なお，本編の 2 章以降では，鋼単純合成 I 桁橋を対象として，橋梁設計全編にわたって以下に示す適用する基準類を前提とした設計計算例を示している。

①橋、高架の道路等の技術基準　国土交通省都市局長・道路局長通知
　平成 29 年 7 月
②道路橋示方書・同解説　公益社団法人　日本道路協会
　平成 29 年 11 月

※構造解析，抵抗特性の評価等，それぞれ該当する箇所でその他の学協会等の基準類や図書，または論文等の文献を適用する場合には，それぞれの箇所で出典を示すこととなる。そして，使用条件や適用の範囲及び適用の前提となる力学条件等，ならびに道示が実現しようとする信頼性も含めた性能や前提となる力学条件等との一致について妥当性を検討した過程も示すこととなる。

Ⅰ編 1.1(2)解説

1.2.2 橋の耐荷性能の選択と設計方針

＜省略＞

【補足】

　本書Ⅱ編1.2.2に示すように，本書Ⅱ編1.1に示す前提条件を踏まえ，どのような考え方で橋の耐荷性能を選択したのかについて明確にするために，橋の耐荷性能を選択した結果をその理由とともに示すこととなる。また，選択した橋の耐荷性能を実現するための各部材等の設計方針についても，その検討過程や理由とともに示すこととなる。

　なお，本編の2章以降では，鋼単純合成Ⅰ桁橋を対象として，橋の耐荷性能2を満足させるにあたって，以下の(1)～(3)に示す基本方針を前提とした場合の設計計算例を示している。

(1) 橋の耐荷性能の照査項目

Ⅰ編5章

　橋の重要度(1.1.1)を踏まえ，橋の耐荷性能2を満足させるため，表-1.2.1に示した設計状況と橋の状態の各組合せに対して照査する。

表-1.2.1 橋の耐荷性能2に対する照査（道示Ⅰ編 表-解5.1.1(b)）

状況　＼　状態	主として機能面からの橋の状態		構造安全面からの橋の状態
	橋としての荷重を支持する能力が損なわれていない状態	部分的に荷重を支持する能力の低下が生じているが，橋としてあらかじめ想定する荷重を支持する能力の範囲である状態	致命的な状態でない
永続作用や変動作用が支配的な状況	橋の限界状態1を超えないことの実現性		橋の限界状態3を超えないことの実現性
偶発作用が支配的な状況		橋の限界状態2を超えないことの実現性	橋の限界状態3を超えないことの実現性

(2) 橋の限界状態

Ⅰ編4章，
Ⅴ編2.4.5

　橋の限界状態は，一般には上部構造，下部構造及び上下部接続部の限界状態によって代表させ，上部構造，下部構造及び上下部接続部の限界状態は，これらを構成する各部材等の限界状態で代表させることとなる。

　なお，本書では，レベル2地震動を考慮する設計状況において，橋台を配置した単純桁橋であるので，部材に塑性化を期待した設計を行わない場合の設計計算例を示している。また，代表させた部材等毎に，限界状態を超えないことを照査することとなるが，本書では床版，主桁，横桁についての設計計算例を示している。

(3) 橋の耐荷性能を確保するために必要な維持管理上の条件

架橋位置特有の条件（1.1.3）等を踏まえ，橋の耐荷性能を確保するために必要な維持管理上の条件を示すこととなる。また，必要な維持管理が確実かつ容易に行えるように，構造設計上の配慮として部材等の設計に反映した事項をその検討過程や理由とともに示すこととなる。

なお，本編では，上部構造の設計手順を示すことを目的としているため，設計で考慮した配慮事項や構造設計への反映方法についての記載は省略している。

1.2.3 橋の耐久性能に対する設計方針　　　　　　　　　　Ⅰ編6章

＜省略＞

【補足】

本書Ⅱ編1.2.3に示すように，本書Ⅱ編1.1に示す前提条件を踏まえ，どのような考え方で橋の耐久性能や部材毎の耐久性能の確保の方法等の設計をしたのかについて明確にするとともに妥当性を示すために，その結果をその検討過程や理由とともに示すこととなる。

なお，本編の2章以降では，鋼単純合成Ⅰ桁橋を対象として，橋の耐久性能を確保するにあたって，以下の(1)～(3)に示す基本方針を前提とした場合の設計計算例を示している。

(1) 維持管理の基本方針

修繕の機会が発生する可能性をできるだけ減らすことを維持管理の基本方針とする。

(2) 部材の設計耐久期間　　　　　　　　　　　　　　　　　Ⅰ編6.1

部材の設計耐久期間は，維持管理の基本方針を踏まえて，全ての部材等で100年とする。

(3) 耐久性確保の方法　　　　　　　　　　　　　　　　　　Ⅰ編6.2

道示に規定される標準的な方法により部材の耐久性能を確保する。

1) 上部構造

① 鋼材の腐食

Ⅱ編7章，
Ⅱ編11章

鋼橋の部材は，防せい防食を施さねばならないとされている。

部材等に腐食による影響が生じるまでの期間が，維持管理の前提条件に応じて定める当該部材の設計耐久期間よりも長くなるようにする。

また，床版のコンクリートは道示Ⅱ編11.2.7及び道示Ⅲ編6.2.3に規定される鉄筋のかぶりを確保し，永続作用の影響が支配的な状況における作用の組合せを照査用荷重とし，これにより鋼材に生じる応力度が道示Ⅱ編11.6に規定される鋼材の応力度の制限値を超えないように部材配置を行う。

② 疲労

Ⅱ編8章，
Ⅱ編11章

鋼橋の部材は道示Ⅱ編8章に規定される自動車の通行に起因する発生応力の繰返しによる影響に対して必要な疲労耐久性を確保するため，道示Ⅱ編8.2に規定される疲労耐久性の照査を行う。

また，床版のコンクリートは道示Ⅱ編11.5に規定される床版厚を確保すると共に，道示に規定される作用の組合せ及び荷重係数等による作用効果により生じる鋼材及びコンクリートの応力度が，道示Ⅱ編11.5に規定される鋼材及びコンクリートの応力度の制限値を超えないように部材配置を行う。

2) 上下部接続部

本編では，記載を省略する。

3) 下部構造

本編では，記載を省略する。

1.3 架橋位置と橋の形式 1.3.1 架橋位置と橋の形式の選定 　　＜省略＞	Ⅰ編 1.7.1, Ⅰ編 1.7.2, Ⅰ編 1.8.3, Ⅴ編 1.4

【補足】
　本書Ⅱ編1.3.1及び1.3.2に示すように，本書Ⅱ編1.1に示す前提条件を踏まえ，どのような考え方で架橋位置と橋の形式を選定したのかについて明確にするために，架橋位置と橋の形式を選定した結果についてその検討過程や選定理由，構造設計上の配慮事項やその反映方法とともに示すこととなる。
　なお，本編の2章以降では，鋼単純合成Ⅰ桁橋を対象として，以下のような条件が与えられていることを前提とした場合の設計計算例を示している。

　① 架橋位置：橋梁一般図のとおり
　② 橋の形式：鋼単純合成Ⅰ桁橋
　③ 支承形式：固定・可動支承
　④ 架設工法：クレーン・ベント架設工法
　⑤ 部材配置：
　　・横桁，床版のほか，水平力に対しては対傾構及び横構を設けた。
　　・溶接作業及び溶接後の検査が実施できる板組みとした。
　　・維持管理条件との適合性が確認された部材配置をした。

※施工の安全性及び完成物の確実な品質の確保を行うためには，製作や架設において必要となる施工管理行為や検査行為が実施できることを設計時点から検証していく必要がある。例えば溶接については，設計で求める溶接が施工時に困難となったり，溶接後に検査不能な箇所が生じたりしないように板組等を設計することが求められる。その他，鋼構造において検討する事項としては，以下のような例が挙げられる。 　・架設時の付加的な応力の発生 　・仮設材の存置の影響 　・形状や反力の管理の容易さ 　また，検証した結果や反映方法については，確実に施工に反映されるように設計計算書等に記載することとなる。 　なお，コンクリート構造については本書Ⅲ.1.(2)ポストテンション方式連続ＰＣ箱桁橋の設計計算例の1.3.1を参照のこと。	Ⅰ編 1.8.1(7) 解説

1.3 架橋位置と橋の形式

1.3.2 橋梁一般図
＜省略＞

【補足】
　本編の2章以降に示す設計計算例で対象とした鋼単純合成Ⅰ桁橋の一般図を図-1.3.1に示す。
　なお，構造寸法以外の橋の設計概要が把握できるためのその他の情報については，記載を省略している。

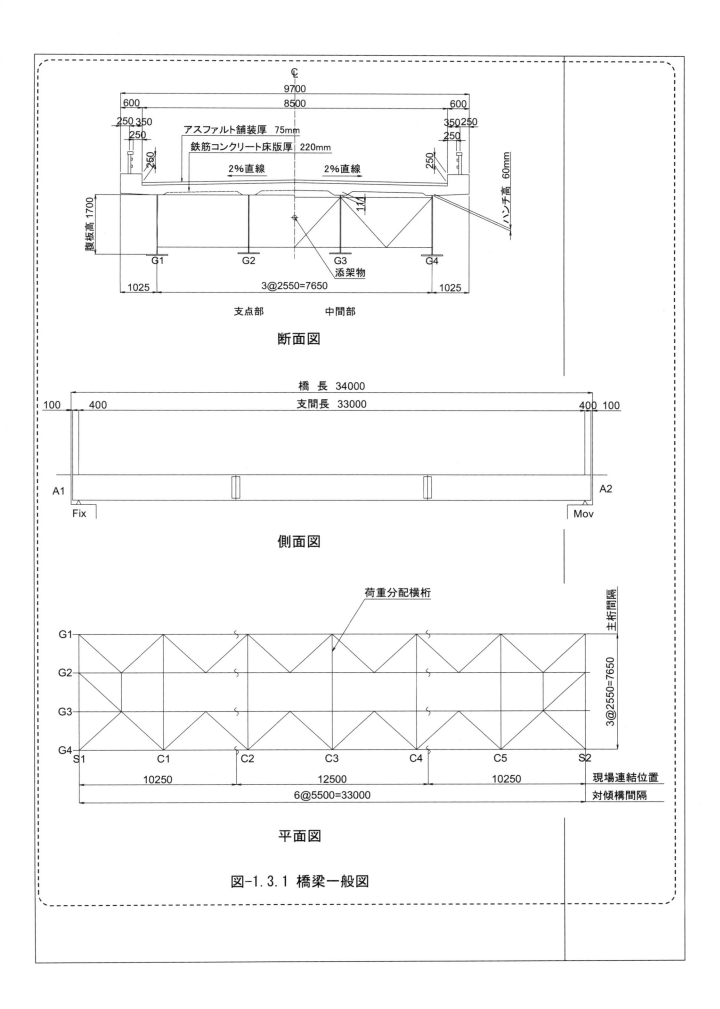

図-1.3.1 橋梁一般図

1.4 各部材の設計方針

＜省略＞

【補足】
　本書Ⅱ編1.4に示すように，前節までに定められた結果を踏まえ，各部材等の設計が行われることとなる。各部材の設計方針について，各部材の設計内容の妥当性を確認するために必要となる情報とともに示すこととなる。

1.4.1 各部材の耐荷性能に対する設計方針

＜省略＞

【補足】
　本書Ⅱ編1.4.1に示すように，本書Ⅱ編1.1に示す前提条件や本書Ⅱ編1.2に示す設計の基本方針と各部材の耐荷性能に対する設計方針との関係を明確にするために，各部材の耐荷性能に対する設計方針についてその考え方とともに示すこととなる。

　なお，本編の2章以降では，鋼単純合成Ⅰ桁橋を対象として，各部材の耐荷性能に対する設計方針を以下のとおり定めた場合の設計計算例を示している。

(1) 上部構造を構成する部材等　　　　　　　　　　　　　Ⅰ編5.2

　本橋の上部構造を構成する床版，主桁，横桁の照査は，永続作用支配状況や変動作用支配状況においては部材等の状態がその限界状態1及び限界状態3を超えないことに対してそれぞれ必要な信頼性を有していることを，レベル2地震動を考慮する設計状況においては部材等の状態がその限界状態1及び限界状態3を超えないことに対してそれぞれ必要な信頼性を有していることを，道示Ⅰ編 式(5.2.1)により確かめる。

(2) 下部構造を構成する部材等

　本編では，記載を省略している。

(3) 上下部接続部を構成する部材等
1) 支承部
　本編では，記載を省略している。
2) 支承と上下部構造の取付部
　本編では，記載を省略している。

　なお，不測の事態が生じ，上部構造に損傷が生じた場合に備え，仮支持が可能な構造となるように配慮するなど，個々の設計では，構造の詳細において道示Ⅰ編1.8.3を参考に配慮できるかどうかを検討し，必要に応じて，設計上配慮できる事項を橋の構造設計に反映することとなる。

1.4.2 各部材の耐久性能に対する設計方針
＜省略＞

【補足】
　本書Ⅱ編1.4.2に示すように，本書Ⅱ編1.1に示す前提条件や本書Ⅱ編1.2に示す設計の基本方針と橋の耐久性能の設定及び部材毎の耐久性の確保の方法等に対する設計方針との関係を明確にするために，各部材の耐久性能に対する設計方針についてその考え方とともに示すこととなる。
　なお，本編の2章以降では，鋼単純合成Ⅰ桁橋を対象として，各部材の耐久性能に対する設計方針を以下のとおり定めた場合の設計計算例を示している。

(1) 上部構造を構成する部材等
　鋼部材及びコンクリート部材の経年的な劣化の影響として鋼材の腐食及び疲労に対して照査する。その具体の照査方法は，耐久性確保の方法(1.2.3(3))で整理したとおり，道示に規定される標準的な方法による。

(2) 下部構造を構成する部材等
　本編では，記載を省略している。

(3) 上下部接続部を構成する部材等
　本編では，記載を省略している。

なお，具体的な設計にあたっては以下に留意することとなる。

・橋梁計画では，実際に用いる防食，疲労対策，塩害対策が耐久性確保の方法1～3のいずれに当てはまるのかを分類することで，当該部材に想定される補修や更新などの維持管理方法をある程度具体に想定し，あらかじめ想定されている維持管理の前提条件に適合するかどうかを照査することとなる。

・耐久性にはばらつきがあり，目標とした設計耐久期間よりも早く耐荷性能を満足しなくなることもある。このため，部材等の単位での不具合に対して橋全体の耐荷力としては鈍感な構造となるように構造上の配置を検討する，変状の発見や修繕が確実であるようにする，更にはそれらが容易であるようにするなど，様々な構造設計上の配慮ができるかどうかを検討し，必要に応じて，設計上配慮できる事項を橋の構造設計に反映することとなる。以上の考え方は，設計の妥当性を示すものとその内容を設計計算書に示しておくこととなる。

1.4.3 橋の使用目的との適合性を満足するために必要なその他検討

＜省略＞

I編7章

【補足】

　本書Ⅱ編1.4.3に示すように，「橋の使用目的との適合性を満足するために必要な事項」について検討し，設計に反映した事項について，どのような考え方で反映したのかについて明確にするために，「橋の使用目的との適合性を満足するために必要な事項」について，その検討過程や耐荷性能や耐久性能などとの関係とともに示すこととなる。

　なお，本編では，橋の使用目的との適合性を満足するために必要な事項について検討を行った事項に関する記載は省略している。

1.4.4 施工に関する事項

　＜省略＞

【補足】
　本書Ⅱ編1.4.4に示すように，耐荷性能や耐久性能などの設計に用いる照査基準はその前提となる適切な施工方法や所要の品質が確保されていることなどが前提となることから，各部材の耐荷性能や耐久性能などの設計の妥当性について明確にするために，設計の前提とした施工の条件や配慮されるべき事項とともにその妥当性等に関する事項等について示すこととなる。
　なお，本編では，施工に関する事項についての記載は省略している。

1.4.5 維持管理に関する事項

　＜省略＞

【補足】
　本書Ⅱ編1.4.5に示すように，橋の性能を確保するにあたって，その前提となる維持管理の条件が定められている必要があることから，その前提となる維持管理の条件とその妥当性について明確にするために，設計の前提とした維持管理の条件や配慮した事項とともにその妥当性に関する事項等について示すこととなる。
　なお，本編では，維持管理に関する事項についての記載は省略している。

1.5 詳細設計条件

　＜省略＞

【補足】
　本書Ⅱ編1.5に示すように，詳細設計条件について明示することとなる。
　なお，本編の2章以降では，鋼単純合成Ⅰ桁橋を対象として，橋を設計する上で設定すべき設計条件や材料特性等の詳細設計条件を，1.5.1～1.5.3に示すように設定した場合の設計計算例を示している。

1.5.1 詳細設計条件
　＜省略＞

【補足】
　本編の2章以降に示す設計計算例で対象とした鋼単純合成Ⅰ桁橋の詳細設計条件を以下の(1)～(3)に示す。

(1) 構造諸元に関する設計条件

①橋　　　　　種　：　鋼道路橋
②構　造　形　式　：　単純活荷重合成Ⅰ桁橋
③床　　　　　版　：　鉄筋コンクリート床版
④橋　　　　　長　：　34.000m
⑤桁　　　　　長　：　33.800m
⑥支　　間　　長　：　33.000m
⑦支　承　条　件　：　A1支点　固定支承，A2支点　可動支承
⑧斜　　　　　角　：　A1＝90°，A2＝90°
⑨平　面　線　形　：　R＝∞
⑩縦　断　勾　配　：　Level
⑪横　断　勾　配　：　i＝2.0%（山形直線勾配）
⑫舗　　　　　装　：　アスファルト舗装　t=75mm
⑬有　効　幅　員　：　8.500m
⑭総　　幅　　員　：　9.700m
⑮架　設　工　法　：　クレーン・ベント架設工法

(2) 耐荷性能に関する設計条件

①活　　荷　　重　：　B活荷重
②雪　　荷　　重　：　－
③型　　　　　枠　：　1.000kN/m^2
④防　　護　　柵　：　0.500kN/m（片側あたり）
⑤添　　架　　物　：　0.600kN/m（1条あたり）
⑥温　度　変　化　：　-10℃～+40℃
⑦温　　度　　差　：　10度
⑧衝　　突　　荷重　：　55.9 kN（防護柵に対する作用）
⑨地　盤　種　別　：　Ⅰ種地盤
⑩設計水平震度　：　k_h＝0.20（レベル1地震動）
　　　　　　　　　　　$k_{Ⅰh}$＝1.14（レベル2地震動, タイプⅠ, 橋軸直角方向）
　　　　　　　　　　　$k_{Ⅱh}$＝1.31（レベル2地震動, タイプⅡ, 橋軸直角方向）

-33-

(3) 耐久性能に関する設計条件

①部材の設計耐久期間　　：　100 年
②疲労設計の照査荷重　　：　疲労設計荷重（F 荷重）
③防せい防食　　　　　　：　塗装（一般外面 C-5 塗装系，高力ボルト連結部
　　　　　　　　　　　　　　　 F-11 塗装系）

1.5.2 使用材料、物理定数
　＜省略＞

【補足】
　本編の 2 章以降に示す設計計算例で対象とした鋼単純合成 I 桁橋の使用材料，物理定数を表-1.5.1，表-1.5.2 に示す。
　なお、使用材料，物理定数については，個別の橋毎に個々の条件に応じて適切にそれぞれ設定する必要がある。

表-1.5.1 使用材料

	材料の種類		規格		鋼材記号
鋼桁	鋼材	構造用鋼材	溶接構造用圧延鋼材	JIS G 3106	SM490Y SM400
		接合用鋼材	摩擦接合用トルシア形高力ボルト	―	S10T
		その他	頭付きスタッド	JIS B 1198	―
床版	コンクリート		設計基準強度　$\sigma_{ck}=30\text{N/mm}^2$	JIS R 5210（普通ポルトランドセメント） JIS A 5308（レディーミクストコンクリート）	―
	鋼材	棒鋼	鉄筋コンクリート用棒鋼	JIS G 3112	SD345

表-1.5.2 物理定数

床版のコンクリートの設計基準強度	$\sigma_{ck}=30\text{N/mm}^2$	II 編 14.2.1
床版のコンクリートと鋼材とのヤング係数比	$n=7$	II 編 14.2.1
床版のコンクリートのクリープによる応力の算出に用いるクリープ係数	$\varphi_1=2.0$	II 編 14.2.2
床版のコンクリートの乾燥収縮による応力の算出に用いる最終収縮度	$\varepsilon_s=20\times10^{-5}$	II 編 14.2.4
床版のコンクリートの乾燥収縮による応力の算出に用いるクリープ係数	$\varphi_2=2\varphi_1=4.0$	II 編 14.2.4

1.5.3 かぶりの設定 　　＜省略＞	II編 11.2.7, III編 6.2

【補足】

　本編の 2 章以降に示す設計計算例で対象とした鋼単純合成 I 桁橋の床版の鉄筋のかぶりは，道示 II 編 11.2.7 に従い，床版の最小かぶりである 30mm としている。

　なお，実際の設計では，スペーサーの配置や施工誤差，および段取り筋の配置の有無などを検討し，適切に設定する必要がある。

1.6 設計 　　＜省略＞	I編 1.8

【補足】

　本書 II 編 1.6 に示すように，構造解析に用いた手法や構造設計上の配慮事項とともに，当該手法を適用した根拠や構造設計上の配慮が必要となる理由について示すこととなる。

1.6.1 構造解析 　　＜省略＞	I編 1.8.2, II編 3.7

【補足】

　本書 II 編 1.6.1 に示すように，構造解析に用いた手法の妥当性を明らかにするために，解析モデルに入力した情報やその解析モデルを選定した理由などについて示すこととなる。

　なお，本編の 2 章以降では，鋼単純合成 I 桁橋を対象として，構造解析について以下の(1)，(2)に示す考え方を適用した場合の設計計算例を示している。

(1) 構造解析モデルに関して

死荷重や活荷重の作用に対する断面力やたわみは，格子解析（線形解析）により算出する。

Ⅱ編 3.7(1)

格子解析モデルは，主桁と主桁間の荷重分配を考慮する横桁（20mを超えない間隔で配置する荷重分配横桁）からなる平面骨組みモデルとする。

Ⅱ編 13.8.2

(2) 主要部材と二次部材に関して

対傾構と横構は，死荷重や活荷重の作用を主桁間で分配しない二次部材として取り扱えるように配置し設計する。

Ⅱ編 3.1(5)

(3) 構造解析と耐荷性能の照査に関して

以下を前提に道示Ⅱ編5章以降に規定する制限値を用い設計を行う。

・部材は，棒部材としてモデル化する。
・橋を構成する部材は，平面骨組みでモデル化する（格子解析モデル）。
・部材の断面力，変位及びその断面力に基づく応力は，線形解析により算出する。

Ⅱ編 3.7(2)

1.6.2 構造設計上の配慮事項

＜省略＞

Ⅰ編 1.8.3

【補足】

本書Ⅱ編1.6.2に示すように，部材等の耐荷性能や耐久性能の設計等に関して，構造設計上配慮した事項との関係やその妥当性を明らかにするために，構造設計上の配慮として部材等の設計に反映した事項をその検討過程や理由とともに示すこととなる。

なお，本編では，配慮事項や構造設計への反映方法についての記載は省略している。

2章 床版

2.1 検討概要

　床版の設計で考慮する作用は，死荷重および活荷重とし，道示Ⅱ編11.12に規定されている橋梁防護柵に作用する衝突荷重に対しても照査を行う。また，橋軸直角方向の横力に対する照査は，3.2.11(4)に示す。

　床版の設計の流れは，図-2.1.1に示す。

　床版のコンクリートと鋼桁との合成作用を考慮するので，床版としての作用（床版作用）と桁の断面の一部としての作用（主桁作用）の重ね合わせの照査は，3.2.8に示す。

　なお，温度差の影響は発生応力が微小なので無視する。

【補足】

・本書では，温度差の影響について，発生応力が微小なので無視することとしているが，実際の設計ではその影響について，適切に考慮することとなる。

・配力鉄筋方向の照査は，主鉄筋方向の照査と同様の方法なので，本書では記載を省略している。

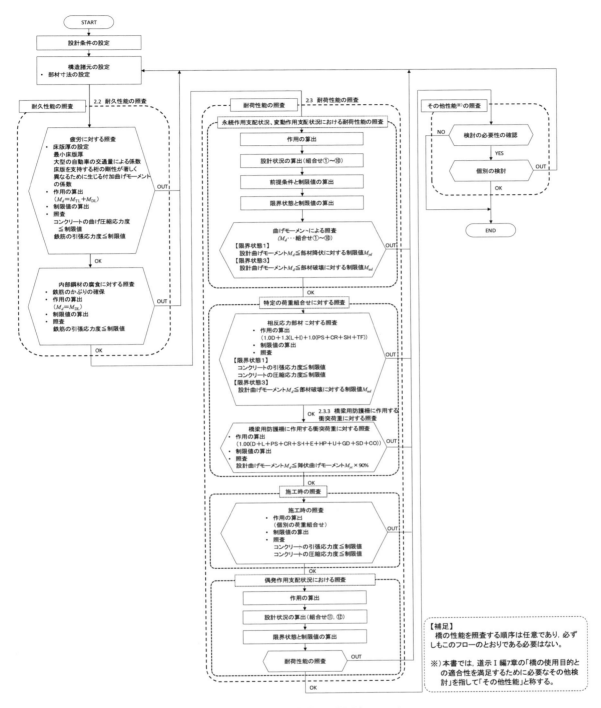

図-2.1.1 床版の設計フロー

2.2 耐久性能の照査

1.2.3 及び 1.4.2 の設計方針に従い床版の耐久性能に関しては，表-2.2.1 に示す項目により照査を行う。

表-2.2.1 床版の耐久性能に関する照査項目

照査項目	耐久性確保の方法
床版の疲労	・床版厚 $d = k_1 \cdot k_2 \cdot d_0$ 　　　　　　　　　　　　　　・・・道示Ⅱ編 11.5(3) ・応力度の制御 　床版の曲げモーメント　　　　　：$M_d = M_{TL} + M_{DL}$ 　コンクリートの曲げ圧縮応力度：$\sigma_{TL} + \sigma_{DL} \leqq \sigma_{yd}$ 　鉄筋の引張応力度　　　　　　：$\sigma_{TL} + \sigma_{DL} \leqq \sigma_{yd}$ 　　　　　　　　　・・・道示Ⅱ編 11.5(7), (8)
内部鋼材の腐食	・鉄筋のかぶり 　30mm 以上 　　　　　　　　　　　　　　・・・道示Ⅱ編 11.2.7 ・かぶりコンクリート部のひび割れの制御 　床版の曲げモーメント：$M_d = M_{DL}$ 　鉄筋の引張応力度　　：$\sigma_{DL} \leqq \sigma_{yd}$ 　　　　　　　　　　　　・・・道示Ⅱ編 11.6

2.2.1 床版厚

$$d = k_1 \cdot k_2 \cdot d_0$$
$$= 1.15 \times 1.00 \times 187 = 215.1\text{mm} \quad \rightarrow \quad 220\text{mm}$$

ここに，

d：床版厚

d_0：床版の最小全厚

$$d_0 = 30L + 110$$
$$= 30 \times 2.550 + 110 = 186.5\text{mm} \quad \rightarrow \quad 187\text{mm} \geqq 160\text{mm}$$

（床版の区分：連続版）

k_1：大型の自動車の交通量による係数

$k_1 = 1.15$（1方向あたりの大型車の計画交通量：950台/日）

k_2：床版を支持する桁の剛性が著しく異なるために生じる付加曲げモーメントの係数

$k_2 = 1.00$（付加曲げモーメント：影響なし）

なお，床版を支持する主桁に著しい剛度差が生じないため，付加曲げモーメントの影響を考慮しないこととする。

【補足】
- 床版厚（d）は，最小の床版厚の計算値であり，本書では最小値以上を確保し10mm単位の床版厚としている。
- 本書では，床版を支持する桁の剛性が著しく異なるために生じる付加曲げモーメントの影響は，床版を支持する主桁に著しい剛度差が生じないようにすることとし，考慮しないこととしているが，実際の設計では，その影響について，適切に考慮することとなる。
- 片持部（床版の区分：片持版）に必要な床版厚の計算は，本書では記載を省略している。

Ⅱ編 11.5

2.2.2 照査

照査は，床版の疲労および内部鋼材の腐食に対して行う。

設計曲げモーメントは，T 荷重による曲げモーメントと死荷重による曲げモーメントを道示II編11.2.3の規定により算出し，疲労に対する床版の曲げモーメントは道示II編11.5，内部鋼材の腐食に対する床版の曲げモーメントは道示II編11.6の規定により算出する。

設計曲げモーメントによるコンクリートと鉄筋の応力度は，道示II編 11.5 および道示II編11.6の制限値を超えないことを照査することで確認する。これにより，道示II編11.5(1)および道示II編11.6(1)の規定による設計耐久期間に自動車の繰返し通行に伴う疲労に対して，および床版における内部鋼材の腐食に対して，部材の耐荷性能が低下しないために必要な条件を満足する。

(1) 設計曲げモーメント　　　　　　　　　　　　　　　　　　　　　Ⅱ編 11.2.3

疲労に対する床版の曲げモーメント

$$M_d = M_{TL} + M_{DL}$$　　　　　　　　　　　　　　　　　　　　Ⅱ編 11.5

ここに，

　M_d ：曲げモーメント

　M_{TL}：T 荷重による曲げモーメント

　M_{DL}：死荷重による曲げモーメント

内部鋼材の腐食に対する床版の曲げモーメント

$$M_d = M_{DL}$$　　　　　　　　　　　　　　　　　　　　　　　Ⅱ編 11.6

ここに，

　M_d ：曲げモーメント

　M_{DL}：死荷重による曲げモーメント

(2) 照査
1) 片持部

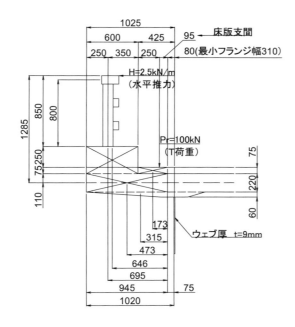

図-2.2.1 断面図

曲げモーメント M_d
 $M_d = M_{TL} + M_{DL} = 34.8\,\mathrm{kN\cdot m/m}$ Ⅱ編 11.5
 $M_d = M_{DL} = 6.2\,\mathrm{kN\cdot m/m}$ Ⅱ編 11.6

ここに,
 M_d :曲げモーメント
 M_{TL} :T荷重による曲げモーメント(28.6kN・m/m)
 M_{DL} :死荷重による曲げモーメント(6.2kN・m/m)

T荷重による曲げモーメントは,橋梁用防護柵に作用する水平推力を考慮する。
 25.4kN・m/m＋3.2kN・m/m（水平推力）＝28.6kN・m/m

照査（ハンチ高60mm,上フランジ厚28mm,D19@125）
 $\sigma_c = 4.1\,\mathrm{N/mm^2} \leqq 8.6\,\mathrm{N/mm^2}$ OK（疲労に対する照査）
 $\sigma_s = 85\,\mathrm{N/mm^2} \leqq 120\,\mathrm{N/mm^2}$ OK（疲労に対する照査）
 $\sigma_s = 15\,\mathrm{N/mm^2} \leqq 100\,\mathrm{N/mm^2}$ OK（内部鋼材の腐食に対する照査）
ここに,
 σ_c :コンクリートの曲げ圧縮応力度
 σ_s :鉄筋の引張応力度

また,床版のかぶりは図-2.2.2より道示Ⅱ編11.2.7に規定される最小かぶり以上のかぶりを有している。

よって，床版の疲労および内部鋼材の腐食に対する耐久性能の照査を満足する。

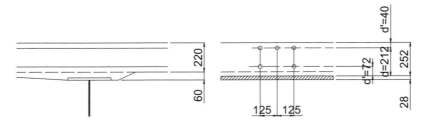

図-2.2.2 照査断面（主鉄筋）

2) 中間部
$M_d = M_{TL}+M_{DL} = 34.8 \mathrm{kN \cdot m/m}$　　　　　Ⅱ編 11.5
$M_d = M_{DL} = 4.6 \mathrm{kN \cdot m/m}$　　　　　Ⅱ編 11.6
ここに，
　M_d ：曲げモーメント
　M_{TL}：T荷重による曲げモーメント(30.2kN・m/m)
　M_{DL}：死荷重による曲げモーメント(4.6kN・m/m)
照査（床版厚 220mm，D19@125）
σ_c=4.9 N/mm² ≦ 8.6 N/mm²　　OK（疲労に対する照査）
σ_s=100 N/mm² ≦ 120 N/mm²　　OK（疲労に対する照査）
σ_s= 13 N/mm² ≦ 100 N/mm²　　OK（内部鋼材の腐食に対する照査）
ここに，
　σ_c：コンクリートの曲げ圧縮応力度
　σ_s：鉄筋の引張応力度

また，床版のかぶりは図-2.2.3 より道示Ⅱ編 11.2.7 に規定される最小かぶり以上のかぶりを有している。

よって，床版の疲労および内部鋼材の腐食に対する耐久性能の照査を満足する。

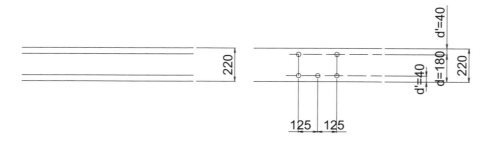

図-2.2.3 照査断面（主鉄筋）

2.3 耐荷性能の照査

表-2.3.1 床版の耐荷性能に関する主な照査項目

状況＼状態	主として機能面からの橋の状態		構造安全面からの橋の状態
	部材等としての荷重を支持する能力が確保されている限界の状態 （部材の限界状態1）	部材等としての荷重を支持する能力は低下しているもののあらかじめ想定する能力の範囲にある限界の状態 （部材の限界状態2）	これを超えると部材等としての荷重を支持する能力が完全に失われる限界の状態 （部材の限界状態3）
永続作用や変動作用が支配的な状況	・曲げモーメント $M_d \leqq M_{yd}$ 　・・・道示Ⅱ編 11.3.1 　・・・道示Ⅲ編 5.5.1(3) ・せん断力 同右 　・・・道示Ⅱ編 11.3.2		・曲げモーメント $M_d \leqq M_{ud}$ 　・・・道示Ⅱ編 11.4.1 　・・・道示Ⅲ編 5.7.1(3) ・せん断力 床版厚≧最小全厚 　・・・道示Ⅱ編 11.4.2
偶発作用が支配的な状況	・曲げモーメント $M_d \leqq M_{yd}$ 　・・・道示Ⅱ編 11.3.1 　・・・道示Ⅲ編 5.5.1(3) ・せん断力 同右 　・・・道示Ⅱ編 11.3.2		・曲げモーメント $M_d \leqq M_{ud}$ 　・・・道示Ⅱ編 11.4.1 　・・・道示Ⅲ編 5.7.1(3) ・せん断力 床版厚≧最小全厚 　・・・道示Ⅱ編 11.4.2

【補足】
・本書では，偶発作用が支配的な状況における照査の記載は省略している。

2.3.1 限界状態1に対する照査
(1) 片持部

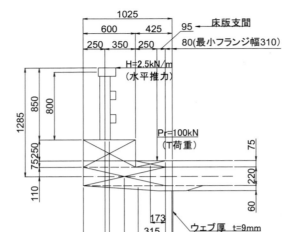

図-2.3.1 断面図

設計曲げモーメント M_d

$$M_d = \gamma_p \cdot \gamma_q \cdot M_{TL} + \gamma_p \cdot \gamma_q \cdot M_{DL} = 42.4 \text{kN·m/m}$$

ここに,

$\gamma_p \cdot \gamma_q \cdot M_{TL}$：T荷重による設計曲げモーメント
(1.00（荷重組合せ係数）×1.25（荷重係数）×28.6kN·m/m =35.8kN·m/m)

$\gamma_p \cdot \gamma_q \cdot M_{DL}$：死荷重による設計曲げモーメント
(1.00（荷重組合せ係数）×1.05（荷重係数）×6.2kN·m/m =6.6kN·m/m)

T荷重による曲げモーメントは，橋梁用防護柵に作用する水平推力を考慮する。

$$25.4 \text{kN·m/m} + 3.2 \text{kN·m/m（水平推力）} = 28.6 \text{ kN·m/m}$$

部材降伏に対する曲げモーメントの制限値 M_{yd}

$$M_{yd} = \xi_1 \cdot \Phi_y \cdot M_{yc} = 109.9 \text{ kN·m/m}$$

ここに,

ξ_1：調査・解析係数　0.90

Φ_y：抵抗係数　0.85

M_{yc}：降伏曲げモーメントの特性値　143.6 kN·m/m

照査（ハンチ高60mm, 上フランジ厚28mm, D19@125）

M_d=42.4kN·m/m ≦ M_{yd}=109.9 kN·m/m　OK

II編 11.3

II編 11.3.1

(2) 中間部

設計曲げモーメント M_d

$M_d = \gamma_p \cdot \gamma_q \cdot M_{TL} + \gamma_p \cdot \gamma_q \cdot M_{DL} = 42.6$ kN・m/m

ここに，

$\gamma_p \cdot \gamma_q \cdot M_{TL}$：T荷重による設計曲げモーメント

（1.00（荷重組合せ係数）×1.25（荷重係数）×30.2kN・m/m =37.8kN・m/m）

$\gamma_p \cdot \gamma_q \cdot M_{DL}$：死荷重による設計曲げモーメント

（1.00（荷重組合せ係数）×1.05（荷重係数）×4.6kN・m/m =4.8kN・m/m）

部材降伏に対する曲げモーメントの制限値 M_{yd}

$M_{yd} = \xi_1 \cdot \Phi_y \cdot M_{yc} = 92.3$ kN・m/m   Ⅱ編 11.3.1

ここに，

ξ_1：調査・解析係数　0.90

Φ_y：抵抗係数　　　　0.85

M_{yc}：降伏曲げモーメントの特性値　120.7 kN・m/m

照査（床版厚220mm，D19@125）

$M_d = 42.6$ kN・m/m $\leqq$ $M_{yd} = 92.3$ kN・m/m　　OK

2.3.2 限界状態3に対する照査   Ⅱ編 11.4
(1) 片持部

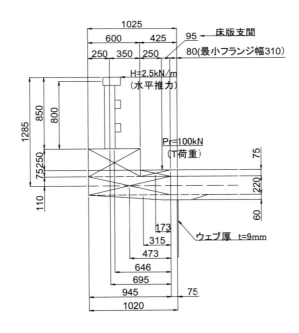

図-2.3.2 断面図

設計曲げモーメント M_d

$M_d = \gamma_p \cdot \gamma_q \cdot M_{TL} + \gamma_p \cdot \gamma_q \cdot M_{DL} = 42.4 \, \text{kN·m/m}$

ここに,

$\gamma_p \cdot \gamma_q \cdot M_{TL}$：T荷重による設計曲げモーメント

（1.00（荷重組合せ係数）×1.25（荷重係数）×28.6kN·m/m =35.8kN·m/m）

$\gamma_p \cdot \gamma_q \cdot M_{DL}$：死荷重による設計曲げモーメント

（1.00（荷重組合せ係数）×1.05（荷重係数）×6.2kN·m/m =6.6kN·m/m）

T荷重による曲げモーメントのは, 橋梁用防護柵に作用する水平推力を考慮する。

25.4kN·m/m＋3.2kN·m/m（水平推力）＝28.6kN·m/m

部材破壊に対する曲げモーメントの制限値 M_{ud}

$M_{ud} = \xi_1 \cdot \xi_2 \cdot \Phi_u \cdot M_{uc} = 100.7 \, \text{kN·m/m}$　　　　Ⅱ編 11.4.1

ここに,

ξ_1：調査・解析係数　　0.90

ξ_2：部材・構造係数　　0.90

Φ_u：抵抗係数　　　　　0.80

M_{uc}：破壊抵抗曲げモーメントの特性値　155.4 kN·m/m

照査（ハンチ高 60mm, 上フランジ厚 28mm, D19@125）

M_d=42.4kN·m/m　≦　M_{ud}=100.7 kN·m/m　　　OK

(2) 中間部

設計曲げモーメント M_d

$M_d = \gamma_p \cdot \gamma_q \cdot M_{TL} + \gamma_p \cdot \gamma_q \cdot M_{DL} = 42.6 \, \text{kN·m/m}$

ここに,

$\gamma_p \cdot \gamma_q \cdot M_{TL}$：T荷重による設計曲げモーメント

（1.00（荷重組合せ係数）×1.25（荷重係数）×30.2kN·m/m =37.8kN·m/m）

$\gamma_p \cdot \gamma_q \cdot M_{DL}$：死荷重による設計曲げモーメント

（1.00（荷重組合せ係数）×1.05（荷重係数）×4.6kN·m/m =4.8kN·m/m）

部材破壊に対する曲げモーメントの制限値 M_{ud}

$M_{ud} = \xi_1 \cdot \xi_2 \cdot \Phi_u \cdot M_{uc} = 84.3 \, \text{kN·m/m}$　　　　Ⅱ編 11.4.1

ここに,

ξ_1：調査・解析係数　　0.90

ξ_2：部材・構造係数　　0.90

Φ_u：抵抗係数　　　　　0.80

M_{uc}：破壊抵抗曲げモーメントの特性値　130.1 kN·m/m

照査（床版厚 220mm, D19@125）

M_d=42.6kN·m/m　≦　M_{ud}= 84.3 kN·m/m　　　OK

2.3.3 橋梁用防護柵に作用する衝突荷重に対する照査

Ⅱ編 11.12

表-2.4.1 橋梁用防護柵に作用する衝突荷重に対する照査項目

照査用荷重	部材応答の閾値 抵抗曲げモーメント
1.00(D+L+PS+CR+SH+E+HP+U+GD+SD+CO)	・曲げモーメント $M_d \leq M_{yc} \times 0.9$ ・・・道示Ⅱ編 11.12 ・・・道示Ⅲ編 9.6

　橋梁用防護柵に作用する衝突荷重に対する照査では，道示Ⅱ編 11.12（3）の規定により，以下の作用の組合せおよび荷重係数を考慮し，床版に生じる曲げモーメントを算出する。

$$1.00（D+L+PS+CR+SH+E+HP+U+GD+SD+CO）$$

Ⅱ編 11.12

　床版に生じる曲げモーメントが，道示Ⅲ編 9.6(6)1)に規定する抵抗曲げモーメントを超えないことを照査する。ただし，抵抗曲げモーメントは，最外縁の引張側の鉄筋が降伏強度に達するときの曲げモーメントの 90％とする。

Ⅲ編 9.6

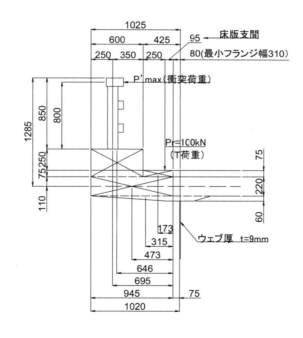

図-2.4.1 断面図

設計曲げモーメント M_d

$M_d = 1.00 \times (M_{TL} + M_{DL} + M_{CO}) = 64.6$ kN·m/m

ここに，

M_{TL}：T荷重による曲げモーメント（28.6 kN·m/m）

M_{DL}：死荷重による曲げモーメント（6.2 kN·m/m）

M_{CO}：衝突荷重による曲げモーメント（29.8 kN·m/m）

衝突荷重による曲げモーメントは，道示I編 11.1.2(4)の規定により，支柱最下端断面の支柱の抵抗モーメントを支柱間隔で除した値とする。 | I編 11.1.2

$M_{CO} = P'_{max} \times H / a = 29.8$ kN·m/m

支柱の最大支持力の高さ換算値　　$P'_{max} = 55.9$ kN

地覆面から主要横梁中心までの高さ H= 0.8 m

支柱間隔　　　　　　　　　　　$a = 1.5$ m

照査

$M_d = 64.6$ kN·m/m　$\leqq$　$0.9 \times M_{yc} = 129.2$ kN·m/m　　OK

ここに，

M_{yc}：降伏曲げモーメントの特性値　143.6 kN·m/m

【補足】

・本書では，橋梁用防護柵は歩行者自転車用柵を兼用した車両用防護柵とし，支柱の最大支持力の高さ換算値，地覆面から主要横梁中心までの高さ，支柱間隔は，「防護柵の設置基準・同解説」（平成28年12月　日本道路協会）の参考資料-2 に示されている値を引用しているが，実際の設計においては，個別の条件に応じて適切に設定することとなる。

3章 主桁

3.1 検討概要

(1)鉛直方向の作用に対する検討

　死荷重や活荷重による鉛直方向の作用により，主桁間のたわみ差が極力生じないようにするため，主桁間の荷重分配を考慮する横桁を配置する。死荷重や活荷重の作用に対する主桁の断面力やたわみは，各主桁と荷重分配横桁からなる平面骨組みモデルで，格子解析（線形解析）により算出する。また，主桁間に対傾構と横構を適切に配置し，主桁の横倒れが生じないようにする。なお，対傾構と横構は，死荷重や活荷重の作用を主桁間で分配しない二次部材として取り扱えるように配置し設計する。格子解析モデルを図-3.1.1に示す。

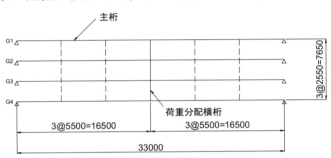

図-3.1.1 格子解析モデル図

(2)水平方向の作用に対する検討

　風荷重や地震の影響による水平方向の作用により，主桁の横倒れが生じることなく，床版を支持するために，対傾構と横構を配置する。水平方向の作用に対して，支承位置を支点に上部構造が橋軸直角方向に変形することなく，床版と共同して抵抗するように，横構を配置する。なお，水平方向の作用に対する断面力の算出および照査は，3.2.12で示す。

　主桁の設計の流れを図-3.1.2に示す。

【補足】
　鉛直方向の作用に対する主桁の断面力やたわみを格子解析により算出するにあたり，鋼桁の剛性や抵抗断面は橋ごとの条件に応じて適切に設定することとなる。本書では，下記の条件とした場合の設計計算例を示している。
・格子解析モデルに考慮する桁の剛性は，I桁の強軸まわりの曲げ剛性とし，合成前の鋼桁断面の剛性と合成後の鋼桁・コンクリート合成断面または鋼桁・鉄筋合成断面の剛性を考慮する。
・荷重分配横桁の剛性は，荷重分配横桁位置で床版の打ち下ろしを行わないので，鋼桁断面の剛性とする。
・床版を有する鋼桁の抵抗断面は，合成前死荷重に対して鋼桁断面，合成後死荷重および活荷重に対して鋼桁・コンクリート合成断面または鋼桁・鉄筋合成断面とする。

Ⅱ編 13.8.2

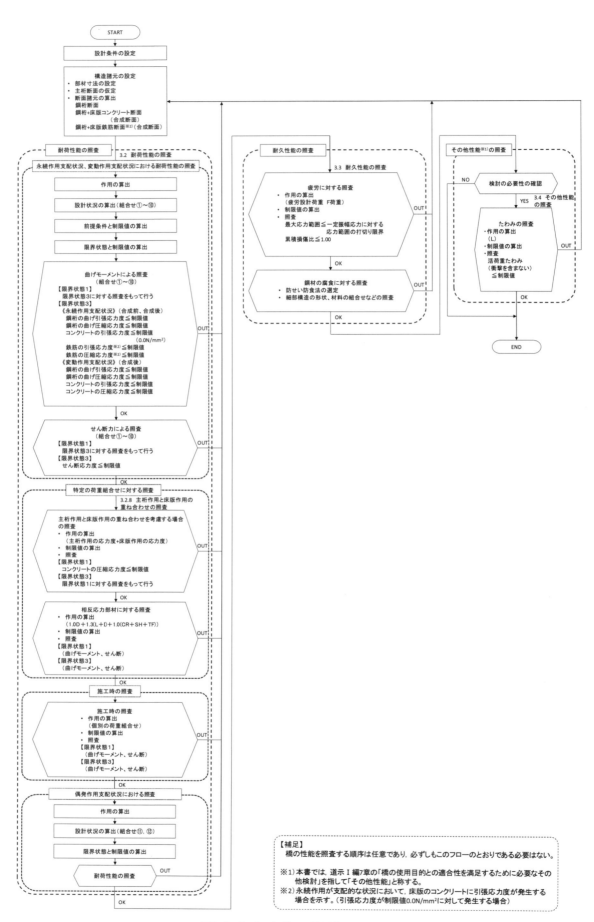

図-3.1.2 主桁の設計フロー

3.2 耐荷性能の照査

表-3.2.1 主桁の耐荷性能に関する主な照査項目

状況 ＼ 状態	主として機能面からの橋の状態		構造安全面からの橋の状態
	部材等としての荷重を支持する能力が確保されている限界の状態 （部材の限界状態1）	部材等としての荷重を支持する能力は低下しているもののあらかじめ想定する能力の範囲にある限界の状態 （部材の限界状態2）	これを超えると部材等としての荷重を支持する能力が完全に失われる限界の状態 （部材の限界状態3）
永続作用や変動作用が支配的な状況	・曲げモーメント 　引張フランジ 　$\sigma_t \leqq \sigma_{tyd}$ 　　・・・道示Ⅱ編 5.3.6 　圧縮フランジ 　同右 　　・・・道示Ⅱ編 5.3.6 　床版のコンクリート 　または鉄筋 　$\sigma_c \leqq$ コンクリートまたは 　　　鉄筋の圧縮応力度 　　　の制限値 　　・・・道示Ⅱ編 14.3.5 　　・・・道示Ⅱ編 14.6.2 ・せん断力 　腹板 　同右 　　・・・道示Ⅱ編 5.3.7 ・曲げモーメント 　　　＋せん断力 　$(\sigma_{bd}/\sigma_{tyd})^2$ 　$+ (\tau_{bd}/\tau_{yd})^2 \leqq 1.2$ 　　・・・道示Ⅱ編 5.3.9		・曲げモーメント 　引張フランジ 　$\sigma_t \leqq \sigma_{tud}$ 　　・・・道示Ⅱ編 5.4.6 　圧縮フランジ 　$\sigma_c \leqq \sigma_{cud}$ 　　・・・道示Ⅱ編 5.4.6 　床版のコンクリート 　　　または鉄筋 　同左 　　・・・道示Ⅱ編 14.3.5 　　・・・道示Ⅱ編 14.7.2 ・せん断力 　腹板 　$\tau \leqq \tau_{ud}$ 　　・・・道示Ⅱ編 5.4.7 ・曲げモーメント 　　　＋せん断力 　同左 　　・・・道示Ⅱ編 5.4.9
偶発作用が支配的な状況	・曲げモーメント 　引張フランジ 　$\sigma_t \leqq \sigma_{tyd}$ 　　・・・道示Ⅱ編 5.3.6 　圧縮フランジ 　同右 　　・・・道示Ⅱ編 5.3.6 　床版のコンクリート 　または鉄筋 　$\sigma_c \leqq$ コンクリートまたは 　　　鉄筋の圧縮応力度 　　　の制限値 　　・・・道示Ⅱ編 14.3.5 　　・・・道示Ⅱ編 14.6.2 ・せん断力 　腹板 　同右 　　・・・道示Ⅱ編 5.3.7 ・曲げモーメント 　　　＋せん断力 　$(\sigma_{bd}/\sigma_{tyd})^2$ 　$+ (\tau_{bd}/\tau_{yd})^2 \leqq 1.2$ 　　・・・道示Ⅱ編 5.3.9		・曲げモーメント 　引張フランジ 　$\sigma_t \leqq \sigma_{tud}$ 　　・・・道示Ⅱ編 5.4.6 　圧縮フランジ 　$\sigma_c \leqq \sigma_{cud}$ 　　・・・道示Ⅱ編 5.4.6 　床版のコンクリート 　　　または鉄筋 　同左 　　・・・道示Ⅱ編 14.3.5 　　・・・道示Ⅱ編 14.7.2 ・せん断力 　腹板 　$\tau \leqq \tau_{ud}$ 　　・・・道示Ⅱ編 5.4.7 ・曲げモーメント 　　　＋せん断力 　同左 　　・・・道示Ⅱ編 5.4.9

3.2.1 荷重
(1) 鉛直方向
死荷重，活荷重の特性値と作用位置を，図-3.2.1 に示す。

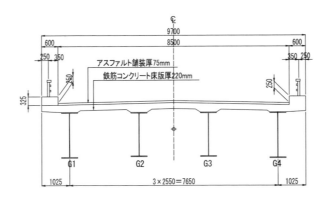

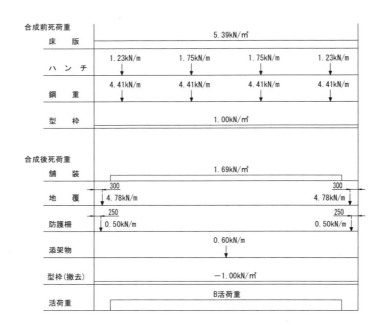

図-3.2.1 荷重載荷図

(2) 水平方向
風荷重 WS，WL および地震の影響 EQ の作用位置を，図-3.2.1-1 に示す。

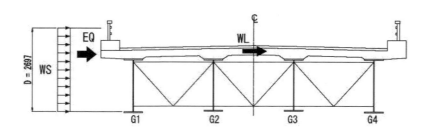

図-3.2.1-1 荷重載荷図

3.2.2 荷重係数

作用の組合せに対する荷重組合せ係数，荷重係数は，道示 I 編 表-3.3.1 の規定により，表-3.2.2 のとおりとする。

I 編 3.3

表-3.2.2 作用の組合せに対する荷重組合せ係数，荷重係数

荷重組合せ係数 γ_p と荷重係数 γ_q の値

	作用の組合せ	設計状況の区分	D		L		PS, CR, SH		E, HP, U		TH		TF		SW		GD, SD		CF, BK		WS		WL		WP		EQ		CO	
			γ_p	γ_q	γ_p	γ_q	γ_p	γ_q	γ_p	γ_q	γ_p	γ_q	γ_p	γ_q	γ_p	γ_q	γ_p	γ_q	γ_p	γ_q	γ_p	γ_q	γ_p	γ_q	γ_p	γ_q	γ_p	γ_q	γ_p	γ_q
①	D	永続作用支配状況	1.00	1.05	–	–	–	–	1.00	1.05	–	–	–	–	–	–	1.00	1.00	–	–	–	–	–	–	–	–	–	–	–	–
②	D+L	変動作用支配状況	1.00	1.05	1.00	1.25	1.00	1.05	1.00	1.05	–	–	1.00	1.00	1.00	1.00	1.00	1.00	1.00	1.00	–	–	–	–	1.00	1.00	–	–	–	–
③	D+TH		1.00	1.05	–	–	1.00	1.05	1.00	1.05	1.00	1.00	1.00	1.00	1.00	1.00	1.00	1.00	–	–	–	–	–	–	1.00	1.00	–	–	–	–
④	D+TH+WS		1.00	1.05	–	–	1.00	1.05	1.00	1.05	0.75	1.00	1.00	1.00	1.00	1.00	1.00	1.00	–	–	0.75	1.25	–	–	1.00	1.00	–	–	–	–
⑤	D+L+TH		1.00	1.05	0.95	1.25	1.00	1.05	1.00	1.05	0.75	1.00	1.00	1.00	1.00	1.00	1.00	1.00	1.00	1.00	–	–	–	–	1.00	1.00	–	–	–	–
⑥	D+L+WS+WL		1.00	1.05	0.95	1.25	1.00	1.05	1.00	1.05	–	–	–	–	–	–	1.00	1.00	1.00	1.00	0.50	1.25	0.50	1.25	1.00	1.00	–	–	–	–
⑦	D+L+TH+WS+WL		1.00	1.05	0.95	1.25	1.00	1.05	1.00	1.05	0.50	1.00	–	–	–	–	1.00	1.00	1.00	1.00	0.50	1.25	0.50	1.25	1.00	1.00	–	–	–	–
⑧	D+WS		1.00	1.05	–	–	1.00	1.05	1.00	1.05	–	–	1.00	1.00	1.00	1.00	1.00	1.00	–	–	1.00	1.25	–	–	1.00	1.00	–	–	–	–
⑨	D+TH+EQ		1.00	1.05	–	–	1.00	1.05	1.00	1.05	0.50	1.00	1.00	1.00	1.00	1.00	1.00	1.00	–	–	–	–	–	–	1.00	1.00	0.50	1.00	–	–
⑩	D+EQ	偶発作用支配状況	1.00	1.05	–	–	1.00	1.05	1.00	1.05	–	–	–	–	1.00	1.00	1.00	1.00	–	–	–	–	–	–	–	–	1.00	1.00	–	–
⑪	D+EQ		1.00	1.05	–	–	1.00	1.05	1.00	1.05	–	–	–	–	–	–	1.00	1.00	–	–	–	–	–	–	–	–	1.00	1.00	–	–
⑫	D+CO		1.00	1.05	–	–	1.00	1.05	1.00	1.05	–	–	–	–	–	–	1.00	1.00	–	–	–	–	–	–	–	–	–	–	1.00	1.00

3.2.3 調査・解析係数，部材・構造係数，抵抗係数	
(1) 曲げモーメントを受ける部材	Ⅱ編 5.3.6,
本橋は，支承条件が固定・可動の単純桁で，温度変化の影響により桁に軸力は発生しない構造となるので，限界状態1に対する照査は道示Ⅱ編 5.3.6，限界状態3に対する照査は道示Ⅱ編5.4.6に従い行う。	Ⅱ編 5.4.6
(2) せん断力を受ける部材	Ⅱ編 5.3.7,
限界状態1に対する照査は道示Ⅱ編 5.3.7，限界状態3に対する照査は道示Ⅱ編5.4.7に従い行う。	Ⅱ編 5.4.7
(3) 曲げモーメントおよびせん断力を受ける部材	Ⅱ編 5.3.9,
限界状態1に対する照査は道示Ⅱ編 5.3.9，限界状態3に対する照査は道示Ⅱ編5.4.9に従い行う。	Ⅱ編 5.4.9

3.2.4 断面力と断面構成

断面力と断面構成を示す断面構成図を，図-3.2.2に示す。

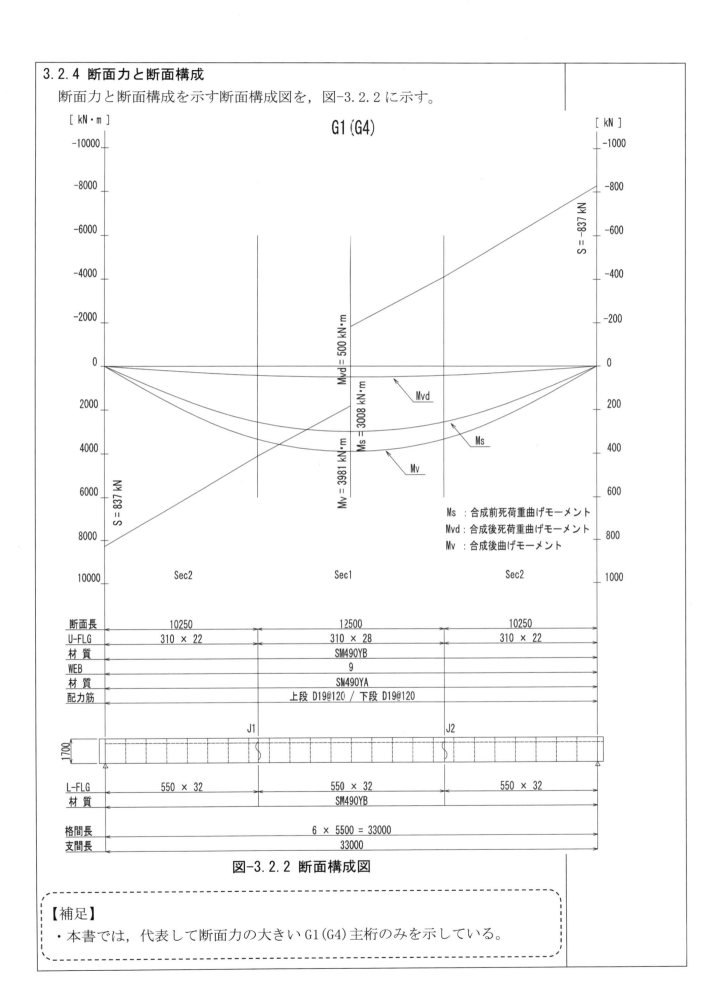

図-3.2.2 断面構成図

【補足】
・本書では，代表して断面力の大きいG1(G4)主桁のみを示している。

3.2.5 最小板厚の規定など（細部構造の規定など）

①引張フランジの自由突出部の板厚　　　　　　　　　　　　　　　Ⅱ編 13.3.2

引張フランジの自由突出部の板厚は，道示Ⅱ編 13.3.2 の規定により，鋼種に関わらず自由突出幅は 1/16 以上とする。

②腹板の板厚　　　　　　　　　　　　　　　　　　　　　　　　Ⅱ編 13.4.2

腹板の板厚は，道示Ⅱ編 表-13.4.1 の規定により，表-3.2.3 に示す値以上とする。

表-3.2.3 最小腹板厚

鋼種	SS400 SM400 SMA400W	SM490	SM490Y SM520 SMA490W	SBHS400 SBHS400W	SM570 SMA570W	SBHS500 SBHS500W
水平補剛材のないとき	$\dfrac{b}{152}$	$\dfrac{b}{131}$	$\dfrac{b}{124}$	$\dfrac{b}{117}$	$\dfrac{b}{110}$	$\dfrac{b}{107}$
水平補剛材を1段用いるとき	$\dfrac{b}{256}$	$\dfrac{b}{221}$	$\dfrac{b}{208}$	$\dfrac{b}{196}$	$\dfrac{b}{185}$	$\dfrac{b}{180}$
水平補剛材を2段用いるとき	$\dfrac{b}{311}$	$\dfrac{b}{311}$	$\dfrac{b}{293}$	$\dfrac{b}{276}$	$\dfrac{b}{260}$	$\dfrac{b}{253}$

ここに，b：上下両フランジの純間隔（mm）

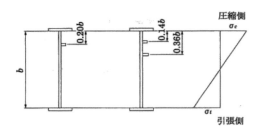

図-3.2.3 上下両フランジの純間隔

3.2.6 断面諸元と応力
(1) 断面諸元

3.2.4 に示す断面構成において，計算に用いる断面寸法および断面剛性は，図-3.2.4，表-3.2.4，表-3.2.5 に示す。また，本橋では，ハンチの高さは 60mm とし，床版の有効幅は床版のコンクリートと鋼桁との合成作用を考慮し，道示Ⅱ編 14.3.4 の規定により，2275mm とする。

Ⅱ編 14.1.2
Ⅱ編 11.2.12
Ⅱ編 14.3.4

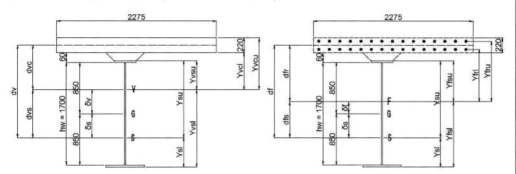

鋼桁・コンクリート合成断面　　　鋼桁・鉄筋合成断面

図-3.2.4 合成断面

表-3.2.4 G1（G4）支間中央の断面寸法(mm)

床版	2275×220	—
U.Flg	310×28	SM490Y
Web	1700×9	SM490Y
L.Flg	550×32	SM490Y

表-3.2.5 G1（G4）支間中央の断面剛性

Ⅱ編 14.1.2

	合成前	合成後	
	鋼桁	鋼桁・コンクリート合成断面（ヤング係数比 n=7）	鋼桁・鉄筋合成断面（上段 D19-19 本，下段 D19-19 本）
断面積 A(cm^2)	415.8	1130.8	524.6
断面二次モーメント I(cm^4)	2192000	6039000	3450000

Ⅱ編 14.2.1

【補足】
・本書では，代表して G1（G4）主桁の支間中央の断面での設計計算例を示している。

(2) 断面力

作用の特性値による断面力および荷重組合せ係数，荷重係数を考慮した設計断面力を，表-3.2.6，表-3.2.7 に示す。なお，風荷重および地震の影響による設計断面力は 3.2.12 に示す。

【補足】
・死荷重や活荷重など平面格子解析などから得られる断面力（橋軸回り（Mx）および橋軸直角軸回り（My）の断面力）に加え，風荷重や地震の影響などの作用により生じる鉛直軸回りの断面力（Mz）も考慮して設計を行う必要がある。

本書では，床版と桁の剛性比を考えると，断面力（Mz）による鋼桁断面に生じる応力は小さく断面の決定要因とならないことから考慮していない。

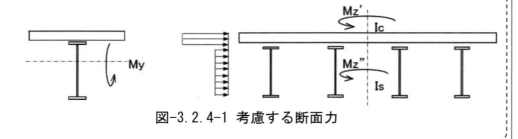

図-3.2.4-1 考慮する断面力

表-3.2.6 支間中央の曲げモーメント（kN・m）

			D																
		設計断面力	前	後	L	PS	CR	SH	E, HP, U	TH	TF	SW	GD, SD	CF, BK	WS	WL	WP	EQ	CO
特性値による断面力		—	3,008	500	3,481	0	170	731	0	0	760	0	0	0	0	0	0	0	0
① D(+TF)	永続作用支配状況	5,389	3,158	525	—	0	179	768	0	—	760	—	0	—	—	—	0	—	—
② D+L	変動作用支配状況	9,741	3,158	525	4,351	0	179	768	0	—	760	0	0	0	—	—	0	—	—
③ D+TH		5,389	3,158	525	—	0	179	768	0	0	760	—	0	—	—	—	0	—	—
④ D+TH+WS		5,389	3,158	525	—	0	179	768	0	0	760	—	0	—	0	—	0	—	—
⑤ D+L+TH		9,523	3,158	525	4,134	0	179	768	0	0	760	0	0	0	—	—	0	—	—
⑥ D+L+WS+WL		9,523	3,158	525	4,134	0	179	768	0	—	760	—	0	0	0	0	0	—	—
⑦ D+L+TH+WS+WL		9,523	3,158	525	4,134	0	179	768	0	0	760	—	0	0	0	0	0	—	
⑧ D+WS		5,389	3,158	525	—	0	179	768	0	—	760	—	0	—	0	—	0	—	—
⑨ D+TH+EQ		5,389	3,158	525	—	0	179	768	0	0	760	0	0	—	—	—	0	0	—
⑩ D+EQ		5,389	3,158	525	—	0	179	768	0	—	760	—	0	—	—	—	0	0	—
⑪ D+EQ	偶発作用支配状況	4,629	3,158	525	—	0	179	768	0	—	—	—	0	—	—	—	—	0	—
⑫ D+CO		4,629	3,158	525	—	0	179	768	0	—	—	—	0	—	—	—	—	—	0

【補足】
- 本書では，値が最大となる支間中央のみの曲げモーメントを示している。
- 本書では，作用の特性値による断面力を算出し，荷重組合せ係数と荷重係数を乗じて各作用の組合せによる断面力を算出している。
- 本書では，死荷重による断面力は，桁の断面剛性が異なる合成前と合成後の断面力を算出し，荷重係数（γ_q）は，どちらの場合も 1.05 としている。

表-3.2.7 支点部のせん断力 (kN)

			設計断面力	D		L	PS	CR	SH	E, HP, U	TH	TF	SW	GD, SD	CF, BK	WS	WL	WP	EQ	CO
				前	後															
特性値による断面力			—	361	90	386	0	0	0	0	0	0	0	0	0	0	0	0	0	0
①	D(+TF)	永続作用支配状況	474	379	95	—	0	0	0	0	—	0	—	0	—	—	—	0	—	—
②	D+L	変動作用支配状況	956	379	95	483	0	0	0	0	—	0	0	0	0	—	—	0	—	—
③	D+TH		474	379	95	—	0	0	0	0	0	0	—	0	—	—	—	0	—	—
④	D+TH+WS		474	379	95	—	0	0	0	0	0	0	—	0	—	0	—	0	—	—
⑤	D+L+TH		932	379	95	458	0	0	0	0	0	0	0	0	0	—	—	0	—	—
⑥	D+L+WS+WL		932	379	95	458	0	0	0	0	—	0	—	0	0	0	0	0	—	—
⑦	D+L+TH+WS+WL		932	379	95	458	0	0	0	0	0	0	—	0	0	0	0	0	—	—
⑧	D+WS		474	379	95	—	0	0	0	0	—	0	—	0	—	0	—	0	—	—
⑨	D+TH+EQ		474	379	95	—	0	0	0	0	0	0	0	0	—	—	—	0	0	—
⑩	D+EQ		474	379	95	—	0	0	0	0	—	0	—	0	—	—	—	0	0	—
⑪	D+EQ	偶発作用支配状況	474	379	95	—	0	0	0	0	—	—	—	0	—	—	—	—	0	—
⑫	D+CO		474	379	95	—	0	0	0	0	—	—	—	0	—	—	—	—	—	0

【補足】
・本書では，値が最大となる支点部のみのせん断力を示している。
・本書では，作用の特性値による断面力を算出し，荷重組合せ係数と荷重係数を乗じて各作用の組合せによる断面力を算出している。
・本書では，死荷重による断面力は，桁の断面剛性が異なる合成前と合成後の断面力を算出し，荷重係数（γ_q）は，どちらの場合も 1.05 としている。

（3）応力

1）鋼桁・コンクリート合成断面

コンクリート床版を桁の断面に算入する場合の応力を，表-3.2.8，表-3.2.9
に示す。

【補足】

　すべての作用の組合せによる応力を示す必要があるが，本書では断面の決
定要因となる作用の組合せ①と作用の組合せ②のみを示している。

表-3.2.8 G1 (G4) 支間中央の曲げ応力 (N/mm²)

			床版上端 σ_{cu}	床版下端 σ_{cl}	上フランジ σ_u	下フランジ σ_l
特性値から算出した応力	合成前	死荷重 (D)	−	−	−146.0	95.5
	合成後	死荷重 (D)	−0.7	−0.4	−2.5	12.1
		活荷重 (L)	−4.6	−2.7	−17.4	84.1
		クリープ (CR)	0.3	0.0	−5.1	0.9
		乾燥収縮 (SH)	0.5	0.7	−25.0	4.2
		温度差 (TF)	0.2	0.6	−19.0	3.2
作用の組合せ ①	合成前	死荷重 (D)	−	−	−153.3	100.3
	合成後	死荷重 (D)	−0.7	−0.4	−2.6	12.7
		活荷重 (L)	−	−	−	−
		クリープ (CR)	0.3	0.0	−5.4	0.9
		乾燥収縮 (SH)	0.5	0.7	−26.3	4.4
		温度差 (TF)	0.2	0.6	−19.0	3.2
		計	0.3	0.9	−53.2	21.3
	合計		0.3	0.9	−206.5	121.5
作用の組合せ ②	合成前	死荷重 (D)	−	−	−153.3	100.3
	合成後	死荷重 (D)	−0.7	−0.4	−2.6	12.7
		活荷重 (L)	−5.8	−3.4	−21.8	105.1
		クリープ (CR)	0.3	0.0	−5.4	0.9
		乾燥収縮 (SH)	0.5	0.7	−26.3	4.4
		温度差 (TF)	0.2	0.6	−19.0	3.2
		計	−5.4	−2.5	−75.0	126.4
	合計		−5.4	−2.5	−228.3	226.7

作用の組合せ①の永続作用支配状況においては床版の上端，下端に引張応力が発生することから，道示Ⅱ編14.1.2の規定により，コンクリート床版を桁の断面として考慮せず，コンクリート床版の橋軸方向鉄筋のみを桁の断面に算入する鋼桁・鉄筋合成断面として計算を行う。

Ⅱ編 14.6.2

表-3.2.9 G1 (G4) 支点部のせん断応力 (N/mm²)

			腹板 τ
特性値から算出した応力	合成前	死荷重 (D)	23.6
	合成後	死荷重 (D)	5.9
		活荷重 (L)	25.2
		クリープ (CR)	0.0
		乾燥収縮 (SH)	0.0
		温度差 (TF)	0.0
作用の組合せ ①	合成前	死荷重 (D)	24.8
	合成後	死荷重 (D)	6.2
		活荷重 (L)	−
		クリープ (CR)	0.0
		乾燥収縮 (SH)	0.0
		温度差 (TF)	0.0
		計	6.2
	合計		31.0
作用の組合せ ②	合成前	死荷重 (D)	24.8
	合成後	死荷重 (D)	6.2
		活荷重 (L)	31.5
		クリープ (CR)	0.0
		乾燥収縮 (SH)	0.0
		温度差 (TF)	0.0
		計	37.7
	合計		62.5

2）鋼桁・鉄筋合成断面

作用の組合せ①の永続作用支配状況におけるコンクリート床版の橋軸方向鉄筋のみを桁の断面に算入する場合の応力を，表-3.2.10，表-3.2.11 に示す。

表-3.2.10 G1（G4）支間中央の曲げ応力（N/mm²）

			上段鉄筋	下段鉄筋	上フランジ	下フランジ
			σ_{su}	σ_{sl}	σ_u	σ_l
特性値から算出した応力	合成前	死荷重（D）	－	－	-146.0	95.5
	合成後	死荷重（D）	-14.6	-13.1	-11.8	13.7
		活荷重（L）	-101.6	-91.3	-82.1	95.5
		クリープ（CR）	-10.0	-9.5	-9.0	-0.3
		乾燥収縮（SH）	-39.5	-37.4	-35.4	1.8
		温度差（TF）	-30.9	-28.6	-50.6	11.9
作用の組合せ①	合成前	死荷重（D）	－	－	-153.3	100.3
	合成後	死荷重（D）	-15.3	-13.8	-12.4	14.4
		活荷重（L）	－	－	－	－
		クリープ（CR）	-10.5	-10.0	-9.5	-0.3
		乾燥収縮（SH）	-41.5	-39.3	-37.2	1.9
		温度差（TF）	-30.9	-28.6	-50.6	11.9
		計	-98.2	-91.6	-109.6	27.9
	合計		-98.2	-91.6	-262.9	128.1

表-3.2.11 G1（G4）支点部のせん断応力（N/mm²）

			腹板
			τ
特性値から算出した応力	合成前	死荷重（D）	23.6
	合成後	死荷重（D）	5.9
		活荷重（L）	25.2
		クリープ（CR）	0.0
		乾燥収縮（SH）	0.0
		温度差（TF）	0.0
作用の組合せ①	合成前	死荷重（D）	24.8
	合成後	死荷重（D）	6.2
		活荷重（L）	－
		クリープ（CR）	0.0
		乾燥収縮（SH）	0.0
		温度差（TF）	0.0
		計	6.2
	合計		31.0

3.2.7 耐荷性能の照査

(1) 曲げモーメントを受ける部材

　フランジは，曲げモーメントを受ける部材として照査を行う。

```
【補足】
　本書では，G1（G4）主桁の曲げモーメントが最大となる支間中央の断面のみ
を示している。
```

1) 限界状態1に対する照査　　　　　　　　　　　　　　　　　　Ⅱ編5.3.6

　a) 制限値

　ⅰ) 引張側　　　　　　　　　　　　　　　　　　　　　　　　Ⅱ編5.3.5

　　　$\sigma_{tyd}=\xi_1 \cdot \Phi_{Yt} \cdot \sigma_{yk}$

　　　ここに，

　　　　　σ_{tyd}：軸方向引張応力度の制限値

　　　　　ξ_1（調査・解析係数）　　0.90

　　　　　Φ_{Yt}（抵抗係数）　　　0.85

　　　　　σ_{Yk}（降伏強度の特性値）　　355N/mm² （SM490Y）

　　　$\sigma_{tyd}=\xi_1 \cdot \Phi_{Yt} \cdot \sigma_{yk}=0.90 \times 0.85 \times 355=271$ N/mm²

　ⅱ) 圧縮側　　　　　　　　　　　　　　　　　　　　　　　　Ⅱ編5.4.6

　　　①曲げ圧縮応力度の制限値

　　　　　限界状態1に対する制限値は，道示Ⅱ編5.3.6の規定に従い，限界状
　　　　態3に対する制限値とする。

　　　②局部座屈に対する圧縮応力度の制限値

　　　　　限界状態1に対する制限値は，道示Ⅱ編5.3.2の規定に従い，限界状
　　　　態3に対する制限値とする。

　b) 照査

```
【補足】
　実際の設計では，全ての荷重組合せに対して照査を行う必要があるが，本
書では，断面の決定要因となる作用の組合せ①と作用の組合せ②における照
査のみの計算例を示している。
```

-65-

ⅰ）永続作用支配状況における照査

　永続作用支配状況における照査では，道示Ⅰ編3.2の規定により，桁架設時の照査も行う。

┌───┐
【補足】
　本書では，圧縮側となる上フランジの照査のみを示している。
└───┘

　①架設時（合成前）
　　　限界状態1に対する照査は，道示Ⅱ編5.3.6の規定に従い，限界状態3に対する照査により行う。
　②完成時（合成後）
　　　限界状態1に対する照査は，道示Ⅱ編5.3.6の規定に従い，限界状態3に対する照査により行う。

ⅱ）変動作用支配状況における照査

　変動作用支配状況における照査では，正の曲げモーメントが生じる部分に対し，道示Ⅱ編14.6.3の規定により，鋼桁の制限値の補正係数として，圧縮縁で1.15，引張縁で1.00を考慮する。

Ⅱ編14.6.3

　　　圧縮縁の鋼桁の制限値　271N/mm² × 1.15 ＝ 311N/mm²
　　　引張縁の鋼桁の制限値　271N/mm² × 1.00 ＝ 271N/mm²

表-3.2.12　G1（G4）支間中央の照査（上フランジ）

N/mm²

		応答値 （応力度）	制限値 （応力度）
合成前（死荷重）		−153.3	−
合成後	死荷重	−2.6	−
	活荷重	−21.8	−
	クリープ	−5.4	−
	乾燥収縮	−26.3	−
	温度差	−19.0	−
合計		−228.3	−311

照査　OK

表-3.2.13 G1（G4）支間中央の照査（下フランジ）

N/mm²

		応答値 （応力度）	制限値 （応力度）
合成前（死荷重）		100.3	－
合成後	死荷重	12.7	－
	活荷重	105.1	－
	クリープ	0.9	－
	乾燥収縮	4.4	－
	温度差	3.2	－
合計		226.7	271

照査　OK

2）限界状態3に対する照査　　　　　　　　　　　　　　　Ⅱ編5.4.6

a）制限値

ⅰ）引張側

$\sigma_{tud}=\xi_1 \cdot \xi_2 \cdot \Phi_{Ut} \cdot \sigma_{yk}$

ここに,

σ_{tud}：曲げ引張応力度の制限値

ξ_1（調査・解析係数）　　0.90

ξ_2（部材・構造係数）　　1.00

Φ_{Ut}（抵抗係数）　　0.85

σ_{yk}（降伏強度の特性値）　　355N/mm^2（SM490Y）

$\sigma_{tud}=\xi_1 \cdot \xi_2 \cdot \Phi_{Ut} \cdot \sigma_{yk}=0.90\times1.00\times0.85\times355=271$ N/mm^2

ⅱ）圧縮側

①曲げ圧縮応力度の制限値

$\sigma_{cud}=\xi_1 \cdot \xi_2 \cdot \Phi_{U} \cdot \rho_{brg} \cdot \sigma_{yk}$

ここに,

σ_{cud}：曲げ圧縮応力度の制限値

ξ_1（調査・解析係数）　　0.90

ξ_2（部材・構造係数）　　1.00

Φ_{U}（抵抗係数）　　0.85

σ_{yk}（降伏強度の特性値）　　355N/mm^2〔SM490Y〕

ρ_{brg}（曲げ圧縮による横倒れ座屈に対する圧縮応力度の特性値に関する補正係数）

合成前，架設時：主桁の圧縮フランジがコンクリート床版で直接固定されていない場合

$\rho_{brg}=1.0-0.412\cdot(\alpha-0.2)=0.690$　（$\alpha=0.952$　$>$ 0.2）

座屈パラメータ α

$A_w/A_c=15300/8680=1.76 \leqq 2$, $K=2$

$\alpha=2/\pi\cdot K\cdot\sqrt{(\sigma_{yk}/E)}\cdot l/b=0.952$

l/b の照査　5500/310=17.7 $\leqq$ 27（SM490Y）　OK

l（圧縮フランジ固定点間距離）　　5500 mm

b（圧縮フランジ幅）　　310 mm

E（ヤング係数）　　2.00×10^5 N/mm^2

A_w（腹板の総断面積）　　15300 mm^2

A_c（圧縮フランジの総断面積）　　8680 mm^2

$\sigma_{cud}=\xi_1 \cdot \xi_2 \cdot \Phi_{U} \cdot \rho_{brg} \cdot \sigma_{yk}=0.90\times1.00\times0.85\times0.690\times355=187$ N/mm^2

合成後：主桁の圧縮フランジがコンクリート床版で直接固定されている場合（$\rho_{brg}=1.0$）

$\sigma_{cud}=\xi_1 \cdot \xi_2 \cdot \Phi_{U} \cdot \rho_{brg} \cdot \sigma_{yk}=0.90\times1.00\times0.85\times1.00\times355=271$ N/mm^2

②局部座屈に対する圧縮応力度の制限値　　　　　　　　　　Ⅱ編 5.4.2

$\sigma_{crld} = \xi_1 \cdot \xi_2 \cdot \Phi_U \cdot \rho_{crl} \cdot \sigma_{yk}$

ここに，

σ_{crld}：局部座屈に対する圧縮応力度の制限値

ξ_1（調査・解析係数）　　0.90

ξ_2（部材・構造係数）　　1.00

Φ_U（抵抗係数）　　　　0.85

σ_{yk}（降伏強度の特性値）　　355N/mm²

ρ_{crl}（局部座屈に対する圧縮応力度の特性値に関する補正係数）1.00

R=0.363　（b=150.5mm，t=28mm）　≦　0.7

$\sigma_{crld} = \xi_1 \cdot \xi_2 \cdot \Phi_U \cdot \rho_{crl} \cdot \sigma_{yk} = 0.90 \times 1.00 \times 0.85 \times 1.00 \times 355 = 271$ N/mm²

①，②より，圧縮側の照査は曲げ圧縮応力度の制限値を用いる。

b)　照査

【補足】

　実際の設計では，全ての荷重組合せに対して照査を行う必要があるが，本書では，断面の決定要因となる作用の組合せ①と作用の組合せ②における照査のみの計算例を示している。

ⅰ）永続作用支配状況における照査

　永続作用支配状況における照査では，道示Ⅰ編3.2の規定により，桁架設時の照査も行う。

【補足】

本書では，圧縮側となる上フランジの照査のみを示している。

①架設時（合成前）

表-3.2.14　G1（G4）支間中央の照査（上フランジ）

N/mm²

	応答値 （応力度）	制限値 （応力度）
合成前（死荷重）	−153.3	−187

照査　OK

-69-

②完成時（合成後）

表-3.2.15 G1（G4）支間中央の照査（上フランジ）

N/mm²

		応答値 （応力度）	制限値 （応力度）
合成前（死荷重）		−153.3	−
合成後	死荷重	−12.4	−
	クリープ	−9.5	−
	乾燥収縮	−37.2	−
	温度差	−50.6	−
合計		−262.9	−271

照査　OK

ⅱ）変動作用支配状況における照査

変動作用支配状況における照査では，正の曲げモーメントが生じる部分に対し，道示Ⅱ編14.7.3の規定により，鋼桁の制限値の補正係数として，圧縮縁で1.15，引張縁で1.00を考慮する。

Ⅱ編 14.7.3

　　　圧縮縁の鋼桁の制限値　271N/mm²×1.15＝311N/mm²
　　　引張縁の鋼桁の制限値　271N/mm²×1.00＝271N/mm²

表-3.2.16 G1（G4）支間中央の照査（上フランジ）

N/mm²

		応答値 （応力度）	制限値 （応力度）
合成前（死荷重）		−153.3	−
合成後	死荷重	−2.6	−
	活荷重	−21.8	−
	クリープ	−5.4	−
	乾燥収縮	−26.3	−
	温度差	−19.0	−
合計		−228.3	−311

照査　OK

表-3.2.17 G1（G4）支間中央の照査（下フランジ）

N/mm²

		応答値 （応力度）	制限値 （応力度）
合成前（死荷重）		100.3	－
合成後	死荷重	12.7	－
	活荷重	105.1	－
	クリープ	0.9	－
	乾燥収縮	4.4	－
	温度差	3.2	－
合計		226.7	271

照査　OK

（2）せん断力を受ける部材

腹板は，せん断力を受ける部材として照査を行う。

【補足】

本書では，G1(G4)主桁のせん断力が最大となる支点上の断面のみを示している。

1）限界状態1に対する照査

II編 5.3.7

限界状態1に対する照査は，道示II編5.3.7の規定に従い，限界状態3に対する照査により行う。

2）限界状態3に対する照査

II編 5.4.7

a）制限値

$$\tau_{ud}=\xi_1 \cdot \xi_2 \cdot \Phi_{Us} \cdot \tau_{yk}$$

ここに，

τ_{ud}：せん断応力度の制限値

ξ_1（調査・解析係数）　0.90

ξ_2（部材・構造係数）　1.00

Φ_{Us}（抵抗係数）　　0.85

τ_{yk}（せん断降伏強度の特性値）　205N/mm²

$\tau_{ud}=\xi_1 \cdot \xi_2 \cdot \Phi_{Us} \cdot \tau_{yk}=0.90 \times 1.00 \times 0.85 \times 205=156$ N/mm²

b）照査

【補足】

実際の設計では，全ての荷重組合せに対して照査を行う必要があるが，本書では，断面の決定要因となる作用の組合せ②における照査の計算例のみを示している。

-71-

表-3.2.18 G1（G4）支点部の照査（腹板）

N/mm²

		応答値 （応力度）	制限値 （応力度）
合成前（死荷重）		24.8	－
合成後	死荷重	6.2	－
	活荷重	31.5	－
	クリープ	－	－
	乾燥収縮	－	－
	温度差	－	－
合計		62.5	156

照査　OK

(3) 曲げモーメントおよびせん断力を受ける部材

1）限界状態1に対する照査

II編 5.3.9

曲げモーメントおよびせん断力を受ける部材の照査は，道示II編5.3.9に従い，せん断応力度が制限値の45%以下なので不要とする。

$62.5 N/mm^2 ／ 156 N/mm^2 ＝ 0.40 ≦ 0.45$

2）限界状態3に対する照査

II編 5.4.9

限界状態3に対する照査は，道示II編5.4.9の規定に従い，限界状態1に対する照査により行う。

		II編 14.3.5

3.2.8 主桁作用と床版作用の重ね合わせを考慮する場合の照査

II編 14.3.5
II編 14.6.1

(1) 限界状態1に対する照査

1) 制限値

コンクリートの圧縮応力度の制限値（$\sigma_{ck}=30\text{N/mm}^2$）

主桁の断面の一部としての作用　　10.8N/mm²

同時に考慮した場合　　　　　　　15.8N/mm²

2) 照査

表-3.2.19 G1（G4）支間中央の照査

コンクリートの圧縮応力度（鋼桁・コンクリート合成断面）

N/mm²

	応答値 （応力度）	制限値 （応力度）
床版としての作用	5.3	—
主桁の断面の一部としての作用	5.8	10.8
合計	11.1	15.8

照査　OK

【補足】

・主桁作用と床版作用の重ね合わせを考慮する場合の照査において，コンクリートの圧縮応力度による照査は，全ての荷重組合せに対して行う必要があるが，本書では断面の決定要因となる作用の組合せ②の計算例のみを示している。

・本書では，この照査の応力度は，圧縮側を正の値としている。

(2) 限界状態3に対する照査

II編 14.7.1

限界状態3に対する照査は，道示II編14.7.2の規定に従い，限界状態1に対する照査により行う。

-73-

3.2.9 接合部（高力ボルト摩擦接合）
(1) 特性値と抵抗側の部分係数
1) 特性値
　摩擦接合用高力ボルトのすべり強度の特性値は，接触面に無機ジンクリッチペイントを塗装するため，道示Ⅱ編 表-9.6.1(b)の特性値とする。

Ⅱ編9.6.2

2) 抵抗側の部分係数
　摩擦接合用高力ボルトの抵抗側の部分係数は，限界状態1に対する照査では道示Ⅱ編9.6.2，限界状態3に対する照査では道示Ⅱ編9.9.2による。

Ⅱ編9.6.2,
Ⅱ編9.9.2

(2) 高力ボルト継手
　変動作用支配状況における照査では，正の曲げモーメントが生じる部分に対し，道示Ⅱ編14.6.3により鋼桁の制限値の補正係数として，圧縮縁で1.15，引張縁で1.00を考慮する。

Ⅱ編14.6.3

1) 上フランジ
　上フランジの発生応力は，最大となる作用の組合せ①（永続作用支配状況）による値を用いる。

　　1-Flg PL　310×22（SM490Y）
　　発生応力　　269 N/mm²（発生応力は連結位置の小さい断面側の値）
　　母材の全強の75%　$\sigma_{cud} \cdot 0.75 = 271 \times 0.75 = 203$ N/mm²
　　ここに，
　　　σ_{cud}：曲げ圧縮応力度の制限値
　よって，発生応力が母材の全強の75%の強度より大きいため，設計応力は発生応力とし，発生応力による照査を行う。
　　設計応力　　269 N/mm²

Ⅱ編9.1.1

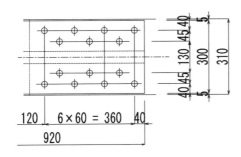

図-3.2.5 上フランジの高力ボルト継手

a) 限界状態1に対する照査　　　　　　　　　　　　　　　　　　　　Ⅱ編9.6.1

$V_{sd}=P_{sd}/n \leqq \xi_1 \cdot \Phi_{Mfv} \cdot V_{fk} \cdot m$

ここに,

　　V_{sd}：ボルト1本あたりに生じる力（N）

　　P_{sd}：接合線の片側にある全ボルトに生じる力（N）

　　　　$P_{sd}=\sigma \cdot b \cdot t = 1834580$ N

　　　　σ：照査位置の垂直応力度　269 N/mm^2

　　　　$b \cdot t$：母材の断面積　　　　　310×22=6820mm^2

　　　　n：接合線の片側にあるボルトの全本数　14本

　　　　m：摩擦面数　m=2（複せん断）

　　　　V_{fk}：1ボルト1摩擦面あたりのすべり強度　92kN（M22 S10T）

　　　　Φ_{Mfv}：抵抗係数　　　　　0.85

　　　　ξ_1：調査・解析係数　0.90

　　$V_{sd}=1834580/14=131041$ N$\leqq \xi_1 \cdot \Phi_{Mfv} \cdot V_{fk} \cdot m=140760$ N

　　　　　　　　　　　　　　　　　　　　　　　　　　照査　OK

b) 限界状態3に対する照査　　　　　　　　　　　　　　　　　　　　Ⅱ編9.9.1

$V_{sd} \leqq V_{fud}$

ここに,

　　V_{sd}：ボルト1本あたりに生じる力（N）　　131041 N

　　V_{fud}：ボルト1本あたりの制限値（N）

　　　　$V_{fud}=\xi_1 \cdot \xi_2 \cdot \Phi_{MBsl} \cdot \tau_{uk} \cdot A_s \cdot m=158166$ N

　　　　A_s：ねじ部の有効面積　303 mm^2（M22）

　　　　m：接合面数　m=2（複せん断）

　　　　τ_{uk}：摩擦接合用ボルトのせん断破壊強度の特性値　580 N/mm^2

　　　　$\xi_2 \cdot \Phi_{MBsl}$：部材・構造係数と抵抗係数との積　0.50

　　　　ξ_1：調査・解析係数　0.90

　　$V_{sd}=131041$ N $\leqq V_{fud}=158166$ N

　　　　　　　　　　　　　　　　　　　　　　　　　　照査　OK

c) 連結板の照査　　　　　　　　　　　　　　　　　　　　　　　　Ⅱ編9.5.12

　　1-Sp1 PL 300×14（SM490Y）　　$A_s = 4200$ mm^2

　　2-Sp1 PL 125×14（SM490Y）　　$A_s = 3500$ mm^2

　　　　　　　　　　　　　　　　$\Sigma A_s = 7700$ mm^2

　　上フランジ母材の断面積　6820mm^2 $\leqq \Sigma A_s = 7700$ mm^2

　　　　　　　　　　　　　　　　　　　　　　　　　　照査　OK

d) はし抜け破壊に対する照査　　　　　　　　　　　　　　　　　　Ⅱ編9.5.8

　　応力方向のボルト本数が2本以上あるため, 道示Ⅱ編 式（9.5.2）のはし抜け破壊に対する照査は省略する。

-75-

2) 下フランジ

　下フランジの発生応力は，最大となる作用の組合せ②による値を用いる。

　また，下フランジは引張材となるので，ボルト孔の控除を考慮する。連結板の形状は図-3.2.6に示す。

【補足】
　本書では，2本のボルト孔を控除する断面①および6本のボルト孔を控除する断面⑤の照査を示している。

　　1-Flg PL　550×32（SM490Y）
　　発生応力　　193 N/mm²（発生応力は連結位置の小さい断面側の値）　　　Ⅱ編9.1.1
　　母材の全強の75%　$\sigma_{tud} \cdot 0.75 = 271 \times 0.75 = 203$ N/mm²
　　ここに，
　　　σ_{tud}：曲げ引張応力度の制限値
　　よって，母材の全強の75%の強度が発生応力より大きいため，設計応力は全強の75%の強度とし，全強の75%の強度による照査を行う。
　　　設計応力　203 N/mm²

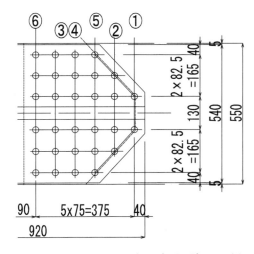

図-3.2.6　下フランジの高力ボルト継手

a) 限界状態1に対する照査   Ⅱ編 9.6.2

 $V_{sd}=P_{sd}/n \leqq \xi_1 \cdot \Phi_{Mfv} \cdot V_{fk} \cdot m$

 ここに，

  V_{sd}：ボルト1本あたりに生じる力（N）

  P_{sd}：接合線の片側にある全ボルトに生じる力（N）

   $P_{sd}=\sigma \cdot b \cdot t=3572800$ N

    σ：照査位置の垂直応力度 203 N/mm²

    $b \cdot t$：母材の断面積 550×32=17600mm²

    n：接合線の片側にあるボルトの全本数 30 本

    m：摩擦面数 $m=2$（複せん断）

    V_{fk}：1ボルト1摩擦面あたりのすべり強度 92kN（M22 S10T）

    Φ_{Mfv}：抵抗係数 0.85

    ξ_1：調査・解析係数 0.90

 $V_{sd}=3572800/30=119093$ N$\leqq\xi_1 \cdot \Phi_{Mfv} \cdot V_{fk} \cdot m=140760$ N

              照査　OK

b) 限界状態3に対する照査   Ⅱ編 9.9.2

 $V_{sd} \leqq V_{fud}$

 ここに，

  V_{sd}：ボルト1本あたりに生じる力（N） 119093 N

  V_{fud}：ボルト1本あたりの制限値（N）

   $V_{fud}=\xi_1 \cdot \xi_2 \cdot \Phi_{MBsl} \cdot \tau_{uk} \cdot A_s \cdot m=158166$ N

    A_s：ねじ部の有効面積 303mm²（M22）

    m：接合面数 $m=2$（複せん断）

    τ_{uk}：摩擦接合用ボルトのせん断破壊強度の特性値 580 N/mm²

    $\xi_2 \cdot \Phi_{MBsl}$：部材・構造係数と抵抗係数との積 0.50

    ξ_1：調査・解析係数 0.90

 $V_{sd}=119093$ N $\leqq V_{fud}=158166$ N

              照査　OK

c) 純断面積の照査   Ⅱ編 9.5.5

 断面①

  純断面積 $A_n = (550-2\times25)\times32\times1.1 = 17600$ mm²

  総断面積 $A_g = 550\times32 = 17600$ mm² $\geqq A_n$

  応力照査

   $\sigma = 193 \times A_g/A_n =193$ N/mm² $\leqq 271$ N/mm²

              照査　OK

断面⑤

純断面積 $A_n = (550-6\times25)\times32\times1.1 = 14080$ mm^2

総断面積 $A_g = 550\times32 = 17600$ mm$^2 \geqq A_n$

応力照査

$\sigma = 193 \times A_g/A_n \times (30-6)/30 = 193$ N/mm$^2 \leqq 271$ N/mm^2

照査　OK

d) 連結板の照査   Ⅱ編 9.5.12

断面⑥

1-Spl PL 540×19 （SM490Y）　　$A_g = 10260$ mm^2

2-Spl PL 245×22 （SM490Y）　　$A_g = 10780$ mm^2
_____

$\Sigma A_g = 21040$ mm^2

純断面積 $\Sigma A_n = (\Sigma A_g - 6\times25\times19-2\times3\times25\times22)$

$= 14890$ mm^2

下フランジ母材の純断面積　$(550-6\times25)\times32= 12800$mm^2

$\leqq \Sigma A_n = 14890$ mm^2

照査　OK

e) **はし抜け破壊に対する照査**   Ⅱ編 9.5.8

応力方向のボルト本数が 2 本以上あるため，道示Ⅱ編 式 (9.5.2) のはし抜け破壊に対する照査は省略する。

3) 腹板

照査は，作用応力の大きい上フランジ側で行い，最上段ボルトに対して行う。

　　ウェブ上端の発生応力　263 N/mm²
　　ウェブ下端の発生応力　185 N/mm²

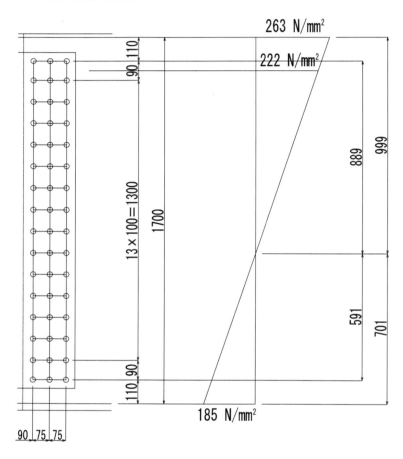

図-3.2.7 腹板の高力ボルト継手

a）限界状態1に対する照査	II編 9.6.1
ⅰ）垂直応力による照査	II編 9.6.2

$V_{sd1}=P_{sd1}/n_1 \quad \leqq \quad \xi_1 \cdot \Phi_{Mfv} \cdot V_{fk} \cdot m$

ここに，

V_{sd1}：1列目のボルト1本あたりに生じる力（N）

P_{sd1}：1列目の接合線の片側にあるボルト群に生じる力（N）

$b_1 = g_0+g_1/2 = 110+90/2 = 155mm$

$P_{sd1} = (\sigma_0+\sigma_1)/2 \times b_1 \times t$

$= (263+222)/2 \times 155 \times 9 = 338288 \ N$

$g_0,\ g_1$：作用力と直交方向のボルト間隔またはボルト縁端距離

$\sigma_0,\ \sigma_1$：照査位置に生じる垂直応力度

b_1：1列目のボルトの作用力分担幅

t：母材の板厚　9mm

n_1：1列目の接合線の片側にあるボルト群のボルト本数　3本

m：摩擦面数　$m=2$（複せん断）

V_{fk}：1ボルト1摩擦面あたりのすべり強度　92kN（M22 S10T）

Φ_{Mfv}：抵抗係数　　　0.85

ξ_1：調査・解析係数　0.90

$V_{sd1}=338288/3=112763 \ N \leqq \xi_1 \cdot \Phi_{Mfv} \cdot V_{fk} \cdot m=140760 \ N$

照査　OK

ⅱ）せん断力による照査	II編 9.6.2

$V_{sds} = S_{sd}/n \leqq \xi_1 \cdot \Phi_{Mfs} \cdot V_{fk} \cdot m$

ここに，

V_{sds}：ボルト1本あたりに生じるせん断力（N）

S_{sd}：連結部に生じるせん断力（N）　　489600N

n：接合線の片側にあるボルトの全本数　48本

m：摩擦面数　$m=2$（複せん断）

V_{fk}：1ボルト1摩擦面あたりのすべり強度　92kN（M22 S10T）

Φ_{Mfs}：抵抗係数　　　0.85

ξ_1：調査・解析係数　0.90

$V_{sds}=489600/48 = 10200 \ N \leqq \xi_1 \cdot \Phi_{Mfs} \cdot V_{fk} \cdot m=140760N$

照査　OK

iii）曲げモーメントおよびせん断力が同時に作用する場合の照査 | II編 9.6.2

$$\sqrt{(V_{sdp}^2 + V_{sds}^2)} \leqq \xi_1 \cdot \Phi_{Mfc} \cdot V_{fk} \cdot m$$

ここに，

V_{sdp}：曲げモーメントによる垂直応力によってボルト1本に生じる力
（N）

V_{sds}：せん断力によってボルト1本に生じる力（N）

m：摩擦面数　m=2（複せん断）

V_{fk}：1ボルト1摩擦面あたりのすべり強度　92kN（M22 S10T）

Φ_{Mfc}：抵抗係数　　　0.85

ξ_1：調査・解析係数　0.90

$\sqrt{(112763^2 + 10200^2)} = 113223$ N$\leqq \xi_1 \cdot \Phi_{Mfc} \cdot V_{fk} \cdot m$=140760N

照査　OK

b) 限界状態3に対する照査	II編 9.9.1
ⅰ) せん断力による照査	II編 9.9.2

$V_{sd} \leqq V_{fud}$

ここに，

V_{sd}：ボルト1本あたりに生じる力（N）　　10200 N

V_{fud}：ボルト1本あたりの制限値（N）

$V_{fud}=\xi_1 \cdot \xi_2 \cdot \Phi_{MBsl} \cdot \tau_{uk} \cdot A_s \cdot m$＝ 158166 N

A_s：ねじ部の有効面積　303mm²（M22）

m：接合面数　m=2（複せん断）

τ_{uk}：摩擦接合用ボルトのせん断破壊強度の特性値　580 N/mm²

$\xi_2 \cdot \Phi_{MBsl}$：部材・構造係数と抵抗係数との積　0.50

ξ_1：調査・解析係数　0.90

V_{sd}=10200 N$\leqq V_{fud}=\xi_1 \cdot \xi_2 \cdot \Phi_{MBsl} \cdot \tau_{uk} \cdot A_s \cdot m$ =158166 N

照査　OK

ⅱ) 曲げモーメントによる照査	II編 9.9.2

$V_{sd}= M_{sd}/\Sigma y_i^2 \cdot y_i \leqq y_i/y_n \cdot V_{fud}$

ここに，

V_{sd}：ボルト1本あたりに生じる力（N）　　75503N

M_{sd}：ボルト群に生じる曲げモーメント　949.2kN・m

$M_{sd} =\sigma_{wu} \cdot I_w/y_n$

　　　　$= 263 \times 3684750000/1021/10^{-6}$=949.2 kN・m

σ_{wu}：ウェブ上端の作用応力　263 N/mm²

I_w：ウェブの断面二次モーメント　　　　　　3684750000 mm⁴

y_i：ボルトから中立軸までの距離　　　　　　　889mm

y_n：中立軸からフランジ縁までの距離　　　　　1021mm

Σy_i：接合線の片側にあるボルトに対する和　11176248 mm²

（99²+199²+299²+399²+499²+599²+699²+799²+889²+1²+101²+201²+

301²+401²+501²+591²）×3=11176248 mm²

V_{fud}：ボルト1本あたりの制限値（N）　　158166 N

$V_{fud}=\xi_1 \cdot \xi_2 \cdot \Phi_{MBml} \cdot \tau_{uk} \cdot A_s \cdot m$

A_s：ねじ部の有効面積　303mm²（M22）

m：接合面数　m=2（複せん断）

τ_{uk}：摩擦接合用ボルトのせん断破壊強度の特性値　580 N/mm²

$\xi_2 \cdot \Phi_{MBml}$：部材・構造係数と抵抗係数との積　0.50

ξ_1：調査・解析係数　0.90

$V_{sd} = 75503$ N $\leqq y_i/y_n \times V_{fud}$= 137717 N

照査　OK

iii）曲げモーメントおよびせん断力が同時に作用する場合の照査　　Ⅱ編9.9.2

$\sqrt{\{(V_{sp}+V_{sM})^2+V_{ss}^2\}} \leqq V_{fud}$

ここに，

V_{sp}　：軸方向力によるボルト1本あたりに生じる力（N）　　0 N

V_{sM}　：曲げモーメントによるボルト1本あたりに生じる力（N）

77165 N

V_{ss}　：せん断力によるボルト1本あたりに生じる力（N）　　10200 N

V_{fud}：ボルト1本あたりの制限値（N）　　158166 N

$V_{fud}=\xi_1 \cdot \xi_2 \cdot \Phi_{MBcl} \cdot \tau_{uk} \cdot A_s \cdot m$

A_s：ねじ部の有効面積　303mm^2（M22）

m：接合面数　$m=2$（複せん断）

τ_{uk}：摩擦接合用ボルトのせん断破壊強度の特性値　580 N/mm^2

$\xi_2 \cdot \Phi_{MBcl}$：部材・構造係数と抵抗係数との積　0.50

ξ_1：調査・解析係数　0.90

$\sqrt{\{(V_{sp}+V_{sM})^2+V_{ss}^2\}}=$ 77836 N$\leqq V_{fud}=$158166 N

照査　OK

c）連結板の照査　　Ⅱ編9.5.12

連結板　2-Spl PL 1560×9（SM490Y）　　$A_s=$28080mm^2

腹板　　1-Web PL 1700×9（SM490Y）　　$A_w=$15300mm^2

$A_w \leqq A_s$

照査　OK

連結板　2-Spl PL 1560×9（SM490Y）　　$I_s=$5694624000mm^4

腹板　　1-Web PL 1700×9（SM490Y）　　$I_w=$3684750000mm^4

$I_w \leqq I_s$

照査　OK

d）はし抜け破壊に対する照査　　Ⅱ編9.5.8

応力方向のボルト本数が2本以上あるため，道示Ⅱ編 式（9.5.2）のはし抜け破壊に対する照査は省略する。

3.2.10 補剛材

(1) 垂直補剛材間隔の照査

Ⅱ編 13.4.3

照査で考慮する発生応力度は，最大となる作用の組合せ①による値を用いる。

垂直補剛材の有無

上下両フランジの純間隔　1700mm

省略しうるフランジ純間隔の最大値　$57t$ (SM490Y)＝57×9mm＝513mm

よって，垂直補剛材を設ける。

垂直補剛材間隔　　a＝5500mm／4＝1375mm

腹板の板幅　　　　b＝1700mm

腹板の板厚　　　　t＝9mm

腹板に生じる縁圧縮応力度　σ＝257 N/mm^2

腹板に生じるせん断応力度　τ＝14 N/mm^2

垂直補剛材間隔の照査

水平補剛材を1段用いる場合

$a／b$＝1375／1700＝0.81　＞　0.80

$b／a$＝1.24

$$\left(\frac{b}{100t}\right)^4\left[\left(\frac{\sigma}{1121}\right)^2+\left\{\frac{\tau}{151+72(b/a)^2}\right\}^2\right]=0.71\leqq 1$$

照査　OK

(2) 剛度および板厚の照査

1) 垂直補剛材

Ⅱ編 13.4.4

1-PL　110×9 (SM400)

a) 剛度の照査

Ⅱ編 13.4.4(1)

$I_v\geqq b・t^3／11\times\gamma_{v・req}$

ここに，

I_v：垂直補剛材1個の断面二次モーメント　3993000mm^4

t：腹板の板厚　9mm

b：腹板の板幅　1700mm

$\gamma_{v・req}$：垂直補剛材の必要剛比

$\gamma_{v・req}$＝8.0×$(b／a)^2$＝12.23

a：垂直補剛材の間隔　1375mm

必要剛度　$b・t^3／11\times\gamma_{v・req}$＝1377737mm^4　$\leqq$　Iv＝3993000mm^4

照査　OK

b) 幅の照査

Ⅱ編 13.4.4(2)

垂直補剛材の幅は，腹板高の1/30に50mmを加えた値以上とする。

b＝1700／30＋50＝107mm　→　110mm

照査　OK

c) 板厚の照査   Ⅱ編 13.4.4(4)

垂直補剛材の板厚は，その幅の 1/13 以上とする。

$$t＝b／13＝110／13＝8.5mm\quad→\quad 9mm$$

照査　OK

2) 水平補剛材   Ⅱ編 13.4.6,

水平補剛材は，1 段配置する。   Ⅱ編 13.4.7

1-PL　100×9(SM490Y)

a) 腹板の板厚の照査   Ⅱ編 13.4.2

$$t＝b／208＝1700／208＝8.2mm\quad→\quad 9mm$$

照査　OK

b) 剛度の照査   Ⅱ編 13.4.7(1)

$$I_h≧b・t^3／11×γ_{h・req}$$

ここに，

I_h：水平補剛材 1 個の断面二次モーメント　3000000mm^4

t：腹板の板厚　9mm

b：腹板の板幅　1700mm

$γ_{h・req}$：水平補剛材の必要剛比

$$γ_{h・req}＝30×（a／b）＝24.26$$

a：垂直補剛材の間隔　1375mm

必要剛度　$b・t^3／11×γ_{h・req}＝2733750mm^4\quad≦\quad I_h＝3000000mm^4$

照査　OK

c) 鋼種の照査

　水平補剛材にはその取付位置に生じる腹板の最大応力が生じるものとして，その鋼種を決定する。

　　水平補剛材の設置位置
　　　$b_1 = 0.20 \cdot b = 0.20 \times 1700 = 340$ mm
　　ここに，
　　　b_1：腹板の上端から水平補剛材までの距離
　　フランジ上端の発生応力度
　　　$\sigma_c = 263$ N/mm^2
　　水平補剛材の設置位置の発生応力度
　　　$\sigma_{c1} = 263$ N/mm$^2 \times (1184$ mm $- 368$ mm$) / 1184$ mm
　　　　　$= 181$ N/mm^2

$$\leq \sigma_{cud} = \xi_1 \cdot \xi_2 \cdot \Phi_U \cdot \rho_{brg} \cdot \sigma_{yk}$$
　　　　　　$= 0.90 \times 1.00 \times 0.85 \times 1.00 \times 235$
　　　　　　$= 179$ N/mm^2 （SM400）

照査　OUT

$$\leq \sigma_{cud} = \xi_1 \cdot \xi_2 \cdot \Phi_U \cdot \rho_{brg} \cdot \sigma_{yk}$$
　　　　　　$= 0.90 \times 1.00 \times 0.85 \times 1.00 \times 355$
　　　　　　$= 271$ N/mm^2 （SM490Y）

照査　OK

よって，水平補剛材の鋼種はSM490Yとする。

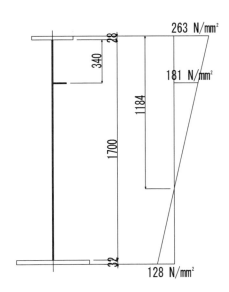

図-3.2.8　水平補剛材の設置位置に生じる腹板の応力度

	II編 14.5

3.2.11 ずれ止め

(1) 設計方針

　床版から伝達される荷重に抵抗できるように，ずれ止めを設計する。床版から伝達される荷重として，合成後の死荷重，活荷重および床版のコンクリートと鋼桁との温度差，床版のコンクリートの乾燥収縮を考慮する。

(2) 限界状態1に対する照査　　　　　　　　　　　　　　　　　　　　II編 14.6.4

　温度差，乾燥収縮により生じるせん断力は，桁端部の 2.550m（主桁間隔 $a=$ 2.550m＜支間長 L／10＝33.000m／10＝3.300m より）の範囲に設けるずれ止めで負担する。　　　　　　　　　　　　　　　　　　　　　　　　　　　　　　　II編 14.5.2

　　　発生する水平せん断力

　　　　合成後の死荷重により発生する水平せん断力　　H_D＝50N/mm　　II編 14.5.5

　　　　合成後の活荷重により発生する水平せん断力　　H_L＝256N/mm　II編 14.5.5

　　　　温度差により発生する水平せん断力　　　　　　H_{TF}＝168N/mm　II編 14.2.3

　　　　乾燥収縮により発生する水平せん断力　　　　　H_{SH}＝234N/mm　II編 14.2.4

　　照査に用いるせん断力

　　　桁端部側へ向かって発生するせん断力

　　　　　＋Q＝＋50＋256＋168＝474N/mm

　　　支間中央側へ向かって発生するせん断力

　　　　　－Q＝－168－234＝402N/mm

　　　照査に用いるせん断力

　　　　Q＝474N/mm（最大値）

　せん断力の制限値

　　$H／d$＝150／19＝7.9　≧　5.5 より

　　　Q_i　≦　12.2・d^2・$\sqrt{\sigma_{ck}}$＝24123N

　　　ここに，

　　　　Q_i：スタッドが受け持つ鋼桁と床版の間のせん断力の制限値

　　　　d　：スタッドの軸径　19mm

　　　　H　：スタッドの全高　150mm

　　　　σ_{ck}：コンクリートの設計基準強度　30N/mm²

　スタッド間隔

　　橋軸直角方向には，スタッド3列配置する。

　　P＝3×24123／474＝152.7mm 以下で配置　→　150mm 間隔

　照査

　　スタッドに発生するせん断力

　　　474N/mm×150mm／3 本＝23700N　≦　Q_i ＝24123N

　　　　　　　　　　　　　　　　　　　　　　　　　　　　　照査　OK

(3) 限界状態3に対する照査

限界状態3に対する照査は，道示Ⅱ編14.7.4の規定に従い，限界状態1に対する照査により行う。

Ⅱ編 14.7.4

【補足】
- 本書では，支間部から支点部に作用するせん断力が大きくなる桁端部のせん断力の分布長2.550mの区間におけるずれ止めの設計のみを示している。
- 本書では，温度差，乾燥収縮により生じるせん断力の値は，主桁の支間中央部の断面（Sec1）と桁端部の断面（Sec2）に作用する値の平均値としているが，実際の設計においては適切に設定する必要がある。

3.2.12　水平方向の作用に対する照査

・床版

水平方向の作用に対して，床版のみで抵抗できるように設計する。設計断面力は，以下の方針にて算出する。

① 風荷重WSについては，図-3.2.9に示す総高Dに作用する風荷重を床版に作用させる。
② 風荷重WLについては，水平力のみを床版に作用させる。
③ 地震の影響EQによる慣性力については，図-3.2.10に示す上部構造の慣性力を床版に作用させる。

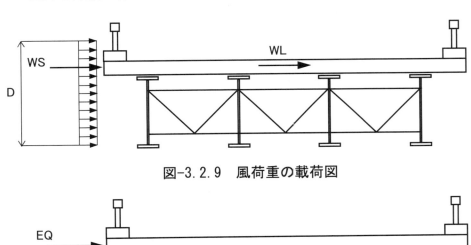

図-3.2.9　風荷重の載荷図

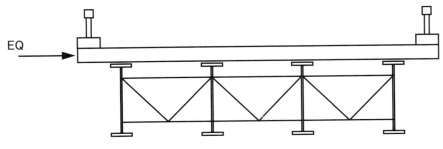

図-3.2.10　地震の影響の載荷図

- ずれ止め

　床版より上部に作用する水平方向の作用に対して，ずれ止めのみで抵抗できるように設計する。設計断面力は，以下の方針にて算出する。

　① 風荷重 WS については，図-3.2.11 に示す床版より上部の範囲 H に作用する風荷重を床版に作用させる。
　② 風荷重 WL については，水平力のみを床版に作用させる。
　③ 地震の影響 EQ による慣性力については，図-3.2.12 に示す床版より上部に生じる慣性力を床版に作用させる。

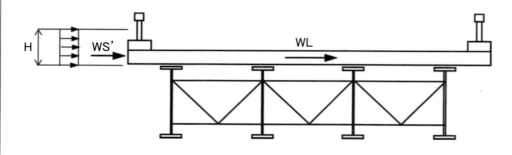

図-3.2.11　風荷重の載荷図

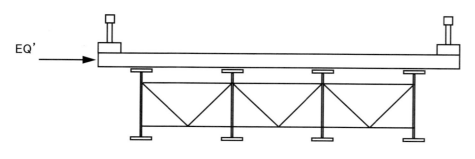

図-3.2.12　地震の影響の載荷図

【補足】
- 本書では，上記の方針と考えた場合の計算を示している。個々の橋の設計においては，荷重分担やそれを満足させられる配置等に関する方針を設定する必要がある。

(1) **床版**

1) **断面力**

作用の特性値

風荷重　WS＝8.85kN/m

WL＝3.00kN/m

地震の影響　レベル1地震動　EQ＝101.4kN/m×1.05×0.20＝21.3kN/m

レベル2地震動　EQ＝101.4kN/m×1.05×0.60＝63.9kN/m

【補足】

・風荷重WS，風荷重WLは，道示I編8.17(4)1)，5)の規定によることとし，本書では算出についての記述は省略している。

・地震の影響EQは，本書では，死荷重をD＝101.4kN/m（1橋あたり）とし，設計水平震度を以下の値にて算出している。

レベル1地震動　$k_h = c_Z \cdot k_{h0} = 0.20$

レベル2地震動（直角方向）

$k_{\mathrm{I}h} = c_{\mathrm{I}Z} \cdot k_{\mathrm{I}h0} = 1.14$, $k_{\mathrm{II}h} = c_{\mathrm{II}Z} \cdot k_{\mathrm{II}h0} = 1.31$

なお，レベル2地震動による地震の影響については，道示V編 13.1.1(3)解説により，橋台に設置される支承部に作用する水平力相当とし，設計水平震度の0.45倍から算出される慣性力としている。（1.31×0.45＝0.60）

表-3.2.20 発生する断面力（曲げモーメント：kN·m）

		D※	L※	WS	WL	EQ		合計
						レベル1地震動	レベル2地震動	
特性値による断面力		0.0	0.0	1204.7	408.4	2899.5	8698.4	—
⑥D+L+WS+WL	変動作用支配状況	0.0	0.0	752.9	255.3	—	—	1008.2
⑧D+WS		0.0	—	1505.9	—	—	—	1505.9
⑩D+EQ		0.0	—	—	—	2899.5	—	2899.5
⑪D+EQ	偶発作用支配状況	0.0	—	—	—	—	8698.4	8698.4

注）※印の作用の特性値による断面力は，他の作用による断面力に対して，微小になり，断面の決定要因にならないと判断し考慮しない。

2）照査

床版コンクリートの応力度

鉄筋コンクリート床版の面外方向の断面係数

引張側　$Z=0.101\times10^{9}\mathrm{mm}^{3}$（鉄筋にて抵抗）

圧縮側　$Z=2.996\times10^{9}\mathrm{mm}^{3}$（コンクリートにて抵抗）

鉄筋コンクリート床版の面外方向の応力度

鉄筋の引張応力度

$\sigma=8698.4\times10^{6}/100.7\times10^{6}=$ 86.4 N/mm^2　≦　120N/mm^2

照査　OK

コンクリートの圧縮応力度

$\sigma=8698.4\times10^{6}/2996\times10^{6}=$ 2.9 N/mm^2　≦　8.6N/mm^2

照査　OK

ここに，

鉄筋の引張応力度の制限値　120N/mm^2　　Ⅱ編 11.5

コンクリートの圧縮応力度の制限値　8.6 N/mm^2（σ_{ck}=30N/mm^2）　　Ⅱ編 11.5

【補足】

・本書では，レベル2地震動の作用による応力度に対して，コンクリートの圧縮応力度の制限値は道示Ⅱ編 11.5(8)に規定されている値を用いている。また，鉄筋の引張応力度の制限値も道示Ⅱ編 11.5(8)に規定されている値を用いている。

(2) ずれ止め

1) 限界状態1に対する照査　　　　　　　　　　　　　Ⅱ編 14.6.4

発生する水平せん断力（橋軸直角方向）

地震の影響による横力

レベル1地震動　$17.6 \times 33.000 / 2 = 290.4$ kN

レベル2地震動　$52.8 \times 33.000 / 2 = 871.2$ kN

レベル1地震動により発生する水平せん断力

$H_{EQ1} = 290400 / 4 / 1300 = 56$N/mm

レベル2地震動により発生する水平せん断力

$H_{EQ2} = 871200 / 4 / 1300 = 168$N/mm

発生する水平せん断力（橋軸方向）

合成後の死荷重により発生する水平せん断力　$H_D = 50$N/mm　　Ⅱ編 14.5.5

乾燥収縮により発生する水平せん断力　　　　$H_{SH} = 234$N/mm　　Ⅱ編 14.2.4

温度差により発生する水平せん断力　　　　　$H_{TF} = 168$N/mm　　Ⅱ編 14.2.3

照査に用いるせん断力

橋軸直角方向と橋軸方向の合成方向に発生するせん断力

作用の組合せ⑩　$Q = \sqrt{\{(234+168)^2 + 56^2\}} = 406$N/mm

作用の組合せ⑪　$Q = \sqrt{(234^2 + 168^2)} = 288$N/mm

照査に用いるせん断力

$Q = 406$N/mm（最大値）

せん断力の制限値

$H / d = 150 / 19 = 7.9 \geqq 5.5$ より

$Q_i \leqq 12.2 \cdot d^2 \cdot \sqrt{\sigma_{ck}} = 24123$N

ここに，

Q_i：スタッドが受け持つ鋼桁と床版の間のせん断力の制限値

d：スタッドの軸径　19mm

H：スタッドの全高　150mm

σ_{ck}：コンクリートの設計基準強度　30N/mm^2

スタッド間隔

橋軸直角方向には，スタッド3列配置する。

$P = 3 \times 24123 / 406 = 178.2$mm 以下で配置　→　175mm 間隔

スタッド間隔は 3.2.11(2) の計算の 150mm 間隔とする。（150mm ＜ 175mm より）

照査

スタッドに発生するせん断力

406N/mm × 150mm / 3 本 = 20300N ≦ $Q_i = 24123$N

照査　OK

2) 限界状態3に対する照査　　　　　　　　　　　　　　　Ⅱ編 14.7.4

　　限界状態3に対する照査は，道示Ⅱ編 14.7.4 の規定に従い，限界状態1に対する照査により行う。

【補足】
・橋軸直角方向に作用するせん断力は，本書では4主桁の各桁端部の床版打ち下ろし部の範囲に配置したずれ止めで抵抗することとしている。
　　床版増厚（床版打ち下ろし部）の範囲　2.550m×2/3−0.400m＝1.300m
・地震の影響により床版より上部に生じる慣性力
　　レベル1地震動　EQ'＝(101.4-4×4.41)kN/m×1.05×0.20＝17.6kN/m
　　レベル2地震動　EQ'＝(101.4-4×4.41)kN/m×1.05×0.60＝52.8kN/m
・すべての作用の組合せに対して照査を行う必要があるが，本書ではずれ止め配置の決定要因となる作用の組合せ⑩と作用の組合せ⑪における照査結果のみを示している。

3.3 耐久性能の照査

1.2.3 及び 1.4.2 の設計方針に従い，主桁の耐久性能に関しては，表-3.3.1 に示す項目により照査を行う。

表-3.3.1 主桁の耐久性能に関する照査項目

照査項目	耐久性確保の方法
鋼部材の疲労	・継手の疲労に対する安全性の確保 　　一定振幅応力に対する応力範囲の打切り限界 　　直応力に対して 　　　　$\Delta\sigma_{max} \leqq \Delta\sigma_{ce} \cdot C_R \cdot C_t$ 　　せん断応力に対して 　　　　$\Delta\tau_{max} \leqq \Delta\tau_{ce}$ 　　累積損傷比（一定振幅応力に対する応力範囲の 　　　　　　　　　　　　打切り限界を満足しない場合） 　　直応力に対して 　　　　$D \leqq 1.00$ 　　せん断応力に対して 　　　　$D \leqq 1.00$ <div align="right">・・・道示Ⅱ編 8.2.3</div>

【補足】

　本書では，道示Ⅱ編 8.2 の規定による応力による疲労照査ができない場合の配慮事項については記載を省略している。

3.3.1 疲労設計

(1) 照査条件

一方向一車線あたりの日大型車交通量（台／（日・車線））

$ADTT_{SLi}$ ＝ 950 台／（日・車線）

疲労設計荷重　F 荷重 ＝ 200kN（1 軸あたり）

支間長　L ＝ 33.000m

動的作用の影響を補正するための係数　i_f ＝ $10/(50+L)$ ＝ 0.12

Ⅱ編 8.2.2

【補足】

・本書では，代表して G1 主桁の支間中央における図-3.3.1 に示す着目点の照査のみを示している。

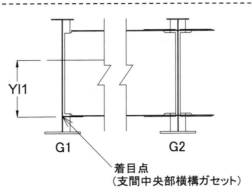

図-3.3.1 着目点

合成断面の中立軸から横構ガセット下面までの距離　Yl1 = 1196mm

(2) 応力度の算出

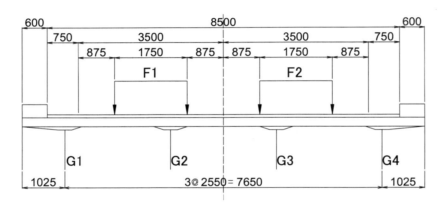

図-3.3.2 F荷重の載荷位置

F荷重による着目点の応力度
　　F1レーン走行時　　$\sigma_1 = 16.1$ N/mm^2
　　F2レーン走行時　　$\sigma_2 = 1.1$ N/mm^2

なお，F荷重による着目点の応力度は，動的作用の影響を補正するための係数（i_f）を考慮する。

(3) 応力範囲の計算

II編 8.2.2

同時載荷等補正係数1　$\gamma_{F1} = 3.0$

対象とする断面力の影響線の基線長　$L_{B1} = 33.000\text{m}$

（影響線縦距が最大となる位置を含む範囲のもの）

同時載荷等補正係数2　$\gamma_{F2} = (\text{Log}L_{B1} + 1.50) / 3.0$

$= 1.00$（ただし，$2/3 \leqq \gamma_{F2} \leqq 1.00$）

同時載荷等補正係数3　$\gamma_{F3} = 1.00$

（$L_{B2} = 33.000\text{m} \leqq 50\text{m}$，$ADTT_{SLi} = 950 \leqq 2000$）

計算応力補正係数　$\gamma_a = 0.8$（コンクリート床版を有する鋼桁のうちI形）

変動応力補正係数　$\gamma_F = \gamma_{F1} \times \gamma_{F2} \times \gamma_{F3} \times i_f \times \gamma_a$

$= 2.40$

応力範囲

$\Delta\sigma_{i,j} = |\sigma_{i,k1} - \sigma_{i,k2}| \times \gamma_F$ より

$\Delta\sigma_{1,1} = |16.1 - 0.0| \times 2.40 = 39.0 \text{ N/mm}^2$

$\Delta\sigma_{2,1} = |1.1 - 0.0| \times 2.40 = 2.7 \text{ N/mm}^2$

最大応力範囲　$\Delta\sigma_{max} = \Delta\sigma_{1,1} = 39.0 \text{ N/mm}^2$

【補足】
・変動応力補正係数（γ_F）は，あらかじめ動的作用の影響を補正するための係数（i_f）をF荷重による着目点の応力度に考慮しているため，本書では動的作用の影響を補正するための係数（i_f）を考慮しない値を示している。

(4) 補正係数

II編 8.3.3

平均応力に関する補正係数　$C_R = 1.00$

死荷重 ＋ F荷重（最大）　$\sigma_{1max} = 67.5 + 39.0 = 106.5 \text{ N/mm}^2$

死荷重 ＋ F荷重（最小）　$\sigma_{1min} = 67.5 + 0.0 = 67.5 \text{ N/mm}^2$

応力比 $R = 67.5 / 106.5 = 0.63$　（$-1.00 < R < 1.00$）

板厚に関する補正係数　$C_t = 1.00$（横方向面外ガセット溶接継手）

II編 8.3.4

母材板厚（主桁腹板）　9mm

付加板厚（横構ガセット）9mm

(5) 一定振幅応力に対する応力範囲の打切り限界の照査 Ⅱ編8.2.3

 着目点の強度等級区分 G等級

 一定振幅応力に対する応力範囲の打切り限界 Ⅱ編8.3.1

  $\Delta\sigma_{ce}$ =32 N/mm^2

 最大応力範囲

  $\Delta\sigma_{max}$ = 39.0 N/mm^2 > $\Delta\sigma_{ce} \times C_R \times C_t$ = 32×1.00×1.00

             = 32.0 N/mm^2 OUT

 よって，道示Ⅱ編8.2.3(2)により照査を行う。

(6) 累積損傷比の照査 Ⅱ編8.2.3

 疲労設計荷重の載荷回数 Ⅱ編8.2.2

  $nt_i = ADTT_{SLi} \cdot \gamma_n \cdot 365 \cdot Y$

 ここに，

  一方向一車線あたりの日大型車交通量 $ADTT_{SLi}$＝950 台/（日・車線）

  頻度補正係数 γ_n＝0.03

  設計耐久期間 Y＝100年

  応力範囲 $\Delta\sigma_{1.1}$

   nt_1 = 950 × 0.03 × 365 × 100 =1040250

  応力範囲 $\Delta\sigma_{2.1}$

   nt_2 = 950 × 0.03 × 365 × 100 =1040250

 直応力に対する2×10^{6}回基本許容応力範囲

  $\Delta\sigma_f$ = 50 N/mm^2

 一定振幅応力に対する打切り限界としての直応力範囲

  $\Delta\sigma_{ce}$ = 32 N/mm^2

 変動振幅応力に対する打切り限界としての直応力範囲

  $\Delta\sigma_{ve}$ = 15 N/mm^2

 疲労寿命

  疲労設計曲線の傾きを表すための係数 m=3（直応力を受ける継手）

  応力範囲 $\Delta\sigma_{1.1}$

   $\Delta\sigma_{1.1}$ = 39.0 N/mm^2 > $\Delta\sigma_{ce}$ = 32 N/mm^2

         > $\Delta\sigma_{ve}$ = 15 N/mm^2

  よって，応力範囲 $\Delta\sigma_{1.1}$は，一定振幅応力および変動振幅応力に対する

  打切り限界としての直応力範囲を超えるため，考慮する。

   疲労寿命

    $N_{1.1} = C_0 \cdot (C_R \cdot C_t)^m / \Delta\sigma_{1.1}{}^m$

     = $2\times10^6 \cdot \Delta\sigma_f{}^m \cdot (C_R \cdot C_t)^m / \Delta\sigma_{1.1}{}^m$

     = $2\times10^6 \times 50^3 \times (1.00\times1.00)^3 / 39.0^3$ = 4214501

応力範囲 $\Delta\sigma_{2.1}$

$\Delta\sigma_{2.1}$ = 2.7 N/mm² $\leqq$ $\Delta\sigma_{ce}$ = 32 N/mm²

$\leqq$ $\Delta\sigma_{ve}$ = 15 N/mm²

よって，応力範囲 $\Delta\sigma_{2.1}$は，一定振幅応力および変動振幅応力に対する打切り限界としての直応力範囲以下であるため，無視する。

累積損傷比 D = 1040250／4214501 = 0.25 $\leqq$ 1.00 OK

3.4 その他性能の照査

表-3.4.1 主桁のその他性能に関する照査項目

照査項目	その他性能確保の方法
橋全体の剛性	・たわみの制御 　活荷重によるたわみの応答値≦たわみの値 　　　　　　　　　　　　・・・道示Ⅱ編 3.8.2

※道示Ⅰ編7章「橋の使用目的との適合性を満足するために必要なその他検討」
を指して「その他性能」と呼称する。

3.4.1 たわみの照査

Ⅱ編 3.8.2

たわみの応答値は，道示Ⅱ編 3.8.2 の規定により，荷重組合せ係数および荷重係数を考慮しない活荷重の特性値を用いて算出する。

　　たわみの応答値
　　　応答値
　　　　G1（G4）桁　δ_l＝25mm
　　　　G2（G3）桁　δ_l＝22mm
　　　　よって，たわみの最大応答値
　　　　　δ_{lmax}＝25mm
　　　たわみの制限値
　　　　δ_a＝L／（20000／L）＝33.000／（20000／33.000）＝0.054m
　　　　ここに，
　　　　　L：支間長（m）
　　　照査
　　　　δ_{lmax}＝25mm　$\leqq$　δ_a＝54mm　OK

【補足】
　本書では，たわみの算出方法については記載を省略している。

3.4.2 製作そり
＜省略＞

【補足】
　製作そりは，少なくとも死荷重の特性値を考慮して算出する必要がある。
本書では算出についての記載は省略している。

4章 端横桁

II編10章,
II編13.8.2

4.1 検討概要

　主桁の位置を確保し，鉛直方向と水平方向の作用に対して，主桁の横倒れを防止し，主桁に作用する断面力を支承へ伝達できるように端横桁を配置する。また，床組部材として，床版の厚さをハンチ高だけ増し床版を打ち下ろして桁端部の床版を支持する。設計断面力は，以下の方針にて算出する。

① 端横桁の死荷重が断面力に及ぼす影響は他の作用に比べて微小なので無視する。

② 活荷重は，T荷重を考慮するものとし，図-4.1.1に示すように主桁間に作用させる。

③ 上部構造に作用する風荷重，地震の影響による水平方向の作用に対しては，主に床版を介して各主桁の支点部に伝達されることから，水平方向の作用により生じる支点部での上部構造のねじれに対して，両側に配置する端横桁で断面形状が保持できるように，図-4.1.1に示す風荷重および地震の影響による慣性力を床版に作用させる。

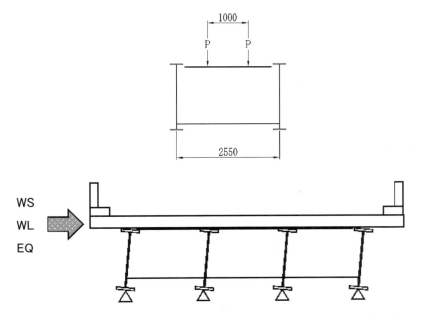

図-4.1.1 想定する状況（上図：T荷重作用位置，下図：横力作用位置）

【補足】
・本書では，上記の方針と考えた場合の計算を示している。個々の橋の設計においては，荷重分担やそれを満足させられる配置等に関する方針を設定する必要がある。

4.2 耐荷性能の照査

4.2.1 断面力
(1)主構造部材
作用の特性値

風荷重　WS＝8.85kN/m

WL＝3.00kN/m

地震の影響　レベル1地震動　EQ＝101.4kN/m×1.05×0.20＝21.3kN/m

レベル2地震動　EQ＝101.4kN/m×1.05×0.60＝63.9kN/m

表-4.2.1 作用する断面力（曲げモーメント：kN·m）

		D	L	TH※	TF	WS	WL	EQ レベル1 地震動	EQ レベル2 地震動	合計
特性値による断面力		9.9	107.0	0.0	0.0	0.0	0.0	0.0	0.0	—
②D+L	変動作用支配状況	10.4	133.8	—	0.0	—	—	—	—	144.2
⑥D+L+WS+WL		10.4	127.1	—	0.0	0.0	0.0	—	—	137.5
⑧D+WS		10.4	—	—	0.0	0.0	—	—	—	10.4
⑨D+TH+EQ		10.4	—	0.0	0.0	—	—	0.0	—	10.4
⑩D+EQ		10.4	—	—	0.0	—	—	0.0	—	10.4
⑪D+EQ	偶発作用支配状況	10.4	—	—	—	—	—	—	0.0	10.4

注）※印の作用の特性値による断面力は，他の作用による断面力に対して，微小になり，断面の決定要因にならないと判断し考慮しない。

表-4.2.2 作用する断面力（せん断力：kN）

		D	L	TH※	TF	WS	WL	EQ レベル1 地震動	EQ レベル2 地震動	合計
特性値による断面力		12.9	222.0	0.0	0.0	0.0	0.0	0.0	0.0	—
②D+L	変動作用支配状況	13.5	277.5	—	0.0	—	—	—	—	291.0
⑥D+L+WS+WL		13.5	263.6	—	0.0	0.0	0.0	—	—	277.1
⑧D+WS		13.5	—	—	0.0	0.0	—	—	—	13.5
⑨D+TH+EQ		13.5	—	0.0	0.0	—	—	0.0	—	13.5
⑩D+EQ		13.5	—	—	0.0	—	—	0.0	—	13.5
⑪D+EQ	偶発作用支配状況	13.5	—	—	—	—	—	—	0.0	13.5

注）※印の作用の特性値による断面力は，他の作用による断面力に対して，微小になり，断面の決定要因にならないと判断し考慮しない。

表-4.2.3 作用する断面力（軸力：kN）

		D	L	TH※	TF	WS	WL	EQ レベル1 地震動	EQ レベル2 地震動	合計
特性値による断面力		0.0	0.0	0.0	52.8	48.7	16.5	117.2	351.5	—
②D+L	変動作用支配状況	0.0	0.0	—	52.8	—	—	—	—	52.8
⑥D+L+WS+WL		0.0	0.0	—	52.8	30.4	10.3	—	—	93.5
⑧D+WS		0.0	—	—	52.8	60.9	—	—	—	113.7
⑨D+TH+EQ		0.0	—	0.0	52.8	—	—	58.6	—	111.4
⑩D+EQ		0.0	—	—	52.8	—	—	117.2	—	170.0
⑪D+EQ	偶発作用支配状況	0.0	—	—	—	—	—	—	351.5	351.5

注）※印の作用の特性値による断面力は，他の作用による断面力に対して，微小になり，断面の決定要因にならないと判断し考慮しない。

【補足】
・本書では，床組部材の照査についての記述は省略している。
・風荷重 WS，風荷重 WL は，道示 I 編 8.17(4)1)，5)の規定によることとし，本書では算出についての記述は省略している。
・地震の影響 EQ は，本書では，死荷重を D＝101.4kN/m（1 橋あたり）とし，設計水平震度を以下の値にて算出している。

　　レベル 1 地震動　　$k_h＝c_Z・k_{h0}＝0.20$
　　レベル 2 地震動（直角方向）
　　　　　　　　　$k_{Ih}＝c_{IZ}・k_{Ih0}＝1.14,　k_{IIh}＝c_{IIZ}・k_{IIh0}＝1.31$

なお，レベル 2 地震動による地震の影響については，道示 V 編 13.1.1(3) 解説により，橋台に設置される支承部に作用する水平力相当とし，設計水平震度の 0.45 倍から算出される慣性力としている。（1.31×0.45＝0.60）

4.2.2 耐荷性能の照査

　耐荷性能の照査は，3. 主桁と同様に制限値を算出し，作用する断面力から限界状態 1 および限界状態 3 に対する照査を行う。

【補足】
　本書では，コンクリート系床版と鋼桁との合成効果を考慮しない鋼断面での照査を想定しており，計算についての記載は省略している。

4.3 耐久性能の照査
　＜省略＞

4.4 その他性能の照査
　＜省略＞

5章 荷重分配横桁

5.1 検討概要

活荷重の偏載等によって主桁間で大きなたわみ差が生じないよう，上部構造に作用する鉛直方向の作用を各主桁に分配できるように，また，鉛直方向および水平方向の作用に対して，中間対傾構と合わせて主桁の横倒れを防止し，上部構造の断面形状を保持できるように荷重分配横桁を配置する。設計断面力は，以下の方針にて算出する。

【荷重分配に対して】
① 荷重分配効果に必要な格子剛度を確保する。

【上部構造の断面形状の保持に対して】
① 横桁がコンクリート系床版と接合されていないため，コンクリート系床版との乾燥収縮による水平方向の作用は，微小なので無視する。
② 風荷重 WS による水平方向の作用により生じる上部構造の水平方向の変形に対して，主桁の横倒れを防止し，上部構造の断面形状を保持できるように，図-5.1.2 に示す対傾構～横桁間隔の桁高 h に作用する風荷重を横桁に作用させる。
③ 地震の影響 EQ による慣性力により生じる上部構造のねじりに対して，主桁の横倒れを防止し，上部構造のねじりに対する剛性を確保できるように，図-5.1.3 に示す対傾構～横桁間隔に作用する上部構造の慣性力を横桁に作用させる。

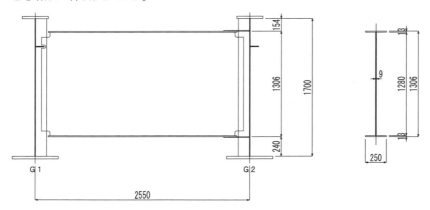

図-5.1.1 想定する構造寸法

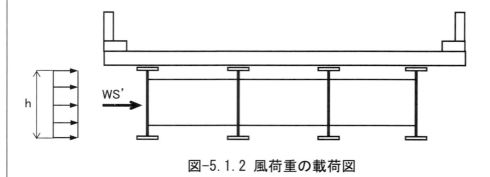

図-5.1.2 風荷重の載荷図

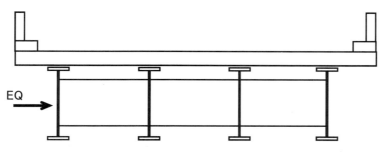

図-5.1.3 地震の影響の載荷図

【補足】
・本書では，上記の方針と考えた場合の計算を示している。個々の橋の設計においては，荷重分担やそれを満足させられる配置等に関する方針を設定する必要がある。

5.2 耐荷性能の照査

5.2.1 断面力

作用の特性値

風荷重　WS＝8.85kN/m

WL＝3.00kN/m

地震の影響　レベル１地震動　EQ＝101.4kN/m×1.05×0.20＝21.3kN/m

レベル２地震動　EQ＝101.4kN/m×1.05×0.60＝63.9kN/m

表-5.2.1 作用する断面力（曲げモーメント：kN·m）

		D	L	TH※	TF	WS	WL※	EQ		合計
								ﾚﾍﾞﾙ1地震動	ﾚﾍﾞﾙ2地震動	
特性値による断面力		-130.6	579.6	0.0	0.0	0.0	0.0	0.0	0.0	—
②D+L	変動作用支配状況	-137.1	724.5	—	0.0	—	—	—	—	587.4
⑥D+L+WS+WL		-137.1	689.7	—	0.0	0.0	0.0	—	—	552.6
⑧D+WS		-137.1	—	—	0.0	0.0	—	—	—	-137.1
⑨D+TH+EQ		-137.1	—	0.0	0.0	—	—	0.0	—	-137.1
⑩D+EQ		-137.1	—	—	0.0	—	—	0.0	—	-137.1
⑪D+EQ	偶発作用支配状況	-137.1	—	—	—	—	—	—	0.0	-137.1

注）※印の作用の特性値による断面力は，他の作用による断面力に対して，微小になり，断面の決定要因にならないと判断し考慮しない。

表-5.2.2 作用する断面力（せん断力：kN）

		D	L	TH※	TF	WS	WL※	EQ		合計
								ﾚﾍﾞﾙ1地震動	ﾚﾍﾞﾙ2地震動	
特性値による断面力		51.2	144.8	0.0	0.0	0.0	0.0	0.0	0.0	—
②D+L	変動作用支配状況	53.8	181.0	—	0.0	—	—	—	—	234.8
⑥D+L+WS+WL		53.8	172.3	—	0.0	0.0	0.0	—	—	226.1
⑧D+WS		53.8	—	—	0.0	0.0	—	—	—	53.8
⑨D+TH+EQ		53.8	—	0.0	0.0	—	—	0.0	—	53.8
⑩D+EQ		53.8	—	—	0.0	—	—	0.0	—	53.8
⑪D+EQ	偶発作用支配状況	53.8	—	—	—	—	—	—	0.0	53.8

注）※印の作用の特性値による断面力は，他の作用による断面力に対して，微小になり，断面の決定要因にならないと判断し考慮しない。

表-5.2.3 作用する断面力（軸力：kN）

		D	L	TH※	TF	WS	WL※	EQ		合計
								ﾚﾍﾞﾙ1地震動	ﾚﾍﾞﾙ2地震動	
特性値による断面力		0.0	0.0	0.0	-78.0	-10.2	0.0	-39.1	-117.2	—
②D+L	変動作用支配状況	0.0	0.0	—	-78.0	—	—	—	—	-78.0
⑥D+L+WS+WL		0.0	0.0	—	-78.0	-6.4	0.0	—	—	-84.4
⑧D+WS		0.0	—	—	-78.0	-12.8	—	—	—	-90.8
⑨D+TH+EQ		0.0	—	0.0	-78.0	—	—	-19.6	—	-97.6
⑩D+EQ		0.0	—	—	-78.0	—	—	-39.1	—	-117.1
⑪D+EQ	偶発作用支配状況	0.0	—	—	—	—	—	—	-117.2	-117.2

注）※印の作用の特性値による断面力は，他の作用による断面力に対して，微小考になり，断面の決定要因にならないと判断し考慮しない。

【補足】
・風荷重 WS，風荷重 WL は，道示 I 編 8.17(4)1)，5)の規定によることとし，本書では算出についての記述は省略している。
・地震の影響 EQ は，本書では，死荷重を D＝101.4kN/m（1橋あたり）とし，設計水平震度を以下の値にて算出している。

  レベル 1 地震動　$k_h＝c_Z・k_{h0}＝0.20$
  レベル 2 地震動（直角方向）
  　　　　　　$k_{Ih}＝c_{IZ}・k_{Ih0}＝1.14$，$k_{IIh}＝c_{IIZ}・k_{IIh0}＝1.31$

なお，レベル 2 地震動による地震の影響については，道示V編 13.1.1(3)解説により，橋台に設置される支承部に作用する水平力相当とし，設計水平震度の 0.45 倍から算出される慣性力としている。（1.31×0.45＝0.60）

5.2.2 耐荷性能の照査

耐荷性能の照査は，3.主桁と同様に制限値を算出し，作用する断面力から限界状態 1 および限界状態 3 に対する照査を行う。

【補足】
本書では計算についての記載は省略している。

5.3 耐久性能の照査
＜省略＞

5.4 その他性能の照査
＜省略＞

6章 中間対傾構

Ⅱ編10章,
Ⅱ編13.8.2

6.1 検討概要

　活荷重の偏載等による主桁間の大きなたわみ差を抑制し，水平方向の作用に対して，荷重分配横桁と合わせて主桁の横倒れを防止し，上部構造の断面形状を保持できるように中間対傾構を配置する。設計断面力は，以下の方針にて算出する。

① 中間対傾構の死荷重が断面力に及ぼす影響は他の作用に比べて微小なので無視する。

② 荷重分配を考慮しない二次部材であるが，活荷重による主桁間のたわみ差の影響を考慮する。

③ 風荷重 WS による水平方向の作用により生じる上部構造の水平方向の変形に対して，主桁の横倒れを防止し，上部構造の断面形状を保持できるように，上弦材および下弦材で図-6.1.1に示す対傾構間隔の桁高 h に作用する風荷重を上弦材および下弦材の取付位置に作用させる。

④ 地震の影響 EQ による慣性力により生じる上部構造のねじりに対して，主桁の横倒れを防止し，上部構造のねじりに対する剛性を確保できるように，上弦材および下弦材で図-6.1.2に示す対傾構間隔に作用する上部構造の慣性力を上弦材および下弦材の取付位置に作用させる。

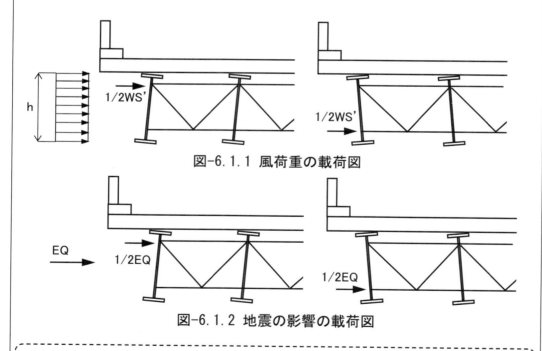

図-6.1.1 風荷重の載荷図

図-6.1.2 地震の影響の載荷図

【補足】
・本書では，上記の方針と考えた場合の計算を示している。個々の橋の設計においては，荷重分担やそれを満足させられる配置等に関する方針を設定する必要がある。

6.2 耐荷性能の照査

6.2.1 断面力

作用の特性値

風荷重　WS＝8.85kN/m

WL＝3.00kN/m

地震の影響　レベル1地震動　EQ＝101.4kN/m×1.05×0.20＝21.3kN/m

レベル2地震動　EQ＝101.4kN/m×1.05×0.60＝63.9kN/m

表-6.2.1 上弦材，下弦材に作用する断面力（軸力：kN）

	上弦材	下弦材	備考
死荷重（D）	0.0	0.0	※
活荷重（L）	-48.7	48.7	
温度変化（TH）	0.0	0.0	※
温度差（TF）	-71.4	0.0	
風荷重（WS）	-2.6	-5.1	
風荷重（WL）	0.0	0.0	※
地震の影響（EQ）	-9.8	-19.5	レベル1地震動
地震の影響（EQ）	-29.3	-58.6	レベル2地震動

注）※印の作用の特性値による断面力は，他の作用による断面力に対して，微小になり，断面の決定要因にならないと判断し考慮しない。

【補足】

・風荷重WS，風荷重WLは，道示 I 編8.17(4)1)，5)の規定によることとし，本書では算出についての記述は省略している。

・地震の影響EQは，本書では，死荷重をD＝101.4kN/m（1橋あたり）とし，設計水平震度を以下の値にて算出している。

レベル1地震動　$k_h = c_Z \cdot k_{h0} = 0.20$

レベル2地震動（直角方向）

$$k_{Ih} = c_{IZ} \cdot k_{Ih0} = 1.14, \quad k_{IIh} = c_{IIZ} \cdot k_{IIh0} = 1.31$$

なお，レベル2地震動による地震の影響については，道示 V 編13.1.1(3)解説により，橋台に設置される支承部に作用する水平力相当とし，設計水平震度の0.45倍から算出される慣性力としている。（1.31×0.45＝0.60）

-105-

表-6.2.2 上弦材に作用する断面力 （軸力：kN）

		D※	L	TH※	TF	WS	WL※	EQ レベル1地震動	EQ レベル2地震動	合計
特性値による断面力		0.0	−48.7	0.0	−71.4	−2.6	0.0	−9.8	−29.3	—
②D+L	変動作用支配状況	0.0	−60.9	—	−71.4	—	—	—	—	−132.3
⑥D+L+WS+WL		0.0	−57.8	—	−71.4	−1.6	0.0	—	—	−130.8
⑧D+WS		0.0	—	—	−71.4	−3.2	—	—	—	−74.6
⑨D+TH+EQ		0.0	—	0.0	−71.4	—	—	−4.9	—	−76.3
⑩D+EQ		0.0	—	—	−71.4	—	—	−9.8	—	−81.2
⑪D+EQ	偶発作用支配状況	0.0	—	—	—	—	—	—	−29.3	−29.3

注）※印の作用の特性値による断面力は，他の作用による断面力に対して，微
　　小なので無視する。

【補足】
・本書では上弦材の照査結果のみを示しており，下弦材の照査結果の記載は
　省略している。

6.2.2 耐荷性能の照査	
(1) 軸方向圧縮力を受ける部材の限界状態1に対する照査	II編5.3.4
限界状態1に対する照査は，道示II編5.3.4の規定に従い，限界状態3に対する照査により行う。	
(2) 軸方向圧縮力を受ける部材の限界状態3に対する照査	II編5.4.4
表-6.2.2より，作用の組合せ②の断面力（最大）にて照査を行う。	

断面力（最大）　　$N_{maxg}=132.3\text{kN}$

使用断面　　1-L　130×130×12（SS400）

総断面積　　　　　　　　$A_g=2976\text{mm}^2$

断面二次半径（最小）　　$r_{min}=25.4\text{mm}$

断面二次半径（水平軸まわり）　$r_x=39.6\text{mm}$

$\sigma_{cud}=\xi_1\cdot\xi_2\cdot\Phi_U\cdot\rho_{crg}\cdot\rho_{crl}\cdot\sigma_{yk}$

ここに，

σ_{cud}：軸方向圧縮応力度の制限値　　131 N/mm^2

ξ_1（調査・解析係数）　　0.90

ξ_2（部材・構造係数）　　1.00

Φ_U（抵抗係数）　　　　0.85

σ_{yk}（降伏強度の特性値）　　235N/mm^2

ρ_{crg}（全体座屈に対する圧縮応力度の特性値に関する補正係数）　　0.73

ρ_{crl}（局部座屈に対する特性値に関する補正係数）　　1.00

細長比　　$l/r=2550/25.4=100.4$　　<　　150

ここに，

l：部材の有効座屈長

r：部材の断面二次半径

細長比パラメータ　$\lambda=0.703$

$\rho_{crg}=0.726$

$\sigma_{cud}\cdot\{0.5+(l/r_x)/1000\}=131\times\{0.5+(2550/39.6)/1000\}$	II編5.4.13

$$=73\text{ N/mm}^2$$

$\sigma_{cd}=N_{max}/A_g=132.3\times10^3/2976=44.5\text{ N/mm}^2$

ここに，

σ_{cd}：軸方向圧縮応力度

$\sigma_{cd}=44.5\text{N/mm}^2\leqq\sigma_{cud}\cdot\{0.5+(l/r_x)/1000\}=73\text{ N/mm}^2$

照査　OK

6.3 耐久性能の照査

　＜省略＞

6.4 その他性能の照査

　＜省略＞

7章 横構

Ⅱ編 10 章,
Ⅱ編 13.8.3

7.1 検討概要

水平方向の作用に対して，横桁および対傾構と合わせて上部構造の断面形状と平面形状を保持できるようにするとともに，支承部に荷重を伝達できるように外桁と内桁をつなぐ横構を配置する。設計断面力は，以下の方針にて算出する。

① 横構の死荷重が断面力に及ぼす影響は他の作用に比べて微少なので無視する。

② 風荷重 WS による水平方向の作用により生じる上部構造の水平方向の変形に対して，上部構造の断面形状と平面形状を保持するために必要な剛性を横構で確保できるように，図-7.1.1 に示す桁高 h の下半分の範囲に作用する風荷重を横構の取付位置に作用させる。

③ 風荷重 WL については，全て床版で抵抗させるため，考慮しない。

④ 地震の影響 EQ による慣性力により生じる上部構造のねじりに対して，上部構造のねじりに対する剛性を確保できるように，上部構造の慣性力の 1/4 を横構の取付位置に作用させる。

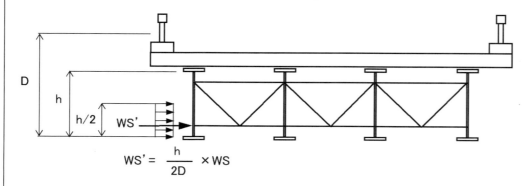

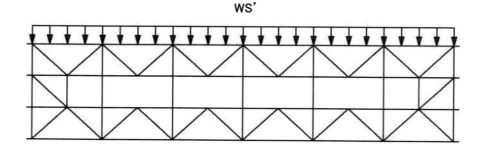

図-7.1.1 風荷重の載荷図

【補足】

・本書では，上記の方針と考えた場合の計算を示している。個々の橋の設計においては，荷重分担やそれを満足させられる配置等に関する方針を設定する必要がある。

7.2 耐荷性能の照査

7.2.1 断面力

斜材の軸力は，図-7.2.1に示すトラス部材力（せん断力）の影響線より算出する。

作用の特性値
　風荷重　WS＝8.85kN/m
　　　　　WL＝3.00kN/m
　地震の影響　レベル1地震動　EQ＝101.4kN/m×1.05×0.20＝21.3kN/m
　　　　　　　レベル2地震動　EQ＝101.4kN/m×1.05×0.60＝63.9kN/m

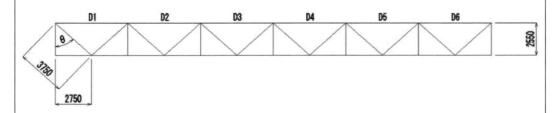

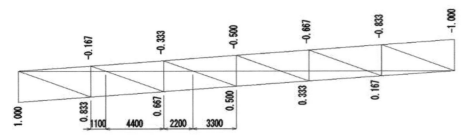

	A	-A	ΣA	Sec θ	N_{WS}(kN)	N_{EQ}(kN) レベル1地震動	N_{EQ}(kN) レベル2地震動
D1	13.750	0.000	13.750	1.471	28.2	53.8	161.5
D2	8.800	-0.550	8.250	1.471	18.1	32.3	97.0
D3	4.950	-2.200	2.750	1.471	10.2	10.8	32.3
D4	2.200	-4.950	-2.750	1.471	10.2	10.8	32.3
D5	0.550	-8.800	-8.250	1.471	18.1	32.3	97.0
D6	0.000	-13.750	-13.750	1.471	28.2	53.8	161.5

図-7.2.1　トラス部材力の影響線

表-7.2.1 断面力（軸力：kN）

		D[※]	L[※]	WS	WL[※]	EQ レベル1地震動	EQ レベル2地震動	合計
特性値による断面力		0.0	0.0	28.2	0.0	53.8	161.5	—
⑥D+L+WS+WL	変動作用支配状況	0.0	0.0	17.6	0.0	—	—	17.6
⑧D+WS	変動作用支配状況	0.0	—	35.3	—	—	—	35.3
⑩D+EQ	変動作用支配状況	0.0	—	—	—	53.8	—	53.8
⑪D+EQ	偶発作用支配状況	0.0	—	—	—	—	161.5	161.5

注）※印の作用の特性値による断面力は，他の作用による断面力に対して，微小になり，断面の決定要因にならないと判断し考慮しない。

【補足】

・風荷重 WS，風荷重 WL は，道示 I 編 8.17(4)1)，5)の規定によることとし，本書では算出についての記述は省略している。

・地震の影響 EQ は，本書では，死荷重を D＝101.4kN/m（1 橋あたり）とし，設計水平震度を以下の値にて算出している。

$$\text{レベル 1 地震動} \quad k_h = c_Z \cdot k_{h0} = 0.20$$

レベル 2 地震動（直角方向）
$$k_{\mathrm{I}h} = c_{\mathrm{I}Z} \cdot k_{\mathrm{I}h0} = 1.14, \quad k_{\mathrm{II}h} = c_{\mathrm{II}Z} \cdot k_{\mathrm{II}h0} = 1.31$$

なお，レベル 2 地震動による地震の影響については，道示 V 編 13.1.1(3)解説により，橋台に設置される支承部に作用する水平力相当とし，設計水平震度の 0.45 倍から算出される慣性力としている。（1.31×0.45＝0.60）

7.2.2 耐荷性能の照査

(1) 軸方向圧縮力を受ける部材の限界状態1に対する照査　　　Ⅱ編5.3.4

限界状態1に対する照査は，道示Ⅱ編5.3.4の規定に従い，限界状態3に対する照査をもって行う。

(2) 軸方向圧縮力を受ける部材の限界状態3に対する照査　　　Ⅱ編5.4.4

断面力（最大）　レベル1地震動　N_{max}＝ 53.8kN
　　　　　　　　レベル2地震動　N_{max}＝161.5kN

使用断面　1-CT　118×178×10×8　(SS400)　（D1部材にて照査）

　　総断面積　A_g=2597mm^2
　　純断面積　A_n=2597-55×10-2×25×8 = 1647 mm^2　　Ⅱ編5.2.4,
　　断面二次半径（最小）　　　r_{min}=35.7mm　　　　　　　　Ⅱ編9.5.5
　　断面二次半径（水平軸まわり）　r_x=35.7mm

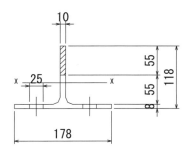

図-7.2.2　有効断面

1) 地震の影響（レベル1地震動）

$\sigma_{cud}=\xi_1 \cdot \xi_2 \cdot \Phi_U \cdot \rho_{crg} \cdot \rho_{crl} \cdot \sigma_{yk}$

ここに，
　σ_{cud}：軸方向圧縮応力度の制限値　101 N/mm^2
　ξ_1（調査・解析係数）　0.90
　ξ_2（部材・構造係数）　1.00
　Φ_U（抵抗係数）　1.00
　σ_{yk}（降伏強度の特性値）　235N/mm^2
　ρ_{crg}（全体座屈に対する圧縮応力度の特性値に関する補正係数）0.479
　ρ_{crl}（局部座屈に対する特性値に関する補正係数）　1.00

　細長比　l/r=3750/35.7=105.0　<　150
　ここに，
　　l：部材の有効座屈長
　　r：部材の断面二次半径
　細長比パラメータ　λ＝1.146
　ρ_{crg}=0.48

$\sigma_{cud} \cdot \{0.5+ (1/r_x) /1000\} =101\times \{0.5+ (3750/35.7) /1000\}$
　　　　　　　　　　=61 N/mm^2　　　　　　　　　Ⅱ編5.4.13

$\sigma_{cd} = N_{max}/A_g = 53.8 \times 10^3 / 2597 = 20.7 \text{ N/mm}^2$

ここに，

σ_{cd}：軸方向圧縮応力度

$\sigma_{cd} = 20.7 \text{N/mm}^2 \leqq \sigma_{cud} \cdot \{0.5 + (l/r_x)/1000\} = 61 \text{ N/mm}^2$

照査　OK

2）地震の影響（レベル2地震動）

$\sigma_{cud} = \xi_1 \cdot \xi_2 \cdot \Phi_U \cdot \rho_{crg} \cdot \rho_{crl} \cdot \sigma_{yk}$

ここに，

σ_{cud}：軸方向圧縮応力度の制限値　112 N/mm²

ξ_1（調査・解析係数）　1.00

ξ_2（部材・構造係数）　1.00

Φ_U（抵抗係数）　1.00

σ_{yk}（降伏強度の特性値）　235N/mm²

ρ_{crg}（全体座屈に対する圧縮応力度の特性値に関する補正係数）0.479

ρ_{crl}（局部座屈に対する特性値に関する補正係数）　1.00

　細長比　l/r=3750/35.7=105.0　＜　150

　ここに，

　　l：部材の有効座屈長

　　r：部材の断面二次半径

　細長比パラメータ　λ=1.146

　ρ_{crg}=0.48

$\sigma_{cud} \cdot \{0.5 + (l/r_x)/1000\} = 112 \times \{0.5 + (3750/35.7)/1000\}$
$= 68 \text{ N/mm}^2$

$\sigma_{cd} = N_{max}/A_g = 161.5 \times 10^3 / 2597 = 62.2 \text{ N/mm}^2$

ここに，

σ_{cd}：軸方向圧縮応力度

$\sigma_{cd} = 62.2 \text{N/mm}^2 \leqq \sigma_{cud} \cdot \{0.5 + (l/r_x)/1000\} = 68 \text{ N/mm}^2$

照査　OK

II編 5.4.13

(3) 軸方向引張力を受ける部材の限界状態1に対する照査	II編 5.3.5

1) 地震の影響（レベル1地震動）

$\sigma_{tyd} = \xi_1 \cdot \Phi_{Yt} \cdot \sigma_{yk}$

ここに，

　σ_{tyd}：軸方向引張応力度の制限値　211 N/mm^2

　　ξ_1（調査・解析係数）　0.90

　　Φ_{Yt}（抵抗係数）　　　1.00

　　σ_{yk}（降伏強度の特性値）　235N/mm^2

$\sigma_{td} = N_{max} / A_n = 53.8 \times 10^3 / 1647 = 32.7$ N/mm^2

ここに，

　σ_{td}：軸方向引張応力度

$\sigma_{td} = 32.7$ N/mm$^2 \leq \sigma_{tyd} = 211$ N/mm^2

照査　OK

2) 地震の影響（レベル2地震動）

$\sigma_{tyd} = \xi_1 \cdot \Phi_{Yt} \cdot \sigma_{yk}$

ここに，

　σ_{tyd}：軸方向引張応力度の制限値　235 N/mm^2

　　ξ_1（調査・解析係数）　1.00

　　Φ_{Yt}（抵抗係数）　　　1.00

　　σ_{yk}（降伏強度の特性値）　235N/mm^2

$\sigma_{td} = N_{max} / A_n = 161.5 \times 10^3 / 1647 = 98.1$ N/mm^2

ここに，

　σ_{td}：軸方向引張応力度

$\sigma_{td} = 98.1$ N/mm$^2 \leq \sigma_{tyd} = 235$ N/mm^2

照査　OK

(4) 軸方向引張力を受ける部材の限界状態3に対する照査	II編 5.4.5

1) 地震の影響（レベル1地震動）

$\sigma_{tud} = \xi_1 \cdot \xi_2 \cdot \Phi_{Ut} \cdot \sigma_{yk}$

ここに，

　σ_{tud}：軸方向引張応力度の制限値　211 N/mm^2

　　ξ_1（調査・解析係数）　0.90

　　ξ_2（部材・構造係数）　1.00

　　Φ_{Ut}（抵抗係数）　　　1.00

　　σ_{yk}（降伏強度の特性値）　235N/mm^2

$\sigma_{td} = N_{max} / A_n = 53.8 \times 10^3 / 1647 = 32.7$ N/mm^2（軸方向引張応力度）

ここに，

　地震の影響による断面力　53.8 kN

$\sigma_{td} = 32.7$ N/mm$^2 \leq \sigma_{tud} = 211$ N/mm^2

照査　OK

2) 地震の影響（レベル2地震動）

$\sigma_{tud} = \xi_1 \cdot \xi_2 \cdot \Phi_{Ut} \cdot \sigma_{yk}$

ここに，

　　σ_{tud}：軸方向引張応力度の制限値　235N/mm²

　　　ξ_1（調査・解析係数）　　1.00

　　　ξ_2（部材・構造係数）　　1.00

　　　Φ_{Ut}（抵抗係数）　　　　1.00

　　　σ_{yk}（降伏強度の特性値）　235N/mm²

$\sigma_{td} = N_{max} / A_n = 161.5 \times 10^3 / 1647 = 98.1$ N/mm²

ここに，

　　σ_{td}：軸方向引張応力度

$\sigma_{td} = 98.1$ N/mm² $\leqq \sigma_{tud} = 235$ N/mm²

照査　OK

7.3 耐久性能の照査

＜省略＞

7.4 その他性能の照査

＜省略＞

8章 施工・維持管理に引き継ぐ事項	I編 1.9,
＜省略＞	I編 12.3

【補足】
　設計にあたり前提とした条件や，適切な施工・維持管理が行われるための留意点について明示することとなる。

8.1 施工に引き継ぐ事項

　＜省略＞

【補足】
　施工に引き継ぐ事項を整理するにあたってのポイントの例を以下に挙げる。

　　①設計における留意点
　　②協議が必要な事項
　　③溶接記号
　　④検査
　　など

　施工に引き継ぐ事項の例を以下に示す。

(1) 設計における留意点
1) 上部構造の施工時の留意事項
・ そり（キャンバー）について
　本橋は合成桁（コンクリート系床版を有する鋼桁）のため，コンクリートの乾燥収縮，クリープの影響によるたわみに対する上げ越しも考慮すること。

　施工時の管理は，算出したそりの値を用いて，施工段階ごとの高さを求め，出来形（標高）を確認すること。

・ 鋼桁のベント受点の補強および地耐力の確認について
　本橋の鋼桁は，クレーン・ベント架設工法による架設を行うため，鋼桁のベント受点の補強が必要か否かの検討を行うこと。

　架設にあたりクレーンの配置位置，ベントの設置位置の地耐力の確認を行い，ベント反力に対して，地耐力が不足する場合は，地耐力を改善すること。

・ 障害物について
　地下埋設物の有無，架空線との離隔について事前に確認すること。

・ 床版コンクリートの打設順序について
　本橋の床版コンクリートの打設は，コンクリート体積が $100 \mathrm{m}^3$ 以下で単純桁のため，一日で一括打設することとしているが，コンクリートの打設量が多い場合などは，構造に与える影響を検討し，打設順序を計画すること。

・ 床版上面の防水工について
　床版上面の防水工は床版及び舗装の耐久性に大きな影響を与えるため，地覆立ち上がり部を含め，確実に施工すること。

・ 下部工出来形の反映について
　下部工の出来形によっては，設計図に示されている遊間や沓座モルタル厚とならない場合があるため，事前に測量を行い，その結果を上部構造の製作寸法に反映すること。

・ 排水経路の確保について
　適切な排水が行われることを想定して，支承の防せい防食方法を決定している。支承近傍において滞水することがないように配慮すること。

2) 支承の施工時の留意事項
・ 移動量の算出について
　施工においてやむを得ず条件の変更を行う場合は，実際の条件を反映して，再度，支承設計を行うこと。

・ 支承の無収縮モルタル施工の時期について
　支承の無収縮モルタル施工の時期（支承の固定時期）は，あらかじめ桁のそり（キャンバー）による回転変形の影響が小さくなり，支承のセットボルトが締め付けられる施工段階を確認したうえで決定すること。

・ 支承の設置高さについて
　支承の設置高さは，設計図に示された高さ（標高）とすること。
　あらかじめ下部工天端高さの出来形を測量し，設計図に示されている下部工高さと比較すること。誤差がある場合は，沓座モルタルにより調整すること。ただし，モルタル厚が厚くなる場合は，台座などを別途設けること。
　あらかじめ下部工天端高さの出来形を測量し，設計で考慮している支承のアンカーボルトの埋込み長が確保できることを確認すること。

3) 伸縮装置の施工時の留意事項
・ 設計伸縮量の算出について
　施工においてやむを得ず条件の変更を行う場合は，実際の条件を反映して，再度，伸縮装置の設計を行うこと。

・ 初圧縮量（据付け遊間）について
　伸縮装置の据付け時の初圧縮量（据付け遊間）は，設置時の温度を考慮して，適切な伸縮量が得られるように設定すること。

(2) 協議が必要な事項
・ 鋼桁のコンクリート接触面の塗装について
　鋼桁上フランジのコンクリート床版と接触する面の塗装は，仮組立から床版施工までの期間による，さび汁による汚れを考慮し，無機ジンクリッチペイントなどを塗布するかどうか協議すること。

・ ジャッキアップ補強の位置と設計反力の現場での明示について
　桁のジャッキアップ補強の位置と設計反力について、現場での明示の有無および方法を協議すること。

※施工への申し送りについて
　道示の設計に関する規定では，その規定が成立するために前提としている製作や施工の方法及びその品質の許容範囲が定められているものも多い。製作や施工の段階でこれらの前提条件との不整合が生じると設計で意図した性能が得られないこととなるため，設計の前提と整合した製作や施工が確実に行われるためには，設計の前提条件を明らかにしておかなければならない。例えば，溶接については，溶接種別や開先，溶込み形状や深さを製作図に明確に記載する必要がある。 ［ I 編 1.9(5)6) 解説 ］
　その他、鋼橋の場合には，以下のような事項についても記載することが望ましい。

　・床版厚，ハンチ高および鉄筋のかぶり
　・コンクリート床版の打継目位置，処理方法
　・製作そりおよびたわみの精度
　・完全溶込み溶接が必要な溶接継手
　など

8.2 維持管理に引き継ぐ事項
＜省略＞

【補足】
　維持管理に引き継ぐ事項を整理するにあたってのポイントの例を以下に挙げる。

　①設計・施工における留意点
　②協議が必要な事項
　など

維持管理に引き継ぐ事項の例を以下に示す。

（1）設計・施工における留意点
1）上部構造に関する留意事項
・　塗装記録表について
　本橋は，塗装による防せい防食を施しているため，現場施工の完了時に橋歴板を設置するとともに，塗装記録表を桁に記入している。

2）支承に関する留意事項
・　ジャッキアップについて
　予期せぬ損傷が生じた場合に，支承の更新が行えるように，ジャッキアップを想定した桁の補強と橋座面の照査を行っている。
　桁のジャッキアップ補強の位置および反力は設計図に明示している。

3）伸縮装置に関する留意事項
・　伸縮装置の更新について
　予期せぬ損傷が生じた場合に，片側車線を交通開放しながら伸縮装置の更新が行えるように，レーンマーク位置を考慮した分割構造としている。
　分割部の非排水構造は，漏水などの弱点となり易いので，入念な管理を行うこと。

・　非排水構造の点検について
　現場施工の完成時に破損がないことを確認すること。
　損傷のないように入念な管理を行うこと。

-119-

4) 点検に関する留意事項

・ 通常点検及び定期点検について

　橋下の土地利用や地盤面から桁下までの離隔を踏まえて，上部構造検査路は設けていない。

　通常点検及び定期点検は，橋下に配置した高所作業車を使用することで，全径間の外観目視を行うことを基本としている。

・ 緊急点検について

　地震などが発生した直後の緊急点検は，昇降設備と下部構造検査路を使用して，支承部の点検を行うことを基本としている。

※維持管理への申し送りについて

　供用中の検査手法や頻度，被災時の調査方法，部材更新の前提等の維持管理方法等を明確にしたうえで，どのような考えで部材配置や検査路，維持管理設備の計画を行ったのかを維持管理に引き継ぐ必要がある。

（２）ポストテンション方式連続ＰＣ箱桁橋
の設計計算例

1章 橋梁計画

1.1 橋梁計画の前提条件

＜省略＞

【補足】

　本書Ⅱ編1.1に示すように，設計の前提条件となる橋梁計画およびその前提条件について明示することとなる。

1.1.1 橋の重要度

Ⅰ編1.4

＜省略＞

【補足】

　本書Ⅱ編1.1.1に示すように，設計の前提条件となる道路管理者が設定する条件とともに設計との関わりについて明確にするために，橋の重要度に関連する事項について示すこととなる。

　以下に，これらを示すにあたって，留意する事項の例を示す。

・橋の重要度は，物流等の社会・経済活動上の位置づけや，防災計画上の位置づけ等の道路ネットワークにおける路線の位置づけや代替性を考慮して道路管理者により定められているものを確認しておく必要がある。また，地震後における橋の社会的役割及び地域の防災計画上の位置づけを考慮して道路管理者により定められている耐震設計上の橋の重要度についても確認しておく必要がある。

・道路構造令上の道路区分や，物流等の社会，経済活動において，本橋の路線がネットワーク上どのような位置付けや重要度とされているのかは，橋の耐荷性能の確保の方法だけでなく，耐久性能の確保の方法として，災害以外の際に一時的な通行止めによる部材の交換を前提とした選択が可能かどうかなどを検討する際にも考慮が必要となる事項の一つとなる。

・緊急輸送道路としてネットワーク機能を担うことを求められているのかどうかにより，橋の設計の際に災害時に求められる機能に応じた応急復旧方法なども含めた検討が必要かどうかなどが変わるのでこれを確認する必要がある。また，橋梁計画上，地域の防災計画との整合も重要であることから，津波想定浸水域や斜面崩壊の危険性の有無等について，確認しておくことも必要である。

・迂回路となる路線に車両制限(重さ，高さなど)がある場合は，その条件等についても確認が必要である。

・迂回路の道路機能の規模や，本橋が迂回路となるときにこの橋がおかれる状況の想定も勘案し，当該路線が担う道路ネットワーク機能ができるだけ絶えないように配慮する必要がある。

なお，本編の 2 章以降では，耐震設計上の橋の重要度は B 種の橋であることを前提とした設計計算例を示している。

V編 2.1(2)

1.1.2 設計供用期間
＜省略＞

I編 1.5

【補足】
　本書 II 編 1.1.2 に示すように，設計の前提条件となる道路管理者の設定する条件と設計との関わりについて明確にするために，橋の設計供用期間について示すこととなる。
　なお，本編の 2 章以降では，PC 箱桁橋を対象として，平時及び緊急時にも適切な維持管理が行われることを前提に設計供用期間を 100 年とした場合の設計計算例を示している。

1.1.3 架橋位置特有の条件
＜省略＞

I編 1.6
II編〜IV編 2 章
V編 1.3

【補足】
　本書 II 編 1.1.3 に示すように，設計との関わりについて明確にするために，設計の前提条件となる架橋予定地点およびその周辺特有の状況に関する条件ならびにその設定根拠となった各種の調査についてその内容と結果を示すこととなる。
　本編の 2 章以降では PC 箱桁橋を対象として，表-1.1.1，表-1.1.2 に示す調査結果を前提とした設計計算例を示している。また，本書では，それぞれの調査内容については記述を省略している。

表-1.1.1 調査結果一覧表 （1）

調査項目		調査内容	調査結果
1) 架橋環境 条件	①腐食環境　・地理的条件	※	C地域，海岸線から 500m（塩害の影響地域ではない）
	・凍結防止剤の散布	※	有
	・その他	※	温泉地などの腐食環境ではない
	②疲労環境　・荷重条件の設定	※	1 方向あたり大型車交通量 1000 台/日以上 2000 台未満
	③路線条件　・将来拡幅	※	無
	・付属施設	※	壁高欄有，標識無，照明無，添架物有（水道管），遮音壁有
	・交差条件（構造寸法の制約）	※	県道 X 号線，Y 鉄道二級河川 Z 川

※省略

表-1.1.2 調査結果一覧表（2）

調査項目			調査内容	調査結果
1) 架橋環 境条件	④気象・地 形条件	・温度変化	※	普通の地方
		・積雪	※	有
		・降雨量	※	橋面排水計画：本書では設定していないが，地域性等に配慮して適切に定める
		・設計水平震度	※	A1地域，Ⅰ種地盤 レベル1地震動：$k_h=0.20$
		・地盤変動	※	無（支点沈下：無） 断層無し
		・過去の地震，震災の記録	※	無
2)使用材料条件の特性 および製造に関する 条件		・コンクリートプラント	※	現場施工量を供給可能なJIS工場有
		・使用材料の制約	※	無（特に制約を受けない）
		・コンクリート配合等制約	※	無（通常配合可能）
3) 施工条件	①関連法規 等	・搬入車両制限	※	無
		・近接構造物	※	無
		・クレーン作業制約	※	無
	②運搬路等	・プレキャスト部材などの 大型部材の運搬	※	特に制約を受けない
	③現場状況 等	・既設構造物	※	隣接工区（両側共）の橋梁が施工済みでありPC緊張作業に制約を受ける
		・現場地形等	※	ヤード制約無
	④自然現象	・気象	※	架設に大きな影響は与えるような気象地域ではない
	⑤現場周辺 環境	・自然環境	※	既存の景観に配慮する必要有
		・歴史的背景	※	無
		・生活環境	※	特に留意する必要はない
	⑥既存資料 調査	・設計，施工に影響する事 項	※	設計，施工に影響する事項は確認されなかった
	⑦周辺環境 調査	・施工による周辺への影響 度の把握	※	周辺に建物は無いため，騒音，振動に対する制約はない
		・施工法，使用機械器具， 作業方法等の検討	※	周辺に建物は無いため，騒音，振動に対する制約はない
		・周辺環境の保全対策の検 討	※	史跡，文化財，防雪林，水源地，温泉等の特殊な環境は架橋位置周辺には無い
	⑧作業環境 調査	・作業上の諸制約条件の把 握	※	特になし
		・近隣構造物と下部構造と の相互影響度の検討	※	近隣に構造物がない
		・施工法，工事用諸設備の 位置，使用機械器具，作 業方法等の検討	※	特に制約はない
		・現場の保全対策及び施工 安全対策の検討	※	近隣に保全すべき文化財等はない
		・施工時の気象状況の予測	※	過去の記録から，特に施工に制約を与える気象条件ではない
4)維持管理条件		・環境条件	※	C地域，海岸線から500m （塩害の影響地域ではない）
		・使用条件	※	凍結防止剤の散布有
		・管理条件	※	法定点検を実施することを維持管理の条件としている

※省略

1.2 設計の基本方針

　＜省略＞

I 編 1.8

【補足】

　本書II編 1.2 に示すように，具体的な設計の考え方などの設計の基本方針について明示することとなる。

1.2.1 適用する基準類

　＜省略＞

【補足】

　本書II編 1.2.1 に示すように，設計内容の妥当性を証明するために，適用する基準類とともに，その適用にあたっての適切性を示す根拠について示すこととなる。

　なお，本編の 2 章以降では PC 箱桁橋を対象として，橋梁設計全編にわたって表-1.2.1 に示す適用する基準類を前提とした設計計算例を示している。

表-1.2.1　適用する基準類

①	橋、高架の道路等の技術基準	国土交通省都市局長・道路局長通知	平成 29 年 7 月
②	道路橋示方書・同解説	公益社団法人日本道路協会	平成 29 年 11 月

※構造解析，抵抗特性の評価等，それぞれ該当する箇所でその他の学協会等の基準類や図書，または論文等の文献を適用する場合には，それぞれの箇所で出典を示すこととなる。そして，使用条件や適用の範囲及び適用の前提となる力学条件等，ならびに，道示が実現しようとする信頼性も含めた性能や前提となる力学条件等との一致について妥当性を検討した過程も示すこととなる。

I 編 1.1(2)
解説

1.2.2 橋の耐荷性能の選択と設計方針

＜省略＞

【補足】

　本書Ⅱ編1.2.2に示すように，本書Ⅱ編1.1に示す前提条件を踏まえ，どのような考え方で橋の耐荷性能を選択したのかについて明確にするために，橋の耐荷性能を選択した結果をその理由とともに示すこととなる。また，選択した橋の耐荷性能を実現するための各部材等の設計方針についても，その検討過程や理由とともに示すこととなる。

　なお，本編の2章以降ではPC箱桁橋を対象として，橋の耐荷性能2を満足させるにあたって，以下の(1)〜(3)に示す基本方針を前提とした場合の設計計算例を示している。

(1) 橋の耐荷性能の照査項目

Ⅰ編
表−解5.1.1(b)

　橋の重要度(1.1.1)を踏まえ，橋の耐荷性能2を満足させるため，表−1.2.2に示した設計状況と橋の状態の各組合せに対して照査する。

表−1.2.2　橋の耐荷性能2に対する照査（道示Ⅰ編　表−解5.1.1(b)）

状況 ＼ 状態	主として機能面からの橋の状態		構造安全面からの橋の状態
	橋としての荷重を支持する能力が損なわれていない状態	部分的に荷重を支持する能力の低下が生じているが，橋としてあらかじめ想定する荷重を支持する能力の範囲である状態	致命的な状態でない
永続作用や変動作用が支配的な状況	橋の限界状態1を超えないことの実現性		橋の限界状態3を超えないことの実現性
偶発作用が支配的な状況		橋の限界状態2を超えないことの実現性	橋の限界状態3を超えないことの実現性

(2) 橋の限界状態

Ⅰ編4章
Ⅴ編2.4.5

　橋の限界状態は，一般には上部構造，下部構造及び上下部接続部の限界状態によって代表させる。また，上部構造，下部構造及び上下部接続部の限界状態は，これらを構成する各部材等の限界状態で代表させることとなる。

　なお，本書では，レベル2地震動を考慮する設計状況において，下部構造を構成する橋脚に塑性化を期待し，その塑性化する位置及び範囲として橋脚基部を選定した場合の設計計算例を示している。そのため，下部構造の限界状態2を超えないことを照査するにあたっては，橋脚柱の限界状態2を超えないことを確認するとともに，その他の部材等が限界状態1を超えないことを確認することとなる。また，代表させた部材等毎に限界状態を超えないことを照査することとなるが，本書では床版，主桁，横桁，支承部についての設計計算例を示している。

(3) 橋の耐荷性能を確保するために必要な維持管理上の条件

　架橋位置特有の条件（1.1.3）等を踏まえ，橋の耐荷性能を確保するために必要な維持管理上の条件を示すこととなる。また，必要な維持管理が確実かつ容易に行えるように，構造設計上の配慮として部材等の設計に反映した事項をその検討過程や理由とともに示すこととなる。

　なお，本編では設計で考慮した配慮事項や構造設計への反映方法についての記載は省略している。

1.2.3 橋の耐久性能に対する設計方針　　　　　　　　　Ⅰ編6章
　＜省略＞

【補足】

　本書Ⅱ編1.2.3に示すように，本書Ⅱ編1.1に示す前提条件を踏まえ，どのような考え方で橋の耐久性能や部材毎の耐久性能の確保の方法等の設計をしたのかについて明確にするとともに妥当性を示すために，その結果をその検討過程や理由とともに示すこととなる。

　なお，本編の2章以降ではPC箱桁橋を対象として，橋の耐久性能を確保するにあたって，以下の(1)～(3)に示す基本方針を前提とした場合の設計計算例を示している。

(1) 維持管理の基本方針

　修繕の機会が発生する可能性をできるだけ減らすことを維持管理の基本方針とする。

(2) 部材の設計耐久期間　　　　　　　　　　　　　　　Ⅰ編6.1(6)

　部材の設計耐久期間は，維持管理の基本方針を踏まえて，全ての部材等で100年とする。

(3) 部材の耐久性確保の方法　　　　　　　　　　　　　Ⅰ編6.2

　道示に規定される標準的な方法により部材の耐久性能を確保する。

1) 上部構造

① 鋼材の腐食　　　　　　　　　　　　　　　　　　　Ⅲ編6.2.3

　道示Ⅲ編6.2.3に規定されるかぶりを確保する。また，永続作用の影響　Ⅲ編6.2.2
が支配的な状況における作用の組合せを照査用荷重とし，これにより鉄筋及びコンクリートに生じる応力度が，道示Ⅲ編6.2.2に規定される鉄筋及びコンクリートの応力度の制限値を超えないように部材配置を行う。

② 疲労 　道示Ⅲ編 6.3.2 に規定される作用の組合せ及び荷重係数等による作用効果により生じる鋼材及びコンクリートの応力度が，道示Ⅲ編 6.3.2 に規定される鋼材及びコンクリートの応力度の制限値を超えないように部材配置を行う。 2) **上下部接続部** 　本編では，記載を省略している。 3) **下部構造** 　本編では，記載を省略している。	Ⅲ編 6.3.2

1.3　架橋位置と橋の形式

1.3.1　架橋位置と橋の形式の選定

　　＜省略＞

	Ⅰ編 1.7.1 Ⅰ編 1.7.2 Ⅰ編 1.8.3

【補足】

　本書Ⅱ編 1.3.1 及び 1.3.2 に示すように，本書Ⅱ編 1.1 に示す前提条件を踏まえ，どのような考え方で架橋位置と橋の形式を選定したのかについて明確にするために，架橋位置と橋の形式を選定した結果についてその検討過程や選定理由，構造設計上の配慮事項やその反映方法とともに示すこととなる。

　なお，本編の 2 章以降では PC 箱桁橋を対象として，以下のような条件が与えられていることを前提とした場合の設計計算例を示している。

　① 架橋位置：橋梁一般図のとおりとする

　② 橋の形式：ポストテンション方式 3 径間連続 PC 箱桁橋

　③ 支承形式：地震時水平反力分散構造

　④ 架設工法：固定支保工架設

　⑤ 部材配置：

　　・横桁や隔壁を設置し，適切な剛性が確保されている構造とした。

　　・コンクリートの打設による内部応力の残留ができるだけ少なくなるように，過去の実績から打継目位置を設定した。

　　・維持管理条件との適合性が確認された部材配置をした。

※施工の安全性及び完成物の確実な品質の確保を行うためには，製作や架設において必要となる施工管理行為や検査行為が実施できることを設計時点から検証していく必要がある。コンクリート構造については，コンクリートの打設による内部応力の残留等をできるだけ発生させないように，施工管理方法のみならず，施工方法や手順を設計時点からできるだけ具体的に考慮し，施工の段階でも適宜検討をすることがひび割れ防止や制御において重要となる。コンクリート構造において検討する事項としては，以下のような例が挙げられる。

・架設時の付加的な応力の発生
・仮設材の存置の影響
・形状や反力の管理の容易さ
・コンクリートの打設による内部応力の残留

　また、検証した結果や反映方法については、確実に施工に反映されるように設計計算書等に記載することとなる。
　なお，鋼構造については本書Ⅲ.1.(1)鋼単純合成Ⅰ桁橋の設計計算例の1.3.1を参照のこと。

Ⅰ編 1.8.1(7)
解説

1.3.2 橋梁一般図

＜省略＞

【補足】

　本編の 2 章以降に示す設計計算例で対象とした PC 箱桁橋の一般図を図-1.3.1 に示す。

　なお，構造寸法以外の橋の設計概要が把握できるためのその他の情報については，記載を省略している。

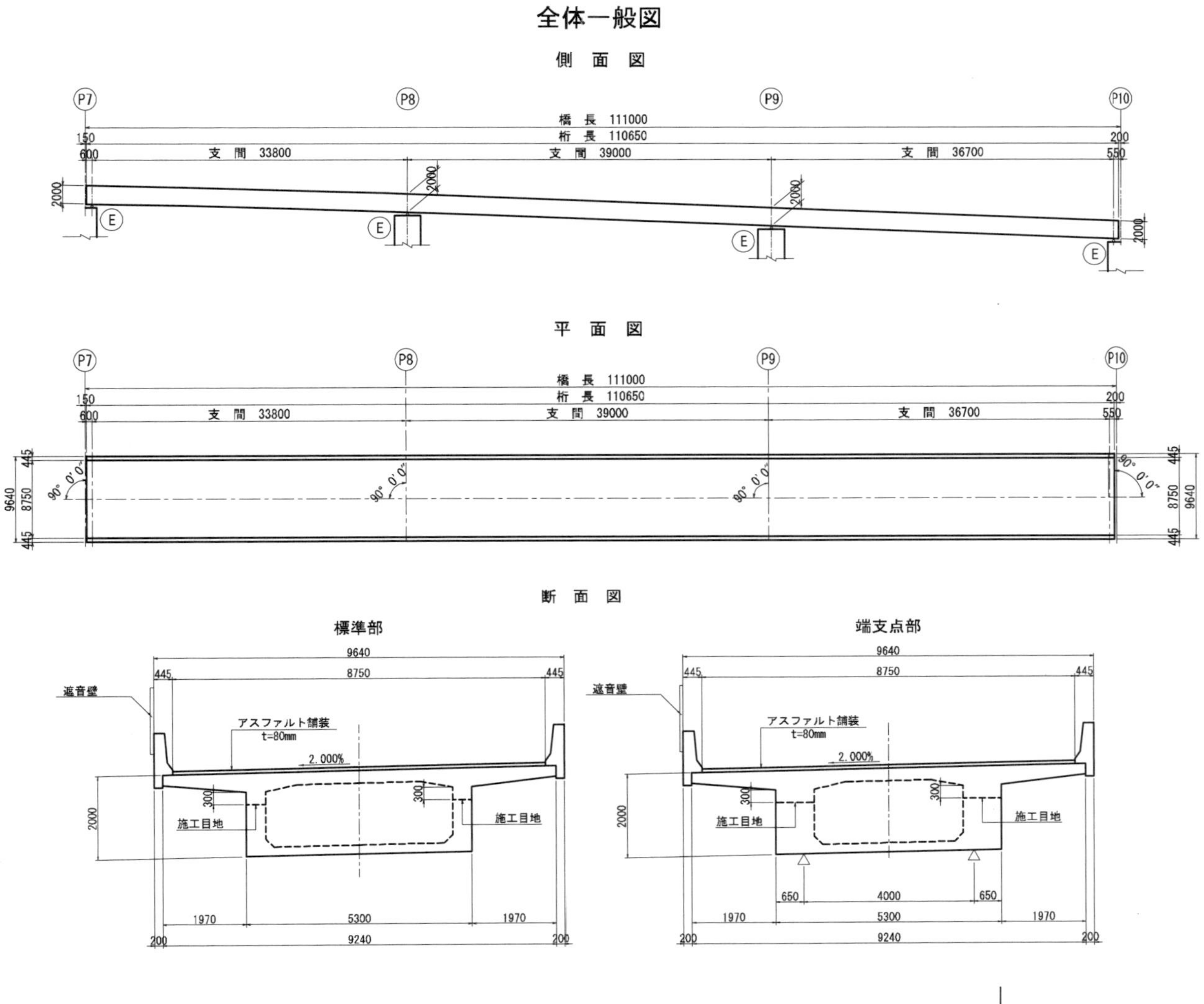

全体一般図

側　面　図

平　面　図

断　面　図

図-1.3.1　橋梁一般図

1.4 各部材の設計方針

＜省略＞

【補足】
　本書Ⅱ編 1.4 に示すように，前節までに定められた結果を踏まえ，各部材等の設計が行われることとなる。各部材の設計方針について，各部材の設計内容の妥当性を確認するために必要となる情報とともに示すこととなる。

1.4.1 各部材の耐荷性能に対する設計方針

＜省略＞

【補足】
　本書Ⅱ編 1.4.1 に示すように，本書Ⅱ編 1.1 に示す前提条件や本書Ⅱ編 1.2 に示す設計の基本方針と各部材の耐荷性能に対する設計方針との関係を明確にするために，各部材の耐荷性能に対する設計方針についてその考え方とともに示すこととなる。
　なお，本編の 2 章以降では PC 箱桁橋を対象として，各部材の耐荷性能に対する設計方針を以下のとおり定めた場合の設計計算例を示している。

(1) 上部構造を構成する部材等
　本橋では，PC 箱桁を 1 つの部材として扱い，主桁として上部構造を構成することとした。また，PC 箱桁を構成する床版，横桁，フランジ，ウェブについては，PC 箱桁が 1 つの部材として扱えるよう，それぞれが剛結されている等の条件を前提としてそれぞれを部材とみなして設計する。
　本橋の上部構造を構成する床版，主桁，横桁の照査は，永続作用支配状況や変動作用支配状況においては部材等の状態がその限界状態 1 及び限界状態 3 を超えないことに対してそれぞれ必要な信頼性を有していることを，レベル 2 地震動を考慮する設計状況においては部材等の状態がその限界状態 1 及び限界状態 3 を超えないことに対してそれぞれ必要な信頼性を有していることを，道示Ⅰ編 5.2 に規定される式(5.2.1)により確かめる。

Ⅰ編 5.2
式(5.2.1)

(2) 下部構造を構成する部材等
　本編では，記載を省略している。

(3) 上下部接続部を構成する部材等
1) 支承部
　本編では，記載を省略している。

2) 支承と上下部構造の取付部

本編では，記載を省略している。

なお，不測の事態が生じ，上部構造に損傷が生じた場合に備え，仮支持が可能な構造となるように配慮するなど，個々の設計では，構造の詳細において道示Ⅰ編1.8.3を参考に配慮できるかどうかを検討し，必要に応じて，設計上配慮できる事項を橋の構造設計に反映することとなる。

Ⅰ編1.8.3

1.4.2 各部材の耐久性能に対する設計方針

＜省略＞

【補足】

本書Ⅱ編1.4.2に示すように，本書Ⅱ編1.1に示す前提条件や本書Ⅱ編1.2に示す設計の基本方針と橋の耐久性能や部材毎の耐久性能の確保の方法等に対する設計方針との関係を明確にするために，各部材の耐久性能に対する設計方針についてその考え方とともに示すこととなる。

なお，本編の2章以降ではPC箱桁橋を対象として，各部材の耐久性能に対する設計方針を以下のとおり定めた場合の設計計算例を示している。

(1) 上部構造を構成する部材等

PC箱桁を構成する床版，フランジ，ウェブのそれぞれの耐久性能を確保したうえで，主桁としてのPC箱桁の耐久性能を確保する。

コンクリート部材の経年的な劣化の影響として鋼材の腐食及び疲労に対して照査する。その具体の照査方法は，1.2.3の設計方針に従い，耐久性確保の方法（1.2.3(3)）で整理したとおり，道示に規定される標準的な方法による。

(2) 下部構造を構成する部材等

本編では，記載を省略している。

(3) 上下部接続部を構成する部材等

本編では，記載を省略している。

なお，具体的な設計にあたっては以下に留意することとなる。
・橋梁計画では，実際に用いる防食，疲労対策，塩害対策が耐久性確保の方法1～3のいずれに当てはまるのかを分類することで，当該部材に想定される補修や更新などの維持管理方法をある程度具体に想定し，あらかじめ想定されている維持管理の前提条件に適合するかどうかを照査することとなる。

・耐久性にはばらつきがあり，目標とした設計耐久期間よりも早く耐荷性能を満足しなくなることもある。このため，部材等の単位での不具合に対して橋全体の耐荷力としては鈍感な構造となるように構造上の配置を検討する，変状の発見や修繕が確実であるようにする，更にはそれらが容易であるようにするなど，様々な構造設計上の配慮ができるかどうかを検討し，必要に応じて，設計上配慮できる事項を橋の構造設計に反映することとなる。以上の考え方は，設計の妥当性を示すものとその内容を設計計算書に示しておくこととなる。

1.4.3 橋の使用目的との適合性を満足するために必要なその他検討

＜省略＞

I編7章

【補足】

　本書II編1.4.3に示すように，「橋の使用目的との適合性を満足するために必要な事項」について検討し，設計に反映した事項について，どのような考え方で反映したのかについて明確にするために，「橋の使用目的との適合性を満足するために必要な事項」について，その検討過程や耐荷性能や耐久性能などとの関係とともに示すこととなる。

　なお，本編では，橋の使用目的との適合性を満足するために必要な事項について検討を行った事項に関する記載は省略している。

1.4.4 施工に関する事項

＜省略＞

【補足】

　本書II編1.4.4に示すように，耐荷性能や耐久性能などの設計に用いる照査基準はその前提となる適切な施工方法や所要の品質が確保されていることなどが前提となることから，各部材の耐荷性能や耐久性能などの設計の妥当性について明確にするために，設計の前提とした施工の条件や配慮されるべき事項とともにその妥当性等に関する事項等について示すこととなる。

　なお，本編では，施工に関する事項についての記載は省略している。

1.4.5 維持管理に関する事項
　＜省略＞

【補足】
　本書Ⅱ編 1.4.5 に示すように，橋の性能を確保するにあたって，その前提となる維持管理の条件が定められている必要があることから，その前提となる維持管理の条件とその妥当性について明確にするために，設計の前提とした維持管理の条件や配慮した事項とともにその妥当性に関する事項等について示すこととなる。
　なお，本編では，維持管理に関する事項についての記載は省略している。

1.5 詳細設計条件
　＜省略＞

【補足】
　本書Ⅱ編 1.5 に示すように，詳細設計条件について明示することとなる。
　なお，本編の 2 章以降では PC 箱桁橋を対象として，橋を設計する上で設定すべき設計条件や材料特性等の詳細設計条件を，1.5.1〜1.5.3 に示すように設定した場合の設計計算例を示している。

1.5.1 詳細設計条件

＜省略＞

【補足】

本編の 2 章以降に示す設計計算例で対象とした PC 箱桁橋の詳細設計条件を表-1.5.1 に示す。

表-1.5.1　設計条件一覧表

・構造諸元に関する設計条件		
①	橋種	プレストレストコンクリート道路橋
②	構造形式	ポストテンション方式３径間連続 PC 箱桁橋
③	床版	プレストレストコンクリート床版
④	橋長	111.000m
⑤	桁長	110.650m
⑥	支間長	33.800m + 39.000m + 36.700m（構造中心線上）
⑦	支承条件	P7：分散，P8:分散，P9：分散，P10：分散
⑧	斜角	P7＝90°，P8,P9＝90°，P10＝90°
⑨	平面線形	R=∞
⑩	縦断勾配	-0.300%～-4.000%
⑪	横断勾配	2.0%（片勾配）
⑫	舗装	アスファルト舗装 t=80mm
⑬	有効幅員	8.750m
⑭	総幅員	9.640m
⑮	架設方法	固定支保工架設
・耐荷性能に関する設計条件		
①	活荷重	B 活荷重
②	雪荷重	$3.5kN/m^{2}$ ※) $1.0kN/m^{2}$ ※)
③	衝突荷重	13.0kN（防護柵に対する作用）
④	風荷重	風上側 $3.0kN/m^2$，風下側 $1.5kN/m^2$
⑤	遮音壁	1.450 kN/m（左側）
⑥	添架物	0.300 kN/m
⑦	温度変化	±15℃
⑧	温度差	＋5℃
⑨	地盤種別	Ⅰ種地盤
⑩	設計水平震度	k_h=0.20（レベル 1 地震動）
・耐久性能に関する設計条件		
①	部材毎の設計耐久期間	全ての部材を 100 年とする
②	塩害の地域区分	C 地域
③	凍結防止剤の散布の有無	有り

※) 本橋における雪荷重の設定

① 3.5kN/m²　【道示 I 編 8.12(4)】

　10 年に一度の降雪で深さ 1m の積雪を想定した荷重（3.5kN/m³×1.0m）である。自動車により圧雪されていない状態を想定し，活荷重を含まない荷重組合せに適用する。

② 1.0kN/m²　【道示 I 編 8.12(3)】

　自動車により圧雪された状態で 150mm 程度の堆雪を想定した荷重である。自動車が通行している状態を想定し，活荷重を含む荷重組合せに適用する。

I 編 8.12(4)

I 編 8.12(3)

1.5.2 使用材料及び特性値

＜省略＞

【補足】

　本編の 2 章以降に示す設計計算例で対象とした PC 箱桁橋の使用材料及び特性値・物理定数を表-1.5.2 から表-1.5.5 に示す。

　なお，使用材料及び特性値・物理定数については，個別の橋毎に個々の条件に応じて適切にそれぞれ設定する必要がある。

表-1.5.2　使用材料一覧

部位	材料種別		規格	適用
主桁	コンクリート		σ_{ck}=36N/mm^2（早強ポルトランドセメント）	W/C＝43%（目安）JIS A5308 ﾚﾃﾞｨｰﾐｸｽﾄｺﾝｸﾘｰﾄ
	PC 鋼材	主方向	SWPR7BL　12S15.2	JIS G3536
		横方向	SWPR19L　1S21.8	ﾌﾟﾚｸﾞﾗｳﾄﾀｲﾌﾟ，JIS G3536
	鉄筋		SD345	JIS G3112
壁高欄・地覆	コンクリート		σ_{ck}=30N/mm^2（普通ポルトランドセメント）	W/C＝50%（目安）JIS A5308 ﾚﾃﾞｨｰﾐｸｽﾄｺﾝｸﾘｰﾄ
	鉄筋		SD345	JIS G3112

表-1.5.3　コンクリートの特性値・物理定数

設計基準強度(N/mm^2)		36		
ﾌﾟﾚｽﾄﾚｽ導入時の圧縮強度(N/mm^2)		30		
ヤング係数	ﾌﾟﾚｽﾄﾚｽ導入時（N/mm^2）	2.80×10^4	道示Ⅲ編 4.2.3	Ⅲ編 4.2.3
	材齢 28 日以降（N/mm^2）	2.98×10^4	道示Ⅲ編 4.2.3	
クリープ係数	主桁荷重	$\phi＝2.6$	道示Ⅲ編 表-4.2.4 材齢 5 日	Ⅲ編 表-4.2.4
	橋面荷重	$\phi＝1.7$	道示Ⅲ編表-4.2.4 主桁完成後 90 日目から施工	
乾燥収縮度		15×10^{-5}	道示Ⅰ編 8.6(4)1) 構造系に変化が無い場合	Ⅰ編 8.6(4)1)

-136-

表-1.5.4　PC鋼材の特性値・物理定数

		主方向	横方向	適用	
PC鋼材種類		SWPR7BL	SWPR19L		
		12S15.2	1S21.8		
引張強度(N/mm^2)		1880	1830	σ_{pu}	道示Ⅲ編4.1.2	Ⅲ編4.1.2
降伏強度(N/mm^2)		1600	1580	σ_{py}	道示Ⅲ編4.1.2
初期緊張力　σ_{pi} (N/mm^2)		1340	1280	プレストレッシング中の引張応力度の制限値×0.93以下	Ⅲ編3.4.1(8)解説
鋼材断面積(mm^2)		1664.4	312.9		
シース径ϕ(mm)		78	36	シース外径	
セット量(mm)		11.0	4.0	定着工法の標準値	
ヤング係数E_p (N/mm^2)		1.95×10^5	1.95×10^5	道示Ⅲ編4.2.2	Ⅲ編4.2.2
PC鋼材とシースの摩擦係数	λ(1/m)	0.004	0.003※	道示Ⅰ編8.4解説	Ⅰ編8.4解説
	μ(1/rad)	0.3	0.1※	道示Ⅰ編8.4解説	Ⅰ編8.4解説
リラクセーション率(%)		1.5	1.5	道示Ⅲ編4.2.2	Ⅲ編4.2.2

※)　直線に近く比較的短い鋼材であることから表中の値を設定している[1]

参考文献

1)　ＰＣ橋の耐久性向上に関する設計・施工マニュアル　－全外ケーブル方式・プレグラウト方式・大容量プレテンション方式設計施工マニュアル－，(財)高速道路技術センター，P37，2001.10

　なお，本編では，参考文献の適用範囲や道示の関係条文との適合性を検討した過程等についての記載は省略している。本書では，道示Ⅰ編8.4(5)2)解説において，グリース等を塗布しポリエチレンシース等で被覆したPC鋼材を用いる場合等は，実験値等を参考にして摩擦係数を別途定めてよいとされていることを踏まえ，参考文献に示す摩擦係数の適用範囲を確認し，道示の関係条文との適合性を確認したものとして，上記の値を使用した設計計算例を示している。

Ⅰ編8.4(5)2)解説

表-1.5.5　鉄筋コンクリート構造における鉄筋の特性値・物理定数

材　質	SD345	適用	
降伏強度　σ_{sy} (N/mm^2)	345	道示Ⅲ編4.1.2	Ⅲ編4.1.2
重ね継手長又は定着長を算出する場合の鉄筋の引張応力度の基本値　(N/mm^2)	200	道示Ⅲ編5.2.7	Ⅲ編5.2.7
ヤング係数　E_s (N/mm^2)	2.00×10^5	道示Ⅲ編4.2.2	Ⅲ編4.2.2

※ 表-1.5.4 に示す PC 鋼材の特性値・物理定数については，使用する工法や ケーブル形状に応じて設定する必要があるため，施工において変更する場合は適宜見直す必要がある。なお，PC 鋼材のヤング係数については，これまでの道示では，種類によらず $2.0 \times 10^5 \text{N/mm}^2$ とされてきたが，実績調査の結果との乖離があることが確認されたことから，改定された H29 道示では $1.95 \times 10^5 \text{N/mm}^2$ に変更されている。

Ⅲ編 4.2.2(1) 解説

1.5.3 かぶりの設定

＜省略＞

【補足】

　かぶりについては，道示Ⅲ編 5.2.3（耐荷性能），道示Ⅲ編 6.2.3（耐久性能）に規定される最小かぶりに，施工条件，施工誤差等を考慮して設定することとなる。本編の 2 章以降に示す設計計算例で対象とした PC 箱桁橋で設定したかぶりを表-1.5.6 に示す。

　なお，施工条件，施工誤差によるかぶり増厚分の値は，あくまで参考値であり，実際の設計では，実施工事例などを調査し設定する必要がある。

Ⅲ編 5.2.3
Ⅲ編 6.2.3
Ⅲ編 5.2.3(2) 解説

表-1.5.6　設計かぶり

部位			道示最小かぶり値(mm)		施工条件，施工誤差によるかぶり増厚分(mm)	設計かぶり値(mm)【採用値】	前提としている施工条件
			耐荷	耐久※(腐食)			
プレストレストコンクリート構造	箱桁外面	上フランジ上面	35	(30)	施工誤差分5	40	・床版兼用部材 ・床版防水が施される前提 ・計測棒による施工管理
		上フランジ下面	35	(30)	施工誤差分5 施工段取り筋D13	53	・床版兼用部材 ・モルタルスペーサーを㎡あたり4個以上設置し，その上面に段取り筋を設置 ・交差道路上はコンクリート塗装を施す前提
		上フランジ側面	35	(30)	施工誤差分5	40	・床版兼用部材 ・モルタルスペーサーを㎡あたり2個以上設置
		ウェブ側面	35	(30)	施工誤差分5	40	・モルタルスペーサーを㎡あたり2個以上設置 ・交差道路上はコンクリート塗装を施す前提
		下フランジ下面	35	(30)	施工誤差分5 施工段取り筋D13	53	・モルタルスペーサーを㎡あたり4個以上設置し，その上面に段取り筋を設置 ・交差道路上はコンクリート塗装を施す前提
	箱桁内面	上フランジ下面	35	(30)	施工誤差分5 施工段取り筋D13	53	・床版兼用部材 ・モルタルスペーサーを㎡あたり4個以上設置し，その上面に段取り筋を設置
		ウェブ側面	35	(30)	施工誤差分5	40	・モルタルスペーサーを㎡あたり2個以上設置
		下フランジ上面	35	(30)	施工誤差分5	40	・計測棒による施工管理
	桁端部	側面	35	(30)	施工誤差分5	40	・桁端防水が施される前提 ・端横桁の横方向はPC構造として設計されることを前提
鉄筋コンクリート構造	地覆・壁高欄	上面	30	(50)	施工誤差20	50	・丁張による施工管理 ・施工誤差は，遮音壁のアンカーボルトやアンカーPL箱抜きとの取り合い誤差を勘案して大きく設定した
		側面	30	(50)	施工誤差20	50	・コンクリート塗装を施す前提 ・モルタルスペーサーを㎡あたり2個以上設置 ・施工誤差は，予め桁に主鉄筋が埋め込まれて施工されることに加え，建築限界の制限があるので大きく設定した
		下面	30	(50)	施工誤差20	50	・モルタルスペーサーを㎡あたり4個以上設置 ・施工誤差は，煩雑性を避けるため，側面と同様の値とした

※耐久（腐食）の道示かぶり欄には，塩害対策の対象外となるが，塩害対策区分Ⅲの値を参考に記載している。

1.6 設計 　＜省略＞ 　**【補足】** 　　本書Ⅱ編 1.6 に示すように，構造解析に用いた手法や構造設計上の配慮事項とともに，当該手法を適用した根拠や構造設計上の配慮が必要となる理由について示すこととなる。	Ⅰ編 1.8
1.6.1 構造解析 　＜省略＞ 　**【補足】** 　　本書Ⅱ編 1.6.1 に示すように，構造解析に用いた手法の妥当性を明らかにするために，解析モデルに入力した情報やその解析モデルを選定した理由などについて示すこととなる。 　　なお，本編の 2 章以降では PC 箱桁橋を対象として，構造解析について(1)～(5)に示す考え方を適用した場合の設計計算例を示している。	Ⅰ編 1.8.2 Ⅲ編 3.7
(1) 解析モデル 　　対象とした PC 箱桁では，桁を構成するウェブやフランジがそれぞれ剛結されているとみなせるよう設計を行うことから，主方向及び断面方向の断面力は，橋及びそれを構成する部材を骨組みモデルとしてモデル化し，コンクリートの全断面を有効とした弾性体として，鉄筋及びPC鋼材を無視して算出した部材の剛性の値を用いて算出する。	Ⅲ編 3.7(3)2) Ⅲ編 3.7(4)
(2) 相互作用の評価 　　ウェブ及び下フランジの設計においては，床版から伝達されるモーメントによる応力がウェブ及び下フランジに与える影響や，主方向並びに横方向に生じるせん断力及びねじりモーメントの影響を考慮することで，橋の立体的な構造特性により生じる内力を評価する。	Ⅲ編 3.7(2)
(3) PC 鋼材定着部の設計 　　道示に規定のある耐荷機構となるように形状寸法を決定し，耐荷性能の照査で用いる荷重係数や制限値等を適用して照査を行う。また，耐荷性能の前提として，主桁が全断面有効であると仮定して設計を行うことができるように，PC 鋼材定着部近傍のコンクリートに発生する引張応力に対して補強鉄筋を配置する。	

(4) 主要部材と二次部材に関して

隔壁は耐荷性能の照査にあたって，その存在の影響を見込まない二次部材として取り扱うものと考え，ウェブと上下フランジにより荷重分担を行う想定で設計計算を行う。

Ⅲ編 3.1(5)

(5) 構造解析と耐荷性能の照査に関して

以下を前提に道示Ⅲ編 5 章以降に規定する制限値を用いて設計を行う。

・棒または版部材としてモデル化する。

Ⅲ編 3.7(3)

・部材を骨組み解析，格子でモデル化する。

・線形解析により部材の断面力，変位およびその断面力に基づく応力を算出する。

1.6.2 構造設計上の配慮事項

Ⅰ編 1.8.3

＜省略＞

【補足】

本書Ⅱ編 1.6.2 に示すように，部材等の耐荷性能や耐久性能の設計等に関して，構造設計上配慮した事項との関係やその妥当性を明らかにするために，構造設計上の配慮として部材等の設計に反映した事項をその検討過程や理由とともに示すこととなる。

なお，本編では，配慮事項や構造設計への反映方法についての記載は省略している。

2章 床版，下フランジ及びウェブ

2.1 検討概要

　図-2.1.1，図-2.1.2 に床版設計のフローチャートを示す。なお，本橋は箱桁であり，床版だけでなく，下フランジ及びウェブも含めた断面によりそれぞれの断面力を算出することから，ここでは床版の設計と合わせて下フランジ及びウェブの設計を行う。図-2.1.3 に下フランジ及びウェブのフローチャートを示す。

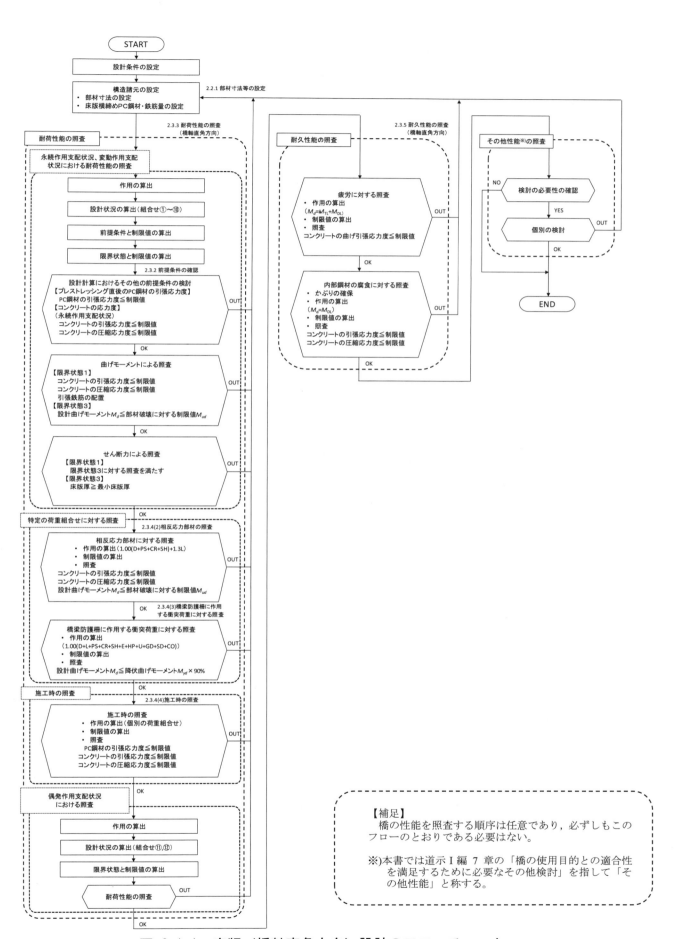

図-2.1.1 床版（橋軸直角方向）設計のフローチャート

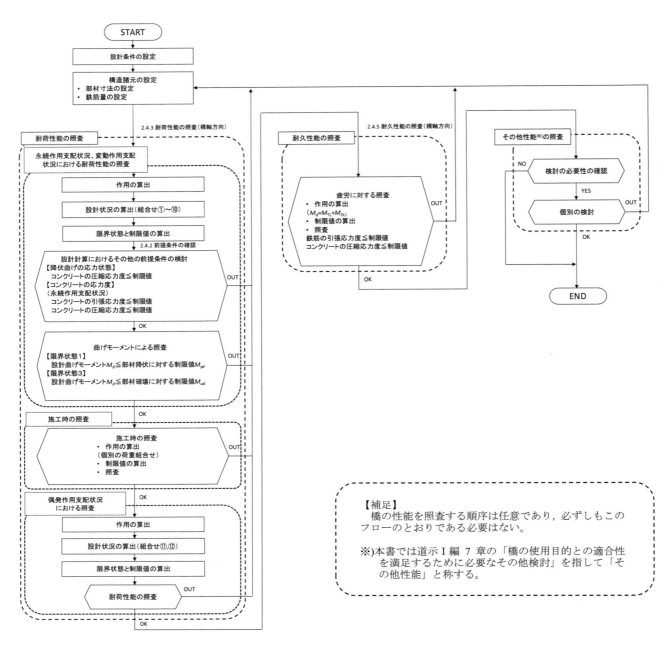

図-2.1.2 床版（橋軸方向）設計のフローチャート

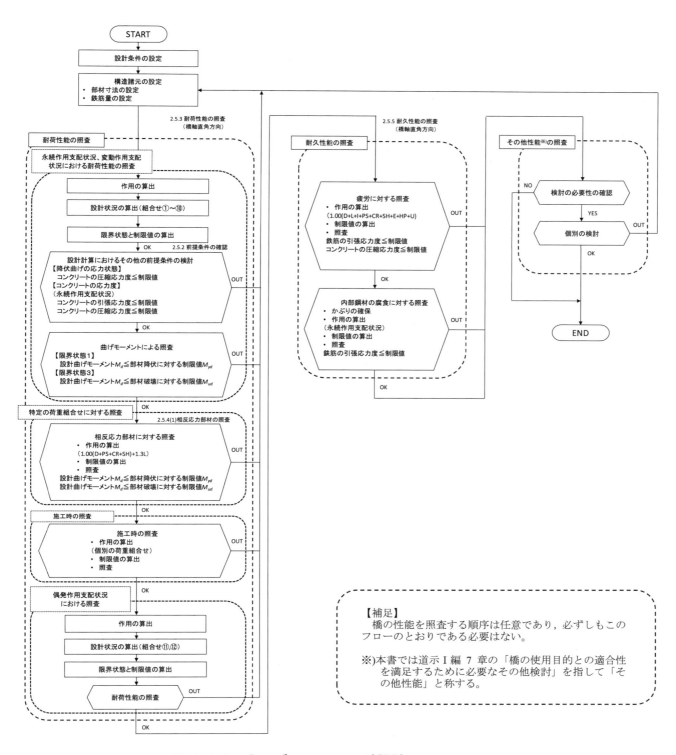

図-2.1.3 ウェブ・下フランジ設計のフローチャート

2.2 断面力の算出
2.2.1 部材寸法等の設定
(1) 部材厚の設定

道示Ⅱ編 11.2.4 の最小全厚は 160mm となり，道示Ⅱ編 11.5(2)(4)(5)の最小全厚を算出すると，以下のとおり 218mm となる。

$$d = (30L + 110) \times 90\%$$
$$= (30 \times 4.40 + 110) \times 0.90 = 218\text{mm}$$

L：床版の支間＝4.40m

よって，道示Ⅲ編 9.2.4 に規定されるように，耐荷性能を確保するための道示Ⅱ編 11.2.4 の最小全厚と疲労に対する耐久性能を満足するための道示Ⅱ編 11.5 の最小全厚を満足する床版厚を 300mm とする。また，ウェブ厚は 450mm，下フランジ厚は 220mm とする。支間中央部断面の部材寸法を下図に示す。

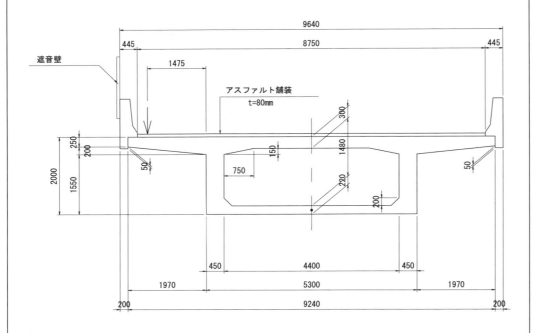

図-2.2.1　支間中央断面の部材寸法

(2) 床版横締めPC鋼材配置及び橋軸直角方向鉄筋量

床版横締めPC鋼材の配置形状と，床版の橋軸直角方向の配筋を下図に示す。

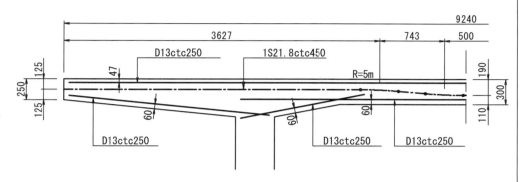

図-2.2.2　床版横締めPC鋼材と鉄筋の配置

端部緊張力は，床版の疲労に対する照査でPC鋼材の有効応力が制限値に収まるように1270N/mm^{2}とする。

プレストレッシング中及びプレストレッシング直後のPC鋼材応力度を道示Ⅰ編8.4(5)によって，有効応力を道示Ⅲ編3.5(4)解説及び道示Ⅲ編4.2.3によって算出すると，下表のとおりである。ただし，セクション番号は図-2.2.3による。なお，図-2.2.3の骨組みモデルの節点において，部材軸と直交する断面をセクションと呼称している。また，表中の左引き，右引きについては，断面図の左側張出し床版先端の定着具で緊張する場合を左引き，右側の定着具で緊張する場合を右引きとしている。

Ⅰ編8.4(5)
Ⅲ編3.5(4)解説
Ⅲ編4.2.3

表-2.2.1　PC鋼材応力度

			Sec-3	Sec-5	Sec-7
プレストレッシング中	左引き	N/mm^2	1262.5	1260.8	1230.9
	右引き		1200.0	1201.6	1230.9
	平均		1231.3	1231.2	1230.9
プレストレッシング直後	左引き		1115.5	1117.2	1147.1
	右引き		1178.0	1176.4	1147.1
	平均		1146.8	1146.8	1147.1
減少量	クリープ・乾燥収縮	N/mm^2	74.1	74.6	85.8
	リラクセーション 左引き		16.7	16.8	17.2
	リラクセーション 右引き		17.7	17.6	17.2
有効応力	左引き		1024.7	1025.8	1044.1
	右引き		1086.2	1084.2	1044.1
	平均		1055.5	1055.0	1044.1
有効係数		-	0.920	0.920	0.910

2.2.2 荷重の特性値による断面力の算出
(1) 橋軸直角方向断面力の算出

　死荷重・橋面荷重（舗装，壁高欄，遮音壁）・プレストレス2次力等による断面力は，道示Ⅲ編9.2.3(3)解説及び10.2.1(4)の規定のとおり，下図に示すような骨組みモデルの解析により求める。なお，断面力，応力及び抵抗の特性値は，道示Ⅲ編10.2.1(4)解説のとおり，橋軸方向に1mの奥行きを有する箱桁ラーメン構造にモデル化して算出する。 | Ⅲ編9.2.3(3)解説
Ⅲ編10.2.1(4)及び解説

　着目断面は，床版については，張出床版の付根(Sec-3)・中間床版の支点部(Sec-5)と中間部(Sec-7)とし，ウェブについてはハンチ開始点(Sec-15・16)，下フランジはハンチ開始点(Sec-24)と中央部(Sec-25)とする。なお，橋軸方向の着目断面は，床版の張出床版の高欄から250mm内寄りの(Sec-2')と中間床版の中間部(Sec-7)とする。

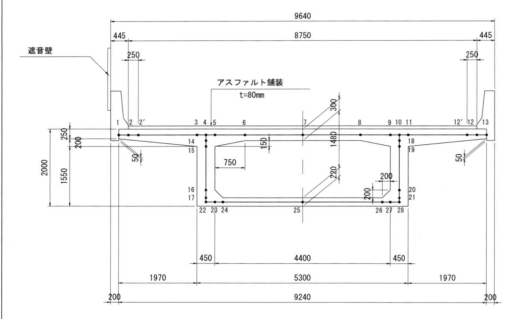

図-2.2.3　着目断面（セクション番号）

　活荷重により床版に生じる断面力は，道示Ⅲ編 表-9.2.1の算定式によって求める。ウェブと下フランジに生じる断面力は，道示Ⅲ編 表-9.2.1の算定式による曲げモーメントを骨組みモデルに作用させて求める。 | Ⅲ編 表-9.2.1

　なお，PC構造である床版は，道示Ⅲ編5.4.2(1)に従い，鉄筋拘束の影響を考慮するとともに，抵抗断面に鉄筋を考慮する。 | Ⅲ編5.4.2(1)

断面方向の断面力の算出にあたっては，腹圧力の影響を適切に考慮しなければならない（道示Ⅲ編3.7(2)）が，対象橋梁は，下フランジに主方向PC鋼材が配置されておらず，桁高も一定なので，下フランジには鉛直方向腹圧力（道示Ⅲ編10.3.1(5)）が発生しない。また，ウェブに主方向PC鋼材が配置されているが，曲線桁ではないので水平方向腹圧力（道示Ⅲ編10.2.4(1)解説）が発生しない。さらに，ウェブが傾斜していないため，プレストレスによる鉛直分力もウェブに発生しない。よって，腹圧力の影響については考慮しない。

Ⅲ編 3.7(2)
Ⅲ編 10.3.1(5)

Ⅲ編 10.2.4(1)
解説

(2) 荷重の特性値による断面力の算出結果

荷重の特性値による床版の断面力は，下表のとおりとなる。

表-2.2.2　荷重の特性値による断面力（床版）

			床版（橋軸直角方向）					
			Sec-3		Sec-5		Sec-7	
			曲げ kN・m	軸力 kN	曲げ kN・m	軸力 kN	曲げ kN・m	軸力 kN
D	自重		-14.67	-	-13.64	-	4.50	-
	橋面		-24.97	-	-6.17	-	-0.39	-
	合計		-39.64	-	-19.81	-	4.11	-
L	活荷重	max	0.00	-	0.00	-	54.54	-
		min	-68.05	-	-89.49	-	0.00	-
PS	直後	プレ2次	0.00	-	-5.57	2.45	-5.57	2.45
		合計	0.00	-	-5.57	2.45	-5.57	2.45
	有効	プレ2次	0.00	-	-5.10	2.24	-5.10	2.24
		鉄筋拘束	-3.27	-68.17	-3.32	-99.36	1.67	-78.50
		合計	-3.27	-68.17	-8.42	-97.12	-3.43	-76.26
TF	温度差		0.00	-	-2.32	1.84	-2.32	1.84
SW	雪（活荷重載荷）		-1.94	-	-1.75	-	0.67	-
WS	風（風上）		21.29	-	8.76	-	0.96	-

荷重の特性値によるウェブと下フランジの断面力は，下表のとおりとなる。

表-2.2.3　荷重の特性値による断面力（ウェブ・下フランジ）

| | | | ウェブ | | 下フランジ | | | |
| | | | Sec-15 | Sec-16 | Sec-24 | | Sec-25 | |
			曲げ kN·m	曲げ kN·m	曲げ kN·m	軸力 kN	曲げ kN·m	軸力 kN
D	自重		-2.70	-9.79	-6.39	-	4.39	-
	橋面		-17.27	-3.50	0.28	-	0.28	-
	合計		-19.97	-13.29	-6.11	-	4.67	-
L	活荷重	max	67.21	16.77	12.36	-	0.83	-
		min	-51.11	-13.59	-12.65	-	-1.09	-
PS	直後	プレ2次	4.83	2.07	1.31	-2.45	1.31	-2.45
		合計	4.83	2.07	1.31	-2.45	1.31	-2.45
	有効	プレ2次	4.42	1.89	1.19	-2.24	1.19	-2.24
		鉄筋拘束	0.00	0.00	0.00	0.00	0.00	0.00
		合計	4.46	1.90	1.19	-2.24	1.19	-2.24
TF	温度差		1.77	-0.32	-0.89	-1.84	-0.89	-1.84
SW	雪（活荷重載荷）		-0.11	-0.02	0.01	-	0.01	-
WS	風（風上）		10.04	3.67	1.56	-	0.13	-

（3）荷重の特性値による応力度の算出結果

荷重の特性値による床版のコンクリート応力度は，下表のとおりとなる。

表-2.2.4　荷重の特性値によるコンクリート応力度（床版）

| | | | 床版（橋軸直角方向） | | | | | |
| | | | Sec-3 | | Sec-5 | | Sec-7 | |
			上縁 N/mm²	下縁 N/mm²	上縁 N/mm²	下縁 N/mm²	上縁 N/mm²	下縁 N/mm²
D	自重		-0.43	0.43	-0.40	0.40	0.29	-0.29
	橋面		-0.72	0.72	-0.18	0.18	-0.03	0.03
	合計		-1.15	1.15	-0.58	0.58	0.26	-0.26
L	活荷重	max	0.00	0.00	0.00	0.00	3.55	-3.54
		min	-1.96	1.97	-2.58	2.59	0.00	0.00
PS	直後	プレ1次	4.09	-0.56	4.08	-0.58	0.53	4.74
		プレ2次	0.00	0.00	-0.16	0.17	-0.35	0.37
		合計	4.09	-0.56	3.92	-0.41	0.18	5.11
	有効	プレ1次	3.76	-0.52	3.75	-0.53	0.48	4.31
		プレ2次	0.00	0.00	-0.14	0.15	-0.32	0.34
		鉄筋拘束	-0.25	-0.06	-0.31	-0.12	-0.15	-0.37
		合計	3.51	-0.58	3.30	-0.50	0.01	4.28
TF	温度差		0.00	0.00	-0.06	0.07	-0.14	0.16
SW	雪（活荷重載荷）		-0.06	0.06	-0.05	0.05	0.04	-0.04
WS	風（風上）		0.62	-0.62	0.26	-0.25	0.06	-0.06

コンクリートの応力度は，「＋」を圧縮応力度，「－」を引張応力度としている（以下同様）。

(4) 橋軸方向断面力の算出
　活荷重による橋軸方向曲げモーメントは，道示Ⅲ編 表-9.2.1に従い算出すると，以下のとおりとなる。

　　片持版先端（Sec-2'）
　　　$M_{TL}=(0.15×1.475m+0.13)×100\qquad=35.1kN·m$
　　連続版支間（Sec-7）
　　　$M_{TL}=(0.10×4.400m+0.04)×100×80\%=38.4kN·m$

2.3 床版（橋軸直角方向）の設計
2.3.1 PC部材の降伏曲げモーメント・破壊抵抗曲げモーメント
(1) PC鋼材及び鉄筋配置の設定

　PC鋼材及び鉄筋配置は，本編2.2.1(2)に示したとおりであり，Sec-3・5とSec-7断面のPC鋼材及び鉄筋配置を下図に示す。

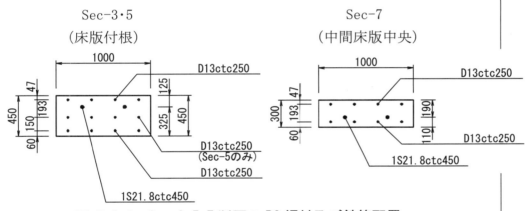

図-2.3.1　Sec-3・5,7断面のPC鋼材及び鉄筋配置

(2) 降伏曲げモーメント・破壊抵抗曲げモーメントの算出

　PC部材の降伏曲げモーメントと破壊抵抗曲げモーメントは，道示Ⅲ編5.8.1に従い以下のとおり算出する。PC部材の降伏曲げモーメントは，部材最外縁のPC鋼材又は鉄筋が降伏強度に達する状態（PC鋼材の降伏強度は$0.84\,\sigma_{pu}$とする）のときの曲げモーメントとし，破壊抵抗曲げモーメントは，コンクリートの圧縮縁ひずみが0.0035に達する状態のときの曲げモーメントとする。ただし，降伏曲げモーメントの算出では，道示Ⅲ編4.2に規定されたヤング係数を用いる。また，降伏曲げモーメントと破壊抵抗曲げモーメントは，作用する軸方向力によって変動するため，設計状況に応じた荷重係数等を見込んだ軸方向力を考慮して作用の組合せごとに算出する。表-2.3.1に永続作用支配状況における降伏曲げモーメントと破壊抵抗曲げモーメントを示す。

【補足】

　PC 部材の降伏曲げモーメントの算出では，引張側の鉄筋も考慮すること
に注意が必要である。

Ⅲ編 5.2.8(1)

表-2.3.1　降伏曲げ・破壊抵抗曲げモーメント（床版）

			床版（橋軸直角方向）		
			Sec-3	Sec-5	Sec-7
部材厚		m	0.450	0.450	0.300
ＰＣ鋼材	鋼材種別	－	1S21.8	1S21.8	1S21.8
	本数	本/m	2.22	2.22	2.22
	有効高	m	0.125	0.125	0.190
正曲げ	降伏曲げ M_{yc}	kN・m	（鉄筋降伏）128.0	（鉄筋降伏）142.6	（鉄筋降伏）178.4
	破壊曲げ M_{uc}		179.7	212.7	234.3
負曲げ	降伏曲げ M_{yc}		（鉄筋降伏）-320.3	（鉄筋降伏）-328.4	（鉄筋降伏）-91.1
	破壊曲げ M_{uc}		-425.2	-453.3	-139.9

2.3.2　前提条件の確認

　PC 鋼材のリラクセーションの影響の評価とコンクリートのクリープひずみ
及び乾燥収縮度の算出を道示に従い行う場合の前提条件として以下の項目に
ついて確認する。

(1)　リラクセーションの影響の評価

　プレストレッシング直後の PC 鋼材応力度の制限値は，道示Ⅲ編 表-5.1.1
の小さい方とされている。よって制限値は以下のとおりとなる。

Ⅲ編 表-5.1.1

$$0.70\,\sigma_{pu}=0.70\times1830=1281\text{N/mm}^2$$
$$0.85\,\sigma_{py}=0.85\times1580=1343\text{N/mm}^2$$
$$\Big\}\quad\rightarrow1280\text{N/mm}^2$$

　プレストレッシング直後の PC 鋼材応力度は，本編 2.2.1(2)より下表のとお
りとなり，PC 鋼材応力度の制限値を超えない。よって，道示Ⅲ編 4.2 に従い
PC 鋼材のリラクセーションの影響を評価できることが確認できた。

Ⅲ編 4.2

表-2.3.2　PC 鋼材応力度（プレストレッシング直後）

			Sec-3	Sec-5	Sec-7
プレストレッシング直後	左引き	N/mm²	1116	1117	1147
	右引き		1178	1176	1147
	制限値		$\sigma_p\leqq1280$		
	判定		OK	OK	OK

(2) 弾性ひずみとクリープひずみの評価

　永続作用支配状況におけるコンクリートの応力度は，下表のとおりとなる。これより，コンクリートに発生する圧縮応力度は道示Ⅲ編 5.1.5(3)に規定される制限値を超えない。よって，道示Ⅲ編 4.2.3 及び道示Ⅰ編 8.4 の規定に従いコンクリートのクリープの影響及び乾燥収縮度を評価できることが確認できた。

Ⅲ編 5.1.5(3)
Ⅲ編 4.2.3
Ⅰ編 8.4

表-2.3.3　永続作用支配状況でのコンクリート応力度

			床版（橋軸直角方向）					
			Sec-3		Sec-5		Sec-7	
			上縁	下縁	上縁	下縁	上縁	下縁
D	自重	N/mm²	-1.15	1.15	-0.58	0.58	0.26	-0.26
PS	有効		3.51	-0.58	3.30	-0.50	0.01	4.28
TF	温度差		0.00	0.00	-0.06	0.07	-0.14	0.16
永続作用	TF無		2.48	0.60	2.86	0.08	0.28	4.22
	TF有		2.48	0.60	2.80	0.15	0.14	4.38
制限値			$0.0 \leqq \sigma_c \leqq 13.8$					
判定			OK	OK	OK	OK	OK	OK

2.3.3 耐荷性能の照査（橋軸直角方向）

(1) 床版の耐荷性能に関する照査項目

床版（橋軸直角方向）の耐荷性能に関する照査項目は，道示Ⅲ編 9.3 及び 9.4 に従い，下表のとおりとなる。

Ⅲ編9.3
Ⅲ編9.4

表-2.3.4　床版（橋軸直角方向）の耐荷性能に関する照査項目

状況＼状態	主として機能面からの橋の状態		構造安全面からの橋の状態
	部材等としての荷重を支持する能力が確保されている限界の状態 （部材の限界状態1）	部材等としての荷重を支持する能力は低下しているもののあらかじめ想定する能力の範囲にある限界の状態 （部材の限界状態2）	これを超えると部材等としての荷重を支持する能力が完全に失われる限界の状態 （部材の限界状態3）
永続作用や変動作用が支配的な状況	・曲げモーメント $\sigma_{ctl} \leqq \sigma_c \leqq \sigma_{ccl}$ ・・・道示Ⅲ編 9.3.1(4),5.6.1(3) ・せん断力 同右 ・・・道示Ⅲ編 9.3.2		・曲げモーメント $M_d \leqq M_{ud}$ ・・・道示Ⅲ編 9.4.1(4), 5.8.1(3) ・せん断力 床版厚≧最小床版厚 ・・・道示Ⅲ編 9.4.2
偶発作用が支配的な状況	・曲げモーメント $\sigma_{ctl} \leqq \sigma_c \leqq \sigma_{ccl}$ ・・・道示Ⅲ編 9.3.1(4),5.6.1(3) ・せん断力 同右 ・・・道示Ⅲ編 9.3.2		・曲げモーメント $M_d \leqq M_{ud}$ ・・・道示Ⅲ編 9.4.1(4), 5.8.1(3) ・せん断力 床版厚≧最小床版厚 ・・・道示Ⅲ編 9.4.2

【補足】

なお，本書では，偶発作用支配状況に対する照査の記載は省略している。

(2) 永続作用支配状況及び変動作用支配状況

1) 断面力の算出

作用の組合せを考慮した断面力は，道示Ⅰ編 3.3 に従い算出する。

Ⅰ編3.3

荷重の特性値に荷重組合せ係数及び荷重係数を考慮して算出された Sec-5 の断面力とその集計結果は表-2.3.5 のとおりとなる。また，全着目断面の曲げモーメントは表-2.3.6 のとおりとなる。

-154-

表-2.3.5　荷重組合せ係数及び荷重係数を考慮した断面力（曲げモーメント）の集計（Sec-5）

				集計	荷重係数等を考慮した断面力													
				設計断面力	D	L	PS, CR, SH	E, HP, U	TH	TF	SW	GD SD	CF BK	WS	WL	WP	EQ	CO
①	D	永続作用	max	-29.6	-20.8	-	-8.8	0.0	-	0.0	-	0.0	-	-	-	0.0	-	-
			min	-32.0	-20.8	-	-8.8	0.0	-	-2.3	-	0.0	-	-	-	0.0	-	-
②	D+L	変動作用	max	-29.6	-20.8	0.0	-8.8	0.0	-	0.0	0.0	0.0	0.0	-	-	0.0	-	-
			min	-145.6	-20.8	-111.9	-8.8	0.0	-	-2.3	-1.8	0.0	0.0	-	-	0.0	-	-
③	D+TH		max	-29.6	-20.8	-	-8.8	0.0	0.0	0.0	-	0.0	-	-	-	0.0	-	-
			min	-32.0	-20.8	-	-8.8	0.0	0.0	-2.3	-	0.0	-	-	-	0.0	-	-
④	D+TH+WS		max	-21.4	-20.8	-	-8.8	0.0	0.0	0.0	-	0.0	-	8.2	-	0.0	-	-
			min	-32.0	-20.8	-	-8.8	0.0	0.0	-2.3	-	0.0	-	0.0	-	0.0	-	-
⑤	D+L+TH		max	-29.6	-20.8	0.0	-8.8	0.0	0.0	0.0	0.0	0.0	0.0	-	-	0.0	-	-
			min	-140.0	-20.8	-106.3	-8.8	0.0	0.0	-2.3	-1.8	0.0	0.0	-	-	0.0	-	-
⑥	D+L+WS+WL		max	-24.2	-20.8	0.0	-8.8	0.0	-	0.0	-	0.0	0.0	5.5	0.0	0.0	-	-
			min	-138.2	-20.8	-106.3	-8.8	0.0	-	-2.3	-	0.0	0.0	0.0	0.0	0.0	-	-
⑦	D+L+TH+WS+WL		max	-24.2	-20.8	0.0	-8.8	0.0	0.0	0.0	-	0.0	0.0	5.5	0.0	0.0	-	-
			min	-138.2	-20.8	-106.3	-8.8	0.0	0.0	-2.3	-	0.0	0.0	0.0	0.0	0.0	-	-
⑧	D+WS		max	-18.7	-20.8	-	-8.8	0.0	-	0.0	-	0.0	-	11.0	-	0.0	-	-
			min	-32.0	-20.8	-	-8.8	0.0	-	-2.3	-	0.0	-	0.0	-	0.0	-	-
⑨	D+TH+EQ		max	-29.6	-20.8	-	-8.8	0.0	0.0	0.0	0.0	0.0	-	-	-	0.0	0.0	-
			min	-38.1	-20.8	-	-8.8	0.0	0.0	-2.3	-6.1	0.0	-	-	-	0.0	0.0	-
⑩	D+EQ		max	-29.6	-20.8	-	-8.8	0.0	-	0.0	-	0.0	-	-	-	0.0	0.0	-
			min	-32.0	-20.8	-	-8.8	0.0	-	-2.3	-	0.0	-	-	-	0.0	0.0	-

表-2.3.6 荷重組合せ係数及び荷重係数を考慮した断面力の集計

			床版（橋軸直角方向）			ウェブ		下フランジ	
			Sec-3	Sec-5	Sec-7	Sec-15	Sec-16	Sec-24	Sec-25
①③	max		−45.1	−29.6	0.7	−14.6	−12.0	−5.1	6.2
	min		−45.1	−32.0	−1.6	−16.3	−12.3	−6.1	5.3
②	max		−45.1	−29.6	69.6	69.5	9.0	10.3	7.2
	min		−132.1	−145.6	−1.6	−80.3	−29.3	−21.9	3.9
④	max		−25.1	−21.4	1.6	−5.1	−8.5	−3.7	6.3
	min		−45.1	−32.0	−1.6	−16.3	−12.3	−6.1	5.3
⑤	max		−45.1	−29.6	66.2	65.3	7.9	9.5	7.1
	min	kN·m	−127.8	−140.0	−1.6	−77.1	−28.4	−21.1	4.0
⑥⑦	max		−31.8	−24.2	66.1	−71.5	10.2	10.5	7.2
	min		−125.9	−138.2	−1.6	−77.0	−28.4	−21.1	4.0
⑧	max		−18.5	−18.7	1.9	−2.0	−7.4	−3.2	6.3
	min		−45.1	−32.0	−1.6	−16.3	−12.3	−6.1	5.3
⑨	max		−45.1	−29.6	3.1	−14.6	−12.0	−5.1	6.2
	min		−51.9	−38.1	−1.6	−16.7	−12.4	−6.1	5.3
⑩	max		−45.1	−29.6	0.7	−14.6	−12.0	−5.2	6.2
	min		−45.1	−32.0	−1.6	−16.3	−12.3	−6.1	5.3

2) 曲げモーメントによる限界状態1に対する照査

コンクリートに生じる応力度は下表のとおりで，引張応力度の制限値（道示Ⅲ編 表-5.6.1）2.5N/mm² と圧縮応力度の制限値（道示Ⅲ編 表-5.6.2）20.7N/mm² を超えないことから，曲げモーメントを受ける床版の限界状態1に対する照査を満足する。

Ⅲ編 表-5.6.1
Ⅲ編 表-5.6.2

表-2.3.7　コンクリート応力度（床版の限界状態1）

		床版（橋軸直角方向）					
		Sec-3		Sec-5		Sec-7	
		上縁 N/mm²	下縁 N/mm²	上縁 N/mm²	下縁 N/mm²	上縁 N/mm²	下縁 N/mm²
①③	max	2.48	0.61	2.86	0.08	0.28	4.22
	min	2.48	0.61	2.80	0.15	0.14	4.38
②	max	2.48	0.61	2.86	0.08	4.76	-0.24
	min	-0.03	3.13	-0.48	3.44	0.14	4.38
④	max	3.06	-0.01	3.10	-0.15	0.34	4.16
	min	2.48	0.61	2.80	0.15	0.14	4.38
⑤	max	2.48	0.61	2.86	0.13	4.54	0.02
	min	0.09	3.01	-0.32	3.23	0.14	4.34
⑥⑦	max	2.87	0.22	3.02	-0.07	4.54	-0.02
	min	0.15	2.95	-0.27	3.23	0.14	4.38
⑧	max	3.25	-0.17	3.18	-0.23	0.36	4.15
	min	2.48	0.61	2.80	0.15	0.14	4.38
⑨	max	2.48	0.61	2.86	0.08	0.42	4.08
	min	2.27	0.82	2.62	0.33	0.14	4.38
⑩	max	2.48	0.60	2.86	0.08	0.28	4.22
	min	2.48	0.60	2.80	0.15	0.14	4.38
設計応力	max	3.25	-0.17	3.18	-0.23	4.76	-0.24
	min	-0.03	3.13	-0.48	3.44	0.14	4.38
制限値		$-2.5 \leqq \sigma_c \leqq 20.7$					
判定		OK	OK	OK	OK	OK	OK

表-2.3.7のとおり，コンクリートの引張応力度は3.5N/mm²を超えないので，道示Ⅲ編5.3.3(2)に従い T_c / σ_{smax} で算出された引張鉄筋量は，下表のとおりとなる。よって，表-2.3.8のとおり配置された引張鉄筋は，必要な鉄筋量を満足する。

Ⅲ編5.3.3(2)

表-2.3.8　引張鉄筋量（床版の限界状態1）

			床版（橋軸直角方向）					
			Sec-3		Sec-5		Sec-7	
			上縁	下縁	上縁	下縁	上縁	下縁
部材厚		m	0.450		0.450		0.300	
正曲げ	荷重組合せ	-	⑧max		⑧max		②max	
	応力度	N/mm²	3.25	-0.17	3.18	-0.23	4.76	-0.24
	引張深さ	mm	22		30		14	
	引張鉄筋量 ⅰ	mm²/m	9		16		8	
	引張鉄筋量 ⅱ	mm²/m	110		150		70	
	実配筋	-	D13ctc250		D13ctc250		D13ctc250	
	実配置鉄筋量	mm²/m	506.8		506.8		506.8	
負曲げ	荷重組合せ	-	②min		②min		-	
	応力度	N/mm²	-0.03	3.13	-0.48	3.44	-	-
	引張深さ	mm	4		55		-	
	引張鉄筋量 ⅰ	mm²/m	0		63		-	
	引張鉄筋量 ⅱ	mm²/m	20		275		-	
	実配筋	-	D13ctc250		D13ctc250		-	
	実配置鉄筋量	mm²/m	506.8		506.8		-	

ⅰ：鉄筋応力度が210N/mm²以下となる鉄筋量

ⅱ：引張応力が生じるコンクリート断面積の0.5%

3）せん断力による限界状態1に対する照査

押抜きせん断力を受ける床版の限界状態1に対する照査は，道示Ⅲ編9.3.2に従い，限界状態3に対する照査をもって行う。

Ⅲ編9.3.2

4）曲げモーメントによる限界状態3に対する照査

　曲げモーメントを受ける床版の限界状態3の特性値である破壊抵抗曲げモーメントM_{uc}は，道示Ⅲ編5.8.1(3)に従い算出する。また，制限値は，道示Ⅲ編 表-5.8.1に規定される部分係数を破壊抵抗曲げモーメントM_{uc}に乗じて算出する。そして，曲げモーメントを受ける床版の限界状態3に対する照査は，部材に生じる曲げモーメントがこの制限値を超えないことを確認することにより行う。設計曲げモーメントM_dと制限値は下表のとおりとなり，設計曲げモーメントが部材破壊に対する曲げモーメントの制限値を超えないことから，限界状態3に対する照査を満足する。

Ⅲ編 5.8.1(3)
Ⅲ編 表-5.8.1

表-2.3.9　曲げモーメントによる限界状態3に対する照査（床版）

				床版（橋軸直角方向）		
				Sec-3	Sec-5	Sec-7
①～⑨		ξ_1	−	0.90	0.90	0.90
		ξ_2	−	0.90	0.90	0.90
		Φ_u	−	0.80	0.80	0.80
⑩		ξ_1	−	0.90	0.90	0.90
		ξ_2	−	0.90	0.90	0.90
		Φ_u	−	1.00	1.00	1.00
M_d	①③	max	kN・m	−45.1	−29.6	0.7
		min		−45.1	−32.0	−1.6
	②	max		−45.1	−29.6	69.6
		min		−132.1	−145.6	−1.6
	④	max		−25.1	−21.4	1.6
		min		−45.1	−32.0	−1.6
	⑤	max		−45.1	−29.6	66.2
		min		−127.8	−140.0	−1.6
	⑥⑦	max		−31.8	−24.2	66.1
		min		−125.9	−138.2	−1.6
	⑧	max		−18.5	−18.7	1.9
		min		−45.1	−32.0	−1.6
	⑨	max		−45.1	−29.6	3.1
		min		−51.9	−38.1	−1.6
設計曲げモーメント		M_{dmax}		−18.5	−18.7	69.6
		M_{dmin}		−132.1	−145.6	−1.6
制限値				$-275.5\leqq$ $M_d\leqq116.6$	$-293.7\leqq$ $M_d\leqq137.8$	$-90.7\leqq$ $M_d\leqq151.8$
判定				OK	OK	OK
M_d	⑩	max	kN・m	−45.1	−29.6	0.7
		min		−45.1	−32.0	−1.6
制限値				$-344.4\leqq$ $M_d\leqq145.7$	$-367.1\leqq$ $M_d\leqq172.3$	$-113.3\leqq$ $M_d\leqq189.8$
判定				OK	OK	OK

5) せん断力による限界状態3に対する照査

　本橋では，床版厚を 300mm としていることから，最小全厚 218mm 以上となる。よって，道示Ⅲ編 9.4.2 より押抜きせん断力を受ける床版の限界状態3に対する照査を満足する。 | Ⅲ編 9.4.2

(3) 偶発作用支配状況

　＜省略＞

【補足】
　本書では，偶発作用支配状況に対する照査については記載を省略している。

2.3.4 特定の荷重組合せに対する照査

(1) 相反応力部材と橋梁防護柵に作用する衝突荷重に対する照査項目

床版の相反応力部材と橋梁防護柵に作用する衝突荷重に対する照査項目は，道示Ⅲ編5.1.3及び道示Ⅲ編9.6に従い，下表のとおりとなる。

Ⅲ編5.1.3
Ⅲ編9.6

表-2.3.10 床版（橋軸直角方向）の相反応力部材に関する照査項目

照査用荷重 (Ⅲ5.1.3) ／ 部材応答の閾値 (Ⅲ5.1.3)	限界状態1の制限値	限界状態3の制限値
1.0(D+PS+CR+SH)+1.3L 死荷重による応力が活荷重による応力の30%より小さい場合 1.0(L+PS+CR+SH)	・曲げモーメント $\sigma_{ctl} \leqq \sigma_c \leqq \sigma_{ccl}$ ・・・道示Ⅲ編 9.3.1(4),5.6.1(3)	・曲げモーメント $M_d \leqq M_{ud}$ ・・・道示Ⅲ編 9.4.1(4),5.8.1(3)

表-2.3.11 橋梁防護柵に作用する衝突荷重に対する照査項目

照査用荷重 (Ⅲ9.6(3)) ／ 部材応答の閾値 (Ⅲ9.6(6))	抵抗曲げモーメント
1.0(D+L+PS+CR+SH+E+HP+U+GD+SD+CO)	・曲げモーメント $M_d \leqq M_{yc} \times 0.9$ ・・・道示Ⅲ編9.6(6)

(2) 相反応力部材の照査

PC部材である床版に生じる応力は下表のとおりとなり，Sec-7の上縁で異符号となるため相反応力部材に該当する。

表-2.3.12 相反応力部材の判定（床版）

			床版（橋軸直角方向）					
			Sec-3		Sec-5		Sec-7	
			上縁 N/mm²	下縁 N/mm²	上縁 N/mm²	下縁 N/mm²	上縁 N/mm²	下縁 N/mm²
D*	D	合計	-1.15	1.15	-0.58	0.58	0.26	-0.26
	PS	有効	0.00	0.00	-0.14	0.15	-0.32	0.34
		拘束	-0.25	-0.06	-0.31	-0.12	-0.15	-0.37
	合計		-1.40	1.09	-1.03	0.61	-0.21	-0.29
L	活荷重	max	0.00	0.00	0.00	0.00	3.55	-3.54
		min	-1.96	1.97	-2.58	2.59	0.00	0.00
比率 （D*／L）		max	–	–	–	–	6%	–
		min	–	–	–	–	–	–

D*は，死荷重及び不静定力（プレストレス力，クリープ・乾燥収縮の影響による二次力）による応力度を示す。また，表中のPSは，プレストレス力の二次力による応力度を示す。

Ⅲ編5.1.3(1)
解説

-161-

> **【補足】**
> 相反応力部材の判定で考慮する死荷重として，二次力として生じるプレストレス力，クリープ・乾燥収縮の影響を考慮する必要がある。

相反応力が生じる Sec-7 に対しては，L に対する D* の比率が 30%未満であることから，道示Ⅲ編 式(解 5.1.2)の組合せとその係数により部材に生じる断面力を算出する。

Ⅲ編
式(解 5.1.2)

　　　照査用荷重：1.0（L＋PS＋CR＋SH）

相反応力部材の照査用荷重による応答値は下表のとおりとなり，制限値を超えないことから，限界状態 1 及び限界状態 3 に対する照査を満足する。

表-2.3.13　相反応力部材のコンクリート応力度（床版）

			床版（橋軸直角方向）			
			Sec-3,5		Sec-7	
			上縁	下縁	上縁	下縁
相反応力部材 照査用	max	N/mm²	－	－	3.56	0.74
	min		－	－	－	－
限界状態 1	制限値		$-2.5 \leqq \sigma_c \leqq 20.7$			
	判定		－	－	OK	OK

表-2.3.14　相反応力部材の曲げモーメント（床版）

			床版（橋軸直角方向）	
			Sec-3(5)	Sec-7
			曲げ	曲げ
相反応力部材 照査用	max	kN·m	－	51.1
	min		－	－
限界状態 3	制限値		$(-293.7 \leqq M_d \leqq 137.8)$ $-275.5 \leqq M_d \leqq 116.6$	$-90.7 \leqq M_d \leqq 151.8$
	判定			OK

(3) 橋梁防護柵に作用する衝突荷重に対する照査

衝突荷重に対しては，道示Ⅲ編 式(9.6.1)により算出される曲げモーメントが抵抗曲げモーメントを超えないことを照査する。ここで，抵抗曲げモーメントは，道示Ⅲ編 9.6(6)に従い鋼材が降伏強度に達するときの曲げモーメントの 90%であることから，下表のとおりとなる。

Ⅲ編 式(9.6.1)

Ⅲ編 9.6(6)

　照査用荷重：1.00（D＋L＋PS＋CR＋SH＋E＋HP＋U＋GD＋SD＋CO）

　　　　CO＝-13kN×（0.90＋0.08＋0.45／2）m＝-15.67kN·m

表-2.3.15　降伏曲げ及び抵抗曲げモーメント（床版）

				床版
				Sec-3
正曲げ	降伏曲げ	M_{yc}	kN·m	128.3
	抵抗曲げ	$0.9 \times M_{yc}$		115.5
負曲げ	降伏曲げ	M_{yc}		-320.4
	抵抗曲げ	$0.9 \times M_{yc}$		-288.4

衝突荷重が作用する状況の曲げモーメントは下表のとおりとなり，抵抗曲げモーメントを超えないことから，衝突荷重に対する照査を満足する。

表-2.3.16　衝突による曲げモーメント（床版）

			床版
			Sec-3
D	合計		-39.64
L	活荷重min		-68.05
PS	有効	kN・m	0.00
CO	衝突		-15.67
設計曲げモーメント M_d			-123.4
抵抗曲げモーメント			$-288.4 \leqq M_d \leqq 115.5$
判定			OK

(4) 施工時の照査

施工時の照査は，本橋では床版に架設用重機等を搭載しないため，床版横締めPC鋼材を緊張して床版自重が作用した状態について，PC鋼材応力度とコンクリート応力度を照査する。

PC鋼材応力度の制限値は，道示Ⅲ編 表-解3.4.1の小さい方とされている。よって制限値は以下のとおりとなる。

Ⅲ編　表-解3.4.1

プレストレッシング中

$0.80\,\sigma_{pu} = 0.80 \times 1830 = 1464 \text{N/mm}^2$
$0.90\,\sigma_{py} = 0.90 \times 1580 = 1422 \text{N/mm}^2$
$\left.\right\} \rightarrow 1420 \text{N/mm}^2$

プレストレッシング直後

$0.70\,\sigma_{pu} = 0.70 \times 1830 = 1281 \text{N/mm}^2$
$0.85\,\sigma_{py} = 0.85 \times 1580 = 1343 \text{N/mm}^2$
$\left.\right\} \rightarrow 1280 \text{N/mm}^2$

プレストレッシング中及びプレストレッシング直後のPC鋼材応力度は，本編 2.2.1(2)より下表のとおりとなり，制限値を超えないことから，施工時の照査を満足する。

表-2.3.17　PC鋼材応力度（施工時）

			Sec-3	Sec-5	Sec-7
プレストレッシング中	左引き	N/mm²	1263	1261	1231
	右引き		1200	1202	1231
	制限値		$\sigma_p \leqq 1420$		
	判定		OK	OK	OK
プレストレッシング直後	左引き	N/mm²	1116	1117	1147
	右引き		1178	1176	1147
	制限値		$\sigma_p \leqq 1280$		
	判定		OK	OK	OK

制限値は道示Ⅲ編 3.4.1(8)解説に示される方法により算出し，施工時の荷重組合せや部分係数は，道示Ⅰ編 3.3(2)(3)解説を参考に次式から算出する。

Ⅲ編 3.4.1(8)
解説
Ⅰ編 3.3(2)(3)
解説

施工時：1.05D＋1.05ER＋1.00TF＋1.05（PS,CR,SH）

施工時のコンクリート応力度は下表のとおりとなり，圧縮応力度と引張応力度の制限値を超えないことから，施工時の照査を満足する。

表-2.3.18　コンクリート応力度（施工時）

		床版（橋軸直角方向）					
		Sec-3		Sec-5		Sec-7	
		上縁 N/mm^2	下縁 N/mm^2	上縁 N/mm^2	下縁 N/mm^2	上縁 N/mm^2	下縁 N/mm^2
D	自重	-0.43	0.43	-0.40	0.40	0.29	-0.29
	橋面	-0.72	0.72	-0.18	0.18	-0.03	0.03
PS	直後	4.09	-0.56	3.92	-0.41	0.18	5.11
TF	温度差	0.00	0.00	-0.06	0.07	-0.14	0.16
主桁完成	TF無	3.84	-0.14	3.70	-0.01	0.49	5.06
	TF有	3.84	-0.14	3.64	0.06	0.35	5.22
	制限値	$-1.48 \leqq \sigma_c \leqq 17.6$					
	判定	OK	OK	OK	OK	OK	OK
橋面完成	TF無	3.09	0.62	3.51	0.18	0.46	5.09
	TF有	3.09	0.62	3.45	0.25	0.32	5.25
	制限値	$-1.67 \leqq \sigma_c \leqq 14.4$					
	判定	OK	OK	OK	OK	OK	OK

引張応力度が発生する場合の引張鉄筋量は，本編 2.3.3(2)と同様に算出すると，下表のとおりとなる。これより，下表のとおり配置された鉄筋は，必要な鉄筋量を満足する。

表-2.3.19　引張鉄筋量（施工時）

			床版（橋軸直角方向）					
			Sec-3		Sec-5		Sec-7	
			上縁	下縁	上縁	下縁	上縁	下縁
部材厚		m	0.450		0.450		-	
施工段階	荷重組合せ	-	主桁完成		主桁完成		-	
	応力度	N/mm^2	3.66	-0.13	3.52	-0.01	-	-
	引張深さ	mm	15		1			
	引張鉄筋量	i mm^2/m	5		0			
		ii mm^2/m	75		5			
	実配筋	-	D13ctc250		D13ctc250		-	
	実配置鉄筋量	mm^2/m	506.8		506.8		-	

i：鉄筋応力度が210N/mm²以下となる鉄筋量

ii：引張応力が生じるコンクリート断面積の0.5%

-164-

なお，本書における施工時の応力度制限値の算出は，以下のとおりとした。

1) コンクリートの圧縮応力度の制限値

①プレストレス導入時

　材齢5日以降で，そのコンクリートの発現強度の特性値を30N/mm²とし，道示Ⅲ編3.4.1(8)解説に基づき算出すると，曲げ圧縮で長方形断面30／1.7＝17.6N/mm²，T形及び箱桁断面 17.6－1.0＝16.6N/mm²，軸圧縮 30／2.0＝15.0N/mm²となる。なお，T形及び箱桁断面で1.0を減じているのは，道示Ⅲ編3.4.1(8)解説及び6.3.2(3)解説による。 | Ⅲ編3.4.1(8)解説
Ⅲ編6.3.2(3)解説

②プレストレス導入時以外の施工中（支保工解体後）

　打設されたコンクリートの発現強度の特性値が設計基準強度36 N/mm²に達したとき（材齢8日以降）を想定し，道示Ⅲ編3.4.1(8)解説に基づき算出すると，曲げ圧縮で長方形断面36／2.5＝14.4 N/mm²，T形及び箱桁断面 14.4－1.0＝13.4N/mm²，軸圧縮36／3＝12.0N/mm²となる。 | Ⅲ編3.4.1(8)解説

2) コンクリートの引張応力度の制限値

①プレストレス導入時

　材齢5日以降で，そのコンクリートの発現強度の特性値を30N/mm²とし，道示Ⅲ編 3.4.1(8)解説に基づき算出すると，曲げ引張 $0.23 \times 30^{2/3}／1.5＝1.48$N/mm²，斜引張（せん断とねじり同時）$0.23 \times 30^{2/3}／2.2＝1.00$N/mm²，斜引張（せん断又はねじりのみ）$1.00－0.3＝0.70$N/mm²となる。 | Ⅲ編3.4.1(8)解説

②①以外の施工中（支保工解体後）

　打設されたコンクリートの発現強度の特性値が設計基準強度36 N/mm²に達したとき（材齢8日以降）を想定し，道示Ⅲ編3.4.1(8)解説に基づき算出すると，曲げ引張 $0.23 \times 36^{2/3}／1.5＝1.67$N/mm²，斜引張（せん断とねじり同時）$0.23 \times 36^{2/3}／2.2＝1.14$N/mm²，斜引張（せん断又はねじりのみ）$1.14－0.3＝0.84$N/mm²となる。 | Ⅲ編3.4.1(8)解説

施工時における主桁コンクリートの発現強度の特性値の設定は以下のとおりとした。

主桁コンクリートの施工は，初期強度発現が比較的遅くなる気温の低い晩秋季に行われるものと想定し，その養生温度（日平均気温）を 10℃ と仮定した。コンクリートの発現圧縮強度の特性値は，道示Ⅲ編 3.4.1(8)解説を参考に，JCI マスコンクリートひび割れ制御指針 2016 の推定式より予測するものとした。この結果，下表に示すように，圧縮強度の特性値が 30N/mm² に達するのは材齢 5 日，圧縮強度の特性値が設計基準強度に達するのは材齢 8 日と算出される。なお，発現強度の算出において，温度依存性を与える場合のコンクリート温度は養生温度に等しいものとして与えた。

Ⅲ編 3.4.1(8)解説

表-2.3.20 材齢毎のコンクリート圧縮強度算出

設計基準強度	36N/mm²
使用セメント	早強ポルトランドセメント
水セメント比	43%
養生温度（日平均温）	10℃
管理材齢	28 日
コンクリートの配合	強度ばらつき 10%，割増係数 k=0.85/(1-3×10/100)=1.21 配合強度＝1.21×σ_{ck}
発現強度の特性値の計算結果図	

早強ポルトランドセメントσ_{ck}＝36N/mm²の場合の強度履歴

圧縮強度36H(10℃)σ_c5% (σ_c/1.21)
プレ導入時圧縮強度σ_c=30N/mm²
設計基準強度σ_{ck}=36N/mm²

【補足】
材齢に応じた発現強度の設定については，施工時の条件に合わせて，適切に検討する必要がある。

2.3.5 耐久性能の照査（橋軸直角方向）

(1) 床版の耐久性能に関する照査項目

1.2.3 及び 1.4.2 の設計方針に従い PC 箱桁を構成する床版としての耐久性能に関しては，表-2.3.20 に示す項目により照査を行う。

表-2.3.21　床版（橋軸直角方向）の耐久性能に関する照査項目

照査項目	耐久性確保の方法
床版の疲労	・PC 鋼材及びコンクリートの応力度の制御 床版の曲げモーメント：$M_d=M_{TL}+M_{DL}$ PC 鋼材の引張応力度： 　　　　　$\sigma_p \leqq 0.60\sigma_{pu}$ 又は $0.75\sigma_{py}$ のうち小さい方の値 コンクリートの応力度：$\sigma_{cti} \leqq \sigma_c \leqq \sigma_{ccl}$ 　　　　　　　　　　・・・道示Ⅲ編 9.5.1(2),6.3.2(3)
内部鋼材の腐食	・かぶりによる内部鋼材の腐食 かぶり ≧ 道示Ⅲ編 5.2.3(2) の最小かぶり ・コンクリートの表面状態の制御 床版の曲げモーメント：$M_d=M_{DL}$ コンクリートの応力度：$\sigma_{ctl} \leqq \sigma_c \leqq \sigma_{ccl}$ 　　　　　　　　　　・・・道示Ⅲ編 9.5.2(2),6.2.2

(2) 床版の疲労に対する耐久性能の照査

床版の疲労に対する曲げモーメントは，道示Ⅲ編 式(9.5.1)で算出される設計曲げモーメントである。

$$M_d = M_{TL} + M_{DL}$$

Ⅲ編 式(9.5.1)

設計曲げモーメントによりコンクリートに生じる応力度は次表のとおりとなり，引張応力度の制限値（道示Ⅲ編 表-9.5.2）0.0N/mm² と圧縮応力度の制限値（道示Ⅲ編 表-6.3.5）13.8N/mm² を超えない。

Ⅲ編 表-9.5.2
Ⅲ編 表-6.3.5

表-2.3.22 コンクリート応力度（床版の疲労）

			床版（橋軸直角方向）					
			Sec-3		Sec-5		Sec-7	
			上縁 N/mm²	下縁 N/mm²	上縁 N/mm²	下縁 N/mm²	上縁 N/mm²	下縁 N/mm²
M_{DL}	D	合計	-1.15	1.15	-0.58	0.58	0.26	-0.26
	PS	有効	3.51	-0.58	3.30	-0.50	0.01	4.32
	合計		2.36	0.57	2.72	0.08	0.27	4.02
M_{TL}	L	max	0.00	0.00	0.00	0.00	3.55	-3.54
		min	-1.96	1.97	-2.58	2.59	0.00	0.00
M_d	設計	max	2.36	0.57	2.72	0.08	3.82	0.48
		min	0.40	2.54	0.14	2.67	0.27	4.02
制限値			$0.0 \leqq \sigma_c \leqq 13.8$					
判定			OK	OK	OK	OK	OK	OK

また，PC鋼材応力度の制限値は，道示Ⅲ編 表-6.3.4 の小さい方とされている。よって制限値は以下のとおりとなる。一方，PC鋼材の有効応力は，2.2.1(2)より下表のとおりとなることから制限値を超えない。

Ⅲ編 表-6.3.4

$$0.60\,\sigma_{pu} = 0.60 \times 1830 = 1098\text{N/mm}^2$$
$$0.75\,\sigma_{py} = 0.75 \times 1580 = 1185\text{N/mm}^2$$
$$\rightarrow 1090\text{N/mm}^2$$

表-2.3.23 PC鋼材応力度（床版の疲労）

			Sec-3	Sec-5	Sec-7
有効応力	左引き	N/mm²	1025	1026	1044
	右引き		1086	1084	1044
	制限値		$\sigma_p \leqq 1090$		
	判定		OK	OK	OK

よって，疲労に対する耐久性能の照査を満足する。

(3) 床版の内部鋼材の腐食に対する耐久性能の照査

内部鋼材の腐食に対する床版の曲げモーメントは，道示Ⅲ編 式(9.5.2)で算出される設計曲げモーメントである。

$$M_d = M_{DL}$$

Ⅲ編 式(9.5.2)

1.5.3「かぶりの設定」で設定したかぶりは，道示Ⅲ編 6.2.3 の規定を満足する。また，設計曲げモーメントによりコンクリートに生じる応力度は次表のとおりとなり，圧縮応力度の制限値（道示Ⅲ編 表-5.1.2）13.8N/mm² と引張応力度の制限値（道示Ⅲ編 表-5.1.3）0.0N/mm² を超えない。

Ⅲ編 6.2.3

Ⅲ編 表-5.1.2

Ⅲ編 表-5.1.3

表-2.3.24 コンクリート応力度（内部鋼材の腐食）

			床版（橋軸直角方向）					
			Sec-3		Sec-5		Sec-7	
			上縁 N/mm²	下縁 N/mm²	上縁 N/mm²	下縁 N/mm²	上縁 N/mm²	下縁 N/mm²
M_{DL}	D	合計	-1.15	1.15	-0.58	0.58	0.26	-0.26
	PS	有効	3.51	-0.58	3.30	-0.50	0.01	4.28
	合計		2.36	0.57	2.72	0.08	0.27	4.02
M_d	設計		2.36	0.57	2.72	0.08	0.27	4.02
制限値			$0.0 \leqq \sigma_c \leqq 13.8$					
判定			OK	OK	OK	OK	OK	OK

よって，内部鋼材の腐食に対する耐久性能の照査を満足する。

2.4 床版（橋軸方向）の設計
2.4.1 RC部材の降伏曲げモーメント・破壊抵抗曲げモーメント
(1) 鉄筋配置の設定
Sec-2'とSec-7断面の鉄筋配置を下図に示す。

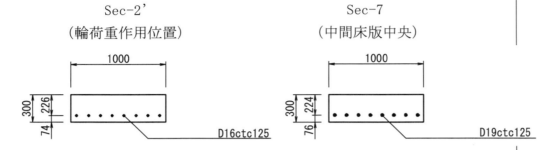

図-2.4.1　Sec-2',7断面の鉄筋配置

(2) 降伏曲げモーメント・破壊抵抗曲げモーメントの算出

RC部材の降伏曲げモーメントと破壊抵抗曲げモーメントは，道示Ⅲ編5.5.1及び道示Ⅲ編5.7.1に従い以下のとおり算出する。

Ⅲ編5.5.1
Ⅲ編5.7.1

RC部材の降伏曲げモーメントは，鉄筋ひずみがσ_{sy}/E_s（＝0.001725）に達するかコンクリートの圧縮応力度が設計基準強度の2/3となる状態のときの曲げモーメントとし，破壊抵抗曲げモーメントは，コンクリートの圧縮縁ひずみが0.0035に達する状態のときの曲げモーメントとする。また、降伏曲げモーメントと破壊抵抗曲げモーメントは，作用する軸方向力によって変動するため，設計状況に応じた荷重係数等を見込んだ軸方向力を考慮して作用の組合せごとに算出する。下表には，永続作用支配状況における降伏曲げモーメントと破壊抵抗曲げモーメントを示す。

【補足】
　本書では，道示Ⅲ編5.2.8(1)に従い引張側の鉄筋について考慮し，降伏曲げモーメントは道示Ⅲ編4.2に規定されたヤング係数を用いて算出している。

Ⅲ編5.2.8(1)
Ⅲ編4.2

表-2.4.1　降伏曲げモーメント・破壊抵抗曲げモーメント（床版）

				床版（橋軸方向）	
				Sec-2'	Sec-7
部材厚			m	0.300	0.300
正曲げ	鉄筋	配筋	-	D16ctc125	D19ctc125
		有効高	m	0.226	0.224
	降伏曲げ M_{yc}		kN·m	（鉄筋降伏） 112.2	（鉄筋降伏） 157.2
	破壊抵抗曲げ M_{uc}			119.0	166.9

-170-

2.4.2 前提条件の確認

(1) 弾性ひずみとクリープひずみの評価

対象とした PC 箱桁の床版では，等分布死荷重による床版支間直角方向に生じる曲げモーメントは生じないとみなせることから，永続作用支配状況においてコンクリートの応力度は生じないとした。これより，コンクリートに発生する圧縮応力度は，圧縮強度の 1/3 程度以下となることから，道示Ⅲ編 5.1.5(3) 解説のとおり応力度計算のときにヤング係数比を 15 としてクリープの影響を評価できるとした。

Ⅲ編 9.2.3(3)

Ⅲ編 5.1.5(3) 解説

2.4.3 耐荷性能の照査（橋軸方向）

(1) 床版の耐荷性能に関する照査項目

床版（橋軸方向）の耐荷性能に関する照査項目は，道示Ⅲ編 9.3 及び 9.4 に従い，下表のとおりである。

Ⅲ編 9.3
Ⅲ編 9.4

表-2.4.2　床版（橋軸方向）の耐荷性能に関する照査項目

状況＼状態	主として機能面からの橋の状態		構造安全面からの橋の状態
	部材等としての荷重を支持する能力が確保されている限界の状態（部材の限界状態1）	部材等としての荷重を支持する能力は低下しているもののあらかじめ想定する能力の範囲にある限界の状態（部材の限界状態2）	これを超えると部材等としての荷重を支持する能力が完全に失われる限界の状態（部材の限界状態3）
永続作用や変動作用が支配的な状況	・曲げモーメント $M_d \leqq M_{yd}$ ・・・道示Ⅲ編 9.3.1(3),5.5.1(3) ・せん断力 同右 ・・・道示Ⅲ編 9.3.2		・曲げモーメント $M_d \leqq M_{ud}$ ・・・道示Ⅲ編 9.4.1(3),5.7.1(3)(4) ・せん断力 床版厚≧最小床版厚 ・・・道示Ⅲ編 9.4.2
偶発作用が支配的な状況	・曲げモーメント $M_d \leqq M_{yd}$ ・・・道示Ⅲ編 9.3.1(3),5.5.1(3) ・せん断力 同右 ・・・道示Ⅲ編 9.3.2		・曲げモーメント $M_d \leqq M_{ud}$ ・・・道示Ⅲ編 9.4.1(3),5.7.1(3)(4) ・せん断力 床版厚≧最小床版厚 ・・・道示Ⅲ編 9.4.2

【補足】

　本書では，偶発作用支配状況に対する照査の記載は省略している。

(2) 永続作用支配状況及び変動作用支配状況

1) 曲げモーメントによる限界状態1に対する照査

　曲げモーメントを受ける床版の限界状態1の特性値である降伏曲げモーメントM_{yc}は，道示Ⅲ編5.5.1(3)に従い算出する。また，制限値は，道示Ⅲ編 表-5.5.1に規定される部分係数を降伏曲げモーメントM_{yc}に乗じて算出する。そして，曲げモーメント又は軸方向力を受ける鉄筋コンクリート部材の限界状態1に対する照査は，部材に生じる曲げモーメントがこの制限値を超えないことを確認することにより行う。設計曲げモーメントM_dと制限値は下表のとおりとなり，部材降伏に対する曲げモーメントの制限値を超えないことから，限界状態1に対する照査を満足する。

Ⅲ編 5.5.1(3)
Ⅲ編 表-5.5.1

表-2.4.3　曲げモーメントによる限界状態1に対する照査（床版）

			床版（橋軸方向）	
			Sec-2'	Sec-7
①〜⑨	ξ_1	−	0.90	0.90
	Φ_y	−	0.85	0.85
⑩	ξ_1	−	0.90	0.90
	Φ_y	−	1.00	1.00
M_d	①③⑨	kN・m	0.0	0.0
	②		43.9	48.0
	⑤		41.7	45.6
設計曲げモーメントM_d			43.9	48.0
制限値			$M_d \leqq 85.8$	$M_d \leqq 120.3$
判定			OK	OK
M_d	⑩	kN・m	0.0	0.0
制限値			$M_d \leqq 101.0$	$M_d \leqq 141.5$
判定			OK	OK

2) 曲げモーメントによる限界状態3に対する照査

　曲げモーメントを受ける床版の限界状態3の特性値である破壊抵抗曲げモーメントM_{uc}は，道示Ⅲ編 5.8.1(3)に従い算出する。また，制限値は，道示Ⅲ編 表-5.8.1 に規定される部分係数を破壊抵抗曲げモーメントM_{uc}に乗じて算出する。そして，曲げモーメント又は軸方向力を受ける鉄筋コンクリート部材の限界状態3に対する照査は，部材に生じる曲げモーメントがこの制限値を超えないことを確認することにより行う。設計曲げモーメントM_dと制限値は下表のとおりとなり，部材破壊に対する曲げモーメントの制限値を超えないことから，限界状態3に対する照査を満足する。

Ⅲ編 5.8.1(3)
Ⅲ編 表-5.8.1

表-2.4.4　曲げモーメントによる限界状態3に対する照査（床版）

			床版（橋軸方向）	
			Sec-2'	Sec-7
①～⑨	ξ_1	－	0.90	0.90
	ξ_2	－	0.90	0.90
	Φ_u	－	0.80	0.80
⑩	ξ_1	－	0.90	0.90
	ξ_2	－	0.90	0.90
	Φ_u	－	1.00	1.00
M_d	①③⑨	kN・m	0.0	0.0
	②		43.9	48.0
	⑤		41.7	45.6
設計曲げモーメント M_d			43.9	48.0
制限値			$M_d \leqq 77.1$	$M_d \leqq 108.2$
判定			OK	OK
M_d	⑩	kN・m	0.0	0.0
制限値			$M_d \leqq 96.4$	$M_d \leqq 135.2$
判定			OK	OK

(3) 偶発作用支配状況

　＜省略＞

> **【補足】**
> 　本書では，偶発作用支配状況に対する照査の記載は省略している。

2.4.4 特定の荷重組合せに対する照査

(1) 相反応力部材の照査

　床版の橋軸方向では，死荷重による応力と活荷重による応力は異符号とならないため相反応力が生じる断面はない。

-173-

2.4.5 耐久性能の照査（橋軸方向）
(1) 床版の耐久性能に関する照査項目

表-2.4.5　床版（橋軸方向）の耐久性能に関する照査項目

照査項目	耐久性確保の方法
床版の疲労	・コンクリートの応力度の制御 床版の曲げモーメント：$M_d = M_{TL} + M_{DL}$ 鉄筋の引張応力度：$\sigma_s \leqq \sigma_{stl}$ コンクリートの圧縮応力度 $\sigma_c \leqq \sigma_{ccl}$ ・・・道示Ⅲ編 9.5.1(2),6.3.2(2)
内部鋼材の腐食	・かぶりによる内部鋼材の腐食 かぶり≧道示Ⅲ編5.2.3(2)の最小かぶり ・・・道示Ⅲ編9.5.2(2)

(2) 床版の疲労に対する耐久性能の照査 　　　　　　　　　　Ⅲ編 式(9.5.1)

床版の疲労に対する曲げモーメントは，道示Ⅲ編 式(9.5.1)で算出される設計曲げモーメントである。

$$M_d = M_{TL} + M_{DL}$$

設計曲げモーメントにより生じる鉄筋の引張応力度とコンクリートの圧縮応力度は下表のとおりとなり，鉄筋の引張応力度の制限値（道示Ⅲ編 表-9.5.1）120N/mm^2 と，コンクリートの圧縮応力度の制限値（道示Ⅲ編5.4.1(4)解説）12N/mm^2 を超えない。

Ⅲ編 表-9.5.1
Ⅲ編5.4.1(4)
解説

表-2.4.6　RC計算結果（床版）

			床版（橋軸方向）	
			Sec-2'	Sec-7
M_{TL}			35.1	38.4
M_{DL}		kN·m	0.0	0.0
M_d			35.1	38.4
有効高		m	0.226	0.224
鉄筋量		−	D16ctc125	D19ctc125
RC計算	鉄筋	応力度	111	87
		制限値	$\sigma_s \leqq 120$	
		判定	OK	OK
	コンクリート	応力度	4.3	4.2
		制限値	$\sigma_c \leqq 12.0$	
		判定	OK	OK

（鉄筋・コンクリートの応力度・制限値欄の単位は N/mm^2）

よって，疲労に対する耐久性能の照査を満足する。

【補足】

　本書では，床版を設計基準強度が36N/mm²の鉄筋コンクリート部材として扱うこととしたことから，圧縮応力度の制限値を 12 （=36/3）N/mm² としている。

(3) 床版の内部鋼材の腐食に対する耐久性能の照査

　本編1.4.3「かぶりの設定」に示すかぶりは，道示Ⅲ編6.2.3を満足する。また，道示Ⅲ編 9.2.3(3)の規定から，死荷重による曲げモーメントにより床版支間方向の鉄筋応力度は生じないとみなせることから，道示Ⅲ編 表-6.2.1の制限値を超えない。

　よって，内部鋼材の腐食に対する耐久性能の照査を満足する。

Ⅲ編 6.2.3
Ⅲ編 9.2.3(3)
Ⅲ編 表-6.2.1

2.5 ウェブ・下フランジの設計
2.5.1 RC部材の降伏曲げモーメント・破壊抵抗曲げモーメント
(1) 鉄筋配置の設定

Sec-15・16 と Sec-24・25 断面の鉄筋配置を下図に示す。

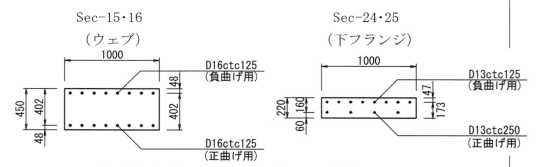

図-2.5.1　Sec-15・16, 24・25 断面の鉄筋配置

(2) 降伏曲げモーメント・破壊抵抗曲げモーメントの算出

　RC部材の降伏曲げモーメントと破壊抵抗曲げモーメントは，道示Ⅲ編5.5.1及びⅢ編5.7.1に従い以下のとおり算出する。　｜Ⅲ編5.5.1　Ⅲ編5.7.1

　RC部材の降伏曲げモーメントは，鉄筋ひずみが σ_{sy}/E_s （＝0.001725）に達するかコンクリートの圧縮応力度が設計基準強度の 2/3 となる状態の曲げモーメントとし，破壊抵抗曲げモーメントは，コンクリートの圧縮縁ひずみが0.0035 に達する状態の曲げモーメントとする。降伏曲げモーメントの算出では道示Ⅲ編4.2に規定されたヤング係数を用いる。また、降伏曲げモーメントと破壊抵抗曲げモーメントは，作用する軸方向力によって変動するため，設計状況に応じた荷重係数等を見込んだ軸方向力を考慮して作用の組合せごとに算出する。下表に永続作用支配状況における降伏曲げモーメントと破壊抵抗曲げモーメントを示す。

表-2.5.1　降伏曲げ・破壊抵抗曲げモーメント（ウェブ・下フランジ）

				ウェブ	下フランジ
				Sec-15・16	Sec-24・25
部材厚			m	0.450	0.220
正曲げ	鉄筋	配筋	–	D16ctc125	D13ctc250
		有効高	m	0.402	0.160
	降伏曲げ M_{yc}		kN・m	（鉄筋降伏）204.6	（鉄筋降伏）26.2
	破壊抵抗曲げ M_{uc}			215.4	27.5
負曲げ	鉄筋	配筋	–	D16ctc125	D13ctc125
		有効高	m	0.402	0.173
	降伏曲げ M_{yc}		kN・m	（鉄筋降伏）-204.6	（鉄筋降伏）-55.3
	破壊抵抗曲げ M_{uc}			-215.4	-58.5

2.5.2 前提条件の確認

(1) 弾性ひずみとクリープひずみの評価

永続作用支配状況においてコンクリートに生じる応力度は，下表のとおりである。コンクリートに生じる圧縮応力度は圧縮強度の 1/3 程度以下となることから，道示Ⅲ編 5.1.5(3)解説のとおり応力度計算のときにヤング係数比を 15 としてクリープの影響を評価できるとした。

Ⅲ編 5.1.5(3) 解説

表-2.5.2　永続作用支配状況でのコンクリート応力度

				ウェブ		下フランジ	
				Sec-15	Sec-16	Sec-24	Sec-25
設計曲げ	組合せ		–	①min	①min	①min	①max
	断面力		kN・m	-16.3	-12.3	-6.1	6.2
有効高			m	0.402	0.402	0.173	0.160
鉄筋量			–	D16ctc125	D16ctc125	D13ctc125	D13ctc250
RC計算	鉄筋	応力度	N/mm²	28	21	39	84
	コンクリート	応力度	N/mm²	0.8	0.6	1.4	2.0
		制限値		$\sigma_c \leqq 12$			
		判定		OK	OK	OK	OK

【補足】

本書では，ウェブ及び下フランジを設計基準強度が 36N/mm² の鉄筋コンクリート部材として扱うこととしたことから，圧縮応力度の制限値を 12 (=36/3) N/mm² としている。

2.5.3 耐荷性能の照査（橋軸直角方向）

（1）ウェブ・下フランジの耐荷性能に関する照査項目

ウェブ・下フランジの耐荷性能に関する照査項目は，道示Ⅲ編5.5及びⅢ編 Ⅲ編5.5
5.7に従い，下表のとおりとなる。 Ⅲ編5.7

表-2.5.3　ウェブ・下フランジの耐荷性能に関する照査項目

状態 / 状況	主として機能面からの橋の状態		構造安全面からの橋の状態
	部材等としての荷重を支持する能力が確保されている限界の状態 （部材の限界状態1）	部材等としての荷重を支持する能力は低下しているもののあらかじめ想定する能力の範囲にある限界の状態 （部材の限界状態2）	これを超えると部材等としての荷重を支持する能力が完全に失われる限界の状態 （部材の限界状態3）
永続作用や変動作用が支配的な状況	・曲げモーメント 　$M_d \leqq M_{yd}$ ・・・道示Ⅲ編5.5.1(3)		・曲げモーメント 　$M_d \leqq M_{ud}$ 　　・・・道示Ⅲ編 　　5.7.1(3),5.8.1(3)
偶発作用が支配的な状況	・曲げモーメント 　$M_d \leqq M_{yd}$ ・・・道示Ⅲ編5.5.1(3)		・曲げモーメント 　$M_d \leqq M_{ud}$ 　　・・・道示Ⅲ編 　　5.7.1(3),5.8.1(3)

【補足】

本書では，偶発作用支配状況に対する照査の記載は省略している。

-178-

(2) 永続作用支配状況及び変動作用支配状況

1) 曲げモーメントによる限界状態1に対する照査

　曲げモーメントを受けるウェブと下フランジの限界状態1の特性値である降伏曲げモーメントM_{yc}は，道示Ⅲ編 5.5.1(3)に従い算出する。また，制限値は，道示Ⅲ編 表-5.5.1 に規定される部分係数を降伏曲げモーメントM_{yc}に乗じて算出する。そして，曲げモーメント又は軸方向力を受ける鉄筋コンクリート部材の限界状態1に対する照査は，部材に生じる曲げモーメントがこの制限値を超えないことを確認することにより行う。設計曲げモーメントM_dと制限値は下表のとおりとなり，部材降伏に対する曲げモーメントの制限値を超えないことから，限界状態1に対する照査を満足する。

Ⅲ編 5.5.1(3)
Ⅲ編 表-5.5.1

表-2.5.4 曲げモーメントによる限界状態1に対する照査
（ウェブ・下フランジ）

			ウェブ		下フランジ	
			Sec-15	Sec-16	Sec-24	Sec-25
			曲げ kN·m	曲げ kN·m	曲げ kN·m	曲げ kN·m
①～⑨	ξ_1	-	0.90	0.90	0.90	0.90
	Φ_y	-	0.85	0.85	0.85	0.85
⑩	ξ_1	-	0.90	0.90	0.90	0.90
	Φ_y	-	1.00	1.00	1.00	1.00
M_d	①③	max	−14.6	−12.0	−5.2	6.2
		min	−16.3	−12.3	−6.1	5.3
	②	max	69.5	9.0	10.3	7.2
		min	−80.3	−29.3	−21.9	3.9
	④	max	−5.1	−8.5	−3.7	6.3
		min	−16.3	−12.3	−6.1	5.3
	⑤	max	65.3	7.9	9.5	7.1
		min	−77.1	−28.4	−21.1	4.0
	⑥⑦	max	−71.5	10.2	10.5	7.2
		min	−77.0	−28.4	−21.1	4.0
	⑧	max	−2.0	−7.4	−3.2	6.3
		min	−16.3	−12.3	−6.1	5.3
	⑨	max	−14.6	−12.0	−5.1	6.2
		min	−16.7	−12.4	−6.1	5.3
設計曲げモーメント	M_{dmax}		69.5		10.5	
	M_{dmin}		−80.3		−21.9	
制限値			$-156.5 \leqq M_d \leqq 156.5$		$-42.3 \leqq M_d \leqq 20.0$	
判定			OK		OK	
M_d	⑩	max	−12.0		6.2	
		min	−16.3		−6.1	
制限値			$-184.1 \leqq M_d \leqq 184.1$		$-49.8 \leqq M_d \leqq 23.6$	
判定			OK		OK	

2) 曲げモーメントによる限界状態3に対する照査

　曲げモーメントを受けるウェブと下フランジの限界状態3の特性値である破壊抵抗曲げモーメントM_{uc}は，道示Ⅲ編 5.8.1(3)に従い算出する。また，制限値は，道示Ⅲ編 表-5.8.1 に規定される部分係数を破壊抵抗曲げモーメントM_{uc}に乗じて算出する。そして，曲げモーメント又は軸方向力を受ける鉄筋コンクリート部材の限界状態3に対する照査は，部材に生じる曲げモーメントがこの制限値を超えないことを確認することにより行う。設計曲げモーメントM_dと制限値は下表のとおりとなり，部材破壊に対する曲げモーメントの制限値を超えないことから，限界状態3に対する照査を満足する。

Ⅲ編 5.8.1(3)

Ⅲ編 表-5.8.1

表-2.5.5　曲げモーメントによる限界状態3に対する照査
（ウェブ・下フランジ）

			ウェブ		下フランジ	
			Sec-15	Sec-16	Sec-24	Sec-25
			曲げ (kN·m)	曲げ (kN·m)	曲げ (kN·m)	曲げ (kN·m)
①～⑨		ξ_1	0.90	0.90	0.90	0.90
		ξ_2	0.90	0.90	0.90	0.90
		Φ_u	0.80	0.80	0.80	0.80
⑩		ξ_1	0.90	0.90	0.90	0.90
		ξ_2	0.90	0.90	0.90	0.90
		Φ_u	1.00	1.00	1.00	1.00
M_d	①③	max	−14.6	−12.0	−5.2	6.2
		min	−16.3	−12.3	−6.1	5.3
	②	max	69.5	9.0	10.3	7.2
		min	−80.3	−29.3	−21.9	3.9
	④	max	−5.1	−8.5	−3.7	6.3
		min	−16.3	−12.3	−6.1	5.3
	⑤	max	65.3	7.9	9.5	7.1
		min	−77.1	−28.4	−21.1	4.0
	⑥⑦	max	−71.5	10.2	10.5	7.2
		min	−77.0	−28.4	−21.1	4.0
	⑧	max	−2.0	−7.4	−3.2	6.3
		min	−16.3	−12.3	−6.1	5.3
	⑨	max	−14.6	−12.0	−5.1	6.2
		min	−16.7	−12.4	−6.1	5.3
設計曲げモーメント	M_{dmax}		69.5	10.2	10.5	7.2
	M_{dmin}		−80.3	−29.3	−21.9	3.9
制限値			−139.6≦M_d≦139.6		−37.9≦M_d≦17.8	
判定			OK	OK	OK	OK
M_d	⑩	max	−14.6	−12.0	−5.2	6.2
		min	−16.3	−12.3	−6.1	6.2
制限値			−174.5≦M_d≦174.5		−47.4≦M_d≦22.3	
判定			OK	OK	OK	OK

-180-

(3) 偶発作用支配状況

＜省略＞

【補足】
　本書では，偶発作用支配状況に対する照査の記載は省略している。

2.5.4　特定の荷重組合せに対する照査
(1)　相反応力部材の照査

　本橋の RC 部材であるウェブと下フランジについては，曲げモーメントが卓越することから，相反応力部材の判定を曲げモーメントにより行う。下表より，Sec-15・16・24 の各 max と Sec-25 の min が異符合となることから，これらが相反応力部材に該当する。

表-2.5.6　相反応力部材の判定（ウェブ・下フランジ）

				ウェブ		下フランジ	
				Sec-15	Sec-16	Sec-24	Sec-25
D^*	D	合計	kN·m	-19.97	-13.29	-6.11	4.67
	PS	有効		4.42	1.89	1.19	1.19
	合計			-15.55	-11.40	-4.92	5.86
L	活荷重	max		67.21	16.77	12.36	0.83
		min		-51.11	-13.59	-12.65	-1.09
比率		max	-	23%	68%	40%	-
$(D^*／L)$		min	-	-	-	-	538%

　D^*は，死荷重及び不静定力（プレストレス力，クリープ・乾燥収縮の影響による二次力）による応力度を示す。また，表中の PS は，プレストレス力の二次力による応力度を示す。

Ⅲ編 5.1.3(1)
解説

　Sec-16・24・25 に対しては，L に対する D^*の比率が 30%以上であることから，道示Ⅲ編　式（解 5.1.1）の組合せにより部材に生じる断面力を算出する。
　　　照査用荷重：1.0（D＋PS＋CR＋SH）＋1.3L

Ⅲ編
式(解 5.1.1)

　Sec-15 に対しては，L に対する D^*の比率が 30%未満であることから，道示Ⅲ編　式（解 5.1.2）の組合せにより部材に生じる断面力を算出する。
　　　照査用荷重：1.0（L＋PS＋CR＋SH）

Ⅲ編
式(解 5.1.2)

相反応力部材の照査用荷重による応答値は下表のとおりとなり，制限値を超えないことから，限界状態１及び限界状態３に対する照査を満足する。

表-2.5.7　相反応力部材の曲げモーメント（ウェブ・下フランジ）

			ウェブ		下フランジ	
			Sec-15	Sec-16	Sec-24	Sec-25
相反応力部材 照査用	max	kN・m	71.6	10.4	11.1	–
	min		–	–	–	4.4
限界状態１	制限値		$-156.5 \leqq M_d \leqq 156.5$		$-42.3 \leqq M_d \leqq 20.0$	
	判定		OK	OK	OK	OK
限界状態３	制限値	kN・m	$-139.6 \leqq M_d \leqq 139.6$		$-37.9 \leqq M_d \leqq 17.8$	
	判定		OK	OK	OK	OK

2.5.5 耐久性能の照査（橋軸直角方向）

(1) ウェブ・下フランジの耐久性能に関する照査項目

1.2.3 及び 1.4.2 の設計方針に従い，PC 箱桁を構成するウェブ及び下フランジの耐久性能に関しては，表-2.5.8 に示す項目により照査を行う。

表-2.5.8　ウェブ・下フランジの耐久性能に関する照査項目

照査項目	耐久性確保の方法
コンクリート部材の疲労	・鉄筋及びコンクリートの応力度の制御 照査用荷重：1.0(D+L+PS+CR+SH+E+HP+U) 鉄筋の引張応力度：$\sigma_s \leqq \sigma_{stl}$ コンクリートの圧縮応力度：$\sigma_c \leqq \sigma_{ccl}$ ・・・道示Ⅲ編 6.3.2(2)
内部鋼材の腐食	・かぶりによる内部鋼材の腐食 かぶり≧道示Ⅲ編 5.2.3(2) の最小かぶり ・コンクリートの表面状態の制御 照査用荷重：永続作用支配状況を用いる 鉄筋の引張応力度：$\sigma_s \leqq \sigma_{stl}$ ・・・道示Ⅲ編 6.2.2

(2) 疲労に対する耐久性能の照査

ウェブと下フランジの疲労に対する照査では，道示Ⅲ編 式(6.3.1)の作用の組合せ及び荷重係数等により生じる曲げモーメントを算出する。

照査用荷重：1.00（D＋L＋PS＋CR＋SH＋E＋HP＋U）

Ⅲ編 式(6.3.1)

この曲げモーメントにより生じる鉄筋の引張応力度とコンクリートの圧縮応力度は下表のとおりとなり，鉄筋の引張応力度の制限値（道示Ⅲ編 表-6.3.1）180N/mm² と，コンクリートの圧縮応力度の制限値（道示Ⅲ編 表-6.3.2 及び5.4.1(4)解説）12N/mm² を超えない。よって，疲労に対する照査を満足する。

Ⅲ編 表-6.3.1
Ⅲ編 表-6.3.2
Ⅲ編 5.4.1(4)
解説

表-2.5.9　RC計算結果（ウェブ・下フランジの疲労）

				ウェブ		下フランジ	
				Sec-15	Sec-16	Sec-24	Sec-25
D	合計			-19.97	-13.29	-6.11	4.67
L	活荷重	max	kN・m	67.21	16.77	12.36	0.83
		min		-51.11	-13.59	-12.65	-1.09
PS	有効			4.42	1.89	1.19	1.19
設計曲げモーメント				-66.7	-25.0	-17.6	6.7
有効高			m	0.402	0.402	0.173	0.160
鉄筋量			-	D16ctc125	D16ctc125	D13ctc125	D13ctc250
RC計算	鉄筋	応力度	N/mm²	116	43	113	91
		制限値		$\sigma_s \leqq 180$			
		判定		OK	OK	OK	OK
	コンクリート	応力度	N/mm²	3.2	1.2	3.9	2.2
		制限値		$\sigma_c \leqq 12.0$			
		判定		OK	OK	OK	OK

(3) 内部鋼材の腐食に対する耐久性能の照査

本編 1.5.3「かぶりの設定」に示すかぶりは，道示Ⅲ編 6.2.3 を満足する。また，永続作用支配状況において鉄筋に生じる応力度は下表のとおりとなり，引張応力度の制限値（道示Ⅲ編 表-6.2.1）100N/mm² を超えない。よって，内部鋼材の腐食に対する照査を満足する。

Ⅲ編 6.2.3

Ⅲ編 表-6.2.1

表-2.5.10 RC 計算結果（ウェブ・下フランジの腐食）

			ウェブ		下フランジ	
			Sec-15	Sec-16	Sec-24	Sec-25
設計曲げ	組合せ	–	①min	①min	①min	①max
	断面力	kN·m	-16.3	-12.3	-6.1	6.2
有効高		m	0.402	0.402	0.173	0.160
鉄筋量		–	D16ctc125	D16ctc125	D13ctc125	D13ctc250
RC計算	鉄筋	応力度 N/mm²	28	21	39	84
		制限値	$\sigma_s \leqq 100$			
		判定	OK	OK	OK	OK
	コンクリート	応力度 N/mm²	0.8	0.6	1.4	2.0

3章 主桁

3.1 検討概要

3.1.1 主桁設計のフローチャート

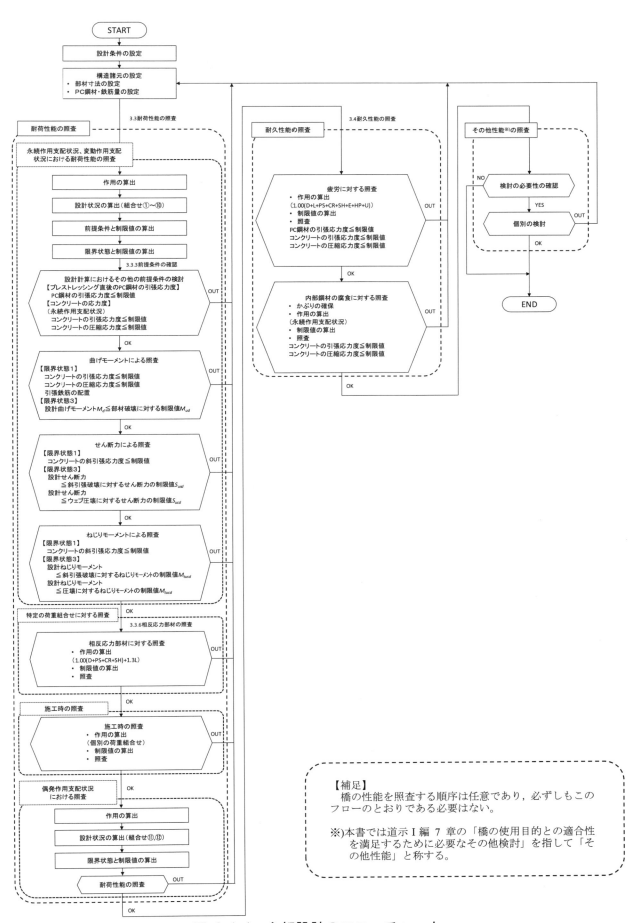

図-3.1.1　主桁設計のフローチャート

-187-

3.1.2 構造図

全体一般図

側面図

平面図

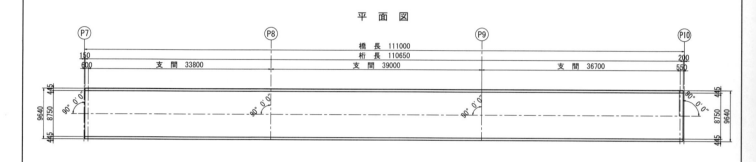

断面図

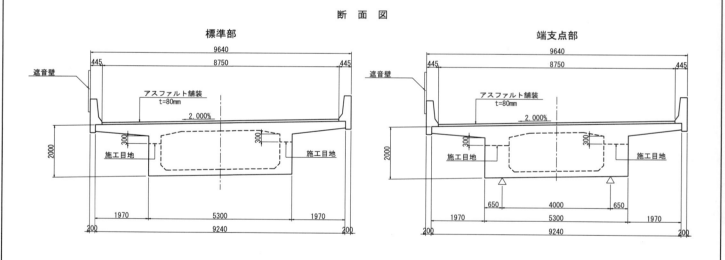

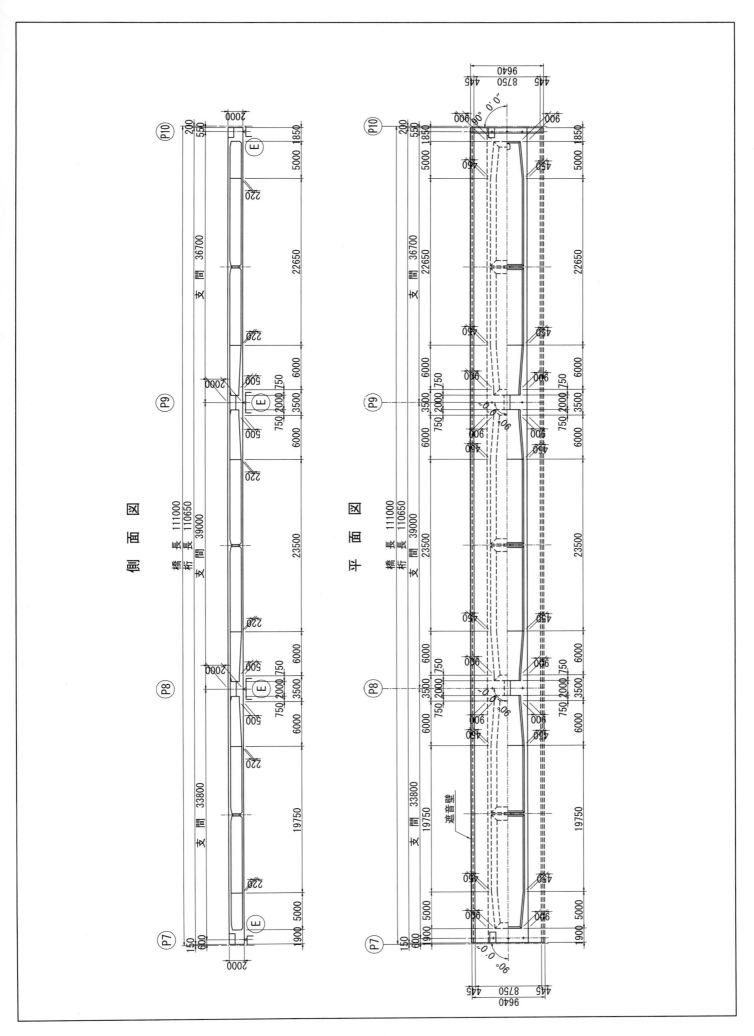

断　面　図

標準部

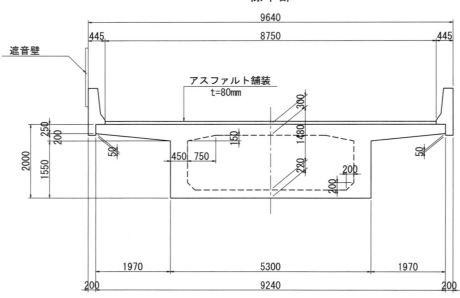

端支点部

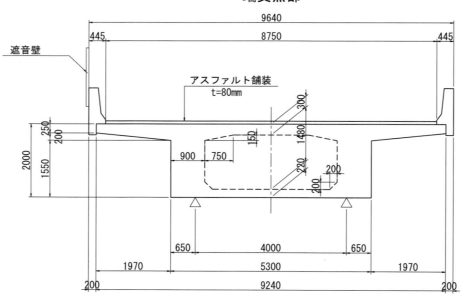

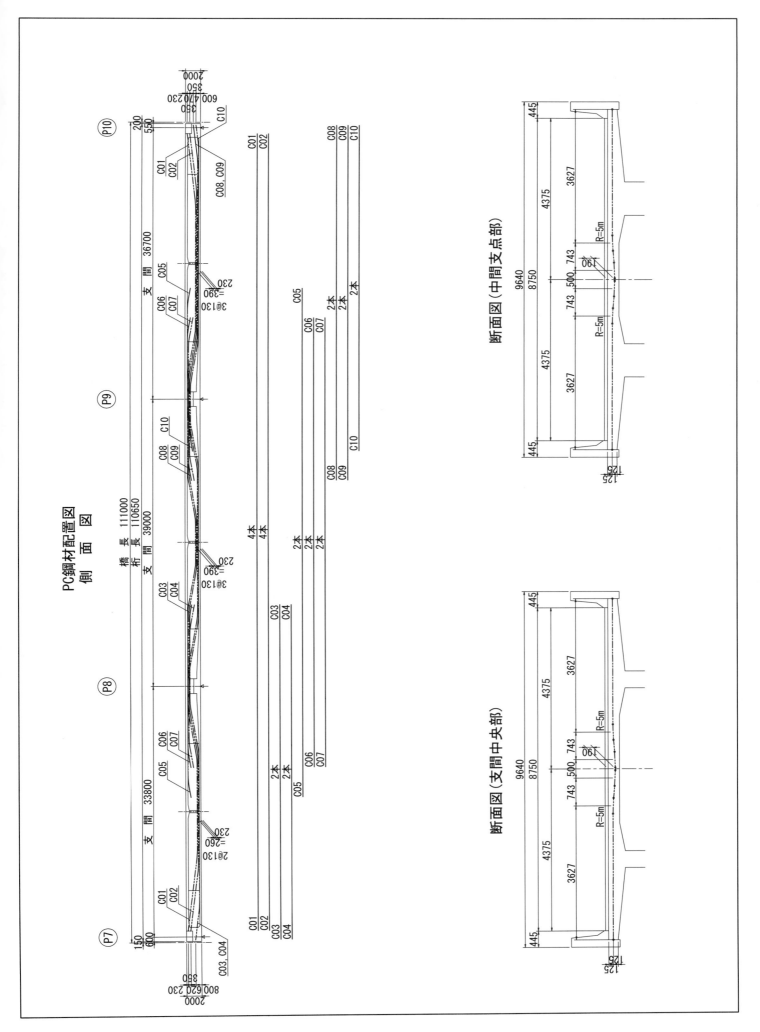

断面図

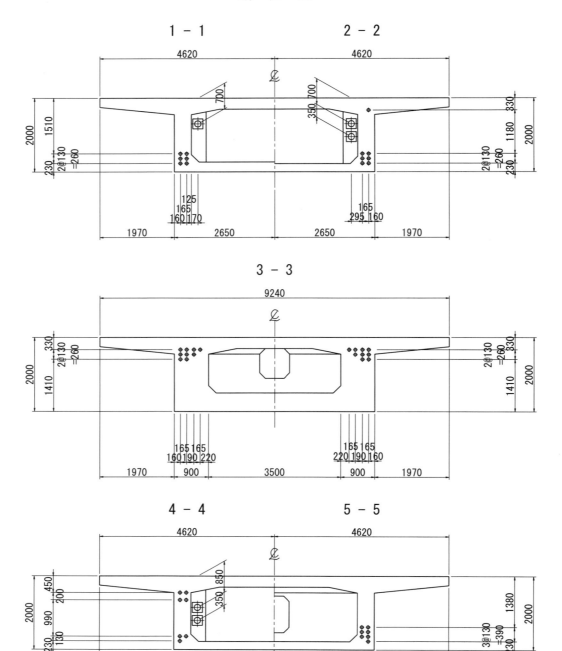

位置図

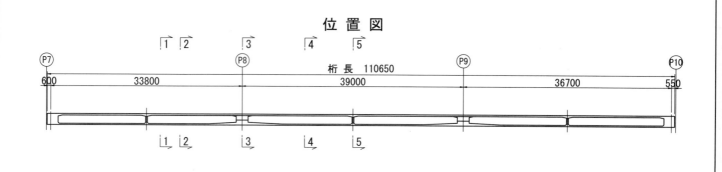

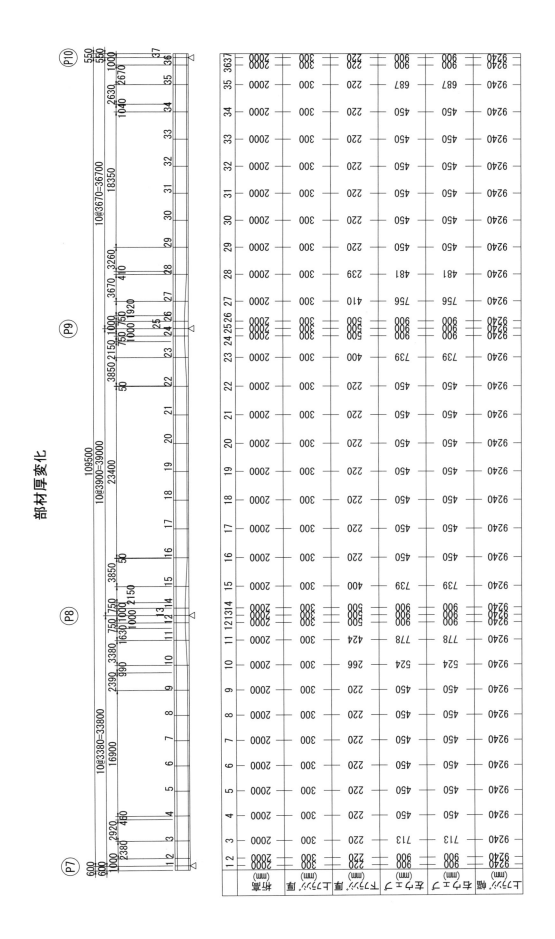

3.2 断面力の算出
3.2.1 構造解析

上部構造の主方向及び断面方向を構成する部材の断面力の算出にあたっては，道示Ⅲ編3.7に従い鉛直又は水平方向の腹圧力，ねじりモーメントによる付加応力及び部材相互の作用等の影響を適切に考慮する。

部材の断面力は，コンクリートの全断面を有効とした弾性体として，鉄筋及びPC鋼材を無視して算出された部材の曲げ剛性，せん断剛性及びねじり剛性の値を用いたモデルによって算出する。

Ⅲ編3.7

【補足】
本書では上部構造の断面方向を構成する部材の断面力の算出は，「2.床版」において別途の解析モデルにより行っている。

3.2.2 解析モデル

本橋におけるコンクリート上部構造の解析モデル図を以下に示す。道示Ⅲ編10.2.1(1)解説のとおり，活荷重が偏載荷されるときのねじりの影響を考慮することができる骨組み解析モデルを用いた。

Ⅲ編10.2.1(1)解説

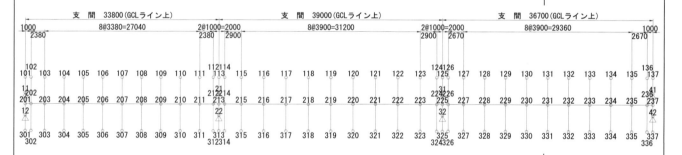

図-3.2.1　解析モデル図（セクション番号）

3.2.3 鉄筋拘束による影響

道示Ⅲ編5.4.2(1)に従い，コンクリートのクリープ及び乾燥収縮の影響並びにPC鋼材のリラクセーションの影響のほかに，鉄筋がプレストレス，クリープ及び乾燥収縮を拘束する影響を考慮する必要があるため，本橋におけるプレストレストコンクリート部材においてもそれらを考慮する。本橋では，主桁部材を1本の梁部材とした骨組み解析モデルとして上記の影響を考慮している。

Ⅲ編5.4.2(1)

3.3 耐荷性能の照査
3.3.1 主桁の耐荷性能に関する照査項目

主桁の耐荷性能に対する照査項目は，道示Ⅲ編5.6及び5.8に従い，下表のとおりとなる。

Ⅲ編5.6
Ⅲ編5.8

表-3.3.1　主桁の耐荷性能に関する照査項目

状況 ＼ 状態	主として機能面からの橋の状態		構造安全面からの橋の状態
	部材等としての荷重を支持する能力が確保されている限界の状態 （部材の限界状態1）	部材等としての荷重を支持する能力は低下しているもののあらかじめ想定する能力の範囲にある限界の状態 （部材の限界状態2）	これを超えると部材等としての荷重を支持する能力が完全に失われる限界の状態 （部材の限界状態3）
永続作用や変動作用が支配的な状況	・曲げモーメント $\sigma_{ctl} \leqq \sigma_c \leqq \sigma_{ccl}$ ・・・道示Ⅲ編5.6.1(3) ・せん断力 $\sigma_I \leqq \sigma_{Im}$ ・・・道示Ⅲ編5.6.2(3) ・ねじりモーメント $\sigma_I \leqq \sigma_{Im}$ ・・・道示Ⅲ編5.6.3(3)		・曲げモーメント $M_d \leqq M_{ud}$ ・・・道示Ⅲ編5.8.1(3) ・せん断力 $S_d \leqq S_{usd}, S_{ucd}$ ・・・道示Ⅲ編5.8.2(3)(4) ・ねじりモーメント $M_{td} \leqq M_{tusd}, M_{tucd}$ ・・・道示Ⅲ編5.7.3(3), 5.8.3(3)
偶発作用が支配的な状況	・曲げモーメント $\sigma_{ctl} \leqq \sigma_c \leqq \sigma_{ccl}$ ・・・道示Ⅲ編5.6.1(3) ・せん断力 $\sigma_I \leqq \sigma_{Im}$ ・・・道示Ⅲ編5.6.2(3) ・ねじりモーメント $\sigma_I \leqq \sigma_{Im}$ ・・・道示Ⅲ編5.6.3(3)		・曲げモーメント $M_d \leqq M_{ud}$ ・・・道示Ⅲ編5.8.1(3) ・せん断力 $S_d \leqq S_{usd}, S_{ucd}$ ・・・道示Ⅲ編5.8.2(3)(4) ・ねじりモーメント $M_{td} \leqq M_{tusd}, M_{tucd}$ ・・・道示Ⅲ編5.7.3(3), 5.8.3(3)

【補足】
　本書では，偶発作用支配状況に対して行った照査の記載は省略している。

ここで，フランジ及びウェブの状態の評価にあたっては，桁の横方向に生じる曲げモーメント並びに桁の主方向に生じるせん断力及びねじりモーメントの影響を考慮する。

Ⅲ編10.3.1(5)

ウェブ及びフランジの断面内に配置する鉄筋には荷重分担を考慮して必要な鉄筋量を配置する。

Ⅲ編10.3.1(6)

3.3.2 断面力の算出 (1) 作用の組合せ及び荷重係数 　作用の組合せ及び荷重係数は，道示 I 編 表-3.3.1 に①から⑫の組合せが規定されている。①から⑫の作用の組合せは少なくとも考慮する組合せとして規定されており，全ての組合せについて照査する必要があるが，風荷重（WS,WL）・土圧 E・水圧 HP については主桁橋軸方向への作用が生じないことからゼロとする。 　温度変化 TH＋地震 EQ（⑨）の組合せにおいて，雪荷重 SW は最大積雪深の状態として考慮する。 　また，「温度差 TF と雪荷重 SW」，「温度変化 TH と雪荷重 SW」の組合せも考慮する。 【補足】 　雪荷重の設定は個別の環境条件に応じて，適切に設定する必要がある。また，本書では，偶発作用支配状況に対する照査の記載は省略している。	I 編 表-3.3.1

(2) 断面力の算出

　断面力は，道示Ⅰ編3.3及びⅢ編3.5に従い算出する。　　　　　　　Ⅰ編3.3

　荷重組合せ係数及び荷重係数は，作用の特性値に乗じるのが原則であるが，Ⅲ編3.5
プレストレス力 PS，コンクリートのクリープの影響 CR，コンクリートの乾燥
収縮の影響 SH については，それぞれが相互に影響し合うことから，個々の特
性を単独で評価することが困難である。そのため，これらの作用の特性値の算出
にあたっては，死荷重を含め荷重係数を考慮しない作用の組合せに対して有効
プレストレス力及び不静定力を算出し，PS，CR，SH 等の値を確定させた後に，
その値を特性値として扱う。

　以下に，永続作用支配状況における作用効果の算出過程を示す。

1) 作用の特性値をもとに構造解析により PS，CR，SH を算出し，その値を作
　用の特性値とする

2) 死荷重の作用の特性値に荷重係数等を乗じ，構造解析により死荷重による
　断面力を算出する

3) 1)により算出した有効プレストレス力 PS に荷重係数等を乗じ，一次力によ
　る断面力を算出すると共に，構造解析によりプレストレスの二次力を算出
　する（荷重係数等を乗じた一次力により算出する）

4) 1)により算出したコンクリートのクリープの影響による不静定力 CR に荷
　重係数等を乗じ，断面力を算出する

5) 1)により算出したコンクリートの乾燥収縮の影響による不静定力 SH に荷
　重係数等を乗じ，断面力を算出する

6) 2)〜5)により算出した断面力を合計し，永続作用支配状況における作用効
　果を算出する

【補足】

　前ページの算出過程は，道示の規定に基づき記載したものであるが，径間数の多い連続橋や張り出し架設などの構造解析では解析ケースが膨大となる場合も想定される。そのような場合，同等の作用効果が算出される方法として，下記のような算出過程も考えられる。

1) 荷重の特性値をもとに構造解析により応答（断面力・応力度）を算出し，その応答値を便宜上の特性値とする
2) 1)の結果に基づき，死荷重応答に荷重係数等を乗じて断面力を求める
3) 1)の結果に基づき，有効プレストレス力に荷重係数等を乗じて，有効プレストレス力のみによる断面力を算出する（一次力・二次力）
4) 1)の結果に基づき求めた σ_c に，クリープ係数を乗じた値に荷重係数等を乗じて，クリープの影響による不静定力による断面力を算出する
5) 1)の結果に基づき求めた乾燥収縮による不静定力に荷重係数等を乗じて，断面力を求める

　ただし，道示 I 編 3.3(2)(3)解説に示されるとおり、荷重組合せ係数や荷重係数を見込むにあたって重複計上などが生じないように，設計計算プロセスを通じて過不足なく適切に荷重係数が考慮されるように適用することが重要となる。

I 編 3.3
(2)(3)解説

表-3.3.2　荷重組合せ係数及び荷重係数を考慮した断面力（曲げモーメント）の集計（Sec-207）

				集計	荷重係数等を考慮した断面力											
				設計断面力	D	L	PS	鉄筋拘束	偏向	TH	TF	SW	WS	WL	EQ	CO
①	D	永続作用支配状況		16875	14599	–	3295	-45	0	–	-974	–	–	–	–	–
②	D+L	変動作用支配状況	max	27727	14599	10119	3295	-45	0	–	-974	733	–	–	–	–
			min	14339	14599	-3269	3295	-45	0	–	-974	733	–	–	–	–
③	D+TH		max	16875	14599	–	3295	-45	0	0	-974	–	–	–	–	–
			min	16875	14599	–	3295	-45	0	0	-974	–	–	–	–	–
④	D+TH+WS		max	16875	14599	–	3295	-45	0	0	-974	–	0	–	–	–
			min	16875	14599	–	3295	-45	0	0	-974	–	0	–	–	–
⑤	D+L+TH		max	27221	14599	9613	3295	-45	0	0	-974	733	–	–	–	–
			min	14503	14599	-3105	3295	-45	0	0	-974	733	–	–	–	–
⑥	D+L+WS+WL		max	26488	14599	9613	3295	-45	0	–	-974	–	0	0	–	–
			min	13770	14599	-3105	3295	-45	0	–	-974	–	0	0	–	–
⑦	D+L+TH+WS+WL		max	26488	14599	9613	3295	-45	0	0	-974	–	0	0	–	–
			min	13770	14599	-3105	3295	-45	0	0	-974	–	0	0	–	–
⑧	D+WS		max	16875	14599	–	3295	-45	0	–	-974	–	0	–	–	–
			min	16875	14599	–	3295	-45	0	–	-974	–	0	–	–	–
⑨	D+TH+EQ		max	19441	14599	–	3295	-45	0	0	-974	2566	–	–	0	–
			min	19441	14599	–	3295	-45	0	0	-974	2566	–	–	0	–
⑩	D+EQ		max	16875	14599	–	3295	-45	0	–	-974	–	–	–	0	–
			min	16875	14599	–	3295	-45	0	–	-974	–	–	–	0	–

(3) 荷重別応力度の算出

荷重の特性値をもとに構造解析により得られた断面力から算出した，荷重別のコンクリート縁応力度を下表に示す。

表-3.3.3 荷重の特性値によるコンクリート応力度

		側径間中央		中間支点		中央径間中央	
		Sec-207		Sec-213		Sec-219	
		上縁	下縁	上縁	下縁	上縁	下縁
		N/mm^2	N/mm^2	N/mm^2	N/mm^2	N/mm^2	N/mm^2
D	自重	2.70	-4.67	-4.03	5.00	1.60	-2.76
	橋面	0.65	-1.08	-0.95	1.20	0.41	-0.67
L	活荷重max	1.94	-3.22	0.35	-0.44	1.81	-3.00
	活荷重min	-0.63	1.04	-1.46	1.86	-0.70	1.15
PS	有効プレ1次	-0.86	11.06	6.47	-0.06	-0.46	9.66
CR	有効プレ2次	0.75	-1.25	1.35	-1.71	1.76	-2.92
SH	鉄筋拘束力	-0.50	-0.47	-0.93	-0.01	-0.53	-0.38
TF	温度差	0.44	-0.43	0.87	-0.57	0.86	-1.13
TH	温度変化	0.00	0.00	0.00	0.00	0.00	0.00
SW	雪荷重	0.18	-0.29	-0.28	0.35	0.11	-0.18
EQ	L1地震	0.00	0.00	0.00	0.00	0.00	0.00

3.3.3 前提条件の確認

PC鋼材のリラクセーションの影響の評価とコンクリートのクリープひずみ及び乾燥収縮度の算出を道示に従い行う場合の前提条件として以下の項目について確認する。

(1) リラクセーションの影響の評価

プレストレッシング直後のPC鋼材応力度の制限値は，道示Ⅲ編 表-5.1.1の小さい方とされている。よって制限値は以下のとおりとなる。 | Ⅲ編 表-5.1.1

$$0.70\,\sigma_{pu}=0.70\times1880=1316\text{N/mm}^2$$
$$0.85\,\sigma_{py}=0.85\times1600=1360\text{N/mm}^2$$
$$\Big\} \rightarrow 1310\text{N/mm}^2$$

プレストレッシング直後のPC鋼材応力度を道示Ⅰ編 8.4(5)に従って算出すると下表のとおりで，PC鋼材応力度の制限値1310N/mm²を超えない。これより，道示Ⅲ編 4.2に従いPC鋼材のリラクセーションを評価できることが確認できた。 | Ⅰ編 8.4(5) ／ Ⅲ編 4.2

表-3.3.4　PC鋼材応力度

		側径間中央	中間支点	中央径間中央	最大値
		Sec-207	Sec-213	Sec-219	Sec-207
プレストレッシング直後のPC鋼材の引張応力度	N/mm²	1253	1195	1048	1253
制限値		$\sigma_p \leqq 1310$			
判定		OK	OK	OK	OK

-201-

(2) 弾性ひずみとクリープひずみの評価

　永続作用支配状況におけるコンクリートに生じる応力度は表-3.3.5～表3.3.7のとおりとなる。曲げモーメントに対してコンクリートに生じる応力度を算出すると表-3.3.5のとおりとなり，コンクリートの圧縮応力度及び引張応力度の制限値を超えない。せん断力に対してコンクリートに生じる応力度を算出すると表-3.3.6のとおりとなり，コンクリートの斜引張応力度の制限値を超えない。ねじりモーメントに対してコンクリートに生じる応力度を算出すると表-3.3.7のとおりとなり，コンクリートの斜引張応力度の制限値を超えない。これより，コンクリートに生じる応力度は道示Ⅲ編5.1.5(3)に規定される制限値を超えない。よって，道示Ⅲ編4.2.3及び道示Ⅰ編8.4の規定に従いコンクリートのクリープの影響及び乾燥収縮度を評価できることが確認できた。

Ⅲ編5.1.5(3)
Ⅲ編4.2.3(4)
Ⅰ編8.4

表-3.3.5　永続作用支配状況でのコンクリート応力度（曲げ）

			側径間中央		中間支点		中央径間中央	
			Sec-207		Sec-213		Sec-219	
			上縁	下縁	上縁	下縁	上縁	下縁
永続作用支配状況	TF無	N/mm²	2.89	3.77	2.02	4.63	2.92	3.07
	TF有		3.33	3.34	2.88	4.06	3.78	1.95
制限値			0.0 $\leqq \sigma_c \leqq$ 12.8					
判定			OK	OK	OK	OK	OK	OK

表-3.3.6　永続作用支配状況でのコンクリート応力度（せん断）

		側径間支点	中間支点左側	中間支点右側
		sec-202	sec-212	sec-214
		N/mm²	N/mm²	N/mm²
①	せん断	−0.806	−0.587	−0.576
制限値		−0.92 $\leqq \sigma_I$		
判定		OK	OK	OK

表-3.3.7　永続作用支配状況でのコンクリート応力度（ねじりモーメント）

		側径間支点	中間支点左側	中間支点右側
		sec-202	sec-212	sec-214
		N/mm²	N/mm²	N/mm²
①	せん断	−0.799	0.000	0.000
制限値		−0.92 $\leqq \sigma_I$		
判定		OK	OK	OK
①	せん断＋ねじり	−0.808	−0.594	−0.584
制限値		−1.22 $\leqq \sigma_I$		
判定		OK	OK	OK

3.3.4 永続作用支配状況及び変動作用支配状況

(1) 曲げモーメントによる限界状態１に対する照査

1) 曲げモーメントによる限界状態１に対する照査

曲げモーメント又は軸方向力を受けるプレストレスを導入する構造のコンクリート棒部材の限界状態１に対する照査は，コンクリートに生じる応力度が，道示Ⅲ編5.6.1(3)に規定される制限値を超えないことを確認することにより行う。 Ⅲ編 5.6.1(3)

コンクリートに生じる応力度は，表-3.3.8 のとおりとなり，圧縮応力度の制限値（道示Ⅲ編 表-5.6.2 T形及び箱桁断面の場合）19.2N/mm^{2}と引張応力度の制限値（道示Ⅲ編 表-5.6.1）2.5N/mm^{2}を超えないことから，限界状態１に対する照査を満足する。 Ⅲ編 表-5.6.2 Ⅲ編 表-5.6.1

表-3.3.8 コンクリート応力度（主桁の限界状態１）

		側径間中央		中間支点		中央径間中央	
		Sec-207		Sec-213		Sec-219	
		上縁	下縁	上縁	下縁	上縁	下縁
		N/mm^2	N/mm^2	N/mm^2	N/mm^2	N/mm^2	N/mm^2
①	D	3.33	3.34	2.88	4.06	3.78	1.95
②	D+Lmax	5.93	-0.98	3.04	3.86	6.16	-1.99
	D+Lmin	2.72	4.34	-0.09	7.30	3.02	3.20
③	D+TH	3.33	3.34	2.88	4.06	3.78	1.95
⑤	D+Lmax+TH	5.80	-0.77	3.01	3.90	6.04	-1.80
	D+Lmin+TH	2.75	4.28	-0.01	7.20	3.06	3.13
⑨	D+TH+EQ	3.96	2.33	1.90	5.29	4.17	1.32
⑩	D+EQ	3.33	3.34	2.88	4.06	3.78	1.95
設計応力	max	5.93	4.34	3.04	7.30	6.16	3.20
	min	2.72	-0.98	-0.09	3.86	3.02	-1.99
制限値		$-2.5 \leqq \sigma_c \leqq 19.2$					
判定		OK	OK	OK	OK	OK	OK

2) 引張鉄筋の配置

引張応力が生じる部材断面には，道示Ⅲ編5.3.3(2)の規定により求まる引張
鉄筋を配置する。

　ⅰ) コンクリートに生じる引張応力の合力に対して，鉄筋の引張応力度が
　　　210N/mm² 以下となる鉄筋量

　ⅱ) 引張応力が生じる部分のコンクリート断面積の0.5%

Ⅲ編5.3.3(2)

表-3.3.9　引張鉄筋量（主桁の限界状態1）

		側径間中央		中間支点		中央径間中央	
		Sec-207		Sec-213		Sec-219	
		上縁	下縁	上縁	下縁	上縁	下縁
桁高	(mm)	2000		2000		2000	
合成応力度	(N/mm²)	3.22	-0.98	-0.09	7.30	3.17	-1.99
x	(mm)	—	361	23	—	—	697
引張鉄筋量	(mm²)	—	3924	45	—	—	10194
引張域の0.5%	(mm²)	—	6646	1083	—	—	7726
配置鉄筋量A_s	(mm²)	—	7944	4561	—	—	12115

ここに，x：部材引張縁から中立軸までの距離

$\quad$ Sec-207　下縁：A_s= 7944mm² →下床版上面：18 本（D16ctc250）
$\qquad\qquad\qquad\qquad\qquad$ ＋下床版下面：22 本（D16ctc250）

$\quad$ Sec-213　上縁：A_s= 4561mm² →上床版上面：36 本（D13ctc250）

$\quad$ Sec-219　下縁：A_s=12115mm² →下床版上面：18 本（D16ctc250）
$\qquad\qquad\qquad\qquad\qquad$ ＋下床版下面：43 本（D16ctc125）

【補足】
　本書では，引張鉄筋の詳細な配置計画については記載を省略している。

(2) せん断力による限界状態1に対する照査

せん断力を受けるプレストレスを導入する構造のコンクリート棒部材の限界状態1に対する照査は，コンクリートに生じる斜引張応力度が，道示Ⅲ編 5.6.2(3)に規定される制限値を超えないことを確認することにより行う。　　Ⅲ編 5.6.2(3)

道示Ⅲ編 式(5.4.5)により算出されるコンクリートに生じる斜引張応力度は，表-3.3.10 のとおりとなり，制限値を超えないことから，限界状態1に対する照査を満足する。　　Ⅲ編 式(5.4.5)

表-3.3.10　せん断力による限界状態1に対する照査

		側径間支点 sec-202 N/mm^2	中間支点左側 sec-212 N/mm^2	中間支点右側 sec-214 N/mm^2
①	D	−0.072	−0.526	−0.490
②	D+Lmax	−0.684	−0.511	−1.103
	D+Lmin	−0.018	−1.147	−0.429
③	D+TH	−0.072	−0.526	−0.490
⑤	D+Lmax+TH	−0.654	−0.511	−1.088
	D+Lmin+TH	−0.021	−1.129	−0.432
⑨	D+TH+EQ	−0.072	−0.526	−0.490
⑩	D+EQ	−0.072	−0.526	−0.490
制限値		$-2.00 \leqq \sigma_I$		
判定		OK	OK	OK

(3) ねじりモーメントによる限界状態1に対する照査

　ねじりモーメントを受けるプレストレスを導入する構造のコンクリート棒部材の限界状態1に対する照査は，コンクリートに生じる斜引張応力度が，道示Ⅲ編5.6.3(3)に規定される制限値を超えないことを確認することにより行う。　　Ⅲ編5.6.3(3)

　永続作用支配状況及び変動作用支配状況において，道示Ⅲ編 式(5.4.5)により算出されるコンクリートに生じる斜引張応力度は，表-3.3.11及び表-3.3.12のとおりとなり，制限値を超えないことから，限界状態1に対する照査を満足する。　　Ⅲ編 式(5.4.5)

表-3.3.11　ねじりモーメントによる限界状態1に対する照査
（ねじりのみ）

		側径間支点	中間支点左側	中間支点右側
		sec-202	sec-212	sec-214
		N/mm^2	N/mm^2	N/mm^2
①	D	-0.056	0.000	0.000
②	D+Lmax	-0.311	-0.013	-0.018
	D+Lmin	-0.297	-0.015	-0.014
③	D+TH	-0.056	0.000	0.000
⑤	D+Lmax+TH	-0.298	-0.012	-0.017
	D+Lmin+TH	-0.291	-0.014	-0.013
⑨	D+TH+EQ	-0.056	0.000	0.000
⑩	D+EQ	-0.056	0.000	0.000
制限値		$-2.00 \leqq \sigma_I$		
判定		OK	OK	OK

表-3.3.12　ねじりモーメントによる限界状態1に対する照査
（せん断とねじり）

		側径間支点	中間支点左側	中間支点右側
		sec-202	sec-212	sec-214
		N/mm^2	N/mm^2	N/mm^2
①	D	-0.079	-0.532	-0.497
②	D+Lmax	-0.751	-0.517	-1.181
	D+Lmin	-0.032	-1.221	-0.441
③	D+TH	-0.079	-0.532	-0.497
⑤	D+Lmax+TH	-0.717	-0.517	-1.165
	D+Lmin+TH	-0.027	-1.202	-0.444
⑨	D+TH+EQ	-0.079	-0.532	-0.497
⑩	D+EQ	-0.079	-0.532	-0.497
制限値		$-2.50 \leqq \sigma_I$		
判定		OK	OK	OK

(4) 曲げモーメントによる限界状態3に対する照査

　曲げモーメント又は軸方向力を受けるプレストレスを導入する構造のコンクリート棒部材の限界状態3に対する照査は，部材に生じる曲げモーメントが，道示III編 式（5.8.1）に従い算出される制限値を超えないことを確認することにより行う。 — III編 式(5.8.1)

　プレストレスを導入する構造のコンクリート棒部材の部材断面の破壊抵抗曲げモーメントの特性値は，道示III編 5.8.1(4)に従い算出する。このとき破壊抵抗曲げモーメントの特性値は，作用する軸方向力によって変動するため，設計状況に応じた荷重係数を見込んだ軸方向力を考慮して作用の組合せごとに算出する。 — III編 5.8.1(4)

　設計曲げモーメントは，下表のとおりとなり，部材破壊に対する曲げモーメントの制限値を超えないことから，限界状態3に対する照査を満足する。

表-3.3.13　曲げモーメントによる限界状態3に対する照査

				側径間中央 Sec-207	中間支点 Sec-213	中央径間中央 Sec-219
①～⑨		ξ_1	—	0.90	0.90	0.90
		ξ_2	—	0.90	0.90	0.90
		Φ_u	—	0.80	0.80	0.80
⑩		ξ_1	—	0.90	0.90	0.90
		ξ_2	—	0.90	0.90	0.90
		Φ_u	—	1.00	1.00	1.00
①	D			16876	−19235	16967
②	D+Lmax			27727	−18499	26853
	D+Lmin			14340	−29017	13802
③	D+TH		kN·m	16876	−19235	16967
⑤	D+Lmax+TH			27221	−18600	26382
	D+Lmin+TH			14503	−28592	13983
⑨	D+TH+EQ			19440	−23744	18561
設計曲げモーメント M_d				27727	−29017	26853
制限値 M_{ud}				38059	−58154	41221
判定 $M_d \leqq M_{ud}$				OK	OK	OK
⑩	D+EQ		kN·m	16876	−19235	16967
制限値 M_{ud}				47574	−72693	51526
判定 $M_d \leqq M_{ud}$				OK	OK	OK

(5) せん断力による限界状態3に対する照査

せん断力を受けるプレストレスを導入する構造のコンクリート棒部材の限界状態3に対する照査は，部材断面に生じるせん断力が，道示Ⅲ編 5.8.2 の(3)から(6)の規定に従い算出される制限値を超えないことを確認することにより行う。

Ⅲ編 5.8.2
(3)〜(6)

1) 斜引張破壊に対する照査

斜引張破壊に対する照査は，道示Ⅲ編 式(5.8.2)に従い算出される制限値を超えないことを照査する。算出された制限値は下表のとおりとなる。

Ⅲ編 式(5.8.2)

表-3.3.14 斜引張破壊に対するせん断力の制限値

			側径間支点 Sec-202	中間支点左側 Sec-212	中間支点右側 Sec-214
①−⑨		S_s kN	4684	−14623	14623
		S_p kN	2254	0	13
		ξ_1 -	0.90	0.90	0.90
		ξ_2 -	0.85	0.85	0.85
		Φ_{uc} -	0.65	0.65	0.65
		Φ_{us} -	0.65	0.65	0.65
		$\xi_2\Phi_{up}$ -	0.70	0.70	0.70
①	D	S_c kN	3871	−6103	5963
		S_{usd} kN	5674	−10306	10245
②	D+Lmax	S_c kN	5370	−6036	7713
		S_{usd} kN	6420	−10273	11115
	D+Lmin	S_c kN	3656	−7717	5699
		S_{usd} kN	5568	−11109	10114
③	D+TH	S_c kN	3871	−6103	5963
		S_{usd} kN	5674	−10306	10245
⑤	D+Lmax+TH	S_c kN	5298	−6039	7629
		S_{usd} kN	6384	−10275	11073
	D+Lmin+TH	S_c kN	3666	−7640	5712
		S_{usd} kN	5573	−11070	10120
⑨	D+TH+EQ	S_c kN	3871	−6103	5963
		S_{usd} kN	5865	−10306	10245
⑩	D+EQ	S_s kN	4684	−14623	14623
		S_p kN	2254	0	13
		ξ_1 -	0.90	0.90	0.90
		ξ_2 -	0.85	0.85	0.85
		Φ_{uc} -	0.95	0.95	0.95
		Φ_{us} -	0.95	0.95	0.95
		$\xi_2\Phi_{up}$ -	0.95	0.95	0.95
		S_c kN	3871	−6103	5963
		S_{usd} kN	8145	−15063	14973

設計せん断力は，下表のとおりとなり，斜引張破壊に対するせん断力の制限値を超えないことから，限界状態3に対する照査を満足する。

表-3.3.15　斜引張破壊に対する照査

				側径間支点 Sec-202	中間支点左側 Sec-212	中間支点右側 Sec-214
①	D	S_d	kN	2497	−3780	3640
		制限値 S_{usd}		5674	−10306	10245
		判定 $S_d \leq S_{usd}$		OK	OK	OK
②	D+Lmax	S_d	kN	3995	−3713	5475
		制限値 S_{usd}		6420	−10273	11115
		判定 $S_d \leq S_{usd}$		OK	OK	OK
	D+Lmin	S_d	kN	2282	−5629	3376
		制限値 S_{usd}		5568	−11109	10114
		判定 $S_d \leq S_{usd}$		OK	OK	OK
③	D+TH	S_d	kN	2497	−3780	3640
		制限値 S_{usd}		5674	−10306	10245
		判定 $S_d \leq S_{usd}$		OK	OK	OK
⑤	D+Lmax+TH	S_d	kN	3923	−3716	5387
		制限値 S_{usd}		6384	−10275	11073
		判定 $S_d \leq S_{usd}$		OK	OK	OK
	D+Lmin+TH	S_d	kN	2292	−5540	3389
		制限値 S_{usd}		5573	−11070	10120
		判定 $S_d \leq S_{usd}$		OK	OK	OK
⑨	D+TH+EQ	S_d	kN	2497	−3780	3640
		制限値 S_{usd}		5674	−10306	10245
		判定 $S_d \leq S_{usd}$		OK	OK	OK
⑩	D+EQ	S_d	kN	2497	−3780	3640
		制限値 S_{usd}		8145	−15063	14973
		判定 $S_d \leq S_{usd}$		OK	OK	OK

2) ウェブコンクリートの圧壊に対する照査

ウェブコンクリートの圧壊に対する照査は，部材断面に生じるせん断力が，道示Ⅲ編 式(5.8.7)に従い算出される制限値を超えないことを照査する。算出された制限値は下表のとおりとなる。

Ⅲ編 式(5.8.7)

表-3.3.16 ウェブ圧壊に対するせん断力の制限値

			側径間支点 Sec-202	中間支点左側 Sec-212	中間支点右側 Sec-214
①－⑨	S_{ucw}	kN	16262	-15917	15917
	S_p	kN	2254	0	13
	ξ_1	-	0.90	0.90	0.90
	$\xi_2 \Phi_{ucw}$	-	0.70	0.70	0.70
	$\xi_2 \Phi_{up}$	-	0.70	0.70	0.70
	S_{ucd}	kN	11665	-10028	10036
⑩	S_{ucw}	kN	16262	-15917	15917
	S_p	kN	2254	0	13
	ξ_1	-	0.90	0.90	0.90
	$\xi_2 \Phi_{ucw}$	-	1.00	1.00	1.00
	$\xi_2 \Phi_{up}$	-	0.95	0.95	0.95
	S_{ucd}	kN	16563	-14326	14337

設計せん断力は，下表のとおりとなり，ウェブコンクリートの圧壊に対するせん断力の制限値を超えないことから，限界状態3に対する照査を満足する。

表-3.3.17 ウェブ圧壊に対する照査

				側径間支点 Sec-202	中間支点左側 Sec-212	中間支点右側 Sec-214
S_d	①	D		2497	-3780	3640
	②	D+Lmax		3995	-3713	5475
		D+Lmin		2282	-5629	3376
	③	D+TH	kN	2497	-3780	3640
	⑤	D+Lmax+TH		3995	-3713	5475
		D+Lmin+TH		2282	-5629	3376
	⑨	D+TH+EQ		2497	-3780	3640
設計せん断力S_d				3995	-5629	5475
制限値S_{ucd}				11665	-10028	10036
判定 $S_d \leqq S_{ucd}$				OK	OK	OK
S_d	⑩	D+EQ	kN	2497	-3780	3640
制限値S_{ucd}				16563	-14326	14337
判定 $S_d \leqq S_{ucd}$				OK	OK	OK

【補足】
施工中の斜引張応力度についても安全性を照査する必要があるが，設計手順は同様であるため，本書では記載を省略している。

-210-

(6) ねじりモーメントによる限界状態3に対する照査　　Ⅲ編 5.8.3(3)

　ねじりモーメントを受けるプレストレスを導入する構造のコンクリート棒部材の限界状態3に対する照査は，部材断面に生じるねじりモーメントが，道示Ⅲ編5.8.3(3)の規定に従い算出される制限値を超えないことを確認することにより行う。

1) 部材の斜引張破壊に対する照査　　Ⅲ編 式(5.7.3)

　斜引張破壊に対しては，道示Ⅲ編 式(5.7.3)に従い算出される制限値を超えないことを照査する。算出された制限値は下表のとおりとなる。

表-3.3.18　斜引張破壊に対するねじりモーメントの制限値

			側径間支点	中間支点左側	中間支点右側
			Sec-202	Sec-212	Sec-214
①-⑨	M_{tus}	kN・m	6425	7878	7878
	ξ_1	-	0.90	0.90	0.90
	$\xi_2\Phi_{tus}$	-	0.70	0.70	0.70
	M_{tusd}	kN・m	4048	4963	4963
⑩	M_{tus}	kN・m	6425	7878	7878
	ξ_1	-	0.90	0.90	0.90
	$\xi_2\Phi_{tus}$	-	1.00	1.00	1.00
	M_{tusd}	kN・m	5783	7090	7090

　設計ねじりモーメントは，下表のとおりとなり，斜引張破壊に対するねじりモーメントの制限値を超えないことから，限界状態3に対する照査を満足する。

表-3.3.19　斜引張破壊に対する照査

				側径間支点	中間支点左側	中間支点右側
				Sec-202	Sec-212	Sec-214
M_{td}	①	D		125	116	141
	②	D+Lmax		2145	2200	2573
		D+Lmin		1894	2431	2291
	③	D+TH	kN・m	125	116	141
	⑤	D+Lmax+TH		2048	2100	2456
		D+Lmin+TH		1809	2320	2188
	⑨	D+TH+EQ		125	116	141
設計ねじりモーメントM_{td}				2145	2431	2573
制限値M_{tusd}				4048	4963	4963
判定　$M_{td} \leqq M_{tusd}$				OK	OK	OK
M_{td}	⑩	D+EQ	kN・m	125	116	141
制限値M_{tusd}				5783	7090	7090
判定　$M_{td} \leqq M_{tusd}$				OK	OK	OK

2) ウェブ又はフランジコンクリートの圧壊に対する照査

　ウェブ又はフランジコンクリートの圧壊に対しては，道示Ⅲ編　式(5.7.5)に従い算出される制限値を超えないことを照査する。算出された制限値は下表のとおりとなる。

Ⅲ編　式(5.7.5)

表-3.3.20　圧壊に対するねじりモーメントの制限値

			側径間支点 Sec-202	中間支点左側 Sec-212	中間支点右側 Sec-214
①－⑨	M_{tuc}	kN・m	65873	60571	60571
	ξ_1	-	0.90	0.90	0.90
	$\xi_2\Phi_{tuc}$	-	0.70	0.70	0.70
	M_{tucd}	kN・m	41500	38160	38160
⑩	M_{tuc}	kN・m	65873	60571	60571
	ξ_1	-	0.90	0.90	0.90
	$\xi_2\Phi_{tuc}$	-	1.00	1.00	1.00
	M_{tucd}	kN・m	59286	54514	54514

　設計ねじりモーメントは，下表のとおりとなり，ウェブ又はフランジコンクリートの圧壊に対するねじりモーメントの制限値を超えないことから，限界状態3に対する照査を満足する。

表-3.3.21　圧壊に対する照査

				側径間支点 Sec-202	中間支点左側 Sec-212	中間支点右側 Sec-214
M_{td}	①	D	kN・m	125	116	141
	②	D+Lmax		2145	2200	2573
		D+Lmin		1894	2431	2291
	③	D+TH		125	116	141
	⑤	D+Lmax+TH		2048	2100	2456
		D+Lmin+TH		1809	2320	2188
	⑨	D+TH+EQ		125	116	141
設計ねじりモーメントM_{td}				2145	2431	2573
制限値M_{tucd}				41500	38160	38160
判定　$M_{td}\leqq M_{tucd}$				OK	OK	OK
M_{td}	⑩	D+EQ	kN・m	125	116	141
制限値M_{tucd}				59286	54514	54514
判定　$M_{td}\leqq M_{tucd}$				OK	OK	OK

(7) せん断力及びねじりモーメントを受ける部材の限界状態３に対する照査

せん断力及びねじりモーメントを受ける部材に対しては，以下の道示Ⅲ編 式(5.8.10)の関係を満足することを照査する。 Ⅲ編 式(5.8.10)

$$S_d / S_{ucd} + M_t / M_{tucd} \leqq 1.2$$

表-3.3.22 せん断力及びねじりモーメントを受ける部材の限界状態３に対する照査

				側径間支点 Sec-202	中間支点左側 Sec-212	中間支点右側 Sec-214
①	D	S_d	kN	2497	-3780	3640
		S_{ucd}		11665	-10028	10036
		M_t	kN・m	125	116	141
		M_{tucd}		41500	38160	38160
		$S_d/S_{ucd}+M_t/M_{tucd}$		0.22	0.38	0.37
②	D+Lmax	S_d	kN	3995	-3713	5475
		S_{ucd}		11665	-10028	10036
		M_t	kN・m	2145	2200	2573
		M_{tucd}		41500	38160	38160
		$S_d/S_{ucd}+M_t/M_{tucd}$		0.39	0.43	0.61
	D+Lmin	S_d	kN	2882	-5629	3376
		S_{ucd}		11665	-10028	10036
		M_t	kN・m	1894	2431	2291
		M_{tucd}		41500	38160	38160
		$S_d/S_{ucd}+M_t/M_{tucd}$		0.29	0.63	0.40
③	D+TH	S_d	kN	2497	-3780	3640
		S_{ucd}		11665	-10028	10036
		M_t	kN・m	125	116	141
		M_{tucd}		41500	38160	38160
		$S_d/S_{ucd}+M_t/M_{tucd}$		0.22	0.38	0.37
⑤	D+Lmax+TH	S_d	kN	3923	-3716	5387
		S_{ucd}		11665	-10028	10036
		M_t	kN・m	2048	2100	2456
		M_{tucd}		41500	38160	38160
		$S_d/S_{ucd}+M_t/M_{tucd}$		0.39	0.43	0.60
	D+Lmin+TH	S_d	kN	2864	-5540	3389
		S_{ucd}		11665	-10028	10036
		M_t	kN・m	1809	2320	2188
		M_{tucd}		41500	38160	38160
		$S_d/S_{ucd}+M_t/M_{tucd}$		0.29	0.61	0.39
⑨	D+TH+EQ	S_d	kN	2497	-3780	3640
		S_{ucd}		11665	-10028	10036
		M_t	kN・m	125	116	141
		M_{tucd}		41500	38160	38160
		$S_d/S_{ucd}+M_t/M_{tucd}$		0.22	0.38	0.37
⑩	D+EQ	S_d	kN	2497	-3780	3640
		S_{ucd}		16563	-14326	14337
		M_t	kN・m	125	116	141
		M_{tucd}		59286	54514	54514
		$S_d/S_{ucd}+M_t/M_{tucd}$		0.15	0.27	0.26
制限値				$S_d/S_{ucd}+M_t/M_{tucd} \leqq 1.2$		
判定				OK	OK	OK

以上より，限界状態３に対する照査を満足する。

3.3.5 偶発作用支配状況

　＜省略＞

【補足】
　　本書では，偶発作用支配状況に対する照査の記載は省略している。

3.3.6 相反応力部材の照査

　相反応力部材に対する照査項目は，道示Ⅲ編5.1.3(1)に従い，下表のとおり　｜　Ⅲ編5.1.3(1)
となる。

表-3.3.23　相反応力部材に関する照査項目

部材応答の閾値 (Ⅲ5.1.3) ／ 照査用荷重 (Ⅲ5.1.3)	限界状態1の制限値	限界状態3の制限値
1.0(D+PS+CR+SH)+1.3L　死荷重による応力が活荷重による応力の30%より小さい場合　1.0(L+PS+CR+SH)	・曲げモーメント $\sigma_{ctl} \leqq \sigma_c \leqq \sigma_{ccl}$　・・・道示Ⅲ編 5.6.1(3)　・せん断力 $\sigma_I \leqq \sigma_{Im}$　・・・道示Ⅲ編 5.6.2(3)　・ねじりモーメント $\sigma_I \leqq \sigma_{Im}$　・・・道示Ⅲ編 5.6.3(3)	・曲げモーメント $M_d \leqq M_{ud}$　・・・道示Ⅲ編 5.8.1(3)　・せん断力 $S_d \leqq S_{usd}, S_{ucd}$　・・・道示Ⅲ編 5.8.2(3)(4)　・ねじりモーメント $M_{td} \leqq M_{tusd}, M_{tucd}$　・・・道示Ⅲ編 5.7.3(3)(4), 5.8.3(3)

(1) 限界状態 1 に対する照査

1) 曲げモーメントによる照査

　相反応力部材照査用の作用の組合せに対するコンクリート応力度は，表-3.3.24 のとおりとなり，圧縮応力度の制限値（道示Ⅲ編　表-5.6.2 Ｔ形及び箱桁断面の場合）19.2N/mm² と引張応力度の制限値（道示Ⅲ編　表-5.6.1）2.5N/mm² を超えないことから，限界状態 1 に対する照査を満足する。

Ⅲ編　表-5.6.2
Ⅲ編　表-5.6.1

表-3.3.24　相反応力部材のコンクリート応力度の照査

		側径間中央		中間支点		中央径間中央	
		sec-207		sec-213		sec-219	
		上縁	下縁	上縁	下縁	上縁	下縁
		N/mm²	N/mm²	N/mm²	N/mm²	N/mm²	N/mm²
相反応力部材照査用	max	5.270	-0.590	2.370	3.840	5.140	-0.970
	min	1.930	4.940	0.020	6.820	1.880	4.420
制限値		$-2.5 \leqq \sigma_c \leqq 19.2$					
判　定		OK	OK	OK	OK	OK	OK

2) せん断力による照査

　コンクリートに生じる斜引張応力度は，表-3.3.25 のとおりとなり，斜引張応力度の制限値（道示Ⅲ編　表-5.6.3）2.0N/mm² を超えないことから，限界状態 1 に対する照査を満足する。

Ⅲ編　表-5.6.3

表-3.3.25　相反応力部材の斜引張応力度の照査

		側径間支点	中間支点左側	中間支点右側
		sec-202	sec-212	sec-214
		N/mm²	N/mm²	N/mm²
相反応力部材照査用	max	-0.675	-0.485	-1.114
	min	-0.033	-1.156	-0.404
制限値		$-2.0 \leqq \sigma_I$		
判　定		OK	OK	OK

3) ねじりモーメントによる照査

① ねじりのみ

コンクリートに生じる斜引張応力度は，表-3.3.26 のとおりとなり，斜引張応力度の制限値（道示Ⅲ編 表-5.6.3）2.0N/mm² を超えないことから，限界状態1に対する照査を満足する。

Ⅲ編 表-5.6.3

表-3.3.26　相反応力部材の斜引張応力度の照査（ねじり）

		側径間支点 sec-202 N/mm²	中間支点左側 sec-212 N/mm²	中間支点右側 sec-214 N/mm²
相反応力部材 照査用	max	−0.319	−0.015	−0.020
	min	−0.305	−0.017	−0.016
制限値		\multicolumn{3}{c}{$-2.0 \leqq \sigma_I$}		
判　定		OK	OK	OK

② せん断とねじり

コンクリートに生じる斜引張応力度は，表-3.3.27 のとおりとなり，斜引張応力度の制限値（道示Ⅲ編 表-5.6.3）2.5N/mm² を超えないことから，限界状態1に対する照査を満足する。

Ⅲ編 表-5.6.3

表-3.3.27　相反応力部材の斜引張応力度の照査（せん断+ねじり）

		側径間支点 sec-202 N/mm²	中間支点左側 sec-212 N/mm²	中間支点右側 sec-214 N/mm²
相反応力部材 照査用	max	−0.744	−0.491	−1.196
	min	−0.049	−1.233	−0.415
制限値		$-2.5 \leqq \sigma_I$		
判　定		OK	OK	OK

(2) 限界状態3に対する照査

1) 曲げモーメントによる照査

　相反応力部材の限界状態3に対する照査は，部材に生じる曲げモーメントが，道示Ⅲ編 式（5.8.1）に従い算出される制限値を超えないことを確認することにより行う。

Ⅲ編 式(5.8.1)

表-3.3.28　破壊抵抗曲げモーメントの制限値

			側径間中央 Sec-207	中間支点 Sec-213	中央径間中央 Sec-219
相反応力部材照査用	M_{uc}	kN・m	58733	−89744	63613
	ξ_1	-	0.90	0.90	0.90
	ξ_2	-	0.90	0.90	0.90
	Φ_u	-	0.80	0.80	0.80
	M_{ud}	kN・m	38059	−58154	41221

　相反応力部材照査用の作用の組合せでの設計曲げモーメントは，下表のとおりとなり，部材破壊に対する曲げモーメントの制限値を超えないことから，限界状態3に対する照査を満足する。

表-3.3.29　曲げモーメントによる限界状態3に対する照査

				側径間中央 Sec-207	中間支点 Sec-213	中央径間中央 Sec-219
M_d	相反応力部材照査用	max	kN・m	27523	−16113	25226
		min		13600	−27052	11653
制限値 M_{ud}				38059	−58154	41221
判定 $M_d \leqq M_{ud}$				OK	OK	OK

2) せん断力による照査

① 斜引張破壊に対する照査

斜引張破壊に対する照査は，部材断面に生じるせん断力が，道示Ⅲ編式 (5.8.2) に従い算出される制限値を超えないことを確認することにより行う。　Ⅲ編 式(5.8.2)

表-3.3.30　斜引張破壊に対するせん断力の制限値

				側径間支点	中間支点左側	中間支点右側
				Sec-202	Sec-212	Sec-214
		S_s	kN	4684	−14623	14623
		S_p	kN	2254	0	13
		ξ_1	−	0.90	0.90	0.90
		ξ_2	−	0.85	0.85	0.85
		Φ_{uc}	−	0.65	0.65	0.65
		Φ_{us}	−	0.65	0.65	0.65
		$\xi_2\Phi_{up}$	−	0.70	0.70	0.70
相反応力部材照査用	max	S_c	kN	5311	5854	7698
		S_{usd}	kN	6390	−10182	11107
	min	S_c	kN	3529	7717	5515
		S_{usd}	kN	5504	−11109	10022

相反応力部材照査用の作用の組合せでのせん断力は，下表のとおりとなり，斜引張破壊に対するせん断力の制限値を超えないことから，限界状態3に対する照査を満足する。

表-3.3.31　斜引張破壊に対する照査

				側径間支点	中間支点左側	中間支点右側
				Sec-202	Sec-212	Sec-214
相反応力部材照査用	max	S_d	kN	3936	−3530	5375
		制限値 S_{usd}		6390	−10182	11107
		判定 $S_d \leqq S_{usd}$		OK	OK	OK
	min	S_d	kN	2154	−5523	3192
		制限値 S_{usd}		5504	−11109	10022
		判定 $S_d \leqq S_{usd}$		OK	OK	OK

② ウェブコンクリートの圧壊に対する照査

ウェブコンクリートの圧壊に対する照査は，部材断面に生じるせん断力が，道示Ⅲ編式 (5.8.7) に従い算出される制限値を超えないことを確認することにより行う。　Ⅲ編 式(5.8.7)

表-3.3.32　ウェブ圧壊に対するせん断力の制限値

			側径間支点	中間支点左側	中間支点右側
			Sec-202	Sec-212	Sec-214
相反応力部材照査用	S_{ucw}	kN	16262	−15917	15917
	S_p	kN	2254	0	13
	ξ_1	−	0.90	0.90	0.90
	$\xi_2\Phi_{ucw}$	−	0.70	0.70	0.70
	$\xi_2\Phi_{up}$	−	0.70	0.70	0.70
	S_{ucd}	kN	11665	−10028	10036

-218-

相反応力部材照査用の作用の組合せでのせん断力は，下表のとおりとなり，ウェブコンクリートの圧壊に対するせん断力の制限値を超えないことから，限界状態3に対する照査を満足する。

表-3.3.33　ウェブ圧壊に対する照査

				側径間支点	中間支点左側	中間支点右側
				Sec-202	Sec-212	Sec-214
S_d	相反応力部材照査用	max	kN	3936	−3530	5375
		min		2154	−5523	3192
	制限値S_{ucd}			11665	−10028	10036
	判定 $S_d \leqq S_{ucd}$			OK	OK	OK

3）ねじりモーメントによる照査
① 部材の斜引張破壊に対する照査

　部材の斜引張破壊に対する照査は，部材断面に生じるねじりモーメントが，道示Ⅲ編 式（5.7.3）に従い算出される制限値を超えないことを確認することにより行う。　　　　　Ⅲ編 式(5.7.3)

表-3.3.34　斜引張破壊に対するねじりモーメントの制限値

			側径間支点	中間支点左側	中間支点右側
			Sec-202	Sec-212	Sec-214
相反応力部材照査用	M_{tus}	kN・m	6425	7878	7878
	ξ_1	−	0.90	0.90	0.90
	$\xi_2\Phi_{tus}$	−	0.70	0.70	0.70
	M_{tusd}	kN・m	4048	4963	4963

　相反応力部材照査用の作用の組合せでのねじりモーメントは，下表のとおりとなり，斜引張破壊に対するねじりモーメントの制限値を超えないことから，限界状態3に対する照査を満足する。

表-3.3.35　斜引張破壊に対する照査

				側径間支点	中間支点左側	中間支点右側
				Sec-202	Sec-212	Sec-214
M_{td}	相反応力部材照査用	max	kN・m	2219	2298	2663
		min		1981	2518	2395
	制限値M_{tusd}			4048	4963	4963
	判定 $M_{td} \leqq M_{tusd}$			OK	OK	OK

② ウェブ又はフランジコンクリートの圧壊に対する照査

ウェブ又はフランジコンクリートの圧壊に対する照査は，部材断面に生じるねじりモーメントが，道示Ⅲ編 式(5.7.5)に従い算出される制限値を超えないことを確認することにより行う。

Ⅲ編 式(5.7.5)

表-3.3.36 圧壊に対するねじりモーメントの制限値

			側径間支点	中間支点左側	中間支点右側
			Sec-202	Sec-212	Sec-214
相反応力部材 照査用	M_{tuc}	kN・m	65873	60571	60571
	ξ_1	－	0.90	0.90	0.90
	$\xi_2\Phi_{tuc}$	－	0.70	0.70	0.70
	M_{tucd}	kN・m	41500	38160	38160

相反応力部材照査用の作用の組合せでのねじりモーメントは，下表のとおりとなり，ウェブ又はフランジコンクリートの圧壊に対するねじりモーメントの制限値を超えないことから，限界状態3に対する照査を満足する。

表-3.3.37 圧壊に対する照査

				側径間支点	中間支点左側	中間支点右側
				Sec-202	Sec-212	Sec-214
M_{td}	相反応力部材 照査用	max	kN・m	2219	2298	2663
		min		1981	2518	2395
制限値 M_{tucd}				41500	38160	38160
判定 $M_{td} \leqq M_{tucd}$				OK	OK	OK

4) せん断力及びねじりモーメントを受ける部材の限界状態3に対する照査

せん断力及びねじりモーメントを受ける部材の耐荷性能における限界状態3に対する照査は，以下の道示Ⅲ編 式(5.8.10)の関係を満足することを照査する。

$$S_d / S_{ucd} + M_t / M_{tucd} \leqq 1.2$$

Ⅲ編
式(5.8.10)

表-3.3.38 せん断力及びねじりモーメントを受ける部材の
限界状態3に対する照査

				側径間支点	中間支点左側	中間支点右側
				Sec-202	Sec-212	Sec-214
相反応力部材 照査用	max	S_d	kN	3936	-3530	5375
		S_{ucd}		11665	-10028	10036
		M_t	kN・m	2219	2298	2663
		M_{tucd}		41500	38160	38160
		$S_d/S_{ucd}+M_t/M_{tucd}$		0.39	0.41	0.61
	min	S_d	kN	2154	-5523	3192
		S_{ucd}		11665	-10028	10036
		M_t	kN・m	1981	2518	2395
		M_{tucd}		41500	38160	38160
		$S_d/S_{ucd}+M_t/M_{tucd}$		0.23	0.62	0.38
制限値				$S_d/S_{ucd}+M_t/M_{tucd} \leqq 1.2$		
判定				OK	OK	OK

以上より、限界状態3に対する照査を満足する。

3.4 耐久性能の照査

1.2.3 及び 1.4.2 の設計方針に従い，PC 箱桁の主桁としての耐久性能に関しては，表-3.4.1 に示す項目により照査を行う。

表-3.4.1　主桁の耐久性能に関する照査項目

照査項目	耐久性確保の方法
内部鋼材の腐食	・かぶりによる内部鋼材の腐食 かぶり $\geqq$ 道示Ⅲ編 5.2.3(2) の最小かぶり ・コンクリートの表面状態の制御 照査用荷重：永続作用支配状況を準用 コンクリートの応力度：$\sigma_{ctl} \leqq \sigma_c \leqq \sigma_{ccl}$ 　　　　　　　　　　　・・・道示Ⅲ編 6.2.2,5.1.5(3)
コンクリート 部材の疲労	・PC 鋼材及びコンクリートの応力度の制御 作用の組合せ：1.0(D+L+PS+CR+SH+E+HP+U) PC 鋼材の引張応力度： 　　　　$\sigma_p \leqq 0.60\sigma_{pu}$ 又は $0.75\sigma_{py}$ のうち小さい方の値 コンクリートの応力度：$\sigma_{ctl} \leqq \sigma_c \leqq \sigma_{ccl}$ 　　　　　　　　　　　・・・道示Ⅲ編 6.3.2(3)

3.4.1　内部鋼材の腐食に対する耐久性能の照査

1.5.3「かぶりの設定」で設定したかぶりは，道示Ⅲ編 6.2.3 の規定を満足する。また，永続作用支配状況におけるコンクリートの応力度は，道示Ⅲ編 5.1.5(3) の制限値を超えないことを前述の 3.3.3「前提条件の確認」で確認している。よって，内部鋼材の腐食に対する耐久性能の照査を満足する。

Ⅲ編 6.2.3

Ⅲ編 5.1.5(3)

3.4.2 コンクリート部材の疲労に対する耐久性能の照査

(1) PC鋼材の応力度

PC鋼材の引張応力度の制限値は，道示Ⅲ編 表-6.3.4 の小さい方とされている。よって制限値は以下のとおりとなる。各着目断面のPC鋼材応力度は，下表のとおりとなり，引張応力度の制限値を超えない。

Ⅲ編 表-6.3.4

$$0.60\,\sigma_{pu}=0.60\times1880=1128\text{N/mm}^2$$
$$0.75\,\sigma_{py}=0.75\times1600=1200\text{N/mm}^2$$
$$\Bigg\} \rightarrow 1120\text{N/mm}^2$$

表-3.4.2　PC鋼材応力度（コンクリート部材の疲労）

		側径間中央	中間支点	中央径間中央
		Sec-207	Sec-213	Sec-219
D+L+PS+CR+SH	N/mm²	1088	1044	910
制限値		$\sigma_p \leqq 1120$		
判定		OK	OK	OK

【補足】

本書では，各設計断面における全てのPC鋼材を対象とした照査結果から代表して，最も鋼材応力が高いPC鋼材に対する照査結果を示している。

(2) コンクリートの応力度

各着目断面のコンクリートの応力度は，下表のとおりとなり，圧縮応力度の制限値（道示Ⅲ編 表-6.3.5）12.8N/mm² と，引張応力度の制限値（道示Ⅲ編 表-6.3.6）1.38N/mm² を超えない。

また，床版を兼用する上フランジにおいては曲げ引張応力及び軸引張応力が生じない。

Ⅲ編 表-6.3.5
Ⅲ編 表-6.3.6
Ⅲ編 6.3.2(3)

表-3.4.3　コンクリート応力度（コンクリート部材の疲労）

	側径間中央		中間支点		中央径間中央	
	Sec-207		Sec-213		Sec-219	
	上縁	下縁	上縁	下縁	上縁	下縁
	N/mm²	N/mm²	N/mm²	N/mm²	N/mm²	N/mm²
D+L+PS+CR+SH	4.68	0.37	0.45	6.28	4.59	-0.07
制限値	上縁　　$0.00 \leqq \sigma_c \leqq 12.8$					
	下縁　$-1.38 \leqq \sigma_c \leqq 12.8$					
判定	OK	OK	OK	OK	OK	OK

・引張鉄筋の応力度

引張応力が生じる部材断面において引張鉄筋の負担する引張応力度は下表のとおりとなり、道示Ⅲ編 6.3.2 (3) の制限値 180N/mm² を超えない。

Ⅲ編 6.3.2. (3)

表-3.4.4　引張鉄筋の引張応力度

		側径間中央		中間支点		中央径間中央	
		Sec-207		Sec-213		Sec-219	
		上縁	下縁	上縁	下縁	上縁	下縁
桁高	(mm)	2000		2000		2000	
合成応力度	(N/mm²)	4.68	0.37	0.45	6.28	4.59	−0.07
x	(mm)	—		—		30	
引張鉄筋量	(mm²)	—	—	—	—	—	8540
鉄筋応力度	(N/mm²)	—	—	—	—	—	0.7
制限値	(N/mm²)	—	—	—	—	—	180.0
判定		—	—	—	—	—	OK

ここに，x：部材引張縁から中立軸までの距離

Sec-219　下縁：A_s=8540mm² → 下床版下面：43 本　（D16ctc125）

(3)　耐久性能の照査

以上より，疲労に対する耐久性能の照査を満足する。

4章 横桁

横桁は，道示Ⅲ編8章，道示Ⅲ編10.4の規定に従い，主桁や支承から伝達される力に対し，抵抗できる構造となるように設計する。

Ⅲ編8章
Ⅲ編10.4

【補足】
本書では，箱桁の断面変形に対し適切な剛性を確保し，横桁にねじりモーメントが発生しない構造となるように，部材配置をしたこととしている。このため，横桁設計においてねじりモーメントの照査を行っていないが，箱桁断面の剛性が小さい場合などはねじりモーメントが発生するため，実際の設計においては，個々の条件に応じて，ねじりモーメントの影響を考慮して設計を行う必要がある。

4.1 部材寸法等の設定
4.1.1 有効幅の算出

横桁の有効幅 λ は，道示Ⅲ編10.4.1(4)に規定されるとおり，道示Ⅲ編10.2.2の規定に従い算出する。また，横桁部材の最小厚さは道示Ⅲ編 表-5.2.1 の規定に従い200mm以上を確保する。

Ⅲ編 10.4.1(4)
Ⅲ編 10.2.2
Ⅲ編 表-5.2.1

・床版の片側有効幅
　　上床版　$\lambda = l/8 + b_s$ 　$= 588$mm
　　下床版　$\lambda = l/8$ 　　　$= 438$mm

ここに，
　l ：主桁の純間隔(mm)
　b_s ：ハンチ部の有効幅(mm)

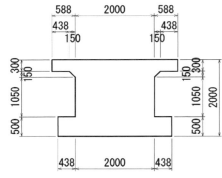

図-4.1.1 横桁の有効幅

4.1.2 横桁横締めPC鋼材配置

支承のアンカーボルト，開口部などとの取り合いを考慮する。鉄筋，PC鋼材，シースのあきは道示Ⅲ編5.2.4に規定される値を確保する。PC鋼材配置は，上から1段目－11本，2段目－8本，3段目8本，4段目－6本とする。

Ⅲ編 5.2.4

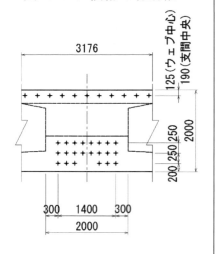

図-4.1.2 PC鋼材配置

4.2 断面力の算出方法

道示Ⅲ編 10.4.1(3)(4)の規定に従い，はり理論によって断面力を算出する。なお，偶発作用支配状況に対しては，別途解析モデルにより検討する。

Ⅲ編 10.4.1 (3)(4)

【補足】
　横桁における断面力の算出では，橋ごとの条件に応じて適切に解析方法を選定する必要がある。本書では，下記の方法で算出している。
- 左右の支承もしくはウェブを支点とする張出梁のモデルとする。
- ウェブ中心位置に主方向で計算された支承反力を集中荷重として載荷する方法（A法）として断面力を算出する。
- 支承反力が支承縁端部から45°方向に横桁図心位置まで分布するものとして，支承反力を分布荷重として載荷する方法（B法）として断面力を算出する。
- A法とB法の最大最小値を断面力として採用する。
- 支承反力は永続作用及び変動作用の各々の最大値を採用している。
- 張出梁のモデルでの断面力算出にて，変動作用は永続作用の反力比率で断面力を算出している。

A法の載荷状態

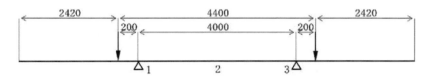

B法の載荷状態

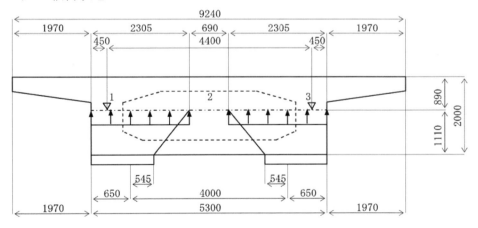

図-4.2.1　解析モデル（セクション番号）

- 着目断面は，左右対称であることから，A法については支点位置と支点間中央位置とし，B法については支点となるウェブ中心位置とウェブ中心間中央位置とする。

4.3 耐荷性能の照査

4.3.1 永続作用支配状況及び変動作用支配状況

（1）設計断面力の算出

1）荷重の特性値

　横桁の設計では，道示Ⅰ編3.3解説のとおり，支点反力を外力に置き換え，これを荷重の特性値として作用効果を算出する。

Ⅰ編3.3解説

表-4.3.1 荷重の特性値

		D	L+I	PS+CR	TF	SW
支点反力	kN	8738	2870	−298	−96	410

2）断面力の算出

　耐荷性能の照査に用いる断面力は，道示Ⅰ編 3.3(2)に規定される作用の組合せに対し算出する。

Ⅰ編3.3(2)

　A法とB法のそれぞれにより算出した断面力のうち最大最小となる値を下表にまとめた。

表-4.3.2　設計断面力

		Sec-1		Sec-2	
		曲げモーメント	せん断力	曲げモーメント	せん断力
		kN・m	kN	kN・m	kN
② D+L	max	224.0	5860.0	−1172.0	0.0
	min	−1172.0	4865.0	−5127.4	0.0

【補足】

　本書では，決定ケースとなった②（D+L+I+PS+CR+TF+SW）の組合せについてのみ示している。

3) 鉄筋拘束力の算出

　鉄筋拘束の影響は，道示Ⅲ編 5.4.2(1) の規定に従い下表のとおり算出する。

　本橋では，支承間隔を 4m とすることにより，収縮や膨張作用が無視できるものとした。

Ⅲ編 5.4.2(1)

表-4.3.3　鉄筋拘束力

	Sec-1		Sec-2	
	曲げモーメント	軸力	曲げモーメント	軸力
	kN・m	kN	kN・m	kN
鉄筋拘束力	59.0	-623.8	-81.3	-617.3

【補足】

　支承が橋軸直角方向に拘束されることにより，横桁部材軸方向には，温度変化，乾燥収縮，プレストレスによる弾性変形やクリープなどにより収縮や膨張作用が生じる。このため，支承間隔や幅員の関係によっては，詳細に照査する必要がある。

(2) 曲げモーメントによる限界状態 1 に対する照査

1) 曲げモーメントによる限界状態 1 に対する照査

　曲げモーメントを受ける横桁の限界状態 1 に対する照査は，コンクリートに生じる応力度が，道示Ⅲ編 5.6.1(3) に規定される制限値を超えないことを確認することにより行う。各着目断面のコンクリート応力度は下表のとおりとなり，圧縮応力度の制限値（道示Ⅲ編 表-5.6.2 長方形断面の場合）20.7N/mm² と引張応力度の制限値（道示Ⅲ編 表-5.6.1）2.5N/mm² を超えないことから，限界状態 1 に対する照査を満足する。

Ⅲ編 5.6.1(3)

Ⅲ編 表-5.6.2

Ⅲ編 表-5.6.1

表-4.3.4　コンクリートの応力度（横桁の限界状態 1）

	Sec-1		Sec-2	
	上縁	下縁	上縁	下縁
	N/mm²	N/mm²	N/mm²	N/mm²
② D+L	1.20	2.92	-0.15	5.59
制限値	$-2.5 \leqq \sigma_c \leqq 20.7$			
判定	OK	OK	OK	OK

2) 引張鉄筋の配置

Sec-2 の上縁で発生している引張応力度に対し，道示III編 5.3.3(2)の規定に従い算出した鉄筋量以上の引張鉄筋を配置する。下表のとおり配置した引張鉄筋は，必要な鉄筋量を満足する。

III編 5.3.3(2)

表-4.3.5 引張鉄筋量（横桁の限界状態1）

		Sec-2	
		上縁	下縁
桁高	(mm)	2000	
合成応力度	(N/mm^2)	-0.15	5.59
x	(mm)	53	—
引張鉄筋量	(mm^2)	61	—
引張域の0.5%	(mm^2)	841	—
配置鉄筋量A_s	(mm^2)	1647	—

ここに，x：部材引張縁から中立軸までの距離

A_s=1647mm^2 →上縁：13 本（D13ctc250）

【補足】
　本書では，引張鉄筋の詳細な配置計画については記載を省略している。

(3) せん断力による限界状態1に対する照査

せん断力を受ける横桁の限界状態1に対する照査は，道示III編 5.6.2(3)の規定に従い，道示III編 式(5.4.5)により算出されるコンクリートの斜引張応力度が，道示III編 表-5.6.3 に規定される制限値を超えないことを確認することにより行う。

III編 5.6.2(3)
III編 式(5.4.5)
III編 表-5.6.3

コンクリートの斜引張応力度は下表のとおりとなり，制限値を超えないことから、限界状態1に対する照査を満足する。

表-4.3.6　せん断力による限界状態1に対する照査

	Sec-1
	N/mm^2
② D+L	-1.31
制限値	$-2.00 \leq \sigma_I$
判定	OK

(4) 曲げモーメントによる限界状態3に対する照査

　曲げモーメントを受ける横桁の限界状態3に対する照査は，部材に生じる曲げモーメントが，道示Ⅲ編 式(5.8.1)により算出される制限値を超えないことを確認することにより行う。 | Ⅲ編 式(5.8.1)

　設計曲げモーメントは下表のとおりとなり，部材破壊に対する曲げモーメントの制限値を超えないことから、限界状態3に対する照査を満足する。

表-4.3.7 曲げモーメントによる限界状態3に対する照査

				Sec-1	Sec-2
② D+L	max	M_{uc}	kN・n	10785	-8225
		ξ_1	—	0.90	0.90
		ξ_2	—	0.90	0.90
		Φ_u	—	0.80	0.80
		M_{ud}	kN・m	6989	-5330
		M_d	kN・m	224	-5128
		判定　$M_d \leqq M_{ud}$		OK	OK
	min	M_{uc}	kN・m	-8459	-8225
		ξ_1	—	0.90	0.90
		ξ_2	—	0.90	0.90
		Φ_u	—	0.80	0.80
		M_{ud}	kN・m	-5481	-5330
		M_d	kN・m	-1172	-1172
		判定　$M_d \leqq M_{ud}$		OK	OK

(5) せん断力による限界状態3に対する照査

　せん断力を受ける横桁の限界状態3に対する照査は，部材断面に生じるせん断力が，道示Ⅲ編 5.8.2 の(3)から(6)の規定に従い算出される制限値を超えないことを確認することにより行う。

Ⅲ編 5.8.2
(3)～(6)

1) 斜引張破壊に対する照査

　斜引張破壊に対する照査は，部材断面に生じるせん断力が，道示Ⅲ編 式(5.8.2)に従い算出される制限値を超えないことを確認することにより行う。算出された制限値は下表のとおりとなる。

Ⅲ編 式(5.8.2)

表-4.3.8 斜引張破壊に対するせん断力の制限値

				Sec-1
② D+L	max min	S_c	kN	8112
		S_s	kN	4625
		S_p	kN	0
		ξ_1	—	0.90
		ξ_2	—	0.85
		Φ_{uc}	—	0.65
		Φ_{us}	—	0.65
		$\xi_2\Phi_{up}$	—	0.70
		S_{usd}	kN	6334

　設計せん断力は，下表のとおりとなり，斜引張破壊に対するせん断力の制限値を超えない。

表-4.3.9 斜引張破壊に対する照査

				Sec-1
② D+L	max	S_d	kN	5856
		制限値S_{usd}		6334
		判定　$S_d \leqq S_{usd}$		OK
	min	S_d	kN	4865
		制限値S_{usd}		6334
		判定　$S_d \leqq S_{usd}$		OK

2) ウェブコンクリートの圧壊に対する照査

ウェブコンクリートの圧壊に対する照査は，部材断面に生じるせん断力が，道示Ⅲ編 式(5.8.7)に従い算出される制限値を超えないことを確認することにより行う。算出された制限値は下表のとおりとなる。

Ⅲ編 式(5.8.7)

表-4.3.10 ウェブ圧壊に対するせん断力の制限値

				Sec-1
② D+L	max min	S_{ucw}	kN	18642
		S_p	kN	0
		ξ_1	—	0.90
		$\xi_2\Phi_{ucw}$	—	0.70
		$\xi_2\Phi_{up}$	—	0.70
		S_{ucd}	kN	11744

設計せん断力は下表のとおりとなり，ウェブコンクリートの圧壊に対するせん断力の制限値を超えないことから、限界状態3に対する照査を満足する。

表-4.3.11 ウェブ圧壊に対する照査

				Sec-1
② D+L	max	S_d	kN	5856
		制限値S_{ucd}		11744
		判定　　$S_d \leqq S_{ucd}$		OK
	min	S_d	kN	4865
		制限値S_{ucd}		11744
		判定　　$S_d \leqq S_{ucd}$		OK

【補足】
前提条件の確認の方法は，床版や主桁の章によるものとし，本書の横桁の章では照査した内容の記載を省略している。

4.3.2 偶発作用支配状況

＜省略＞

【補足】
本書では，偶発作用支配状況に対する照査については記載を省略している。

4.4 耐久性能の照査
4.4.1 コンクリート部材の疲労に対する耐久性能の照査
(1) 荷重の特性値

横桁の設計では，道示Ⅰ編3.3解説のとおり，支点反力を外力に置き換え，これを荷重の特性値として作用効果を算出する。

Ⅰ編3.3解説

表-4.4.1　荷重の特性値

		D	L	PS+CR
支点反力	kN	8322	2296	−284

(2) 断面力の算出

疲労の照査で考慮する部材に生じる断面力は，道示Ⅲ編 式(6.3.1)に規定される 1.00(D+L+PS+CR+SH+E+HP+U) の組合せに対して算出する。

Ⅲ編 式(6.3.1)

表-4.4.2 設計断面力

	Sec-1		Sec-2	
	曲げモーメント	せん断力	曲げモーメント	せん断力
	kN・m	kN	kN・m	kN
1.00(D+L+PS+CR)	−1033.4	5167.1	−4521.2	0.0

(3) 鉄筋拘束力の算出

鉄筋拘束の影響は道示Ⅲ編5.4.2(1)に従い，下表のとおり算出した。

Ⅲ編5.4.2(1)

表-4.4.3　鉄筋拘束力

	Sec-1		Sec-2	
	曲げモーメント	軸力	曲げモーメント	軸力
	kN・m	kN	kN・m	kN
鉄筋拘束力	56.2	−594.1	−77.4	−587.9

（4）疲労に対する耐久性能の照査

　各着目断面のコンクリートの応力度は，下表のとおりとなり，圧縮応力度の制限値（道示Ⅲ編　表-6.3.5　長方形断面の場合）13.8N/mm² と，引張応力度の制限値（道示Ⅲ編　表-6.3.6）1.38N/mm² を超えない。また，床版を兼用する上フランジにおいては曲げ引張応力及び軸引張応力が生じていない。よって，疲労に対する耐久性能の照査を満足する。

Ⅲ編　表-6.3.5
Ⅲ編　表-6.3.6

表-4.4.4　コンクリート応力度（コンクリート部材の疲労）

	Sec-1		Sec-2	
	上縁	下縁	上縁	下縁
	N/mm²	N/mm²	N/mm²	N/mm²
1.00（D+L+PS+CR）	1.28	2.86	0.35	5.25
制限値	上縁　　0.00≦ σ_c ≦13.8 下縁　　-1.38≦ σ_c ≦13.8			
判定	OK	OK	OK	OK

> 【補足】
> 　PC 鋼材の引張応力度に対する照査方法は，床版や主桁の章を参考にするものとし，本書の横桁の章では記載を省略している。

4.4.2　内部鋼材の腐食に対する耐久性能の照査

　横桁のかぶりは，道示Ⅲ編 6.2.3(3) の規定を満足する。また，永続作用支配状況におけるコンクリートの応力度は，道示Ⅲ編 5.1.5(3) の制限値を超えない。よって，内部鋼材の腐食に対する耐久性能の照査を満足する。

Ⅲ編 6.2.3(3)
Ⅲ編 5.1.5(3)
Ⅲ編 6.2.2

> 【補足】
> 　具体の照査方法は床版や主桁の章を参考にするものとし，本書の横桁の章では記載を省略している。

4.5 その他の検討
4.5.1 相反応力部材の照査

　横桁の永続作用と変動作用による支承反力によって求められる曲げモーメントの符号は，各設計断面において同一であることから，対象とする部材は相反応力部材ではないと判断した。

【補足】
　支承反力にアップリフトが生じる支間長の差が著しい構造などの場合は，相反応力部材となる場合があるので留意が必要である。

4.5.2 ジャッキアップ位置の照査
　　＜省略＞

【補足】
　本書では，支承交換時のジャッキアップ位置に対する照査の記載は省略している。

【補足】横桁の二次応力について
　箱桁橋の横桁の施工方法は，ウェブと下フランジを先行して打設し，その後，上床版を打設することが多い。打継ぎ部に生じる残留応力に対して補強鉄筋を配置する必要性があるが，本書では補強鉄筋量の検討に関する記載は省略している。また，横桁部材の鉛直面や開口部の4面には，乾燥収縮や温度勾配等によりひび割れが発生する可能性がある。このため，道示III編5.2.2(3)に従い，補強鉄筋を密に配置することや型枠を存置しコンクリート表面付近の温度の急激な低下を防ぐことで温度勾配の低減を図ることなどについて検討する必要がある。

III編 5.2.2(3)

5章 PC鋼材定着部

5.1 検討概要

5.1.1 基本方針

（1） 本橋における基本方針

1） 定着部形状と配筋

　PC鋼材定着部の形状及び鉄筋の配置は，道路橋示方書に既に規定のある照査方法（部分係数や制限値）が適用できるように，タイドアーチ的な耐荷機構が実現できる形状や配筋とする。

2） 橋に求められる性能との関係性

　PC鋼材定着部は，PC鋼材定着部付近のコンクリートに生じる局所的な応力が，部材の耐荷性能の評価や耐久性能の評価の前提とするコンクリートの表面状態の確保に与える影響を無視できるような構造となるように設計する。

（2） 具体の方法

1） 定着部形状と配筋

　従前より用いられてきた棒理論あるいは版理論に基づいた簡易算出式が適用できるように，実験やこれまでの実績により安全性が確認されている定着工法ごとの方法に従い配置の設定を行う。

　また，定着具からの集中力ができるだけ小さくなるように道示Ⅲ編5.3.2（2）解説を参考に，箱桁内空のウェブ側面に突起を設け，上下フランジに接合する形状とする。

Ⅲ編5.3.2（2）解説

2） 前提条件を確保するための方法

　耐荷性能及び耐久性能の前提条件として，主桁が全断面有効であると仮定して設計を行うことができるように，PC鋼材定着部近傍のコンクリートに発生する引張応力に対して，道示Ⅲ編5.3.3の規定に従い引張鉄筋を配置する。

Ⅲ編5.3.3

【補足】

　PC鋼材定着部の形状や補強鉄筋の配置及びPC鋼材定着部に配置するPC鋼材定着具の最小配置間隔や最小縁端距離などは，定着工法ごとに定着具のタイプやPC鋼材の種類に応じて実験や実績を基に定められている。本章で示している基本方針や部材配置は，設計手順の例を示すために便宜上設定したものであり，一般論として示したものではない。このため，実際の設計においては，個々の橋に求められる性能との関係性を整理したうえで，設計方針の検討や部材配置を行う必要がある。

5.1.2 検討対象

検討対象とする PC 鋼材定着部の位置と平面形状を以下に示す。

【補足】
　PC 鋼材の片側定着本数は 1 本もしくは 2 本であるが，本書では，PC 鋼材を 2 本定着するタイプ（C6，C7 ケーブル）を対象として設計している。

側面図

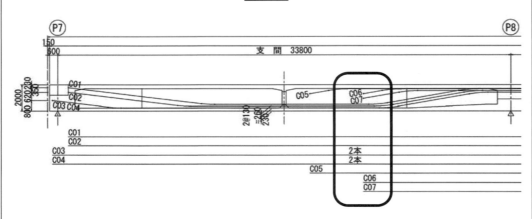

平面図

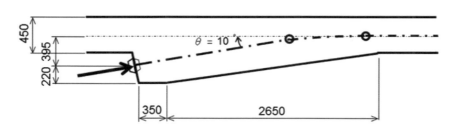

図-5.1.1　C6,C7 定着位置

5.1.3 定着具の配置

　途中定着する PC 鋼材は，これより定着位置が端部に近い連続ケーブルを緊張した後に緊張する。また定着具の配置は，定着工法に規定される構造細目（定着具の配置間隔，縁端距離や施工に必要な空間を確保する等）を満足する配置とする。

【補足】
　定着具は，活荷重による応力変動の大きな点から十分離れた断面に定着することが標準である。また，各定着工法の使用にあたっては，各工法の技術基準類や実験に基づく仕様を満足するように，定着部の配置を検討する必要がある。

Ⅲ編 5.1.1(2) 解説

5.1.4 照査の方針

PC鋼材定着部に作用するプレストレス力は，施工時のプレストレッシング中が最大となる。このため，PC鋼材定着部の設計は，プレストレッシング中のプレストレス力に対して行う。

作用効果を算出するときのプレストレス力に乗じる荷重係数は，道示Ⅰ編3.3解説を参考に，$\gamma_q=1.05$とする。 （Ⅰ編3.3）

プレストレスを導入する構造の計算において，コンクリートに引張応力が生じ，かつ，全断面有効であると仮定して応力計算を行う場合には，道示Ⅲ編5.3.3(1)の規定に従い，コンクリートの引張抵抗を無視して引張鉄筋の配置を行う必要がある。引張鉄筋量は，荷重係数を乗じたプレストレス力により鉄筋に生じる引張応力度が道示Ⅲ編5.3.3(2)1)に規定される引張鉄筋に負担させる引張応力度の最大値$210N/mm^2$を超えないように配置する。 （Ⅲ編5.3.3(1)）（Ⅲ編5.3.3(2)1)）

5.2 突起定着部の引張力
5.2.1 定着部補強鉄筋の計算方法

突起定着部は、タイドアーチ的な耐荷機構となるように、かつ、本橋で使用を想定している定着工法で定められている方法に従い、形状・配筋を決定する。突起定着部の照査は、道示Ⅲ編 5.3.2(6)2)解説ⅱ）に図示される引張力 $T_1 \sim T_6$ を算出し、配置する補強鉄筋に発生する引張応力度と、鉄筋が負担できる引張応力度を比較することで行う。$T_1 \sim T_6$ の算出式とその考え方は、表-5.2.2 及び図-5.2.3 による。

Ⅲ編 5.3.2(6)2) 解説ⅱ）

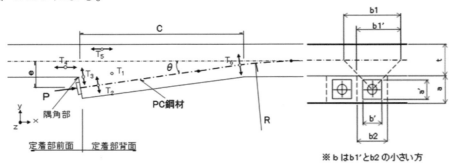

Ⅲ編 図-解 5.3.9

P ：プレストレス力
e ：プレストレス力の偏心量
C ：突起定着部の長さ
R ：PC鋼材の曲げ半径
θ ：PC鋼材の曲げ角度
T_1 ：定着部背面 z方向(紙面に直角方向)に生じる引張力
T_2 ：定着部背面 y方向に生じる引張力
T_3 ：隅角部に生じる引張力
T_4 ：定着部前面に生じる引張力
T_5 ：プレストレスによる曲げモーメント($M_o = P \cdot e$)によって生じる引張力
T_6 ：PC鋼材屈曲部に生じる引張力
σ_f ：ウェブに作用している橋軸方向平均圧縮応力度

図-5.2.1　突起定着部の引張応力

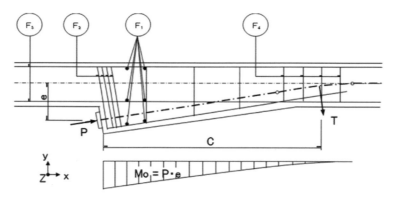

Ⅲ編 図-解 5.3.11

F_1：図-5.2.1 に示す T_1 に対する補強鉄筋
　　（フランジの主鉄筋を併用してはならない）
F_2：図-5.2.1 に示す T_2, T_3 に対する補強鉄筋
F_3：図-5.2.1 に示す T_4, T_5 に対する補強鉄筋
　　（フランジの主鉄筋を併用してはならない）
F_4：図-5.2.1 に示す T_6 に対する補強鉄筋

図-5.2.2　突起定着の補強例

本橋では，T_4 の算出に用いる平均圧縮応力度 σ_f は，施工時の作用の組合せによる橋軸方向の曲げ応力度より，C6，C7 定着位置に近接する断面 9（Sec-9）における値を適用する。

表-5.2.1 Sec-9 曲げ応力度集計（N/mm²）

状態	C6，C7 定着突起背面	
	Sec- 9	
	上縁	下縁
施工時 （プレストレッシング直後）	3.3	8.4

【補足】突起定着近傍の局部引張力
　PC鋼材定着部などのように，道示に部分係数や制限値が直接的に規定されていない場合は，道示に規定のある耐荷機構が適用できるような形状や配筋を行い，規定のある部分係数や制限値を適用できるように設計することを基本的な考え方とするのが良い。たとえば，棒理論あるいは版理論に基づいた簡易算出式が適用できるように，かつ，これまで実績のある定着工法の突起形状や鉄筋配置を参考に部材配置を決定する。

表-5.2.2　引張力 $T_1 \sim T_6$ の算定式と理論

引張力	理論と算定式
T_1	幅 b，高さ b の版（シャイベ）に b' の幅で荷重が作用した場合に発生する割裂引張力（ディープビーム的機構） $T_1 = 0.25P(b-b')/b$
T_2	幅 a，高さ a の版（シャイベ）に a' の幅で荷重が作用した場合に発生する割裂引張力（ディープビーム的機構） $T_2 = 0.25P(a-a')/a$
T_3	突起部をコーベルとしたときの引張力 $T_3 = 0.10P$
T_4	突起前面背面のウェブ部が負担する P に対する反力を50%とした場合の突起前面側に生じる引張力 $T_4 = 0.5P - \sigma_f(b \cdot t)$
T_5	P により背面側棒部材（突起＋ウェブの高さで幅 b）に生じる引張力 $T_5 = \sigma_{cc} h_o b / 2$
T_6	ケーブルの曲がり部に生じる腹圧力 $T_6 = P \cdot \sin\theta$

右図のような版（シャイベ）で $h \fallingdotseq a$ の場合，
$$Z = 0.25P(1 - a'/a)$$
である。

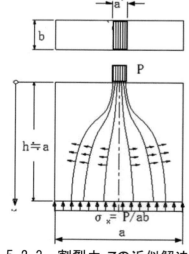

図-5.2.3　割裂力 Z の近似解法

5.2.2 プレストレス力

定着突起部の設計は，プレストレッシング中のプレストレス力が作用するものとして行う。この場合，定着突起の設計に用いるプレストレス力 P は次式によって算出する。

$$P = \sigma_p A_p$$

σ_p：PC 鋼材応力度

A_p：PC 鋼材断面積＝1664.4mm^2 （12S15.2）

プレストレス力は，道示Ⅲ編 表-解 3.4.1 の PC 鋼材の引張応力度の制限値から算出すると，下表のとおりである。

Ⅲ編
表-解 3.4.1

表-5.2.3　照査におけるプレストレス力

		プレストレッシング中
PC 鋼材応力度 σ_p	N/mm^2	$0.80\,\sigma_{pu}=1504$ $0.90\,\sigma_{py}=1440$
プレストレス力 P	kN	2397

5.2.3 突起定着部近傍の局部引張力

突起定着部近傍に発生する局部引張力として，下図に示す $T_1 \sim T_6$（道示Ⅲ編図-解5.3.9）を考慮する。

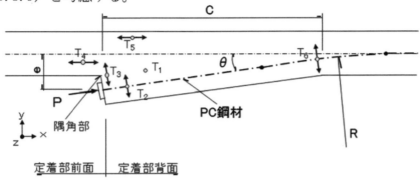

図-5.2.4　突起定着近傍の引張力

局部引張力 $T_1 \sim T_6$ は，プレストレス力 P に荷重係数 γ_q を乗じ，棒理論あるいは版理論に基づいた以下の簡易算出式によって計算する。

$T_1 = 0.25 \gamma_q P (b - b') / b$

$T_2 = 0.25 \gamma_q P (a - a') / a$

$T_3 = 0.10 \gamma_q P$

$T_4 = 0.5 \gamma_q P - T_c$ 　　（ただし，$T_4 \geqq 0$）

　$T_c = \sigma_f (b \cdot t)$

　　σ_f：プレストレッシング中にウェブに作用している平均圧縮応力度

$T_5 = \sigma_{cc} h_o b / 2$

　$\sigma_{cc, ct} = \gamma_q P (1/(b \cdot h) \pm e/(b \cdot h^2/6))$

$T_6 = \gamma_q P \cdot \sin\theta$

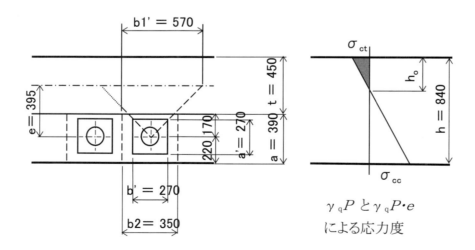

図-5.2.5　突起定着部の寸法と応力状態

-242-

局部引張力 T_1〜 T_6 を算出すると，下表のとおりとなる。

表-5.2.4　突起定着近傍での引張力

			プレストレッシング中
プレストレス力 P		kN	2397
荷重係数 γ_q			1.05
作用効果 $\gamma_q \cdot P$		kN	2517
T_1	b	m	0.350
	b'	m	0.270
	T_1	kN	144
T_2	a	m	0.390
	a'	m	0.270
	T_2	kN	194
T_3	T_3	kN	252
T_4	σ_f	N/mm^2	4.85
	b	m	0.350
	t	m	0.450
	Tc	kN	764
	T_4	kN	494
T_5	b	m	0.570
	h	m	0.840
	e	m	0.395
	σ_{ct}	N/mm^2	-9.58
	σ_{cc}	N/mm^2	20.09
	h_o	m	0.271
	T_5	kN	741
T_6	θ	°	10.0
	T_6	kN	437

5.3 突起定着部の照査
5.3.1 補強鉄筋 F_1～F_4 の鉄筋量

突起定着部近傍の補強鉄筋 F_1～F_4（道示Ⅲ編 図-解 5.3.11）の配筋例を下図に，補強鉄筋 F_1～F_4 のそれぞれが負担する引張力と鉄筋量を下表に示す。

Ⅲ編
図-解 5.3.11

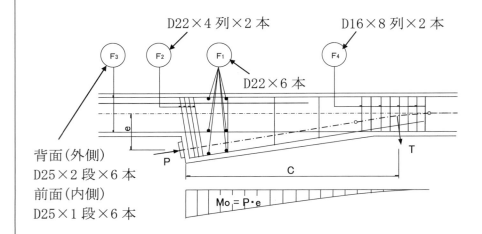

図-5.3.1　定着突起近傍の補強鉄筋の配筋例

表-5.3.1　補強鉄筋 F_1～F_4 の鉄筋量

		F_1	F_2	F_3 前面内側	F_3 背面外側	F_4
負担する引張力 T		T_1	T_2+T_3	T_4	T_5	T_6
鉄筋径×本数		D22×6	D22×8	D25×6	D25×12	D16×16
断面積 As	mm^2	2322.6	3096.8	3040.2	6080.4	3177.6

【補足】
　実際の設計においては，主桁や床版に配置されている鉄筋との取り合いやコンクリートの打込みや締固めを考慮した配筋計画が必要となる。本書では，計算過程を示すことを目的としているため，詳細な配筋計画については記載を省略している。

5.3.2 補強鉄筋 $F_1 \sim F_4$ の応力度

補強鉄筋 $F_1 \sim F_4$ に発生する鉄筋引張応力度は下表のとおりとなり，鉄筋に負担させる引張応力度の最大値（道示III編5.3.3(2)1)）の210 N/mm² 以下となる。よって，プレストレッシング中の補強鉄筋に対する照査を満足する。

III編5.3.3(2)1)

表-5.3.2 補強鉄筋 $F_1 \sim F_4$ の応力度

			プレスト レッシング中
F_1	引張力 T_1	kN	144
	鉄筋断面積	mm²	2322.6
	鉄筋応力度	N/mm²	62
	応力度の最大値	N/mm²	210
	判　定		OK
F_2	引張力 T_2+T_3	kN	445
	鉄筋断面積	mm²	3096.8
	鉄筋応力度	N/mm²	144
	応力度の最大値	N/mm²	210
	判　定		OK
F_3 前面	引張力 T_4	kN	494
	鉄筋断面積	mm²	3040.2
	鉄筋応力度	N/mm²	163
	応力度の最大値	N/mm²	210
	判　定		OK
F_3 背面	引張力 T_5	kN	741
	鉄筋断面積	mm²	6080.4
	鉄筋応力度	N/mm²	122
	応力度の最大値	N/mm²	210
	判　定		OK
F_4	引張力 T_6	kN	437
	鉄筋断面積	mm²	3177.6
	鉄筋応力度	N/mm²	138
	応力度の最大値	N/mm²	210
	判　定		OK

6 章 支承部

6.1 検討概要

橋座部に対する設計は，道示 I 編 10.1.3 から 10.1.8 及び道示IV編 7.6 に従い行う。 | I 編 10.1.3 〜10.1.8

上部構造側の取付部には，支承から作用する水平力に対してせん断破壊することがないように，道示III編 10.5.1(4)解説に示される補強を行う。また，道示III編 10.5.2(3)解説に示される用心鉄筋を配置する。 | IV編 7.6 / III編 10.5.1(4) 解説

なお，本章では，P9 橋脚（中間支点）を対象に実施した設計結果を示す。 | III編 10.5.2(3) 解説

【補足】
上部構造側の取付部を，道示IV編 7.6 の方法により照査する場合には，適用範囲を確認するとともにプレストレスの影響等についても適切に評価する必要がある。

6.2 照査の方針

6.2.1 永続作用支配状況及び変動作用支配状況

永続作用支配状況及び変動作用支配状況において，道示 I 編 10.1.3 に従い算出した力が支承部に作用したときに，支圧応力を受ける橋座部が限界状態 1 及び限界状態 3 を超えないことに対して必要な信頼性を有していることを道示III編 5.7.5，道示III編 5.8.5 及び道示IV編 式（7.6.1）の規定に従い照査する。 | I 編 10.1.3 / III編 5.7.5 / III編 5.8.5 / IV編 式(7.6.1)

6.2.2 偶発作用支配状況

レベル 2 地震動を考慮する設計状況では、道示V編 2.3 に従い応答値を算出する。 | V編 2.3

レベル 2 地震動を考慮する設計状況において，橋座部が水平力に対する部材等の強度に関する限界状態 1 及び限界状態 3 を超えないことに対して必要な信頼性を有していることを，支承部から作用する水平力が道示IV編 式（7.6.2）により算出する制限値を超えないことにより確かめる。 | IV編 式(7.6.2)

【補足】
支承反力は，通常支承の設計結果から引用するが，本書では，便宜上，仮定した値を用いた設計計算の例を示している。なお，衝突荷重を考慮する⑫の組合せについては，本書では考慮していない。

-246-

6.3 使用材料及び特性値

6.3.1 鋼材の強度の特性値

補強鉄筋強度の特性値は降伏強度とする。

補強鉄筋の種別	SD345
補強鉄筋の強度の特性値（降伏強度） σ_{sy} （N/mm^2）	345

Ⅲ編 表-4.1.1

6.3.2 上下部構造のコンクリートの設計基準強度

主桁コンクリートの設計基準強度 σ_{cku} （N/mm^2）	36
橋脚コンクリートの設計基準強度 σ_{cks} （N/mm^2）	30

6.4 耐荷性能の照査
6.4.1 支承部の寸法

P9橋脚の支承部まわりとコンクリートの破壊面の寸法を下図に示す。なお，図中の①～③は，コンクリート抵抗面の領域である。

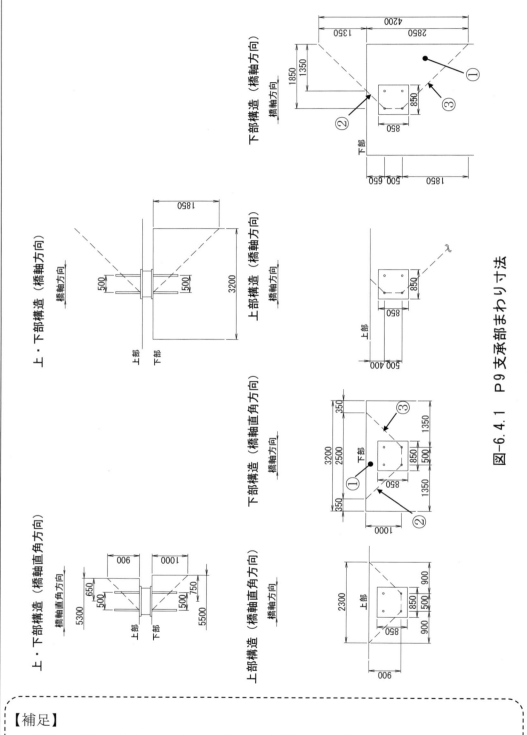

図-6.4.1 P9支承部まわり寸法

【補足】
　同様の検討内容となるため、他の下部構造上の支承部の照査については、本書では記載を省略している。

P9橋脚部のコンクリートの抵抗面積を算出すると，下表のとおりとなる。

表-6.4.1 P9コンクリートの抵抗面積

部位	領域	計算式	面積	(m²)
下部構造（直角）	①	$(0.50+2.50)／2×1.00×\sqrt{2}$	2.121	3.535
	②	$1.00×1.00／2×\sqrt{2}$	0.707	
	③	$1.00×1.00／2×\sqrt{2}$	0.707	
下部構造（橋軸）	①	$(0.50+4.20)／2×1.85×\sqrt{2}$ $-1.35×1.35／2×\sqrt{2}$	4.860	7.457
	②	$0.50×0.50／2×\sqrt{2}$	0.177	
	③	$1.85×1.85／2×\sqrt{2}$	2.420	

また，配筋要領と換算断面積を下表に示す。

表-6.4.2 P9配筋と換算断面積

				直角方向	橋軸方向
配筋	1段目	h	m	0.170	0.150
		径	—	D25	D16
		本数	—	22	9
	2段目	h	m	0.300	—
		径	—	D25	—
		本数	—	22	—
d_a			m	1.000	1.850
$\Sigma(1-h_i／d_a)A_{si}$			mm²	17056	1642

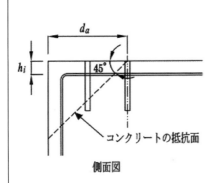

h_i：i番目の補強鉄筋の橋座面からの距離(m)
d_a：支承背面側のアンカーボルトの中心から橋座縁端までの距離(m)

図-6.4.2 h_iとd_aのとり方

IV編
図-解7.6.4

6.4.2 永続作用支配状況及び変動作用支配状況

(1) 支圧応力度の照査

支圧応力を受ける部材の限界状態1に対する照査は,道示Ⅲ編5.5.5に従い,限界状態3に対する照査をもって行う。 [Ⅲ編 5.5.5]

支圧応力を受ける部材の限界状態3に対する照査は,支承部に作用する鉛直反力により生じる支圧応力度が,道示Ⅲ編5.7.5(2)に従い算出した制限値を超えないことを確認することで行う。 [Ⅲ編 5.7.5(2)]

[Ⅲ編 式(5.7.7)]

$$\sigma_{bad} = \xi_1 \xi_2 \Phi_{ba} \sigma_{ba}$$

$$\sigma_{ba} = k \ (0.25 + 0.05 A_c / A_b) \ \sigma_{ck} \quad (\sigma_{ba} \leq 0.5 k \sigma_{ck})$$

表-6.4.3　P9 支圧応力度の制限値

		下部側
設計強度　σ_{ck}	N/mm^2	30
補正係数　k	—	1.70
有効支圧面積　A_c	m^2	1.50×3.20 =4.800
コンクリート面積　A_b	m^2	0.85×0.85 =0.723
強度の特性値　σ_{ba} (0.5$k\sigma_{ck}$)	N/mm^2	29.7 (25.5) $\sigma_{ba} \leftarrow 0.5 k \sigma_{ck}$
ξ_1	—	0.90
$\xi_2 \Phi_{ba}$	—	0.85
制限値　σ_{bad}	N/mm^2	19.5

鉛直反力により生じる支圧応力度は下表となり,支圧破壊に対する支圧応力度の制限値を超えないことから,限界状態3に対する照査を満足する。

表-6.4.4　P9 支圧応力度

		下部側
鉛直反力　R	kN	4172
コンクリート面積　A_b	m^2	0.85×0.85 =0.723
支圧応力度　σ_b	N/mm^2	5.8
制限値　σ_{bad}	N/mm^2	19.5
判　定　$\sigma_b \leq \sigma_{bad}$		OK

(2) 支承縁端距離の照査

　　＜省略＞

【補足】
　照査の記載は省略するが，道示IV編 式（7.6.1）に従い，支承縁端距離を確保しているものとしている。

IV編 式(7.6.1)

6.4.3 偶発作用支配状況

　支承部からの水平力に対する部材等の強度に関する限界状態1に対する照査は，道示IV編 7.6(3)に従い，限界状態3に対する照査をもって行う。

IV編 7.6(3)

　橋座部の限界状態3に対する照査は，レベル2地震動を考慮する設計状況において支承部から作用する水平力が，道示IV編 式(7.6.2)により算出した制限値を超えないことを確認することで行う。

　なお，α は $\sigma_n / \sqrt{\sigma_{ck}}$ の比率を用い道示IV編 図-7.6.1 から求める。

IV編 図-7.6.1

$$P_{bs} = P_c + P_s$$

IV編 式(7.6.2)

$$P_c = 0.32 \alpha \sqrt{\sigma_{ck}} A_c$$

IV編 式(7.6.3)

$$P_s = \Sigma \beta (1 - h_i / d_a) \sigma_{sy} A_{si}$$

IV編 式(7.6.4)

$$\sigma_{ba} = k (0.25 + 0.05 A_c / A_b) \sigma_{ck} \quad (\sigma_{ba} \leq 0.5 k \sigma_{ck})$$

表-6.4.5　P9 水平力の制限値

			直角方向	橋軸方向
P_c	設計強度　σ_{ck}	N/mm²	30	30
	支圧応力度 σ_n	N/mm²	5.8	5.8
	$\sigma_n / \sqrt{\sigma_{ck}}$	―	1.06	1.06
	α	―	0.49	0.49
	抵抗面積　A_c	m²	3.535	7.457
	コンクリート負担 P_c	kN	3036	6404
P_s	鉄筋降伏　σ_{sy}	N/mm²	345	345
	β	―	0.5	0.5
	$\Sigma (1 - h_i / d_a) A_{si}$	mm²	17056	1642
	鉄筋負担　P_s	kN	2942	283
制限値　　P_{bs}		kN	5978	6687

設計水平力は下表となり制限値を超えないことから，限界状態3に対する照査を満足する。

表-6.4.6　P9 設計水平力

			直角方向	橋軸方向
設計水平力	R_h	kN	5479	4477
制限値	P_{bs}	kN	5978	6687
判　定	$R_h \leqq P_{bs}$		OK	OK

なお，道示Ⅳ編7.6(4)2)解説のとおり，補強鉄筋の負担分が橋座部の耐力の5割程度以下となるように，アンカーボルト取付け位置と補強鉄筋の量を設定する。

Ⅳ編7.6(4)2)解説

表-6.4.7　P9 補強鉄筋の負担割合

		直角方向	橋軸方向
P_s	kN	2942	283
P_{bs}	kN	5978	6687
割合 P_s / P_{bs}		0.49	0.04

7章 施工・維持管理に引き継ぐ事項 　＜省略＞	I 編 1.9 I 編 12.3

【補足】
　設計にあたり前提とした条件や，適切な施工・維持管理が行われるための留意点について以下に示すこととなる。

7.1 施工に引き継ぐ事項
　＜省略＞

【補足】
　施工に引き継ぐ事項を整理するにあたってのポイントの例を以下に挙げる。
　①設計における留意点
　②協議の必要な事項
　など
　施工に引き継ぐ事項の例を以下に示す。

(1) 設計における留意点
1) 支保工設置時の留意事項
・ 地耐力について
　支保工の沈下は表層付近の地盤の状態に影響を受けるため，現地において，載荷試験を実施し必要な支持力が得られることを確認すること。

2) 残留応力に対する留意事項
　過去の同種，同規模の橋梁の実績より，本橋の横桁はセメントの水和熱に起因した温度応力の影響が大きいと考えられる。このため，設計では過去の実績等を踏まえコンクリートの打継目位置を設定している。施工においてコンクリートの打設計画を作成する際には，コンクリートの内外温度差の影響を小さくするようなコンクリートのリフト割りや養生計画を立案すること。

3) 上部工施工での留意事項
・ コンクリートの発現強度の特性値について
　コンクリート施工時の養生温度が想定と異なる場合は，材齢毎の発現強度の特性値が変化するため，プレストレスの導入時期や支保工解体時期を見直すこと。

・ 上げ越し管理について

　上げ越し管理値は，実際の工事工程計画に基づいた施工順序やコンクリート材齢を考慮して算出すること。

・ 緊張管理について

　設計で想定している定着工法と異なる定着工法を用いる場合は，実際に用いる定着具のセットロスを考慮して，必要なプレストレスが導入されるように管理すること。

・ 定着突起部の施工について

　コンクリートの打設計画においては，コンクリートのスランプの変更，打設孔の設置，バイブレータ挿入孔の設置，目視確認のできる充填確認孔の設置，人員配置など，コンクリートが確実に充填できる計画を立案すること。

4) 支承施工での留意事項
・ 移動量の算出について

　施工においてやむを得ず条件の変更を行う場合は，実際の条件を反映して，再度，支承設計を行うこと。

・ 据付高さについて

　下部工の天端高さの出来形によっては，設計図とおりの沓座モルタル厚さ及び上部工レアー厚さとならない場合があるため，事前に測量すること。

・ 排水経路の確保について

　適切な排水が行われることを想定して，支承の塗装仕様を決定しているため，支承近傍において滞水することがないようにすること。

5) 遊間施工時の留意事項
・ 桁端部の位置について

　桁端部施工時は，外気温やクリープの影響などの条件について検討した上で桁端部の位置を決定すること。

6) 伸縮装置施工時の留意事項
・ 設計伸縮量の算出について

　施工においてやむを得ず施工条件の変更を行う場合は，実際の条件を反映して，再度，伸縮装置の設計を行うこと。

- **初圧縮量について**

　伸縮装置設置時の初圧縮量は，設置時の温度やコンクリートの材齢を適切に考慮して設定すること。

(2) 協議の必要な事項
- **仮設金具類の存置について**

　設計図面に記載されていない仮設用の金具等を構造物内に存置する場合は，それが耐久性能や耐荷性能に影響を及ぼさないものであることを確認するとともに，道路管理者と協議し，竣工区書に記録すること。

※施工への申し送りについて

　道示に規定される照査式や応力度の制限値，耐荷力曲線は，特に断わりのない場合，施工中に生じる応力の残留や累積がコンクリート橋の品質に与える影響は無視できる程度であることを前提に設定されている。設計において施工中に発生する温度応力の影響を正確に推定することは困難であるが，少なくとも，施工中に生じる温度応力の影響を小さくする施工が必要かなどについては検討する必要がある。また，検討した内容が施工に確実に反映されるように検討結果を設計計算書等に記載することとなる。

　コンクリート橋の場合には，以下のような事項についても記載することが望ましい。
- コンクリートの打継目位置，処理方法
- PC グラウトの注入口，排出口，排気口等
- 設計時に見込んだかぶり等の施工誤差

など

Ⅲ編 5.1.1
(1) 10) 解説

7.2 維持管理に引き継ぐ事項
　＜省略＞

【補足】
　維持管理に引き継ぐ事項を整理するにあたってのポイントの例を以下に挙げる。
　①設計における留意点
　②協議の必要な事項
　など
維持管理に引き継ぐ事項の例を以下に示す。

(1) 設計における留意点
1) PC鋼材に関する留意事項
・ PC定着工法について
　定着具の構造は，工法毎に異なるため実際に使用した定着工法を確認したうえで，点検を実施すること。

・ 桁端部のPC鋼材定着部について
　定着部から水が浸入し，PC鋼材が腐食すると橋の耐荷性能に大きく影響するため，点検時は入念に調査すること。

2) 支承及び伸縮装置に関する留意事項
・ 支承について
　更新工事において上部工のジャッキアップを行う場合は，設計で想定しているジャッキ台数・設置位置を反映した計画・施工を行うこと。

・ 伸縮装置について
　伸縮装置に予期せぬ損傷が生じた場合でも，一部交通開放しながらの部材の更新が可能なように，レーンマーク位置に連結部を設けている。

3) 点検に関する留意事項
・ 通常点検及び定期点検について
　本橋は，上部工外面については橋梁点検車を使用し，内面については箱桁内部からの点検を想定して部材配置を行っている。

- **緊急点検について**

　緊急時においては，塑性化を期待している橋脚については橋下空間を利用し，支承部については下部工検査路を利用した点検を想定して橋梁計画を行った。

※維持管理への申し送りについて

　供用中の検査手法や頻度，被災時の調査方法，部材更新の前提等の維持管理方法等を明確にしたうえで，どのような考えで部材配置や検査路・維持管理設備の計画を行ったのかを維持管理に引き継ぐ必要がある。

※PC鋼材に関する留意事項について

　本書で対象としている橋梁は，全内ケーブル構造とされているので，予備ケーブルの定着具や設置孔を設けていないが，例えば外ケーブルを併用した場合で予備ケーブルの配置が可能なように配慮したときには，ケーブル張替えに対する留意事項（想定したケーブルの桁内搬入方法，緊張ジャッキ種類その搬入方法など）などを記載する必要がある。

（３）プレキャストセグメント工法で施工する
橋の接合部の設計計算例

1章 橋梁計画
1.1 橋梁計画の前提条件
　　＜省略＞

【補足】
　本書Ⅱ編 1.1 に示すように，設計の前提条件となる橋梁計画およびその前提条件について明示することとなる。

1.1.1 橋の重要度
　　＜省略＞

Ⅰ編 1.4

【補足】
　本書Ⅱ編 1.1.1 に示すように，設計の前提条件となる道路管理者の設定する条件とともに設計との関わりについて明確にするために，橋の重要度に関連する事項について示すこととなる。
　以下に，これらを示すにあたって，留意する事項の例を示す。
・橋の重要度は，物流等の社会・経済活動上の位置づけや，防災計画上の位置づけ等の道路ネットワークにおける路線の位置づけや代替性を考慮して道路管理者により定められているものを確認しておく必要がある。また，地震後における橋の社会的役割及び地域の防災計画上の位置づけを考慮して道路管理者により定められている耐震設計上の橋の重要度についても確認しておく必要がある。
・道路構造令上の道路区分や，物流等の社会，経済活動において，本橋の路線がネットワーク上どのような位置付けや重要度とされているのかは，橋の耐荷性能の確保の方法だけでなく，耐久性能の確保の方法として，災害以外の際に一時的な通行止めによる部材の交換を前提とした選択が可能かどうかなどを検討する際にも考慮が必要となる事項の一つとなる。
・緊急輸送道路としてネットワーク機能を担うことを求められているのかどうかにより，橋の設計の際に災害時に求められる機能に応じた応急復旧方法なども含めた検討が必要かどうかなどが変わるのでこれを確認する必要がある。また，橋梁計画上，地域の防災計画との整合も重要であることから，津波想定浸水域や斜面崩壊の危険性の有無等について，確認しておくことも必要である。
・迂回路となる路線に車両制限(重さ，高さなど)がある場合は，その条件等についても確認が必要である。
・迂回路の道路機能の規模や，本橋が迂回路となるときにこの橋がおかれる状況の想定も勘案し，当該路線が担う道路ネットワーク機能ができるだけ絶えないように配慮する必要がある。

なお，本編の 2 章以降では，耐震設計上の橋の重要度は B 種の橋であることを前提とした設計計算例を示している。

V 編 2.1(2)

1.1.2 設計供用期間
　＜省略＞

I 編 1.5

【補足】
　本書 II 編 1.1.2 に示すように，設計の前提条件となる道路管理者の設定する条件と設計との関わりについて明確にするために，橋の設計供用期間について示すこととなる。
　なお，本編の 2 章以降では，プレキャストセグメント橋を対象として，平時及び緊急時にも適切な維持管理が行われることを前提に設計供用期間を100 年とした場合の設計計算例を示している。

1.1.3 架橋位置特有の条件

<省略>

I編 1.6
II〜IV編 2 章
V編 1.3

【補足】

本書II編 1.1.3 に示すように，設計との関わりについて明確にするために，設計の前提条件となる架橋予定地点およびその周辺特有の状況に関する条件ならびにその設定根拠となった各種の調査についてその内容と結果を示すこととなる。

本編の 2 章以降ではプレキャストセグメント橋を対象として，表-1.1.1，表-1.1.2 に示す調査結果を前提とした設計計算例を示している。また，本書ではそれぞれの調査内容については記載を省略している。

表-1.1.1 調査結果一覧表（1）

調査項目		調査内容	調査結果
1) 架橋環境 条件	①腐食環境・地理的条件	※	C 地域，海岸線から 500m（塩害の影響地域ではない）
	・凍結防止剤の有無	※	無
	・その他	※	温泉地などの腐食環境ではない
	②疲労環境・荷重条件の設定	※	1 方向あたり 1000 台/日以上 2000 台未満
	③路線条件・将来拡幅	※	無
	・付属施設	※	鋼製高欄有，標識無，照明無，添架物無，遮音壁無
	・交差条件（構造寸法制約）	※	市道 X 号線
	④気象・地形条件・温度変化	※	普通の地方
	・積雪	※	有
	・降雨量	※	橋面排水計画：本書では設定していないが，地域性等に配慮して適切に定める
	・設計水平震度	※	A1 地域，I 種地盤，レベル 1 地震動：k_h＝0.20
	・地盤変動	※	無（支点沈下：無）断層無し
	・過去の地震，震災の記録	※	無
2) 使用材料条件の特性及び製造に関する条件	・コンクリートプラント	※	プレキャストセグメントは JIS 工場で製作するため供給の問題はない 場所打ち部は施工量を供給可能な JIS 工場あり．
	・使用材料の制約	※	無（特に制約を受けない）
	・コンクリート配合等制約	※	無（通常配合可能）
3) 施工条件	①関連法規等・搬入車両制限	※	無
	・近接構造物	※	無
	・クレーン作業制約	※	無
	②運搬路等・プレキャスト部材などの大型部材の運搬	※	特に制約を受けない 舗装された道路を通行可能
	③現場状況等・既設構造物	※	無
	・現場地形等	※	ヤード制約無
	④自然現象・気象	※	架設に大きな影響は与えるような気象地域ではない

※省略

表-1.1.2 調査結果一覧表（2）

調査項目		調査内容	調査結果
3) 施工条件	⑤現場周辺環境 ・自然環境	※	景観を含め特に留意することはない
	・歴史的背景	※	無
	・生活環境	※	住宅地から1km離れた山間部であり，特に留意する必要はない
	⑥既存資料調査 ・設計，施工に影響する事項	※	設計，施工に影響する事項は確認されなかった
	⑦周辺環境調査 ・施工による周辺への影響度の把握	※	周辺に建物は無いため，騒音，振動に対する制約はない
	・施工法，使用機械器具，作業方法等の検討	※	周辺に建物は無いため，騒音，振動に対する制約はない
	・周辺環境の保全対策の検討	※	史跡，文化財，防雪林，水源地，温泉等の特殊な環境は架橋位置周辺には無い
	⑧作業環境調査 ・作業上の諸制約条件の把握	※	特になし
	・近隣構造物と下部構造との相互影響度の検討	※	近隣に構造物がない
	・施工法，工事用諸設備の位置，使用機械器具，作業方法等の検討	※	特に制約はない
	・現場の保全対策及び施工安全対策の検討	※	近隣に保全すべき文化財等はない
	・施工時の気象状況の予測	※	過去の記録から、特に施工に制約を与える気象条件ではない
4)維持管理条件	・環境条件	※	C地域,海岸線から500m(塩害の影響地域ではない)
	・使用条件	※	凍結防止剤の散布有
	・管理条件	※	定期点検（5年毎）を実施することを維持管理の条件としている

※省略

1.2 設計の基本方針

　＜省略＞

[I編 1.8]

┌───┐
【補足】
　本書Ⅱ編 1.2 に示すように，具体的な設計の考え方などの設計の基本方針について明示することとなる。
└───┘

1.2.1 適用する基準類

　＜省略＞

┌───┐
【補足】
　本書Ⅱ編 1.2.1 に示すように，設計内容の妥当性を証明するために，適用する基準類とともに，その適用にあたっての適切性を示す根拠について示すこととなる。

　なお，本編の 2 章以降ではプレキャストセグメント橋を対象として，橋梁設計全編にわたって表-1.2.1 に示す適用する基準類を前提とした設計計算例を示している。

表-1.2.1　適用する基準類

①	橋、高架の道路等の技術基準	国土交通省都市局長・道路局長通知	平成 29 年 7 月
②	道路橋示方書・同解説	公益社団法人日本道路協会	平成 29 年 11 月

※　構造解析，抵抗特性の評価等，それぞれ該当する箇所でその他の基準類や図書等の文献を適用する場合には，それぞれの箇所で出典を示すこととなる。そして，使用条件や適用の範囲及び適用の前提となる力学条件等，ならびに，道示が実現しようとする信頼性も含めた性能や前提となる力学条件等との一致について妥当性を検討した過程も示すこととなる。
└───┘

[I編 1.1(2) 解説]

1.2.2 橋の耐荷性能の選択と設計方針

＜省略＞

【補足】

　本書Ⅱ編 1.2.2 に示すように，本書Ⅱ編 1.1 に示す前提条件を踏まえ，どのような考え方で橋の耐荷性能を選択したのかについて明確にするために，橋の耐荷性能を選択した結果をその理由とともに示すこととなる。また，選択した橋の耐荷性能を実現するための各部材等の設計方針についても，その検討過程や理由とともに示すこととなる。

　なお，本編の2章以降ではプレキャストセグメント橋を対象として，橋の耐荷性能2を満足させるにあたって，以下の(1)～(3)に示す基本方針を前提とした場合の設計計算例を示している。

(1) 橋の耐荷性能の照査項目

Ⅰ編
表-解 5.1.1(b)

　橋の重要度 (1.1.1) を踏まえ，橋の耐荷性能2を満足させるため，表-1.2.2 に示した設計状況と橋の状態の各組合せに対して照査する。

表-1.2.2　橋の耐荷性能2に対する照査（道示Ⅰ編　表-解 5.1.1(b)）

状態＼状況	主として機能面からの橋の状態		構造安全面からの橋の状態
	橋としての荷重を支持する能力が損なわれていない状態	部分的に荷重を支持する能力の低下が生じているが，橋としてあらかじめ想定する荷重を支持する能力の範囲である状態	致命的な状態でない
永続作用や変動作用が支配的な状況	橋の限界状態1を超えないことの実現性		橋の限界状態3を超えないことの実現性
偶発作用が支配的な状況		橋の限界状態2を超えないことの実現性	橋の限界状態3を超えないことの実現性

(2) 橋の限界状態

Ⅰ編4章
Ⅴ編 2.4.5

　橋の限界状態は，一般には上部構造，下部構造及び上下部接続部の限界状態によって代表させる。また，上部構造，下部構造及び上下部接続部の限界状態は，これらを構成する各部材等の限界状態で代表させることとなる。

　なお，本書では，レベル2地震動を考慮する設計状況において，下部構造に塑性化を期待した場合の設計計算例を示している。そのため，下部構造の限界状態2を超えないことを照査するにあたっては，下部構造の部材等の限界状態2を超えないことを確認するとともに，その他の部材等が限界状態1を超えないことを確認することとなる。また，代表させた部材等毎に限界状態を超えないことを照査することとなるが，本書ではプレキャストセグメントの接合部についての設計計算例を示している。

(3) 橋の耐荷性能を確保するために必要な維持管理上の条件

架橋位置特有の条件（1.1.3）等を踏まえ，橋の耐荷性能を確保するために必要な維持管理上の条件を示すこととなる。また，必要な維持管理が確実かつ容易に行えるように，構造設計上の配慮として部材等の設計に反映した事項をその検討過程や理由とともに示すこととなる。

なお，本編では設計で考慮した配慮事項や構造設計への反映方法についての記載は省略している。

1.2.3 橋の耐久性能に対する設計方針　　　　　　　　　　Ⅰ編6章

＜省略＞

【補足】

本書Ⅱ編1.2.3に示すように，本書Ⅱ編1.1に示す前提条件を踏まえ，どのような考え方で橋の耐久性能や部材毎の耐久性能の確保の方法等の設計をしたのかについて明確にするとともに妥当性を示すために，その結果をその検討過程や理由とともに示すこととなる。

なお，本編の2章以降ではプレキャストセグメント橋を対象として，橋の耐久性能を確保するにあたって，以下の(1)～(3)に示す基本方針を前提とした場合の設計計算例を示している。

(1) 維持管理の基本方針

修繕の機会が発生する可能性をできるだけ減らすことを維持管理の基本方針とする。

(2) 部材の設計耐久期間　　　　　　　　　　　　　　　Ⅰ編6.1(6)

部材の設計耐久期間は，維持管理の基本方針を踏まえて，全ての部材等で100年とする。

(3) 耐久性確保の方法　　　　　　　　　　　　　　　　Ⅰ編6.2

道示に規定される標準的な方法により耐久性能を確保する。

1) 上部構造
① 鋼材の腐食　　　　　　　　　　　　　　　　　　　　Ⅲ編6.2.3

道示Ⅲ編6.2.3に規定されるかぶりを確保する。また，永続作用の影響が　Ⅲ編6.2.2
支配的な状況における作用の組合せを照査用荷重とし，これにより鉄筋及びコンクリートに生じる応力度が，道示Ⅲ編6.2.2に規定される鉄筋及びコンクリートの応力度の制限値を超えないように部材配置を行う。

② 疲労

道示Ⅲ編 6.3.2 に規定される作用の組合せ及び荷重係数等による作用効果により生じる鋼材及びコンクリートの応力度が，道示Ⅲ編 6.3.2 に規定される鋼材及びコンクリートの応力度の制限値を超えないように部材配置を行う。

Ⅲ編 6.3.2

2) **上下部接続部**

本編では，記載を省略している。

3) **下部構造**

本編では，記載を省略している。

1.3 架橋位置と橋の形式

1.3.1 架橋位置と橋の形式の選定

＜省略＞

Ⅰ編 1.7.1
Ⅰ編 1.7.2
Ⅰ編 1.8.3

【補足】

本書Ⅱ編 1.3.1 及び 1.3.2 に示すように，本書Ⅱ編 1.1 に示す前提条件を踏まえ，どのような考え方で架橋位置と橋の形式を選定したのかについて明確にするために，架橋位置と橋の形式を選定した結果について，その検討過程や選定理由，構造設計上の配慮事項やその反映方法とともに示すこととなる。

なお，本編の 2 章以降ではプレキャストセグメント橋を対象として，以下のような条件が与えられていることを前提とした場合の設計計算例を示している。

① 架橋位置：橋梁一般図のとおりとする
② 橋の形式：ポストテンション方式単純 PCT 桁橋
③ 支承形式：固定・可動の単純支持構造
④ 架設工法：架設桁架設
⑤ 部材配置：
　　i.横桁や隔壁を設置し，適切な剛性が確保されている構造とした。
　　ii.維持管理条件との適合性が確認された部材配置をした。

※ 詳細設計段階にて既に検討されていた架橋位置（下部構造位置）や橋の形式を見直す場合は，その結果だけではなく，その経緯や根拠についても示すこととなる。

-265-

1.3.2 橋梁一般図
＜省略＞

【補足】
　本編の2章以降に示す設計計算例で対象としたプレキャストセグメント橋の一般図を図-1.3.1に示す。下図は，工場にて製作したプレキャストセグメントを架設現場まで運搬し，ポストテンション方式によりプレストレスを与えて一体化することで主桁を構築するプレキャストセグメント工法によって施工することとした場合の一例である。プレキャストセグメントの接合面はエポキシ樹脂系接着剤を用いて目地を遮蔽し，プレキャストセグメント相互のせん断力の伝達のために鋼製接合キーを設ける構造としている。

　なお，構造寸法以外の橋の設計概要を把握可能なその他の情報については，記載を省略している。

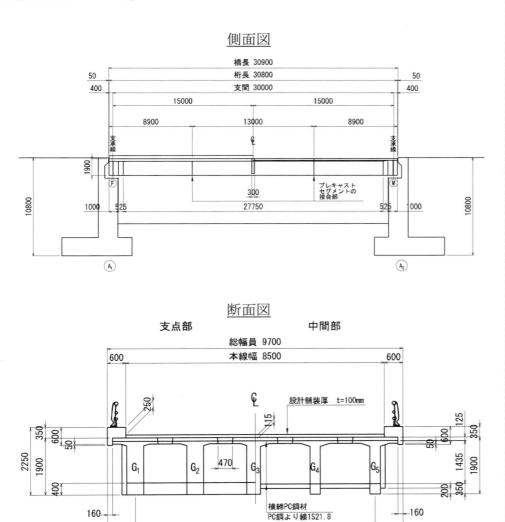

図-1.3.1　橋梁一般図

1.4 各部材の設計方針

＜省略＞

【補足】

　本書Ⅱ編 1.4 に示すように，前節までに定められた結果を踏まえ，各部材等の設計が行われることとなる。各部材の設計方針について，各部材の設計内容の妥当性を確認するために必要となる情報とともに示すこととなる。

1.4.1 各部材の耐荷性能に対する設計方針

＜省略＞

【補足】

　本書Ⅱ編 1.4.1 に示すように，本書Ⅱ編 1.1 に示す前提条件や本書Ⅱ編 1.2 に示す設計の基本方針と各部材の耐荷性能に対する設計方針との関係を明確にするために，各部材の耐荷性能に対する設計方針についてその考え方とともに示すこととなる。

　なお，本編の 2 章以降ではプレキャストセグメント橋を対象として，各部材の耐荷性能に対する設計方針を以下のとおり定めた場合の設計計算例を示している。

(1) 上部構造を構成する部材等

　本橋では，プレキャストセグメントによる主桁，床版，横桁を部材として扱い設計を行うこととした。

　上部構造は，永続作用支配状況及び変動作用支配状況，ならびにレベル 2 地震動の影響を考慮する状況でも，荷重を支持する能力が損なわれていない状態に留めるように設計する。

(2) 接合部

　本橋は，プレキャストセグメントを部材軸方向に連結し一体化した部材で構成されており，一体となる部材が最大耐力に至るまでプレストレストコンクリート構造として適切に部材挙動が制御されている必要がある。このため，プレキャストセグメントの接合部は，連結された部材の接合面が荷重の支持能力が失われる限界の状態まで全圧縮であることを基本とし，想定を超える作用を受けた場合でも，急激に力学的特性が変化しないように設計を行う。

(3) 下部構造を構成する部材等

　本編では，記載を省略している。

（4） 上下部接続部を構成する部材等

1) 支承部

本編では，記載を省略している。

2) 支承と上下部構造の取付部

本編では，記載を省略している。

1.4.2 各部材の耐久性能に対する設計方針

＜省略＞

【補足】

本書Ⅱ編1.4.2に示すように，本書Ⅱ編1.1に示す前提条件や本書Ⅱ編1.2に示す設計の基本方針と橋の耐久性能や部材毎の耐久性能の確保の方法等に対する設計方針との関係を明確にするために，各部材の耐久性能に対する設計方針についてその考え方とともに示すこととなる。

なお，本編の2章以降ではプレキャストセグメント橋を対象として，各部材の耐久性能に対する設計方針を以下のとおり定めた場合の設計計算例を示している。

（1） 上部構造を構成する部材等

コンクリート部材の経年的な劣化の影響として鋼材の腐食及び疲労に対して照査する。その具体の照査方法は，耐久性確保の方法（1.2.3(3)）で整理したとおり，道示に規定される標準的な方法によるものとする。

（2） 接合部

コンクリート部材の経年的な劣化の影響として鋼材の腐食及び疲労に対して照査する。その具体の照査方法は，耐久性確保の方法（1.2.3(3)）で整理したとおり，道示に規定される標準的な方法によるものとする。また，接合面のコンクリート内部鋼材に対しては、道示Ⅲ編 16.3(7)2)の方法により防食を行うものとする。

Ⅲ編 16.3(7)2)

（3） 下部構造を構成する部材等

本編では，記載を省略している。

（4） 上下部接続部を構成する部材等

本編では，記載を省略している。

1.4.3 橋の使用目的との適合性を満足するために必要なその他検討 　＜省略＞	I編7章

【補足】
　本書Ⅱ編1.4.3に示すように，「橋の使用目的との適合性を満足するために必要な事項」について検討し，設計に反映した事項について，どのような考え方で反映したのかについて明確にするために，「橋の使用目的との適合性を満足するために必要な事項」について，その検討過程や耐荷性能や耐久性能などとの関係とともに示すこととなる。
　なお，本編では，橋の使用目的との適合性を満足するために必要な事項について検討を行った事項に関する記載は省略している。

1.4.4 施工に関する事項
　＜省略＞

【補足】
　本書Ⅱ編1.4.4に示すように，耐荷性能や耐久性能などの設計に用いる照査基準はその前提となる適切な施工方法や所要の品質が確保されていることなどが前提とされていることから，各部材の耐荷性能や耐久性能などの設計の妥当性について明確にするために，設計の前提とした施工の条件や配慮されるべき事項とともにその妥当性等に関する事項等について示すこととなる。
　なお，本編では，施工に関する事項についての記載は省略している。

1.4.5 維持管理に関する事項

　＜省略＞

【補足】

　本書Ⅱ編 1.4.5 に示すように，橋の性能を確保するにあたって，その前提となる維持管理の条件が定められている必要があることから，その前提となる維持管理の条件とその妥当性について明確にするために，設計の前提とした維持管理の条件や配慮した事項とともにその妥当性に関する事項等について示すこととなる。

　なお，本編では維持管理に関する事項についての記載は省略している。

1.5 詳細設計条件

　＜省略＞

【補足】

　本書Ⅱ編 1.5 に示すように，詳細設計条件について明示することとなる。

　なお，本編の 2 章以降では，プレキャストセグメント橋を対象として，橋を設計する上で設定すべき設計条件や材料特性等の詳細設計条件を，1.5.1～1.5.3 に示すように設定した場合の設計計算例を示している。

1.5.1 詳細設計条件

　＜省略＞

【補足】

　本編の 2 章以降に示す設計計算例で対象としたプレキャストセグメント橋の詳細設計条件を表-1.5.1 に示す。

表-1.5.1　設計条件一覧表

・構造諸元に関する設計条件		
①	橋　　　　　　種	プレストレストコンクリート道路橋
②	構　造　形　式	ポストテンション方式単純 PCT 桁橋
③	床　　　　　　版	プレストレストコンクリート床版
④	橋　　　　　　長	30.900m
⑤	桁　　　　　　長	30.800m
⑥	支　　間　　長	30.000m（構造中心線上）
⑦	支　承　条　件	A1：固定，A2：可動
⑧	斜　　　　　　角	A1＝90°，A2＝90°
⑨	平　面　線　形	R=∞
⑩	舗　　　　　　装	アスファルト舗装　t=100mm（平均厚）
⑪	有　効　幅　員	8.500m
⑫	総　　幅　　員	9.700m
⑬	架　設　方　法	架設桁架設
・耐荷性能に関する設計条件		
①	活　　荷　　重	B 活荷重
②	雪　　荷　　重	1.0kN/m² ※）
③	風　　荷　　重	風上側 3.0kN/m²、風下側 1.5kN/m²
④	遮　　音　　壁	なし
⑤	添　　架　　物	なし
⑥	温　度　変　化	±15℃
⑦	温　　度　　差	＋5℃
⑧	地　盤　種　別	Ⅰ種地盤
⑨	設　計　水　平　震　度	k_h=0.20（レベル 1 地震動）
・耐久性能に関する設計条件		
①	部　材　毎　の設 計 耐 久 期 間	全ての部材を 100 年とする
②	塩 害 の 地 域 区 分	C 地域
③	凍　結　防　止　剤の 散 布 の 有 無	なし

※）　本橋における雪荷重の設定

・1.0kN/m²　【道示Ⅰ編 8.12(3)】

　　圧雪された状態で 150mm 程度の堆雪を想定した荷重であり，

　　自動車が通行している状態を想定し，活荷重を含む荷重組合せに適用

Ⅰ編 8.12(3)

1.5.2 使用材料及び特性値

＜省略＞

【補足】

　本編の 2 章以降に示す設計計算例で対象としたプレキャストセグメント橋の使用材料及び特性値を表-1.5.2 から表-1.5.5 に示す。

　なお，使用材料及び特性値・物理定数については，個別の橋毎に個々の条件に応じて適切にそれぞれ設定する必要がある。

表-1.5.2　使用材料一覧

部位	材料		強度	適用
主桁	主桁(プレキャストセグメント)コンクリート		σ_{ck}=50N/mm^2（早強ポルトランドセメント）	W/C=36%，JIS A5308 工場内プラントから供給
	場所打ちコンクリート		σ_{ck}=30N/mm^2（早強ポルトランドセメント）	W/C＝43%，JIS A5308 レディーミクストコンクリート
	PC 鋼材	主方向	SWPR7BL　12S12.7	JIS G3536
		横方向	SWPR19L　1S21.8	JIS G3536
	鉄筋		SD345	JIS G3112
地覆	コンクリート		σ_{ck}=30N/mm^2（普通ポルトランドセメント）	W/C＝50%，JIS A5308 レディーミクストコンクリート
	鉄筋		SD345	JIS G3112

施工時の検討は，プレキャストセグメントを工場出荷する時点において，コンクリートの圧縮強度が設計基準強度に達することを想定して行う。

　使用材料の物性値を表-1.5.3〜1.5.5に示す。

表-1.5.3　コンクリートの物理定数

		主桁	場所打ち	備考
設計基準強度（N/mm²）		50	30	
プレストレス導入時の圧縮強度（N/mm²）		50	25	
ヤング係数（N/mm²）	プレストレス導入時	3.30×10^4	2.80×10^4	道示Ⅲ編 4.2.3
	材齢28日以降	3.30×10^4	2.55×10^4	道示Ⅲ編 4.2.3
クリープ係数	プレストレス導入	$\phi = 2.0$	$\phi = 2.6$	道示Ⅲ編 表-4.2.4
	橋面施工	$\phi = 1.7$	$\phi = 1.7$	道示Ⅲ編 表-4.2.4
乾燥収縮度		18×10^{-5}	20×10^{-5}	道示Ⅲ編 4.2.3 表-4.2.5

Ⅲ編 4.2.3

Ⅲ編　表-4.2.4

Ⅲ編　表-4.2.5

表-1.5.4 PC鋼材の応力度制限値・物理定数

	主方向	横方向	適用	
PC鋼材種類	SWPR7BL	SWPR19L		
	12S12.7	1S21.8		
引張強度(N/mm²)	1850	1830	σ_{pu}	道示Ⅲ編 4.1.2
降伏強度(N/mm²)	1580	1580	σ_{py}	道示Ⅲ編 4.1.2
初期緊張力 σ_{pi} (N/mm²)	1300	1250		
鋼材断面積(mm²)	1184.5	312.9		
シース径 ϕ (mm)	78	52	シース内径	
セット量(mm)	11.0	4.0	想定した定着工法の標準値	
ヤング係数 E_p (N/mm²)	1.95×10⁵	1.95×10⁵	道示Ⅲ編 4.2.2	
PC鋼材とシースの摩擦係数	λ (1/m)	0.004	0.004	道示Ⅰ編 8.4解説
	μ (1/rad)	0.3	0.3	道示Ⅰ編 8.4解説
リラクセーション率(%)	1.5	1.5	道示Ⅲ編 4.2.2	

Ⅲ編 4.1.2

Ⅲ編 4.2.2

Ⅰ編 8.4解説

表-1.5.5 鉄筋コンクリート構造における鉄筋の応力度制限値

材質	SD345	適用
降伏強度 σ_{sy} (N/mm²)	345	道示Ⅲ編 4.1.2
重ね継手長又は定着長を算出する場合の鉄筋の引張応力度の基本値 (N/mm²)	200	道示Ⅲ編 5.2.7
ヤング係数 E_s (N/mm²)	2.00×10⁵	道示Ⅲ編 4.2.2

Ⅲ編 4.1.2

Ⅲ編 5.2.7

Ⅲ編 4.2.2

1.5.3 かぶりの設定
　＜省略＞

【補足】
　本書で設定したかぶりは，道示Ⅲ編 5.2.3 及び道示Ⅲ編 6.2.3 に従い，棒部材の桁の最小かぶりである 35mm とした。なお，T 桁橋の床版は主桁フランジを兼ねる構造であることから，床版においても棒部材の桁の最小かぶりである 35mm を確保することとした。なお，プレキャストセグメントの製造は，品質管理が現場よりも容易で，コンクリートの品質も良好となりやすい工場で行うことを踏まえ，かぶりの増厚は考慮していない。

Ⅲ編 5.2.3
Ⅲ編 6.2.3

1.6 設計 　＜省略＞	I 編 1.8
【補足】 　本書Ⅱ編 1.6 に示すように，構造解析に用いた手法や構造設計上の配慮事項とともに，当該手法を適用した根拠や構造設計上の配慮が必要となる理由について示すこととなる。	
1.6.1 構造解析 　＜省略＞	I 編 1.8.2 Ⅲ編 3.7
【補足】 　本書Ⅱ編 1.6.1 に示すように，構造解析に月いた手法の妥当性を明らかにするために，解析モデルに入力した情報やその解析モデルを選定した理由などについて示すこととなる。 　なお，本編の 2 章以降ではプレキャストセグメント橋を対象として，構造解析について以下に示す考え方を適用した場合の設計計算例を示している。	
(1) 解析モデル 　対象としたプレキャストセグメント橋では，プレキャスト主桁が横方向に一体化されているとみなせるよう設計を行うことから，主方向及び横方向の断面力は，格子構造としてモデル化し，コンクリートの全断面を有効とした弾性体として，鉄筋及びPC鋼材を無視して算出した部材の剛性の値を用いて算出する。	Ⅲ編 3.7(3)2) Ⅲ編 3.7(4)
1.6.2　構造設計上の配慮事項 　＜省略＞	I 編 1.8.3
【補足】 　本書Ⅱ編 1.6.2 に示すように，部材等の耐荷性能や耐久性能の設計等に関して，構造設計上配慮した事項との関係やその妥当性を明らかにするために，構造設計上の配慮として部材等の設計に反映した事項をその検討過程や理由とともに示すこととなる。 　なお，本編では，配慮事項や構造設計への反映方法についての記載は省略している。	

-276-

2章 プレキャストセグメントの接合部の設計

2.1 検討概要

2.1.1 設計のフローチャート

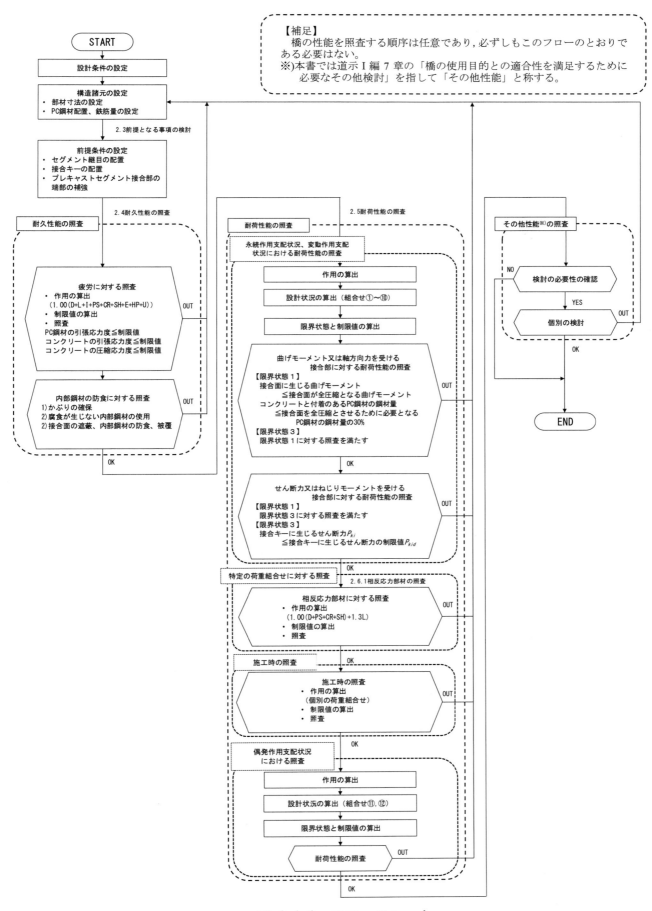

図-2.1.1　フローチャート

2.1.2 部材寸法及びPC鋼材配置の設定

【補足】
「建設省制定土木構造物標準設計（ポストテンション方式ＰＣ単純Ｔげた橋）」を参考に設定した部材寸法等を以下に示す。

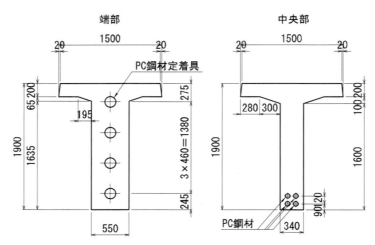

図-2.1.2　主桁断面図

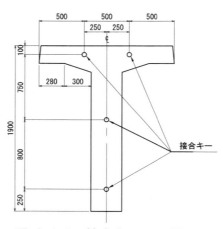

図-2.1.3　接合キーの配置

表-2.1.1　プレキャストセグメントの接合部の断面諸定数

項目		総断面	純断面	PC鋼材換算断面	場所打ち換算断面
断面積	$A(m^2)$	0.9040	0.8854	0.9141	0.9972
断面２次モーメント	$I(m^4)$	0.32381	0.30964	0.33125	0.36110
中立軸（上縁より）	$Y_u(m)$	0.712	0.694	0.722	0.670
〃　（下縁より）	$Y_l(m)$	-1.188	-1.206	-1.178	-1.230
断面係数（上縁）	$Z_u(m^3)$	0.45480	0.44628	0.45911	0.53929
〃　（下縁）	$Z_l(m^3)$	-0.27257	-0.25671	-0.28108	-0.29347
PC鋼材図心	$e_p(m)$	—	-0.8820	-0.8540	-0.9060

-279-

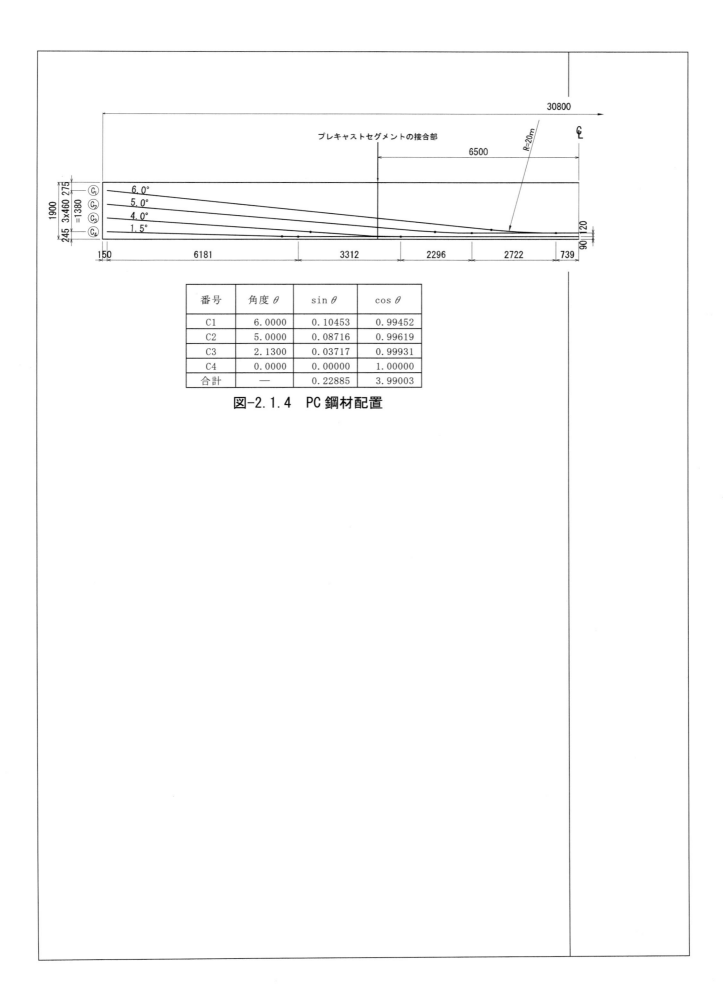

図-2.1.4　PC鋼材配置

2.2 接合部における断面力の算出
2.2.1 作用の特性値による断面力の算出

　断面力は，道示Ⅰ編3章のほか，道示Ⅲ編3.7及び道示Ⅲ編10.2.1に従い算出した。施工手順を考慮して，主桁及び場所打ちコンクリートによる死荷重は単純梁として断面力を算出し，橋面死荷重及び活荷重は各桁のねじり抵抗を見込んだ格子解析理論に基づき断面力を算出する。 （Ⅰ編3章 Ⅲ編3.7 Ⅲ編10.2.1）

　以下にプレキャストセグメントの接合部における断面力を示す。

表-2.2.1　作用の特性値による
プレキャストセグメントの接合部における断面力（G2桁）

荷重又は影響		作用の特性値による断面力			
		曲げモーメント (kN·m)	軸方向力 (kN)	せん断力 (kN)	ねじりモーメント (kN·m)
1）死荷重（D）		2951.0	0.0	220.2	-0.6
2）活荷重（L）	最大値	1341.9	0.0	153.8	25.5
	最小値	0.0	0.0	-49.7	-25.7
3）衝撃の影響（I）	最大値	244.0	0.0	28.0	4.6
	最小値	0.0	0.0	-9.0	-4.7
4）プレストレス力（PS）		0.0	0.0	0.0	0.0
5）コンクリートのクリープの影響（CR）		0.0	0.0	0.0	0.0
6）コンクリートの乾燥収縮の影響（SH）					
7）土圧（E）		—	—	—	—
8）水圧（HP）		—	—	—	—
9）浮力又は揚圧力（U）		—	—	—	—
10）温度変化の影響（TH）	最大値	0.0	0.0	0.0	0.0
	最小値	0.0	0.0	0.0	0.0
11）温度差の影響（TF）		-435.0	-784.6	0.0	0.0
12）雪荷重（SW）		178.5	0.0	12.9	0.0
13）地盤変動の影響（GD）	最大値	—	—	—	—
	最小値	—	—	—	—
14）支点移動の影響（SD）	最大値	—	—	—	—
	最小値	—	—	—	—
15）遠心荷重（CF）	最大値	—	—	—	—
16）制動荷重（BK）	最大値	—	—	—	—
17）橋桁に作用する風荷重（WS）	最大値	—	—	—	—
	最小値	—	—	—	—
18）活荷重に対する風荷重（WL）	最大値	—	—	—	—
	最小値	—	—	—	—
19）波圧（WP）	最大値	—	—	—	—
	最小値	—	—	—	—
20）地震の影響（EQ）	最大値	—	—	—	—
	最小値	—	—	—	—
21）衝突荷重（CO）	最大値	—	—	—	—
	最小値	—	—	—	—
22）その他	最大値	—	—	—	—
	最小値	—	—	—	—

　本橋のプレキャストセグメントの接合面には鉄筋は配置されていないため，接合部には道示Ⅲ編5.4.2に規定される鉄筋拘束力による作用は生じないものとして取り扱う。また，固定可動型の支承で支持される単純桁のため，温度変化や温度差の影響によって生じる変形を拘束することで生じる応答は小さいと考えられることから，その作用による不静定力は生じないものと考えて一次力のみ考慮する。 （Ⅲ編5.4.2）

【補足】
　桁の拘束条件によっては，温度変化等の影響によって不静定力が生じることともあるため，個々の条件に合わせた検討が必要である。

2.2.2 荷重組合せ係数及び荷重係数を考慮した断面力の算出

　道示 I 編 3.3 に規定される部分係数を考慮し算出される作用効果 $\Sigma S_i(\gamma_{pi}\gamma_{qi}P_i)$ であるプレキャストセグメント接合部に生じる断面力は以下のようになる。

　道示 I 編の 3.3(2) 及び 表-3.3.1 には，①から⑫の組合せとその係数が規定されている。①から⑫の作用の組合せは少なくとも考慮する組合せとして規定されており，全ての組合せについて照査する必要があるが，主桁橋軸方向への作用がゼロである風荷重（WS, WL）を含む④，⑥，⑦，⑧の組合せは，①，②，③，⑤と同等であることからこれに集約して示す。

I 編 3.3
III 編 3.3
III 編 3.5
I 編 表-3.3.1

【補足】
　本書では，偶発作用支配状況に対する照査の記載は省略している。

表-2.2.2　荷重組合せ係数及び荷重係数を考慮したプレキャストセグメントの接合部における断面力（G2桁）

				曲げモーメント （kN·m）	軸方向力 （kN）	せん断力 （kN）	ねじりモーメント （kN·m）
①	D	最大値	永続作用 支配状況	3098.52	0.00	231.16	-0.59
		最小値		2663.51	-784.58	231.16	-0.59
②	D+L	最大値		5259.30	0.00	471.31	37.06
		最小値		2663.51	-784.58	157.72	-38.59
③	D+TH	最大値		3098.52	0.00	231.16	-0.59
		最小値		2663.51	-784.58	231.16	-0.59
⑤	D+L+TH	最大値	変動作用 支配状況	5160.18	0.00	459.95	35.18
		最小値		2663.51	-784.58	161.39	-36.69
⑨	D+TH+EQ	最大値		3277.00	0.00	244.06	-0.59
		最小値		2663.51	-784.58	231.16	-0.60
⑩	D+EQ	最大値		3098.52	0.00	231.16	-0.59
		最小値		2663.51	-784.58	231.16	-0.59

2.3 前提となる事項の検討
2.3.1 プレキャストセグメントのコンクリートの設計基準強度

プレキャストセグメント構造に用いるコンクリートの設計基準強度は，道示Ⅲ編 16.2(3)に従い 40N/mm² 以上のものを用いることが原則であり，本橋では設計基準強度 50N/mm² のコンクリートを想定する。

Ⅲ編 16.2(3)

2.3.2 プレキャストセグメントの接合部の配置

プレキャストセグメントの接合面は，道示Ⅲ編 16.4.1(3)に従い，接合面に沿ったプレストレスによる分力が生じないように，部材軸線に対して直角に設ける。

Ⅲ編 16.4.1(3)

2.3.3 せん断キーの配置

接合部にはせん断力の伝達のため，道示Ⅲ編 16.4.1(4)に従い，1接合面あたり 2箇所以上の接合キーを分散して配置することとし，本橋では 1断面あたり同じ鋼製接合キーを 4個設けて接合面に直角に配置する。

Ⅲ編 16.4.1(4)

【補足】プレキャストセグメントの端部及び接合キーの周辺部の補強
プレキャストセグメントの端部及び接合キーの周辺部は，道示Ⅲ編 16.4.1(6)に従い，曲げモーメントによる局部的な支圧応力に抵抗できるように，鉄筋を配置して補強する必要がある。参考として，端部及び接合キーの周辺部における補強鉄筋の配置例を以下に示す。

Ⅲ編 16.4.1(6)

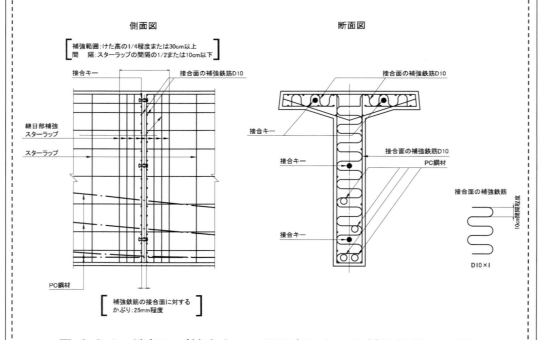

図-2.3.1 端部及び接合キーの周辺部における補強鉄筋の配置例

2.4 耐久性能の照査

1.2.3 及び 1.4.2 の設計方針に従い接合部の耐久性能に関しては，表-2.4.1に示す項目により照査を行う。

表-2.4.1　接合部の耐久性能に関する照査項目

照査項目	耐久性確保の方法
内部鋼材の腐食	・かぶりによる内部鋼材の腐食 かぶり ≧ 道示Ⅲ編5.2.3(2) の最小かぶり ・接合面のコンクリート内部鋼材の腐食 道示Ⅲ編 16.3(7) の方法による ・・・道示Ⅲ編 16.3(7)
コンクリート 部材の疲労	・PC 鋼材及びコンクリートの応力度の制御 作用の組合せ：1.0(D+L+PS+CR+SH+E+HP+U) PC 鋼材の引張応力度： 　　　$\sigma_p \leqq 0.60\sigma_{pu}$ 又は $0.75\sigma_{py}$ のうち小さい方の値 コンクリートの応力度：$\sigma_{ctl} \leqq \sigma_c \leqq \sigma_{ccl}$ ・・・道示Ⅲ編 6.3.2(3)

2.4.1 内部鋼材の腐食に対する耐久性能の照査

＜省略＞

Ⅲ編 16.3

【補足】

接合面における耐久性確保の方法には様々な方法が考えられるが，本書のプレキャストセグメントの接合面は，エポキシ樹脂接着剤を用いて目地を遮蔽した上で，内部鋼材の防食として非鉄シースを用い，かつ，接合面を介して非鉄シース内に腐食因子が侵入しないよう，実験により性能が確認された方法でシースを連結してグラウトを充てんする仕様としたものとしている。

Ⅲ編 16.3(7)2)

2.4.2 疲労に対する耐久性能の照査

＜省略＞

【補足】

コンクリート部材の内部鋼材の腐食に対する照査と，疲労に対する照査については，別章を参照するものとして本編では記載を省略している。

-284-

2.5 耐荷性能の照査

表-2.5.1 接合部の耐荷性能に関する照査項目

状況 ＼ 状態	主として機能面からの橋の状態		構造安全面からの橋の状態
	部材等としての荷重を支持する能力が確保されている限界の状態 （部材の限界状態1）	部材等としての荷重を支持する能力は低下しているもののあらかじめ想定する能力の範囲にある限界の状態 （部材の限界状態2）	これを超えると部材等としての荷重を支持する能力が完全に失われる限界の状態 （部材の限界状態3）
永続作用や変動作用が支配的な状況	・曲げモーメント 　$M_d \leqq$ 全圧縮となる状態の曲げモーメント 　・・・道示Ⅲ編16.4.5(2) ・せん断力 　同右 　・・・道示Ⅲ編16.4.6		・曲げモーメント 　同左 　・・・道示Ⅲ編16.4.7 ・せん断力 　$P_{ki} \leqq P_{kid}$ 　・・・道示Ⅲ編16.4.8(2)
偶発作用が支配的な状況	・曲げモーメント 　$M_d \leqq$ 全圧縮となる状態の曲げモーメント 　・・・道示Ⅲ編16.4.5(2) ・せん断力 　同右 　・・・道示Ⅲ編16.4.6		・曲げモーメント 　同左 　・・・道示Ⅲ編16.4.7 ・せん断力 　$P_{ki} \leqq P_{kid}$ 　・・・道示Ⅲ編16.4.8(2)

2.5.1 永続作用支配状況及び変動作用支配状況

(1) 曲げモーメント又は軸方向力を受ける接合部の限界状態1に対する照査

1) 接合部が全圧縮である状態の限界に対する照査

　限界状態1に対する制限値として道示Ⅲ編16.4.5に規定されている接合部が全圧縮である状態の限界に対応する曲げモーメントを，接合部断面に作用する曲げモーメントが超えないことを照査する。　【Ⅲ編16.4.5】

　曲げモーメントの制限値は，以下のように求める。

$$M_0 = -\left(\sigma_{ce} + N/A_c\right) I_c/y$$
$$= -\left(21.21 - 784.58 \times 10^3 / 0.9972 \times 10^6\right) \times 0.36110 \times 10^{12}$$
$$/\left(-1.230 \times 10^3\right)$$
$$= 5995.80 \times 10^6 \text{ N·mm} = 5995.80 \text{ kN·m}$$

【Ⅲ編　式(解5.8.7)】

ここに，M_0：プレストレス力及び軸方向力によるコンクリートの応力度が部材引張縁で0となる曲げモーメント

　　　　σ_{ce}：有効プレストレス力による部材引張縁の応力度（N/mm²）

　　　　N：部材断面に作用する軸方向力（N）。ただしプレストレス力は含まない。

　　　　I_c：部材の断面二次モーメント（mm⁴）

　　　　A_c：部材の断面積（mm²）

　　　　y：部材断面の図心より部材引張縁までの距離（mm）

【補足】

・M_0は軸力によって異なることから，軸力に応じて求める必要がある。
本書ではN=−784.58×10^3 N として計算した結果のみ示す。

・本書では，便宜的に仮定した値を用いているが，実際の設計では，算出された応答値に基づき値を定める必要がある。なお，本編の以降の計算においても同様である。

表-2.5.2　接合部が全圧縮である状態の限界に対する計算結果

				曲げモーメント M (kN·m)	制限値 M_0 (kN·m)	判定 $M \leqq M_0$
①	D	最大値	永続作用支配状況	3098.52	6226.77	OK
		最小値		2663.51	5995.80	OK
②	D+L	最大値	変動作用支配状況	5259.30	6226.77	OK
		最小値		2663.51	5995.80	OK
③	D+TH	最大値		3098.52	6226.77	OK
		最小値		2663.51	5995.80	OK
⑤	D+L+TH	最大値		5160.18	6226.77	OK
		最小値		2663.51	5995.80	OK
⑨	D+TH+EQ	最大値		3277.00	6226.77	OK
		最小値		2663.51	5995.80	OK
⑩	D+EQ	最大値		3098.52	6226.77	OK
		最小値		2663.51	5995.80	OK

主桁のフランジには主桁の曲げによる応力のほか，床版の設計曲げモーメントによる応力も作用する。道示Ⅲ編 10.3 の規定に従い，部材断面内の応力分布を適切に考慮する必要があるため，主桁の作用と床版の作用を組合せた状態に対して，接合部が全圧縮である状態の限界を超えないことを照査する。ただし，コンクリートの応力度は，作用の組合せに応じた荷重組合せ係数と荷重係数を考慮して算出する。 | Ⅲ編 10.3

　フランジの橋軸方向に作用する床版の設計曲げモーメントは道示Ⅲ編 9.2.3 に従い次式で求める。 | Ⅲ編 9.2.3

$$M_{LS} = (0.10\ L + 0.04)\gamma_p\gamma_q P \times 0.80$$
$$= (0.10 \times 1.630 + 0.04)\gamma_p\gamma_q \times 100 \times 0.80$$
$$= 16.24 \times \gamma_p\gamma_q\ \ kN\cdot m/m$$

Ⅲ編 表-9.2.1

　ここに，M_{LS}：床版の単位幅（1m）あたりの設計曲げモーメント（kN·m/m）
　　　　　L：T 荷重に対する床版の支間（m）
　　　　　P：T 荷重の片側荷重（kN）
　　　　　γ_p：荷重組合せ係数 | Ⅰ編 表-3.3.1
　　　　　γ_q：荷重係数

　床版の作用による床版下面のコンクリート応力度は次式で求める。

$$\sigma_{LS} = M_{LS}/Z_{LS}$$

　　ここに，σ_{LS}：床版の作用による床版下面のコンクリート応力度（N/mm²）
　　　　　　Z_{LS}：床版下縁の断面係数（mm³）

　このとき，桁の主方向で考慮する活荷重による断面力と，床版で考慮する活荷重による断面力は，最大となる載荷状況が異なるため，個別の橋の変動作用に対して同時性を評価することは困難である。そこで，それぞれの変動作用による断面力から求まる応力度に対し，一方に低減係数 0.5（=1/2）を乗じた 2 つの組合せを考慮し，それぞれに対して接合部が全圧縮となることを照査する。

$$\sigma = \sigma_{DG} + \sigma_{LG} + 0.5\,\sigma_{LS}$$
$$\sigma = \sigma_{DG} + 0.5\,\sigma_{LG} + \sigma_{LS}$$

　　ここに，σ：主桁の作用と床版の作用を組合せた床版下面のコンクリート応力度（N/mm²）
　　　　　　σ_{DG}：主桁の永続作用による床版下面のコンクリート応力度（N/mm²）
　　　　　　σ_{LG}：主桁の変動作用による床版下面のコンクリート応力度（N/mm²）

【補足】	
本書では，道示Ⅲ編 10.3.1(6)解説に示される方法を参考に，主方向の作用が卓越する場合と横方向の作用が卓越する場合のそれぞれの場合について評価し，接合部が全圧縮となることを照査している。	Ⅲ編 10.3.1(6)

表-2.5.2 及び表-2.5.3 より，接合部の床版下面は全圧縮となる照査を満足する。

表-2.5.3　接合部の床版下面が全圧縮である状態の限界に対する計算結果

				σ_{DG} (N/mm²)	σ_{LG} (N/mm²)	σ_{LS} (N/mm²)	$\sigma=\sigma_{DG}+\sigma_{LG}$ $+0.5\sigma_{LS}$ (N/mm²)	$\sigma=\sigma_{DG}+0.5\sigma_{LG}$ $+\sigma_{LS}$ (N/mm²)	判定 $0\leqq\sigma$
②	D+L	最大値	変動作用支配状況	3.99	2.58	-3.05	5.05	2.23	OK
		最小値		3.46	0.00	-3.05	1.94	0.41	OK
⑤	D+L+TH	最大値		3.99	2.45	-2.89	5.00	2.32	OK
		最小値		3.46	C.00	-2.89	2.01	0.57	OK

2) 接合面が開口した場合のじん性に関する照査

道示Ⅲ編 16.4.5 に従い，接合面を全圧縮とさせるために必要とされる PC 鋼材の鋼材量の 30%以上がコンクリートと付着のある PC 鋼材の鋼材量であることを照査する。　Ⅲ編 16.4.5

本橋では，必要となる PC 鋼材すべてを内ケーブルとしてグラウトによりコンクリートと付着させるため，必要とされる PC 鋼材の鋼材量の 100%をコンクリートと付着のある PC 鋼材の鋼材量としていることから，照査を満足する。

(2) 曲げモーメント又は軸方向力を受ける接合部の限界状態3に対する照査

以下の①～③を満足することから，道示Ⅲ16.4.7 の規定により，限界状態3に対する照査を満足する。　Ⅲ編 16.4.7

① 曲げモーメント又は軸方向力を受ける接合部の耐荷性能における限界状態1の制限値を超えない。

② 連結される部材は部材破壊に対する曲げモーメントの制限値を超えない。

【補足】
本編は，セグメント本体に対する照査の記載は省略している。

③ プレキャストセグメントの端部及び接合キーの周辺部は局部的に生じる支圧力に抵抗できるよう，適切に鉄筋を配置する。

（3） せん断力又はねじりモーメントを受ける接合部の限界状態1に対する照査 　せん断力又はねじりモーメントを受ける接合部の限界状態1に対する照査は、道示Ⅲ編 16.4.6 に従い、限界状態3に対する照査をもって行う。	Ⅲ編 16.4.6
（4） せん断力又はねじりモーメントを受ける接合部の限界状態3に対する照査 　接合部に作用するせん断力及びねじりモーメントによって接合キーに生じるせん断力が，道示Ⅲ編 16.4.8 に規定される制限値を超えないことを照査する。	Ⅲ編 16.4.8
1） 接合キーの設計せん断力 　せん断力及びねじりモーメントによって接合キーに生じるせん断力を，道示Ⅲ編 16.4.2 に従い次式により求める。本橋では接合面の摩擦による分担は期待しないものとして，接合キーに生じるせん断力を求めた。	Ⅲ編 16.4.2
$\quad P_{ki}=P_{si}+P_{ti}$ 　ここに，P_{ki}：接合キー1箇所あたりに生じる設計せん断力（N） 　　　　　P_{si}：接合キー1箇所あたりに作用するせん断力（N） 　　　　　　　ただし，偏心等の影響がないと考えて次式で求める。 　　　　　　　$P_{si}=S／n$ 　　　　　S：接合面に作用するせん断力（N） 　　　　　　　ただし，作用効果にプレストレスの分力（作用効果）S_p を加算する。 　　　　　n：接合キーの個数 　　　　　P_{ti}：接合キー1箇所あたりに作用するねじりモーメントによるせん断力（N）であり，次式により算出する。 　　　　　　　$P_{ti}=M_t\,\max(d_i)／\Sigma d_i^2$ 　　　　　M_t：接合面に作用するねじりモーメント（N·mm） 　　　　　$\max(d_i)$：d_i の最大値（mm） 　　　　　d_i：せん断中心から i 番目の接合キーまでの距離（mm）でありせん断中心を上フランジ軸線とウェブ軸線の交点として　$d_1=250$，$d_2=250$，$d_3=750$，$d_4=1550$ とする。	Ⅲ編 式(16.4.1) Ⅲ編 式(16.4.2) Ⅲ編 式(16.4.3)

【補足】
　接合面に作用するせん断力は，架設方法及びプレストレスの分力を考慮して適切に算出する必要がある。

表-2.5.4　接合キーに生じる設計せん断力の計算結果

				S_p (kN)	S (kN)	M_t (kN･m)	P_{si} (kN)	P_{ti} (kN)	P_{ki} (kN)
①	D	最大値	永続作用支配状況	265.86	-34.70	-0.59	8.68	0.29	8.97
		最小値		265.86	-34.70	-0.59	8.68	0.29	8.97
②	D+L	最大値	変動作用支配状況	265.86	205.45	37.06	51.36	18.59	69.95
		最小値		265.86	-108.14	-38.59	27.04	19.36	46.39
③	D+TH	最大値		265.86	-34.70	-0.59	8.68	0.29	8.97
		最小値		265.86	-34.70	-0.59	8.68	0.29	8.97
⑤	D+L+TH	最大値		265.86	194.09	35.18	48.52	17.65	66.17
		最小値		265.86	-104.47	-36.69	26.12	18.40	44.52
⑨	D+TH+EQ	最大値		265.86	-21.80	-0.59	5.45	0.29	5.75
		最小値		265.86	-34.70	-0.60	8.68	0.30	8.98
⑩	D+EQ	最大値		265.86	-34.70	-0.59	8.68	0.29	8.97
		最小値		265.86	-34.70	-0.59	8.68	0.29	8.97

【補足】接合キーに生じるせん断力に，摩擦力による分担を見込む場合の計
　　　算方法

　接合面に対するせん断力及びねじりモーメントの作用に対しては，せん断
キーが受け持つものとし，接合面の摩擦による分担は期待しないことが原則
であるが，実験等により安全性を確認した範囲においては摩擦力による分担
を見込んでよいとされている。ここでは，摩擦力による分担を見込むことに
対する安全性が設計耐久期間において確保されていることを前提として，せ
ん断力及びねじりモーメントによって接合キーに生じるせん断力に，摩擦力
による分担を見込む場合の計算を示す。なお，下線部は摩擦力による分担を
考慮するため計算式に追加した項を示している。

$P_{ki} = P_{si} + P_{ti} - P_{pf}$

ここに，P_{ki}：接合キー1箇所あたりに生じる設計せん断力（N）
　　　　P_{si}：接合キー1箇所あたりに作用するせん断力（N）で，本書では偏心
　　　　　　　等の影響がないと考えて次式で求める。

　　　　　$P_{si} = S / n$

　　　S：接合面に作用するせん断力（N）で，架設方法及びプレストレスの
　　　　　分力を考慮して適切に算出する。本書では作用効果にプレストレ
　　　　　スの分力（作用効果）S_pを加算して求める。

　　　n：接合キーの個数であり，本書では接合部1箇所に3個の鋼製接合
　　　　　キーを配置する。

　　　P_{ti}：接合キー1箇所あたりに作用するねじりモーメントによるせん断
　　　　　力（N）であり，次式により算出する。

　　　　$P_{ti} = M_t \max(d_i) / \Sigma d_i^2$

　　　M_t：接合面に作用するねじりモーメント（N・mm）

　$\max(d_i)$：d_iの最大値（mm）であり，本書では1550mmとする。

　　　d_i：せん断中心からi番目の接合キーまでの距離（mm）であり，本書
　　　　　ではせん断中心を上フランジ軸線とウェブ軸線の交点として　d_1
　　　　　$= 250$，$d_2 = 250$，$d_3 = 1550$とする。

　　　P_{pf}：接合キー1箇所当たりのプレストレスによる接合面の摩擦抵抗力
　　　　　（N）

　　　　　　$P_{pf} = \mu \cdot \Sigma P_{ei} \cos \alpha_i / n$　　ただし，$P_{pf} \leq P_{si} + P_{ti}$

　　　P_{ei}：i番目に緊張するPC鋼材の有効引張力の作用効果（N）。本書で
　　　　　は1219×10^3Nとした。

　　　μ：接合面の摩擦係数。本書では0.3とした。

表-2.5.5　摩擦による分担を見込んだ接合キーに生じる設計せん断力の計算結果

				S_p (kN)	S (kN)	M_t (kN·m)	P_{si} (kN)	P_{ti} (kN)	P_{pf} (kN)	P_{ki} (kN)
①	D	最大値	永続作用支配状況	265.86	-34.70	-0.59	8.68	0.29	8.97	0.00
		最小値		265.86	-34.70	-0.59	8.68	0.29	8.97	0.00
②	D+L	最大値	変動作用支配状況	265.86	205.45	37.06	51.36	18.59	48.64	21.31
		最小値		265.86	-108.14	-38.59	27.04	19.36	46.39	0.00
③	D+TH	最大値		265.86	-34.70	-0.59	8.68	0.29	8.97	0.00
		最小値		265.86	-34.70	-0.59	8.68	0.29	8.97	0.00
⑤	D+L+TH	最大値		265.86	194.09	35.18	48.52	17.65	48.64	17.53
		最小値		265.86	-104.47	-36.69	26.12	18.40	44.52	0.00
⑨	D+TH+EQ	最大値		265.86	-21.80	-0.59	5.45	0.29	5.75	0.00
		最小値		265.86	-34.70	-0.60	8.68	0.30	8.98	0.00
⑩	D+EQ	最大値		265.86	-34.70	-0.59	8.68	0.29	8.97	0.00
		最小値		265.86	-34.70	-0.59	8.68	0.29	8.97	0.00

2) 接合キーのせん断強度の制限値に対する照査 鋼製接合キーのせん断強度の特性値は，道示Ⅲ編 16.4.3 において鋼製接合キーのせん断応力度の制限値を超えない範囲で適用できると規定されているため，この前提条件を満足することを確認する。 ただし，使用する鋼製接合キーの材料はFCD450（JIS G 5502）であり，鋼製接合キーのせん断応力度の制限値を 140N/mm^2 とする。	Ⅲ編 16.4.3
$\tau_k = P_{ki} / A_R$ ここに，τ_k：鋼製接合キーに生じるせん断応力度（N/mm^2） P_{ki}：鋼製接合キー１箇所あたりに作用する設計せん断力（N） A_R：鋼製接合キー１箇所あたりの断面積（mm^2）であり，直径 32mm の鋼製接合キーを用いることから 804.25 mm^2 とする。	Ⅲ編 式(16.4.5)
以下のとおり，鋼製接合キーのせん断応力度は制限値を超えない。	

表-2.5.6 鋼製接合キーのせん断応力度の制限値に対する計算結果

				P_{ki} (kN)	τ_k (N/mm^2)	制限値τ_{ka} (N/mm^2)	判定 $\tau_k \leqq \tau_{ka}$
①	D	最大値	永続作用支配状況	8.97	11.15	140	OK
		最小値		8.97	11.15		OK
②	D+L	最大値	変動作用支配状況	69.95	86.98		OK
		最小値		46.39	57.68		OK
③	D+TH	最大値		8.97	11.15		OK
		最小値		8.97	11.15		OK
⑤	D+L+TH	最大値		66.17	82.27		OK
		最小値		44.52	55.36		OK
⑨	D+TH+EQ	最大値		5.75	7.14		OK
		最小値		8.98	11.16		OK
⑩	D+EQ	最大値		8.97	11.15		OK
		最小値		8.97	11.15		OK

鋼製接合キー1箇所あたりのせん断強度の特性値は道示Ⅲ編 16.4.3 に従い求める。

$$S_{kic} = (L/3) B\, k_s\, \sigma_b$$
$$\quad = (55/3) \times 60 \times 4.0 \times 50$$
$$\quad = 220000\text{N} = 220.000\text{kN}$$

ここに，S_{kic}：鋼製接合キーのせん断強度の特性値（N）
　　　　B：接合キーの外径（mm）であり，下図の通り60mmとする。
　　　　L：接合キーの埋込長さ（mm）であり，下図の通り55mmとする。
　　　　σ_b：コンクリートが負担できる支圧応力度（N/mm²）であり，50N/mm²とする。また，プレキャストセグメントの出荷時にコンクリートの圧縮強度が設計基準強度に達と想定して施工時の検討を行う。
　　　　k_s：補正係数で4.0として計算する。

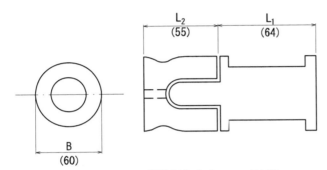

図-2.5.1　鋼製接合キーの形状

Ⅲ編 16.4.3

Ⅲ編
式(16.4.4)

接合キーに生じるせん断力の制限値は道示Ⅲ編16.4.8に従い次式で求める。 | Ⅲ編 16.4.8

$P_{kid} = \xi_1 \xi_2 \Phi_{ki} S_{kic}$

ここで，P_{kid}：接合キーに生じるせん断力の制限値（N）

Ⅲ編
式(16.4.9)

ξ_1：調査・解析係数

ξ_2：部材・構造係数

Φ_{ki}：抵抗係数

S_{kic}：各接合キーのせん断強度の特性値（N）

であり，鋼製接合キーの値を用いる。

計算結果は以下に示すとおりであり，$P_{ki} \leqq P_{kid}$ を満足する。

表-2.5.7　接合キーに生じるせん断力の制限値に対する計算結果

				P_{ki} (kN)	ξ_1	ξ_2	Φ_{ki}	S_{kic} (kN)	P_{kid} (kN)	判定 $P_{ki} \leqq P_{kid}$
①	D	最大値	永続作用支配状況	8.97	0.90	0.75	0.50	220.00	74.25	OK
		最小値		8.97	0.90	0.75	0.50	220.00	74.25	OK
②	D+L	最大値	変動作用支配状況	69.95	0.90	0.75	0.50	220.00	74.25	OK
		最小値		46.39	0.90	0.75	0.50	220.00	74.25	OK
③	D+TH	最大値		8.97	0.90	0.75	0.50	220.00	74.25	OK
		最小値		8.97	0.90	0.75	0.50	220.00	74.25	OK
⑤	D+L+TH	最大値		66.17	0.90	0.75	0.50	220.00	74.25	OK
		最小値		44.52	0.90	0.75	0.50	220.00	74.25	OK
⑨	D+TH+EQ	最大値		5.75	0.90	0.75	0.50	220.00	74.25	OK
		最小値		8.98	0.90	0.75	0.50	220.00	74.25	OK
⑩	D+EQ	最大値		8.97	0.90	0.75	0.75	220.00	111.38	OK
		最小値		8.97	0.90	0.75	0.75	220.00	111.38	OK

2.5.2 偶発作用支配状況

＜省略＞

【補足】

　本書では，偶発作用支配状況に対する照査については，記載を省略している。

2.6 その他の検討
2.6.1 相反応力部材の照査

　死荷重 D 及び活荷重（衝撃含む）L＋I の荷重係数を 1.0 とした場合に，部材に発生する 1.0D と 1.0(L＋I) の応力の符号が反対になる場合には，道示Ⅲ編 5.1.3 に従い，算出した応答値が制限値を超えないことを照査する。

　本橋は単純桁であり断面力の向きが交番する構造ではないため，相反応力部材ではないと判断した。

Ⅲ編 5.1.3

表-2.6.1　接合部の相反応力部材に関する照査項目

照査用荷重 (Ⅲ5.1.3) ＼ 部材応答の閾値 (Ⅲ5.1.3)	限界状態1の制限値	限界状態3の制限値
1.0(D+PS+CR+SH)+1.3L 死荷重による応力が活荷重による応力の30%より小さい場合 　1.0(L+PS+CR+SH)	・曲げモーメント 　$M_d \leqq$ 全圧縮となる状態の曲げモーメント 　・・・道示Ⅲ編 　　　　　16.4.5(2) ・せん断力 　同右 　・・・道示Ⅲ編 16.4.6	・曲げモーメント 　同左 　・・・道示Ⅲ編 16.4.7 ・せん断力 　$P_{ki} \leqq P_{kid}$ 　・・・道示Ⅲ編 　　　　　16.4.8(2)

2.6.2 プレキャストセグメントの吊上げ・運搬時の検討

プレキャストセグメントの吊上げや運搬を行う時のプレキャストセグメントにはプレストレスが導入されていないため，道示Ⅲ編16.2に従い，有害なひび割れが発生しないように必要な補強筋を配置して安全性を確保する。

Ⅲ編16.2

【補足】
本書では，吊上げる時にはプレキャストセグメント自重の20%を，運搬する時にはプレキャストセグメント自重の30%を衝撃の影響として仮定することとし，計算は衝撃の影響が大きい運搬時を対象として検討する。この仮定は，一般的に用いられている値を使用しているが，施工においては，実際の条件に応じて設定する必要がある。またプレキャストセグメントの吊上げ時や運搬時は下図のようにプレキャストセグメントの90%の距離を支間長とした状態にあると仮定し，単純梁として検討している。

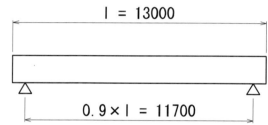

図-2.6.1 吊上げ・運搬時における支間長の仮定

1) 施工時の曲げモーメント

道示Ⅰ編3.3に従い，施工時における自重の特性値に対する荷重組合せ係数 γ_p は1.00とし，荷重係数 γ_q は1.05とする。プレキャストセグメントの運搬による衝撃の影響には荷重組合せ係数と荷重係数は考慮しない。

Ⅰ編3.3

$$M_d = W_d \gamma_p \gamma_q \times (0.9l)^2 / 8$$
$$= 0.9040 \times 24.5 \times 1.00 \times 1.05 \times (0.9 \times 13000)^2 / 8$$
$$= 397.929 \times 10^6 \text{ N·mm} = 397.929 \text{ kN·m}$$

$$M_i = M_d \cdot i$$
$$= 397.929 \times 10^6 \times 0.3$$
$$= 119.379 \times 10^6 \text{ N·mm} = 119.379 \text{ kN·m}$$

$$M = M_d + M_i = 397.929 + 119.379 = 517.308 \text{ kN·m}$$

ここに，M：運搬時の曲げモーメント (N·mm)
　　　　M_d：運搬時の自重による曲げモーメント (N·mm)
　　　　M_i：運搬時の衝撃の影響による曲げモーメント (N·mm)
　　　　W_d：単位長さ当たりのプレキャストセグメント重量 (N)
　　　　l：プレキャストセグメント長 (mm)
　　　　i：運搬時における衝撃の影響であり，設計では0.3とした。

【補足】
施工条件が設計の想定と異なる場合には，i については，再検討が必要となる。

2) プレキャストセグメントの曲げ応力度
$\sigma_{cu} = M/Z_u = (517.308 \times 10^6)/(0.44628 \times 10^9) = 1.159 \text{N/mm}^2$
$\sigma_{cl} = M/Z_l = (517.308 \times 10^6)/(-0.25671 \times 10^9) = -2.015 \text{N/mm}^2$

ここで，曲げ引張応力度は道示Ⅲ編 5.6.1 によるプレストレストコンクリート構造に対する引張応力度の制限値である 3.1N/mm² 以下となり，弾性応答する限界を超えない。

Ⅲ編 5.6.1

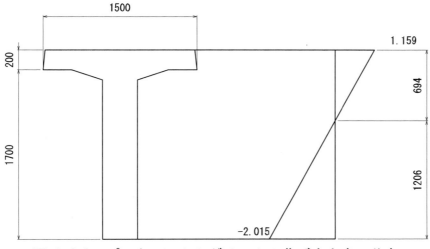

図-2.6.2 プレキャストセグメントの曲げ応力度の分布

3) 引張鉄筋量の算出
・引張鉄筋の断面積
$A_{si} = (b \cdot x \cdot \sigma_{ct})/(2\,\sigma_{smax}) = (340 \times 1206 \times 2.015)/(2 \times 210) = 1967 \text{mm}^2$

・引張応力が生じる部分のコンクリート断面積の 0.5%
$A_{sii} = 0.005 b \cdot x = 0.005 \times 340 \times 1206 = 2050 \text{mm}^2$

ここに，A_s：引張鉄筋量（mm²）
　　　　b：部材引張縁の幅（mm）
　　　　x：部材引張縁から中立軸までの距離（mm）
　　　　σ_{ct}：変動作用支配状況で部材引張縁に生じるコンクリートの引張応力度（N/mm²）
　　　　σ_{smax}：引張鉄筋に負担させる引張応力度の最大値（N/mm²）であり，道示 Ⅲ編 5.3.3(2)1)に従い 210N/mm² とする

D16 の鉄筋を 11 本配置した場合
$A'_s = 198.6 \times 11 = 2184.6 \text{mm}^2 \quad > \quad A_{sii} = 2050 \text{mm}^2$

ここに，A'_s：配置鉄筋量（mm²）

Ⅲ編 5.3.3
Ⅲ編
式(解 5.3.1)

Ⅲ編 5.3.3(2)1)

【補足】

　本書では，引張鉄筋の詳細な配置計画については，記載を省略している。

2.6.3 プレキャストセグメントの接合時の検討

(1) 曲げモーメント又は軸方向力を受ける接合部の検討

　施工時であるプレストレス導入直後の状態においても，接合部が全圧縮である状態の限界に対応する曲げモーメントの制限値を超えないことを照査する。

【補足】

　自重による正の曲げモーメントが小さくなった場合，プレストレス導入時に引張縁となる上縁のコンクリート応力度が全圧縮とならなくなることから，その状態を制限している。ただし，道示 I 編 3.3 に従い，自重及びプレストレスの特性値に対する荷重組合せ係数 γ_p は 1.00 とし，荷重係数 γ_q は 1.05 としている。

I 編 3.3

　曲げモーメントの制限値は，以下のように求める。

$$M_0 = -(\sigma_{ct} + N/A_c)\, I_c/y$$
$$= -(-4.71 - 0/0.8854 \times 10^6) \times 0.30964 \times 10^{12}/(0.694 \times 10^3)$$
$$= 2101.45 \times 10^6 \ \text{N·mm}$$
$$= 2101.45 \ \text{kN·m}$$

III 編
式(解 5.8.7)

　ここに，M_0：プレストレス力及び軸方向力によるコンクリートの応力度が
　　　　　　　　部材引張縁で 0 となる曲げモーメント

　　　　σ_{ct}：プレストレス導入直後のプレストレス力による部材引張縁の
　　　　　　　　応力度（N/mm^2）

　　　　N：部材断面に作用する軸方向力（N）。ただしプレストレス力は
　　　　　　　含まない。

　　　　I_c：部材の断面二次モーメント（mm^4）

　　　　A_c：部材の断面積（mm^2）

　　　　y：部材断面の図心より部材引張縁までの距離（mm）

　照査は次式で行う。

$$M_{d1} \geqq M_0$$

　　2128.31 kN·m ≧ 2101.45 kN·m

　　ここに，M_{d1}：主桁自重による曲げモーメント

(2) せん断力又はねじりモーメントを受ける接合部の検討

1）接合キーの設計せん断力

　本橋は支間一括架設であるため，施工時のせん断力は次式により求める。道示Ⅰ編3.3に従い，自重及びプレストレスの特性値に対する荷重組合せ係数 γ_p は1.00とし，荷重係数 γ_q は1.05とする。

$$S_1 = \text{Max}(W_1, W_{i+1})/2$$
$$= 0.9040 \times 13.000 \times 24.5 \times 1.00 \times 1.05 \times 10^3/2$$
$$= 151160 \text{ N} = 151.160 \text{ kN}$$

$$S_2 = |S_d - P_1 \sin \alpha_1|$$
$$= |143960 - 1326 \times 10^3 \times 1.00 \times 1.05 \times 0.10453|$$
$$= 1577 \text{ N} = 1.577 \text{ kN}$$

$$S_3 = |S_d - \Sigma P_j \sin \alpha_j|$$
$$= |143960 - 1326 \times 10^3 \times 1.00 \times 1.05 \times 0.22885|$$
$$= 174668 \text{ N} = 174.668 \text{ kN}$$

$$S = \text{Max}(S_1, S_2, S_3)$$
$$= 174668 \text{ N} = 174.668 \text{ kN}$$

ここに，S：接合面に作用するせん断力（N）

　　　　S_1, S_2, S_3：作用せん断力（N）

　　　　S_d：プレキャストセグメントの接合面位置に作用する自重による
　　　　　　　せん断力（N）

　　　　W_1, W_{i+1}：プレキャストセグメントの重量（N）

　　　　P_1：1番目に緊張するPC鋼材の緊張力の作用効果（N）
　　　　　　　ただし，C1ケーブルを1番目に緊張することを想定した。

　　　　P_j：j番目に緊張するPC鋼材の緊張力の作用効果（N）

　　　　α_1：1番目に緊張するPC鋼材の継目位置での曲げ角度

　　　　α_j：j番目に緊張するPC鋼材の継目位置での曲げ角度

Ⅲ編 16.4.2

Ⅰ編 3.3

Ⅲ編
式(解 16.4.2)

せん断力及びねじりモーメントによって接合キーに生じるせん断力を，道示Ⅲ編 16.4.2 に従い次式により求める。

	Ⅲ編 16.4.2

$P_{ki} = P_{si} + P_{ti}$

$\quad = 43668 + 0$

$\quad = 43668 \ \text{N} = 43.668 \ \text{kN}$

ここに，P_{ki}：接合キー1箇所あたりに生じる設計せん断力（N）

$\quad P_{si}$：接合キー1箇所あたりに作用するせん断力（N）

$\quad\quad$ ただし，偏心等の影響がないと考えて次式で求めた。

$\quad\quad\quad P_{si} = S / n = 174668 / 4 = 43668 \ \text{N}$

$\quad S$：接合面に作用するせん断力（N）

$\quad n$：接合キーの個数

$\quad\quad$ （接合部1箇所に4個の鋼製接合キーを配置）

$\quad P_{ti}$：接合キー1箇所あたりに作用するねじりモーメントによるせん断力（N）

Ⅲ編
式(16.4.1)

Ⅲ編
式(16.4.2)

2）接合キーのせん断強度の制限値に対する照査

鋼製接合キーのせん断強度の特性値は，道示Ⅲ編 16.4.3 において鋼製接合キーのせん断応力度の制限値を超えない範囲で適用できると規定されているため，この前提条件を満足することを確認する。

ただし，使用する鋼製接合キーの材料は FCD450（JIS G 5502）であり，鋼製接合キーのせん断応力度の制限値は 140N/mm² とする。

Ⅲ編 16.4.3

$\tau_k = P_{ki} / A_R$

$\quad = 43668 / 804.25$

$\quad = 54.297 \ \text{N/mm}^2 \leqq 140 \text{N/mm}^2$

ここに，τ_k：鋼製接合キーに生じるせん断応力度（N/mm²）

$\quad P_{ki}$：鋼製接合キー1箇所あたりに作用する設計せん断力（N）

$\quad A_R$：鋼製接合キー1箇所あたりの断面積（mm²）

$\quad\quad$ ただし，直径 32mm の鋼製接合キーを用いることから 804.25 mm² とする。

Ⅲ編
式(16.4.5)

鋼製接合キー 1 箇所あたりのせん断強度の特性値は道示Ⅲ編 16.4.3 に従い | Ⅲ編 16.4.3
求める。

$$S_{kic} = (L / 3) B\ k_s\ \sigma_b$$
$$= (55 / 3) \times 60 \times 3.0 \times 50$$
$$= 165000\ N = 165.000\ kN$$

| Ⅲ編
式(16.4.4)

　　ここに，S_{kic}：鋼製接合キーのせん断強度の特性値（N）

　　　　　B：接合キーの外径（mm）

　　　　　L：接合キーの埋込長さ（mm）

　　　　　σ_b：コンクリートが負担できる支圧応力度（N/mm²）

　　　　　k_s：補正係数であり，施工時であるため 3.0 として計算を行う。

　接合キーに生じるせん断力の制限値は道示Ⅲ編16.4.8に従い次式で求める。 | Ⅲ編 16.4.8

$$P_{kid} = \xi_1 \xi_2 \Phi_{ki} S_{kic}$$
$$= 0.90 \times 0.75 \times 0.50 \times 165000$$
$$= 55688\ N = 55.688\ kN$$

| Ⅲ編
式(16.4.9)

　　ここで，P_{kid}：接合キーに生じるせん断力の制限値（N）

　　　　　ξ_1：調査・解析係数

　　　　　ξ_2：部材・構造係数

　　　　　Φ_{ki}：抵抗係数

　　　　　S_{kic}：各接合キーのせん断強度の特性値（N）

　照査は次式で行う。

$$P_{ki} \leqq P_{kid}$$
$$43668\ N\ \leqq\ 55688\ N$$

3章 施工・維持管理に引き継ぐ事項 　＜省略＞	I編 1.9 I編 12.3

【補足】
　設計にあたり前提とした条件や，適切な施工・維持管理が行われるための留意点について以下に示すこととなる。

3.1 施工に引き継ぐ事項
　＜省略＞

【補足】
　施工に引き継ぐ事項を整理するにあたってのポイントの例を以下に挙げる。
　　①設計における留意点
　　②協議の必要な事項
　　など

3.2 維持管理に引き継ぐ事項
　＜省略＞

【補足】
　維持管理に引き継ぐ事項を整理するにあたってのポイントの例を以下に挙げる。
　　①設計における留意点
　　②協議の必要な事項
　　など

２．下部構造の設計計算例
（１）直接基礎を有する
鉄筋コンクリート逆Ｔ式橋台の設計計算例

1章 橋梁計画

1.1 橋梁計画の前提条件

　＜省略＞

【補足】
　本書Ⅱ編1.1に示すように，設計の前提条件となる橋梁計画およびその前提条件について明示することとなる。

1.1.1 橋の重要度

　＜省略＞

Ⅰ編1.4

【補足】
　本書Ⅱ編1.1.1に示すように，設計の前提条件となる道路管理者の設定する条件とともに設計との関わりについて明確にするために，橋の重要度に関連する事項について示すこととなる。
　以下にこれらを示すにあたって留意する事項の例を示す。

・橋の重要度は，物流等の社会・経済活動上の位置づけや，防災計画上の位置づけ等の道路ネットワークにおける路線の位置づけや代替性を考慮して道路管理者により定められているものを確認しておく必要がある。また，地震後における橋の社会的役割及び地域の防災計画上の位置づけを考慮して道路管理者により定められている耐震設計上の橋の重要度についても確認しておく必要がある。
・道路構造令上の道路区分や，物流等の社会，経済活動において，本橋の路線がネットワーク上どのような位置付けや重要度とされているのかは，橋の耐荷性能の確保の方法だけでなく，耐久性能の確保の方法として，災害以外の際に一時的な通行止めによる部材の交換を前提とした選択が可能かどうかなどを検討する際にも考慮が必要となる事項の一つとなる。
・緊急輸送道路としてネットワーク機能を担うことを求められているのかどうかにより，橋の設計の際に災害時に求められる機能に応じた応急復旧方法なども含めた検討が必要かどうかなどが変わるのでこれを確認する必要がある。また，橋梁計画上，地域の防災計画との整合も重要であることから，津波想定浸水域や斜面崩壊の危険性の有無等について，確認しておくことも必要である。
・迂回路となる路線に車両制限(重さ，高さなど)がある場合は，その条件等についても確認が必要である。
・迂回路の道路機能の規模や，本橋が迂回路となるときにこの橋がおかれる状況の想定も勘案し，当該路線が担う道路ネットワーク機能ができるだけ絶えないように配慮する必要がある。

　なお，本編の2章以降では，耐震設計上の橋の重要度はB種の橋であることを前提とした設計計算例を示している。

Ⅴ編2.1(2)

1.1.2 設計供用期間
　＜省略＞

I編 1.5

【補足】
　本書Ⅱ編 1.1.2 に示すように，設計の前提条件となる道路管理者の設定する条件と設計との関わりについて明確にするために，橋の設計供用期間について示すこととなる。
　なお，本編の 2 章以降では，橋台を対象として，平時及び緊急時にも適切な維持管理が行われることを前提に設計供用期間を 100 年とした場合の設計計算例を示している。

1.1.3 架橋位置特有の条件
　＜省略＞

I編 1.6
Ⅱ編～Ⅳ編 2 章
Ⅴ編 1.3

【補足】
　本書Ⅱ編 1.1.3 に示すように，設計との関わりについて明確にするために，設計の前提条件となる架橋予定地点およびその周辺特有の状況に関する条件ならびにその設定根拠となった各種の調査についてその内容と結果を示すこととなる。
　本編の 2 章以降では橋台を対象として，表-1.1.1～表-1.1.3 に示す調査結果を前提とした設計計算例を示している。
　また，本書ではそれぞれの調査内容については記載を省略している。

表 -1.1.1　調査結果一覧表（1）

調査項目			調査内容	調査結果
1) 架橋環境条件	①腐食環境	・地形的条件，塩害の影響の度合いの地域区分	※	C 地域，海岸線から 10km（塩害の影響地域ではない）
		・凍結防止剤の有無	※	無
		・その他	※	温泉地などの腐食環境ではない。
	②疲労環境	・荷重条件の設定	※	3500 台／日（大型車交通量 2000 台以上）
	③路線条件	・将来拡幅計画	※	X 自動車道：無（※橋梁は完成系に対して施工）
		・付属施設	※	壁高無，標識無，照明無，添架物有，落下物防止柵（路面から H=3.0m）
		・交差条件（構造寸法制約）	※	X 自動車道（桁高 2.0m 程度まで）

　※省略

表-1.1.2 調査結果一覧表（2）

調査項目		調査内容	調査結果
1) 架橋環境条件	④気象・地形条件 ・温度変化	※	普通の地域
	・積雪	※	積雪地域ではない。
	・降雨量	※	橋面排水計画：本書では設定していないが，地域性等に配慮して適切に定める。
	・設計水平震度	※	A2 地域，Ⅰ種地盤 レベル1地震動：k_{hg}＝0.16
	・地盤変動	※	無（支点沈下：無）
	・津波の影響	※	津波遡上の可能性はない：県の地域防災計画により確認。
	⑤地盤調査 ・地形，地質の調査	※	軟弱地盤や液状化が生じる地盤，斜面崩壊等の発生が考えられる地形・地質に該当しない。また，支持層の傾斜は想定されない。
	・ボーリング，サンプリング，サウンディング，土質試験，物理探査及び物理検層	※	※
	・過去の地震，震害の記録	※	文献調査の結果，本橋に影響を及ぼす断層変位が生じるおそれのある活断層はない。
	・地下水位	※	有
	⑥地下水調査 ・地下水位	※	GL-1.40m
	・水質試験	※	※
	・間隙水圧	※	※
	・流向，流速	※	無
	⑦有害ガス，酸素欠乏空気等の調査 ・有害ガスの種類とその発生状況 ・酸素欠乏空気の発生状況	※	施工に支障をきたす有害ガス等の発生は認められない。
	⑧河相調査 ・河川，湖沼等の状況とその変化度合いの把握	※	河川や湖沼上の橋ではない。
	⑨利水状況その他の調査 ・船舶の航行状況 ・流送物，流下物の状況 ・農業用水，漁業等の利水状況	※	架橋位置は船舶の航行や農業，漁業等の利水に影響を与える条件ではない。
2)使用材料条件の特性および製造に関する条件	・コンクリートプラント	※	JIS 工場有（架橋位置まで，およそ30分圏内，日施工出荷量対応可能）
	・使用材料の制約	※	無（特に制約を受けない）
	・コンクリート配合等制約	※	無（通常配合可能）

※省略

-306-

表-1.1.3　調査結果一覧表（3）

調査項目		調査内容	調査結果
3）施工条件	①関連法規等　・搬入車両制限	※	無
	・近接構造物	※	無
	・クレーン作業制約	※	無
	②運搬路等　・プレキャスト部材などの大型部材の運搬	※	特に制約を受けない。
	③現場状況等　・既設構造物	※	無
	・現場地形等	※	交差するX自動車道の用地を施工ヤードとして利用可能。
	④自然現象　・気象	※	施工に大きな影響は与えるような気象地域ではない。
	⑤現場周辺環境　・自然環境	※	景観を含め特に留意することはない。
	・歴史的背景	※	無
	・生活環境	※	近隣に住宅地等はなく，特に留意する必要はない。
	⑥既存資料調査　・下部構造の設計，施工に影響する事項	※	地下埋設物の存在など，設計・施工に影響する事項は確認されていない。
	⑦周辺環境調査　・施工による周辺への影響度の把握	※	周辺に建物はないため，騒音，振動等に対する制約はない。
	・施工法，使用機械器具，作業方法等の検討	※	周辺に建物はないため，使用機械器具による騒音，振動等に対する制約はない。
	・周辺環境の保全対策の検討	※	史跡，文化財，防雪林，水源地，温泉等の特殊な環境は架橋位置周辺にない。
	⑧作業環境調査　・作業上の諸制約条件の把握	※	特になし。
	・近隣構造物と下部構造との相互影響度の検討	※	近隣に構造物がない。
	・施工法，工事用諸設備の位置，使用機械器具，作業方法等の検討	※	特に制約はない。
	・現場の保全対策及び施工安全対策の検討	※	近隣に保全すべき文化財等はない。
	・施工時の気象状況の予測	※	過去の記録から，特に施工に制約を与える気象条件ではない。
4）維持管理条件	・環境条件（塩害の影響の度合いの地域区分）	※	C地域，海岸線から10km（塩害の影響地域ではない）
	・使用条件	※	凍結防止剤の使用無，大型車交通量3500台/日
	・管理条件	※	法定点検を実施することを維持管理の条件としている。

※省略

-307-

1.2 設計の基本方針
＜省略＞

I編 1.8.1

【補足】
　本書Ⅱ編 1.2 に示すように，具体的な設計の考え方などの設計の基本方針について明示することとなる。

1.2.1 適用する基準類
＜省略＞

【補足】
　本書Ⅱ編 1.2.1 に示すように，設計内容の妥当性を証明するために，適用する基準類とともにその適用にあたっての適切性を示す根拠について示すこととなる。
　なお，本編の 2 章以降では橋台を対象として，橋梁設計全編にわたって表-1.2.1 に示す適用する基準類を前提とした設計計算例を示している。

表-1.2.1　適用する基準類

①	橋、高架の道路等の技術基準	国土交通省 都市局長・道路局長通知	平成 29 年 7 月
②	道路橋示方書・同解説	公益社団法人　日本道路協会	平成 29 年 11 月

※　構造解析，抵抗特性の評価等，それぞれ該当する箇所でその他の学協会等の基準類や図書，または論文等の文献を適用する場合には，それぞれの箇所で出典を示すこととなる。そして，使用条件や適用の範囲及び適用の前提となる力学条件等，ならびに，道示が実現しようとする信頼性も含めた性能や前提となる力学条件等との一致について妥当性を検討した過程も示すこととなる。

I編 1.1(2)解説

1.2.2 橋の耐荷性能の選択と設計方針
　＜省略＞

【補足】
　本書Ⅱ編 1.2.2 に示すように，本書Ⅱ編 1.1 に示す前提条件を踏まえ，どのような考え方で橋の耐荷性能を選択したのかについて明確にするために，橋の耐荷性能を選択した結果をその理由とともに示すこととなる。また，選択した橋の耐荷性能を実現するための各部材等の設計方針についても，その検討過程や理由とともに示すこととなる。
　なお，本編の 2 章以降では橋台を対象として，橋の耐荷性能 2 を満足させるにあたって，以下の(1)〜(3)に示す基本方針を前提とした場合の設計計算例を示している。

(1) 橋の耐荷性能の照査項目
　橋の重要度 (1.1.1) を踏まえ，橋の耐荷性能 2 を満足させるため，表-1.2.2 に示した設計状況と橋の状態の各組合せに対して照査する。

Ⅰ編 5 章

表-1.2.2　橋の耐荷性能 2 に対する照査（道示Ⅰ編 5.1 表-解 5.1.1(b)）

状態 状況	主として機能面からの橋の状態		構造安全面からの橋の状態
	橋としての荷重を支持する能力が損なわれていない状態	部分的に荷重を支持する能力の低下が生じているが，橋としてあらかじめ想定する荷重を支持する能力の範囲である状態	致命的な状態でない
永続作用や変動作用が支配的な状況	橋の限界状態 1 を超えないことの実現性		橋の限界状態 3 を超えないことの実現性
偶発作用が支配的な状況		橋の限界状態 2 を超えないことの実現性	橋の限界状態 3 を超えないことの実現性

(2) 橋の限界状態
　橋の限界状態は，一般には，上部構造，下部構造及び上下部接続部の限界状態によって代表させる。また，上部構造，下部構造及び上下部接続部の限界状態は，これらを構成する各部材等の限界状態で代表させることとなる。
　また，代表させた部材等ごとにそれぞれの部材において限界状態を超えないことを照査することとなるが，本書では，パラペット，たて壁，ウイング，基礎，フーチングについての設計計算例を示している。

Ⅰ編 4 章
Ⅴ編 2.4.5

(3) 橋の耐荷性能を確保するために必要な維持管理上の条件
　架橋位置特有の条件 (1.1.3) 等を踏まえ，橋の耐荷性能を確保するために必要な維持管理上の条件を示すこととなる。また，必要な維持管理が確実かつ容易に行えるように，構造設計上の配慮として部材等の設計に反映した事項をその検討過程や理由とともに示すこととなる。
　なお，本編では橋台の設計手順を示すことを目的としているため設計で考慮した配慮事項や構造設計への反映方法についての記載は省略している。

1.2.3 橋の耐久性能に対する設計方針 　＜省略＞	Ⅰ編 6 章

【補足】
　本書Ⅱ編 1.2.3 に示すように，本書Ⅱ編 1.1 に示す前提条件を踏まえ，どのような考え方で橋の耐久性能の設定及び部材毎の耐久性能の確保の方法等の設計をしたのかについて明確にするとともに妥当性を示すために，その結果をその検討過程や理由とともに示すこととなる。
　なお，本編の 2 章以降では橋台を対象として，橋の耐久性能を確保するにあたって，以下の(1)～(3)に示す基本方針を前提とした場合の設計計算例を示している。

(1) 維持管理の基本方針
　修繕の機会が発生する可能性をできるだけ減らすことを維持管理の基本方針とする。

(2) 部材の設計耐久期間　　　　　　　　　　　　　　　　　　　　　Ⅰ編 6.1(6)
　部材の設計耐久期間は，維持管理の基本方針を踏まえて，全ての部材等で 100 年とする。

(3) 耐久性確保の方法　　　　　　　　　　　　　　　　　　　　　　Ⅰ編 6.2
　道示に規定される標準的な方法により部材の耐久性能を確保する。

　1) 上部構造
　　本編では，記載を省略している。

　2) 下部構造
　① 内部鋼材の腐食　　　　　　　　　　　　　　　　　　　　　　　Ⅳ編 6.2
　　道示Ⅳ編 6.2 に規定されるかぶりを確保する。また，気中におかれる部材　　Ⅲ編 6.2.2
　について，永続作用の影響が支配的な状況における作用の組合せを照査用荷重とし，これにより鉄筋に生じる応力度が，道示Ⅲ編 6.2.2 に規定される鉄筋の引張応力度の制限値を超えないように部材諸元を決定する。

　② 疲労　　　　　　　　　　　　　　　　　　　　　　　　　　　　Ⅲ編 6.3.2
　　道示Ⅲ編 6.3.2 に規定される作用の組合せ及び荷重係数等による作用効　　Ⅳ編 6.3
　果により生じる鉄筋及びコンクリートの応力度が，道示Ⅲ編 6.3.2 及びⅣ編 6.3 に規定される鉄筋及びコンクリートの応力度の制限値を超えないように部材諸元を決定する。

　3) 上下部接続部
　　本編では，記載を省略している。

1.3 架橋位置と橋の形式

1.3.1 架橋位置と橋の形式の選定

＜省略＞

【補足】

　本書Ⅱ編1.3.1及び1.3.2に示すように，本書Ⅱ編1.1に示す前提条件を踏まえ，どのような考え方で架橋位置と橋の形式を選定したのかについて明確にするために，架橋位置と橋の形式を選定した結果についてその検討過程や選定理由，構造設計上の配慮事項やその反映方法とともに示すこととなる。

　なお，本編の2章以降では橋台を対象として，以下のような条件が与えられていることを前提とした場合の設計計算例を示している。

① 架橋位置：橋梁一般図のとおりとする
② 橋の形式：鋼単純非合成Ⅰ桁橋
③ 支承形式： A1：可動　A2：固定
④ 架設工法：クレーン・ベント架設工法

Ⅰ編1.7.1
Ⅰ編1.7.2
Ⅰ編1.8.3
Ⅰ編1.4

1.3.2 橋梁一般図
＜省略＞

【補足】
　本編の 2 章以降に示す設計計算例で対象とした橋の一般図を図- 1.3.1 に示す。
　なお，構造寸法以外の橋の設計概要が把握できるためのその他の情報については，記載を省略している。

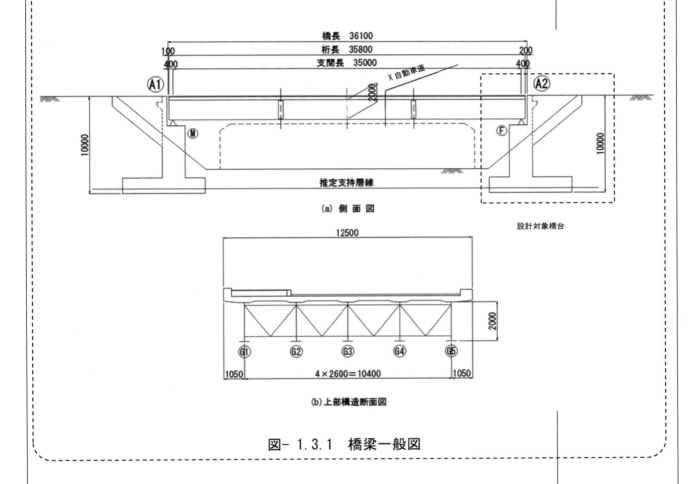

図- 1.3.1　橋梁一般図

1.4 各部材の設計方針
　＜省略＞

【補足】
　本書Ⅱ編 1.4 に示すように，前節までに定められた結果を踏まえ，各部材等の設計が行われることとなる。各部材の設計方針について，各部材の設計内容の妥当性を確認するために必要となる情報とともに示すこととなる。

1.4.1 各部材の耐荷性能に対する設計方針
　＜省略＞

Ⅰ編 5 章

【補足】
　本書Ⅱ編 1.4.1 に示すように，本書Ⅱ編 1.1 に示す前提条件や本書Ⅱ編 1.2 に示す設計の基本方針と各部材の耐荷性能に対する設計方針との関係を明確にするために，各部材の耐荷性能に対する設計方針についてその考え方とともに示すこととなる。
　なお，本編の 2 章以降では橋台を対象として，各部材の耐荷性能に対する設計方針を以下のとおり定めた場合の設計計算例を示している。

(1) 上部構造を構成する部材等
　本編では，記載を省略している。

(2) 下部構造を構成する部材等
・本橋台は，橋に影響を与える液状化が生じる地盤中に設置せず，良質な層に確実に支持させる計画とする。また，橋台の支点条件として，レベル 2 地震動を考慮する設計状況における橋台の荷重支持条件がレベル 1 地震動と変わらない構造とする。
・橋台及び直接基礎は，レベル 1 地震動も含めた永続作用や変動作用が支配的な状況において，橋台を構成する各部材が限界状態 1 及び限界状態 3 を超えないことに対してそれぞれ必要な信頼性を有していることを道示Ⅰ編式(5.2.1)により確かめる。これにより，道示Ⅴ編 11.2 解説のとおり，レベル 2 地震動を考慮する設計状況に対しては，永続作用や変動作用が支配的な状況において，限界状態 1 及び限界状態 3 を超えないことを照査することで確認する。
・偶発作用が支配的な状況において衝突荷重（CO）は見込まない例である。

Ⅰ編 式(5.2.1)

(3) 上下部接続部を構成する部材等
1) 支承部
　本編では，記載を省略している。
2) 支承と上下部構造の取付部
　本編では，記載を省略している。

1.4.2 各部材の耐久性能に対する設計方針	I 編 6 章

＜省略＞

【補足】
　本書II編1.4.2に示すように, 本書II編1.1に示す前提条件や本書II編1.2に示す設計の基本方針と橋の耐久性能の設定及び部材毎の耐久性の確保の方法等に対する設計方針との関係を明確にするために, 各部材の耐久性能に対する設計方針についてその考え方とともに示すこととなる。

　なお, 本編の2章以降では橋台を対象として, 各部材の耐久性能に対する設計方針を以下のとおり定めた場合の設計計算例を示している。

(1) 上部構造を構成する部材等
　本編では, 記載を省略している。

(2) 下部構造を構成する部材等
　コンクリート部材の経年的な劣化の影響として鋼材の腐食及び疲労に対して照査する。その具体の照査方法は, 耐久性確保の方法（1.2.3 (3)）で整理したとおり, 道示に規定される標準的な方法による。

(3) 上下部接続部を構成する部材等
　本編では, 記載を省略している。

　なお, 具体的な設計にあたっては以下に留意することとなる。
・橋梁計画では, 実際に用いる防食, 疲労対策, 塩害対策が耐久性確保の方法1～3のいずれに当てはまるのかを分類することで, 当該部材に想定される補修や更新などの維持管理方法をある程度具体に想定し, あらかじめ想定されている維持管理の前提条件に適合するかどうかを照査することとなる。
・耐久性にはばらつきがあり, 目標とした設計耐久期間よりも早く耐荷性能を満足しなくなることもある。このため, 部材等の単位での不具合に対して橋全体の耐荷力としては鈍感な構造となるように構造上の配置を検討する, 変状の発見や修繕が確実であるようにする, 更にはそれらが容易であるようにするなど, 様々な構造設計上の配慮ができるかどうかを検討し, 必要に応じて, 設計上配慮できる事項を橋の構造設計に反映することとなる。以上の考え方は, 設計の妥当性を示すものとその内容を設計計算書に示しておくこととなる。

1.4.3 橋の使用目的との適合性を満足するために必要なその他検討
　　＜省略＞

Ⅰ編7章

┌───┐
【補足】
　　本書Ⅱ編1.4.3に示すように，「橋の使用目的との適合性を満足するために必要な事項」について検討し，設計に反映した事項について，どのような考え方で反映したのかについて明確にするために，「橋の使用目的との適合性を満足するために必要な事項」について，その検討過程や耐荷性能や耐久性能などとの関係とともに示すこととなる。
　　なお，本編では「橋の使用目的との適合性を満足するために必要な事項」について検討を行った事項に関する記載は省略している。
└───┘

1.4.4 施工に関する事項
　　＜省略＞

┌───┐
【補足】
　　本書Ⅱ編1.4.4に示すように，耐荷性能や耐久性能などの設計に用いる照査基準はその前提となる適切な施工方法や所要の品質が確保されていることなどが前提となることから，各部材の耐荷性能や耐久性能などの設計の妥当性について明確にするために，設計の前提とした施工の条件や配慮されるべき事項とともにその妥当性等に関する事項等について示すこととなる。
　　なお，本編では施工に関する事項についての記載は省略している。
└───┘

1.4.5 維持管理に関する事項
　　＜省略＞

┌───┐
【補足】
　　本書Ⅱ編1.4.5に示すように，橋の性能を確保するにあたって，その前提となる維持管理の条件が定められている必要があることから，その前提となる維持管理の条件とその妥当性について明確にするために，設計の前提とした維持管理の条件や配慮した事項とともにその妥当性に関する事項等について示すこととなる。
　　なお，本編では維持管理に関する事項についての記載は省略している。
└───┘

1.5 詳細設計条件
　＜省略＞

【補足】
　本書Ⅱ編 1.5 に示すように，詳細設計条件について明示することとなる。
　なお，本編の 2 章以降では橋台を対象として，橋を設計する上で設定すべき設計条件や材料特性等の詳細設計条件を，1.5.1〜1.5.5 に示すように設定した場合の設計計算例を示している。

1.5.1 設計条件一覧
＜省略＞

【補足】
　本編の 2 章以降に示す設計計算例で対象とした橋台の詳細設計条件を表-1.5.1 に示す。

表- 1.5.1　設計条件一覧表

・構造諸元に関する設計条件		
①	橋　種	鋼道路橋
②	構造形式	鋼単純非合成 I 桁橋
③	床版	鉄筋コンクリート床版
④	橋　長	36.100m
⑤	桁　長	35.800m
⑥	支間長	35.000m
⑦	支承条件	A1：可動　A2：固定
⑧	斜　角	90°
⑨	平面線形	R=∞
⑩	縦断勾配	1.0%
⑪	横断勾配	1.5%（片勾配）
⑫	舗　装	アスファルト舗装　t=80mm
⑬	有効幅員	11.500m
⑭	総幅員	12.500m
⑮	架設方法	クレーン・ベント架設
・耐荷性能に関する設計条件		
①	活荷重	B 活荷重
②	雪荷重	積雪地域ではないため考慮しない
③	衝突荷重	橋台前面に車両用防護柵を設置するため考慮しない。
④	風荷重	設計基準風速 $V=40$m/s
⑤	遮音壁	なし
⑥	添架物	なし
⑦	温度変化	構造物：－10℃～＋50℃（基準温度は＋20℃） 支承及び伸縮装置の伸縮量：－10℃～＋40℃
⑧	温度差	＋10℃
⑨	地盤種別	I 種地盤
・耐久性能に関する設計条件		
①	部材毎の 設計耐久期間	上部構造及び下部構造の部材は全て 100 年とする。 上下部接続部，付属物は別途個別に設定する。
②	塩害の地域区分	C 地域
③	凍結防止剤 の散布の有無	無し

-317-

1.5.2 構造条件
　　＜省略＞

【補足】
　　本編の2章以降に示す設計計算例で対象とした橋台の構造条件を以下に示す。

　　なお，本書で想定している構造条件を示しており，実際の設計においては個々の条件ごとにそれぞれ設定する必要がある。

(1) **上部構造**（図- 1.3.1参照）
　　形　　式：鋼単純非合成Ⅰ桁橋：表- 1.5.2のとおり

表- 1.5.2　支承の支持条件

	A1橋台	A2橋台
橋軸方向	可動	固定
橋軸直角方向	固定	固定

(2) **下部構造**（図- 1.5.1参照）
　　形　　式：逆T式橋台
　　基礎形式：直接基礎
　　使用材料：表- 1.5.3のとおり

表- 1.5.3　使用材料及び材料強度の特性値

	コンクリートの設計基準強度 σ_{ck}	鉄筋の降伏強度 σ_{sy}
橋　台	$\sigma_{ck}=24$ N/mm^2	SD345 $\sigma_{sy}=345$ N/mm^2
フーチング		

Ⅲ編 4.1.3
Ⅲ編 4.1.2

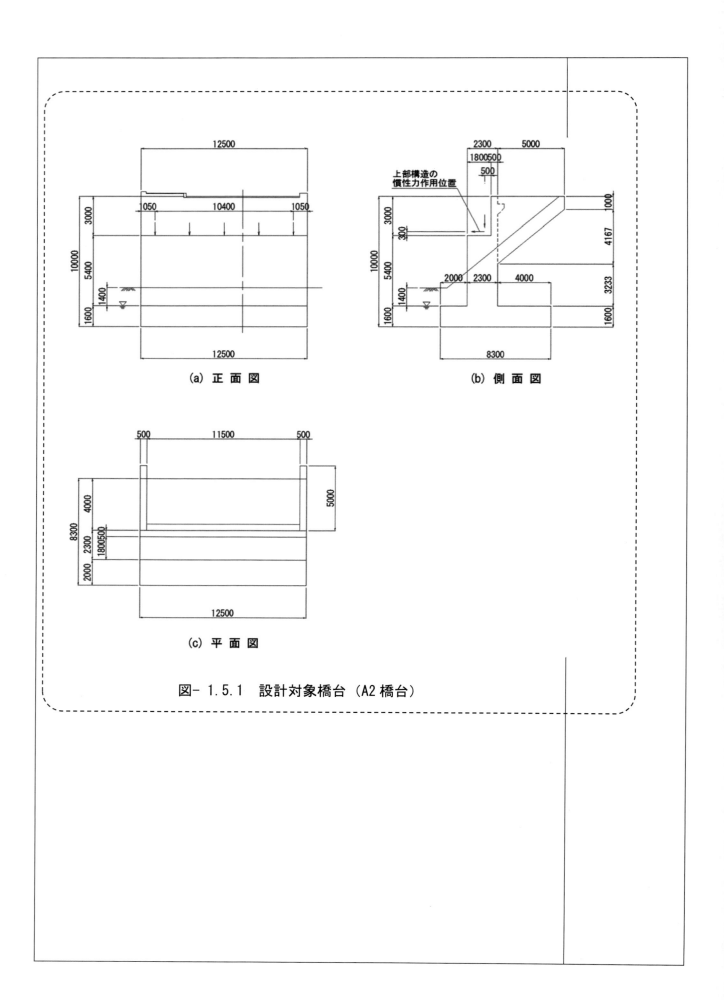

図- 1.5.1 設計対象橋台（A2 橋台）

1.5.3 耐荷性能の照査に用いる荷重条件
＜省略＞

【補足】
(1) 設計で考慮する状況を設定するための作用
　A2 橋台の設計で考慮する荷重又は影響は表- 1.5.4 に示すとおりである。計算に用いる作用の組合せに考慮する荷重又は影響は○印である。

・以下，この設計計算例では A2 橋台のみについて示している。

表- 1.5.4　A2 橋台の設計で考慮する荷重又は影響

荷重又は影響	本設計計算例での考慮の有無	備考
1) 死荷重 （D）	○	―
2) 活荷重 （L）	○	―
3) 衝撃の影響 （I）	―	
4) プレストレス力 （PS）	―	
5) コンクリートのクリープの影響 （CR）	―	※1
6) コンクリートの乾燥収縮の影響 （SH）	―	
7) 土圧 （E）	○	―
8) 水圧 （HP）	○	―
9) 浮力又は揚圧力 （U）	○	―
10) 温度変化の影響 （TH）	―	※2
11) 温度差の影響 （TF）	―	
12) 雪荷重 （SW）	―	※3
13) 地盤変動の影響 （GD）	―	※4
14) 支点移動の影響 （SD）	―	
15) 遠心荷重 （CF）	―	※5
16) 制動荷重 （BK）	―	
17) 橋桁に作用する風荷重（WS）	―	※6
18) 活荷重に対する風荷重（WL）	―	
19) 波圧 （WP）	―	※7
20) 地震の影響 （EQ）	○	―
21) 衝突荷重 （CO）	―	※8
22) その他	―	―

ここに，○：設計で考慮する荷重又は影響
　　　　※1：鋼橋のため考慮しない。
　　　　※2：単純桁の固定・可動支承であるため影響しない。
　　　　※3：積雪地域でないため考慮しない。
　　　　※4：圧密沈下等の影響がないことを確認された場合の設計計算例を示すこととし，考慮しない。
　　　　※5：本橋は，直橋であることや橋面に軌道がないことから考慮しない。
　　　　※6：橋台のため考慮しない。
　　　　※7：海上部に位置しないため考慮しない。
　　　　※8：橋台の周辺に車両用防護柵を設置するため考慮しない。

Ⅰ編 3.1

(2) 上部構造からの荷重（地震の影響を除く）

本橋は，上部構造からの荷重は支承部を介して下部構造に伝達させる構造である。よって，下部構造の設計で考慮する上部構造からの荷重は，設計供用期間中に上部構造に作用する荷重及び影響による下部構造の支点反力とした。

・なお，本書においては，上部構造からの荷重（支点反力）は荷重係数を乗じない作用の特性値を示している。下部構造の耐荷性能の照査は，この反力を下部構造に作用させて，作用の組合せ並びに対応する荷重組合せ係数及び荷重係数を用いて行う。

1) 鉛直荷重

作用の特性値に基づく上部構造から各下部構造に作用する鉛直荷重を表-1.5.5に示す。

表- 1.5.5　上部構造からの鉛直荷重（kN）

作用　　　　下部構造	死荷重 R_D	活荷重（衝撃含まない）R_L
A1，A2 橋台	2800	1350

I編8.1
I編8.2

2) 水平荷重

本橋は，鋼単純非合成I桁橋で支承条件が固定・可動条件であるため，温度変化の影響及び温度差の影響による水平荷重は，橋台を構成する各部材の断面力にはほとんど影響しない。このため，これらの影響による上部構造からの水平荷重は本書では考慮しない。

(3) その他の条件

1) 単位体積重量

鉄筋コンクリート　　：$\gamma_c = 24.5$ kN/m³
フーチング上の土砂：$\gamma_s = 18.0$ kN/m³
水　　　　　　　　：$\gamma_w = 9.8$ kN/m³

I編8.1

2) 橋台の設計水位及びフーチング上の土砂高

設計水位　　　　　　：フーチング上面
フーチング上の土砂高：フーチング上面から 1.400m

3) 土圧

橋台背面土は，一般的な砂質土とする。
背面土のせん断抵抗角　$\phi = 30°$
　　　　　　　　　　　$\phi_{res} = 30°$
　　　　　　　　　　　$\phi_{peak} = 45°$
単位体積重量　　　　　$\gamma = 19.0$ kN/m³

I編8.7

4) 塩害の影響
　　塩害の影響の地域区分：C 地域

5) 地表載荷荷重　　　　　　　　　　　　　　　　　　　　　　　　　　　　Ⅰ編 8.7
　　地表載荷荷重は，舗装等の永続作用分と自動車の通行や群集の変動作用に　　Ⅳ編 3.5, 7.4
起因する分とがある。変動作用要因に起因する分として見込む自動車の通行
や群集の影響の地表載荷荷重 q は，$q=10kN/m^2$ とする。当該地域は，橋に影
響を与えるほどの雪荷重が作用しない地域であることから，別途，積雪の影
響は考慮しない。
　　変動作用要因に起因する分として見込む地表載荷荷重 $q=10kN/m^2$ は，永続
作用支配状況と地震の影響を考慮する変動作用支配状況，及び偶発支配作用
状況においては考慮しない。
　　地表載荷荷重は，着目する構造物の挙動を安全側に評価できるように作用
させる。

・土圧の算定において，地表載荷荷重は，図-1.5.2 に示すとおり，パラペ
　ット背面から後方に全面に作用させる場合を基本とする。ただし，地表載
　荷荷重を鉛直荷重として土の重量に加算する場合においては，着目する照
　査項目に応じて，後フーチング上の地表載荷荷重を考慮する状況と考慮し
　ない状況の設計を実施する。

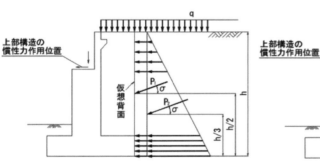 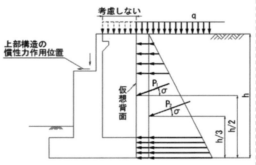

　　(a) パラペット背面から後方に　　　(b) 後フーチング上の地表載荷
　　　　　作用する場合　　　　　　　　　　荷重を考慮しない場合
図-1.5.2　地震の影響を考慮しない設計状況における地表載荷荷重の作用方法

6) 踏掛版
　　踏掛版の長さ　　：$L_0=5.0m$
　　踏掛版の厚さ　　：$H=0.4m$
　　舗装の厚さ　　　：$h=0.2m$

(4) 作用の組合せと作用の組合せに対する荷重組合せ係数及び荷重係数

A2 橋台の設計で考慮する作用の組合せと，作用の組合せに対する荷重組合せ係数 γ_p 及び荷重係数 γ_q を表- 1.5.6 に示す。

I 編 3.3 表-3.3.1

表- 1.5.6 作用の組合せに対する荷重組合せ係数及び荷重係数

作用の組合せ			荷重組合せ係数γpと荷重係数γqの値								設計で考慮する組合せ
		設計状況の区分	D		L		E, HP, U		EQ		
			γp	γq	γp	γq	γp	γq	γp	γq	橋軸方向
①	D	永続作用支配状況	1.00	1.05	-	-	1.00	1.05	-	-	○
②	D+L	変動作用支配状況	1.00	1.05	1.00	1.25	1.00	1.05	-	-	○
③	D+TH		1.00	1.05	-	-	1.00	1.05	-	-	—
④	D+TH+WS		1.00	1.05	-	-	1.00	1.05	-	-	—
⑤	D+L+TH		1.00	1.05	0.95	1.25	1.00	1.05	-	-	—
⑥	D+L+WS+WL		1.00	1.05	0.95	1.25	1.00	1.05	-	-	—
⑦	D+L+TH+WS+WL		1.00	1.05	0.95	1.25	1.00	1.05	-	-	—
⑧	D+WS		1.00	1.05	-	-	1.00	1.05	-	-	—
⑨	D+TH+EQ		1.00	1.05	-	-	1.00	1.05	0.50	1.00	○
⑩	D+EQ		1.00	1.05	-	-	1.00	1.05	1.00	1.00	○
⑪	D+EQ	偶発作用支配状況	1.00	1.05	-	-	1.00	1.05	1.00	1.00	—
⑫	D+CO		1.00	1.05	-	-	1.00	1.05	-	-	—

1.5.4 地盤条件

＜省略＞

【補足】

A2 橋台位置での地盤調査に基づいて得られた土質柱状図を図- 1.5.3 に，設計に用いる地盤定数を表- 1.5.7 に示す。なお，地下水位は，フーチング上面位置であることが調査により確認できたことから，フーチング及び基礎の耐久性能及び耐荷性能は，浮力を考慮する場合としない場合の組合せで照査する。また，橋に影響を与える液状化が生じる土層はない。

設計に用いる地盤定数は，表- 1.5.7 の※1～※3 に示す方法により推定した場合を本書では示している。

Ⅳ編 2.4.3
Ⅳ編 4.2
Ⅳ編 8.5.1

表- 1.5.7 設計に用いる地盤定数

地盤の種類	層厚 (m)	平均 N 値	変形係数 αE_0 (kN/m²)		粘着力 c (kN/m²)	せん断抵抗角 ϕ (°)	単位体積重量 (kN/m³) ※3	
			地震の影響含まない	地震の影響含む			γ	γ'
砂質土	2.00	20	—	—	—	—	19	10
砂れき	10.00	50	140000※1	280000※1	0	38※2	21	12

※1：E_0 は孔内水平載荷試験から得られた変形係数 E_b

※2：ϕ は三軸圧縮試験から求めた値

※3：γ は物理試験による測定値で，γ'(地下水位以下)は γ から 9(kN/m³) を差し引いた値

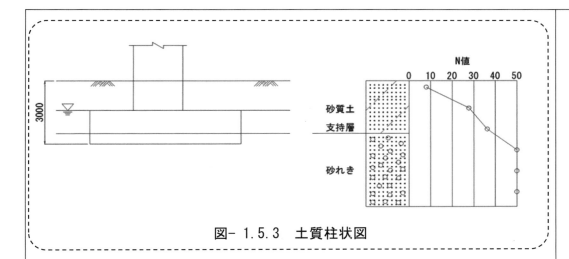
図- 1.5.3 土質柱状図

1.5.5 地震の影響による荷重の特性値
＜省略＞

【補足】
(1) 耐震設計上の条件
 1) 地域区分及び地盤種別
　　地域区分：A2 地域（地域別補正係数 $c_z=1.00$, $c_{Iz}=1.00$, $c_{IIz}=1.00$）
　　耐震設計上の地盤種別：Ⅰ種地盤

V編 3.4
V編 3.6

 2) 設計水平震度
　　静的解析に用いる設計水平震度は，レベル1地震動における設計振動単位の固有周期に応じて算出する。算出した固有周期及び設計水平震度は，3.3.1 に示す。また，土の重量に起因する慣性力の算出に用いる地盤面における設計水平震度は次のとおりである。

　　地盤面における設計水平震度（Ⅰ種地盤）
　　レベル1地震動：$k_{hg}=c_z \cdot k_{hg0}=1.00 \times 0.16 = 0.16$

V編 4.1.6(5)

(2) 設計振動単位
　　設計対象の A2 橋台が含まれる設計振動単位は，支承の支持条件より次のとおりである。
　　　橋軸方向：A1 橋台，A2 橋台とそれが支持する上部構造部分

V編 4.1.4

(3) 固有周期，設計水平震度及び支持する上部構造部分の重量
 1) レベル1地震動の固有周期，設計水平震度及び支持する上部構造部分の重量
　　(2)に示した設計振動単位におけるレベル1地震動の固有周期，設計水平震度及び下部構造が支持する上部構造部分の重量(特性値)を表- 1.5.8 に示す。

- 本書では計算の過程などの詳細の記述は省略するが，固有周期の算定にあたってのポイントは，次のとおりである。

① 設計振動単位の固有周期の算出にあたっては，道示Ⅴ編 4.1.5(1)解説より，設計の状況を踏まえ，考慮する構造物に死荷重の荷重組合せ係数及び荷重係数 $\gamma_{pD} \cdot \gamma_{qD} = 1.05$ を考慮した。ただし，表- 1.5.8 に示す下部構造が支持する上部構造部分の重量 W_U や水平力 H_{EQ} は，荷重係数を考慮していない荷重の特性値に相当する値を示している。これは，計算の過程で荷重係数を考慮していない荷重と荷重係数を考慮した荷重が混在すると，誤りが生じやすいためである。

② 基礎の地盤ばね定数の算出は，道示Ⅴ編 式(解 4.1.4)に示される地盤の動的変形係数 E_D を用いた。

Ⅴ編 4.1.5

Ⅴ編 4.1.6(3)

表- 1.5.8　レベル 1 地震動の固有周期，設計水平震度及び
下部構造が支持する上部構造部分の重量

			A2 橋台
橋軸方向	固有周期	T (s)	0.20
	設計水平震度	k_{h0}	0.20
		$k_h(=c_z \cdot k_{h0})$	0.20
	支持する上部構造重量※	W_U (kN)	5600
	水平力※	$H_{EQ}=W_U \cdot k_h$	1120

※本表では，下部構造が支持する上部構造部分の重量 W_U や水平力 H_{EQ} は，荷重係数を考慮していない荷重の特性値に相当する値を示している。

1.6 設計
＜省略＞

Ⅰ編 1.8.2
Ⅳ編 3.7

【補足】
　本書Ⅱ編 1.6 に示すように，構造解析に用いた手法や構造設計上の配慮事項とともに，当該手法を適用した根拠や構造設計上の配慮が必要となる理由について示すこととなる。

1.6.1 構造解析
＜省略＞

Ⅱ編〜Ⅳ編 3.7
Ⅴ編 2.6
Ⅳ編 9.6
Ⅳ編 7.7
Ⅴ編 5.1(1)

【補足】
　本書Ⅱ編 1.6.1 に示すように，構造解析に用いた手法の妥当性を明らかにするために，解析モデルに入力した情報やその解析モデルを選定した理由などについて示すこととなる。
　なお，本編の 2 章以降では橋台を対象として，構造解析は以下によるとした場合の設計計算例を示している。
　各部材等の断面力，応力及び変位の算出にあたっては，道示Ⅱ編〜Ⅳ編 3.7 及び道示Ⅴ編 2.6 に従う。また，直接基礎底面の地盤反力度，及びフーチングの断面力の算出にあたっては，道示Ⅳ編 9.6 及び 7.7 に従う。
　本編で示す橋台は，以下に示す道示Ⅴ編 5.1(1) の 1)〜3) に該当することから，地震の影響を考慮する場合の橋の応答値を算出する構造解析手法としては，静的解析を用いる。
　　1) 1 次の固有振動モードが卓越している。
　　2) 塑性化の生じる部材及び部位が明確である。
　　3) エネルギー一定則の適用性が検証されている。

1.6.2 構造設計上の配慮事項
＜省略＞

【補足】
　本書Ⅱ編 1.6.2 に示すように，部材等の耐荷性能や耐久性能の設計等に関して，構造設計上配慮した事項との関係やその妥当性を明らかにするために，構造設計上の配慮として部材等の設計に反映した事項をその検討過程や理由とともに示すこととなる。
　なお，本編では下部構造の設計手順を示すことを目的としているため配慮事項や構造設計への反映方法についての記載は省略している。

2章 橋台各部の設計

2.1 検討概要

逆 T 式橋台の各部材の設計の流れを図- 2.1.1 に示す。

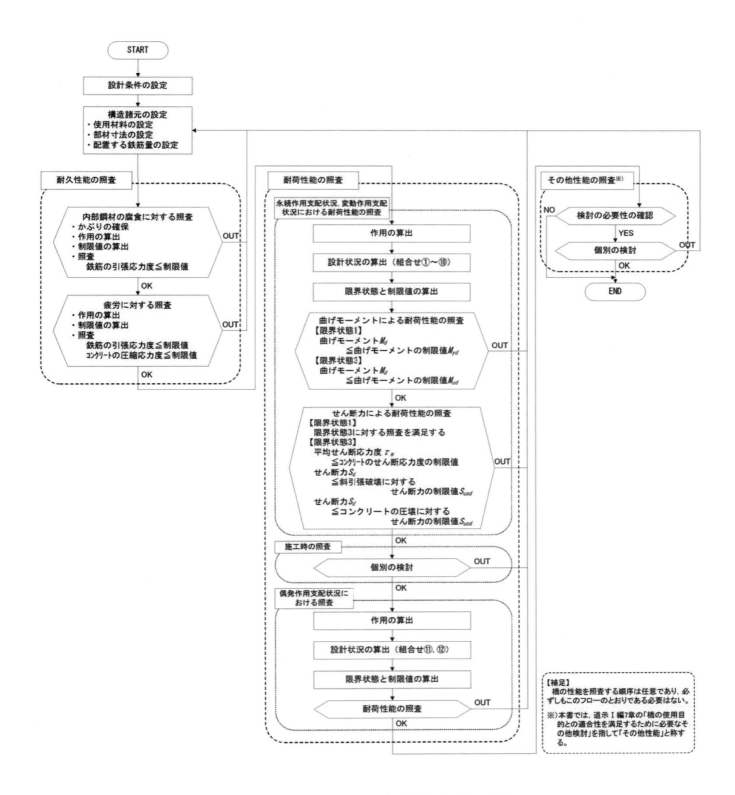

図- 2.1.1　逆T式橋台の各部材の設計の流れ

2.2 パラペットの設計

パラペットは，耐荷性能を確保するために，表-2.2.7 に示したように永続作用支配及び変動作用支配状況に対して部材の限界状態 1 及び限界状態 3 を超えないことを照査する。

耐久性能については，気中にある部材として，表-2.2.3 に示したように鋼材の腐食及び疲労に対する照査を実施する。

また，本橋台には踏掛版を設置するため，図-2.2.1 に示すように荷重状態によって前面が引張りになる場合と背面が引張りになる場合が生じる。パラペットは，それぞれの面に生じる引張力に対して，所要の耐荷性能及び耐久性能を有するように設計する。

図-2.2.1 の(a)は，パラペット前面が引張側になる場合の荷重状態であり，本橋台の設計においては，作用の組合せ①D 及び②D+L で考慮する状態である。また，(b)は，パラペット背面が引張側になる場合の荷重状態であり，作用の組合せ⑨D+TH+EQ 及び⑩D+EQ で考慮する状態である。

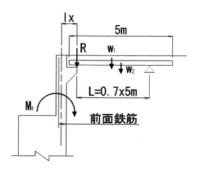
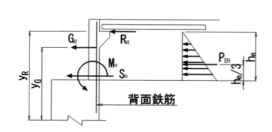

(a) 死荷重及び活荷重が作用する場合の例 　　(b) レベル1地震動の影響を考慮する設計状況の例

図-2.2.1　踏掛版を設置する場合の荷重の作用

-329-

2.2.1 設計断面位置及び各設計断面における荷重の特性値から算出した断面力

曲げモーメント及びせん断力による設計断面はパラペットのつけ根位置となる。設計断面における荷重の特性値から算出した断面力の計算結果として，パラペット前面が引張側になる場合の荷重状態（作用の組合せ①D 及び②D+L）を表- 2.2.1 に，パラペット背面が引張側になる場合の荷重状態（作用の組合せ⑨D+TH+EQ 及び⑩D+EQ）を表- 2.2.2 に示す。

【補足】
・なお，道示Ⅴ編 13.3.2 の規定より，落橋防止構造を設置しない橋の条件に該当するように設計したとして，落橋防止構造からの作用の影響は考慮しない場合の設計計算例を示している。

表- 2.2.1 パラペット前面が引張側になる場合の設計断面における荷重の特性値から算出した断面力

(a) 作用の組合せ①D

荷重または影響 ＼ 特性値から算定した断面力			N (kN/m)	M (kN・m/m)
パラペット基部における曲げモーメントM_f		—	—	18.8
受け台に作用する全反力$R=R_f+R_T$		—	25.0	—
死荷重	受け台に作用するw_1, w_2による反力 $R_f=1/2\cdot(w_1+w_2)\cdot L$	D	25.0	—
	踏掛版上の舗装の自重w_1 (kN/m^2)		4.5	—
	踏掛版の自重w_2 (kN/m^2)		9.8	—

(b) 作用の組合せ②D+L

荷重または影響 ＼ 特性値から算定した断面力			N (kN/m)	M (kN・m/m)
パラペット基部における曲げモーメントM_f		—	—	73.3
受け台に作用する全反力$R=R_f+R_T$		—	97.8	—
死荷重	受け台に作用するw_1, w_2による反力 $R_f=1/2\cdot(w_1+w_2)\cdot L$	D	25.0	—
	踏掛版上の舗装の自重w_1 (kN/m^2)		4.5	—
	踏掛版の自重w_2 (kN/m^2)		9.8	—
活荷重	受け台に作用するT荷重による反力 $R_T=T/1.375$	L	72.7	—
	T荷重の片側荷重T		100	—

表- 2.2.2 パラペット背面が引張側になる場合の設計断面における荷重の特性値から算出した断面力（作用の組合せ⑨D+TH+EQ 及び⑩D+EQ）

荷重または影響 ＼ 特性値から算出した断面力			M (kN・m/m)	N (kN/m)	S (kN/m)
死荷重	パラペットおよびパラペット受け台	D	—	43.5	—
	踏掛版		—	25.0	—
レベル1地震動の影響	a:パラペットおよび受台	EQ	13.9	—	8.7
	b:踏掛版		24.0	—	10.0
	c:土圧		18.1	—	22.6
	合計=a+b+c		56.0	—	41.3

2.2.2 耐久性能の照査

1.2.3及び1.4.2の設計方針に従い，パラペットの耐久性能に関しては，表-2.2.3に示す項目により照査を行う。

表-2.2.3　パラペットの耐久性能の照査に関する主な照査項目

照査項目	耐久性確保の方法
内部鋼材の腐食	・かぶりによる内部鋼材の防食 　気中の場合：かぶり≧道示Ⅲ編5.2.3(2)の最小かぶり 　水中又は土中の場合：かぶり≧道示Ⅳ編5.2.2(4)の最小かぶり ・鉄筋の引張応力度の照査 　鉄筋の引張応力度 σ_s≦鉄筋の引張応力度の制限値 　　　　　　　　　　　　　　　　　　　　　・・・道示Ⅳ編6.2(2)
疲労	・鉄筋の引張応力度の照査 　鉄筋の引張応力度 σ_s≦鉄筋の引張応力度の制限値 　　　　　　　　　　　　　　　　　　　　　・・・道示Ⅳ編6.3(2) ・コンクリートの圧縮応力度の照査 　コンクリートの圧縮応力度 σ_c≦コンクリートの圧縮応力度の制限値 　　　　　　　　　　　　　　　　　　　　　・・・道示Ⅳ編6.3(2)

(1) 耐久性能の照査に用いる設計断面力

耐久性能の照査に用いる各設計断面における設計断面力を表-2.2.4に示す。(b)のD+L(疲労照査用)とは，道示Ⅲ編6.3.2に規定される鉄筋コンクリート部材の疲労に対する耐久性確保のための照査に用いる作用の組合せ[1.00(D+L+PS+CR+SH+E+HP+U)]を示す。

Ⅲ編6.3.2

表-2.2.4　耐久性能の照査に用いる設計断面力

(a)　永続作用支配状況

荷重または影響	設計断面力	N (kN/m)	M (kN・m/m)
パラペット基部における曲げモーメントM_f	—	—	19.7
受け台に作用する全反力$R=R_f+R_T$	—	26.3	—
死荷重　受け台に作用するw_1,w_2による反力 $R_f=1/2・(w_1+w_2)・L$	D	26.3	—
死荷重　踏掛版上の舗装の自重w_1 (kN/m²)	D	4.725	—
死荷重　踏掛版の自重w_2 (kN/m²)	D	10.29	—

(b)　D+L(疲労照査用)

荷重または影響	設計断面力	N (kN/m)	M (kN・m/m)
パラペット基部における曲げモーメントM_f	—	—	73.3
受け台に作用する全反力$R=R_f+R_T$	—	97.8	—
死荷重　受け台に作用するw_1,w_2による反力 $R_f=1/2・(w_1+w_2)・L$	D	25.0	—
死荷重　踏掛版上の舗装の自重w_1 (kN/m²)	D	4.5	—
死荷重　踏掛版の自重w_2 (kN/m²)	D	9.8	—
活荷重　受け台に作用するT荷重による反力 $R_T=T/1.375$	L	72.7	—
活荷重　T荷重の片側荷重T	L	100	—

(2) 内部鋼材の腐食に対する耐久性能の照査

1) かぶりによる内部鋼材の防食

　パラペットの鉄筋のかぶりは，道示Ⅲ編 5.2.3(2)に規定される最小かぶり以上のかぶりを有している。。

【補足】
・かぶりの設計は道示Ⅳ編5.2.2（耐荷性能），道示Ⅳ編6.2（耐久性能）に規定される最小かぶりに施工誤差等を考慮して設定することとなる。施工条件，施工誤差等によるかぶりの増厚分の値は，実施工事例などを調査し設定することとなる。

2) 鉄筋の引張応力度の制限に対する照査

　曲げモーメントにより発生する鉄筋の引張応力度は，いずれも道示Ⅲ編 6.2.2 に規定される制限値を超えない。

　また，耐久性能の照査を行う作用の組合せによって，橋軸方向のせん断力は生じないため，鉄筋に引張応力度は生じない。

表- 2.2.5　曲げモーメントによる照査結果

			曲げモーメント又は軸方向力
曲げモーメント	M	kN·m	20
断面寸法	b	m	1.000
	h	m	0.500
	d_0	m	0.150
	d	m	0.350
軸方向引張鉄筋量	A_s	mm²	D25-4本×1段配筋 2026.8
鉄筋の引張応力度の照査	σ_s	N/mm²	31.8
	制限値※	N/mm²	100
	判定	—	OK

Ⅲ編 6 章
Ⅲ編 5.4.1
Ⅲ編表-6.2.1

※鋼材の腐食照査において，パラペット前面鉄筋が引張側になる場合であることから，気中におかれる部材としてⅢ編表-6.2.1 に規定される制限値とした。

3) 耐久性能の照査

　1)，2)より，内部鋼材の腐食に対する耐久性能の照査を満足する。

Ⅳ編 6.2

-332-

（3）疲労に対する耐久性能の照査

表-2.2.4 に示した設計断面力を用いて鉄筋の引張応力度の制限値に対する照査及びコンクリートの圧縮応力度の照査を行った。

曲げモーメントによる照査結果は表-2.2.6 に示すとおりであり，曲げ応力度は応力度の制限値を超えない。また，耐久性能の照査を行う作用の組合せによって，橋軸方向のせん断力は生じないため，耐久性能の照査に用いる応力度の制限値を超えないことから，疲労に対する耐久性能の照査を満足する。

表-2.2.6 曲げモーメントによる照査結果

III編 5.4.1
III編表-6.3.1
III編表-6.3.2

			曲げモーメント又は軸方向力
曲げモーメント	M	kN・m	73
断面寸法	b	m	1.000
	h	m	0.500
	d_0	m	0.150
	d	m	0.350
軸方向引張鉄筋量	A_s	mm^2	D25-4本×1段配筋 2026.8
コンクリートの圧縮応力度の照査	σ_c	N/mm^2	4
	制限値	N/mm^2	8.0
	判定	ー	OK
鉄筋の引張応力度の照査	σ_s	N/mm^2	116
	制限値※	N/mm^2	180
	判定	ー	OK

※パラペットは，地下水位以浅のため，鉄筋の引張応力度の制限値はIII編表-6.3.1 に規定される値とした。

2.2.3 耐荷性能の照査

表-2.2.7 に，パラペットの耐荷性能の照査項目を示す。耐荷性能の照査は道示IV編5.1 に規定されるとおり，コンクリート部材は道示IV編5.2 の規定に従ったうえで，道示III編5章の規定によることから，表-2.2.7 には直接道示III編の規定を挙げている。

表-2.2.7 パラペットの耐荷性能の照査に関する主な照査項目

状態 / 状況	主として機能面からの橋の状態		構造安全面からの橋の状態
	部材等としての荷重を支持する能力が確保されている限界の状態（部材の限界状態1）	部材等として荷重を支持する能力は低下しているもののあらかじめ想定する能力の範囲にある状態（部材の限界状態2）	これを超えると部材等としての荷重を支持する能力が完全に失われる限界の状態（部材の限界状態3）
永続作用や変動作用が支配的な状況	・曲げモーメント $M_d \leqq M_{yd}=\xi_1\Phi_y M_{yc}$ ・・・道示III編 5.5.1(3) ・せん断力 同右 ・・・道示III編 5.5.2(1)		・曲げモーメント $M_d \leqq M_{ud}=\xi_1\xi_2\Phi_u M_{uc}$ ・・・道示III編 5.7.1(3), 5.8.1(3) ・せん断力 【耐荷性能の前提】 $\tau_m \leqq$ コンクリートのせん断応力度の制限値 ・・・道示IV編 5.2.7(3) 【斜引張破壊】 $S_d \leqq S_{usd}=\xi_1\xi_2(\Phi_{uc}S_c+\Phi_{us}S_s)$ ・・・道示III編 5.7.2(3), 5.8.2(3) 【コンクリートの圧壊】 $S_d \leqq S_{ucd}=\xi_1\xi_2\Phi_{ucw}S_{ucw}$ ・・・道示III編 5.7.2(4), 5.8.2(4)
偶発作用が支配的な状況		永続作用や変動作用が支配的な状況において，限界状態1及び限界状態3を超えないことを照査することで確認する。	

-333-

(1) 耐荷性能の照査に用いる設計断面力 表- 1.5.6 に示した作用の組合せと作用の組合せに対する荷重組合せ係数及び荷重係数を考慮した耐荷性能の照査に用いる設計断面における設計断面力を表- 2.2.8 及び表- 2.2.9 に示す。表- 2.2.8(b)のＴ荷重の片側荷重Ｔには，活荷重の荷重組合せ係数及び荷重係数を考慮した。また，表- 2.2.9 (b)の躯体自重による地震の影響に伴う断面力の算出にあたっては，地震の影響による荷重組合せ係数及び荷重係数の他，死荷重の荷重組合せ係数及び荷重係数を考慮した。なお，地震時土圧の作用は，道示Ｖ編 式(4.2.1)により算出される地震時土圧の値に対して土圧の荷重組合せ係数及び荷重係数を考慮した。このとき，地震時土圧の算出式において，地震の影響を考慮する変数である道示Ｖ編 式(4.2.2)の設計水平震度には，地震の影響（EQ）に対する荷重組合せ係数及び荷重係数を考慮した。	Ｖ編 2.5(4) 解説
【補足】 ・耐荷性能の照査に用いる断面力（ここでは，設計断面力という）は，道示Ｉ編式(5.2.1)に示されるとおり，設計状況における作用効果の算出にあたっては，各作用の特性値にそれぞれの荷重係数及び荷重組合せ係数を乗じて断面力を算出して，それらを集計する。 ・一方，永続作用支配状況及び変動作用支配状況における下部構造の設計は，弾性計算（線形）であることから，作用の組合せにおける設計断面力は，各作用の特性値から算出した断面力に，それぞれの荷重係数及び荷重組合せ係数を乗じて，それらを集計することによっても前述と同一の断面力を算出することができる。 ・本書においては，後者の方法により設計断面力を算出することとし，各作用の組合せにおける設計断面力 S_d は，下式により算出した。 $S_d = \Sigma(\gamma_{pi} \cdot \gamma_{qi} \cdot S_{特 i})$ ・・・・・・・・・・・・・・・・・・・・ (4.1.1) ここに， $S_{特 i}$：各荷重の特性値から算出した断面力 γ_{pi}：各作用の組合せに対する荷重組合せ係数（表- 1.5.6 参照） γ_{qi}：各作用の組合せに対する荷重係数（表- 1.5.6 参照） 例えば，パラペット前面が引張側になる場合における作用の組合せ②D+Lの場合の設計反力 R は，次のように算出される。 $R = \underbrace{1.00}_{\gamma_{pD}} \times \underbrace{1.05}_{\gamma_{qD}} \times \underbrace{25.0}_{R_{fD}} + \underbrace{1.00}_{\gamma_{pL}} \times \underbrace{1.25}_{\gamma_{qL}} \times \underbrace{72.7}_{R_{TL}} = 117.2$ (kN)	Ｉ編式(5.2.1)

表-2.2.8 耐荷性能の照査に用いる設計断面における設計断面力（パラペット前面が引張側になる場合）

(a) 作用の組合せ①D

荷重または影響		設計断面力	N (kN/m)	M (kN・m/m)
パラペット基部における曲げモーメントM_f		—	—	19.7
受け台に作用する全反力$R=R_f+R_T$		—	26.3	—
死荷重	受け台に作用するw_1, w_2による反力 $R_f=1/2・(w_1+w_2)・L$	D	26.3	—
	踏掛版上の舗装の自重w_1 (kN/m²)		4.725	—
	踏掛版の自重w_2 (kN/m²)		10.29	—

(b) 作用の組合せ②D+L

荷重または影響		設計断面力	N (kN/m)	M (kN・m/m)
パラペット基部における曲げモーメントM_f		—	—	87.9
受け台に作用する全反力$R=R_f+R_T$		—	117.2	—
死荷重	受け台に作用するw_1, w_2による反力 $R_f=1/2・(w_1+w_2)・L$	D	26.3	—
	踏掛版上の舗装の自重w_1 (kN/m²)		4.725	—
	踏掛版の自重w_2 (kN/m²)		10.29	—
活荷重	受け台に作用するT荷重による反力 $R_T=T/1.375$	L	90.9	—
	T荷重の片側荷重T		125	—

表-2.2.9 耐荷性能の照査に用いる設計断面における設計断面力（パラペット背面が引張側になる場合）

(a) 作用の組合せ⑨D+TH+EQ

荷重または影響		設計断面力	M (kN・m/m)	N (kN/m)	S (kN/m)
死荷重	パラペットおよびパラペット受け台	D	—	45.7	—
	踏掛版		—	26.3	—
レベル1 地震動 の影響	a:パラペットおよび受台	EQ	7.3	—	4.6
	b:踏掛版		12.6	—	5.3
	c:土圧		15.0	—	18.8
	合計=a+b+c		34.9	—	28.6

(b) 作用の組合せ⑩D+EQ

荷重または影響		設計断面力	M (kN・m/m)	N (kN/m)	S (kN/m)
死荷重	パラペットおよびパラペット受け台	D	—	45.7	—
	踏掛版		—	26.3	—
レベル1 地震動 の影響	a:パラペットおよび受台	EQ	14.6	—	9.1
	b:踏掛版		25.2	—	10.5
	c:土圧		19.0	—	23.7
	合計=a+b+c		58.8	—	43.4

(2) 曲げモーメントによる照査

　曲げモーメントによる耐荷性能の照査は，表-2.2.8及び表-2.2.9に示した各設計状況の作用の組合せにおける設計曲げモーメントに対して行った。曲げモーメントによる耐荷性能の照査結果は表-2.2.10に示すとおりであり，曲げモーメントは限界状態1及び限界状態3に対する曲げモーメントの制限値を超えないことから，限界状態1及び限界状態3に対する照査を満足する。 Ⅲ編 5.5.1 / Ⅲ編 5.7.1

　最大抵抗曲げモーメント M_u はコンクリートのひび割れ曲げモーメント M_c 以上となることから，最小鉄筋量の規定を満足する。また，軸方向引張鉄筋量は部材の有効断面積の2%以下で，かつ軸方向鉄筋量は部材の全断面積の6%以下であり，最大鉄筋量の規定を満足する。 Ⅳ編 5.2.1

表-2.2.10 曲げモーメントによる照査結果

			永続支配 ①D	変動支配 ②D+L	変動支配 ⑨D+TH+EQ	変動支配 ⑩D+EQ	
曲げモーメント	M	kN·m	20	88	35	59	
断面寸法	b	m	1.000				
	h	m	0.500				
	d_0	m	0.150				
	d	m	0.350				
軸方向引張鉄筋量	A_s	mm²	D25-4本×1段配筋 2026.8				
限界状態1に対する照査	M_{yc}	kN·m	219	219	219	219	Ⅲ編 5.5.1 式(5.5.1) 表-5.5.1
	ξ_1	—	0.90	0.90	0.90	0.90	
	Φ_y	—	0.85	0.85	0.85	1.00	
	M_{yd}	kN·m	168	168	168	197	
	判定	—	$M \leq M_{yd}$ OK	$M \leq M_{yd}$ OK	$M \leq M_{yd}$ OK	$M \leq M_{yd}$ OK	
限界状態3に対する照査	M_{uc}	kN·m	232	232	232	232	Ⅲ編 5.8.1 式(5.8.1) 表-5.8.1
	ξ_1	—	0.90	0.90	0.90	0.90	
	ξ_2	—	0.90	0.90	0.90	0.90	
	Φ_u	—	0.80	0.80	0.80	1.00	
	M_{ud}	kN·m	150	150	150	188	
	判定	—	$M \leq M_{ud}$ OK	$M \leq M_{ud}$ OK	$M \leq M_{ud}$ OK	$M \leq M_{ud}$ OK	
曲げを受ける部材としての最小鉄筋量の照査	M_c	kN·m	79.7	79.7	79.7	79.7	Ⅳ編 5.2.1
	M_u	kN·m	232	232	232	232	
	1.7M	kN·m	34	149	59	100	
	判定	—	$M_c \leq M_u$ OK	$M_c \leq M_u$ OK	$M_c \leq M_u$ OK	$M_c \leq M_u$ OK	

-336-

（3）せん断力による照査

せん断力による耐荷性能の照査は，表- 1.5.6 に示した作用の組合せに対して行った。

せん断力による耐荷性能の照査結果は表- 2.2.11 に示すとおりであり，変動作用支配状況において，設計断面に生じる平均せん断応力度又はせん断力は，限界状態 3 に対する平均せん断応力度の制限値，斜引張破壊に対するせん断力の制限値及びコンクリートの圧壊に対するせん断力の制限値を超えないことから限界状態 3 に対する照査を満足する。

Ⅲ編 5.5.2(1)

以上のように，設計せん断力は変動作用支配状況を考慮する設計状況において限界状態 3 の制限値を超えない。ゆえに，道示Ⅲ編 5.5.2(1)の規定により限界状態 1 に対する照査も満足する。

表- 2.2.11　せん断力による照査結果

			変動支配	
			⑨D+TH+EQ	⑩D+EQ
せん断力	S	kN	29	43
断面寸法	b	m	1.000	
	h	m	0.500	
	d_0	m	0.150	
	d	m	0.350	
軸方向引張鉄筋量	A_s	mm^2	D25-4本×1段配筋 2026.8	
	p_t	%	0.579	
平均せん断応力度	τ_m	N/mm^2	0.082	0.124
	制限値	N/mm^2	2.60	2.60
	判定	—	OK	OK
コンクリートが負担できる平均せん断応力度	τ_c	N/mm^2	0.35	
	c_e	—	1.371	
	c_{pt}	—	1.247	
	c_{dc}	—	1.000	
	c_c	—	1.000	
	τ_r	N/mm^2	0.599	
コンクリートが負担できるせん断力	k	—	1.30	
	$\tau_{c\,max}$	N/mm^2	1.2	
	$\tau_{c\,max}bd$	kN	420	
	S_c	kN	272	
せん断補強鉄筋の断面積及び間隔	A_w	mm^2	–	
	a	mm	–	
せん断補強鉄筋が負担するせん断力	c_{ds}	—	1.000	
	k	—	1.30	
	σ_{sy}	N/mm^2	345	
	S_s	kN	–	
斜引張破壊に対するせん断力の制限値	ξ_1	—	0.90	0.90
	ξ_2	—	0.85	0.85
	Φ_{uc}	—	0.65	0.95
	Φ_{us}	—	0.65	0.95
	S_{usd}	kN	135	198
	判定	—	$S \leqq S_{usd}$ OK	$S \leqq S_{usd}$ OK
圧壊に対するせん断耐力の特性値	$\tau_{r\,max}$	N/mm^2	3.200	
	S_{ucw}	kN	1120	
コンクリートの圧壊に対するせん断力の制限値	ξ_1	—	0.90	0.90
	$\xi_2\Phi_{ucw}$	—	0.70	1.00
	S_{ucd}	kN	706	1008
	判定	—	$S \leqq S_{ucd}$ OK	$S \leqq S_{ucd}$ OK

Ⅳ編 5.2.7
式(5.2.1)
表-5.2.4
Ⅲ編 5.8.2
表-5.8.5
表-5.8.7
c_{pt}
Ⅳ編表-5.2.3

Ⅲ編
τ_r 式(5.8.4)
S_c
式(5.8.3)
表-5.8.6
S_s
式(5.8.5)
S_{usd}
式(5.8.2)
表-5.8.3
S_{ucw}
式(5.8.8)
表-5.8.10
S_{ucd}
式(5.8.7)
表-5.8.9

2.3 たて壁の設計

たて壁は，耐荷性能を確保するために，表-2.3.6 に示したように永続作用支配及び変動作用支配状況において部材の限界状態1及び限界状態3を超えないことを照査する。

耐久性能については，土中にある部材として，表-2.3.2 に示したように鋼材の腐食及び疲労に対する照査を実施する。

2.3.1 たて壁の配筋

設計断面であるたて壁基部の配筋を図-2.3.1 に示す。配力鉄筋及び中間帯鉄筋は，道示Ⅳ編8.4.1 に示されるせん断補強鉄筋の配置の規定を満足している。

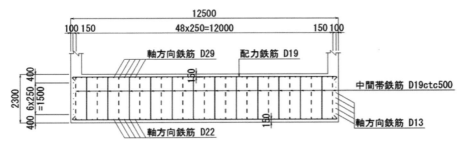

図-2.3.1 たて壁断面の配筋

2.3.2 たて壁基部における荷重の特性値から算出した断面力

たて壁基部における荷重の特性値から算出した断面力の計算結果を表-2.3.1に示す。

なお，たて壁の設計において，上部構造と踏掛版受け台の鉛直荷重作用位置は，たて壁図心位置よりも橋台背面側となることから，土圧や地震動の影響による曲げモーメントの作用方向に対して逆向きの作用となる。このため，上部構造と踏掛版受け台の鉛直荷重による偏心曲げモーメントの作用は考慮していない。

|Ⅳ編7.4.2|

表- 2.3.1　たて壁基部における荷重の特性値から算出した断面力

荷重または影響	特性値から算出した断面力		M (kN・m)	N (kN)	S (kN)
死荷重	—	D	—	571.2	—
活荷重	—	L	—	108.0	—
土圧	地表載荷荷重qなし	E	570.2	—	203.6
	地表載荷荷重qあり		677.4	—	229.1
温度変化の影響	—	TH	—	—	—
レベル1地震動の影響	a：上部構造	EQ	510.7	—	89.6
	b：躯体		224.3	—	69.4
	c：土圧		774.8	—	276.7
	合計=a+b+c		1509.8	—	435.8

2.3.3　耐久性能の照査

　1.2.3 及び 1.4.2 の設計方針に従い，たて壁の耐久性能に関しては，表- 2.3.2 に示す項目により照査を行う。

表- 2.3.2　たて壁の耐久性能の照査に関する主な照査項目

照査項目	耐久性確保の方法
内部鋼材の腐食	・かぶりによる内部鋼材の防食 　かぶり≧道示Ⅳ編 5.2.2(4)の最小かぶり 　　　　　　　　　　　　　　　・・・道示Ⅳ編 6.2(2)
疲労	・鉄筋の引張応力度の照査 　鉄筋の引張応力度 σ_s≦鉄筋の引張応力度の制限値 　　　　　　　　　　　　　　　・・・道示Ⅳ編 6.3(2) ・コンクリートの圧縮応力度の照査 　コンクリートの圧縮応力度 σ_c≦コンクリートの圧縮応力度の制限値 　　　　　　　　　　　　　　　・・・道示Ⅳ編 6.3(2)

(1)　耐久性能の照査に用いる設計断面力

　耐久性能の照査に用いる設計断面力を表- 2.3.3 に示す。鉄筋コンクリート部材の疲労に対する耐久性確保のための照査に用いる作用の組合せは，道示Ⅲ編 6.3.2 に規定される［1.00(D+L+PS+CR+SH+E+HP+U)］により算出した。

【補足】
・本書では，耐荷性能の照査に用いるたて壁の設計断面がたて壁基部であることから，たて壁が土中にある部材として耐久性能の照査を行った。一方で，たて壁はその大部分が気中にある部材であるため，架橋位置が塩害の影響を受ける地域である場合など，設計断面が土中にある部材というだけで単に土中にある部材と判断して耐久性能の照査を行うと，気中にある部材として考えた場合に，内部鋼材の腐食に対する照査を満足しないことも考えられる。このため，部材の耐久性能の照査項目を決定する上では注意が必要である。

表- 2.3.3　耐久性能の照査に用いる設計断面力

作用の組合せ　　　　設計断面力	M (kN・m)	N (kN)	S (kN)
1.00(D+L+PS+CR+SH+E+HP+U)	677.4	679.2	229.1

Ⅲ編 6 章

(2) 内部鋼材の腐食に対する耐久性能の照査

Ⅳ編 6.2

たて壁の鉄筋のかぶりは，道示Ⅳ編 6.2 の規定を満足する。よって，内部鋼材の腐食に対する耐久性能の照査を満足する。

【補足】
・かぶりの設計は道示Ⅳ編 5.2.2（耐荷性能），道示Ⅳ編 6.2（耐久性能）に規定される最小かぶりに施工誤差等を考慮して設定することとなる。施工条件，施工誤差等によるかぶりの増厚分の値は，実施工事例などを調査し設定することとなる。

(3) 疲労に対する耐久性能の照査

曲げモーメント又はせん断力により発生する鉄筋及びコンクリートの応力度は，いずれも道示Ⅲ編 6.3.2 及び道示Ⅳ6.3 に規定される鉄筋及びコンクリートの応力度の制限値を超えないことから，疲労に対する耐久性能の照査を満足する。

表- 2.3.4　曲げモーメントによる照査結果

			1.00(D+L+PS+CR+SH+E+HP+U)
曲げモーメント	M	kN・m	677
軸力	N	kN	679
断面寸法	b	m	1.000
	h	m	2.300
	d_0	m	0.150
	d	m	2.150
軸方向 引張鉄筋量	A_{st}	mm²	D29-4本×1段配筋 2569.6
軸方向 圧縮鉄筋量	A_{sc}	mm²	D22-4本×1段配筋 1548.4
コンクリートの 圧縮応力度 の照査	σ_c	N/mm²	1.4
	制限値	N/mm²	8.0
	判　定	—	OK
鉄筋の 引張応力度 の照査	σ_s	N/mm²	24.9
	制限値※	N/mm²	160
	判　定	—	OK

Ⅲ編 5.4.1

Ⅲ編表-6.3.1
Ⅲ編表-6.3.2

※たて壁は地下水位以深のため，鉄筋の引張応力度の制限値は道示Ⅳ編表-6.3.1 に規定される値とした。

-340-

表- 2.3.5 せん断力による照査結果

			$1.00(D+L+PS+CR+SH+E+HP+U)$
せん断力	S	kN	229
断面寸法	b	m	1.000
	h	m	2.300
	d_0	m	0.150
	d	m	2.150
軸方向 引張鉄筋量	A_s	mm^2	D29-4本×1段配筋 2569.6
	p_t	%	0.120
コンクリートが負 担できる平均せん 断応力度	τ_c	N/mm^2	0.35
	c_e	—	0.827
	c_{pt}	—	0.739
	c_{dc}	—	1.000
	c_c	—	1.000
	τ_r	N/mm^2	0.214
コンクリートが負 担できるせん断力	Φ_{uc}	—	0.65
	τ_{max}	N/mm^2	1.2
	k	—	1.30
	$\Phi_{uc} \cdot \tau_{max}bd/k$	kN	1290
	S_{cd}	kN	299
せん断補強鉄筋が 負担するせん断力	S_s	kN	0
せん断補強鉄筋の 断面積及び間隔	A_w	mm^2	D19-1本= 286.5
	a	mm	500
せん断補強鉄筋 に生じる応力度 の照査	σ_s	N/mm^2	0
	制限値※	N/mm^2	160
	判 定	—	OK

Ⅲ編 5.8.2
表-5.8.5
表-5.8.7
c_{pt}
Ⅳ編表-5.2.3
Ⅲ編
τ_r式(5.8.4)

S_{cd}
Ⅲ編 5.4.1
式(5.4.3)
Ⅲ編表-5.8.3
Ⅲ編表-5.8.6
S_s式(5.4.2)

応力度算出
Ⅲ編 5.4.1
式(5.4.1)
Ⅲ編表-6.3.1

※たて壁は地下水位以深のため，鉄筋の引張応力度の制限値は道示Ⅳ編表
　-6.3.1に規定される値とした。

2.3.4 耐荷性能の照査

たて壁の耐荷性能の照査に関する主な照査項目を表- 2.3.6 に示す。耐荷性能の照査は道示Ⅳ編 5.1 に規定されるとおり，コンクリート部材は道示Ⅳ編 5.2 の規定に従ったうえで，道示Ⅲ編 5 章の規定によることから，表- 2.3.6 には直接道示Ⅲ編の規定を挙げている。

表- 2.3.6　たて壁の耐荷性能の照査に関する主な照査項目

状態／状況	主として機能面からの橋の状態		構造安全面からの橋の状態
	部材等としての荷重を支持する能力が確保されている限界の状態（部材の限界状態 1）	部材等として荷重を支持する能力は低下しているもののあらかじめ想定する能力の範囲にある状態（部材の限界状態 2）	これを超えると部材等としての荷重を支持する能力が完全に失われる限界の状態（部材の限界状態 3）
永続作用や変動作用が支配的な状況	・曲げモーメント $M_d \leqq M_{yd} = \xi_1 \Phi_y M_{yc}$ ・・・ 道示Ⅲ編 5.5.1(3) ・せん断力 同右 ・・・ 道示Ⅲ編 5.5.2(1)		・曲げモーメント $M_d \leqq M_{ud} = \xi_1 \xi_2 \Phi_u M_{uc}$ ・・・ 道示Ⅲ編 5.7.1(3), 5.8.1(3) ・せん断力 【耐荷性能の前提】 $\tau_m \leqq$ コンクリートのせん断応力度の制限値 ・・・ 道示Ⅳ編 5.2.7(3) 【斜引張破壊】 $S_d \leqq S_{usd} = \xi_1 \xi_2 (\Phi_{uc} S_c + \Phi_{us} S_s)$ ・・・ 道示Ⅲ編 5.7.2(3), 5.8.2(3) 【コンクリートの圧壊】 $S_d \leqq S_{ucd} = \xi_1 \xi_2 \Phi_{ucw} S_{ucw}$ ・・・ 道示Ⅲ編 5.7.2(4), 5.8.2(4)
偶発作用が支配的な状況		永続作用や変動作用が支配的な状況において，限界状態 1 及び限界状態 3 を超えないことを照査することで確認する。	

(1) 耐荷性能の照査に用いる設計断面力

表- 1.5.6 に示した作用の組合せと作用の組合せに対する荷重組合せ係数及び荷重係数を考慮した設計断面における設計断面力を表- 2.3.7 に示す。なお，表- 2.3.7 の上部構造及び躯体自重による地震の影響に伴う断面力の算出にあたっては，地震の影響による荷重組合せ係数及び荷重係数のほか，死荷重の荷重組合せ係数及び荷重係数を考慮した。

土圧による作用の算出にあたっては，道示Ⅰ編 3.3 に示すとおり，地盤の重量（単位体積重量）や地表載荷荷重 q の特性値を用いて算出した土圧に土圧の荷重組合せ係数及び荷重係数を乗じた。このとき，地表載荷荷重は，変動作用要因に起因する分として見込む自動車の通行や群集の影響の地表載荷荷重 $q = 10 \text{kN/m}^2$ を考慮した。この地表載荷荷重 q は，変動作用要因に起因する自動車の通行や群集の影響分として見込むため，永続作用支配状況と地震の影響を考慮する変動作用支配状況においては考慮していない。

また，地震時土圧は，道示Ⅴ編 式(4.2.1)により算出される地震時土圧の値に対して土圧の荷重組合せ係数及び荷重係数を考慮した。このとき，地震時土圧の算出式において，地震の影響を考慮する変数である道示Ⅴ編 式(4.2.2)の設計水平震度には，地震の影響（EQ）に対する荷重組合せ係数及び荷重係数を考慮した。

各作用の組合せにおける設計断面力 S_d は，下式により算出した。

$$S_d = \Sigma (\gamma_{pi} \cdot \gamma_{qi} \cdot S_{特i}) \quad \cdots \cdots \cdots \cdots \cdots (4.3.1)$$

ここに，

$S_{特i}$：各荷重の特性値から算出した断面力

γ_{pi}：各作用の組合せに対する荷重組合せ係数（表- 1.5.6 参照）

γ_{qi}：各作用の組合せに対する荷重係数（表- 1.5.6 参照）

照査式
Ⅰ編式(5.2.1)

【補足】

・例えば，作用の組合せ⑩D+EQ の場合の設計せん断力は，次のように算出される。

$$S = \underbrace{1.00}_{\gamma_{pD}} \times \underbrace{1.05}_{\gamma_{qD}} \times \underbrace{0.0}_{S_D} + \{ \underbrace{1.00}_{\gamma_{pEQ}} \times \underbrace{1.00}_{\gamma_{qEQ}} \times \underbrace{1.00}_{\gamma_{pD}} \times \underbrace{1.05}_{\gamma_{qD}} \times \underbrace{(89.6+69.4)}_{S_{EQ}(\text{上部構造，躯体分})}$$
$$+ \underbrace{1.00}_{\gamma_{pE}} \times \underbrace{1.05}_{\gamma_{qE}} \times \underbrace{276.7}_{S_{EQ}(\text{土圧分})} \} = 457.5 (\text{kN})$$

※S_{EQ}(土圧分)の水平力 276.7kN・m の算出にあたって，道示V式(4.2.2)の設計水平震度には，下記のとおり地震の影響（EQ）に対する荷重組合せ係数 γ_{pEQ}=1.00 及び荷重係数 γ_{qEQ}=1.00 を考慮している。
$$K_{EA} = 0.24 + 1.08(\gamma_{pEQ} \cdot \gamma_{qEQ} \cdot k_h)$$

表- 2.3.7　耐荷性能の照査に用いる設計断面力

作用の組合せ		設計断面力	M (kN・m)	N (kN)	S (kN)
①	D	永続作用 支配状況	598.7	599.8	213.8
②	D+L	変動作用 支配状況	711.2	734.8	240.6
⑨	D+TH+EQ		1029.1	599.8	313.2
⑩	D+EQ		1585.3	599.8	457.5

(2) 曲げモーメントによる照査

　曲げモーメントによる耐荷性能の照査は，表- 2.3.7 に示した作用の組合せに対して行った。曲げモーメントによる耐荷性能の照査結果は表- 2.3.8 に示すとおりであり，曲げモーメントは限界状態1及び限界状態3に対する曲げモーメントの制限値を超えないことから，限界状態1及び限界状態3に対する照査を満足する。なお，降伏曲げモーメントの特性値 M_{yc} 及び破壊抵抗曲げモーメントの特性値 M_{uc} の算出においては，道示III編 5.8.1(4)解説より，荷重係数を考慮した軸力 N を用いて算出している。

III編 5.5.1
III編 5.7.1
III編 5.8.1(4)解説

　最大抵抗曲げモーメント M_u はコンクリートのひび割れ曲げモーメント M_c 以上となることから，最小鉄筋量の規定を満足する。また，軸方向引張鉄筋量は部材の有効断面積の 2%以下で，かつ軸方向鉄筋量は部材の全断面積の 6%以下であり，最大鉄筋量の規定を満足する。

IV編 5.2.1

表- 2.3.8 曲げモーメントによる照査結果（橋軸方向）

			永続支配	変動支配		
			①D	②D+L	⑨D+TH+EQ	⑩D+EQ
曲げモーメント	M	kN･m	599	711	1029	1585
鉛直力	N	kN	600	735	600	600
断面寸法	b	m	1.000			
	h	m	2.300			
	d_0	m	0.150			
	d	m	2.150			
軸方向 引張鉄筋量	A_{st}	mm^2	D29-4本×1段配筋 2569.6			
軸方向 圧縮鉄筋量	A_{sc}	mm^2	D22-4本×1段配筋 1548.4			
限界状態1 に対する照査	M_{yc}	kN･m	2399	2527	2399	2399
	ξ_1	—	0.90	0.90	0.90	0.90
	Φ_y	—	0.85	0.85	0.85	1.00
	M_{yd}	kN･m	1835	1933	1835	2159
	判　定	—	$M \leqq M_{yd}$ OK	$M \leqq M_{yd}$ OK	$M \leqq M_{yd}$ OK	$M \leqq M_{yd}$ OK
限界状態3 に対する照査	M_{uc}	kN･m	2564	2704	2564	2564
	ξ_1	—	0.90	0.90	0.90	0.90
	ξ_2	—	0.90	0.90	0.90	0.90
	Φ_u	—	0.80	0.80	0.80	1.00
	M_{ud}	kN･m	1661	1752	1661	2077
	判　定	—	$M \leqq M_{ud}$ OK	$M \leqq M_{ud}$ OK	$M \leqq M_{ud}$ OK	$M \leqq M_{ud}$ OK
曲げを受ける 部材としての 最小鉄筋量 の照査	M_c	kN･m	1917	1969	1917	1917
	M_u	kN･m	2564	2704	2564	2564
	$1.7M$	kN･m	1018	1209	1750	2695
	判　定	—	$M_c \leqq M_u$ OK	$M_c \leqq M_u$ OK	$M_c \leqq M_u$ OK	$M_c \leqq M_u$ OK
軸方向力を受け る部材としての 最小鉄筋量 の照査	σ_{ca}	N/mm^2	6.5	6.5	6.5	9.7
	σ_{sa}	N/mm^2	200	200	200	300
	A'_1	mm^2	74049	90716	74049	49570
	$0.008A'_1$	mm^2	592	726	592	397
	ΣA_s	mm^2	4118	4118	4118	4118
	判　定	—	$0.008A'_1 \leqq \Sigma A_s$ OK	$0.008A'_1 \leqq \Sigma A_s$ OK	$0.008A'_1 \leqq \Sigma A_s$ OK	$0.008A'_1 \leqq \Sigma A_s$ OK

Ⅲ編 5.5.1
式(5.5.1)
表-5.5.1

Ⅲ編 5.8.1
式(5.8.1)
表-5.8.1

Ⅳ編 5.2.1

(3) せん断力による照査

せん断力による耐荷性能の照査は，表- 2.3.7 に示した作用の組合せに対して行った。

せん断力による耐荷性能の照査結果は，表- 2.3.9 に示すとおりであり，永続作用支配状況及び変動作用支配状況において，全ての設計断面に生じる平均せん断応力度又はせん断力は，平均せん断応力度の制限値，斜引張破壊に対するせん断力の制限値及びコンクリートの圧壊に対するせん断力の制限値を超えないことから限界状態 3 に対する照査を満足する。なお，コンクリートが負担できるせん断力 S_c の算出においては，道示Ⅳ編 5.2.7(1)解説より，軸方向力の影響を考慮していない。

Ⅳ編 5.2.7(1)
解説

以上のように，設計せん断力は永続作用支配状況及び変動作用支配状況において限界状態3の制限値を超えない。ゆえに，道示Ⅲ編 5.5.2(1)の規定により限界状態 1 に対する照査も満足する。

Ⅲ編 5.5.2(1)

表- 2.3.9　せん断力による照査結果

			永続支配	変動支配		
			①D	②D+L	⑨D+TH+EQ	⑩D+EQ
せん断力	S	kN	214	241	313	458
断面寸法	b	m	1.000			
	h	m	2.300			
	d_0	m	0.150			
	d	m	2.150			
軸方向 引張鉄筋量	A_s	mm^2	D29-4本×1段配筋 2569.6			
	p_t	%	0.120			
平均せん断応力度	τ_m	N/mm^2	0.099	0.112	0.146	0.213
	制限値	N/mm^2	1.7	2.6	2.6	2.6
	判　定	—	OK	OK	OK	OK
コンクリートが負担できる平均せん断応力度	τ_c	N/mm^2	0.35			
	c_e	—	0.827			
	c_{pt}	—	0.739			
	c_{dc}	—	1.000			
	c_c	—	1.000			
	τ_r	N/mm^2	0.214			
コンクリートが負担できるせん断力	k	—	1.30			
	$\tau_{c\max}$	N/mm^2	1.2			
	$\tau_{c\max}bd$	kN	2580			
	S_c	kN	598			
せん断補強鉄筋の断面積及び間隔	A_w	mm^2	D19-1本= 286.5			
	a	mm	500			
せん断補強鉄筋が負担するせん断力	c_{ds}	—	1.000			
	k	—	1.30			
	σ_{sy}	N/mm^2	345			
	S_s	kN	480			
斜引張破壊に対するせん断力の制限値	ξ_1	—	0.90	0.90	0.90	0.90
	ξ_2	—	0.85	0.85	0.85	0.85
	Φ_{uc}	—	0.65	0.65	0.65	0.95
	Φ_{us}	—	0.65	0.65	0.65	0.95
	S_{usd}	kN	536	536	536	784
	判　定	—	$S \leqq S_{usd}$ OK	$S \leqq S_{usd}$ OK	$S \leqq S_{usd}$ OK	$S \leqq S_{usd}$ OK
圧壊に対するせん断耐力の特性値	$\tau_{r\max}$	N/mm^2	3.200			
	S_{ucw}	kN	6880			
コンクリートの圧壊に対するせん断力の制限値	ξ_1	—	0.90	0.90	0.90	0.90
	$\xi_2\Phi_{ucw}$	—	0.70	0.70	0.70	1.00
	S_{ucd}	kN	4334	4334	4334	6192
	判　定	—	$S \leqq S_{ucd}$ OK	$S \leqq S_{ucd}$ OK	$S \leqq S_{ucd}$ OK	$S \leqq S_{ucd}$ OK

Ⅲ編 5.5.2

Ⅳ編 5.2.7
式(5.2.1)
表-5.2.4
Ⅲ編 5.8.2
表-5.8.5
表-5.8.7
c_{pt}
Ⅳ編表-5.2.3

Ⅲ編
τ_r式(5.8.4)

S_c
式(5.8.3)
表-5.8.6
S_s
式(5.8.5)
S_{usd}
式(5.8.2)
表-5.8.3
S_{ucw}
式(5.8.8)
表-5.8.10
S_{ucd}
式(5.8.7)
表-5.8.9

2.4 ウイングの設計

ウイングは，耐荷性能を確保するために，表- 2.4.6 に示したように永続作用支配及び変動作用支配状況において部材の限界状態 1 及び限界状態 3 を超えないことを照査する。

耐久性能については，土中にある部材として，表- 2.4.2 に示したように鋼材の腐食及び疲労に対する照査を実施する。

2.4.1 ウイング付け根部における荷重の特性値から算出した断面力

ウイング付け根部における荷重の特性値から算出した断面力の計算結果を表- 2.4.1 に示す。

IV編 7.4.5

表- 2.4.1　ウイング付け根部における荷重の特性値から算出した断面力

荷重または影響	特性値から算出した断面力		M (kN・m)	N (kN)	S (kN)
死荷重	—	D	—	—	—
土圧	地表載荷荷重 q なし	E	46.6	—	30.6
	地表載荷荷重 q あり		64.1	—	39.7
レベル1地震動の影響	a:躯体	EQ	14.2	—	7.3
	b:土圧		63.3	—	41.6
	合計=a+b		77.5	—	48.9

2.4.2 耐久性能の照査

1.2.3 及び 1.4.2 の設計方針に従い，ウイングの耐久性能に関しては，表- 2.4.2 に示す項目により照査を行う。

表- 2.4.2　ウイングの耐久性能の照査に関する主な照査項目

照査項目	耐久性確保の方法
内部鋼材の腐食	・かぶりによる内部鋼材の防食 　かぶり≧道示IV編 5.2.2(4)の最小かぶり 　　　　　　　　　　　　　　　　　・・・ 道示IV編 6.2(2)
疲労	・鉄筋の引張応力度の照査 　鉄筋の引張応力度 σ_s≦鉄筋の引張応力度の制限値 　　　　　　　　　　　　　　　　　・・・ 道示IV編 6.3(2) ・コンクリートの圧縮応力度の照査 　コンクリートの圧縮応力度 σ_c≦コンクリートの圧縮応力度の制限値 　　　　　　　　　　　　　　　　　・・・ 道示IV編 6.3(2)

（1） 耐久性能の照査に用いる設計断面力

表- 2.4.3 に設計断面における設計断面力を示す。鉄筋コンクリート部材の疲労に対する耐久性確保のための照査に用いる作用の組合せは，道示Ⅲ編6.3.2に規定される[1.00(D+L+PS+CR+SH+E+HP+U)]により算出した。

【補足】
・本書では，耐荷性能の照査に用いるウイングの設計断面がウイング付け根部の内面であることから，ウイングが土中にある部材として耐久性能の照査を行った。一方で，ウイングの外面はその大部分が気中にある部材であるため，架橋位置が塩害の影響を受ける地域である場合など，設計断面が土中にある部材というだけで単に土中にある部材と判断して耐久性能の照査を行うと，気中にある部材として考えた場合に，内部鋼材の腐食に対する照査を満足しないことも考えられる。このため，部材の耐久性能の照査項目を決定する上では注意が必要である。

表- 2.4.3　耐久性能の照査に用いる荷重係数を考慮した設計断面における設計断面力

Ⅲ編 5.4.1

作用の組合せ	設計断面力 M (kN・m)	N (kN)	S (kN)
1.00(D+L+PS+CR+SH+E+HP+U)	64.1	—	39.7

（2） 内部鋼材の腐食に対する耐久性能の照査

ウイングの鉄筋のかぶりは，道示Ⅳ編6.2の規定を満足する。よって，内部鋼材の腐食に対する耐久性能の照査を満足する。

Ⅳ編 6.2

【補足】
・かぶりの設計は道示Ⅳ編5.2.2（耐荷性能），道示Ⅳ編6.2（耐久性能）に規定される最小かぶりに施工誤差等を考慮して設定することとなる。施工条件，施工誤差等によるかぶりの増厚分の値は，実施工事例などを調査し設定することとなる。

（3） 疲労に対する耐久性能の照査

曲げモーメント又はせん断力により発生する鉄筋及びコンクリートの応力度は，いずれも道示Ⅲ編6.3.2に規定される鉄筋及びコンクリートの応力度の制限値を超えないことから，疲労に対する耐久性能の照査を満足する。

表- 2.4.4　コンクリートの圧縮応力度及び引張応力度

			1.00(D+L+PS+CR+SH+E+HP+U)
曲げモーメント	M	kN·m	64
断面寸法	b	m	1.000
	h	m	0.500
	d_0	m	0.150
	d	m	0.350
軸方向引張鉄筋量	A_s	mm²	D22-4本×1段配筋 1548.4
コンクリートの圧縮応力度の照査	σ_c	N/mm²	3.8
	制限値	N/mm²	8.0
	判　定	—	OK
鉄筋の引張応力度の照査	σ_s	N/mm²	131
	制限値※	N/mm²	180
	判　定	—	OK

Ⅲ編表-6.3.1
Ⅲ編表-6.3.2

※ウイングは地下水位以浅のため，鉄筋の引張応力度の制限値は道示Ⅲ編表
　-6.3.1 に規定される値とした。

表- 2.4.5　せん断力による照査結果

			1.00(D+L+PS+CR+SH+E+HP+U)
せん断力	S	kN	40
断面寸法	b	m	1.000
	h	m	0.500
	d_0	m	0.150
	d	m	0.350
軸方向引張鉄筋量	A_s	mm²	D22-4本×1段配筋 1548.4
	p_t	%	0.442
コンクリートが負担できる平均せん断応力度	τ_c	N/mm²	0.35
	c_e	—	1.371
	c_{pt}	—	1.142
	c_{dc}	—	1.000
	c_c	—	1.000
	τ_r	N/mm²	0.548
コンクリートが負担できるせん断力	Φ_{uc}	—	0.65
	τ_{max}	N/mm²	1.2
	k	—	1.30
	$\Phi_{uc} \cdot \tau_{max}bd/k$	kN	210
	S_{cd}	kN	125
せん断補強鉄筋が負担するせん断力	S_s	kN	—
せん断補強鉄筋の断面積及び間隔	A_w	mm²	—
	a	mm	—
せん断補強鉄筋に生じる応力度の照査	σ_s	N/mm²	—
	制限値※	N/mm²	180
	判　定	—	OK

Ⅲ編 5.8.2
表-5.8.5
表-5.8.7
c_{pt}
Ⅳ編表-5.2.3
Ⅲ編
τ_r式(5.8.4)

S_{cd}
Ⅲ編 5.4.1
式(5.4.3)
Ⅲ編表-5.8.3
Ⅲ編表-5.8.6
S_s式(5.4.2)

Ⅲ編 5.4.1
式(5.4.1)
Ⅲ編表-6.3.1

※ウイングは地下水位以浅のため，鉄筋の引張応力度の制限値は道示Ⅲ編表
　-6.3.1 に規定される値とした。

-348-

2.4.3 耐荷性能の照査

ウイングの耐荷性能の照査に関する主な照査項目を表-2.4.6に示す。耐荷性能の照査は道示Ⅳ編5.1に規定されるとおり，コンクリート部材は道示Ⅳ編5.2の規定に従ったうえで，道示Ⅲ編5章の規定によることから，表-2.4.6には直接道示Ⅲ編の規定を挙げている。

表-2.4.6　ウイングの耐荷性能の照査に関する主な照査項目

状況 ＼ 状態	主として機能面からの橋の状態		構造安全面からの橋の状態
	部材等としての荷重を支持する能力が確保されている限界の状態（部材の限界状態1）	部材等として荷重を支持する能力は低下しているもののあらかじめ想定する能力の範囲にある状態（部材の限界状態2）	これを超えると部材等としての荷重を支持する能力が完全に失われる限界の状態（部材の限界状態3）
永続作用や変動作用が支配的な状況	・曲げモーメント $M_d \leqq M_{yd} = \xi_1 \Phi_y M_{yc}$ ・・・道示Ⅲ編 5.5.1(3) ・せん断力 同右 ・・・道示Ⅲ編 5.5.2(1)		・曲げモーメント $M_d \leqq M_{ud} = \xi_1 \xi_2 \Phi_u M_{uc}$ ・・・道示Ⅲ編 5.7.1(3), 5.8.1(3) ・せん断力 【耐荷性能の前提】 $\tau_m \leqq$ コンクリートのせん断応力度の制限値 ・・・道示Ⅳ編 5.2.7(3) 【斜引張破壊】 $S_d \leqq S_{usd} = \xi_1 \xi_2 (\Phi_{uc} S_c + \Phi_{us} S_s)$ ・・・道示Ⅲ編 5.7.2(3), 5.8.2(3) 【コンクリートの圧壊】 $S_d \leqq S_{ucd} = \xi_1 \xi_2 \Phi_{ucw} S_{ucw}$ ・・・道示Ⅲ編 5.7.2(4), 5.8.2(4)
偶発作用が支配的な状況			永続作用や変動作用が支配的な状況において，限界状態1及び限界状態3を超えないことを照査することで確認する。

(1) 耐荷性能の照査に用いる設計断面力

表-1.5.6に示した作用の組合せと作用の組合せに対する荷重組合せ係数及び荷重係数を考慮した設計断面における設計断面力を表-2.4.7に示す。なお，表-2.4.1の上部構造及び躯体自重による地震の影響に伴う断面力の算出にあたっては，地震の影響による荷重組合せ係数及び荷重係数の他，死荷重の荷重組合せ係数及び荷重係数を考慮した。

ここで考慮する地表載荷荷重は，2.3に示したたて壁と同様に，変動作用要因に起因する分として見込む自動車の通行や群集の影響として，q=10kN/m²を地震の影響を考慮しない変動作用支配状況において考慮した。

また，地震時土圧は，道示Ⅴ編 式(4.2.1)により算出される地震時土圧の値に対して土圧の荷重組合せ係数及び荷重係数を考慮した。このとき，地震時土圧の算出式において，地震の影響を考慮する変数である道示Ⅴ編 式(4.2.2)の設計水平震度には，地震の影響（EQ）に対する荷重組合せ係数及び荷重係数を考慮した。

各作用の組合せにおける設計断面力 S_d は，下式により算出した。

$$S_d = \Sigma (\gamma_{pi} \cdot \gamma_{qi} \cdot S_{特i}) \quad \cdots\cdots\cdots\cdots\cdots\cdots (4.4.1)$$

Ⅰ編式(5.2.1)

ここに，
$S_{特i}$：各荷重の特性値から算出した断面力
γ_{pi}：各作用の組合せに対する荷重組合せ係数（表-1.5.6 参照）
γ_{qi}：各作用の組合せに対する荷重係数（表-1.5.6 参照）

【補足】
・例えば，作用の組合せ⑩D+EQ の場合の設計せん断力は，次のように算出される。

$$S=\underset{\substack{\gamma_{pD} \quad \gamma_{qD} \quad S_D}}{1.00\times1.05\times0.0}+\{\underset{\substack{\gamma_{pEQ} \quad \gamma_{qEQ} \quad \gamma_{pD} \quad \gamma_{qD} \quad S_{EQ}(躯体分)}}{1.00\times1.00\times1.00\times1.05\times7.3}$$

$$+\underset{\substack{\gamma_{pE} \quad \gamma_{qE} \quad S_{EQ}(土圧分)}}{1.00\times1.05\times(41.6)\}}=51.3(kN)$$

※S_{EQ}(土圧分)の水平力 41.6kN・m の算出にあたって，道示Ⅴ式(4.2.2)の設計水平震度には，下記のとおり地震の影響（EQ）に対する荷重組合せ係数 γ_{pEQ}=1.00 及び荷重係数 γ_{qEQ}=1.00 を考慮している。

$$K_{EA}=0.24+1.08(\gamma_{pEQ}\cdot\gamma_{qEQ}\cdot k_h)$$

表- 2.4.7 耐荷性能の照査に用いる設計断面力

作用の組合せ	設計断面力	M (kN・m)	N (kN)	S (kN)
① D	永続作用支配状況	48.9	—	32.1
② D+L	変動作用支配状況	67.3	—	41.6
⑨ D+TH+EQ		60.0	—	38.3
⑩ D+EQ		81.3	—	51.3

(2) 曲げモーメントによる照査

曲げモーメントによる耐荷性能の照査は，表- 2.4.7 に示した作用の組合せに対して行った。曲げモーメントによる耐荷性能の照査結果は表- 2.4.8 に示すとおりであり，曲げモーメントは限界状態１及び限界状態３に対する曲げモーメントの制限値を超えないことから，限界状態１及び限界状態３に対する照査を満足する。

最大抵抗曲げモーメント M_u はコンクリートのひび割れ曲げモーメント M_c 以上となることから，最小鉄筋量の規定を満足する。また，軸方向引張鉄筋量は部材の有効断面積の 2%以下で，かつ軸方向鉄筋量は部材の全断面積の 6%以下であり，最大鉄筋量の規定を満足する。

Ⅲ編 5.5.1
Ⅲ編 5.7.1

Ⅳ編 5.2.1

表- 2.4.8　曲げモーメントによる照査結果

			永続支配	変動支配		
			①D	②D+L	⑨D+TH+EQ	⑩D+EQ
曲げモーメント	M	kN･m	49	67	60	81
断面寸法	b	m	1.000			
	h	m	0.500			
	d_0	m	0.150			
	d	m	0.350			
軸方向 引張鉄筋量	A_s	mm^2	D22-4本×1段配筋 1548.4			
限界状態1 に対する照査	M_{yc}	kN･m	170	170	170	170
	ξ_1	—	0.90	0.90	0.90	0.90
	Φ_y	—	0.85	0.85	0.85	1.00
	M_{yd}	kN･m	130	130	130	153
	判　定	—	$M \leqq M_{yd}$ OK	$M \leqq M_{yd}$ OK	$M \leqq M_{yd}$ OK	$M \leqq M_{yd}$ OK
限界状態3 に対する照査	M_{uc}	kN･m	180	180	180	180
	ξ_1	—	0.90	0.90	0.90	0.90
	ξ_2	—	0.90	0.90	0.90	0.90
	Φ_u	—	0.80	0.80	0.80	1.00
	M_{ud}	kN･m	117	117	117	146
	判　定	—	$M \leqq M_{ud}$ OK	$M \leqq M_{ud}$ OK	$M \leqq M_{ud}$ OK	$M \leqq M_{ud}$ OK
曲げを受ける 部材としての 最小鉄筋量 の照査	M_c	kN･m	80	80	80	80
	M_u	kN･m	180	180	180	180
	$1.7M$	kN･m	83	114	102	138
	判　定	—	$M_c \leqq M_u$ OK	$M_c \leqq M_u$ OK	$M_c \leqq M_u$ OK	$M_c \leqq M_u$ OK

Ⅲ編 5.5.1
式(5.5.1)
表-5.5.1

Ⅲ編 5.8.1
式(5.8.1)
表-5.8.1

Ⅳ編 5.2.1

(3) せん断力による照査

せん断力による耐荷性能の照査は，表- 2.4.7 に示した作用の組合せに対して行った。

せん断力による耐荷性能の照査結果は表- 2.4.9 に示すとおりであり，永続作用支配状況及び変動作用支配状況において，全ての設計断面に生じる平均せん断応力度又はせん断力は，平均せん断応力度の制限値，斜引張破壊に対するせん断力の制限値及びコンクリートの圧壊に対するせん断力の制限値を超えないことから，限界状態 3 に対する照査を満足する。

以上のように，設計せん断力は永続作用支配状況及び変動作用支配状況において限界状態 3 の制限値を超えない。ゆえに，道示Ⅲ編 5.5.2(1)の規定により限界状態 1 に対する照査も満足する。

表- 2.4.9 せん断力による照査結果

			永続支配	変動支配		
			①D	②D+L	⑨D+TH+EQ	⑩D+EQ
せん断力	S	kN	32	42	38	51
断面寸法	b	m	1.000			
	h	m	0.500			
	d_0	m	0.150			
	d	m	0.350			
軸方向 引張鉄筋量	A_s	mm²	D22-4本×1段配筋 1548.4			
	p_t	%	0.442			
平均せん断応力度	τ_m	N/mm²	0.092	0.119	0.110	0.147
	制限値	N/mm²	1.7	2.6	2.6	2.6
	判定	—	OK	OK	OK	OK
コンクリートが負担できる平均せん断応力度	τ_c	N/mm²	0.35			
	c_e	—	1.371			
	c_{pt}	—	1.142			
	c_{dc}	—	1.000			
	c_c	—	1.000			
	τ_r	N/mm²	0.548			
コンクリートが負担できるせん断力	k	—	1.30			
	$\tau_{c\,max}$	N/mm²	1.2			
	$\tau_{c\,max}bd$	kN	420			
	S_c	kN	249			
せん断補強鉄筋の断面積及び間隔	A_w	mm²	—			
	a	mm	—			
せん断補強鉄筋が負担するせん断力	c_{ds}	—	1.000			
	k	—	1.30			
	σ_{sy}	N/mm²	345			
	S_s	kN	—			
斜引張破壊に対するせん断力の制限値	ξ_1	—	0.90	0.90	0.90	0.90
	ξ_2	—	0.85	0.85	0.85	0.85
	Φ_{uc}	—	0.65	0.65	0.65	0.95
	Φ_{us}	—	0.65	0.65	0.65	0.95
	S_{usd}	kN	124	124	124	181
	判定	—	$S \leqq S_{usd}$ OK	$S \leqq S_{usd}$ OK	$S \leqq S_{usd}$ OK	$S \leqq S_{usd}$ OK
圧壊に対するせん断耐力の特性値	$\tau_{r\,max}$	N/mm²	3.200			
	S_{ucw}	kN	1120			
コンクリートの圧壊に対するせん断力の制限値	ξ_1	—	0.90	0.90	0.90	0.90
	$\xi_2\Phi_{ucw}$	—	0.70	0.70	0.70	1.00
	S_{ucd}	kN	706	706	706	1008
	判定	—	$S \leqq S_{ucd}$ OK	$S \leqq S_{ucd}$ OK	$S \leqq S_{ucd}$ OK	$S \leqq S_{ucd}$ OK

IV編5.2.7
式(5.2.1)
表-5.2.4

III編5.8.2
表-5.8.5
表-5.8.7
c_{pt}
IV編表-5.2.3

III編
τ_r式(5.8.4)

S_c
式(5.8.3)
表-5.8.6
S_s
式(5.8.5)
S_{usd}
式(5.8.2)
表-5.8.3
S_{ucw}
式(5.8.8)
表-5.8.10
S_{ucd}
式(5.8.7)
表-5.8.9

2.5 橋座部の設計

本橋では，レベル2地震動を考慮する設計状況において，橋座部や支承などの上下部接続部の破壊は想定していない。

そのため，橋座部は道示IV編7.6の規定に従い，支承部から作用する荷重を躯体に確実に伝達できる構造となるように設計する。

IV編7.6

【補足】
・ただし，本書では橋座部の計算例は省略している。橋座部の設計計算例については，III．1．(2)ポストテンション方式連続PC箱桁橋の設計計算例を参照のこと。

IV編3.8.2

3章 直接基礎の設計

3.1 検討概要

　一般的な直接基礎の設計計算の流れを図- 3.1.1 に示す。フーチングの設計は 3.4 に示す。

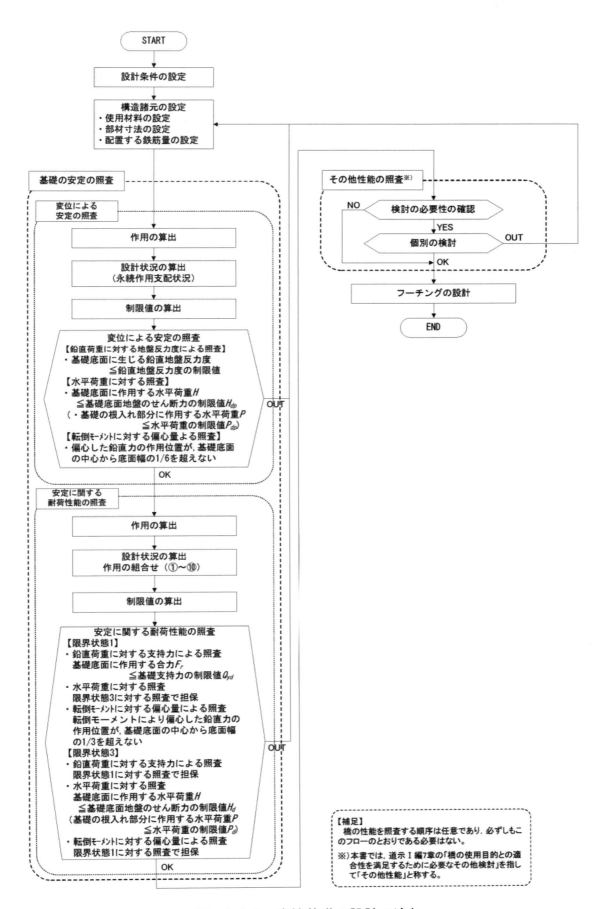

図- 3.1.1 直接基礎の設計の流れ

3.2 荷重の特性値から算出したフーチング下面中心における設計荷重

　フーチング下面中心における作用荷重は表-3.2.1に示すとおりである。ここに，地表載荷荷重は，図-1.5.2に示すとおり，鉛直荷重として扱う場合には，後フーチング上の地表載荷荷重を考慮する状況と考慮しない状況の2パターンの作用状況を考慮する。表-3.2.1に示す地表載荷荷重の値は，図-1.5.2 (a) 後フーチング上の地表載荷荷重を考慮する状況のときの作用力である。なお，ここに示す地表載荷荷重は，変動作用要因に起因する分として見込む自動車の通行や群集の影響の地表載荷荷重 $q=10kN/m^2$ である。

表- 3.2.1 荷重の特性値から算出したフーチング下面中心における作用荷重

荷重または影響		特性値による作用力		V (kN)	H (kN)	M (kN・m)
死荷重		a：上部構造	D	2800.0	—	2380.0
		b：躯体		8407.5	—	3825.4
		c：前面土砂		630.0	—	1984.5
		d：背面土砂		7919.9	—	-17138.7
		合計=a+b+c+d		19757.4	—	-8948.8
活荷重		—	L	1350.0	—	1147.5
地表載荷荷重		—	q	500.0	—	-1075.0
土圧		地表載荷荷重 q なし	E	1764.5	3056.1	2863.6
		地表載荷荷重 q あり		1950.2	3377.8	3702.1
水圧		—	HP		156.8	83.6
浮力		—	U	-1626.8	—	—
温度変化の影響		—	TH	—	—	—
レベル1地震動の影響		a：上部構造	EQ	—	1120.0	10556.0
		b：躯体		—	1681.5	8669.8
		c：前面土砂		—		1984.5
		d：背面土砂		—	1267.2	-9820.7
	e：土圧	e1：道示V編 式(4.2.2)第1項分		—	2982.3	6623.7
		e2：道示V編 式(4.2.2)第2項分		—	1780.2	3953.8
		e=e1+e2		—	4762.5	10577.6
		合計=a+b+c+d+e		—	8831.2	21967.2

3.3 安定の設計

　直接基礎は，鉛直荷重及び水平荷重，転倒モーメントの作用による安定に関する照査を行う。

IV編 9.5.1

表- 3.3.1　直接基礎の安定に関する照査項目

照査		作用力等		
		鉛直荷重	水平荷重	転倒モーメント
永続作用支配状況における変位の制限の照査 （変位の制限の照査）		・鉛直地盤反力度 $q_{max} \leq 700$[※1] ・・・道示IV編 9.5.1 (2) 表 9.5.1	・基礎底面のせん断地盤反力 $H \leq H_{dp}$[※2]$= \lambda_b H_u$ ・・・道示IV編 9.5.1 (3)	・鉛直力の作用位置 転倒モーメントにより偏心した鉛直力の作用位置 ≦ 基礎底面中心から底面幅の 1/6 ・・・道示IV編 9.5.1 (4)
永続作用支配状況及び変動作用支配状況における耐荷性能の照査 （安定の耐荷性能の照査）	限界状態 1	・基礎底面の支持力 $F_r \leq Q_{yd}$[※3]$= \xi_1 \Phi_y Q_y$ ・・・道示IV編 9.5.2 (2)	—[※4] ・・・IV編 9.5.4	・鉛直力の作用位置 転倒モーメントにより偏心した鉛直力の作用位置 ≦ 基礎底面中心から底面幅の 1/3 ・・・道示IV編 9.5.6 (2)
	限界状態 3	—[※5] ・・・道示IV編 9.5.3	・基礎底面のせん断地盤反力 $H \leq H_\ell$[※2]$= \xi_1 \xi_2 \Phi_U H_u$ ・・・道示IV編 9.5.5	—[※5] ・・・道示IV編 9.5.7

※1：支持層が砂れきの場合（粘性土の場合は 200kN/m², 砂の場合は 400 kN/m²）
※2：根入れ部分の地盤抵抗を考慮する場合は，その水平抵抗力も指標となる。
※3：支持層を粘性土地盤，砂地盤，砂れき地盤とする場合
※4：限界状態 3 の照査で担保
※5：限界状態 1 の照査で担保

3.3.1　基礎の変位による安定の照査

(1) 基礎の変位による安定の照査に用いる設計荷重

　表- 3.3.2 に基礎の変位による安定の照査に用いるフーチング下面中心における設計荷重を示す。道示IV編 8.2(3)に規定される基礎の変位が橋の機能に影響を与えない範囲に留めるための照査に用いる作用の組合せは，[1.00(D+L+PS+CS+SH+E+HP+(U))]である。なお，表中に示す(a)と(b)は，地表載荷荷重 q の作用範囲の違いであり，(a)が図- 1.5.2 に示す後フーチング上の地表載荷荷重を考慮する状況，(b)が後フーチング上の地表載荷荷重を考慮しない場合である。

表- 3.3.2　変位による安定の照査に用いるフーチング下面中心における設計荷重

作用の組合せ		設計荷重	V (kN)	H (kN)	M (kN・m)
①	D	浮力無視	22597.9	3208.9	-6389.4
①	D+U	浮力考慮	20867.3	3334.7	-6227.2
1.00(D+L+PS+CS+SH+E+HP(a))		浮力無視	23557.6	3377.8	-5174.2
1.00(D+L+PS+CS+SH+E+HP+(U)(a))		浮力考慮	21909.4	3497.6	-5021.0
1.00(D+L+PS+CS+SH+E+HP(b))		浮力無視	23057.6	3377.8	-4099.2
1.00(D+L+PS+CS+SH+E+HP+(U)(b))		浮力考慮	21409.4	3497.6	-3946.0

(2) 照査に用いる制限値

表- 3.3.3 に各照査に用いる制限値を示す。直接基礎底面のせん断抵抗力は，作用する荷重と対の関係で評価する必要があるため，荷重係数を考慮した鉛直荷重を用いてせん断力の制限値を求めた。

IV編 9.5.1

【補足】
・例えば，作用の組合せ①D の場合のせん断抵抗力の特性値は，次のように算出される。

$$せん断抵抗力 \ H_U = (\gamma_{pD} \cdot \gamma_{qD} \cdot V_D) \tan\phi_B$$

表- 3.3.3　基礎の変位による安定の照査に用いる制限値

				変位による安定の照査					
				D	D+U	D+L(a)	D+L+(U)(a)	D+L(b)	D+L+(U)(b)
				浮力無視	浮力考慮	浮力無視	浮力考慮	浮力無視	浮力考慮
基礎の断面諸元		B	m	8.3					
基礎幅		D	m	12.5					
鉛直荷重に対する地盤反力度による照査	鉛直地盤反力度の制限値		kN/m²	700					
水平荷重に対する照査	基礎底面と地盤との間の付着力	c_B	kN/m²	0	0	0	0	0	0
	有効載荷面積	A_e	m²	110.8	111.2	109.2	109.5	108.2	108.4
	基礎底面に作用する鉛直力	V	kN	22598	20867	23558	21909	23058	21409
	基礎底面と地盤との間の摩擦角	$\tan\phi_B$	—	0.6	0.6	0.6	0.6	0.6	0.6
	せん断抵抗力の特性値	H_u	kN	13559	12520	14135	13146	13835	12846
	水平変位を抑制するための係数	λ_b	—	0.65	0.65	0.65	0.65	0.65	0.65
	せん断力の制限値	H_{dp}	kN	8813	8138	9187	8545	8992	8350
転倒モーメントに対する偏心量による照査	偏心した鉛直力の作用位置		m	1.383	1.383	1.383	1.383	1.383	1.383

(3) 基礎の変位による安定の照査

鉛直荷重及び水平荷重，転倒モーメントの作用による安定に関する照査結果は表- 3.3.4 に示すとおりであり，永続作用支配状況において，各照査の制限値を超えない。

表- 3.3.4　基礎の変位による安定の照査結果

作用の組合せ	照査項目		基礎底面の 鉛直地盤反力度			基礎底面の 水平荷重			転倒モーメント		
			q_{max}	制限値	判定	H	制限値	判定	偏心量	制限値	判定
			kN/m²	kN/m²	―	kN	kN	―	m	m	―
変位による安定の照査	① D	浮力無視	262	700	OK	3209	8813	OK	-0.283	1.383	OK
	① D+U	浮力考慮	245	700	OK	3335	8138	OK	-0.298	1.383	OK
	1.00(D+L+PS+CS +SH+E+HP(a))	浮力無視	263	700	OK	3378	9187	OK	-0.220	1.383	OK
	1.00(D+L+PS+CS +SH+E+HP(U)(a))	浮力考慮	246	700	OK	3498	8545	OK	-0.229	1.383	OK
	1.00(D+L+PS+CS +SH+E+HP(b))	浮力無視	251	700	OK	3378	8992	OK	-0.178	1.383	OK
	1.00(D+L+PS+CS +SH+E+HP(U)(b))	浮力考慮	234	700	OK	3498	8350	OK	-0.184	1.383	OK

3.3.2 基礎の安定に関する耐荷性能の照査（限界状態1に対する照査）

限界状態1に対しては，基礎の可逆性を担保するための照査として，鉛直荷重による支持の照査と転倒モーメントによる抵抗の照査を実施する。水平荷重に対しては，道示IV編9.5.4の規定に従い，限界状態3を超えないことを照査することで確認する。

（IV編 9.5.2）
（IV編 9.5.4）
（IV編 9.5.6）

(1) 耐荷性能の照査に用いるフーチング下面中心における設計荷重

表- 1.5.6 に示した作用の組合せと作用の組合せに対する荷重組合せ係数及び荷重係数を考慮したフーチング下面中心における設計荷重を表- 3.3.5 に示す。表中の上部構造及び躯体自重，フーチング上載土砂による地震の影響に伴う断面力の算出にあたっては，地震の影響による荷重組合せ係数及び荷重係数のほか，死荷重の荷重組合せ係数及び荷重係数を考慮した。

土圧による作用の算出にあたっては，道示I編3.3 に示すとおり，地盤の重量や地表載荷荷重 q の特性値を用いて算出した土圧に土圧の荷重組合せ係数及び荷重係数を乗じる。このとき，地表載荷荷重は，変動作用要因に起因する分として見込む自動車の通行や群集の影響の地表載荷荷重 $q=10kN/m^2$ を考慮した。この地表載荷荷重 q は，変動作用要因に起因する自動車の通行や群集の影響分として見込むため，永続作用支配状況と地震の影響を考慮する変動作用支配状況及び偶発支配作用状況においては考慮していない。

また，地震時土圧は，道示V編 式(4.2.1)により算出される地震時土圧の値に対して土圧の荷重組合せ係数及び荷重係数を考慮した。このとき，地震時土圧の算出式において，地震の影響を考慮する変数である道示V編 式(4.2.2)の設計水平震度には，地震の影響（EQ）に対する荷重組合せ係数及び荷重係数を考慮した。

なお，仮想背面よりも前面側に作用する地表載荷荷重 q を鉛直荷重として考慮する場合には，道示IV編3.5 に示すとおり，フーチング上載土の重量と同様に死荷重としての荷重組合せ係数及び荷重係数を考慮した。

各作用の組合せにおける設計荷重は，式(1.4.1)に示した方法と同様に算出した。

-358-

【補足】
・例えば，作用の組合せ⑩D+EQ の場合のフーチング下面中心における設計
水平力は，次のように算出される。

$$H = \underline{1.00 \times 1.05 \times 0.0} + \{1.00 \times 1.00 \times 1.00 \times 1.05 \times$$

$$\gamma_{pD} \quad \gamma_{qD} \quad S_D \qquad \gamma_{pEQ} \quad \gamma_{qEQ} \quad \gamma_{pD} \quad \gamma_{qD}$$

$$\underline{(1120.0 + 1681.5 + 1267.2)} \quad + \quad 1.00 \times 1.05 \times \underline{(4762.5)}\} = 9272.7 \,(\text{kN})$$

$$H_{EQ}(\text{上部構造，躯体，上載土}) \quad \gamma_{pE} \quad \gamma_{qE} \quad H_{EQ}(\text{土圧分})$$

※H_{EQ}(土圧分) の水平力 4762.5kN・m の算出にあたって，道示V式(4.2.2)の
設計水平震度には，下記のとおり地震の影響（EQ）に対する荷重組合せ係
数 γ_{pEQ}=1.00 及び荷重係数 γ_{qEQ}=1.00 を考慮している。

$$K_{EA} = 0.26 + 0.97(\gamma_{pEQ} \cdot \gamma_{qEQ} \cdot k_h)$$

表- 3.3.5　基礎の安定に関する耐荷性能の照査に用いる
フーチング下面中心における設計荷重

作用の組合せ		設計荷重		V (kN)	H (kN)	M (kN・m)
①	D	永続作用 支配状況	浮力無視	22597.9	3208.9	−6389.4
①	D+U		浮力考慮	20867.3	3334.7	−6227.2
②	D+L(a)	変動作用 支配状況	浮力無視	25005.5	3546.7	−5203.4
②	D+L+U(a)		浮力考慮	23274.9	3672.5	−5042.5
②	D+L(b)		浮力無視	24480.5	3546.7	−4074.6
②	D+L+U(b)		浮力考慮	22749.9	3672.5	−3913.8
⑨	D+TH+EQ		浮力無視	21834.7	6202.1	10312.1
⑨	D+TH+EQ+U		浮力考慮	20126.6	6202.1	10312.1
⑩	D+EQ		浮力無視	22085.2	9272.7	23065.5
⑩	D+EQ+U		浮力考慮	20377.0	9272.7	23065.5

（2）照査に用いる制限値（限界状態1）

表- 3.3.6 に各照査に用いる制限値を示す。

表- 3.3.6 安定に関する耐荷性能の照査に用いる制限値

IV編 9.5.2
IV編 9.5.6

				安定に関する耐荷性能の照査 （限界状態1）	
				浮力無視	浮力考慮
鉛直荷重に対する 支持力による照査	基礎の 形状係数	α	—	1.20	
		β	—	0.73	
	粘着力	c	kN/m^2	0	
	基礎の底面積	A	m^2	103.75	
	基礎幅	B	m	8.3	
	支持層への根入れ効果 に関する割増係数	κ	—	1.07	
	上載荷重として考慮する 基礎の根入れ深さ	D_f	m	3.0	
	支持力係数	N_c	—	61.4	61.4
		N_q	—	48.9	48.9
		N_γ	—	56.4	56.4
	支持力係数の寸法効果 による補正係数	S_c	—	1.00	1.00
		S_q	—	0.56	0.61
		S_γ	—	0.49	0.49
	地盤の種類を 考慮する係数	ζ_c	—	1.00	1.00
	極限鉛直支持力 の特性値	Q_u	kN	360613	250932
	降伏支持力 の特性値	$Q_y=$ $0.65Q_u$	kN	234398	163106
	基礎底面地盤 の支持力 の制限値	ξ_1	—	0.9	0.9
		Φ_y	—	0.9	0.9
		Q_{yd}	kN	189863	132116
転倒モーメントに 対する偏心量 による照査	偏心した鉛直力の作用位置		m	2.767	2.767

(3) 基礎の安定に関する耐荷性能の照査（限界状態1）

　安定に関する照査結果は表-3.3.7に示すとおりであり，変動作用支配状況において，各制限値を超えないことから，限界状態1に対する照査を満足する。

表-3.3.7　安定に関する耐荷性能の照査結果（限界状態1）

作用の組合せ			照査項目	鉛直荷重に対する支持力による照査			水平荷重に対する照査	転倒モーメントに対する偏心量による照査		
				F_r	Q_{yd}	判定		e	制限値	判定
				kN	kN	－		m	m	－
限界状態1に対する照査	②	D+L(a)	変動支配状況	32993	189863	OK	限界状態3を超えないことを照査することで確認する。	-0.208	2.767	OK
	②	D+L+U(a)	浮力考慮	31820	132116	OK		-0.217	2.767	OK
	②	D+L(b)	浮力無視	32427	189863	OK		-0.166	2.767	OK
	②	D+L+U(b)	浮力考慮	31271	132116	OK		-0.172	2.767	OK
	⑨	D+TH+EQ	浮力無視	42648	189863	OK		0.472	2.767	OK
	⑨	D+TH+EQ+U	浮力考慮	42772	132116	OK		0.512	2.767	OK
	⑩	D+EQ	浮力無視	87384	189863	OK		1.044	2.767	OK
	⑩	D+EQ+U	浮力考慮	107192	132116	OK		1.132	2.767	OK

3.3.3　基礎の安定に関する耐荷性能の照査（限界状態3に対する照査）

　限界状態3に対しては水平荷重による抵抗力の照査を実施する。鉛直荷重と転倒モーメントに対しては，道示IV編9.5.7の規定に従い，限界状態1を超えないことを照査することで確認する。耐荷性能の照査に用いるフーチング下面中心における設計荷重は，表-3.3.5に示したとおりである。

IV編 9.5.3
IV編 9.5.5
IV編 9.5.7

(1) 照査に用いる制限値

　表-3.3.8に各照査に用いる制限値を示す。直接基礎底面のせん断抵抗力は，荷重係数等を含めた荷重が照査位置に作用している状況において照査するため，荷重係数を考慮した鉛直荷重を用いてせん断抵抗力の制限値を算定した。

IV編 9.5.3
IV編 9.5.7

表-3.3.8　安定に関する耐荷性能の照査に用いる制限値（限界状態3）

				限界状態3に対する照査							
				②D+L(a)	②D+L+U(a)	②D+L(b)	②D+L+U(b)	⑨D+TH+EQ	⑨D+TH+EQ+U	⑩D+EQ	⑩D+EQ+U
				浮力無視	浮力考慮	浮力無視	浮力考慮	浮力無視	浮力考慮	浮力無視	浮力考慮
水平荷重に対する照査	基礎底面と地盤との間の付着力	c_B	kN/m²	0	0	0	0	0	0	0	0
	有効載荷面積	A_e	m²	109.0	109.2	107.9	108.1	91.9	90.9	77.6	75.5
	基礎底面に作用する鉛直力	V	kN	25005	23275	24480	22750	21835	20127	22085	20377
	基礎底面と地盤との間の摩擦角	$\tan\phi_B$	－	0.6	0.6	0.6	0.6	0.6	0.6	0.6	0.6
	せん断抵抗力の特性値	H_u	kN	15003	13965	14688	13650	13101	12076	13251	12226
	調査・解析係数	ξ_1	－	0.90	0.90	0.90	0.90	0.90	0.90	0.90	0.90
	部材・構造係数及び抵抗係数	$\xi_2\Phi_u$	－	0.95	0.95	0.95	0.95	0.95	0.95	0.95	0.95
	せん断力の制限値	H_{dp}	kN	12828	11940	12558	11671	11201	10325	11330	10453

(2) 基礎の安定に関する耐荷性能の照査（限界状態3）

　安定に関する照査結果は表- 3.3.9 に示すとおりであり，変動作用支配状況において，各制限値を超えないことから，限界状態3に対する照査を満足する。

表- 3.3.9　安定に関する耐荷性能の照査結果（限界状態3）

作用の組合せ			照査項目		鉛直荷重に対する支持力による照査	水平荷重に対する照査			転倒モーメントに対する偏心量による照査
						H	H_d	判定	
						kN	kN	—	
限界状態3に対する照査	②	D+L(a)	変動支配状況	浮力無視	限界状態1を超えないことを照査することで確認する。	3547	12828	OK	限界状態1を超えないことを照査することで確認する。
	②	D+L+U(a)		浮力考慮		3672	11940	OK	
	②	D+L(b)		浮力無視		3547	12558	OK	
	②	D+L+U(b)		浮力考慮		3672	11671	OK	
	⑨	D+TH+EQ		浮力無視		6202	11201	OK	
	⑨	D+TH+EQ+U		浮力考慮		6202	10325	OK	
	⑩	D+EQ		浮力無視		9273	11330	OK	
	⑩	D+EQ+U		浮力考慮		9273	10453	OK	

3.4 フーチングの設計

　フーチングは，耐荷性能を確保するために，表-3.4.6に示したように永続作用支配及び変動作用支配状況において部材の限界状態1及び限界状態3を超えないことを照査する。

　耐久性能については，土中にある部材として，表-3.4.2に示したように鋼材の腐食及び疲労に対する照査を実施する。

3.4.1 フーチングの剛体判定

　フーチングは，道示Ⅳ編7.7.2に規定されるフーチングを剛体として扱える判定を満足する厚さを有している。

【補足】
・本書では剛体判定の計算結果の記載は省略している。

Ⅳ編7.7.2

3.4.2 前フーチングの設計

(1) 各設計断面における荷重の特性値から算出した断面力

　各設計断面における荷重の特性値から算出した断面力の計算結果を表-3.4.1に示す。曲げモーメントによる設計断面はたて壁前面位置，せん断力による設計断面はたて壁前面からフーチング厚さ h の1/2位置となる。

表-3.4.1　各設計断面における荷重の特性値から算出した断面力

作用の組合せ		特性値による作用力		M (kN・m)	S (kN)
①	D	永続作用支配状況	浮力無視	265.3	158.4
①	D+U		浮力考慮	266.7	159.2
②	D+L(a)	変動作用支配状況	浮力無視	315.2	188.4
②	D+L+U(a)		浮力考慮	316.6	189.3
②	D+L(b)		浮力無視	318.1	190.3
②	D+L+U(b)		浮力考慮	319.5	191.2
⑨	D+TH+EQ		浮力無視	—	—
⑨	D+TH+EQ+U		浮力考慮	—	—
⑩	D+EQ		浮力無視	584.0	353.4
⑩	D+EQ+U		浮力考慮	584.0	353.3

(2) 耐久性能の照査

　1.2.3 及び 1.4.2 の設計方針に従い，フーチングの耐久性能に関しては，表-3.4.2 に示す項目により照査を行う。

表- 3.4.2　フーチングの耐久性能の照査に関する主な照査項目

照査項目	耐久性確保の方法
内部鋼材の腐食	・かぶりによる内部鋼材の防食 　かぶり≧道示IV編 5.2.2(4)の最小かぶり 　　　　　　　　　　　　　　　　　　　　　　　　・・・ 道示IV編 6.2(2)
疲労	・鉄筋の引張応力度の照査 　鉄筋の引張応力度 σ_s≦鉄筋の引張応力度の制限値 　　　　　　　　　　　　　　　　　　　　　　　　・・・ 道示IV編 6.3(2) ・コンクリートの圧縮応力度の照査 　コンクリートの圧縮応力度 σ_c≦コンクリートの圧縮応力度の制限値 　　　　　　　　　　　　　　　　　　　　　　　　・・・ 道示IV編 6.3(2)

1) 耐久性能の照査に用いる設計断面力

　表- 3.4.3 に設計断面における設計断面力を示す。鉄筋コンクリート部材の疲労に対する耐久性確保のための照査に用いる作用の組合せは，道示III編 6.3.2 に規定される［1.00(D+L+PS+CR+SH+E+HP+U)］により算出した。

III編 6 章

表- 3.4.3　耐久性能の照査に用いる設計断面力

作用の組合せ	設計断面力	M (kN・m)	S (kN)
1.00(D+L+PS+CS+SH+E+HP(a))	浮力無視	315.2	188.4
1.00(D+L+PS+CS+SH+E+HP+(U)(a))	浮力考慮	316.6	189.3
1.00(D+L+PS+CS+SH+E+HP(b))	浮力無視	318.1	190.3
1.00(D+L+PS+CS+SH+E+HP+(U)(b))	浮力考慮	319.5	191.2

2) 内部鋼材の腐食に対する耐久性能の照査

　フーチングの鉄筋のかぶりは，道示IV編 6.2 の規定を満足する。よって，内部鋼材の腐食に対する耐久性能の照査を満足する。

【補足】
・かぶりの設計は道示IV編 5.2.2（耐荷性能），道示IV編 6.2（耐久性能）に規定される最小かぶりに施工誤差等を考慮して設定することとなる。施工条件，施工誤差等によるかぶりの増厚分の値は，実施工事例などを調査し設定することとなる。

IV編 6.2
IV編 5.2.2

-364-

3) 疲労に対する耐久性能の照査

曲げモーメント又はせん断力により発生する鉄筋及びコンクリートの応力度は，いずれも道示Ⅲ編6.3.2及び道示Ⅳ6.3に規定される鉄筋及びコンクリートの応力度の制限値を超えないことから，疲労に対する耐久性能の照査を満足する。なお，コンクリートが負担できる平均せん断応力度の算出においては，せん断スパン比の影響を考慮した。

表- 3.4.4 曲げモーメントによる照査結果

			1.00(D+L+PS+CS +SH+E+HP(a))	1.00(D+L+PS+CS+ SH+E+HP+U(a))	1.00(D+L+PS+CS +SH+E+HP(b))	1.00(D+L+PS+CS +SH+E+HP+U(b))
			浮力無視	浮力考慮	浮力無視	浮力考慮
曲げモーメント	M	kN·m	315	317	318	320
断面寸法	b	m	1.000			
	h	m	1.600			
	d_0	m	0.150			
	d	m	1.450			
軸方向 引張鉄筋量	A_s	mm²	D25-4本×1段配筋 2026.8			
コンクリートの 圧縮応力度 の照査	σ_c	N/mm²	1.7	1.7	1.7	1.8
	制限値	N/mm²	8.0	8.0	8.0	8.0
	判 定	—	OK	OK	OK	OK
鉄筋の 引張応力度 の照査	σ_s	N/mm²	114	115	115	116
	制限値※	N/mm²	160	160	160	160
	判 定	—	OK	OK	OK	OK

Ⅳ編表-6.3.1

※フーチングは，地下水位以深のため，鉄筋の引張応力度の制限値は道示Ⅳ編表-6.3.1に規定される値とした。

表- 3.4.5　せん断力による照査結果

			1.00(D+L+PS+CS+SH+E+HP(a))	1.00(D+L+PS+CS+SH+E+HP+U(a))	1.00(D+L+PS+CS+SH+E+HP(b))	1.00(D+L+PS+CS+SH+E+HP+U(b))
			浮力無視	浮力考慮	浮力無視	浮力考慮
せん断力	S	kN	188	189	190	191
断面寸法	b	m	1.000			
	h	m	1.600			
	d_0	m	0.150			
	d	m	1.450			
軸方向引張鉄筋量	A_s	mm²	D25-4本×1段配筋　2026.8			
	p_t	%	0.140			
せん断スパン比	a	m	0.982	0.983	0.986	0.986
	a/d	—	0.677	0.678	0.680	0.680
コンクリートが負担できる平均せん断応力度	τ_c	N/mm²	0.35			
	c_e	—	0.933			
	c_{pt}	—	0.780			
	c_{dc}	—	5.549	5.547	5.537	5.535
	c_c	—	1.000			
	τ_r	N/mm²	1.413	1.412	1.410	1.409
コンクリートが負担できるせん断力	Φ_{uc}	—	0.65			
	S_{cd}	kN	1331	1331	1328	1328
せん断補強鉄筋が負担するせん断力	S_s	kN	0	0	0	0
せん断補強鉄筋の断面積及び間隔	A_w	mm²	D13-1本= 126.7			
	a	mm	500			
せん断補強鉄筋に生じる応力度の照査	c_{ds}	—	0.271	0.271	0.272	0.272
	σ_s	N/mm²	0	0	0	0
	制限値※	N/mm²	160	160	160	160
	判　定	—	OK	OK	OK	OK

※フーチングは，地下水位以深のため，鉄筋の引張応力度の制限値は道示IV編表-6.3.1に規定される値とした。

IV編 7.7.4(3)

III編 5.4.1(5)
IV編 5.2.7(1)
解説

III編 5.8.2
表-5.8.5
表-5.8.7
c_{pt}
IV編表-5.2.3
c_{dc} 表-7.7.1
III編
τ_r 式(5.8.4)

S_{cd}
III編 5.4.1
式(5.4.3)
III編表-5.8.3
S_s 式(5.4.2)
c_{ds}
IV編式(7.7.3)
応力度算出
III編 5.4.1
式(5.4.1)
IV編表-6.3.1

(3) 耐荷性能の照査

フーチングの耐荷性能の照査に関する主な照査項目を表- 3.4.6 に示す。耐荷性能の照査は道示Ⅳ編 5.1 に規定されるとおり，コンクリート部材は道示Ⅳ編 5.2 の規定に従ったうえで，道示Ⅲ編 5 章の規定によることから，表- 3.4.6 には直接道示Ⅲ編の規定を挙げている。

表- 3.4.6 フーチングの耐荷性能の照査に関する主な照査項目

<table>
<tr><td rowspan="2">状態 ＼ 状況</td><td colspan="2">主として機能面からの橋の状態</td><td>構造安全面からの橋の状態</td></tr>
<tr><td>部材等としての荷重を支持する能力が確保されている限界の状態
（部材の限界状態 1）</td><td>部材等として荷重を支持する能力は低下しているもののあらかじめ想定する能力の範囲にある状態（部材の限界状態 2）</td><td>これを超えると部材等としての荷重を支持する能力が完全に失われる限界の状態（部材の限界状態 3）</td></tr>
<tr><td>永続作用や変動作用が支配的な状況</td><td>・曲げモーメント
$M_d \leqq M_{yd} = \xi_1 \Phi_y M_{yc}$
・・・ 道示Ⅲ編 5.5.1(3)
・せん断力
同右
・・・ 道示Ⅲ編 5.5.2(1)</td><td>＼</td><td>・曲げモーメント
$M_d \leqq M_{ud} = \xi_1 \xi_2 \Phi_u M_{uc}$
・・・ 道示Ⅲ編 5.7.1(3), 5.8.1(3)
・せん断力
【耐荷性能の前提】
$\tau_m \leqq$ ｺﾝｸﾘｰﾄのせん断応力度の制限値
・・・ 道示Ⅳ編 5.2.7(3)
【斜引張破壊】
$S_d \leqq S_{usd} = \xi_1 \xi_2 (\Phi_{uc} S_c + \Phi_{us} S_s)$
・・・ 道示Ⅲ編 5.7.2(3)， 5.8.2(3)
【コンクリートの圧壊】
$S_d \leqq S_{ucd} = \xi_1 \xi_2 \Phi_{ucw} S_{ucw}$
・・・ 道示Ⅲ編 5.7.2(4)， 5.8.2(4)</td></tr>
<tr><td>偶発作用が支配的な状況</td><td>＼</td><td colspan="2">永続作用や変動作用が支配的な状況において，限界状態 1 及び限界状態 3 を超えないことを照査することで確認する。</td></tr>
</table>

1) 耐荷性能の照査に用いる設計断面力

表- 1.5.6 に示した作用の組合せと作用の組合せに対する荷重組合せ係数及び荷重係数を考慮した設計断面における設計断面力を表-3.4.7 に示す。各作用の組合せにおける地盤反力度は，3.3.2(1)に示した作用に対してそれぞれの荷重組合せ係数及び荷重係数を考慮して算定する。このとき，橋台背面から仮想背面位置の前面側にある背面土及びその上の地表載荷荷重に対しては，道示Ⅳ編 7.7.1 に示すとおり，死荷重の荷重組合せ係数及び荷重係数を乗じた。なお，前フーチングの設計にあたっては，フーチング上の埋戻し土が長期にわたり必ずしも存在するとは限らないこと，また本橋台は前フーチング下面鉄筋が引張となることから，前フーチング上の上載土砂荷重を無視した。

考慮した荷重について図- 3.4.1 に示す。

表- 3.4.7 耐荷性能の照査に用いる設計断面力

<table>
<tr><td colspan="4">設計断面力 ＼ 作用の組合せ</td><td>M
(kN・m)</td><td>S
(kN)</td></tr>
<tr><td>①</td><td>D</td><td rowspan="2">永続作用
支配状況</td><td>浮力無視</td><td>278.6</td><td>166.3</td></tr>
<tr><td>①</td><td>D+U</td><td>浮力考慮</td><td>280.0</td><td>167.2</td></tr>
<tr><td>②</td><td>D+L(a)</td><td rowspan="8">変動作用
支配状況</td><td>浮力無視</td><td>338.9</td><td>202.6</td></tr>
<tr><td>②</td><td>D+L+U(a)</td><td>浮力考慮</td><td>340.3</td><td>203.5</td></tr>
<tr><td>②</td><td>D+L(b)</td><td>浮力無視</td><td>341.9</td><td>204.6</td></tr>
<tr><td>②</td><td>D+L+U(b)</td><td>浮力考慮</td><td>343.4</td><td>205.5</td></tr>
<tr><td>⑨</td><td>D+TH+EQ</td><td>浮力無視</td><td>459.2</td><td>276.9</td></tr>
<tr><td>⑨</td><td>D+TH+EQ+U</td><td>浮力考慮</td><td>459.2</td><td>276.9</td></tr>
<tr><td>⑩</td><td>D+EQ</td><td>浮力無視</td><td>613.2</td><td>371.0</td></tr>
<tr><td>⑩</td><td>D+EQ+U</td><td>浮力考慮</td><td>613.2</td><td>371.0</td></tr>
</table>

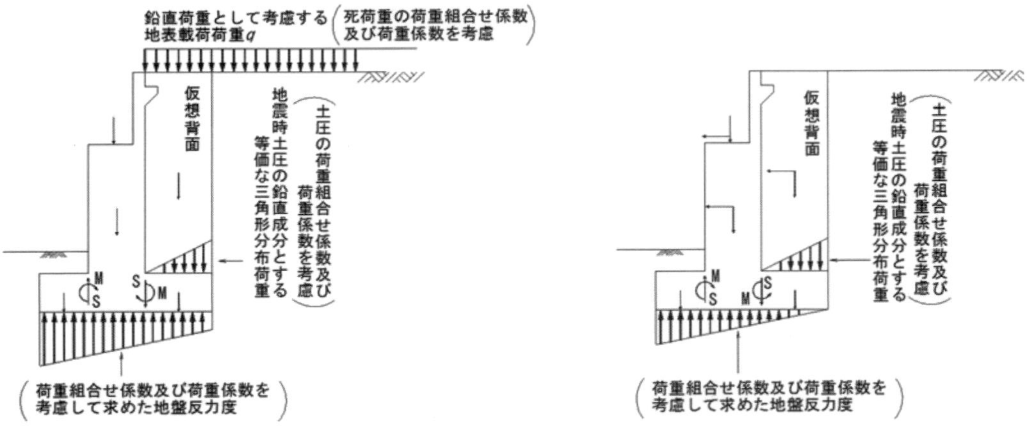

(a) 地震の影響を考慮しない場合　　(b) 地震の影響を考慮する場合

図- 3.4.1　橋台フーチングの断面計算で考慮する荷重

2) 曲げモーメントによる照査

曲げモーメントによる耐荷性能の照査は，表- 3.4.7 に示した作用の組合せに対して行った。曲げモーメントによる耐荷性能の照査結果は表- 3.4.8 に示すとおりであり，曲げモーメントは限界状態 1 及び限界状態 3 に対する曲げモーメントの制限値を超えないことから，限界状態 1 及び限界状態 3 に対する照査を満足する。

Ⅲ編 5.5.1
Ⅲ編 5.7.1

Ⅳ編 5.2.1

最大抵抗曲げモーメント M_u はコンクリートのひび割れ曲げモーメント M_c 以上となることから，最小鉄筋量の規定を満足する。また，軸方向引張鉄筋量は部材の有効断面積の 2%以下で，かつ軸方向鉄筋量は部材の全断面積の 6%以下であり，最大鉄筋量の規定を満足する。

Ⅲ編 5.5.1
式(5.5.1)
表-5.5.1

Ⅲ編 5.8.1
式(5.8.1)
表-5.8.1

表- 3.4.8　曲げモーメントによる照査結果

			永続支配		変動支配							
			①D	①D+U	②D+L(a)	②D+L+U(a)	②D+L(b)	②D+L+U(b)	⑨D+TH+EQ	⑨D+TH+EQ+U	⑩D+EQ	⑩D+EQ+U
			浮力無視	浮力考慮	浮力無視	浮力考慮	浮力無視	浮力考慮	浮力無視	浮力考慮	浮力無視	浮力考慮
曲げモーメント	M	kN·m	279	280	339	340	342	343	459	459	613	613
断面寸法	b	m	1.000									
	h	m	1.600									
	d_0	m	0.150									
	d	m	1.450									
軸方向引張鉄筋量	A_s	mm²	D25-4本×1段配筋 2026.8									
限界状態1に対する照査	M_{yc}	kN·m	961	961	961	961	961	961	961	961	961	961
	ξ_1	—	0.90	0.90	0.90	0.90	0.90	0.90	0.90	0.90	0.90	0.90
	Φ_y	—	0.85	0.85	0.85	0.85	0.85	0.85	0.85	0.85	1.00	1.00
	M_{yd}	kN·m	735	735	735	735	735	735	735	735	865	865
	判　定	—	$M \leqq M_{yd}$ OK	$M \leqq M_{yd}$ OK	$M \leqq M_{yd}$ OK	$M \leqq M_{yd}$ OK	$M \leqq M_{yd}$ OK	$M \leqq M_{yd}$ OK	$M \leqq M_{yd}$ OK	$M \leqq M_{yd}$ OK	$M \leqq M_{yd}$ OK	$M \leqq M_{yd}$ OK
限界状態3に対する照査	M_{uc}	kN·m	1002	1002	1002	1002	1002	1002	1002	1002	1002	1002
	ξ_1	—	0.90	0.90	0.90	0.90	0.90	0.90	0.90	0.90	0.90	0.90
	ξ_2	—	0.90	0.90	0.90	0.90	0.90	0.90	0.90	0.90	0.90	0.90
	Φ_u	—	0.80	0.80	0.80	0.80	0.80	0.80	0.80	0.80	1.00	1.00
	M_{ud}	kN·m	649	649	649	649	649	649	649	649	812	812
	判　定	—	$M \leqq M_{ud}$ OK	$M \leqq M_{ud}$ OK	$M \leqq M_{ud}$ OK	$M \leqq M_{ud}$ OK	$M \leqq M_{ud}$ OK	$M \leqq M_{ud}$ OK	$M \leqq M_{ud}$ OK	$M \leqq M_{ud}$ OK	$M \leqq M_{ud}$ OK	$M \leqq M_{ud}$ OK
最小鉄筋量の照査	M_c	kN·m	817	817	817	817	817	817	817	817	817	817
	M_u	kN·m	1002	1002	1002	1002	1002	1002	1002	1002	1002	1002
	$1.7M$	kN·m	474	476	576	579	581	584	781	781	1042	1042
	判　定	—	$M_c \leqq M_u$ OK	$M_c \leqq M_u$ OK	$M_c \leqq M_u$ OK	$M_c \leqq M_u$ OK	$M_c \leqq M_u$ OK	$M_c \leqq M_u$ OK	$M_c \leqq M_u$ OK	$M_c \leqq M_u$ OK	$M_c \leqq M_u$ OK	$M_c \leqq M_u$ OK

Ⅳ編 7.7.4(3)

3) せん断力による照査

せん断力による耐荷性能の照査は，表-3.4.7に示した作用の組合せに対して行った。

せん断力による耐荷性能の照査結果は表-3.4.9に示すとおりであり，変動作用支配状況において，全ての設計断面に生じる平均せん断応力度又はせん断力は，平均せん断応力度の制限値，斜引張破壊に対するせん断力の制限値及びコンクリートの圧壊に対するせん断力の制限値を超えないことから限界状態3に対する照査を満足する。なお，コンクリートが負担できる平均せん断応力度の算出においては，せん断スパン比の影響c_{dc}及びc_{ds}を考慮した。

以上のように，フーチングに生じるせん断力は永続作用支配状況及び変動作用支配状況において限界状態3の制限値を超えない。ゆえに，道示III編5.5.2(1)の規定により限界状態1に対する照査も満足する。

III編5.8.2(3)
IV編5.2.7(1)
解説

IV編5.2.7
式(5.2.1)
表-5.2.4
III編5.8.2
表-5.8.5
表-5.8.7

表-3.4.9 せん断力による照査結果

			永続支配		変動支配							
			①D	①D+U	②D+L(a)	②D+L+U(a)	②D+L(b)	②D+L+U(b)	⑨D+TH+EQ	⑨D+TH+EQ+U	⑩D+EQ	⑩D+EQ+U
			浮力無視	浮力考慮	浮力無視	浮力考慮	浮力無視	浮力考慮	浮力無視	浮力考慮	浮力無視	浮力考慮
せん断力	S	kN	166	167	203	203	205	205	277	277	371	371
断面寸法	b	m	1.000									
	h	m	1.600									
	d_0	m	0.150									
	d	m	1.450									
軸方向引張鉄筋量	A_s	mm^2	D25-4本×1段配筋 2026.8									
	p_t	%	0.140									
平均せん断応力度	τ_m	N/mm^2	0.11	0.12	0.14	0.14	0.14	0.14	0.19	0.19	0.26	0.26
	制限値	N/mm^2	1.7	1.7	2.6	2.6	2.6	2.6	2.6	2.6	2.6	2.6
	判定	—	OK	OK	OK	OK	OK	OK	OK	OK	OK	OK
せん断スパン比	a	m	0.975	0.976	0.983	0.984	0.987	0.987	1.026	1.026	1.044	1.044
	a/d	—	0.672	0.673	0.678	0.678	0.681	0.681	0.707	0.707	0.720	0.720
コンクリートが負担できる平均せん断応力度	τ_c	N/mm^2	0.35									
	c_e	—	0.933									
	c_{pt}	—	0.780									
	c_{dc}	—	5.573	5.570	5.546	5.544	5.533	5.531	5.404	5.404	5.344	5.344
	c_c	—	1.000									
	τ_r	N/mm^2	1.419	1.418	1.412	1.411	1.409	1.408	1.376	1.376	1.360	1.360
コンクリートが負担できるせん断力	k	—	1.30									
	S_c	kN	2674	2673	2661	2660	2655	2654	2593	2593	2564	2564
せん断補強鉄筋の断面積及び間隔	A_w	mm^2	D13-1本= 126.7									
	a	mm	500									
せん断補強鉄筋が負担するせん断力	c_{ds}	—	0.269	0.269	0.271	0.271	0.272	0.272	0.283	0.283	0.288	0.288
	k	—	1.30									
	σ_{sy}	N/mm^2	345									
	S_s	kN	30	30	30	30	31	31	33	33	34	34
斜引張破壊に対するせん断力の制限値	ξ_1	—	0.90	0.90	0.90	0.90	0.90	0.90	0.90	0.90	0.90	0.90
	ξ_2	—	0.85	0.85	0.85	0.85	0.85	0.85	0.85	0.85	0.85	0.85
	Φ_{uc}	—	0.65	0.65	0.65	0.65	0.65	0.65	0.65	0.65	0.95	0.95
	Φ_{us}	—	0.65	0.65	0.65	0.65	0.65	0.65	0.65	0.65	0.95	0.95
	S_{usd}	kN	1344	1344	1338	1338	1335	1335	1306	1306	1889	1889
	判定	—	$S \leqq S_{usd}$ OK	$S \leqq S_{usd}$ OK	$S \leqq S_{usd}$ OK	$S \leqq S_{usd}$ OK	$S \leqq S_{usd}$ OK	$S \leqq S_{usd}$ OK	$S \leqq S_{usd}$ OK	$S \leqq S_{usd}$ OK	$S \leqq S_{usd}$ OK	$S \leqq S_{usd}$ OK
圧壊に対するせん断耐力の特性値	$\tau_{r max}$	N/mm^2	3.2									
	S_{ucw}	kN	4640									
コンクリートの圧壊に対するせん断力の制限値	ξ_1	—	0.90	0.90	0.90	0.90	0.90	0.90	0.90	0.90	0.90	0.90
	$\xi_2\Phi_{ucw}$	—	0.70	0.70	0.70	0.70	0.70	0.70	0.70	0.70	1.00	1.00
	S_{ucd}	kN	2923	2923	2923	2923	2923	2923	2923	2923	4176	4176
	判定	—	$S \leqq S_{ucd}$ OK	$S \leqq S_{ucd}$ OK	$S \leqq S_{ucd}$ OK	$S \leqq S_{ucd}$ OK	$S \leqq S_{ucd}$ OK	$S \leqq S_{ucd}$ OK	$S \leqq S_{ucd}$ OK	$S \leqq S_{ucd}$ OK	$S \leqq S_{ucd}$ OK	$S \leqq S_{ucd}$ OK

c_{pt}
IV編表-5.2.3
c_{dc} 表-7.7.1
III編
τ_r式(5.8.4)
S_c
III編式(5.8.3)
c_{ds}

IV編式(7.7.3)
S_s
III編式(5.8.5)
S_{usd}
式(5.8.2)
表-5.8.3
S_{ucw}
式(5.8.8)
表-5.8.10
S_{ucd}
式(5.8.7)
表-5.8.9

3.4.3 後フーチングの設計

(1) 各設計断面における荷重の特性値から算出した断面力

　各設計断面における荷重の特性値から算出した断面力の計算結果を表-3.4.10 に示す。曲げモーメントによる設計断面はたて壁前面位置，せん断力による設計断面はたて壁前面からフーチング厚さ h の 1/2 位置となる。

表- 3.4.10　各設計断面における荷重の特性値から算出した断面力

作用の組合せ		特性値による作用力		M (kN・m)	S (kN)
①	D	永続作用	浮力無視	77.1	24.5
①	D+U	支配状況	浮力考慮	80.1	25.6
②	D+L(a)		浮力無視	74.3	20.5
②	D+L+U(a)		浮力考慮	77.1	21.6
②	D+L(b)		浮力無視	73.5	18.6
②	D+L+U(b)	変動作用	浮力考慮	76.4	19.7
⑨	D+TH+EQ	支配状況	浮力無視	—	—
⑨	D+TH+EQ+U		浮力考慮	—	—
⑩	D+EQ		浮力無視	1071.9	386.4
⑩	D+EQ+U		浮力考慮	1071.9	386.4

(2) 耐久性能の照査

1) 耐久性能の照査に用いる設計断面力

　表-3.4.11 に設計断面における設計断面力を示す。前フーチングと同様に，鉄筋コンクリート部材の疲労に対する耐久性確保のための照査に用いる作用の組合せは，道示III編 6.3.2 に規定される[1.00(D+L+PS+CR+SH+E+HP+U)]により算出した。

III編 6.3.2

表- 3.4.11　耐久性能の照査に用いる設計断面力

作用の組合せ	設計断面力	M (kN・m)	S (kN)
1.00(D+L+PS+CS+SH+E+HP(a))	浮力無視	74.3	20.5
1.00(D+L+PS+CS+SH+E+HP+(U)(a))	浮力考慮	77.1	21.6
1.00(D+L+PS+CS+SH+E+HP(b))	浮力無視	73.5	18.6
1.00(D+L+PS+CS+SH+E+HP+(U)(b))	浮力考慮	76.4	19.7

2) 内部鋼材の腐食に対する耐久性能の照査

フーチングの鉄筋のかぶりは，道示Ⅳ編6.2の規定を満足する。よって，内部鋼材の腐食に対する耐久性能の照査を満足する。

IV編6.2

【補足】
・かぶりの設計は道示Ⅳ編5.2.2（耐荷性能），道示Ⅳ編6.2（耐久性能）に規定される最小かぶりに施工誤差等を考慮して設定することとなる。施工条件，施工誤差等によるかぶりの増厚分の値は，実施工事例などを調査し設定することとなる。

3) 疲労に対する耐久性能の照査

曲げモーメント又はせん断力により発生する鉄筋及びコンクリートの応力度は，いずれも道示Ⅲ編6.3.2及び道示Ⅳ6.3に規定される鉄筋及びコンクリートの応力度の制限値を超えないことから，疲労に対する耐久性能の照査を満足する。なお，コンクリートが負担できる平均せん断応力度の算出においては，せん断スパン比の影響を考慮した。

表-3.4.12 曲げモーメントによる照査結果（橋軸方向）

			1.00(D+L+PS+CS +SH+E+HP(a)) 浮力無視	1.00(D+L+PS+CS+ SH+E+HP+U(a)) 浮力考慮	1.00(D+L+PS+CS +SH+E+HP(b)) 浮力無視	1.00(D+L+PS+CS +SH+E+HP+U(b)) 浮力考慮
曲げモーメント	M	kN·m	74	77	73	76
断面寸法	b	m	1.000			
	h	m	1.600			
	d_0	m	0.150			
	d	m	1.450			
軸方向 引張鉄筋量	A_s	mm²	D25-8本×1段配筋 4053.6			
コンクリートの 圧縮応力度 の照査	σ_c	N/mm²	0.3	0.3	0.3	0.3
	制限値	N/mm²	8.0	8.0	8.0	8.0
	判定		—	OK	OK	OK
鉄筋の 引張応力度 の照査	σ_s	N/mm²	13.7	14.3	13.6	14.1
	制限値※	N/mm²	160	160	160	160
	判定		—	OK	OK	OK

Ⅳ編表-6.3.1

Ⅳ編7.7.4(3)

Ⅲ編5.4.1(5)
Ⅳ編5.2.7(1)
解説

※フーチングは，地下水位以深のため，鉄筋の引張応力度の制限値は道示Ⅳ編表-6.3.1に規定される値とした。

表- 3.4.13 せん断力による耐久性能の照査

			1.00(D+L+PS+CS +SH+E+HP(a))	1.00(D+L+PS+CS+ SH+E+HP+U(a))	1.00(D+L+PS+CS +SH+E+HP(b))	1.00(D+L+PS+CS +SH+E+HP+U(b))
			浮力無視	浮力考慮	浮力無視	浮力考慮
せん断力	S	kN	20	22	19	20
断面寸法	b	m	1.000			
	h	m	1.600			
	d_0	m	0.150			
	d	m	1.450			
軸方向 引張鉄筋量	A_s	mm^2	D25-8本×1段配筋 4053.6			
	p_t	%	0.280			
せん断スパン比	a	m	5.150	5.150	5.150	5.150
	a/d	—	3.552	3.552	3.552	3.552
コンクリートが負担できる平均せん断応力度	τ_c	N/mm^2	0.350			
	c_e	—	0.933			
	c_{pt}	—	0.980			
	c_{dc}	—	1.000	1.000	1.000	1.000
	c_c	—	1.000			
	τ_r	N/mm^2	0.320	0.320	0.320	0.320
コンクリートが負担できるせん断力	Φ_{uc}	—	0.65			
	S_{cd}	kN	301			
せん断補強鉄筋が負担するせん断力	S_s	kN	0	0	0	0
せん断補強鉄筋の断面積及び間隔	A_w	mm^2	D13-1本= 126.7			
	a	mm	500			
せん断補強鉄筋に生じる応力度の照査	c_{ds}	—	1.000	1.000	1.000	1.000
	σ_s	N/mm^2	0	0	0	0
	制限値*	N/mm^2	160	160	160	160
	判　定	—	OK	OK	OK	OK

※フーチングは，地下水位以深のため，せん断補強鉄筋に生じる応力度の制限
　値は道示IV編表-6.3.1に規定される値とした。

Ⅲ編5.8.2
表-5.8.5
表-5.8.7
c_{pt}
IV編表-5.2.3
c_{dc} 表-7.7.1
Ⅲ編
τ_r式(5.8.4)

S_{cd}
Ⅲ編5.4.1
式(5.4.3)
Ⅲ編表-5.8.3
S_s式(5.4.2)
c_{ds}
IV編式(7.7.3)
応力度算出
Ⅲ編5.4.1
式(5.4.1)
IV編表-6.3.1

(3) 耐荷性能の照査
1) 耐荷性能の照査に用いる設計断面力

　表-1.5.6に示した作用の組合せと作用の組合せに対する荷重係数を考慮した設計断面における設計断面力を表-3.4.14に示す。考慮する荷重状態は，図-3.4.1に示したとおりであり，3.3.2(1)の作用に対してそれぞれの荷重係数を考慮して各作用の組合せにおける地盤反力度を算定する。なお，後フーチングの断面力は，IV編7.7.1に示すとおり，橋台背面から仮想背面位置の前面側にある背面土及びその上の地表載荷荷重に対しては死荷重の荷重組合せ係数及び荷重係数を，また，仮想背面での土圧の鉛直成分と等価な分布荷重に対しては土圧の荷重組合せ係数及び荷重係数をそれぞれ乗じて求められる鉛直力に対して算定した。

表-3.4.14　耐荷性能の照査に用いる設計断面力

作用の組合せ		設計断面力		M (kN・m)	S (kN)
①	D	永続作用支配状況	浮力無視	81.0	25.7
①	D+U		浮力考慮	84.1	26.9
②	D+L(a)	変動作用支配状況	浮力無視	65.8	16.3
②	D+L+U(a)		浮力考慮	68.9	17.5
②	D+L(b)		浮力無視	65.0	14.3
②	D+L+U(b)		浮力考慮	68.0	15.5
⑨	D+TH+EQ		浮力無視	608.9	219.5
⑨	D+TH+EQ+U		浮力考慮	608.9	219.5
⑩	D+EQ		浮力無視	1125.5	405.7
⑩	D+EQ+U		浮力考慮	1125.5	405.7

2) 曲げモーメントによる照査

　曲げモーメントによる耐荷性能の照査は，表- 3.4.14 に示した作用の組合せに対して行った。曲げモーメントによる耐荷性能の照査結果は　表- 3.4.15 に示すとおりであり，曲げモーメントは限界状態１及び限界状態３に対する曲げモーメントの制限値を超えないことから，限界状態１及び限界状態３に対する照査を満足する。

Ⅲ編 5.5.1
Ⅲ編 5.7.1

　最大抵抗曲げモーメント M_u はコンクリートのひび割れ曲げモーメント M_c 以上となることから，最小鉄筋量の規定を満足する。また，軸方向引張鉄筋量は部材の有効断面積の 2%以下で，かつ軸方向鉄筋量は部材の全断面積の 6%以下であり，最大鉄筋量の規定を満足する。

Ⅳ編 5.2.1

表- 3.4.15　曲げモーメントによる耐荷性能の照査

			永続支配		変動支配							
			①D	①D+U	②D+L(a)	②D+L+U(a)	②D+L(b)	②D+L+U(b)	⑨D+TH+EQ	⑨D+TH+EQ+U	⑩D+EQ	⑩D+EQ+U
			浮力無視	浮力考慮	浮力無視	浮力考慮	浮力無視	浮力考慮	浮力無視	浮力考慮	浮力無視	浮力考慮
曲げモーメント	M	kN·m	81	84	66	69	65	68	609	609	1125	1125
断面寸法	b	m	1.000									
	h	m	1.600									
	d_0	m	0.150									
	d	m	1.450									
軸方向引張鉄筋量	A_s	mm²	D25-8本×1段配筋　4053.6									
限界状態1に対する照査	M_{yc}	kN·m	1879	1879	1879	1879	1879	1879	1879	1879	1879	1879
	ξ_1	—	0.90	0.90	0.90	0.90	0.90	0.90	0.90	0.90	0.90	0.90
	Φ_y	—	0.85	0.85	0.85	0.85	0.85	0.85	0.85	0.85	1.00	1.00
	M_{yd}	kN·m	1437	1437	1437	1437	1437	1437	1437	1437	1691	1691
	判定	—	$M \leqq M_{yd}$ OK	$M \leqq M_{yd}$ OK	$M \leqq M_{yd}$ OK	$M \leqq M_{yd}$ OK	$M \leqq M_{yd}$ OK	$M \leqq M_{yd}$ OK	$M \leqq M_{yd}$ OK	$M \leqq M_{yd}$ OK	$M \leqq M_{yd}$ OK	$M \leqq M_{yd}$ OK
限界状態3に対する照査	M_{uc}	kN·m	1979	1979	1979	1979	1979	1979	1979	1979	1979	1979
	ξ_1	—	0.90	0.90	0.90	0.90	0.90	0.90	0.90	0.90	0.90	0.90
	ξ_2	—	0.90	0.90	0.90	0.90	0.90	0.90	0.90	0.90	0.90	0.90
	Φ_u	—	0.80	0.80	0.80	0.80	0.80	0.80	0.80	0.80	1.00	1.00
	M_{ud}	kN·m	1282	1282	1282	1282	1282	1282	1282	1282	1603	1603
	判定	—	$M \leqq M_{ud}$ OK	$M \leqq M_{ud}$ OK	$M \leqq M_{ud}$ OK	$M \leqq M_{ud}$ OK	$M \leqq M_{ud}$ OK	$M \leqq M_{ud}$ OK	$M \leqq M_{ud}$ OK	$M \leqq M_{ud}$ OK	$M \leqq M_{ud}$ OK	$M \leqq M_{ud}$ OK
最小鉄筋量の照査	M_c	kN·m	817	817	817	817	817	817	817	817	817	817
	M_u	kN·m	1979	1979	1979	1979	1979	1979	1979	1979	1979	1979
	$1.7M$	kN·m	138	143	112	117	111	116	1035	1035	1913	1913
	判定	—	$M_c \leqq M_u$ OK	$M_c \leqq M_u$ OK	$M_c \leqq M_u$ OK	$M_c \leqq M_u$ OK	$M_c \leqq M_u$ OK	$M_c \leqq M_u$ OK	$M_c \leqq M_u$ OK	$M_c \leqq M_u$ OK	$M_c \leqq M_u$ OK	$M_c \leqq M_u$ OK

Ⅲ編 5.5.1
式(5.5.1)
表-5.5.1

Ⅲ編 5.8.1
式(5.8.1)
表-5.8.1

Ⅳ編 5.2.1

3) せん断力による照査

せん断力による耐荷性能の照査は，表-3.4.14 に示した作用の組合せに対して行った。

せん断力による耐荷性能の照査結果は表-3.4.16 に示すとおりであり，変動作用支配状況において，全ての設計断面に生じる平均せん断応力度又はせん断力は，平均せん断応力度の制限値，斜引張破壊に対するせん断力の制限値及びコンクリートの圧壊に対するせん断力の制限値を超えないことから限界状態3に対する照査を満足する。なお，コンクリートが負担できる平均せん断応力度の算出においては，せん断スパン比の影響を考慮した。

IV編 7.7.4(3)
III編 5.8.2(3)
IV編 5.2.7(1)
解説

表-3.4.16 せん断力による耐荷性能の照査

			永続支配		変動支配							
			①D	①D+U	②D+L(a)	②D+L+U(a)	②D+L(b)	②D+L+U(b)	⑨D+TH+EQ	⑨D+TH+EQ+U	⑩D+EQ	⑩D+EQ+U
			浮力無視	浮力考慮	浮力無視	浮力考慮	浮力無視	浮力考慮	浮力無視	浮力考慮	浮力無視	浮力考慮
せん断力	S	kN	26	27	16	17	14	16	219	219	406	406
断面寸法	b	m	1.000									
	h	m	1.600									
	d_0	m	0.150									
	d	m	1.450									
軸方向引張鉄筋量	A_s	mm²	D25-8本×1段配筋 4053.6									
	p_t	%	0.280									
平均せん断応力度	τ_m	N/mm²	0.02	0.02	0.01	0.01	0.01	0.01	0.15	0.15	0.28	0.28
	制限値	N/mm²	1.7	1.7	2.6	2.6	2.6	2.6	2.6	2.6	2.6	2.6
	判定	—	OK	OK	OK	OK	OK	OK	OK	OK	OK	OK
せん断スパン比	a	m	5.150	5.137	5.150	5.150	5.150	5.150	3.807	3.807	3.806	3.806
	a/d	—	3.552	3.543	3.552	3.552	3.552	3.552	2.625	2.625	2.625	2.625
コンクリートが負担できる平均せん断応力度	τ_c	N/mm²	0.35									
	c_e	—	0.933									
	c_{pt}	—	0.980									
	c_{dc}	—	1.000	1.000	1.000	1.000	1.000	1.000	1.000	1.000	1.000	1.000
	c_c	—	1.000									
	τ_r	N/mm²	0.320	0.320	0.320	0.320	0.320	0.320	0.320	0.320	0.320	0.320
コンクリートが負担できるせん断力	k	—	1.30									
	S_c	kN	603	603	603	603	603	603	603	603	603	603
せん断補強鉄筋の断面積及び間隔	A_w	mm²	D13-1本= 126.7									
	a	mm	500									
せん断補強鉄筋が負担するせん断力	c_{ds}	—	1.000	1.000	1.000	1.000	1.000	1.000	1.000	1.000	1.000	1.000
	k	—	1.30									
	σ_{sky}	N/mm²	345									
	S_s	kN	143	143	143	143	143	143	143	143	143	143
斜引張破壊に対するせん断力の制限値	ξ_1	—	0.90	0.90	0.90	0.90	0.90	0.90	0.90	0.90	0.90	0.90
	ξ_2	—	0.85	0.85	0.85	0.85	0.85	0.85	0.85	0.85	0.85	0.85
	Φ_{uc}	—	0.65	0.65	0.65	0.65	0.65	0.65	0.65	0.65	0.95	0.95
	Φ_{us}	—	0.65	0.65	0.65	0.65	0.65	0.65	0.65	0.65	0.95	0.95
	S_{usd}	kN	371	371	371	371	371	371	371	371	542	542
	判定	—	$S \leqq S_{usd}$ OK	$S \leqq S_{usd}$ OK	$S \leqq S_{usd}$ OK	$S \leqq S_{usd}$ OK	$S \leqq S_{usd}$ OK	$S \leqq S_{usd}$ OK	$S \leqq S_{usd}$ OK	$S \leqq S_{usd}$ OK	$S \leqq S_{usd}$ OK	$S \leqq S_{usd}$ OK
圧壊に対するせん断耐力の特性値	$\tau_{r\,max}$	N/mm²	3.2									
	S_{ucw}	kN	4640									
コンクリートの圧壊に対するせん断力の制限値	ξ_1	—	0.90	0.90	0.90	0.90	0.90	0.90	0.90	0.90	0.90	0.90
	$\xi_2\Phi_{ucw}$	—	0.70	0.70	0.70	0.70	0.70	0.70	0.70	0.70	1.00	1.00
	S_{ucd}	kN	2923	2923	2923	2923	2923	2923	2923	2923	4176	4176
	判定	—	$S \leqq S_{ucd}$ OK	$S \leqq S_{ucd}$ OK	$S \leqq S_{ucd}$ OK	$S \leqq S_{ucd}$ OK	$S \leqq S_{ucd}$ OK	$S \leqq S_{ucd}$ OK	$S \leqq S_{ucd}$ OK	$S \leqq S_{ucd}$ OK	$S \leqq S_{ucd}$ OK	$S \leqq S_{ucd}$ OK

IV編 5.2.7
式(5.2.1)
表-5.2.4
III編 5.8.2
表-5.8.5
表-5.8.7
c_{pt}
IV編表-5.2.3
c_{dc} 表-7.7.1

	III編
	τ_r 式(5.8.4)
	S_c
	式(5.8.3)
	c_{ds}
	IV編式(7.7.3)
	III編 S_s
	式(5.8.5)
	S_{usd}
	式(5.8.2)
	表-5.8.3
	S_{ucw}
	式(5.8.8)
	表-5.8.10
	S_{ucd}
	式(5.8.7)
	表-5.8.9

4章　たて壁とフーチングの接合部の設計

　たて壁の軸方向鉄筋は，道示III編5.2.7 により算出される定着長を確保し，かつ，フーチングの下面鉄筋位置までのばす配筋とする。また，軸方向鉄筋の端部は道示IV編8.7(3)に規定するフックをつけて定着する。これにより，接合部以外の部材が限界状態3に達したときにも，部材相互の断面力を確実に伝達できる構造とする。

IV編 7.5

5章 施工・維持管理に引き継ぐ事項
　＜省略＞

【補足】
　設計にあたり前提とした条件や，適切な施工・維持管理が行われるための留意点について以下に示すこととなる。

5.1 施工に引き継ぐ事項
　＜省略＞

I編 1.9
I編 12.3

　施工に引き継ぐ事項を整理するにあたってのポイントの例を以下に挙げる。
　　①設計における留意点
　　②協議の必要な事項
　　など
　施工に引き継ぐ事項の例を以下に示す。

（1）設計における留意点
1）上部構造工事について
　本編では，記載を省略している。

2）下部構造工事について
　設計で求める強度や耐久性等を確保するため，道示Ⅳ編15章の規定に従うこと。

（2）協議の必要な事項
1）上部構造工事について
　本編では，記載を省略している。

2）下部構造工事について
・**基礎施工時の地下水への対策**
　本書では，架橋位置の地下水は被圧されたものではなく，また，流量も下部構造を施工するために掘削する範囲程度であればポンプで排出し，工事に支障をきたすものでないとしている。

・**支持層の確認**
　橋台位置でのボーリング調査により地表から3m程度の位置に支持層となる砂れき層が存在することを確認しており，この層を支持層とした直接基礎を採用している。基礎の建設にあたっては，基礎の床付け面において設計で想定した支持層としての性能が確保できることを平板載荷試験により確認することが望ましい。

支持層に不陸がある場合，支持層としての強度に問題がある場合には，速やかにその対策について検討する必要がある。

3) 排水計画について
　本書では，橋面の排水を下部構造下端まで導くまでを計画したとして，流末までの排水計画は橋梁前後の土工部排水計画と調整が必要であるとしている。

5.2 維持管理に引き継ぐ事項
　＜省略＞

【補足】
　維持管理に引き継ぐ事項を整理するにあたってのポイントの例を以下に挙げる。
　　①設計における留意点
　　②協議の必要な事項
　　など

　維持管理に引き継ぐ事項の例を以下に示す。

(1) 設計における留意点
1) 上部構造について
　本編では，記載を省略している。

2) 下部構造について
・定期点検等の日常的な点検の実施にあたって
　本橋では，橋下の土地利用状況や地盤面から桁下までの離隔等を踏まえ，検査路などの常設の点検設備を設けていない。
　日常的な点検を実施するにあたっては，高所作業車等の使用を想定している。設計図書に整理しているため確認のこと。

・災害時の緊急点検の実施にあたって
　本橋のような液状化の影響を考慮しない基礎地盤上に建設される橋台の設計は，レベル1地震動を考慮する設計状況に対して，耐荷性能1及び3を満足することで，レベル2地震動を考慮する設計状況に対して限界状態2及び3を超えないとされている。すなわち，大規模地震の発生により，壁もしくは基礎の損傷を許容しており，かつ，その損傷部位は制御できるものではないと示されている。
　このため，大規模地震発生後に，橋台の傾斜などの変状に特に注意して緊急点検を行う必要がある。大きな変状が見られた場合には，橋台の壁基部や基礎の点検を行うのがよい。変状等の状況に応じて，交通を早期に回復できるよう仮受のベントを設置するなど早急に対策を実施する必要がある。

一方，橋台の壁基部や基礎以外に変状等の異常がみられた場合には，設計で想定していない力が作用し，損傷が生じた可能性があるため，慎重に点検や復旧方法の検討を実施する必要がある。

　伸縮装置については，レベル2地震動の影響を考慮した設計とはなっていないため，その健全性や補修・補強の必要性について併せて点検が必要である。

　本橋台は踏掛版を有しているため，橋台背面盛土が沈下した場合にも，沈下量が大きくない場合には，盛土の沈下により生じる路面の高低差を踏掛版により吸収することが可能であり，発災直後の緊急車両の通行に対して一定の効果を期待することが可能である。しかしながら，踏掛版直下には橋台背面盛土の沈下により生じた段差に相当する空洞が生じている可能性が高いため，踏掛版直下の空洞の有無やその程度を点検するとともに，応急復旧に対して，空洞を充填するなどの対策の要否を判断する必要がある。

3) 補修・補強，部材の取替え工事にあたって

　日常的な点検で異常が発見された場合，X自動車道は補修や補強工事のための長期の通行止めができない条件のため，本橋はX自動車道の建築限界と桁下の空間を5m程度の離隔を確保しており，吊り足場を設けて工事を実施することを想定している。

(2) 協議の必要な事項
1) 上部構造について

　本編では，記載を省略している。

2) 下部構造について

　X自動車道との交差部については，X自動車道を夜間についても通行止めが困難なことから，維持管理対策等によりX自動車道の交通に支障をきたす場合は，事前に道路管理者等の関係機関と協議を行うこと。

（2）場所打ち杭基礎を有する
鉄筋コンクリートＴ形橋脚の設計計算例

1章 橋梁計画
1.1 橋梁計画の前提条件
　　＜省略＞

【補足】
　　本書Ⅱ編1.1に示すように，設計の前提条件となる橋梁計画およびその前提条件について明示することとなる。

1.1.1　橋の重要度　　　　　　　　　　　　　　　　　　　　　　　Ⅰ編1.4
　　＜省略＞

【補足】
　　本書Ⅱ編1.1.1に示すように，設計の前提条件となる道路管理者の設定する条件とともに設計との関わりについて明確にするために，橋の重要度に関連する事項について示すこととなる。
　　以下にこれらを示すにあたって留意する事項の例を示す。

・橋の重要度は，物流等の社会・経済活動上の位置づけや，防災計画上の位置づけ等の道路ネットワークにおける路線の位置づけや代替性を考慮して道路管理者により定められているものを確認しておく必要がある。また，地震後における橋の社会的役割及び地域の防災計画上の位置づけを考慮して道路管理者により定められている耐震設計上の橋の重要度についても確認しておく必要がある。
・道路構造令上の道路区分や，物流等の社会，経済活動において，本橋の路線がネットワーク上どのような位置付けや重要度とされているのかは，橋の耐荷性能の確保の方法だけでなく，耐久性能の確保の方法として，災害以外の際に一時的な通行止めによる部材の交換を前提とした選択が可能かどうかなどを検討する際にも考慮が必要となる事項の一つとなる。
・緊急輸送道路としてネットワーク機能を担うことを求められているのかどうかにより，橋の設計の際に災害時に求められる機能に応じた応急復旧方法なども含めた検討が必要かどうかなどが変わるのでこれを確認する必要がある。また，橋梁計画上，地域の防災計画との整合も重要であることから，津波想定浸水域や斜面崩壊の危険性の有無等について，確認しておくことも必要である。
・迂回路となる路線に車両制限(重さ，高さなど)がある場合は，その条件等についても確認が必要である。
・迂回路の道路機能の規模や，本橋が迂回路となるときにこの橋がおかれる状況の想定も勘案し，当該路線が担う道路ネットワーク機能ができるだけ絶えないように配慮する必要がある。

　　なお，本編の2章以降では，耐震設計上の橋の重要度はB種の橋であることを前提とした設計計算例を示している。　　　　　　　　　　　　　Ⅴ編2.1(2)

1.1.2　設計供用期間
　＜省略＞

I 編 1.5

【補足】
　本書II編 1.1.2 に示すように，設計の前提条件となる道路管理者の設定する条件と設計との関わりについて明確にするために，橋の設計供用期間について示すこととなる。
　なお，本編の 2 章以降では，橋脚を対象として，平時及び緊急時にも適切な維持管理が行われることを前提に設計供用期間を 100 年とした場合の設計計算例を示している。

1.1.3　架橋位置特有の条件
　＜省略＞

I 編 1.6
II 編〜IV編 2 章
V 編 1.3

【補足】
　本書II編 1.1.3 に示すように，設計との関わりについて明確にするために，設計の前提条件となる架橋予定地点およびその周辺特有の状況に関する条件ならびにその設定根拠となった各種の調査について，その内容と結果を架橋位置特有の条件について示すこととなる。
　本編の 2 章以降では橋脚を対象として，表- 1.1.1〜表- 1.1.3 に示す調査結果を前提とした設計計算例を示している。
　また，本書ではそれぞれの調査内容については記載を省略している。

表- 1.1.1　調査結果一覧表（1）

調査項目			調査内容	調査結果
1)架橋環境条件	①腐食環境	・地形的条件，塩害の影響の度合いの地域区分	※	C 地域，海岸線から 10km（塩害の影響地域ではない）
		・凍結防止剤の散布	※	無
		・その他	※	温泉地などの腐食環境ではない。
	②疲労環境	・荷重条件の設定	※	3500 台/日（大型車交通量 2000 台以上）
	③路線条件	・将来拡幅計画	※	無
		・付属施設	※	壁高欄有，落下物防止柵有，標識無，照明無，添架物無
		・交差条件（構造寸法制約）	※	県道 X 号線
	④気象・地形条件	・温度変化	※	普通の地域
		・積雪	※	積雪寒冷地ではない。
		・降雨量	※	橋面排水計画：本書では設定していないが，地域性等に配慮して適切に定める。
		・耐震設計上の地域区分，地盤種別	※	A2 地域，II 種地盤 地盤面における設計水平震度 レベル 1 地震動：$k_{hg}=0.20$ レベル 2 地震動 タイプ I：$k_{Ihg}=0.45$ タイプ II：$k_{IIhg}=0.70$
		・地盤変動	※	無（支点沈下：無）

※省略

-381-

表- 1.1.2　調査結果一覧表（2）

調査項目		調査項目	調査内容	調査結果
1) 架橋環境条件	⑤地盤調査	・地形，地質の調査	※	一軸圧縮強度が 20kN/m² 以下のごく軟弱な粘性土層や橋に影響を与える液状化が生じる地盤はなく，斜面崩壊等の発生が考えられる地形・地質にも該当しない。また，支持層の傾斜は想定されない。
		・ボーリング，サンプリング，サウンディング，土質試験，物理探査及び物理検層	※	※
		・過去の地震，震害の記録	※	文献調査の結果，本橋に影響を及ぼす断層変位が生じるおそれのある活断層はない。
	⑥地下水調査	・地下水位	※	GL-0.50m
		・間隙水圧	※	※
	⑦有害ガス，酸素欠乏空気等の調査	・有害ガスの種類とその発生状況	※	施工に支障をきたす有害ガス等の発生は認められない。
		・酸素欠乏空気の発生状況		
	⑧河相調査	・河川，湖沼等の状況とその変化度合いの把握	※	河川や湖沼上の橋ではない。
	⑨利水状況その他の調査	・船舶の航行状況	※	架橋位置は船舶の航行や農業，漁業等の利水に影響を与える条件ではない。
		・流送物，流下物の状況		
		・農業用水，漁業等の利水状況		
2) 使用材料条件の特性および製造に関する条件		・コンクリートプラント	※	JIS 工場有（架橋位置まで，およそ 30 分圏内，日施工出荷量対応可能）
		・使用材料の制約	※	無（特に制約を受けない）
		・コンクリート配合等制約	※	無（通常配合可能）
3) 施工条件	①関連法規等	・搬入車両制限	※	無
		・近接構造物	※	無
		・クレーン作業制約	※	無
	②運搬路等	・プレキャスト部材などの大型部材の運搬	※	特に制約を受けない。
	③現場状況等	・既設構造物	※	本橋の北側 30ｍの位置に旧橋あり。橋台背面の盛土区間は，橋梁建設後に施工される。
		・現場地形等	※	ヤード制約無
	④自然現象	・気象	※	施工に大きな影響は与えるような気象地域ではない。
	⑤現場周辺環境	・自然環境	※	景観を含め特に留意することはない。
		・歴史的背景	※	無
		・生活環境	※	近隣に住宅地等はなく，特に留意する必要はない。
	⑥既存資料調査	・下部構造の設計，施工に影響する事項	※	地下埋設物の存在など，設計・施工に影響する事項は確認されていない。
	⑦周辺環境調査	・施工による周辺への影響度の把握	※	周辺に建物はないため，騒音，振動等に対する制約はない。
		・施工法，使用機械器具，作業方法等の検討	※	周辺に建物はないため，使用機械器具による騒音，振動等に対する制約はない。
		・周辺環境の保全対策の検討	※	史跡，文化財，防雪林，水源地，温泉等の特殊な環境は架橋位置周辺にない。

※省略

表-1.1.3 調査結果一覧表（3）

調査項目			調査内容	調査結果
3)施工条件	⑧作業環境調査	・作業上の諸制約条件の把握	※	特になし。
		・近隣構造物と下部構造との相互影響度の検討	※	近隣に構造物がない。
		・施工法，工事用諸設備の位置，使用機械器具，作業方法等の検討	※	特に制約はない。
		・現場の保全対策及び施工安全対策の検討	※	近隣に保全すべき文化財等はない。
		・施工時の気象状況の予測	※	過去の記録から，特に施工に制約を与える気象条件ではない。
4)維持管理条件		・環境条件（塩害の影響の度合いの地域区分）	※	C地域，海岸線から10km（塩害の影響地域ではない）
		・使用条件	※	凍結防止剤の散布無，大型車交通量 3500 台/日
		・管理条件	※	法定点検を実施することを維持管理の条件としている。

※省略

1.2 設計の基本方針

＜省略＞

I編 1.8.1

【補足】

　本書Ⅱ編 1.2 に示すように，具体的な設計の考え方などの設計の基本方針について明示することとなる。

1.2.1 適用する基準類

＜省略＞

【補足】

　本書Ⅱ編 1.2.1 に示すように，設計内容の妥当性を証明するために，適用する基準類とともにその適用にあたっての適切性を示す根拠について示すこととなる。

　なお，本編の 2 章以降では橋脚を対象として，橋梁設計全編にわたって表-1.2.1 に示す適用する基準類を前提とした設計計算例を示している。

表-1.2.1 適用する基準類

①	橋、高架の道路等の技術基準	国土交通省 都市局長・道路局長通知	平成 29 年 7 月
②	道路橋示方書・同解説	公益社団法人 日本道路協会	平成 29 年 11 月

※構造解析，抵抗特性の評価等，それぞれ該当する箇所でその他の学協会等の基準類や図書，または論文等の文献を適用する場合には，それぞれの箇所で出典を示すこととなる。そして，使用条件や適用の範囲及び適用の前提となる力学条件等，ならびに，道示が実現しようとする信頼性も含めた

I編 1.1(2)解説

性能や前提となる力学条件等との一致について妥当性を検討した過程も示すこととなる。

1.2.2 橋の耐荷性能の選択と設計方針
＜省略＞

【補足】

本書Ⅱ編1.2.2に示すように，本書Ⅱ編1.1に示す前提条件を踏まえ，どのような考え方で橋の耐荷性能を選択したのかについて明確にするために，橋の耐荷性能を選択した結果をその理由とともに示すこととなる。また，選択した橋の耐荷性能を実現するための各部材等の設計方針についても，その検討過程や理由とともに示すこととなる。

なお，本編の2章以降では橋脚を対象として，橋の耐荷性能2を満足させるにあたって，以下の(1)～(3)に示す基本方針を前提とした場合の設計計算例を示している。

(1) 橋の耐荷性能の照査項目

橋の重要度(1.1.1)を踏まえ，橋の耐荷性能2を満足させるため，表-1.2.2に示した設計状況と橋の状態の各組合せに対して照査する。

Ⅰ編5章

表- 1.2.2　橋の耐荷性能2に対する照査（道示Ⅰ編　表-解5.1.1(b)）

状態 ＼ 状況	主として機能面からの橋の状態		構造安全面からの橋の状態
	橋としての荷重を支持する能力が損なわれていない状態	部分的に荷重を支持する能力の低下が生じているが，橋としてあらかじめ想定する荷重を支持する能力の範囲である状態	致命的な状態でない
永続作用や変動作用が支配的な状況	橋の限界状態1を超えないことの実現性		橋の限界状態3を超えないことの実現性
偶発作用が支配的な状況		橋の限界状態2を超えないことの実現性	橋の限界状態3を超えないことの実現性

(2) 橋の限界状態

橋の限界状態は，上部構造，下部構造及び上下部接続部の限界状態によって代表させる。また，上部構造，下部構造及び上下部接続部の限界状態は，これらを構成する各部材等の限界状態で代表させる。

なお，本書では，レベル2地震動を考慮する設計状況において，下部構造を構成する橋脚又は橋脚基礎に塑性化を期待し，その塑性化する位置及び範囲として橋脚基部又は杭基礎を選定した場合の設計計算例を示している。そのため，下部構造の限界状態2を超えないことを照査するにあたっては，橋脚基部又は杭基礎の限界状態2を超えないことを確認するとともに，その他の部材等が限界状態1を超えないことを確認することとなる。

Ⅰ編4章
Ⅴ編2.4.5

(3) 橋の耐荷性能を確保するために必要な維持管理上の条件

　架橋位置特有の条件（1.1.3）等を踏まえ，橋の耐荷性能を確保するために必要な維持管理上の条件を示すこととなる。また，必要な維持管理が確実かつ容易に行えるように，構造設計上の配慮として部材等の設計に反映した事項をその検討過程や理由とともに示すこととなる。

　なお，本編では橋脚の設計手順を示すことを目的としているため設計で考慮した配慮事項や構造設計への反映方法についての記載は省略している。

1.2.3 橋の耐久性能に対する設計方針

　＜省略＞

Ⅰ編 6 章

【補足】

　本書Ⅱ編 1.2.3 に示すように，本書Ⅱ編 1.1 に示す前提条件を踏まえ，どのような考え方で橋の耐久性能の設定及び部材毎の耐久性能の確保の方法等の設計をしたのかについて明確にするとともに妥当性を示すために，その結果をその検討過程や理由とともに示すこととなる。

　なお，本編の 2 章以降では橋脚を対象として，橋の耐久性能を確保するにあたって，以下の(1)～(3)に示す基本方針を前提とした場合の設計計算例を示している。

(1) 維持管理の基本方針

　修繕の機会が発生する可能性をできるだけ減らすことを維持管理の基本方針とする。

(2) 部材の設計耐久期間

　部材の設計耐久期間は，維持管理の基本方針を踏まえて，全ての部材等で100 年とする。

Ⅰ編 6.1(6)

(3) 耐久性確保の方法

　道示に規定される標準的な方法により部材の耐久性能を確保する。

Ⅰ編 6.2

1) 上部構造

　本編では，記載を省略している。

2) 下部構造

① 内部鋼材の腐食

　道示Ⅳ編 6.2 に規定されるかぶりを確保する。また，気中におかれる部材については，永続作用の影響が支配的な状況における作用の組合せを照査用荷重とし，これにより鉄筋に生じる応力度が，道示Ⅲ編 6.2.2 に規定される鉄筋の引張応力度の制限値を超えないように部材諸元を決定する。

Ⅳ編 6.2
Ⅲ編 6.2.2

② 疲労

　道示Ⅲ編 6.3.2 に規定される作用の組合せ及び荷重係数等による作用効果により生じる鉄筋及びコンクリートの応力度が，道示Ⅲ編 6.3.2 及びⅣ編 6.3 に規定される鉄筋及びコンクリートの応力度の制限値を超えないように部材諸元を決定する。

Ⅲ編 6.3.2
Ⅳ編 6.3

3）上下部接続部

　本編では，記載を省略している。

1.3 架橋位置と橋の形式
1.3.1　架橋位置と橋の形式の選定

＜省略＞

【補足】

　本書Ⅱ編 1.3.1 及び 1.3.2 に示すように，本書Ⅱ編 1.1 に示す前提条件を踏まえ，どのような考え方で架橋位置と橋の形式を選定したのかについて明確にするために，架橋位置と橋の形式を選定した結果についてその検討過程や選定理由，構造設計上の配慮事項やその反映方法とともに示すこととなる。

　なお，本編の 2 章以降では橋脚を対象として，以下のような条件が与えられていることを前提とした場合の設計計算例を示している。

Ⅰ編 1.7.1
Ⅰ編 1.7.2
Ⅰ編 1.8.3
Ⅴ編 1.4

　① 架橋位置：橋梁一般図のとおりとする
　② 橋の形式：鋼 3 径間連続非合成Ⅰ桁橋
　③ 支承形式：固定・可動の支承の支持条件
　④ 架設工法：クレーン・ベント架設工法

-386-

1.3.2 橋梁一般図
＜省略＞

【補足】
　本編の 2 章以降に示す設計計算例で対象とした橋の一般図を図- 1.3.1 に示す。
　なお，構造寸法以外の橋の設計概要が把握できるためのその他の情報については，記載を省略している。

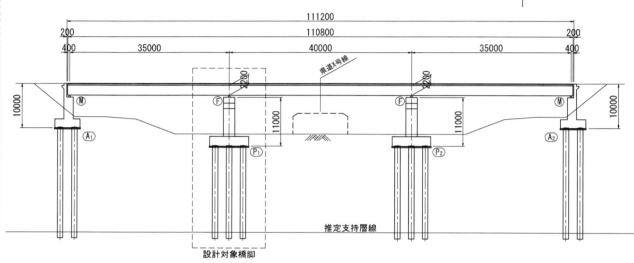

(a) 側面図

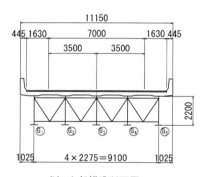

(b) 上部構造断面図

図- 1.3.1　橋梁一般図

1.4 各部材の設計方針
＜省略＞

【補足】
　本書Ⅱ編1.4に示すように，前節までに定められた結果を踏まえ，各部材等の設計が行われることとなる。各部材の設計方針について，各部材の設計内容の妥当性を確認するために必要となる情報とともに示すこととなる。

1.4.1　各部材の耐荷性能に対する設計方針
＜省略＞

Ⅰ編5章

【補足】
　本書Ⅱ編1.4.1に示すように，本書Ⅱ編1.1に示す前提条件や本書Ⅱ編1.2に示す設計の基本方針と各部材の耐荷性能に対する設計方針との関係を明確にするために，各部材の耐荷性能に対する設計方針についてその考え方とともに示すこととなる。
　なお，本編の2章以降では橋脚を対象として，各部材の耐荷性能に対する設計方針を以下のとおり定めた場合の設計計算例を示している。

(1)　上部構造を構成する部材等
　本編では，記載を省略している。

(2)　下部構造を構成する部材等
　本橋の下部構造を構成する橋脚及び杭基礎の照査は，永続作用支配状況や変動作用支配状況においては，部材等の状態がその限界状態1及び限界状態3を超えないことに対してそれぞれ所要の信頼性を有していることを，レベル2地震動を考慮する設計状況においては，塑性化を期待する橋脚基部又は杭基礎は部材等の状態がその限界状態2及び限界状態3を超えないことを，塑性化を期待しない部材等はその状態が限界状態1及び限界状態3を超えないことに対してそれぞれ所要の信頼性を有していることを，道示Ⅰ編5.2に規定される式(5.2.1)により確かめる。

Ⅰ編5.2

Ⅰ編　式(5.2.1)

(3)　上下部接続部を構成する部材等
1)　支承部
　本編では，記載を省略している。

2)　支承と上下部構造の取付部
　本編では，記載を省略している。

| 1.4.2　各部材の耐久性能に対する設計方針 | Ⅰ編 6 章 |

1.4.2　各部材の耐久性能に対する設計方針
　＜省略＞

【補足】
　本書Ⅱ編 1.4.2 に示すように，本書Ⅱ編 1.1 に示す前提条件や本書Ⅱ編 1.2 に示す設計の基本方針と橋の耐久性能の設定及び部材毎の耐久性の確保の方法等に対する設計方針との関係を明確にするために，各部材の耐久性能に対する設計方針についてその考え方とともに示すこととなる。
　なお，本編の 2 章以降では橋脚を対象として，各部材の耐久性能に対する設計方針を以下のとおり定めた場合の設計計算例を示している。

(1)　上部構造を構成する部材等
　本編では，記載を省略している。

(2)　下部構造を構成する部材等
　コンクリート部材の経年的な劣化の影響として鋼材の腐食及び疲労に対して照査する。その具体の照査方法は，耐久性確保の方法（1.2.3(3)）で整理したとおり，道示に規定される標準的な方法による。

(3)　上下部接続部を構成する部材等
　本編では，記載を省略している。

　なお，具体的な設計にあたっては以下に留意することとなる。
・橋梁計画では，実際に用いる防食，疲労対策，塩害対策が耐久性確保の方法 1〜3 のいずれに当てはまるのかを分類することで，当該部材に想定される補修や更新などの維持管理方法をある程度具体に想定し，あらかじめ想定されている維持管理の前提条件に適合するかどうかを照査することとなる。
・耐久性にはばらつきがあり，目標とした設計耐久期間よりも早く耐荷性能を満足しなくなることもある。このため，部材等の単位での不具合に対して橋全体の耐荷力としては鈍感な構造となるように構造上の配置を検討する，変状の発見や修繕が確実であるようにする，更にはそれらが容易であるようにするなど，様々な構造設計上の配慮ができるかどうかを検討し，必要に応じて，設計上配慮できる事項を橋の構造設計に反映することとなる。以上の考え方は，設計の妥当性を示すものとその内容を設計計算書に示しておくこととなる。

-389-

1.4.3　橋の使用目的との適合性を満足するために必要なその他検討 　　＜省略＞	Ⅰ編7章

【補足】
　本書Ⅱ編1.4.3に示すように，「橋の使用目的との適合性を満足するために必要な事項」について検討し，設計に反映した事項について，どのような考え方で反映したのかについて明確にするために，「橋の使用目的との適合性を満足するために必要な事項」について，その検討過程や耐荷性能や耐久性能などとの関係とともに示すこととなる。
　なお，本編では「橋の使用目的との適合性を満足するために必要な事項」について検討を行った事項に関する記載は省略している。

1.4.4　施工に関する事項
　　＜省略＞

【補足】
　本書Ⅱ編1.4.4に示すように，耐荷性能や耐久性能などの設計に用いる照査基準はその前提となる適切な施工方法や所要の品質が確保されていることなどが前提となることから，各部材の耐荷性能や耐久性能などの設計の妥当性について明確にするために，設計の前提とした施工の条件や配慮されるべき事項とともにその妥当性等に関する事項等について示すこととなる。
　なお，本編では施工に関する事項についての記載は省略している。

1.4.5　維持管理に関する事項
　　＜省略＞

【補足】
　本書Ⅱ編1.4.5に示すように，橋の性能を確保するにあたって，その前提となる維持管理の条件が定められている必要があることから，その前提となる維持管理の条件とその妥当性について明確にするために，設計の前提とした維持管理の条件や配慮した事項とともにその妥当性に関する事項等について示すこととなる。
　なお，本編では維持管理に関する事項についての記載は省略している。

1.5 詳細設計条件

＜省略＞

【補足】

　本書Ⅱ編1.5に示すように，詳細設計条件について明示することとなる。

　なお，本編の2章以降では橋脚を対象として，橋を設計する上で設定すべき設計条件や材料特性等の詳細設計条件を，1.5.1〜1.5.5に示すように設定した場合の設計計算例を示している。

1.5.1 設計条件一覧
＜省略＞

【補足】
　本編の 2 章以降に示す設計計算例で対象とした橋脚の詳細設計条件を表-1.5.1 に示す。

表- 1.5.1　設計条件一覧表

・構造諸元に関する設計条件		
①	橋　種	鋼道路橋
②	構造形式	鋼 3 径間連続非合成 I 桁橋
③	床　版	鉄筋コンクリート床版
④	橋　長	111.200m
⑤	桁　長	110.800m
⑥	支間長	35.000m+40.000m+35.000m
⑦	支承条件	A1：可動，P1：固定，P2：固定，A2：可動
⑧	斜　角	90°
⑨	平面線形	$R＝∞$
⑩	縦断勾配	2.0%
⑪	横断勾配	1.5%（片勾配）
⑫	舗　装	アスファルト舗装 $t＝80$mm
⑬	有効幅員	10.260m
⑭	総幅員	11.150m
⑮	架設方法	クレーン・ベント架設
・耐荷性能に関する設計条件		
①	活荷重	B 活荷重
②	雪荷重	積雪地域ではないため考慮しない
③	衝突荷重	橋脚の周辺に車両用防護柵を設置するため考慮しない
④	風荷重	設計基準風速 $V＝40$m/s
⑤	遮音壁	なし
⑥	添架物	なし
⑦	温度変化	構造物：－10℃～＋50℃（基準温度は＋20℃） 支承及び伸縮装置の伸縮量：－10℃～＋40℃
⑧	温度差	＋10℃
⑨	地盤種別	II 種地盤
・耐久性能に関する設計条件		
①	部材毎の 設計耐久期間	上部構造及び下部構造の部材は全て 100 年とする 上下部接続部，付属物の設計耐久期間は 100 年を基本とする。
②	塩害の地域区分	C 地域
③	凍結防止剤 の散布の有無	無し

1.5.2 構造条件
＜省略＞

【補足】
　本編の2章以降に示す設計計算例で対象とした橋脚の構造条件を以下に示す。

　なお，本書で想定している構造条件を示しており，実際の設計においては個々の条件ごとにそれぞれ設定する必要がある。

(1) 上部構造（図-1.3.1参照）
　　　形　　式：鋼3径間連続非合成I桁橋
　　　支承の支持条件：表-1.5.2のとおり

表-1.5.2　支承の支持条件

	A1橋台	P1橋脚	P2橋脚	A2橋台
橋軸方向	可動	固定	固定	可動
橋軸直角方向	固定	固定	固定	固定

(2) 下部構造
　　　形　　式：T形橋脚（図-1.5.1参照）
　　　基礎形式：杭基礎（場所打ち杭）
　　　使用材料：表-1.5.3のとおり

表-1.5.3　使用材料及び材料強度の特性値

	コンクリートの設計基準強度 σ_{ck}	鉄筋の降伏強度 σ_{sy}
橋　脚	$\sigma_{ck}=24$ N/mm^2	SD345 $\sigma_{sy}=345$ N/mm^2
フーチング		
場所打ち杭（水中コンクリート）	呼び強度＝30 N/mm^2 $\sigma_{ck}=24$ N/mm^2	

Ⅲ編 4.1.3
Ⅳ編 5.2.6
Ⅲ編 4.1.2

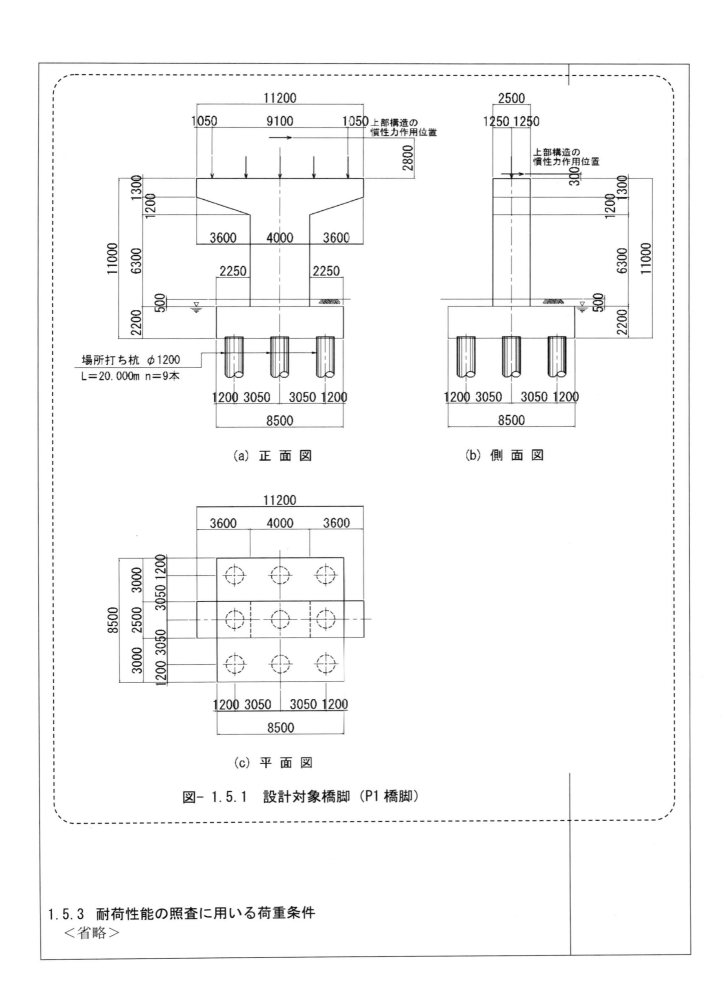

図- 1.5.1 設計対象橋脚（P1橋脚）

1.5.3 耐荷性能の照査に用いる荷重条件
<省略>

【補足】

(1) 設計で考慮する状況を設定するための作用

P1 橋脚の設計で考慮する荷重又は影響は表- 1.5.4 に示すとおりである。計算に用いる作用の組合せに考慮する荷重又は影響は○印である。

・以降，本書では図- 1.3.1 のうち，P1 橋脚のみについて示している。
・本橋における橋軸方向の風荷重については，以下に示すように橋脚のみに作用する風荷重を考慮しても断面力に与える影響は，地震の影響や温度変化の影響を考慮する場合に比べて小さい。このため，本書では，橋軸方向の風荷重を考慮した荷重の組合せに対する照査は記載を省略している。

橋軸方向の風荷重の影響の試算

⑧(D+WS)における荷重組合せ係数及び荷重係数を考慮した風荷重

橋脚に作用する風荷重 w＝3.0 kN/m^2 (1.5.3(3)3)参照)

$w\cdot\gamma = w\cdot\gamma_{pWS}\cdot\gamma_{qWS} = 3.0\times1.00\times1.25 = 3.75$ kN/m^2

⑨(D+TH+EQ)における荷重組合せ係数及び荷重係数を考慮した慣性力

橋脚の投影面積当たり慣性力 p_{EQ}

$p_{EQ} = t\cdot\gamma_c\cdot k_h = 2.500\times24.5\times0.25 = 15.313$ kN/m^2

ここに，

t：橋軸方向の柱幅（図- 1.5.1 参照）

γ_c：単位体積重量（1.5.3(3)1)参照）

k_h：レベル 1 地震動の設計水平震度（表- 1.5.10 参照）

$\gamma_{pD}\cdot\gamma_{qD} = 1.00\times1.05 = 1.05$，$\gamma_{pEQ}\cdot\gamma_{qEQ} = 0.50\times1.00 = 0.50$

$p_{EQ}\cdot\gamma = 15.313\times1.05\times0.50 = 8.039$ kN/m^2

$>$ ⑧ $w\cdot\gamma = 3.75$ kN/m^2

よって，⑧(D+WS)における照査では橋軸方向は決定しない。

次に，温度変化の影響を含む④(D+TH+WS)について試算する。

③(D+TH)における荷重組合せ係数及び荷重係数を考慮した橋脚に作用する水平力 $H_{③}$

温度変化の影響による上部構造からの水平力：H_{TH}＝800 kN

$\gamma_{pTH}\cdot\gamma_{qTH} = 1.00\times1.00 = 1.00$

$H_{③} = H_{TH}\cdot\gamma_{pTH}\cdot\gamma_{qTH} = 800\times1.00 = 800$ kN

④(D+TH+WS)における荷重組合せ係数及び荷重係数を考慮した橋脚に作用する水平力 $H_{④}$

橋脚の橋軸方向に作用する風荷重 H_{WS}

$H_{WS} = w\cdot A = 3.0\times46.88 = 140.64$ kN

ここに，

A：風荷重に対する橋軸方向の投影面積（地盤面から上）46.88m^2

$\gamma_{pTH}\cdot\gamma_{qTH} = 0.75\times1.00 = 0.75$

$\gamma_{pWS}\cdot\gamma_{qWS} = 0.75\times1.25 = 0.9375$

$H_{④} = H_{TH}\cdot\gamma_{pTH}\cdot\gamma_{qTH} + H_{WS}\cdot\gamma_{pWS}\cdot\gamma_{qWS}$

$= 800\times0.75 + 140.64\times0.9375 = 732$ kN $< H_{③} = 800$ kN

よって，④(D+TH+WS)における照査では橋軸方向は決定しない。

表- 1.5.4 P1 橋脚の設計で考慮する荷重又は影響

荷重又は影響 / 設計で着目する方向	橋軸方向	橋軸直角方向	備考
1) 死荷重 (D)	○	○	―
2) 活荷重 (L)	○	○	―
3) 衝撃の影響 (I)	○	○	張出ばりのみ
4) プレストレス力 (PS)	―	―	※1
5) コンクリートのクリープの影響 (CR)	―	―	※1
6) コンクリートの乾燥収縮の影響 (SH)	―	―	※1
7) 土圧 (E)	―	―	※2
8) 水圧 (HP)	―	―	※2
9) 浮力又は揚圧力 (U)	○	○	―
10) 温度変化の影響 (TH)	○	―	―
11) 温度差の影響 (TF)	○	○	―
12) 雪荷重 (SW)	―	―	※3
13) 地盤変動の影響 (GD)	―	―	※4
14) 支点移動の影響 (SD)	―	―	※4
15) 遠心荷重 (CF)	―	―	※5
16) 制動荷重 (BK)	―	―	※5
17) 橋桁に作用する風荷重(WS)	―	○	―
18) 活荷重に対する風荷重(WL)	―	○	―
19) 波圧 (WP)	―	―	※6
20) 地震の影響 (EQ)	○	○	―
21) 衝突荷重 (CO)	―	―	※7
22) その他	―	―	※2

ここに，
　　○：設計で考慮する荷重又は影響
　　※1：鋼橋のため考慮しない。
　　※2：作用しない。
　　※3：積雪地域でないため考慮しない。
　　※4：圧密沈下等の影響がないことが確認された場合の設計計算例を示すこととし，考慮しない。
　　※5：本橋は，直橋であることや橋面に軌道の設置がないことから考慮しない。
　　※6：海上部に位置していないため考慮しない。
　　※7：橋脚の周辺に車両用防護柵を設置するため考慮しない。

I 編 3.1

(2) 上部構造からの荷重 （地震の影響を除く）

　本橋は，上部構造からの荷重は支承部を介して下部構造に伝達させる構造である。よって，下部構造の設計で考慮する上部構造からの荷重は，設計供用期間中に上部構造に作用する荷重及び影響による下部構造の支点反力とした。

・なお，本書においては，上部構造からの荷重（支点反力）は荷重組合せ係数及び荷重係数を乗じない作用の特性値に基づき算出した。耐荷性能の照査は，この反力を下部構造に作用させて，作用の組合せ並びに対応する荷重組合せ係数及び荷重係数を用いて行う。

**I 編 3.3
(2)(3)解説**

1) 鉛直荷重

　作用の特性値に基づく上部構造から各下部構造に作用する鉛直荷重を

表-1.5.5に，P1橋脚における各桁の反力を表-1.5.6に示す。

表-1.5.5　上部構造からの鉛直荷重（kN）

作用／下部構造	死荷重 R_D	活荷重(衝撃含まない) R_L	温度差の影響 R_{TF}	
			床版の方が高温の場合	鋼桁の方が高温の場合
A1，A2 橋台	1700	1300	150	-150
P1，P2 橋脚	5300	2200	-150	150

表-1.5.6　P1橋脚における桁反力（kN）

		G1	G2	G3	G4	G5
死荷重 R_{Di}		1350 (0.255)	850 (0.160)	900 (0.170)	850 (0.160)	1350 (0.255)
活荷重(衝撃含む) $R_{(L+I)i}$		720	700	680	700	720
温度差の影響 R_{TFi}	床版が高温(U)	-30	-30	-30	-30	-30
	鋼桁が高温(D)	30	30	30	30	30

※（　）内は全体の死荷重反力に対する分担率を示す。

以下，温度差の影響について，床版コンクリートの方が高温の場合を TF(U)，鋼桁の方が高温の場合を TF(D)と示す。

2）水平荷重

P1橋脚における作用の特性値に基づく上部構造からの水平荷重を以下に示す。

■橋軸方向に作用する温度変化の影響による水平力

　　温度変化の影響による水平力：$H_{TH}=800$ kN
　　H_{TH}によって各支承部に生じる水平力：$H_{THi}=800/5=160$ kN

■橋軸直角方向に作用する風荷重

　・橋桁に作用する風荷重
　　　橋桁に作用する風荷重：$H_{WS}=550$ kN
　　　橋脚天端から作用位置までの高さ：$h_{WS}=2.250$ m

　・活荷重に作用する風荷重
　　　活荷重に作用する風荷重：$H_{WL}=150$ kN
　　　橋脚天端から作用位置までの高さ：$h_{WL}=4.600$ m

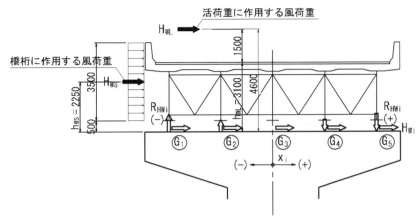

図- 1.5.2　風荷重によって支承部に生じる鉛直力及び水平力

表- 1.5.7　風荷重によって支承部に生じる鉛直力及び水平力(kN)

		G1	G2	G3	G4	G5
支承部の位置 x_i (m)		-4.550	-2.275	0.000	2.275	4.550
橋桁に作用する風荷重	鉛直力 R_{HWSi} ※	-109	-54	0	54	109
	水平力 H_{WSi}	110	110	110	110	110
活荷重に作用する風荷重	鉛直力 R_{HWLi} ※1	-61	-30	0	30	61
	水平力 H_{WLi}	30	30	30	30	30

※) $R_{HWSi}=H_{WS} \cdot h_{WS} / \Sigma x_i^2 \cdot x_i$,　$R_{HWLi}=H_{WL} \cdot h_{WL} / \Sigma x_i^2 \cdot x_i$

(3) その他の条件
1) 単位体積重量
　　　鉄筋コンクリート　　　：γ_c=24.5 kN/m³
　　　フーチング上の土砂：γ_s=18.0 kN/m³
　　　水　　　　　　　　　　：γ_w= 9.8 kN/m³

Ⅰ編 8.1
表-8.1.1

2) 橋脚の設計水位及びフーチング上の土砂高
　　　設計水位　　　　　　　：フーチング上面
　　　フーチング上の土砂高：フーチング上面から 0.500m

3) 橋脚に作用する風荷重
　　　設計基準風速　V=40 m/s
　　　橋脚に作用する風荷重　w=3.0$(V/40)^2$=3.0 kN/m²

Ⅰ編 8.17

4) 塩害の影響
　　　塩害の影響の地域区分：C 地域
　　　塩害の影響は考慮しない。

Ⅲ編 6.2.3

(4) 作用の組合せと作用の組合せに対する荷重組合せ係数及び荷重係数

P1 橋脚の設計で考慮する作用の組合せと，作用の組合せに対する荷重組合せ係数 γ_p 及び荷重係数 γ_q を表- 1.5.8 に示す。

I 編 3.3
表-3.3.1

表- 1.5.8 作用の組合せに対する荷重組合せ係数及び荷重係数

作用の組合せ			荷重組合せ係数 γ_p と荷重係数 γ_q の値																設計で考慮する組合せ	
		設計状況の区分	D		L		U		TH		TF		WS		WL		EQ		橋軸方向	橋軸直角方向
			γ_p	γ_q	γ_p	γ_q	γ_p	γ_q	γ_p	γ_q	γ_p	γ_q	γ_p	γ_q	γ_p	γ_q	γ_p	γ_q		
①	D	永続作用支配状況	1.00	1.05	—	—	1.00	1.05	—	—	1.00	1.00	—	—	—	—	—	—	○	○
②	D+L	変動作用支配状況	1.00	1.05	1.00	1.25	1.00	1.05	—	—	1.00	1.00	—	—	—	—	—	—	○	○
③	D+TH		1.00	1.05	—	—	1.00	1.05	1.00	1.00	1.00	1.00	—	—	—	—	—	—	○	—
④	D+TH+WS		1.00	1.05	—	—	1.00	1.05	0.75	1.00	1.00	1.00	0.75	1.25	—	—	—	—	—	—
⑤	D+L+TH		1.00	1.05	0.95	1.25	1.00	1.05	0.75	1.00	1.00	1.00	—	—	—	—	—	—	○	—
⑥	D+L+WS+WL		1.00	1.05	0.95	1.25	1.00	1.05	—	—	1.00	1.00	0.50	1.25	0.50	1.25	—	—	—	○
⑦	D+L+TH+WS+WL		1.00	1.05	0.95	1.25	1.00	1.05	0.50	1.00	1.00	1.00	0.50	1.25	0.50	1.25	—	—	—	—
⑧	D+WS		1.00	1.05	—	—	1.00	1.05	—	—	1.00	1.00	1.00	1.25	—	—	—	—	—	○
⑨	D+TH+EQ		1.00	1.05	—	—	1.00	1.05	0.50	1.00	1.00	1.00	—	—	—	—	0.50	1.00	○	○
⑩	D+EQ(L1)		1.00	1.05	—	—	1.00	1.05	—	—	1.00	1.00	—	—	—	—	1.00	1.00	○	○
⑪	D+EQ(L2)	偶発作用支配状況	1.00	1.05	—	—	1.00	1.05	—	—	—	—	—	—	—	—	1.00	1.00	○	○

- 表- 1.5.8 に示す④の作用の組合せ(D+TH+WS)については，橋軸直角方向には温度変化の影響(TH)による断面力は橋脚には生じないこと，また TH を除いた(D+WS)の作用の組合せは⑧で考慮されており，⑧における WS の荷重組合せ係数(γ_{pWS}=1.00)は，④(γ_{pWS}=0.75)よりも大きい条件であることから，本書では④の作用の組合せに対する照査を省略している。
- 同様に，⑦の作用の組合せ(D+L+TH+WS+WL)についても，橋軸方向については⑤の作用の組合せ(D+L+TH)で，橋軸直角方向については⑥の作用の組合せ(D+L+WS+WL)で包含される条件であることから，本書では照査を省略している。

橋軸直角方向の⑨の作用の組合せ(D+TH+EQ)については，橋軸直角方向には TH の影響はないが，TH を除いた(D+EQ)の作用の組合せは⑩で考慮されるものの，作用の組合せの⑨と⑩は，照査に用いる抵抗係数が異なる場合があることから，TH の影響がない橋軸直角方向においても作用の組合せ⑨を設計で考慮する。

1.5.4 地盤条件
　＜省略＞

【補足】
　P1 橋脚位置での地盤調査に基づいて得られた土質柱状図を図- 1.5.3 に，設計に用いる地盤定数を表- 1.5.9 に示す。

・設計に用いる地盤定数は，※1～※5 に示す方法により推定した場合を本書では示している。
・本書では，1 層目の粘性土層において一軸圧縮試験が実施され，その結果より変形係数及び一軸圧縮強度が得られていると仮定している。また，圧密沈下が生じると考えられる土層や一軸圧縮強度が 20kN/m² 以下の耐震設計上ごく軟弱な土層，及び橋に影響を与える液状化が生じる土層はない条件であると仮定している。以上より，設計上の地盤面及び耐震設計上の地盤面はフーチング下面と設定している。
・なお，地盤定数の特性値は，道示Ⅳ編 4.2 に従い，地盤調査の結果から各種試験法の適用性，精度，試験結果の信頼性，地盤特性の空間的なばらつき等を考慮したうえで，設計計算において平均的な挙動が得られるような値をもって設定する必要がある。

Ⅳ編 2.4.3
Ⅳ編 4.2
Ⅳ編 8.5.1

Ⅳ編 8.5.2
Ⅴ編 3.5

Ⅳ編 4.2

表- 1.5.9　設計に用いる地盤定数

地盤の種類	層厚 (m)	平均 N 値	変形係数 αE_0 (kN/m²)		粘着力 c (kN/m²)	せん断抵抗角 ϕ (°)	単位体積重量 (kN/m³) ※5	
			地震の影響を含まない	地震の影響を含む			γ	γ'
粘性土	10.50	4	12800※1	25600※1	60※3	0	16	7
砂質土	8.00	15	42000※2	84000※2	0	32※4	18	9
砂れき	1.40	50	140000※2	280000※2	0	36※4	20	11

※1) E_0 は一軸圧縮試験から得られた変形係数 E_{50} から推定
※2) E_0 は標準貫入試験の平均 N 値から推定
※3) c は一軸圧縮試験から得られた一軸圧縮強さ q_u から推定（$c = q_u / 2$）
※4) ϕ は標準貫入試験の N 値から推定した ϕ の平均値
※5) γ は物理試験による測定値で，γ'（地下水位以下）は γ から 9(kN/m³) を差し引いた値

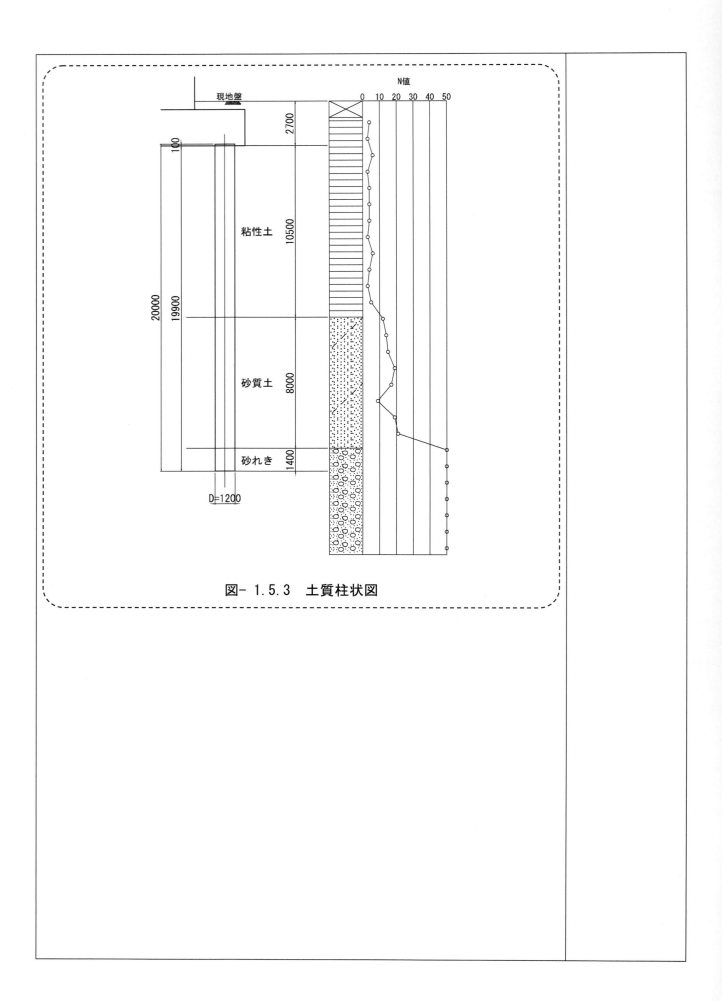

図- 1.5.3 土質柱状図

1.5.5　地震の影響による荷重の特性値
　　＜省略＞

【補足】
(1)　耐震設計上の条件
　1)　地域区分及び地盤種別
　　　地域区分：A2 地域（地域別補正係数 c_z＝1.00，c_{Iz}＝1.00，c_{IIz}＝1.00）　｜ V編 3.4
　　　耐震設計上の地盤種別：II 種地盤　｜ V編 3.6

　2)　設計水平震度
　　　静的解析に用いる設計水平震度は，レベル 1 地震動及びレベル 2 地震動に
　　おける設計振動単位の固有周期に応じて算出する。算出した固有周期及び設
　　計水平震度は，(3)に示す。ただし，土の重量に起因する慣性力の算出に用
　　いる地盤面における設計水平震度は，道示V編 4.1.6(5)より，次のとおり
　　である。

　　　地盤面における設計水平震度（II 種地盤）　｜ V編 4.1.6(5)
　　　　レベル 1 地震動：k_{hg}＝$c_z \cdot k_{hg0}$＝1.00×0.20＝0.20　｜ 式(4.1.8)〜
　　　　レベル 2 地震動（タイプ I ）：$k_{I\,hg}$＝$c_{I\,z} \cdot k_{I\,hg0}$＝1.00×0.45＝0.45　｜ 式(4.1.10)
　　　　レベル 2 地震動（タイプ II ）：$k_{II\,hg}$＝$c_{II\,z} \cdot k_{II\,hg0}$＝1.00×0.70＝0.70

(2)　設計振動単位　｜ V編 4.1.4
　　設計対象の P1 橋脚が含まれる設計振動単位は，支承の支持条件より次のよ
　うにみなすことができる。
　　　橋軸方向：P1 橋脚，P2 橋脚とそれが支持する上部構造部分
　　　橋軸直角方向：全ての橋台及び橋脚とそれが支持する上部構造部分

(3)　固有周期，設計水平震度及び支持する上部構造部分の重量
　1)　レベル 1 地震動の固有周期，設計水平震度及び支持する上部構造部分の
　　　重量
　　　(2)に示した設計振動単位におけるレベル 1 地震動の固有周期，設計水平
　　震度及び下部構造が支持する上部構造部分の重量（特性値）を表- 1.5.10
　　に示す。

　　　なお，
　　・固有周期は，道示V編 4.1.5 解説に示される方法により算出した。なお，　｜ V編 4.1.5 解説
　　　本書では計算の過程などの詳細の記載は省略している。
　　・設計振動単位の固有周期の算出にあたっては，道示V編 4.1.5(1)解説よ
　　　り，設計の状況を踏まえ，考慮する構造物の重量には死荷重の荷重組合せ
　　　係数及び荷重係数 $\gamma_{pD} \cdot \gamma_{qD}$＝1.05 を考慮した。
　　・ただし，表- 1.5.10 に示す下部構造が支持する上部構造部分の重量 W_U
　　　や水平力 H_{EQ} は，荷重係数を考慮していない荷重の特性値に相当する値を
　　　示している。これは，計算の過程で荷重係数を考慮していない荷重と荷重
　　　係数を考慮した荷重が混在すると，誤りが生じやすいためである。

-402-

表- 1.5.10 レベル1地震動の固有周期，設計水平震度及び下部構造が支持する上部構造部分の重量

			A1 橋台	P1 橋脚	P2 橋脚	A2 橋台
橋軸方向	固有周期	T (s)	—	0.52		—
	設計水平震度	k_{h0}	—	0.25		—
		$k_h (=c_z \cdot k_{h0})$	—	0.25		—
	支持する上部構造重量※	W_U (kN)	—	7000	7000	—
	水平力※	$H_{EQ}=W_U \cdot k_h$ (kN)		1750	1750	
橋軸直角方向	固有周期	T (s)	0.42			
	設計水平震度	k_{h0}	0.25			
		$k_h (=c_z \cdot k_{h0})$	0.25			
	支持する上部構造重量※	W_U (kN)	2800	4200	4200	2800
	水平力※	$H_{EQ}=W_U \cdot k_h$ (kN)	700	1050	1050	700

V編 4.1.6(3)

※本表では，下部構造が支持する上部構造部分の重量 W_U や水平力 H_{EQ} は，荷重係数を考慮していない荷重の特性値に相当する値を示している。

2) レベル2地震動の固有周期，設計水平震度及び支持する上部構造部分の重量

(2)に示した設計振動単位におけるレベル2地震動の固有周期，設計水平震度及び下部構造が支持する上部構造部分の重量（特性値）を表- 1.5.11に示す。

なお，本書では計算の過程などの詳細の記載は，1)と同様省略している。

表- 1.5.11 レベル2地震動の固有周期，設計水平震度及び下部構造が支持する上部構造部分の重量

				A1 橋台	P1 橋脚	P2 橋脚	A2 橋台
橋軸方向	固有周期		T (s)	—	0.59		—
	設計水平震度	タイプ I	k_{Ih0}	—	1.30		—
			$k_{Ih} (=c_{Iz} \cdot k_{Ih0})$	—	1.30		—
		タイプ II	k_{IIh0}	1.75			
			$k_{IIh} (=c_{IIz} \cdot k_{IIh0})$	1.75			
	支持する上部構造重量※		W_U (kN)	—	7000	7000	—
橋軸直角方向	固有周期		T (s)	0.46			
	設計水平震度	タイプ I	k_{Ih0}	1.30			
			$k_{Ih} (=c_{Iz} \cdot k_{Ih0})$	1.30			
		タイプ II	k_{IIh0}	1.75			
			$k_{IIh} (=c_{IIz} \cdot k_{IIh0})$	1.75			
	支持する上部構造重量※		W_U (kN)	3000	4000	4000	3000

V編 4.1.6(4)

※本表では，下部構造が支持する上部構造部分の重量 W_U は，荷重係数を考慮していない荷重の特性値に相当する値を示している。

(4) 地震の影響によって支承部に作用する力

1) 地震の影響によって支承部に作用する橋軸方向の水平力

　地震の影響によって支承部に作用する橋軸方向の水平力をレベル 1 地震動については表- 1.5.12 に，レベル 2 地震動については表- 1.5.13 に示す。

　本書では，4.3 に示すようにレベル 2 地震動による橋脚の応答値は静的解析により算出している。また，橋軸方向においては橋脚に塑性化を期待した設計を行うため，支承部に作用する水平力は，道示Ⅴ編 13.1.1(3) より，応答変位が最大となるときの上部構造の慣性力作用位置における水平力，すなわち 4.3 に示す橋脚の橋軸方向の終局水平耐力 P_u を用いた。

　なお，
- 各支承部に作用する水平力 H_{EQi} については，次のように算出した。本書では G1〜G5 の支承は同一であり，同じ剛性を有している場合を示しているが，地震の影響による水平力は上部構造の重量に起因している。このため，H_{EQi} は死荷重反力の分担率に応じて算出した。
- ただし，道示Ⅴ編 13.1.1(1) 解説より，1 つの支承に作用する力が 1 支承線上の支承部全部に作用する力の平均値よりも小さくなる場合には，この平均値をその支承部に作用する水平力とした (該当する支承部は表中に※を示している)。

V編 13.1.1(3)

V編 13.1.1(1)
解説

表- 1.5.12　レベル 1 地震動によって支承部
に作用する橋軸方向の水平力　(kN)

	G1	G2	G3	G4	G5
上部構造からの水平力 H_{EQ}			1750		
各支承部に作用する水平力 H_{EQi}	446	350※	350※	350※	446

表- 1.5.13　レベル 2 地震動によって支承部
に作用する橋軸方向の水平力　(kN)

	G1	G2	G3	G4	G5
上部構造からの水平力 H_{EQ}			6770		
各支承部に作用する水平力 H_{EQi}	1726	1354※	1354※	1354※	1726

2) 地震の影響によって支承部に作用する鉛直力及び橋軸直角方向の水平力

地震の影響によって支承部に作用する鉛直力及び橋軸直角方向の水平力をレベル 1 地震動については表-1.5.14 に，レベル 2 地震動については表-1.5.15 に示す。

なお，レベル 2 地震動については，タイプ I 地震動による支承部に作用する水平力とタイプ II 地震動による支承部に作用する水平力のうち，水平力が大きいタイプ II 地震動による支承部に作用する水平力を用いた。

レベル 2 地震動（タイプ II）については，4.4.3(2)に示すように橋軸直角方向において基礎に塑性化を期待した設計を行うため，道示V編 13.1.1(3)より，支承部に作用する水平力は，4.4.3(2)に示す杭基礎の計算結果（表-4.4.10 (2)）より，応答変位が最大となるときの上部構造の慣性力作用位置における水平力を算出する。基礎の降伏震度 k_{hyF} は，橋脚基礎に塑性化を期待する場合の橋脚基礎の設計水平震度 k_{hF} を上回っていることから，基礎の応答変位が最大となる（基礎の応答変位に相当する）ときの水平震度 k_h は，基礎の降伏震度 k_{hyF} を用いた。水平力の算出に用いる重量 W は等価重量とした。

V編 13.1.1(3)

基礎の応答変位が最大となるときの水平震度 $k_h = 1.46$

等価重量（特性値） $W = W_U + c_P W_P = 4000 + 0.5 \times 2994 = 5497$ kN

上部構造からの水平力 $H_{EQ} = k_h \cdot W = 1.46 \times 5497 = 8026$ kN $\Rightarrow$ 8100 kN

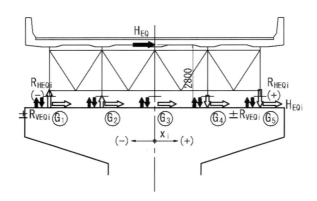

図-1.5.4　地震の影響によって支承部に作用する鉛直力及び水平力

・各支承部に作用する水平力 H_{EQi} については，橋軸方向と同様の考え方で算出した。

表-1.5.14　レベル1地震動によって支承部に作用する鉛直力及び橋軸直角方向の水平力　(kN)

		G1	G2	G3	G4	G5
死荷重反力 R_{Di}		1350	850	900	850	1350
上部構造からの水平力 H_{EQ}		1050				
支承部の位置 x_i (m)		-4.550	-2.275	0.000	2.275	4.550
地震の影響による鉛直力 R_{HEQi}		-258	-129	0	129	258
地震の影響 (鉛直震度) による 鉛直力	地盤面の震度 k_{hg}	0.20				
	係　数	0.50				
	設計鉛直震度 k_v	0.10				
	$R_{VEQi} (=k_v \cdot R_{Di})$	±135	±85	±90	±85	±135
各支承部に作用する鉛直力 $\sqrt{(R_{HEQi}{}^2 + R_{VEQi}{}^2)}$		-292	-155	90	155	292
各支承部に作用する水平力 H_{EQi}		268	210※	210※	210※	268

V編 13.1.1
式(13.1.1)
式(13.1.2)
式(13.1.3)
表(13.1.1)
式(解13.1.2)

表-1.5.15　レベル2地震動によって支承部に作用する鉛直力及び橋軸直角方向の水平力　(kN)

		G1	G2	G3	G4	G5
死荷重反力 R_{Di}		1350	850	900	850	1350
上部構造からの水平力 H_{EQ}		8100				
支承部の位置 x_i (m)		-4.550	-2.275	0.000	2.275	4.550
地震の影響による鉛直力 R_{HEQi}		-1994	-997	0	997	1994
地震の影響 (鉛直震度) による 鉛直力	地盤面の震度 k_{hg}	0.70				
	係　数	0.67				
	設計鉛直震度 k_v	0.47				
	$R_{VEQi} (=k_v \cdot R_{Di})$	±635	±400	±423	±400	±635
各支承部に作用する鉛直力 $\sqrt{(R_{HEQi}{}^2 + R_{VEQi}{}^2)}$		-2092	-1074	423	1074	2092
各支承部に作用する水平力 H_{EQi}		2066	1620※	1620※	1620※	2066

V編 13.1.1
式(13.1.1)
式(13.1.2)
式(13.1.3)
表(13.1.1)
式(解13.1.2)

1.6 設計
　＜省略＞

_（右段）I 編 1.8_

【補足】
　本書Ⅱ編 1.6 に示すように，構造解析に用いた手法や構造設計上の配慮事項とともに，当該手法を適用した根拠や構造設計上の配慮が必要となる理由について示すこととなる。

1.6.1　構造解析
　＜省略＞

_（右段）I 編 1.8.2_
_IV 編 3.7_

【補足】
　本書Ⅱ編 1.6.1 に示すように，構造解析に用いた手法の妥当性を明らかにするために，解析モデルに入力した情報やその解析モデルを選定した理由などについて示すこととなる。

　なお，本編の 2 章以降では橋脚を対象として，構造解析は以下によるとした場合の設計計算例を示している。

　各部材等の断面力，応力及び変位の算出にあたっては，道示Ⅱ編～Ⅳ編 3.7 及び道示Ⅴ編 2.6 に従う。また，杭基礎の杭反力，変位及び杭体の断面力の算出にあたっては，道示Ⅳ編 10.6 及び 10.9.4 に従う。

　本編で示す橋脚は，部材等の塑性化を期待する設計を行い，かつ以下に示す道示Ⅴ編 5.1(1) の 1)～3)に該当することから，地震の影響を考慮する場合の橋の応答値を算出する構造解析手法としては，静的解析を用いる。
　1)　1 次の固有振動モードが卓越している。
　2)　塑性化の生じる部材及び部位が明確である。
　3)　エネルギー一定則の適用性が検証されている。

_（右段）Ⅱ編～Ⅳ編 3.7_
_Ⅴ編 2.6_
_IV 編 10.6_
_IV 編 10.9.4_
_Ⅴ編 5.1(1)_

1.6.2　構造設計上の配慮事項
　＜省略＞

【補足】
　本書Ⅱ編 1.6.2 に示すように，部材等の耐荷性能や耐久性能の設計等に関して，構造設計上配慮した事項との関係やその妥当性を明らかにするために，構造設計上の配慮として部材等の設計に反映した事項をその検討過程や理由とともに示すこととなる。

　なお，本編では下部構造の設計手順を示すことを目的としているため配慮事項や構造設計への反映方法についての記載は省略している。

-407-

2章 橋脚各部の設計（耐久性能及び耐荷性能（永続作用支配状況，変動作用支配状況）の照査）

2.1 検討概要
　T形橋脚の各部の設計の流れを図- 2.1.1 に示す。

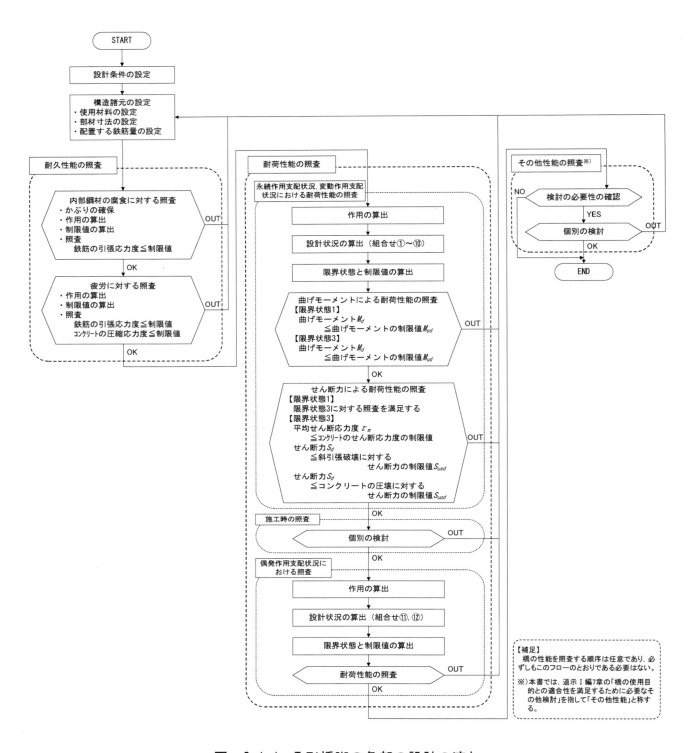

図- 2.1.1　T形橋脚の各部の設計の流れ

2.2 張出ばりの設計

耐荷性能を確保するために，永続作用支配状況及び変動作用支配状況においては部材の限界状態 1 及び限界状態 3 を超えないことを照査する。

レベル 2 地震動を考慮する設計状況においては，塑性化を期待しない部材として設計することから，部材の限界状態 1 及び限界状態 3 を超えないことを照査する。なお，レベル 2 地震動を考慮する設計状況における張出ばりの設計は4.1 に示す。

耐久性能については，表- 2.2.2 に示すように気中にある部材として，内部鋼材の腐食及び疲労に対する照査を行う。

2.2.1 鉛直方向の設計

(1) 設計断面位置及び各設計断面における荷重の特性値から算出した断面力

本橋脚は，はりのひずみ分布が非線形性を示すようなコーベルとならない一般の棒部材としての設計が適用できるように，柱前面から最外縁の支承位置までの距離（$a=2.55\mathrm{m}$）が，はりの高さ（$h=2.50\mathrm{m}$）以上（$a/h \geqq 1.0$）となる張出ばりの形状とした。 | Ⅲ編 5.1.2(7)

曲げモーメントに対する設計断面は張出ばりのつけ根位置（断面①），せん断力に対する設計断面は張出ばりのつけ根からはりの高さ h の 1/2 離れた位置（断面②）及びその外側の上部構造のけたの位置（断面③）とする（図- 2.2.1 参照）。 | Ⅳ編 7.3.2(4)
Ⅲ編 5.8.2(6)
図-5.8.4

【補足】
・張出ばりをコーベルとして設計する場合は，せん断力はコンクリートのみで負担することが道示Ⅳ編 5.2.7 解説に示されている。ただし，コンクリートが負担するせん断力の算出にあたっては，せん断スパン比によるコンクリートが負担するせん断力の割増係数 c_{dc} を考慮してよいとされている。また，せん断補強鉄筋はせん断力の制限値の算出には見込まないものの，局所的な応力集中が生じないようにするための配慮として，道示Ⅲ編式(5.2.4)の規定（$A_w \geqq 0.002 b \cdot a \cdot \sin\theta$）を満足するように配置するとされている。 | Ⅳ編 5.2.7 解説

Ⅲ編 5.2.9
式(5.2.4)

各設計断面における荷重の特性値から算出した断面力の計算結果を表-2.2.1 に示す。

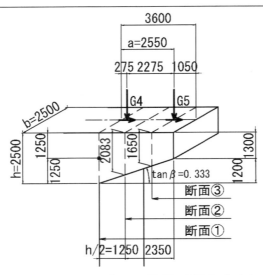

図- 2.2.1 設計断面位置（鉛直方向）

表- 2.2.1 各設計断面における荷重の特性値から算出した断面力
（鉛直方向）

(1) 断面①（つけ根）

荷重又は影響	特性値から算出した断面力	曲げモーメント M (kN·m)	せん断力 S (kN)
死荷重	D	4351.0	2619.0
活荷重	L	2028.5	1420.0
温度変化の影響	TH	0.0	0.0
温度差の影響(U)	TF(U)	-84.8	-60.0
温度差の影響(D)	TF(D)	84.8	60.0
橋桁に作用する風荷重	WS	567.8	163.0
活荷重に作用する風荷重	WL	238.8	91.0
レベル1地震動の影響	EQ	1384.7	447.0

(2) 断面②（h/2位置）

荷重又は影響	特性値から算出した断面力	曲げモーメント M (kN·m)	せん断力 S (kN)
死荷重	D	2019.0	1593.5
活荷重	L	936.0	720.0
温度変化の影響	TH	0.0	0.0
温度差の影響(U)	TF(U)	-39.0	-30.0
温度差の影響(D)	TF(D)	39.0	30.0
橋桁に作用する風荷重	WS	256.3	109.0
活荷重に作用する風荷重	WL	110.5	61.0
レベル1地震動の影響	EQ	658.8	292.0

(3) 断面③（G5けた位置）

荷重又は影響	特性値から算出した断面力	曲げモーメント M (kN·m)	せん断力 S (kN)
死荷重	D	47.8	1444.9
活荷重	L	0.0	720.0
温度変化の影響	TH	0.0	0.0
温度差の影響(U)	TF(U)	0.0	-30.0
温度差の影響(D)	TF(D)	0.0	30.0
橋桁に作用する風荷重	WS	90.8	109.0
活荷重に作用する風荷重	WL	24.8	61.0
レベル1地震動の影響	EQ	221.1	292.0

(2) 耐久性能の照査

1.2.3 及び 1.4.2 の設計方針に従い，張出ばりの耐久性能に関しては表-2.2.2に示す項目により照査を行う。

表- 2.2.2　張出ばりの耐久性能の照査に関する主な照査項目

照査項目	耐久性確保の方法
内部鋼材の腐食	・かぶりによる内部鋼材の防食 　かぶり≧道示Ⅲ編5.2.3(2)の最小かぶり ・鉄筋の引張応力度の照査 　鉄筋の引張応力度 σ_s≦鉄筋の引張応力度の制限値 　　　　　　　　　　　　　　　　　　… 道示Ⅳ編6.2(2)
疲労	・鉄筋の引張応力度の照査 　鉄筋の引張応力度 σ_s≦鉄筋の引張応力度の制限値 　　　　　　　　　　　　　　　　　　… 道示Ⅳ編6.3(2) ・コンクリートの圧縮応力度の照査 　コンクリートの圧縮応力度 σ_c≦コンクリートの圧縮応力度の制限値 　　　　　　　　　　　　　　　　　　… 道示Ⅳ編6.3(2)

1) 耐久性能の照査に用いる設計断面力

張出ばりの耐久性能に用いる各設計断面における設計断面力を表-2.2.3に示す。疲労に対する照査に用いる断面力は，道示Ⅲ編6.3.2に規定される作用の組合せ[1.00(D+L+PS+CR+SH+E+HP+U)]により算出した。

Ⅲ編6.3.2

表- 2.2.3　耐久性能の照査に用いる各設計断面
における設計断面力（鉛直方向）

(1) 内部鋼材の腐食に対する照査（永続作用支配状況）

作用の組合せ	設計断面力	M (kN·m)	N (kN)	S (kN)	S_h (kN)
断面① （つけ根）	D+TF(U)	4483.8	0.0	2689.9	–
	D+TF(D)	4653.3	0.0	2809.9	–
断面② （h/2位置）	D+TF(U)	2081.0	0.0	1643.2	1274.9
	D+TF(D)	2159.0	0.0	1703.2	1321.0
断面③ （G5けた位置）	D+TF(U)	50.2	0.0	1487.1	1475.6
	D+TF(D)	50.2	0.0	1547.1	1535.6

S_h
Ⅲ編5.8.2
式(5.8.9)

(2) 疲労に対する照査

作用の組合せ	設計断面力	M (kN·m)	N (kN)	S (kN)	S_h (kN)
断面① （つけ根）		6379.5	0.0	4039.0	–
断面② （h/2位置）	1.00(D+L+PS+ CR+SH+E+HP+U)	2955.0	0.0	2313.5	1790.5
断面③ （G5けた位置）		47.8	0.0	2164.9	2153.9

2) 内部鋼材の腐食に対する耐久性能の照査

① かぶりによる内部鋼材の防食

張出ばりの鉄筋のかぶりは，道示Ⅲ編 5.2.3(2) に規定される最小かぶり以上のかぶりを有している。

Ⅲ編5.2.3(2)

【補足】
・かぶりの設計は道示Ⅳ編5.2.2（耐荷性能），道示Ⅳ編6.2（耐久性能）に規定される最小かぶりに施工誤差等を考慮して設定することとなる。施工条件，施工誤差等によるかぶりの増厚分の値は，実施工事例などを調査し設定することとなる。

*Ⅳ編5.2.2
Ⅳ編6.2*

② 鉄筋の引張応力度の制限値に対する照査

　曲げモーメントにより発生する鉄筋の引張応力度及びせん断力により発生する鉄筋の引張応力度は，いずれも道示Ⅲ編 6.2.2 に規定される制限値を超えない。

　なお，張出ばりの部材高は変化するため，各設計断面における有効な側面鉄筋の本数の評価は煩雑となる。せん断力による照査における軸方向引張鋼材に関する補正係数 c_{pt} は，軸方向引張鉄筋量を少なく見込んだ方が安全側の設計となることから，本橋脚では軸方向引張鉄筋比 p_t の算出において，側面鉄筋を考慮していない。

Ⅲ編 6.2.2

表- 2.2.4　曲げモーメントにより発生する鉄筋の
引張応力度の制限値に対する照査結果（断面①）

			曲げモーメント又は軸方向力
曲げモーメント	M	kN·m	4653
断面寸法	b	m	2.500
	h	m	2.500
	d_0	m	0.200
	d	m	2.300
軸方向引張鉄筋量	A_s	mm^2	D32-15本×2段配筋 23826.0
鉄筋の引張応力度の照査	σ_s	N/mm^2	97
	制限値	N/mm^2	100
	判定	—	OK

Ⅲ編 5.4.1

Ⅲ編表-6.2.1

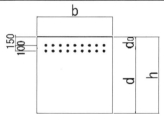

表- 2.2.5　せん断力により発生する鉄筋の引張応力度の
制限値に対する照査結果（断面②，断面③）

			せん断力	
			断面②	断面③
せん断力	S_h	kN	1321	1536
断面寸法	b	m	2.500	2.500
	h	m	2.083	1.650
	d_0	m	0.200	0.200
	d	m	1.883	1.450
軸方向引張鉄筋量	A_s	mm^2	D32-15本×2段配筋 23826.0	
	p_t	%	0.506	0.657
コンクリートが負担できる平均せん断応力度	τ_c	N/mm^2	0.35	0.35
	c_e	—	0.868	0.933
	c_{pt}	—	1.204	1.294
	c_{dc}	—	1.000	1.000
	c_c	—	1.000	1.000
	τ_r	N/mm^2	0.366	0.423
コンクリートが負担できるせん断力	τ_{cmax}	N/mm^2	1.2	1.2
	Φ_{uc}	—	0.65	0.65
	k	—	1.30	1.30
	$\Phi_{uc}\,\tau_{cmax}bd/k$	kN	2825	2175
	S_{cd}	kN	1119	996
せん断補強鉄筋が負担するせん断力	S_s	kN	202	540
せん断補強鉄筋の断面積及び間隔	A_w	mm^2	D22-4本= 1548.4	
	a	mm	150	
せん断補強鉄筋に生じる応力度の照査	σ_s	N/mm^2	12	41
	制限値	N/mm^2	100	100
	判　定	—	OK	OK

Ⅲ編 5.8.2
表-5.8.5
表-5.8.7
c_{pt}
Ⅳ編表-5.2.3
Ⅲ編
τ_r 式(5.8.4)
Ⅲ編 5.4.1
S_{cd} 式(5.4.3)
Ⅲ編表-5.8.3
Ⅲ編表-5.8.6
S_s 式(5.4.2)

Ⅲ編 5.4.1
式(5.4.1)
Ⅲ編表-6.2.1

③　耐久性能の照査
　①，②より，内部鋼材の腐食に対する耐久性能の照査を満足する。

Ⅳ編 6.2

3)　疲労に対する耐久性能の照査
　曲げモーメント又はせん断力により発生する鉄筋及びコンクリートの応力度は，いずれも道示Ⅲ編 6.3.2 に規定される鉄筋及びコンクリートの応力度の制限値を超えないことから，疲労に対する耐久性能の照査を満足する。

Ⅲ編 6.3.2

表- 2.2.6　曲げモーメントにより発生する鉄筋の引張応力度，コンクリートの圧縮応力度の制限値に対する照査結果（断面①）

			曲げモーメント又は軸方向力
曲げモーメント	M	kN·m	6380
断面寸法	b	m	2.500
	h	m	2.500
	d_0	m	0.200
	d	m	2.300
軸方向引張鉄筋量	A_s	mm²	D32-15本×2段配筋 23826.0
コンクリートの圧縮応力度の照査	σ_c	N/mm²	3.6
	制限値	N/mm²	8.0
	判定	—	OK
鉄筋の引張応力度の照査	σ_s	N/mm²	133
	制限値	N/mm²	180
	判定	—	OK

Ⅲ編 5.4.1
Ⅲ編表-6.3.2

Ⅲ編表-6.3.1

表- 2.2.7　せん断力により発生する鉄筋の引張応力度の制限値に対する照査結果（断面②，断面③）

			せん断力	
			断面②	断面③
せん断力	S_h	kN	1791	2154
断面寸法	b	m	2.500	2.500
	h	m	2.083	1.650
	d_0	m	0.200	0.200
	d	m	1.883	1.450
軸方向引張鉄筋量	A_s	mm²	D32-15本×2段配筋 23826.0	
	p_t	%	0.506	0.657
コンクリートが負担できる平均せん断応力度	τ_c	N/mm²	0.35	0.35
	c_e	—	0.868	0.933
	c_{pt}	—	1.204	1.294
	c_{dc}	—	1.000	1.000
	c_c	—	1.000	1.000
	τ_r	N/mm²	0.366	0.423
コンクリートが負担できるせん断力	τ_{cmax}	N/mm²	1.2	1.2
	Φ_{uc}	—	0.65	0.65
	k	—	1.30	1.30
	$\Phi_{uc}\tau_{cmax}bd/k$	kN	2825	2175
	S_{cd}	kN	1119	996
せん断補強鉄筋が負担するせん断力	S_s	kN	671	1158
せん断補強鉄筋の断面積及び間隔	A_w	mm²	D22-4本= 1548.4	
	a	mm	150	
せん断補強鉄筋に生じる応力度の照査	σ_s	N/mm²	40	89
	制限値	N/mm²	180	180
	判定	—	OK	OK

Ⅲ編 5.8.2
表-5.8.5
表-5.8.7
c_{pt}
Ⅳ編表-5.2.3
Ⅲ編
τ_r式(5.8.4)
Ⅲ編 5.4.1
S_{cd}式(5.4.3)
Ⅲ編表-5.8.3
Ⅲ編表-5.8.6
S_s式(5.4.2)

Ⅲ編 5.4.1
式(5.4.1)
Ⅲ編表-6.3.1

(3) 耐荷性能の照査

　張出ばりの耐荷性能の照査に関する主な照査項目を表- 2.2.8 に示す。耐荷性能の照査は道示Ⅳ編 5.1 に規定されるとおり，コンクリート部材は道示Ⅳ編 5.2 の規定に従ったうえで，道示Ⅲ編 5 章の規定によることから，表- 2.2.8 には直接道示Ⅲ編の規定を挙げている。

なお，表-2.2.8 に記載の照査項目のうち，本章では永続作用や変動作用が支配的な状況における照査を示し，偶発作用が支配的な状況（レベル 2 地震動を考慮する設計状況）における照査は 4.1 に示す。

表- 2.2.8　張出ばりの耐荷性能の照査に関する主な照査項目

状態 状況	主として機能面からの橋の状態		構造安全面からの橋の状態
	部材等としての荷重を支持する能力が確保されている限界の状態（部材の限界状態1）	部材等として荷重を支持する能力は低下しているもののあらかじめ想定する能力の範囲にある状態（部材の限界状態2）	これを超えると部材等としての荷重を支持する能力が完全に失われる限界の状態（部材の限界状態3）
永続作用や変動作用が支配的な状況	・曲げモーメント $M_d \leq M_{yd} = \xi_1 \Phi_y M_{yc}$ ・・・ 道示Ⅲ編 5.5.1(3) ・せん断力 同右 ・・・ 道示Ⅲ編 5.5.2(1)		・曲げモーメント $M_d \leq M_{ud} = \xi_1 \xi_2 \Phi_u M_{uc}$ ・・・ 道示Ⅲ編 5.7.1(3), 5.8.1(3) ・せん断力 【耐荷性能の前提】 $\tau_m \leq$ コンクリートのせん断応力度の制限値 ・・・ 道示Ⅳ編 5.2.7(3) 【斜引張破壊】 $S_d \leq S_{usd} = \xi_1 \xi_2 (\Phi_{uc} S_c + \Phi_{us} S_s)$ ・・・ 道示Ⅲ編 5.7.2(3), 5.8.2(3) 【コンクリートの圧壊】 $S_d \leq S_{ucd} = \xi_1 \xi_2 \Phi_{ucw} S_{ucw}$ ・・・ 道示Ⅲ編 5.7.2(4), 5.8.2(4)
偶発作用が支配的な状況	・曲げモーメント $M_d \leq M_{yd} = \xi_1 \Phi_y M_{yc}$ ・・・ 道示Ⅲ編 5.5.1(3) ・せん断力 同右 ・・・ 道示Ⅲ編 5.5.2(1)		・曲げモーメント $M_d \leq M_{ud} = \xi_1 \xi_2 \Phi_u M_{uc}$ ・・・ 道示Ⅲ編 5.7.1(3), 5.8.1(3) ・せん断力 【斜引張破壊】 $S_d \leq S_{usd} = \xi_1 \xi_2 (\Phi_{uc} S_c + \Phi_{us} S_s)$ ・・・ 道示Ⅲ編 5.7.2(3), 5.8.2(3) 【コンクリートの圧壊】 $S_d \leq S_{ucd} = \xi_1 \xi_2 \Phi_{ucw} S_{ucw}$ ・・・ 道示Ⅲ編 5.7.2(4), 5.8.2(4)

1) 耐荷性能の照査に用いる設計断面力

　表-1.5.8 に示した作用の組合せと作用の組合せに対する荷重組合せ係数及び荷重係数を考慮した，耐荷性能の照査に用いる各設計断面における設計断面力を表-2.2.9 に示す。

　地震の影響による断面力の算出にあたっては，地震の影響による荷重組合せ係数及び荷重係数のほか，死荷重の荷重組合せ係数及び荷重係数を考慮した。

V編 2.5(4)解説

【補足】
・耐荷性能の照査に用いる断面力（ここでは，設計断面力という）は道示Ⅰ編式(5.2.1)に示されるとおり，設計状況における作用効果の算出にあたっては，各作用の特性値にそれぞれの荷重係数及び荷重組合せ係数を乗じて断面力を算出して，それらを集計する。

・一方，永続作用支配状況及び変動作用支配状況における下部構造の設計は，弾性計算（線形）であることから，作用の組合せにおける設計断面力は，各作用の特性値から算出した断面力に，それぞれの荷重係数及び荷重組合せ係数を乗じて，それらを集計することによっても前述と同一の断面力を算出することができる。

・本書においては，後者の方法により設計断面力を算出することとし，各作用の組合せにおける設計断面力 S_d は，下式により算出した。

$$S_d = \Sigma (\gamma_{pi} \cdot \gamma_{qi} \cdot S_{特i}) \quad \cdots\cdots\cdots\cdots\cdots\cdots \quad (2.2.1)$$

ここに，
　　$S_{特i}$：各荷重の特性値から算出した断面力
　　γ_{pi}：各作用の組合せに対する荷重組合せ係数（表-1.5.8 参照）
　　γ_{qi}：各作用の組合せに対する荷重係数（表-1.5.8 参照）

I 編式(5.2.1)

・例えば，断面①における作用の組合せ⑥D+L+WS+WL+TF(D)の場合の設計曲げモーメント M は，次のように算出される。

$$M=\underline{1.00\times 1.05\times 4351.0}+\underline{0.95\times 1.25\times 2028.5}+\underline{0.50\times 1.25\times 567.8}+$$

γ_{pD} γ_{qD} M_D γ_{pL} γ_{qL} M_L γ_{pWS} γ_{qWS} M_{WS}

$$\underline{0.50\times 1.25\times 238.8}+\underline{1.00\times 1.00\times 84.8}=7566.2\ (\mathrm{kN\cdot m})$$

γ_{pWL} γ_{qWL} M_{WL} γ_{pTF} γ_{qTF} $M_{TF(D)}$

表- 2.2.9 耐荷性能の照査に用いる各設計断面における設計断面力（鉛直方向）

(1) 断面①（つけ根）

作用の組合せ ＼ 設計断面力			M (kN・m)	N (kN)	S (kN)
①	D+TF(U)	永続作用支配状況	4483.8	0.0	2689.9
①	D+TF(D)		4653.3	0.0	2809.9
②	D+L+TF(U)	変動作用支配状況	7019.4	0.0	4464.9
②	D+L+TF(D)		7188.9	0.0	4584.9
⑥	D+L+WS+WL+TF(U)		7396.7	0.0	4534.9
⑥	D+L+WS+WL+TF(D)		7566.2	0.0	4654.9
⑧	D+WS+TF(U)		5193.5	0.0	2893.6
⑧	D+WS+TF(D)		5363.0	0.0	3013.6
⑨	D+TH+EQ+TF(U)		5210.8	0.0	2924.6
⑨	D+TH+EQ+TF(D)		5380.3	0.0	3044.6
⑩	D+EQ(L1)+TF(U)	変動作用支配状況⑩	5937.7	0.0	3159.2
⑩	D+EQ(L1)+TF(D)		6107.2	0.0	3279.2

(2) 断面②（h/2 位置）

作用の組合せ ＼ 設計断面力			M (kN・m)	N (kN)	S (kN)	S_h (kN)
①	D+TF(U)	永続作用支配状況	2081.0	0.0	1643.2	1274.9
①	D+TF(D)		2159.0	0.0	1703.2	1321.0
②	D+L+TF(U)	変動作用支配状況	3251.0	0.0	2543.2	1967.8
②	D+L+TF(D)		3329.0	0.0	2603.2	2014.0
⑥	D+L+WS+WL+TF(U)		3421.7	0.0	2604.4	1998.8
⑥	D+L+WS+WL+TF(D)		3499.7	0.0	2664.4	2045.0
⑧	D+WS+TF(U)		2401.3	0.0	1779.4	1354.4
⑧	D+WS+TF(D)		2479.3	0.0	1839.4	1400.6
⑨	D+TH+EQ+TF(U)		2426.8	0.0	1796.5	1366.9
⑨	D+TH+EQ+TF(D)		2504.8	0.0	1856.5	1413.1
⑩	D+EQ(L1)+TF(U)	変動作用支配状況⑩	2772.7	0.0	1949.8	1459.0
⑩	D+EQ(L1)+TF(D)		2850.7	0.0	2009.8	1505.2

S_h
Ⅲ編 5.8.2
式(5.8.9)

(3) 断面③（G5 けた位置）

作用の組合せ		設計断面力	M (kN·m)	N (kN)	S (kN)	S_h (kN)
①	D+TF(U)	永続作用 支配状況	50.2	0.0	1487.1	1475.6
①	D+TF(D)		50.2	0.0	1547.1	1535.6
②	D+L+TF(U)	変動作用 支配状況	50.2	0.0	2387.1	2375.6
②	D+L+TF(D)		50.2	0.0	2447.1	2435.6
⑥	D+L+WS+WL+TF(U)		122.4	0.0	2448.4	2420.2
⑥	D+L+WS+WL+TF(D)		122.4	0.0	2508.4	2480.2
⑧	D+WS+TF(U)		163.7	0.0	1623.4	1585.7
⑧	D+WS+TF(D)		163.7	0.0	1683.4	1645.7
⑨	D+TH+EQ+TF(U)		166.3	0.0	1640.4	1602.2
⑨	D+TH+EQ+TF(D)		166.3	0.0	1700.4	1662.2
⑩	D+EQ(L1)+TF(U)	変動作用 支配状況⑩	282.4	0.0	1793.7	1728.8
⑩	D+EQ(L1)+TF(D)		282.4	0.0	1853.7	1788.8

2) 曲げモーメントによる照査

　曲げモーメントによる照査は，表-2.2.9(1)に示した各設計状況の作用の組合せにおける設計曲げモーメントがそれぞれ最大（太線囲み）となる作用の組合せに対して行った。

　曲げモーメントによる照査結果は表-2.2.10 に示すとおりであり，曲げモーメントは限界状態1及び限界状態3に対する曲げモーメントの制限値を超えないことから，限界状態1及び限界状態3に対する照査を満足する。

　最大抵抗曲げモーメント M_u はコンクリートのひび割れ曲げモーメント M_c 以上となることから，最小鉄筋量の規定を満足する。また，軸方向引張鉄筋量（D32-30 本）は部材の有効断面積の 0.41%≦2%，かつ軸方向鉄筋量（上面 D32-30 本，下面 D29-15 本，側面 D29-24 本）は部材の全断面積の 0.78%≦6%であり，最大鉄筋量の規定を満足する。なお，張出ばりの下面鉄筋は D29-15 本とした。

Ⅲ編 5.5.1
Ⅲ編 5.7.1

Ⅳ編 5.2.1

表- 2.2.10　曲げモーメントによる照査結果（断面①）

			永続支配	変動支配	
			①D	⑥D+L+ WS+WL	⑩D+EQ
曲げモーメント	M	kN·m	4653	7566	6107
断面寸法	b	m	2.500		
	h	m	2.500		
	d_0	m	0.200		
	d	m	2.300		
軸方向 引張鉄筋量	A_s	mm^2	D32-15本×2段配筋 23826.0		
限界状態1 に対する照査	M_{yc}	kN·m	16755	16755	16755
	ξ_1	—	0.90	0.90	0.90
	Φ_y	—	0.85	0.85	1.00
	M_{yd}	kN·m	12817	12817	15079
	判　定	—	$M \leq M_{yd}$ OK	$M \leq M_{yd}$ OK	$M \leq M_{yd}$ OK
限界状態3 に対する照査	M_{uc}	kN·m	18225	18225	18225
	ξ_1	—	0.90	0.90	0.90
	ξ_2	—	0.90	0.90	0.90
	Φ_u	—	0.80	0.80	1.00
	M_{ud}	kN·m	11810	11810	14762
	判　定	—	$M \leq M_{ud}$ OK	$M \leq M_{ud}$ OK	$M \leq M_{ud}$ OK
最小鉄筋量 の照査	M_c	kN·m	4984	4984	4984
	M_u	kN·m	18225	18225	18225
	$1.7M$	kN·m	7911	12863	10382
	判　定	—	$M_c \leq M_u$ OK	$M_c \leq M_u$ OK	$M_c \leq M_u$ OK

Ⅲ編 5.5.1
式(5.5.1)
表-5.5.1

Ⅲ編 5.8.1
式(5.8.1)
表-5.8.1

Ⅳ編 5.2.1

3）せん断力による照査

　せん断力による照査は，表- 2.2.9(2)，(3)に示した各設計状況の作用の組合せにおける設計せん断力 S_h がそれぞれ最大（太線囲み）となる作用の組合せに対して行った。

　せん断力による照査結果を表- 2.2.11 に示す。永続作用支配状況及び変動作用支配状況において，断面②及び断面③に生じる平均せん断応力度又はせん断力が，限界状態3に対する平均せん断応力度の制限値，斜引張破壊に対するせん断力の制限値及びコンクリートの圧壊に対するせん断力の制限値を超えないことから限界状態3に対する照査を満足する。

　以上のように，せん断力は永続作用支配状況及び変動作用支配状況において限界状態3の制限値を超えない。ゆえに，道示Ⅲ編 5.5.2(1)の規定により限界状態1に対する照査も満足する。　　　　　　　　　　　　　　　　　　　　Ⅲ編 5.5.2(1)

　なお，軸方向引張鉄筋比 p_t の算出については，耐久性能の照査の場合と同様の理由により，張出ばりの側面鉄筋を考慮しないこととしている。

-419-

表- 2.2.11 せん断力による照査結果
(1) 断面② (h/2 位置)

			永続支配	変動支配	
			①D	⑥D+L+WS+WL	⑩D+EQ
せん断力	S_h	kN	1321	2045	1505
断面寸法	b	m	2.500		
	h	m	2.083		
	d_0	m	0.200		
	d	m	1.883		
軸方向引張鉄筋量	A_s	mm^2	D32-15本×2段配筋 23826.0		
	p_t	%	0.506		
平均せん断応力度	τ_m	N/mm^2	0.28	0.43	0.32
	制限値	N/mm^2	1.7	2.6	2.6
	判定	—	OK	OK	OK
コンクリートが負担できる平均せん断応力度	τ_c	N/mm^2	0.35		
	c_e	—	0.868		
	c_{pt}	—	1.204		
	c_{dc}	—	1.000		
	c_c	—	1.000		
	τ_r	N/mm^2	0.366		
コンクリートが負担できるせん断力	k	—	1.30		
	$\tau_{c\,max}$	N/mm^2	1.2		
	$\tau_{c\,max}bd$	kN	5649		
	S_c	kN	2238		
せん断補強鉄筋の断面積及び間隔	A_w	mm^2	D22-4本=1548.4		
	a	mm	150		
せん断補強鉄筋が負担できるせん断力	c_{ds}	—	1.000		
	k	—	1.30		
	σ_{sy}	N/mm^2	345		
	S_s	kN	7581		
斜引張破壊に対するせん断力の制限値	ξ_1	—	0.90	0.90	0.90
	ξ_2	—	0.85	0.85	0.85
	Φ_{uc}	—	0.65	0.65	0.95
	Φ_{us}	—	0.65	0.65	0.95
	S_{usd}	kN	4883	4883	7136
	判定	—	$S_h \leqq S_{usd}$ OK	$S_h \leqq S_{usd}$ OK	$S_h \leqq S_{usd}$ OK
圧壊に対するせん断耐力の特性値	$\tau_{r\,max}$	N/mm^2	3.2		
	S_{ucw}	kN	15064		
コンクリートの圧壊に対するせん断力の制限値	ξ_1	—	0.90	0.90	0.90
	$\xi_2\Phi_{ucw}$	—	0.70	0.70	1.00
	S_{ucd}	kN	9490	9490	13558
	判定	—	$S_h \leqq S_{ucd}$ OK	$S_h \leqq S_{ucd}$ OK	$S_h \leqq S_{ucd}$ OK

IV編 5.2.7
式(5.2.1)
表-5.2.4
III編 5.8.2
表-5.8.5
表-5.8.7
c_{pt}
IV編表-5.2.3
III編
τ_r式(5.8.4)
S_c
式(5.8.3)
表-5.8.6

S_s
式(5.8.5)

S_{usd}
式(5.8.2)
表-5.8.3

S_{ucw}
式(5.8.8)
表-5.8.10
S_{ucd}
式(5.8.7)
表-5.8.9

(2) 断面③（G5 けた位置）

			永続支配	変動支配	
			①D	⑥D+L+WS+WL	⑩D+EQ
せん断力	S_h	kN	1536	2480	1789
断面寸法	b	m	2.500		
	h	m	1.650		
	d_0	m	0.200		
	d	m	1.450		
軸方向引張鉄筋量	A_s	mm^2	D32-15本×2段配筋 23826.0		
	p_t	%	0.657		
平均せん断応力度	τ_m	N/mm^2	0.42	0.68	0.49
	制限値	N/mm^2	1.7	2.6	2.6
	判定	—	OK	OK	OK
コンクリートが負担できる平均せん断応力度	τ_c	N/mm^2	0.35		
	c_e	—	0.933		
	c_{pt}	—	1.294		
	c_{dc}	—	1.000		
	c_c	—	1.000		
	τ_r	N/mm^2	0.423		
コンクリートが負担できるせん断力	k	—	1.30		
	$\tau_{c\,max}$	N/mm^2	1.2		
	$\tau_{c\,max}bd$	kN	4350		
	S_c	kN	1991		
せん断補強鉄筋の断面積及び間隔	A_w	mm^2	D22-4本=1548.4		
	a	mm	150		
せん断補強鉄筋が負担できるせん断力	c_{ds}	—	1.000		
	k	—	1.30		
	σ_{sy}	N/mm^2	345		
	S_s	kN	5837		
斜引張破壊に対するせん断力の制限値	ξ_1	—	0.90	0.90	0.90
	ξ_2	—	0.85	0.85	0.85
	Φ_{uc}	—	0.65	0.65	0.95
	Φ_{us}	—	0.65	0.65	0.95
	S_{usd}	kN	3893	3893	5690
	判定	—	$S_h \leqq S_{usd}$ OK	$S_h \leqq S_{usd}$ OK	$S_h \leqq S_{usd}$ OK
圧壊に対するせん断耐力の特性値	$\tau_{r\,max}$	N/mm^2	3.2		
	S_{ucw}	kN	11600		
コンクリートの圧壊に対するせん断力の制限値	ξ_1	—	0.90	0.90	0.90
	$\xi_2\Phi_{ucw}$	—	0.70	0.70	1.00
	S_{ucd}	kN	7308	7308	10440
	判定	—	$S_h \leqq S_{ucd}$ OK	$S_h \leqq S_{ucd}$ OK	$S_h \leqq S_{ucd}$ OK

Ⅳ編 5.2.7
式(5.2.1)
表-5.2.4
Ⅲ編 5.8.2
表-5.8.5
表-5.8.7
c_{pt}
Ⅳ編表-5.2.3
Ⅲ編
τ_r式(5.8.4)
S_c
式(5.8.3)
表-5.8.6

S_s
式(5.8.5)

S_{usd}
式(5.8.2)
表-5.8.3

S_{ucw}
式(5.8.8)
表-5.8.10
S_{ucd}
式(5.8.7)
表-5.8.9

2.2.2 水平方向（橋軸方向）の設計

(1) 設計断面位置及び各設計断面における荷重の特性値から算出した断面力

曲げモーメントに対する設計断面は張出ばりのつけ根位置（断面①），せん断力に対する設計断面は張出ばりのつけ根位置（断面①），上部構造のけたの位置（断面②，断面③）とする（図- 2.2.2 参照）。

各設計断面における荷重の特性値から算出した断面力の計算結果を表-2.2.12 に示す。

Ⅳ編 7.3.2(4)
Ⅲ編 5.8.2(6)
解説
図-解 5.8.8

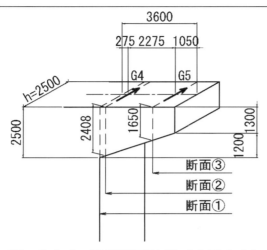

図- 2.2.2 設計断面位置（水平方向）

表- 2.2.12 各設計断面における荷重の特性値から算出した断面力（水平方向）

(1) 断面①（つけ根）

荷重又は影響	特性値から算出した断面力	曲げモーメント M (kN·m)	せん断力 S (kN)
死荷重	D	0.0	0.0
活荷重	L	0.0	0.0
温度変化の影響	TH	452.0	320.0
温度差の影響(U)	TF(U)	0.0	0.0
温度差の影響(D)	TF(D)	0.0	0.0
橋桁に作用する風荷重	WS	0.0	0.0
活荷重に作用する風荷重	WL	0.0	0.0
レベル1地震動の影響	EQ	1402.2	900.7

(2) 断面②（G4 けた位置）

荷重又は影響	特性値から算出した断面力	曲げモーメント M (kN·m)	せん断力 S (kN)
死荷重	D	0.0	0.0
活荷重	L	0.0	0.0
温度変化の影響	TH	364.0	320.0
温度差の影響(U)	TF(U)	0.0	0.0
温度差の影響(D)	TF(D)	0.0	0.0
橋桁に作用する風荷重	WS	0.0	0.0
活荷重に作用する風荷重	WL	0.0	0.0
レベル1地震動の影響	EQ	1156.0	890.4

(3) 断面③（G5 けた位置）

荷重又は影響	特性値から算出した断面力	曲げモーメント M (kN·m)	せん断力 S (kN)
死荷重	D	0.0	0.0
活荷重	L	0.0	0.0
温度変化の影響	TH	0.0	160.0
温度差の影響(U)	TF(U)	0.0	0.0
温度差の影響(D)	TF(D)	0.0	0.0
橋桁に作用する風荷重	WS	0.0	0.0
活荷重に作用する風荷重	WL	0.0	0.0
レベル1地震動の影響	EQ	12.0	469.7

(2) 耐久性能の照査

1.2.3 及び 1.4.2 の設計方針に従い，張出ばりの耐久性能に関しては表-2.2.13 に示す項目により照査を行う。

表- 2.2.13　張出ばりの耐久性能の照査に関する主な照査項目

照査項目	耐久性確保の方法
内部鋼材の腐食	・かぶりによる内部鋼材の防食 　かぶり≧道示Ⅲ編 5.2.3(2) の最小かぶり ・鉄筋の引張応力度の照査 　鉄筋の引張応力度 σ_s≦鉄筋の引張応力度の制限値 　　　　　　　　　　　　　　　　　　　・・・ 道示Ⅳ編 6.2(2)
疲労	・鉄筋の引張応力度の照査 　鉄筋の引張応力度 σ_s≦鉄筋の引張応力度の制限値 　　　　　　　　　　　　　　　　　　　・・・ 道示Ⅳ編 6.3(2) ・コンクリートの圧縮応力度の照査 　コンクリートの圧縮応力度 σ_c≦コンクリートの圧縮応力度の制限値 　　　　　　　　　　　　　　　　　　　・・・ 道示Ⅳ編 6.3(2)

1) 耐久性能の照査に用いる設計断面力

　耐久性能の照査を行う作用の組合せによって，軸力，水平方向の曲げモーメント及びせん断力は生じない。

2) 内部鋼材の腐食に対する耐久性能の照査

① かぶりによる内部鋼材の防食

　張出ばりの鉄筋のかぶりは，道示Ⅲ編 5.2.3(2) に規定される最小かぶり以上のかぶりを有している。　　　　　　　　　　　　　　　　　　　　Ⅲ編 5.2.3(2)

【補足】
・かぶりの設計は道示Ⅳ編 5.2.2（耐荷性能），道示Ⅳ編 6.2（耐久性能）に規定される最小かぶりに施工誤差等を考慮して設定することとなる。施工条件，施工誤差等によるかぶりの増厚分の値は，実施工事例などを調査し設定することとなる。　　　　　　　　　　　　　　　　　　　Ⅳ編 5.2.2　Ⅳ編 6.2

② 鉄筋の引張応力度の制限値に対する照査

　曲げモーメントにより発生する鉄筋の引張応力度及びせん断力により発生する鉄筋の引張応力度は生じないことから，道示Ⅲ編 6.2.2 に規定される制限値を超えない。　　　　　　　　　　　　　　　　　　　　　　　　Ⅲ編 6.2.2

③ 耐久性能の照査

①，②より，内部鋼材の腐食に対する耐久性能の照査を満足する。　　　　Ⅳ編 6.2

3) 疲労に対する耐久性能の照査

　曲げモーメント又はせん断力により発生する鉄筋及びコンクリートの応力度は生じないことから，道示Ⅲ編 6.3.2 に規定される鉄筋及びコンクリートの応力度の制限値を超えない。よって，疲労に対する耐久性能の照査を満足する。　　Ⅲ編 6.3.2

(3) 耐荷性能の照査

　張出ばりの耐荷性能の照査に関する主な照査項目を表-2.2.14 に示す。耐荷性能の照査は道示Ⅳ編 5.1 に規定されるとおり，コンクリート部材は道示Ⅳ編 5.2 の規定に従ったうえで，道示Ⅲ編 5 章の規定によることから，表-2.2.8 には直接道示Ⅲ編の規定を挙げている。

なお，表-2.2.14に記載の照査項目のうち，本章では永続作用や変動作用が支配的な状況における照査を示し，偶発作用が支配的な状況（レベル2地震動を考慮する設計状況）における照査は4.1に示す。

表-2.2.14　張出ばりの耐荷性能の照査に関する主な照査項目

状態＼状況	主として機能面からの橋の状態		構造安全面からの橋の状態
	部材等としての荷重を支持する能力が確保されている限界の状態（部材の限界状態1）	部材等として荷重を支持する能力は低下しているもののあらかじめ想定する能力の範囲にある状態（部材の限界状態2）	これを超えると部材等としての荷重を支持する能力が完全に失われる限界の状態（部材の限界状態3）
永続作用や変動作用が支配的な状況	・曲げモーメント $M_d \leqq M_{yd} = \xi_1 \Phi_y M_{yc}$ ・・・道示Ⅲ編 5.5.1(3) ・せん断力 同右 ・・・道示Ⅲ編 5.5.2(1)		・曲げモーメント $M_d \leqq M_{ud} = \xi_1 \xi_2 \Phi_u M_{uc}$ ・・・道示Ⅲ編 5.7.1(3)，5.8.1(3) ・せん断力 【耐荷性能の前提】 $\tau_m \leqq$ コンクリートのせん断応力度の制限値 ・・・道示Ⅳ編 5.2.7(3) 【斜引張破壊】 $S_d \leqq S_{usd} = \xi_1 \xi_2 (\Phi_{uc} S_c + \Phi_{us} S_s)$ ・・・道示Ⅲ編 5.7.2(3)，5.8.2(3) 【コンクリートの圧壊】 $S_d \leqq S_{ucd} = \xi_1 \xi_2 \Phi_{ucw} S_{ucw}$ ・・・道示Ⅲ編 5.7.2(4)，5.8.2(4)
偶発作用が支配的な状況	・曲げモーメント $M_d \leqq M_{yd} = \xi_1 \Phi_y M_{yc}$ ・・・道示Ⅲ編 5.5.1(3) ・せん断力 同右 ・・・道示Ⅲ編 5.5.2(1)		・曲げモーメント $M_d \leqq M_{ud} = \xi_1 \xi_2 \Phi_u M_{uc}$ ・・・道示Ⅲ編 5.7.1(3)，5.8.1(3) ・せん断力 【斜引張破壊】 $S_d \leqq S_{usd} = \xi_1 \xi_2 (\Phi_{uc} S_c + \Phi_{us} S_s)$ ・・・道示Ⅲ編 5.7.2(3)，5.8.2(3) 【コンクリートの圧壊】 $S_d \leqq S_{ucd} = \xi_1 \xi_2 \Phi_{ucw} S_{ucw}$ ・・・道示Ⅲ編 5.7.2(4)，5.8.2(4)

1）耐荷性能の照査に用いる設計断面力

表-1.5.8に示した作用の組合せと作用の組合せに対する荷重組合せ係数及び荷重係数を考慮した耐荷性能の照査に用いる各設計断面における設計断面力を表-2.2.15に示す。

各作用の組合せにおける設計断面力は，式(2.2.1)により算出した。なお，地震の影響による断面力の算出にあたっては，地震の影響による荷重組合せ係数及び荷重係数のほか，死荷重の荷重組合せ係数及び荷重係数を考慮した。

Ⅴ編 2.5(4)解説

表-2.2.15　耐荷性能の照査に用いる各設計断面における設計断面力（水平方向）

(1) 断面①（つけ根）

作用の組合せ＼設計断面力		M (kN・m)	N (kN)	S (kN)
③ D+TH	変動作用支配状況	452.0	0.0	320.0
⑨ D+TH+EQ		962.2	0.0	632.9
⑩ D+EQ(L1)	変動支配⑩	1472.3	0.0	945.8

(2) 断面②（G4けた位置）

作用の組合せ＼設計断面力		M (kN・m)	N (kN)	S (kN)
③ D+TH	変動作用支配状況	364.0	0.0	320.0
⑨ D+TH+EQ		788.9	0.0	627.5
⑩ D+EQ(L1)	変動支配⑩	1213.8	0.0	934.9

(3) 断面③（G5 けた位置）

作用の組合せ	設計断面力	M (kN·m)	N (kN)	S (kN)
③ D+TH	変動作用	0.0	0.0	160.0
⑨ D+TH+EQ	支配状況	6.3	0.0	326.6
⑩ D+EQ(L1)	変動支配⑩	12.6	0.0	493.2

2) 曲げモーメントによる照査

曲げモーメントによる照査は，表-2.2.15(1)に示した各設計状況の作用の組合せにおける設計曲げモーメントがそれぞれ最大（太線囲み）となる作用の組合せに対して行った。

曲げモーメントによる照査結果は表-2.2.16 に示すとおりであり，曲げモーメントは限界状態1及び限界状態3に対する曲げモーメントの制限値を超えないことから，限界状態1及び限界状態3に対する照査を満足する。

最大抵抗曲げモーメント M_u はコンクリートのひび割れ曲げモーメント M_c 以上となることから，最小鉄筋量の規定を満足する。また，軸方向引張鉄筋量（D29-12本）は部材の有効断面積の0.13%≦2%，かつ軸方向鉄筋量（上面 D32-30本，下面 D29-15本，側面 D29-24本）は部材の全断面積の0.78%≦6%であり，最大鉄筋量の規定を満足する。

Ⅲ編 5.5.1
Ⅲ編 5.7.1

Ⅳ編 5.2.1

表-2.2.16 曲げモーメントによる照査結果（断面①）

			変動支配	
			⑨D+TH+EQ	⑩D+EQ
曲げモーメント	M	kN·m	962	1472
断面寸法	b	m	2.500	
	h	m	2.500	
	d_0	m	0.150	
	d	m	2.350	
軸方向引張鉄筋量	A_s	mm²	D29-12本 7708.8	
限界状態1に対する照査	M_{yc}	kN·m	5930	5930
	ξ_1	―	0.90	0.90
	Φ_y	―	0.85	1.00
	M_{yd}	kN·m	4536	5337
	判定	―	$M \leq M_{yd}$ OK	$M \leq M_{yd}$ OK
限界状態3に対する照査	M_{uc}	kN·m	6179	6179
	ξ_1	―	0.90	0.90
	ξ_2	―	0.90	0.90
	Φ_u	―	0.80	1.00
	M_{ud}	kN·m	4004	5005
	判定	―	$M \leq M_{ud}$ OK	$M \leq M_{ud}$ OK
最小鉄筋量の照査	M_c	kN·m	4984	4984
	M_u	kN·m	6179	6179
	$1.7M$	kN·m	1636	2503
	判定	―	$M_c \leq M_u$ OK	$M_c \leq M_u$ OK

Ⅲ編 5.5.1
式(5.5.1)
表-5.5.1

Ⅲ編 5.8.1
式(5.8.1)
表-5.8.1

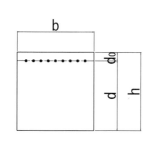

Ⅳ編 5.2.1

3) せん断力による照査

　せん断力による照査は，表-2.2.15(1)～(3)に示した各設計状況の作用の組合せにおける設計せん断力がそれぞれ最大（太線囲み）となる作用の組合せに対して行った。

　せん断力による耐荷性能の照査結果を表-2.2.17に示す。永続作用支配状況においては，水平方向のせん断力は生じない。変動作用支配状況において，全ての設計断面に生じる平均せん断応力度又はせん断力は，限界状態3に対する平均せん断応力度の制限値，斜引張破壊に対するせん断力の制限値及びコンクリートの圧壊に対するせん断力の制限値を超えないことから限界状態3に対する照査を満足する。

　以上のように，せん断力は永続作用支配状況及び変動作用支配状況において限界状態3の制限値を超えない。ゆえに，道示III編5.5.2(1)の規定により限界状態1に対する照査も満足する。

III編5.5.2(1)

　なお，軸方向引張鉄筋比p_tの算出については，鉛直方向の設計の場合と同様の理由により，張出ばりの側面鉄筋を考慮しないこととしている。

表- 2.2.17　せん断力による照査結果
(1) 断面①（つけ根）

			変動支配	
			⑨D+TH+EQ	⑩D+EQ
せん断力	S	kN	633	946
断面寸法	b	m	2.500	
	h	m	2.500	
	d_0	m	0.150	
	d	m	2.350	
軸方向引張鉄筋量	A_s	mm^2	(D32-30本+D29-15本)/2　16731.0	
	p_t	%	0.285	
平均せん断応力度	τ_m	N/mm^2	0.11	0.16
	制限値	N/mm^2	2.6	2.6
	判定	—	OK	OK
コンクリートが負担できる平均せん断応力度	τ_c	N/mm^2	0.35	
	c_e	—	0.798	
	c_{pt}	—	0.985	
	c_{dc}	—	1.000	
	c_c	—	1.000	
	τ_r	N/mm^2	0.275	
コンクリートが負担できるせん断力	k	—	1.30	
	τ_{cmax}	N/mm^2	1.2	
	$\tau_{cmax}bd$	kN	7050	
	S_c	kN	2101	
せん断補強鉄筋の断面積及び間隔	A_w	mm^2	D22-2本=774.2	
	a	mm	150	
せん断補強鉄筋が負担できるせん断力	c_{ds}	—	1.000	
	k	—	1.30	
	σ_{sy}	N/mm^2	345	
	S_s	kN	4730	
斜引張破壊に対するせん断力の制限値	ξ_1	—	0.90	0.90
	ξ_2	—	0.85	0.85
	Φ_{uc}	—	0.65	0.95
	Φ_{us}	—	0.65	0.95
	S_{usd}	kN	3397	4965
	判定	—	$S \leqq S_{usd}$　OK	$S \leqq S_{usd}$　OK
圧壊に対するせん断耐力の特性値	τ_{rmax}	N/mm^2	3.2	
	S_{ucw}	kN	18800	
コンクリートの圧壊に対するせん断力の制限値	ξ_1	—	0.90	0.90
	$\xi_2\Phi_{ucw}$	—	0.70	1.00
	S_{ucd}	kN	11844	16920
	判定	—	$S \leqq S_{ucd}$　OK	$S \leqq S_{ucd}$　OK

IV編 5.2.7
式(5.2.1)
表-5.2.4
III編 5.8.2
表-5.8.5
表-5.8.7
c_{pt}
IV編表-5.2.3
III編
τ_r式(5.8.4)
S_c
式(5.8.3)
表-5.8.6

S_s
式(5.8.5)

S_{usd}
式(5.8.2)
表-5.8.3

S_{ucw}
式(5.8.8)
表-5.8.10
S_{ucd}
式(5.8.7)
表-5.8.9

（2）断面②（G4 けた位置）

			変動支配	
			⑨D+TH +EQ	⑩D+EQ
せん断力	S	kN	628	935
断面寸法	b	m	2.408	
	h	m	2.500	
	d_0	m	0.150	
	d	m	2.350	
軸方向 引張鉄筋量	A_s	mm²	(D32-30本+D29-15本)/2 16731.0	
	p_t	%	0.296	
平均せん断応力度	τ_m	N/mm²	0.11	0.17
	制限値	N/mm²	2.6	2.6
	判定	—	OK	OK
コンクリートが負担できる平均せん断応力度	τ_c	N/mm²	0.35	
	c_e	—	0.798	
	c_{pt}	—	0.996	
	c_{dc}	—	1.000	
	c_c	—	1.000	
	τ_r	N/mm²	0.278	
コンクリートが負担できるせん断力	k	—	1.30	
	$\tau_{c\,max}$	N/mm²	1.2	
	$\tau_{c\,max}bd$	kN	6791	
	S_c	kN	2046	
せん断補強鉄筋の断面積及び間隔	A_w	mm²	D22-2本=774.2	
	a	mm	150	
せん断補強鉄筋が負担できるせん断力	c_{ds}	—	1.000	
	k	—	1.30	
	σ_{sy}	N/mm²	345	
	S_s	kN	4730	
斜引張破壊に対するせん断力の制限値	ξ_1	—	0.90	0.90
	ξ_2	—	0.85	0.85
	Φ_{uc}	—	0.65	0.95
	Φ_{us}	—	0.65	0.95
	S_{usd}	kN	3370	4925
	判定	—	$S \leqq S_{usd}$ OK	$S \leqq S_{usd}$ OK
圧壊に対するせん断耐力の特性値	$\tau_{r\,max}$	N/mm²	3.2	
	S_{ucw}	kN	18108	
コンクリートの圧壊に対するせん断力の制限値	ξ_1	—	0.90	0.90
	$\xi_2\Phi_{ucw}$	—	0.70	1.00
	S_{ucd}	kN	11408	16297
	判定	—	$S \leqq S_{ucd}$ OK	$S \leqq S_{ucd}$ OK

IV編 5.2.7
式(5.2.1)
表-5.2.4
III編 5.8.2
表-5.8.5
表-5.8.7
c_{pt}
IV編表-5.2.3
III編
τ_r式(5.8.4)
S_c
式(5.8.3)
表-5.8.6

S_s
式(5.8.5)

S_{usd}
式(5.8.2)
表-5.8.3

S_{ucw}
式(5.8.8)
表-5.8.10
S_{ucd}
式(5.8.7)
表-5.8.9

(3) 断面③（G5 けた位置）

			変動支配	
			⑨D+TH +EQ	⑩D+EQ
せん断力	S	kN	327	493
断面寸法	b	m	1.650	
	h	m	2.500	
	d_0	m	0.150	
	d	m	2.350	
軸方向引張鉄筋量	A_s	mm²	(D32-30本+D29-15本)/2 16731.0	
	p_t	%	0.431	
平均せん断応力度	τ_m	N/mm²	0.08	0.13
	制限値	N/mm²	2.6	2.6
	判 定	—	OK	OK
コンクリートが負担できる平均せん断応力度	τ_c	N/mm²	0.35	
	c_e	—	0.798	
	c_{pt}	—	1.131	
	c_{dc}	—	1.000	
	c_c	—	1.000	
	τ_r	N/mm²	0.316	
コンクリートが負担できるせん断力	k	—	1.30	
	$\tau_{c\,max}$	N/mm²	1.2	
	$\tau_{c\,max}bd$	kN	4653	
	S_c	kN	1592	
せん断補強鉄筋の断面積及び間隔	A_w	mm²	D22-2本=774.2	
	a	mm	150	
せん断補強鉄筋が負担できるせん断力	c_{ds}	—	1.000	
	k	—	1.30	
	σ_{sy}	N/mm²	345	
	S_s	kN	4730	
斜引張破壊に対するせん断力の制限値	ξ_1	—	0.90	0.90
	ξ_2	—	0.85	0.85
	Φ_{uc}	—	0.65	0.95
	Φ_{us}	—	0.65	0.95
	S_{usd}	kN	3144	4595
	判 定	—	$S \leqq S_{usd}$ OK	$S \leqq S_{usd}$ OK
圧壊に対するせん断耐力の特性値	$\tau_{r\,max}$	N/mm²	3.2	
	S_{ucw}	kN	12408	
コンクリートの圧壊に対するせん断力の制限値	ξ_1	—	0.90	0.90
	$\xi_2\Phi_{ucw}$	—	0.70	1.00
	S_{ucd}	kN	7817	11167
	判 定	—	$S \leqq S_{ucd}$ OK	$S \leqq S_{ucd}$ OK

Ⅳ編 5.2.7
式(5.2.1)
表-5.2.4
Ⅲ編 5.8.2
表-5.8.5
表-5.8.7
c_{pt}
Ⅳ編表-5.2.3
Ⅲ編
τ_r式(5.8.4)
S_c
式(5.8.3)
表-5.8.6

S_s
式(5.8.5)

S_{usd}
式(5.8.2)
表-5.8.3

S_{ucw}
式(5.8.8)
表-5.8.10
S_{ucd}
式(5.8.7)
表-5.8.9

2.3 柱の設計

柱は橋全体の被災後の点検や部材の修復の容易性の観点から，大規模地震等の偶発作用が支配的な状況においては塑性化を期待する部材として設計する。

そのため，耐荷性能を確保するために，永続作用支配状況及び変動作用支配状況においては部材の限界状態 1 及び限界状態 3 を超えないことを照査する。

レベル 2 地震動を考慮する設計状況においては，塑性化を期待する部材として設計することから，部材の限界状態 2 及び限界状態 3 を超えないことを照査する。なお，レベル 2 地震動を考慮する設計状況における柱の設計は 4.3 に示

す。
　耐久性能については，表- 2.3.2 に示すように土中にある部材（設計断面）として，内部鋼材の腐食及び疲労に対する照査を行う。

2.3.1 設計断面位置及び柱基部断面の配筋

　柱基部断面の配筋を図- 2.3.2 に示す。柱の配筋は，軸方向鉄筋の段落しや帯鉄筋の間隔の変化を行っておらず柱全高にわたって同一である。よって，道示Ⅳ編 7.3.2(3)及び図-解 7.3.2 より，図- 2.3.1 に示すとおり柱の設計断面位置は柱基部とする。

Ⅳ編 7.3.2(3)
図-解 7.3.2

【補足】
・帯鉄筋及び中間帯鉄筋は，道示Ⅳ編 5.2.5(6)に示されるせん断補強鉄筋の配置の規定を満足するように，鉄筋を加工・組立することとなる。

Ⅳ編 5.2.5(6)

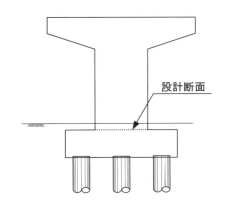

図- 2.3.1　設計断面位置

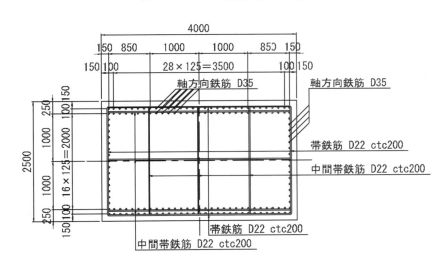

図- 2.3.2　柱基部断面の配筋

2.3.2 橋軸方向の設計

(1) 柱基部における荷重の特性値から算出した断面力

柱基部における荷重の特性値から算出した断面力の計算結果を表- 2.3.1 に示す。

表- 2.3.1　柱基部における荷重の特性値から算出した断面力（橋軸方向）

荷重又は影響	特性値から算出した断面力	曲げモーメント M (kN·m)	軸　力 N (kN)	せん断力 S (kN)
死荷重	D	0.0	8293.9	0.0
活荷重	L	0.0	2200.0	0.0
温度変化の影響	TH	7280.0	0.0	800.0
温度差の影響(U)	TF(U)	0.0	−150.0	0.0
温度差の影響(D)	TF(D)	0.0	150.0	0.0
レベル1地震動の影響	EQ	19934.4	0.0	2498.5

(2) 耐久性能の照査

1.2.3 及び 1.4.2 の設計方針に従い，柱の耐久性能に関しては表- 2.3.2 に示す項目により照査を行う。

表- 2.3.2　柱の耐久性能の照査に関する主な照査項目

照査項目	耐久性確保の方法
内部鋼材の腐食	・かぶりによる内部鋼材の防食 　気中の場合：かぶり≧道示III編 5.2.3(2)の最小かぶり 　水中又は土中の場合：かぶり≧道示IV編 5.2.2(4)の最小かぶり ・鉄筋の引張応力度の照査 　鉄筋の引張応力度 σ_s≦鉄筋の引張応力度の制限値 　　　　　　　　　　　　　　　　　　　　　　　　・・・ 道示IV編 6.2(2)
疲労	・鉄筋の引張応力度の照査 　鉄筋の引張応力度 σ_s≦鉄筋の引張応力度の制限値 　　　　　　　　　　　　　　　　　　　　　　　　・・・ 道示IV編 6.3(2) ・コンクリートの圧縮応力度の照査 　コンクリートの圧縮応力度 σ_c≦コンクリートの圧縮応力度の制限値 　　　　　　　　　　　　　　　　　　　　　　　　・・・ 道示IV編 6.3(2)

1) 耐久性能の照査に用いる設計断面力

耐久性能の照査に用いる設計断面力を表- 2.3.3 に示す。

【補足】
・本書では，耐荷性能の照査に用いる柱の設計断面が柱基部であることから，柱が土中にある部材として耐久性能の照査を行った。一方で，柱はその大部分が気中にある部材であるため，架橋位置が塩害の影響を受ける地域である場合など，設計断面が土中にある部材というだけで単に土中にある部材と判断して耐久性能の照査を行うと，気中にある部材として考えた場合に，内部鋼材の腐食に対する照査を満足しないことも考えられる。このため，部材の耐久性能の照査項目を決定する上では注意が必要である。

表- 2.3.3　耐久性能の照査に用いる設計断面力（橋軸方向）

作用の組合せ　設計断面力	M (kN·m)	N (kN)	S (kN)
1.00(D+L+PS+CR+SH+E+HP+U)	0.0	10493.9	0.0

2) 内部鋼材の腐食に対する耐久性能の照査

① かぶりによる内部鋼材の防食

柱の鉄筋のかぶりは，気中の場合は，道示Ⅲ編 5.2.3(2)に規定される最小かぶり，水中又は土中の場合は，道示Ⅳ編 5.2.2(4)に規定される最小かぶり以上のかぶりを有している。

Ⅲ編 5.2.3(2)
Ⅳ編 5.2.2(4)

【補足】
・かぶりの設計は道示Ⅳ編 5.2.2（耐荷性能），道示Ⅳ編 6.2（耐久性能）に規定される最小かぶりに施工誤差等を考慮して設定することとなる。施工条件，施工誤差等によるかぶりの増厚分の値は，実施工事例などを調査し設定することとなる。

Ⅳ編 5.2.2
Ⅳ編 6.2

② 鉄筋の引張応力度の制限値に対する照査

永続作用支配状況においては，曲げモーメント及びせん断力は生じない。曲げモーメントにより発生する鉄筋の引張応力度及びせん断力により発生する鉄筋の引張応力度は生じないことから，道示Ⅲ編 6.2.2に規定される制限値を超えない。

Ⅲ編 6.2.2

③ 耐久性能の照査

①，②より，内部鋼材の腐食に対する耐久性能の照査を満足する。

Ⅳ編 6.2

3) 疲労に対する耐久性能の照査

表- 2.3.3に示した設計断面力を用いて疲労に対する照査を行った。照査結果は表- 2.3.4に示すとおりであり，曲げモーメント及び軸方向力により発生する鉄筋及びコンクリートの応力度は，いずれも道示Ⅳ編 6.3及びⅢ編 6.3.2に規定される鉄筋及びコンクリートの応力度の制限値を超えない。よって，疲労に対する耐久性能の照査を満足する。

Ⅳ編 6.3
Ⅲ編 6.3.2

表- 2.3.4 鉄筋の引張応力度及びコンクリートの圧縮応力度の制限値に対する照査結果（橋軸方向）

			1.00(D+L+PS+CR+SH+E+HP+U)
曲げモーメント	M	kN·m	0
軸　力	N	kN	10494
断面寸法	b	m	4.000
	h	m	2.500
	d_0	m	0.200
	d	m	2.300
軸方向引張鉄筋量	A_{st}	mm²	D35-31本×2段配筋 59309.2
軸方向圧縮鉄筋量	A_{sc}	mm²	D35-31本×2段配筋 59309.2
コンクリートの圧縮応力度の照査	σ_c	N/mm²	0.9
	制限値	N/mm²	8.0
	判　定	—	OK
鉄筋の引張応力度の照査	σ_s	N/mm²	0
	制限値※	N/mm²	160
	判　定	—	OK

Ⅲ編 5.4.1
Ⅲ編表-6.3.2

Ⅳ編表-6.3.1

※柱基部は地下水位以深のため，鉄筋の引張応力度の制限値は道示Ⅳ編表-6.3.1に規定される値とした。

(3) 耐荷性能の照査

　柱の耐荷性能の照査に関する主な照査項目を表- 2.3.5 に示す。耐荷性能の照査は道示Ⅳ編 5.1 に規定されるとおり，コンクリート部材は道示Ⅳ編 5.2 の規定に従ったうえで，道示Ⅲ編 5 章の規定によることから，表- 2.2.8 には直接道示Ⅲ編の規定を挙げている。

　なお，表- 2.3.5 に記載の照査項目のうち，本章では永続作用や変動作用が支配的な状況における照査を示し，偶発作用が支配的な状況（レベル 2 地震動を考慮する設計状況）における照査は 4.3 に示す。

表- 2.3.5　柱の耐荷性能の照査に関する主な照査項目

状況＼状態	主として機能面からの橋の状態		構造安全面からの橋の状態
	部材等としての荷重を支持する能力が確保されている限界の状態（部材の限界状態1）	部材等として荷重を支持する能力は低下しているもののあらかじめ想定する能力の範囲にある状態（部材の限界状態2）	これを超えると部材等としての荷重を支持する能力が完全に失われる限界の状態（部材の限界状態3）
永続作用や変動作用が支配的な状況	・曲げモーメント $M_d \leq M_{yd} = \xi_1 \Phi_y M_{yc}$ ・・・ 道示Ⅲ編 5.5.1(3) ・せん断力 同右 ・・・ 道示Ⅲ編 5.5.2(1)		・曲げモーメント $M_d \leq M_{ud} = \xi_1 \xi_2 \Phi_u M_{uc}$ ・・・ 道示Ⅲ編 5.7.1(3), 5.8.1(3) ・せん断力 【耐荷性能の前提】 $\tau_m \leq$ コンクリートのせん断応力度の制限値 ・・・ 道示Ⅳ編 5.2.7(3) 【斜引張破壊】 $S_d \leq S_{usd} = \xi_1 \xi_2 (\Phi_{uc} S_c + \Phi_{us} S_s)$ ・・・ 道示Ⅲ編 5.7.2(3), 5.8.2(3) 【コンクリートの圧壊】 $S_d \leq S_{ucd} = \xi_1 \xi_2 \Phi_{ucw} S_{ucw}$ ・・・ 道示Ⅲ編 5.7.2(4), 5.8.2(4)
偶発作用が支配的な状況	【塑性化を期待する部材の場合】破壊形態の判定[※1] 　　$P_u \leq P_s$：曲げ破壊型 　　$P_s < P_u \leq P_{s0}$：曲げ損傷からせん断破壊移行型 　　$P_{s0} < P_u$：せん断破壊型		
		・水平変位[※1] $\delta_r \leq \delta_{ls2d}$ ・・・ 道示Ⅴ編 8.4 ・せん断力[※1] $S_d \leq P_s = S_{usd}$ $= \xi_1 \xi_2 (\Phi_{uc} S_c + \Phi_{us} S_s)$ ・・・ 道示Ⅴ編 8.4, 6.2.4, 8.6 ・残留変位[※1] $\delta_R \leq$ 残留変位の制限値[※2] ・・・ 道示Ⅴ編 8.4	・水平変位[※1] $\delta_r \leq \delta_{ls3d}$ ・・・ 道示Ⅴ編 8.4 ・せん断力[※1] $S_d \leq P_s = S_{usd}$ $= \xi_1 \xi_2 (\Phi_{uc} S_c + \Phi_{us} S_s)$ ・・・道示 Ⅴ編 8.4, 6.2.4, 8.6 $S_d \leq S_{ucd} = \xi_1 \xi_2 \Phi_{ucw} S_{ucw}$ ・・・ 道示Ⅲ編 5.7.2(4), 5.8.2(4)

※1：本橋の橋脚は，橋軸方向及び橋軸直角方向のいずれの方向についても曲げ破壊型と判定されるため，曲げ破壊型の照査項目を記載
※2：橋脚下端から上部構造の慣性力作用位置までの高さの 1/100 の値

1）耐荷性能の照査に用いる設計断面力

　表- 1.5.8 に示した作用の組合せと作用の組合せに対する荷重組合せ係数及び荷重係数を考慮した耐荷性能の照査に用いる設計断面力を表- 2.3.6 に示す。

　各作用の組合せにおける設計断面力は，式(2.2.1)により算出した。なお，地震の影響による断面力の算出にあたっては，地震の影響による荷重組合せ係数及び荷重係数のほか，死荷重の荷重組合せ係数及び荷重係数を考慮した。

Ⅴ編 2.5(4)解説

表- 2.3.6 耐荷性能の照査に用いる設計断面力（橋軸方向）

作用の組合せ			M (kN･m)	N (kN)	S (kN)
①	D+TF(U)	永続作用支配状況	0.0	8558.6	0.0
①	D+TF(D)		0.0	8858.6	0.0
②	D+L+TF(U)	変動作用支配状況	0.0	11308.6	0.0
②	D+L+TF(D)		0.0	11608.6	0.0
③	D+TH+TF(U)		7280.0	8558.6	800.0
③	D+TH+TF(D)		7280.0	8858.6	800.0
⑤	D+L+TH+TF(U)		5460.0	11171.1	600.0
⑤	D+L+TH+TF(D)		5460.0	11471.1	600.0
⑨	D+TH+EQ+TF(U)		14105.5	8558.6	1711.7
⑨	D+TH+EQ+TF(D)		14105.5	8858.6	1711.7
⑩	D+EQ(L1)+TF(U)	変動作用支配状況⑩	20931.1	8558.6	2623.4
⑩	D+EQ(L1)+TF(D)		20931.1	8858.6	2623.4

2) 曲げモーメントによる照査

曲げモーメントによる照査は，表- 2.3.6 に示した作用の組合せに対して行った。

【補足】
・本書では，曲げモーメントが生じない作用の組合せに対する照査については，軸力が最大となる[②D+L+TF(D)]以外の記載を省略している。

曲げモーメントによる照査結果は表- 2.3.7 に示すとおりであり，曲げモーメントは限界状態1及び限界状態3に対する曲げモーメントの制限値を超えないことから，限界状態 1 及び限界状態 3 に対する照査を満足する。なお，降伏曲げモーメントの特性値 M_{yc} 及び破壊抵抗曲げモーメントの特性値 M_{uc} の算出においては，道示Ⅲ編 5.8.1(4)解説より，設計状況に応じた荷重係数等を考慮した軸力 N を用いて算出している。

Ⅲ編 5.5.1
Ⅲ編 5.7.1
Ⅲ編 5.8.1(4)
解説

最大抵抗曲げモーメント M_u はコンクリートのひび割れ曲げモーメント M_c 以上となることから，曲げを受ける部材としての最小鉄筋量の規定を満足する。また，軸方向力を受ける部材としての最小鉄筋量の規定も満足している。

Ⅳ編 5.2.1

軸方向引張鉄筋量（D35-62 本）は部材の有効断面積の 0.64%≦2%，かつ軸方向鉄筋量（D35-154 本）は部材の全断面積の 1.47%≦6%であり，最大鉄筋量の規定を満足する。

Ⅲ編 5.5.1
式(5.5.1)
表-5.5.1

Ⅲ編 5.8.1
式(5.8.1)
表-5.8.1

Ⅳ編 5.2.1

表- 2.3.7　曲げモーメントによる照査結果（橋軸方向）

			変動作用支配状況								
			②D+L +TF(D)	③D+TH +TF(U)	③D+TH +TF(D)	⑤D+L+TH +TF(U)	⑤D+L+TH +TF(D)	⑨D+TH+ EQ +TF(U)	⑨D+TH+ EQ +TF(D)	⑩D+EQ (L1)+TF(U)	⑩D+EQ (L1)+TF(D)
曲げモーメント	M	kN･m	0	7280	7280	5460	5460	14106	14106	20931	20931
軸　力	N	kN	11609	8559	8859	11171	11471	8559	8859	8559	8859
断面寸法	b	m	4.000								
	h	m	2.500								
	d_0	m	0.200								
	d	m	2.300								
軸方向引張鉄筋量	A_{st}	mm^2	D35-31本×2段配筋 = 59309.2								
軸方向圧縮鉄筋量	A_{sc}	mm^2	D35-31本×2段配筋 = 59309.2								
限界状態1に対する照査	M_{yc}	kN･m	52119	49408	49677	51733	51997	49408	49677	49408	49677
	ξ_1	―	0.90	0.90	0.90	0.90	0.90	0.90	0.90	0.90	0.90
	Φ_y	―	0.85	0.85	0.85	0.85	0.85	0.85	0.85	1.00	1.00
	M_{yd}	kN･m	39871	37797	38003	39576	39778	37797	38003	44467	44709
	判　定	―	$M \leqq M_{yd}$ OK	$M \leqq M_{yd}$ OK	$M \leqq M_{yd}$ OK	$M \leqq M_{yd}$ OK	$M \leqq M_{yd}$ OK	$M \leqq M_{yd}$ OK	$M \leqq M_{yd}$ OK	$M \leqq M_{yd}$ OK	$M \leqq M_{yd}$ OK
限界状態3に対する照査	M_{uc}	kN･m	57036	53897	54207	56587	56895	53897	54207	53897	54207
	ξ_1	―	0.90	0.90	0.90	0.90	0.90	0.90	0.90	0.90	0.90
	ξ_2	―	0.90	0.90	0.90	0.90	0.90	0.90	0.90	0.90	0.90
	Φ_u	―	0.80	0.80	0.80	0.80	0.80	0.80	0.80	1.00	1.00
	M_{ud}	kN･m	36959	34925	35126	36668	36868	34925	35126	43657	43907
	判　定	―	$M \leqq M_{ud}$ OK	$M \leqq M_{ud}$ OK	$M \leqq M_{ud}$ OK	$M \leqq M_{ud}$ OK	$M \leqq M_{ud}$ OK	$M \leqq M_{ud}$ OK	$M \leqq M_{ud}$ OK	$M \leqq M_{ud}$ OK	$M \leqq M_{ud}$ OK
曲げを受ける部材としての最小鉄筋量の照査	M_c	kN･m	12811	11540	11665	12628	12753	11540	11665	11540	11665
	M_u	kN･m	57036	53897	54207	56587	56895	53897	54207	53897	54207
	$1.7M$	kN･m	0	12376	12376	9282	9282	23979	23979	35583	35583
	判　定	―	$M_c \leqq M_u$ OK	$M_c \leqq M_u$ OK	$M_c \leqq M_u$ OK	$M_c \leqq M_u$ OK	$M_c \leqq M_u$ OK	$M_c \leqq M_u$ OK	$M_c \leqq M_u$ OK	$M_c \leqq M_u$ OK	$M_c \leqq M_u$ OK
軸方向力を受ける部材としての最小鉄筋量の照査	σ_{ca}	N/mm^2	6.5	6.5	6.5	6.5	6.5	6.5	6.5	9.7	9.7
	σ_{sa}	N/mm^2	200	200	200	200	200	200	200	300	300
	A'_1	mm^2	1433160	1056617	1093654	1379148	1416185	1056617	1093654	707322	732116
	$0.008A'_1$	mm^2	11465	8453	8749	11033	11329	8453	8749	5659	5857
	ΣA_s	mm^2	147316	147316	147316	147316	147316	147316	147316	147316	147316
	判　定	―	$0.008A'_1 \leqq \Sigma A_s$								
			OK	OK	OK	OK	OK	OK	OK	OK	OK

注）ΣA_sは全軸方向鉄筋量を示す。

3) せん断力による照査

せん断力による照査は，表- 2.3.6 に示した作用の組合せに対して行った。

【補足】
・本書では，せん断力が生じない作用の組合せに対する照査については記載を省略している。

せん断力による照査結果を表- 2.3.8 に示す。変動作用支配状況において，設計断面に生じる平均せん断応力度又はせん断力は，限界状態 3 に対する平均せん断応力度の制限値，斜引張破壊に対するせん断力の制限値及びコンクリートの圧壊に対するせん断力の制限値を超えないことから，限界状態 3 に対する照査を満足する。なお，コンクリートが負担できるせん断力 S_c の算出においては，道示Ⅳ編 5.2.7(1)解説より，軸方向圧縮力の影響を考慮していない。 Ⅳ編 5.2.7(1) 解説

以上のように，せん断力は永続作用支配状況及び変動作用支配状況において限界状態 3 の制限値を超えない。ゆえに，道示Ⅲ編 5.5.2(1)の規定により限界状態 1 に対する照査も満足する。 Ⅲ編 5.5.2(1)

表- 2.3.8 せん断力による照査結果（橋軸方向）

			変動作用支配状況			
			③D+TH+TF	⑤D+L+TH+TF	⑨D+TH+EQ+TF	⑩D+EQ(L1)+TF
せん断力	S	kN	800	600	1712	2623
断面寸法	b	m	4.000			
	h	m	2.500			
	d_0	m	0.200			
	d	m	2.300			
軸方向引張鉄筋量	A_s	mm²	D35-77本 = 73658.2			
	p_t	%	0.801			
平均せん断応力度	τ_m	N/mm²	0.09	0.07	0.19	0.29
	制限値	N/mm²	2.6	2.6	2.6	2.6
	判定	—	OK	OK	OK	OK
コンクリートが負担できる平均せん断応力度	τ_c	N/mm²	0.35			
	c_e	—	0.805			
	c_{pt}	—	1.380			
	c_{dc}	—	1.000			
	c_c	—	1.000			
	τ_r	N/mm²	0.389			
コンクリートが負担できるせん断力	k	—	1.30			
	$\tau_{c\,max}$	N/mm²	1.2			
	$\tau_{c\,max}bd$	kN	11040			
	S_c	kN	4650			
せん断補強鉄筋の断面積及び間隔	A_w	mm²	D22-5本= 1935.5			
	a	mm	200			
せん断補強鉄筋が負担できるせん断力	c_{ds}	—	1.000			
	k	—	1.30			
	σ_{sy}	N/mm²	345			
	S_s	kN	8681			
斜引張破壊に対するせん断力の制限値	ξ_1	—	0.90	0.90	0.90	0.90
	ξ_2	—	0.85	0.85	0.85	0.85
	Φ_{uc}	—	0.65	0.65	0.65	0.95
	Φ_{us}	—	0.65	0.65	0.65	0.95
	S_{usd}	kN	6629	6629	6629	9688
	判定	—	$S \leqq S_{usd}$ OK	$S \leqq S_{usd}$ OK	$S \leqq S_{usd}$ OK	$S \leqq S_{usd}$ OK
圧壊に対するせん断耐力の特性値	$\tau_{r\,max}$	N/mm²	3.2			
	S_{ucw}	kN	29440			
コンクリートの圧壊に対するせん断力の制限値	ξ_1	—	0.90	0.90	0.90	0.90
	$\xi_2\Phi_{ucw}$	—	0.70	0.70	0.70	1.00
	S_{ucd}	kN	18547	18547	18547	26496
	判定	—	$S \leqq S_{ucd}$ OK	$S \leqq S_{ucd}$ OK	$S \leqq S_{ucd}$ OK	$S \leqq S_{ucd}$ OK

IV編 5.2.7
式(5.2.1)
表-5.2.4
III編 5.8.2
表-5.8.5
表-5.8.7
c_{pt}
IV編表-5.2.3
III編
τ_r式(5.8.4)
S_c
式(5.8.3)
表-5.8.6

S_s
式(5.8.5)

S_{usd}
式(5.8.2)
表-5.8.3

S_{ucw}
式(5.8.8)
表-5.8.10
S_{ucd}
式(5.8.7)
表-5.8.9

2.3.3 橋軸直角方向の設計

(1) 柱基部における荷重の特性値から算出した断面力

柱基部における荷重の特性値から算出した断面力の計算結果を表- 2.3.9 に示す。

表- 2.3.9　柱基部における荷重の特性値から算出した断面力
（橋軸直角方向）

荷重又は影響	特性値から算出した断面力	曲げモーメント M (kN·m)	軸　力 N (kN)	せん断力 S (kN)
死荷重	D	0.0	8293.9	0.0
活荷重	L	0.0	2200.0	0.0
温度変化の影響	TH	0.0	0.0	0.0
温度差の影響(U)	TF(U)	0.0	−150.0	0.0
温度差の影響(D)	TF(D)	0.0	150.0	0.0
橋桁に作用する風荷重	WS	6367.0	0.0	612.3
活荷重に作用する風荷重	WL	2010.0	0.0	150.0
レベル1地震動の影響	EQ	16189.4	0.0	1798.5

(2) 耐久性能の照査

　1.2.3 及び 1.4.2 の設計方針に従い，柱の耐久性能に関しては表- 2.3.10 に示す項目により照査を行う。

表- 2.3.10　柱の耐久性能の照査に関する主な照査項目

照査項目	耐久性確保の方法
内部鋼材の腐食	・かぶりによる内部鋼材の防食 　気中の場合：かぶり≧道示Ⅲ編 5.2.3(2)の最小かぶり 　水中又は土中の場合：かぶり≧道示Ⅳ編 5.2.2(4)の最小かぶり ・鉄筋の引張応力度の照査 　鉄筋の引張応力度 σ_s≦鉄筋の引張応力度の制限値 　　　　　　　　　　　　　　　　　　　　・・・ 道示Ⅳ編 6.2(2)
疲労	・鉄筋の引張応力度の照査 　鉄筋の引張応力度 σ_s≦鉄筋の引張応力度の制限値 　　　　　　　　　　　　　　　　　　　　・・・ 道示Ⅳ編 6.3(2) ・コンクリートの圧縮応力度の照査 　コンクリートの圧縮応力度 σ_c≦コンクリートの圧縮応力度の制限値 　　　　　　　　　　　　　　　　　　　　・・・ 道示Ⅳ編 6.3(2)

1) 耐久性能の照査に用いる設計断面力

　耐久性能の照査に用いる設計断面力を表- 2.3.11 に示す。

表- 2.3.11　耐久性能の照査に用いる設計断面力（橋軸直角方向）

作用の組合せ　　設計断面力	M (kN·m)	N (kN)	S (kN)
1.00(D+L+PS+CR+SH+E+HP+U)	0.0	10493.9	0.0

2) 内部鋼材の腐食に対する耐久性能の照査

① かぶりによる内部鋼材の防食

　柱の鉄筋のかぶりは，気中の場合は，道示Ⅲ編 5.2.3(2)に規定される最小かぶり，水中又は土中の場合は，道示Ⅳ編 5.2.2(4)に規定される最小かぶり以上のかぶりを有している。

Ⅲ編 5.2.3(2)
Ⅳ編 5.2.2(4)

Ⅳ編 5.2.2
Ⅳ編 6.2

【補足】
・かぶりの設計は道示Ⅳ編 5.2.2（耐荷性能），道示Ⅳ編 6.2（耐久性能）に規定される最小かぶりに施工誤差等を考慮して設定することとなる。施工条件，施工誤差等によるかぶりの増厚分の値は，実施工事例などを調査し設定することとなる。

② 鉄筋の引張応力度の制限値に対する照査

　永続作用支配状況においては，曲げモーメント及びせん断力は生じない。曲

Ⅲ編 6.2.2

-437-

げモーメントにより発生する鉄筋の引張応力度及びせん断力により発生する鉄筋の引張応力度は生じないことから，道示Ⅲ編6.2.2に規定される制限値を超えない。

③ 耐久性能の照査
①，②より，内部鋼材の腐食に対する耐久性能の照査を満足する。

Ⅳ編6.2

3) 疲労に対する耐久性能の照査
表- 2.3.11 に示した設計断面力を用いて疲労に対する照査を行った。照査結果は表- 2.3.12 に示すとおりであり，曲げモーメント及び軸方向力により発生する鉄筋及びコンクリートの応力度は，いずれも道示Ⅳ編 6.3 及びⅢ編6.3.2 に規定される鉄筋及びコンクリートの応力度の制限値を超えない。よって，疲労に対する耐久性能の照査を満足する。

Ⅳ編6.3
Ⅲ編6.3.2

表- 2.3.12　鉄筋の引張応力度及びコンクリートの圧縮応力度の制限値に対する照査結果（橋軸直角方向）

			1.00(D+L+PS+CR+SH+E+HP+U)
曲げモーメント	M	kN·m	0
軸　力	N	kN	10494
断面寸法	b	m	2.500
	h	m	4.000
	d_0	m	0.150
	d	m	3.850
軸方向引張鉄筋量	A_{st}	mm²	D35-19本 18175.4
軸方向圧縮鉄筋量	A_{sc}	mm²	D35-19本 18175.4
コンクリートの圧縮応力度の照査	σ_c	N/mm²	1.0
	制限値	N/mm²	8.0
	判　定	—	OK
鉄筋の引張応力度の照査	σ_s	N/mm²	0
	制限値※	N/mm²	160
	判　定	—	OK

Ⅲ編5.4.1
Ⅲ編表-6.3.2

Ⅳ編表-6.3.1

※柱基部は地下水位以深のため，鉄筋の引張応力度の制限値は道示Ⅳ編表-6.3.1に規定される値とした。

(3) 耐荷性能の照査
柱の耐荷性能の照査に関する主な照査項目を表- 2.3.13 に示す。耐荷性能の照査は道示Ⅳ編5.1 に規定されるとおり，コンクリート部材は道示Ⅳ編5.2の規定に従ったうえで，道示Ⅲ編 5 章の規定によることから，表- 2.2.8 には直接道示Ⅲ編の規定を挙げている。

なお，表- 2.3.13 に記載の照査項目のうち，本章では永続作用や変動作用が支配的な状況における照査を示し，偶発作用が支配的な状況（レベル 2 地震動を考慮する設計状況）における照査は 4.3 に示す。

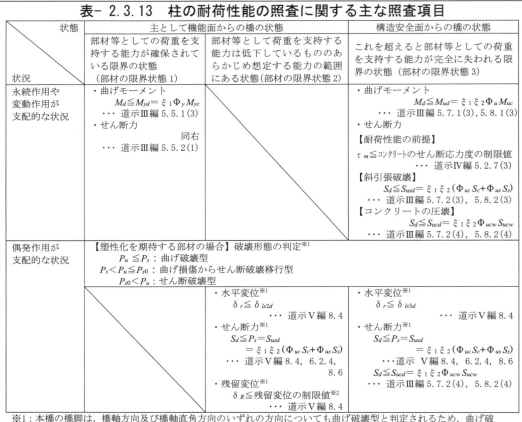

表- 2.3.13　柱の耐荷性能の照査に関する主な照査項目

<table>
<tr><td rowspan="2">状態 / 状況</td><td colspan="2">主として機能面からの橋の状態</td><td>構造安全面からの橋の状態</td></tr>
<tr><td>部材等としての荷重を支持する能力が確保されている限界の状態
（部材の限界状態 1）</td><td>部材等として荷重を支持する能力は低下しているもののあらかじめ想定する能力の範囲にある状態（部材の限界状態 2）</td><td>これを超えると部材等としての荷重を支持する能力が完全に失われる限界の状態（部材の限界状態 3）</td></tr>
<tr><td>永続作用や変動作用が支配的な状況</td><td>・曲げモーメント
$M_d \leqq M_{yd} = \xi_1 \Phi_y M_{yc}$
･･･ 道示Ⅲ編 5.5.1(3)
・せん断力
同右
･･･ 道示Ⅲ編 5.5.2(1)</td><td></td><td>・曲げモーメント
$M_d \leqq M_{ud} = \xi_1 \xi_2 \Phi_u M_{uc}$
･･･ 道示Ⅲ編 5.7.1(3), 5.8.1(3)
・せん断力
【耐荷性能の前提】
$\tau_m \leqq$コンクリートのせん断応力度の制限値
･･･ 道示Ⅳ編 5.2.7(3)
【斜引張破壊】
$S_d \leqq S_{usd} = \xi_1 \xi_2 (\Phi_{uc} S_c + \Phi_{us} S_s)$
･･･ 道示Ⅲ編 5.7.2(3)，5.8.2(3)
【コンクリートの圧壊】
$S_d \leqq S_{ucd} = \xi_1 \xi_2 \Phi_{ucw} S_{ucw}$
･･･ 道示Ⅲ編 5.7.2(4)，5.8.2(4)</td></tr>
<tr><td rowspan="2">偶発作用が支配的な状況</td><td colspan="3">【塑性化を期待する部材の場合】破壊形態の判定※1
$P_u \leqq P_s$：曲げ破壊型
$P_s < P_u \leqq P_{s0}$：曲げ損傷からせん断破壊移行型
$P_{s0} < P_u$：せん断破壊型</td></tr>
<tr><td></td><td>・水平変位※1
$\delta_r \leqq \delta_{ls2d}$
･･･ 道示Ⅴ編 8.4
・せん断力※1
$S_d \leqq P_s = S_{usd}$
$= \xi_1 \xi_2 (\Phi_{uc} S_c + \Phi_{us} S_s)$
･･･ 道示Ⅴ編 8.4，6.2.4，8.6
・残留変位※1
$\delta_R \leqq$残留変位の制限値※2
･･･ 道示Ⅴ編 8.4</td><td>・水平変位※1
$\delta_r \leqq \delta_{ls3d}$
･･･ 道示Ⅴ編 8.4
・せん断力※1
$S_d \leqq P_s = S_{usd}$
$= \xi_1 \xi_2 (\Phi_{uc} S_c + \Phi_{us} S_s)$
･･･道示 Ⅴ編 8.4，6.2.4，8.6
$S_d \leqq S_{ucd} = \xi_1 \xi_2 \Phi_{ucw} S_{ucw}$
･･･ 道示Ⅲ編 5.7.2(4)，5.8.2(4)</td></tr>
</table>

※1：本橋の橋脚は，橋軸方向及び橋軸直角方向のいずれの方向についても曲げ破壊型と判定されるため，曲げ破壊型の照査項目を記載

※2：橋脚下端から上部構造の慣性力作用位置までの高さの 1/100 の値

1）耐荷性能の照査に用いる設計断面力

表- 1.5.8 に示した作用の組合せと作用の組合せに対する荷重組合せ係数及び荷重係数を考慮した耐荷性能の照査に用いる設計断面力を表- 2.3.14 に示す。

各作用の組合せにおける設計断面力は，式(2.2.1)により算出した。なお，地震の影響による断面力の算出にあたっては，地震の影響による荷重組合せ係数及び荷重係数のほか，死荷重の荷重組合せ係数及び荷重係数を考慮した。　Ⅴ編 2.5(4)解説

表- 2.3.14　耐荷性能の照査に用いる設計断面力（橋軸直角方向）

作用の組合せ		設計断面力	M (kN･m)	N (kN)	S (kN)
①	D+TF(U)	永続作用支配状況	0.0	8558.6	0.0
①	D+TF(D)		0.0	8858.6	0.0
②	D+L+TF(U)	変動作用支配状況	0.0	11308.6	0.0
②	D+L+TF(D)		0.0	11608.6	0.0
⑥	D+L+WS+WL+TF(U)		5235.6	11171.1	476.4
⑥	D+L+WS+WL+TF(D)		5235.6	11471.1	476.4
⑧	D+WS+TF(U)		7958.7	8558.6	765.3
⑧	D+WS+TF(D)		7958.7	8858.6	765.3
⑨	D+TH+EQ+TF(U)		8499.4	8558.6	944.2
⑨	D+TH+EQ+TF(D)		8499.4	8858.6	944.2
⑩	D+EQ(L1)+TF(U)	変動作用支配状況⑩	16998.8	8558.6	1888.4
⑩	D+EQ(L1)+TF(D)		16998.8	8858.6	1888.4

2) 曲げモーメントによる照査

曲げモーメントによる照査は，表- 2.3.14 に示した作用の組合せに対して行った。

【補足】
・本書では，曲げモーメントが生じない作用の組合せに対する照査については，軸力が最大となる[②D+L+TF(D)]以外の記載を省略している。

Ⅲ編 5.5.1
Ⅲ編 5.7.1
Ⅲ編 5.8.1(4)解説

曲げモーメントによる照査結果は表- 2.3.15 に示すとおりであり，曲げモーメントは限界状態1及び限界状態3に対する曲げモーメントの制限値を超えないことから，限界状態 1 及び限界状態 3 に対する照査を満足する。なお，降伏曲げモーメントの特性値 M_{yc} 及び破壊抵抗曲げモーメントの特性値 M_{uc} の算出においては，道示Ⅲ編 5.8.1(4)解説より，設計状況に応じた荷重係数等を考慮した軸力 N を用いて算出している。

Ⅳ編 5.2.1

最大抵抗曲げモーメント M_u はコンクリートのひび割れ曲げモーメント M_c 以上となることから，曲げを受ける部材としての最小鉄筋量の規定を満足する。また，軸方向力を受ける部材としての最小鉄筋量の規定も満足している。

Ⅲ編 5.5.1
式(5.5.1)
表-5.5.1

軸方向引張鉄筋量（D35-19 本）は部材の有効断面積の 0.19%≦2%，かつ軸方向鉄筋量（D35-154 本）は部材の全断面積の 1.47%≦6%であり，最大鉄筋量の規定を満足する。

Ⅲ編 5.8.1
式(5.8.1)
表-5.8.1

Ⅳ編 5.2.1

表- 2.3.15　曲げモーメントによる照査結果（橋軸直角方向）

			変動作用支配状況								
			②D+L +TF(D)	⑥D+L+WS +WL+TF(U	⑥D+L+WS +WL+TF(D	⑧D+WS +TF(U)	⑧D+WS +TF(D)	⑨D+TH+ EQ +TF(U)	⑨D+TH+ EQ +TF(D)	⑩D+EQ (L1)+TF(U)	⑩D+EQ (L1)+TF(D)
曲げモーメント	M	kN・m	0	5236	5236	7959	7959	8499	8499	16999	16999
軸　力	N	kN	11609	11171	11471	8559	8859	8559	8859	8559	8859
断面寸法	b	m	2.500								
	h	m	4.000								
	d_0	m	0.150								
	d	m	3.850								
軸方向引張鉄筋量	A_{st}	mm²	D35-19本 = 18175.4								
軸方向圧縮鉄筋量	A_{sc}	mm²	D35-19本 = 18175.4								
限界状態1に対する照査	M_{yc}	kN・m	41278	40623	41072	36652	37113	36652	37113	36652	37113
	ξ_1	—	0.90	0.90	0.90	0.90	0.90	0.90	0.90	0.90	0.90
	Φ_y	—	0.85	0.85	0.85	0.85	0.85	0.85	0.85	1.00	1.00
	M_{yd}	kN・m	31578	31076	31420	28039	28392	28039	28392	32987	33402
	判　定	—	$M \leqq M_{yd}$ OK	$M \leqq M_{yd}$ OK	$M \leqq M_{yd}$ OK	$M \leqq M_{yd}$ OK	$M \leqq M_{yd}$ OK	$M \leqq M_{yd}$ OK	$M \leqq M_{yd}$ OK	$M \leqq M_{yd}$ OK	$M \leqq M_{yd}$ OK
限界状態3に対する照査	M_{uc}	kN・m	45042	44256	44796	39527	40073	39527	40073	39527	40073
	ξ_1	—	0.90	0.90	0.90	0.90	0.90	0.90	0.90	0.90	0.90
	ξ_2	—	0.90	0.90	0.90	0.90	0.90	0.90	0.90	0.90	0.90
	Φ_u	—	0.80	0.80	0.80	0.80	0.80	0.80	0.80	1.00	1.00
	M_{ud}	kN・m	29187	28678	29027	25614	25967	25614	25967	32017	32459
	判　定	—	$M \leqq M_{ud}$ OK	$M \leqq M_{ud}$ OK	$M \leqq M_{ud}$ OK	$M \leqq M_{ud}$ OK	$M \leqq M_{ud}$ OK	$M \leqq M_{ud}$ OK	$M \leqq M_{ud}$ OK	$M \leqq M_{ud}$ OK	$M \leqq M_{ud}$ OK
曲げを受ける部材としての最小鉄筋量の照査	M_c	kN・m	20497	20205	20405	18464	18664	18464	18664	18464	18664
	M_u	kN・m	45042	44256	44796	39527	40073	39527	40073	39527	40073
	$1.7M$	kN・m	0	8901	8901	13530	13530	14449	14449	28898	28898
	判　定	—	$M_c \leqq M_u$ OK	$M_c \leqq M_u$ OK	$M_c \leqq M_u$ OK	$M_c \leqq M_u$ OK	$M_c \leqq M_u$ OK	$M_c \leqq M_u$ OK	$M_c \leqq M_u$ OK	$M_c \leqq M_u$ OK	$M_c \leqq M_u$ OK
軸方向力を受ける部材としての最小鉄筋量の照査	σ_{ca}	N/mm²	6.5	6.5	6.5	6.5	6.5	6.5	6.5	9.7	9.7
	σ_{sa}	N/mm²	200	200	200	200	200	200	200	300	300
	A'_1	mm²	1433160	1379148	1416185	1056617	1093654	1056617	1093654	707322	732116
	$0.008A'_1$	mm²	11465	11033	11329	8453	8749	8453	8749	5659	5857
	ΣA_s	mm²	147316	147316	147316	147316	147316	147316	147316	147316	147316
	判　定	—	$0.008A'_1 \leqq \Sigma A_s$								
			OK	OK	OK	OK	OK	OK	OK	OK	OK

注）ΣA_s は全軸方向鉄筋量を示す。

3) せん断力による照査
　　せん断力による照査は，表- 2.3.14 に示した作用の組合せに対して行った。

【補足】
・本書では，せん断力が生じない作用の組合せに対する照査については記載
　を省略している。

　　せん断力による照査結果を表- 2.3.16 に示す。変動作用支配状況において，設計断面に生じる平均せん断応力度又はせん断力は，限界状態 3 に対する平均せん断応力度の制限値，斜引張破壊に対するせん断力の制限値及びコンクリートの圧壊に対するせん断力の制限値を超えないことから，限界状態 3 に対する照査を満足する。なお，コンクリートが負担できるせん断力 S_c の算出においては，道示IV編 5.2.7(1)解説より，軸方向圧縮力の影響を考慮していない。 | IV編 5.2.7(1) 解説
　　以上のように，せん断力は永続作用支配状況及び変動作用支配状況において限界状態 3 の制限値を超えない。ゆえに，道示III編 5.5.2(1)の規定により限界状態 1 に対する照査も満足する。 | III編 5.5.2(1)

表- 2.3.16 せん断力による照査結果（橋軸直角方向）

			変動作用支配状況			
			⑥D+L +WS+WL	⑧D+WS	⑨ D+TH+EQ	⑩D+EQ (L1)
せん断力	S	kN	476	765	944	1888
断面寸法	b	m	2.500			
	h	m	4.000			
	d_0	m	0.150			
	d	m	3.850			
軸方向 引張鉄筋量	A_s	mm^2	D35-77本 = 73658.2			
	p_t	%	0.765			
平均せん断応力度	τ_m	N/mm^2	0.05	0.08	0.10	0.20
	制限値	N/mm^2	2.6	2.6	2.6	2.6
	判 定	—	OK	OK	OK	OK
コンクリートが負担できる平均せん断応力度	τ_c	N/mm^2	0.35			
	c_e	—	0.658			
	c_{pt}	—	1.359			
	c_{dc}	—	1.000			
	c_c	—	1.000			
	τ_r	N/mm^2	0.313			
コンクリートが負担できるせん断力	k	—	1.30			
	$\tau_{c\,max}$	N/mm^2	1.2			
	$\tau_{c\,max}bd$	kN	11550			
	S_c	kN	3916			
せん断補強鉄筋の断面積及び間隔	A_w	mm^2	D22-5本= 1935.5			
	a	mm	200			
せん断補強鉄筋が負担できるせん断力	c_{ds}	—	1.000			
	k	—	1.30			
	σ_{sy}	N/mm^2	345			
	S_s	kN	14531			
斜引張破壊に対するせん断力の制限値	ξ_1	—	0.90	0.90	0.90	0.90
	ξ_2	—	0.85	0.85	0.85	0.85
	Φ_{uc}	—	0.65	0.65	0.65	0.95
	Φ_{us}	—	0.65	0.65	0.65	0.95
	S_{usd}	kN	9173	9173	9173	13406
	判 定	—	$S \leqq S_{usd}$ OK	$S \leqq S_{usd}$ OK	$S \leqq S_{usd}$ OK	$S \leqq S_{usd}$ OK
圧壊に対するせん断耐力の特性値	$\tau_{r\,max}$	N/mm^2	3.2			
	S_{ucw}	kN	30800			
コンクリートの圧壊に対するせん断力の制限値	ξ_1	—	0.90	0.90	0.90	0.90
	$\xi_2\Phi_{ucw}$	—	0.70	0.70	0.70	1.00
	S_{ucd}	kN	19404	19404	19404	27720
	判 定	—	$S \leqq S_{ucd}$ OK	$S \leqq S_{ucd}$ OK	$S \leqq S_{ucd}$ OK	$S \leqq S_{ucd}$ OK

IV編 5.2.7
式 (5.2.1)
表-5.2.4
III編 5.8.2
表-5.8.5
表-5.8.7
c_{pt}
IV編表-5.2.3
III編
τ_r式 (5.8.4)
S_c
式 (5.8.3)
表-5.8.6

S_s
式 (5.8.5)

S_{usd}
式 (5.8.2)
表-5.8.3

S_{ucw}
式 (5.8.8)
表-5.8.10
S_{ucd}
式 (5.8.7)
表-5.8.9

3章 杭基礎の設計（耐久性能及び耐荷性能（永続作用支配状況，変動作用支配状況）の照査）

3.1 杭の配置

杭は道示IV編 10.4 の規定に従い，永続作用に対して過度に特定の杭に荷重が集中せず，できる限り均等に荷重を受けるように，図-3.1.1 のように配置した。なお，均等に荷重を受けることを確認するため，永続作用支配状況において引抜きが生じないことを 3.5.2 において照査した。また，群杭の影響を無視出来る程度となるように，杭の中心間隔は杭径の 2.5 倍以上とした。

　最外縁の杭の中心とフーチング縁端との距離は，道示IV編 10.8.7(3)2)の規定に従い杭径以上とした。

IV編 10.4

IV編 10.8.7 (3)2)

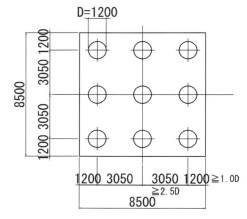

図-3.1.1　杭の配置

3.2 検討概要

　耐久性能及び永続作用支配状況，変動作用支配状況における一般的な杭基礎（場所打ち杭）の設計計算の流れを図-3.2.1 に示す。フーチングの設計は 3.7 に示す。

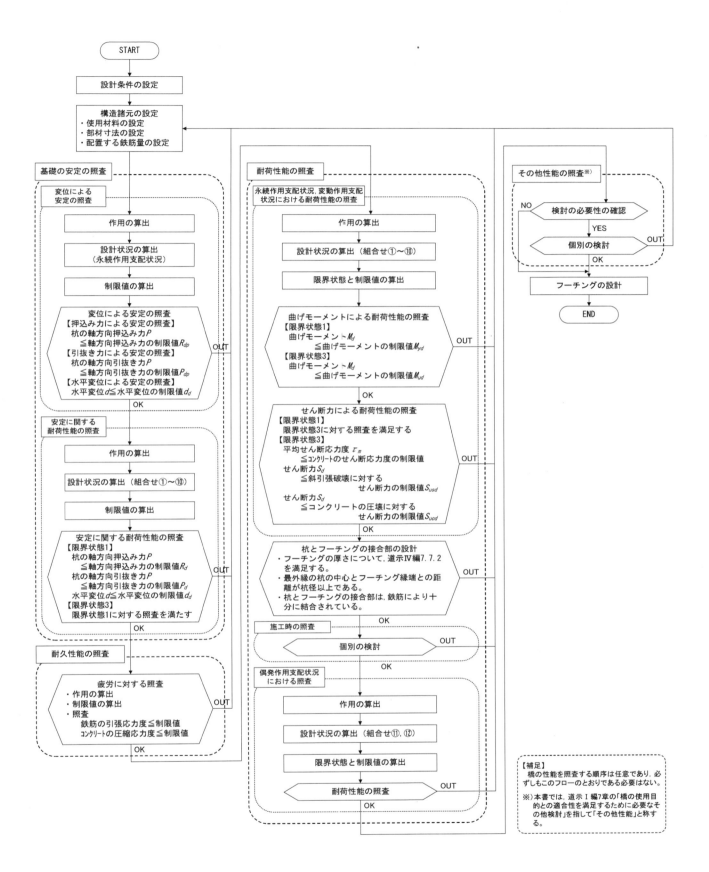

図- 3.2.1 一般的な杭基礎（場所打ち杭）の設計の流れ

3.3 杭の地盤抵抗特性

3.3.1 杭の軸方向押込み力及び軸方向引抜き力の制限値

杭の軸方向押込み力及び軸方向引抜き力の制限値を道示IV編 10.5 の規定に従い算出した。算出結果を表- 3.3.1 及び表- 3.3.2 に示す。 | IV編 10.5

なお，地盤から決まる降伏支持力の特性値は，道示IV編 10.5.2 に規定される支持力推定式を用いて算出するため，道示IV編表-10.5.1 より，調査・解析係数 ξ_1 は 0.90 とした。また，本橋脚基礎の杭工法は場所打ち杭工法であるため，抵抗係数 Φ_Y は 0.80 とした。 | IV編 10.5.2 表-10.5.1

地盤から決まる降伏引抜き抵抗力の特性値は，道示IV編 10.5.4 に規定される支持力推定式を用いて算出するため，道示IV編表-10.5.4 より，調査・解析係数 ξ_1 は 0.90，抵抗係数 Φ_Y は 0.55 とした。 | IV編 10.5.4 表-10.5.4

表- 3.3.1　周面摩擦力の算出

	地盤の種類	層厚 L_i (m)	平均 N 値	粘着力 c (kN/m²)	単位体積重量 (kN/m³)	最大周面摩擦力度 f_i (kN/m²)	周面摩擦力 $L_i \cdot f_i$ (kN/m)
1	粘性土	10.50	4	60	7	60	630.0
2	砂質土	8.00	15	0	9	75	600.0
3	砂れき	0.20	50	0	11	120	24.0
4	砂れき	1.20	50	0	11	120	144.0
押込み支持力算出用（$i=1\sim3$）$\Sigma(L_i \cdot f_i)$							1254.0
引抜き抵抗力算出用（$i=1\sim4$）$\Sigma(L_i \cdot f_i)$							1398.0

IV編 10.5.2 表-10.5.3

表- 3.3.2　杭の軸方向押込み力及び軸方向引抜き力の制限値				変位による安定の照査	限界状態1に対する照査	
杭の断面諸元	杭　径	D	m	1.200		IV編 10.5.2
	断面積	A	m²	1.131		表-10.5.2
	周　長	U	m	3.770		
杭先端の極限支持力度		地盤の種類	—	砂れき		
		N 値	—	50		
		q_d	kN/m²	8000		
地盤から決まる極限支持力の特性値	杭先端	$q_d \cdot A$	kN	9047.8		R_u 式(10.5.4)
	周面摩擦	$U\Sigma(L_i \cdot f_i)$	kN	4727.5		
	合　計	R_u	kN	13775.3		
降伏押込み支持力の特性値		$R_y=0.65R_u$	kN	8953.9		
極限引抜き抵抗力の特性値		$P_u=U\Sigma(L_i \cdot f_i)$	kN	5270.3		P_u 式(10.5.6)
降伏引抜き抵抗力の特性値		$P_y=0.65P_u$	kN	3425.7		
土の有効重量		W_s	kN	182.0		
杭の有効重量		W	kN	330.8		
杭の軸方向押込み力の制限値		λ_s	—	0.55	—	
		λ_f	—	1.00	1.00	式(10.5.1)
		λ_n	—	—	1.00	式(10.5.3)
		ξ_1	—	—	0.90	表-10.5.1
		Φ_Y	—	—	0.80	
		R_{dp}, R_d	kN	4676	6167	
杭の軸方向引抜き力の制限値		λ_p		0.25	—	式(10.5.2) 式(10.5.5)
		λ_n		—	1.00	表-10.5.4
		ξ_1	—	—	0.90	W_s, W
		Φ_Y	—	—	0.55	IV編 10.5.1
		P_{dp}, P_d	kN	1187	2027	解説

※土の有効重量 W_s 及び杭の有効重量 W に荷重係数は考慮しない。

3.3.2 杭の軸方向ばね定数

杭の軸方向ばね定数 K_V を道示IV編 10.6.3 の規定に従い算出した。算出結果を表- 3.3.3 に示す。

表- 3.3.3　杭の軸方向ばね定数 K_V

杭の断面諸元	杭先端の径	D_p	m	1.200
	断面積	A	m²	1.131
	ヤング係数	E	kN/m²	$2.50×10^7$
	杭 長	L	m	19.900
杭先端地盤の変形係数		αE_0	kN/m²	140000
杭先端の鉛直地盤反力係数		k_V	kN/m³	164992
杭先端の極限支持力の特性値		R_{up}	kN	9047.8
杭の極限支持力の特性値		R_u	kN	13775.3
極限支持力に達したときの杭先端への伝達率		γ_u	—	0.65681
先端伝達率算出のための補正係数		λ_{yu}	—	0.48
降伏支持力に達したときの杭先端への伝達率		γ_y	—	0.31527
杭体収縮量に関する補正係数		ζ_e	—	0.30
杭の先端変位量に関する補正係数		ζ_d	—	0.99
杭の軸方向ばね定数		K_V	kN/m	492627

K_V
IV編 10.6.3
式(10.6.3)
表-10.6.2

3.3.3 水平方向地盤反力係数

水平方向地盤反力係数 k_H は道示IV編式(8.5.2)に従い算出した。基礎の施工方法の影響を考慮する係数 λ 及び換算載荷幅 B' は，道示IV編表-10.6.1に従い，$\lambda=1.0$, $B'=\sqrt{D/\beta}$ とした。

換算載荷幅 B' の算出結果を表- 3.3.4 に，水平方向地盤反力係数 k_H の算出結果を表- 3.3.5 に示す。ただし，設計上の地盤面における水平変位が杭径の1%を超え，かつ 15mm よりも大きくなる場合には，水平方向地盤反力係数は，道示IV編式(10.6.2)に従って，設計上の地盤面における水平変位に応じた補正を全ての地層の k_H に対して行う。

k_H
IV編 8.5.3
式(8.5.2)

λ, B'
IV編 10.6.2
表-10.6.1

式(10.6.2)

表- 3.3.4　換算載荷幅 B'

杭の断面諸元	D	m	1.200
	I	m²	0.10179
	E	kN/m²	$2.50×10^7$
杭の特性値	β	m⁻¹	0.17766
	$1/\beta$	m	5.629
$1/\beta$ の範囲の平均 αE_0	αE_0	kN/m²	12800
換算載荷幅	B'	m	2.599

β
式(10.6.1)

表- 3.3.5　水平方向地盤反力係数 k_H

地盤の種類	層厚 (m)	平均 N 値	変形係数 αE_0 (kN/m²)		水平方向地盤反力係数 k_H (kN/m³)	
			地震の影響を含まない	地震の影響を含む	地震の影響を含まない	地震の影響を含む
粘性土	10.50	4	12800※1	25600※1	8449	16899
砂質土	8.00	15	42000※2	84000※2	27725	55449
砂れき	1.40	50	140000※2	280000※2	92415	184831

k_H
IV編 8.5.3
式(8.5.2)
式(8.5.3)
表-8.5.1

※1）E_0 は一軸圧縮試験から得られた変形係数 E_{50} から推定
※2）E_0 は標準貫入試験の平均 N 値から推定

3.4 荷重の特性値から算出したフーチング下面中心における作用荷重

　フーチング下面中心におけるフーチング重量，上載土砂重量及び浮力による作用荷重は表- 3.4.1 に示すとおりである。

　本橋脚基礎に作用する荷重には，柱からの荷重のほかにフーチング重量，フーチング上の土砂（以下，「上載土砂」という。）の重量及び浮力がある。

表- 3.4.1　フーチング重量，上載土砂重量及び浮力による作用荷重

荷重又は影響	特性値から算出した作用荷重			鉛直力 V (kN)	水平力 H (kN)	モーメント M (kN·m)
死荷重		フーチング	D	3894.3	—	—
		上載土砂		560.3	—	—
		計		4454.5	—	—
浮力			U	-1557.7	—	—
レベル1地震動の影響	橋軸方向	フーチング	EQ	—	973.6	1070.9
	橋軸直角方向	フーチング	EQ	—	973.6	1070.9

　荷重の特性値から算出した柱からの作用荷重は，橋軸方向及び橋軸直角方向それぞれ表- 2.3.1 及び表- 2.3.9 に示した柱基部における断面力に相当する大きさである。表- 3.4.1 に示した作用荷重と，柱からの作用荷重をフーチング下面中心において集計した結果を表- 3.4.2 に示す。

表- 3.4.2　各荷重の特性値から算出したフーチング
下面中心における作用荷重
（a）橋軸方向

荷重又は影響	特性値から算出した作用荷重	鉛直力 V (kN)	水平力 H (kN)	モーメント M (kN·m)
死荷重	D	12748.4	0.0	0.0
活荷重	L	2200.0	0.0	0.0
浮力	U	-1557.7	0.0	0.0
温度変化の影響	TH	0.0	800.0	9040.0
温度差の影響(U)	TF(U)	-150.0	0.0	0.0
温度差の影響(D)	TF(D)	150.0	0.0	0.0
レベル1地震動の影響	EQ	0.0	3472.0	26501.9

（b）橋軸直角方向

荷重又は影響 \ 特性値から算出した作用荷重		鉛直力 V (kN)	水平力 H (kN)	モーメント M (kN・m)
死荷重	D	12748.4	0.0	0.0
活荷重	L	2200.0	0.0	0.0
浮力	U	−1557.7	0.0	0.0
温度変化の影響	TH	0.0	0.0	0.0
温度差の影響(U)	TF(U)	−150.0	0.0	0.0
温度差の影響(D)	TF(D)	150.0	0.0	0.0
橋桁に作用する風荷重	WS	0.0	612.3	7713.9
活荷重に作用する風荷重	WL	0.0	150.0	2340.0
レベル1地震動の影響	EQ	0.0	2772.0	21216.9

3.5 安定の設計
3.5.1 杭基礎の安定に関する照査項目

　杭基礎の安定に関する照査項目を表-3.5.1に示す。杭基礎の安定の設計では，鉛直荷重及び水平荷重に対して，それぞれ変位による安定の照査及び安定に関する耐荷性能の照査を行う。

Ⅳ編 8.2(3)

表- 3.5.1　杭基礎の安定に関する照査項目

照査		作用力等	
		軸方向押込み力及び引抜き力 （鉛直荷重）	水平荷重
永続作用支配状況における変位の制限 （変位による安定の照査）		・杭の軸方向押込み力 $P \leqq R_{dp} = \lambda_s \lambda_f (R_y - W_s) + W_s - W$ ・・・道示Ⅳ編 10.5.1(2) ・杭の軸方向引抜き力 $P \leqq P_{dp} = \lambda_p P_y + W$ ・・・道示Ⅳ編 10.5.1(3)	・杭の水平変位 $d \leqq d_d$ （橋脚基礎の場合）$d_d =$ 杭径の1% ただし，15mm$\leqq d_d \leqq$50mm （橋台基礎の場合）$d_d =$15mm ・・・道示Ⅳ編 10.5.1(4)
永続作用支配状況及び変動作用支配状況における耐荷性能 （安定に関する耐荷性能の照査）	限界状態1	・杭の軸方向押込み力 $P \leqq R_d = \xi_1 \Phi_Y \lambda_f \lambda_n (R_y - W_s) + W_s - W$ ・・・道示Ⅳ編 10.5.2(2) ・杭の軸方向引抜き力 $P \leqq P_d = \xi_1 \Phi_Y \lambda_n P_y + W$ ・・・道示Ⅳ編 10.5.4(2)	・杭の水平変位 $d \leqq d_d$ （橋脚基礎の場合）$d_d = \xi_1 \Phi_Y d_y$ ただし，15mm$\leqq d_d \leqq$50mm （橋台基礎の場合）$d_d =$ 杭径の1% ただし，15mm$\leqq d_d \leqq$50mm ・・・道示Ⅳ編 10.5.6(2)
	限界状態3	——※1	——※1

※1：限界状態1に対する照査で担保

3.5.2　基礎の変位による安定の照査
（1）基礎の変位による安定の照査に用いる設計荷重

　基礎の変位による安定の照査に用いるフーチング下面中心における設計荷重を表-3.5.2に示す。

　基礎の変位による安定の照査においては，道示Ⅰ編3.3に規定される作用の組合せ及び荷重係数等に加えて，永続作用支配状況として，道示Ⅳ編8.2(3)に規定される[1.00(D+L+PS+CR+SH+E+HP+(U))]を考慮する。

Ⅰ編 3.3
Ⅳ編 8.2(3)

-449-

表- 3.5.2　基礎の変位による安定の照査に用いる
フーチング下面中心における設計荷重

(a)　橋軸方向

作用の組合せ　設計荷重		V (kN)	H (kN)	M (kN·m)
① D+TF(U)	浮力無視	13235.8	0.0	0.0
① D+TF(D)		13535.8	0.0	0.0
① D+TF(U)+U	浮力考慮	11600.3	0.0	0.0
① D+TF(D)+U		11900.3	0.0	0.0
1.00(D+L+PS+CR	浮力無視	14948.4	0.0	0.0
+SH+E+HP+(U))	浮力考慮	13390.7	0.0	0.0

(b)　橋軸直角方向

作用の組合せ　設計荷重		V (kN)	H (kN)	M (kN·m)
① D+TF(U)	浮力無視	13235.8	0.0	0.0
① D+TF(D)		13535.8	0.0	0.0
① D+TF(U)+U	浮力考慮	11600.3	0.0	0.0
① D+TF(D)+U		11900.3	0.0	0.0
1.00(D+L+PS+CR	浮力無視	14948.4	0.0	0.0
+SH+E+HP+(U))	浮力考慮	13390.7	0.0	0.0

(2)　基礎の変位による安定の照査

　表- 3.5.2 に示した設計荷重を用いて基礎の変位による安定の照査を行った。
安定の照査は，表- 3.5.2 に示した各設計状況の作用の組合せについて行うが，
水平力とモーメントがいずれも同じ場合には，鉛直力が最大のケースと最小の
ケース（ハッチング部）を抽出して行った。

　安定の照査結果は表- 3.5.3 に示すとおりであり，橋軸方向，橋軸直角方向
いずれの方向においても，杭頭の最大軸方向反力，最小軸方向反力及び設計上
の地盤面における水平変位について，基礎の変位の制限値を超えないことから
基礎の変位による安定の照査を満足する。杭の軸方向反力は押込み力を正，引
抜き力を負としている。　　　　　　　　　　　　　　　　　　　　　　　Ⅳ編 10.5.1

　なお，3.1 に示したとおり，杭は永続作用支配状況においては，引抜き力が
生じないように配置することを標準とすることが道示Ⅳ編 10.4(2)に規定され　Ⅳ編 10.4(2)
ていることから，杭の軸方向引抜き力の制限値は 0 とした。

表- 3.5.3 基礎の変位による安定の照査結果

(a) 橋軸方向

作用の組合せ ＼ 照査項目			杭の軸方向反力 P_{max} (kN)		杭の軸方向反力 P_{min} (kN)		水平変位 d (mm)	
基礎の変位による安定の照査	①	D+TF(D)	1504	≦4676 OK	1504	≧0 OK	0.0	≦15 OK
	①	D+TF(U)+U	1289		1289		0.0	
	1.00(D+L+PS+CR +SH+E+HP+(U))		1661		1661		0.0	
			1488		1488		0.0	

(b) 橋軸直角方向

作用の組合せ ＼ 照査項目			杭の軸方向反力 P_{max} (kN)		杭の軸方向反力 P_{min} (kN)		水平変位 d (mm)	
基礎の変位による安定の照査	①	D+TF(D)	1504	≦4676 OK	1504	≧0 OK	0.0	≦15 OK
	①	D+TF(U)+U	1289		1289		0.0	
	1.00(D+L+PS+CR +SH+E+HP+(U))		1661		1661		0.0	
			1488		1488		0.0	

3.5.3 基礎の安定に関する耐荷性能の照査

(1) 基礎の安定に関する耐荷性能の照査に用いる設計荷重

表- 1.5.8 に示した作用の組合せと作用の組合せに対する荷重組合せ係数及び荷重係数を考慮したフーチング下面中心における設計荷重を表- 3.5.4 に示す。

各作用の組合せにおける設計荷重は，式(2.2.1)に示した方法と同様に算出した。なお，地震の影響による設計荷重の算出にあたっては，地震の影響による荷重組合せ係数及び荷重係数のほか，死荷重の荷重組合せ係数及び荷重係数を考慮した。

V編 2.5(4)解説

【補足】

・例えば，橋軸方向における作用の組合せ⑨D+TH+EQ+TF(D)の場合のフーチング下面中心におけるモーメント M は，次のように算出される。

$$M=\underbrace{\underset{\gamma_{pD}}{1.00}\times\underset{\gamma_{qD}}{1.05}\times\underset{M_D}{0.0}}_{D}+\underbrace{\underset{\gamma_{pTH}}{0.50}\times\underset{\gamma_{qTH}}{1.00}\times\underset{M_{TH}}{9040.0}}_{TH}+$$

$$\underbrace{\underset{\gamma_{pD}}{1.00}\times\underset{\gamma_{qD}}{1.05}\times\underset{\gamma_{pEQ}}{0.50}\times\underset{\gamma_{qEQ}}{1.00}\times\underset{M_{EQ}}{26501.9}}_{EQ}+\underbrace{\underset{\gamma_{pTF}}{1.00}\times\underset{\gamma_{qTF}}{1.00}\times\underset{M_{TF(D)}}{0.0}}_{TF(D)}=18433.5\ (kN\cdot m)$$

表- 3.5.4 基礎の安定に関する耐荷性能の照査に用いる フーチング下面中心における設計荷重

(a) 橋軸方向

作用の組合せ ＼ 設計荷重			V (kN)	H (kN)	M (kN・m)
①	D+TF(U)	浮力無視	13235.8	0.0	0.0
①	D+TF(D)		13535.8	0.0	0.0
①	D+TF(U)+U	浮力考慮	11600.3	0.0	0.0
①	D+TF(D)+U		11900.3	0.0	0.0
②	D+L+TF(U)	浮力無視	15985.8	0.0	0.0
②	D+L+TF(D)		16285.8	0.0	0.0
③	D+TH+TF(U)		13235.8	800.0	9040.0
③	D+TH+TF(D)		13535.8	800.0	9040.0
⑤	D+L+TH+TF(U)		15848.3	600.0	6780.0
⑤	D+L+TH+TF(D)		16148.3	600.0	6780.0
⑨	D+TH+EQ+TF(U)		13235.8	2222.8	18433.5
⑨	D+TH+EQ+TF(D)		13535.8	2222.8	18433.5
②	D+L+TF(U)+U	浮力考慮	14350.3	0.0	0.0
②	D+L+TF(D)+U		14650.3	0.0	0.0
③	D+TH+TF(U)+U		11600.3	800.0	9040.0
③	D+TH+TF(D)+U		11900.3	800.0	9040.0
⑤	D+L+TH+TF(U)+U		14212.8	600.0	6780.0
⑤	D+L+TH+TF(D)+U		14512.8	600.0	6780.0
⑨	D+TH+EQ+TF(U)+U		11600.3	2222.8	18433.5
⑨	D+TH+EQ+TF(D)+U		11900.3	2222.8	18433.5
⑩	D+EQ(L1)+TF(U)	浮力無視	13235.8	3645.6	27827.0
⑩	D+EQ(L1)+TF(D)		13535.8	3645.6	27827.0
⑩	D+EQ(L1)+TF(U)+U	浮力考慮	11600.3	3645.6	27827.0
⑩	D+EQ(L1)+TF(D)+U		11900.3	3645.6	27827.0

(b) 橋軸直角方向

作用の組合せ ＼ 設計荷重			V (kN)	H (kN)	M (kN・m)
①	D+TF(U)	浮力無視	13235.8	0.0	0.0
①	D+TF(D)		13535.8	0.0	0.0
①	D+TF(U)+U	浮力考慮	11600.3	0.0	0.0
①	D+TF(D)+U		11900.3	0.0	0.0
②	D+L+TF(U)	浮力無視	15985.8	0.0	0.0
②	D+L+TF(D)		16285.8	0.0	0.0
⑥	D+L+WS+WL+TF(U)		15848.3	476.4	6283.7
⑥	D+L+WS+WL+TF(D)		16148.3	476.4	6283.7
⑧	D+WS+TF(U)		13235.8	765.3	9642.4
⑧	D+WS+TF(D)		13535.8	765.3	9642.4
⑨	D+TH+EQ+TF(U)		13235.8	1455.3	11138.9
⑨	D+TH+EQ+TF(D)		13535.8	1455.3	11138.9
②	D+L+TF(U)+U	浮力考慮	14350.3	0.0	0.0
②	D+L+TF(D)+U		14650.3	0.0	0.0
⑥	D+L+WS+WL+TF(U)+U		14212.8	476.4	6283.7
⑥	D+L+WS+WL+TF(D)+U		14512.8	476.4	6283.7
⑧	D+WS+TF(U)+U		11600.3	765.3	9642.4
⑧	D+WS+TF(D)+U		11900.3	765.3	9642.4
⑨	D+TH+EQ+TF(U)+U		11600.3	1455.3	11138.9
⑨	D+TH+EQ+TF(D)+U		11900.3	1455.3	11138.9
⑩	D+EQ(L1)+TF(U)	浮力無視	13235.8	2910.6	22277.8
⑩	D+EQ(L1)+TF(D)		13535.8	2910.6	22277.8
⑩	D+EQ(L1)+TF(U)+U	浮力考慮	11600.3	2910.6	22277.8
⑩	D+EQ(L1)+TF(D)+U		11900.3	2910.6	22277.8

(2) 基礎の安定に関する耐荷性能の照査

表- 3.5.4 に示した設計荷重を用いて限界状態 1 に対する安定の照査を行った。ただし，表- 3.5.4 に示した各設計状況の作用の組合せのうち，水平力とモーメントがいずれも同じ場合には，鉛直力が最大のケースと最小のケース（ハッチング部）のみを照査した。

Ⅳ編 10.5.2
Ⅳ編 10.5.4
Ⅳ編 10.5.6

安定の照査結果は表- 3.5.5 に示すとおりであり，橋軸方向，橋軸直角方向いずれの方向においても，杭頭の最大軸方向反力，最小軸方向反力及び設計上の地盤面における水平変位について，限界状態 1 に対する安定照査に用いる制限値を超えないことから，限界状態 1 に対する照査を満足する。ゆえに，道示Ⅳ編 10.5.3，10.5.5 及び 10.5.7 の規定により限界状態 3 に対する照査も満足する。杭の軸方向反力は押込み力を正，引抜き力を負としている。

Ⅳ編 10.5.3
Ⅳ編 10.5.5
Ⅳ編 10.5.7

なお，設計上の地盤面（フーチング下面）から杭径の 5 倍の範囲の地盤の変形係数は，本橋脚では一軸圧縮試験から得られた変形係数を用いているため，杭の水平変位による照査に用いる調査・解析係数 ξ_1 は，道示Ⅳ表-10.5.5(b)より ξ_1＝0.90 とした。

Ⅳ編 10.5.6
式(10.5.8)
表-10.5.5

【補足】
・本書で示した調査・解析係数の設定は一例であり，他の方法で地盤定数を定めた場合はその方法に応じた調査・解析係数を適用すること。

表- 3.5.5 限界状態 1 に対する安定の照査結果

(a) 橋軸方向

作用の組合せ ＼ 照査項目				杭の軸方向反力 P_{max} (kN)		杭の軸方向反力 P_{min} (kN)		水平変位 d (mm)	
限界状態1に対する照査	①	D+TF(D)	永続作用支配状況	1504	≦6167 OK	1504	≧-2027 OK	0.0	≦43.2 OK
	①	D+TF(U)+U		1289		1289		0.0	
	②	D+L+TF(D)	変動作用支配状況	1810		1810		0.0	
	②	D+L+TF(U)+U		1594		1594		0.0	
	③	D+TH+TF(D)		2040		968		2.6	
	③	D+TH+TF(U)+U		1825		752		2.6	
	⑤	D+L+TH+TF(D)		2197		1392		1.9	
	⑤	D+L+TH+TF(U)+U		1982		1177		1.9	
	⑨	D+TH+EQ+TF(D)		2603		405		4.3	
	⑨	D+TH+EQ+TF(U)+U		2388		190		4.3	
	⑩	D+EQ(L1)+TF(D)		3195		-187		6.9	
	⑩	D+EQ(L1)+TF(U)+U		2979		-402		6.9	

$d_d = \xi_1 \Phi_Y d_y = 0.90 \times 0.80 \times 0.05D = 0.036D = 0.036 \times 1200 = 43.2$ (mm)

(b) 橋軸直角方向

作用の組合せ		照査項目	杭の軸方向反力 P_{max} (kN)		P_{min} (kN)		水平変位 d (mm)	
限界状態1に対する照査	① D+TF(D)	永続作用支配状況	1504		1504		0.0	
	① D+TF(U)+U		1289		1289		0.0	
	② D+L+TF(D)	変動作用支配状況	1810		1810		0.0	
	② D+L+TF(U)+U		1594		1594		0.0	
	⑥ D+L+WS+WL+TF(D)		2156		1432		1.6	
	⑥ D+L+WS+WL+TF(U)+U		1941	≦6167	1217	≧−2027	1.6	≦43.2
	⑧ D+WS+TF(D)		2064	OK	944	OK	2.5	OK
	⑧ D+WS+TF(U)+U		1849		729		2.5	
	⑨ D+TH+EQ+TF(D)		2180		828		2.8	
	⑨ D+TH+EQ+TF(U)+U		1965		613		2.8	
	⑩ D+EQ(L1)+TF(D)		2857		151		5.5	
	⑩ D+EQ(L1)+TF(U)+U		2641		−64		5.5	

$d_d = \xi_1 \Phi_Y d_y = 0.90 \times 0.80 \times 0.05D = 0.036D = 0.036 \times 1200 = 43.2$ (mm)

3.5.4 部材の耐久性能の照査のための杭頭反力の計算

ここでは，部材（杭体及びフーチング）に対して，道示Ⅲ編6.3.2に規定される鉄筋コンクリート部材の疲労に対する照査を行うための作用の組合せ［1.00(D+L+PS+CR+SH+E+HP+U)］における杭頭反力の計算を行う。なお，内部鋼材の防食については，道示Ⅳ編に規定されるかぶりを確保することにより行う。

Ⅳ編10.8.5
解説
Ⅲ編6.3.2
Ⅲ編6.2.2

(1) 杭頭反力の計算に用いる設計荷重

部材の耐久性能の照査のための杭頭反力の計算に用いる設計荷重を表-3.5.6に示す。

表- 3.5.6 杭頭反力の計算に用いるフーチング下面中心における設計荷重

(a) 橋軸方向

作用の組合せ	設計荷重	V (kN)	H (kN)	M (kN·m)
1.00(D+L+PS+CR +SH+E+HP+U)	浮力無視	14948.4	0.0	0.0
	浮力考慮	13390.7	0.0	0.0

(b) 橋軸直角方向

作用の組合せ	設計荷重	V (kN)	H (kN)	M (kN·m)
1.00(D+L+PS+CR +SH+E+HP+U)	浮力無視	14948.4	0.0	0.0
	浮力考慮	13390.7	0.0	0.0

(2) 杭頭反力の計算

表-3.5.6に示した設計荷重を用いて杭頭反力の計算を行った。計算結果を表-3.5.7に示す。

表- 3.5.7　杭頭反力の計算結果

(a) 橋軸方向

作用の組合せ	項目	杭の軸方向反力	
		P_{max} (kN)	P_{min} (kN)
1.00(D+L+PS+CR	浮力無視	1661	1661
+SH+E+HP+U)	浮力考慮	1488	1488

(b) 橋軸直角方向

作用の組合せ	項目	杭の軸方向反力	
		P_{max} (kN)	P_{min} (kN)
1.00(D+L+PS+CR	浮力無視	1661	1661
+SH+E+HP+U)	浮力考慮	1488	1488

3.6 杭体の設計

　耐荷性能を確保するために，永続作用支配状況及び変動作用支配状況においては，部材の限界状態 1 及び限界状態 3 を超えないことを照査する。 IV編 10.6

　レベル 2 地震動を考慮する設計状況においては，塑性化を期待しない設計を行う場合には，限界状態 1 及び限界状態 3 を，塑性化を期待する設計を行う場合には，限界状態 2 及び限界状態 3 を超えないことを照査する。なお，レベル 2 地震動を考慮する設計状況における杭体の設計は 4.4.3 に示す。

　耐久性能の照査については，表- 3.6.1 に示すように土中にある部材として，内部鋼材の腐食及び疲労に対する照査を行う。

3.6.1　杭体の耐久性能の照査

　1.2.3 及び 1.4.2 の設計方針に従い，場所打ち杭の杭体の耐久性能に関しては表- 3.6.1 に示す項目により照査を行う。

　杭体の耐久性能の照査には，道示IV編 10.8.5 の規定に従い，道示III編 6.3.2 に規定される鉄筋コンクリート部材の疲労に対する照査を行うための作用の組合せ[1.00(D+L+PS+CR+SH+E+HP+U)]を用いた。 IV編 10.8.5 III編 6.3.2

表- 3.6.1　場所打ち杭の杭体の耐久性能の照査に関する主な照査項目

照査項目	耐久性確保の方法
内部鋼材の腐食	・かぶりによる内部鋼材の防食 　かぶり≧道示IV編 10.10.5 の最小かぶり 　　　　　　　　　　　　　　　　　　・・・ 道示IV編 6.2(2)
疲労	・鉄筋の引張応力度の照査 　鉄筋の引張応力度 σ_s≦鉄筋の引張応力度の制限値 　　　　　　　　　　　　　　　　　　・・・ 道示IV編 6.3(2) ・コンクリートの圧縮応力度の照査 　コンクリートの圧縮応力度 σ_c≦コンクリートの圧縮応力度の制限値 　　　　　　　　　　　　　　　　　　・・・ 道示IV編 6.3(2)

(1) 耐久性能の照査に用いる設計断面力

　耐久性能の照査に用いる杭体の設計断面力を表- 3.6.2 に示す。

表- 3.6.2 耐久性能の照査に用いる杭体の設計断面力
(a) 橋軸方向

		軸力 N (kN)		最大曲げモーメントM (kN·m)		負曲げ最大の発生深さ(m)	最大せん断力 S (kN)
		最大	最小	正曲げ	負曲げ		
1.00(D+L+PS+CR+SH+E+HP+U)	浮力無視	1661	1661	0	0	0.000	0
	浮力考慮	1488	1488	0	0	0.000	0

(b) 橋軸直角方向

		軸力 N (kN)		最大曲げモーメントM (kN·m)		負曲げ最大の発生深さ(m)	最大せん断力 S (kN)
		最大	最小	正曲げ	負曲げ		
1.00(D+L+PS+CR+SH+E+HP+U)	浮力無視	1661	1661	0	0	0.000	0
	浮力考慮	1488	1488	0	0	0.000	0

(2) 内部鋼材の腐食に対する耐久性能の照査

　杭体の鉄筋のかぶりは，道示IV編 10.10.5(2)に規定される最小かぶり以上のかぶりを有している。よって，内部鋼材の腐食に対する耐久性能の照査を満足する。　　　　　　　　　　　　　　　　　　　　　　　　　　　IV編 10.10.5(2)

【補足】
・道示IV編 10.10.5 に規定されている最小かぶりは，コンクリートと鉄筋の付着の確保，鉄筋の防食・保護に必要なかぶりに，地中部であることによる維持管理の困難さ，コンクリート締固めの困難さ，鉄筋かごの建込み誤差等の施工性や施工精度等が考慮された値である。

(3) 疲労に対する耐久性能の照査

　表- 3.6.2 に示した設計断面力を用いて疲労に対する照査を行った。橋軸方向及び橋軸直角方向における照査結果は表- 3.6.3 に示すとおりであり，曲げモーメント及び軸方向力により発生する鉄筋及びコンクリートの応力度は，いずれも道示IV編 6.3 及びIII編 6.3.2 に規定される鉄筋及びコンクリートの応力度の制限値を超えない。よって，疲労に対する耐久性能の照査を満足する。　　　　　　　IV編 6.3 / III編 6.3.2

表- 3.6.3 鉄筋の引張応力度及びコンクリートの圧縮応力度の制限値に対する照査結果（橋軸方向，橋軸直角方向）

			疲労 1.00(D+L+PS+CR+SH+E+HP+U)	
			浮力無視	浮力考慮
曲げモーメント	M	kN·m	0	0
軸力	N	kN	1661	1488
断面寸法	D	m	1.200	
	d_0	m	0.160	
軸方向鉄筋量	A_s	mm^2	D32-22本 17472.4	
コンクリートの圧縮応力度の照査	σ_c	N/mm^2	1.2	1.1
	制限値	N/mm^2	8.0	8.0
	判定	—	OK	OK
鉄筋の引張応力度の照査	σ_s	N/mm^2	0	0
	制限値※	N/mm^2	160	160
	判定	—	OK	OK

III編 5.4.1
III編表-6.3.2
IV編表-6.3.1

※杭体は地下水位以深のため，鉄筋の引張応力度の制限値は道示IV編表-6.3.1 に規定される値とした。

3.6.2 杭体の耐荷性能の照査

場所打ち杭の杭体の耐荷性能の照査に関する主な照査項目を表- 3.6.4 に示す。場所打ち杭の部材の耐荷性能の照査は道示Ⅳ編 5.1 に規定されるとおり，道示Ⅳ編 5.2，10 章の規定に従ったうえで，道示Ⅲ編 5 章の規定によることから，表- 2.2.8 には直接道示Ⅲ編の規定を挙げている。

表- 3.6.4 場所打ち杭の杭体の耐荷性能の照査に関する主な照査項目

状況＼状態	主として機能面からの橋の状態		構造安全面からの橋の状態
	部材等としての荷重を支持する能力が確保されている限界の状態 （部材の限界状態 1）	部材等として荷重を支持する能力は低下しているもののあらかじめ想定する能力の範囲にある状態(部材の限界状態 2)	これを超えると部材等としての荷重を支持する能力が完全に失われる限界の状態（部材の限界状態 3）
永続作用や変動作用が支配的な状況	・曲げモーメント $M_d \leqq M_{yd} = \xi_1 \Phi_y M_{yc}$ ・・・ 道示Ⅲ編 5.5.1(3) ・せん断力 同右 ・・・ 道示Ⅲ編 5.5.2(1)		・曲げモーメント $M_d \leqq M_{ud} = \xi_1 \xi_2 \Phi_u M_{uc}$ ・・・ 道示Ⅲ編 5.7.1(3), 5.8.1(3) ・せん断力 【耐荷性能の前提】 $\tau_m \leqq$ｺﾝｸﾘｰﾄのせん断応力度の制限値 ・・・ 道示Ⅳ編 5.2.7(3) 【斜引張破壊】 $S_d \leqq S_{usd} = \xi_1 \xi_2 (\Phi_{uc} S_c + \Phi_{us} S_s)$ ・・・ 道示Ⅲ編 5.7.2(3)，5.8.2(3) 【コンクリートの圧壊】 $S_d \leqq S_{ucd} = \xi_1 \xi_2 \Phi_{ucw} S_{ucw}$ ・・・ 道示Ⅲ編 5.7.2(4)，5.8.2(4)

(1) 耐荷性能の照査に用いる設計断面力

耐荷性能の照査に用いる杭体の設計断面力を表- 3.6.5 に示す。なお，曲げ モーメントは杭頭剛結とした計算から得られた正曲げ，負曲げそれぞれにおけ る最大曲げモーメントである。 Ⅳ編 10.6

表- 3.6.5 耐荷性能の照査に用いる杭体の設計断面力

(a) 橋軸方向

			軸力 N (kN)		最大曲げモーメントM (kN･m)		負曲げ最大の発生深さ(m)	最大せん断力 S (kN)
			最大	最小	正曲げ	負曲げ		
①	D+TF(D)	永続作用支配状況	1504	1504	0	0	0.000	0
①	D+TF(U)+U		1289	1289	0	0	0.000	0
②	D+L+TF(D)	変動作用支配状況	1810	1810	0	0	0.000	0
②	D+L+TF(U)+U		1594	1594	0	0	0.000	0
③	D+TH+TF(D)		2040	968	86	-112	5.608	89
③	D+TH+TF(U)+U		1825	752	86	-112	5.608	89
⑤	D+L+TH+TF(D)		2197	1392	65	-84	5.608	67
⑤	D+L+TH+TF(U)+U		1982	1177	65	-84	5.608	67
⑨	D+TH+EQ+TF(D)		2603	405	186	-271	4.631	247
⑨	D+TH+EQ+TF(U)+U		2388	190	186	-271	4.631	247
⑩	D+EQ(L1)+TF(D)	変動作用支配状況⑩	3195	-187	346	-423	4.768	405
⑩	D+EQ(L1)+TF(U)+U		2979	-402	346	-423	4.768	405

(b) 橋軸直角方向

			軸力 N (kN)		最大曲げモーメントM (kN·m)		負曲げ最大の発生深さ(m)	最大せん断力 S (kN)
			最大	最小	正曲げ	負曲げ		
①	D+TF(D)	永続作用支配状況	1504	1504	0	0	0.000	0
①	D+TF(U)+U		1289	1289	0	0	0.000	0
②	D+L+TF(D)	変動作用支配状況	1810	1810	0	0	0.000	0
②	D+L+TF(U)+U		1594	1594	0	0	0.000	0
⑥	D+L+WS+WL+TF(D)		2156	1432	38	−74	5.272	53
⑥	D+L+WS+WL+TF(U)+U		1941	1217	38	−74	5.272	53
⑧	D+WS+TF(D)		2064	944	68	−115	5.374	85
⑧	D+WS+TF(U)+U		1849	729	68	−115	5.374	85
⑨	D+TH+EQ+TF(D)		2180	828	137	−169	4.764	162
⑨	D+TH+EQ+TF(U)+U		1965	613	137	−169	4.764	162
⑩	D+EQ(L1)+TF(D)	変動作用支配状況⑩	2857	151	275	−338	4.764	323
⑩	D+EQ(L1)+TF(U)+U		2641	−64	275	−338	4.764	323

(2) 曲げモーメントによる照査

表- 3.6.5 に示した設計断面力を用いて耐荷性能の照査を行った。曲げモーメントによる照査結果は表- 3.6.6 及び表- 3.6.7 に示すとおりであり，曲げモーメントは限界状態 1 及び限界状態 3 に対する曲げモーメントの制限値を超えないことから，限界状態 1 及び限界状態 3 に対する照査を満足する。

Ⅳ編 10.8.5

なお，降伏曲げモーメントの特性値及び破壊抵抗曲げモーメントの特性値は，道示Ⅲ編 5.5.1(3)及びⅢ編 5.8.1(4)の規定に従い算出した。表- 3.6.6 及び表- 3.6.7 に示す曲げ耐力は，最大軸力及び最小軸力を用いて算出した曲げ耐力のうち小さい方の値を示しており，軸力はその曲げ耐力の算出に用いた値である。

M_y, M_u
Ⅲ編 5.5.1(3)
Ⅲ編 5.8.1(4)

なお，設計上の地盤面（フーチング下面）から杭径の 5 倍の範囲の地盤の変形係数は，本橋脚基礎では一軸圧縮試験から得られた変形係数を用いているため，杭体の正曲げの照査に用いる調査・解析係数 ξ_1 は，道示Ⅳ表-10.8.2(b)より ξ_1＝0.90 とした。

Ⅳ編 10.8.5
表-10.8.2(b)

表- 3.6.6　曲げモーメントによる照査結果（橋軸方向）

(1) 限界状態 1 に対する照査

			軸力 N (kN)	最大曲げモーメントM (kN･m)		限界状態 1 に対する照査							
						M_{yc} (kN･m)	ξ_1		Φ_y	M_{yd} (kN･m)			
				正曲げ	負曲げ		正曲げ	負曲げ		正曲げ		負曲げ	
①	D+TF(D)	永続作用支配状況	1504	0	0	2003	0.90	0.90	0.85	1532	OK	1532	OK
①	D+TF(U)+U		1289	0	0	1996	0.90	0.90	0.85	1527	OK	1527	OK
②	D+L+TF(D)	変動作用支配状況	1810	0	0	2013	0.90	0.90	0.85	1540	OK	1540	OK
②	D+L+TF(U)+U		1594	0	0	2006	0.90	0.90	0.85	1534	OK	1534	OK
③	D+TH+TF(D)		968	86	-112	1987	0.90	0.90	0.85	1520	OK	1520	OK
③	D+TH+TF(U)+U		752	86	-112	1982	0.90	0.90	0.85	1516	OK	1516	OK
⑤	D+L+TH+TF(D)		1392	65	-84	1999	0.90	0.90	0.85	1529	OK	1529	OK
⑤	D+L+TH+TF(U)+U		1177	65	-84	1993	0.90	0.90	0.85	1524	OK	1524	OK
⑨	D+TH+EQ+TF(D)		405	186	-271	1912	0.90	0.90	0.85	1463	OK	1463	OK
⑨	D+TH+EQ+TF(U)+U		190	186	-271	1841	0.90	0.90	0.85	1409	OK	1409	OK
⑩	D+EQ(L1)+TF(D)	変動作用支配状況⑩	-187	346	-423	1716	0.90	0.90	1.00	1544	OK	1544	OK
⑩	D+EQ(L1)+TF(U)+U		-402	346	-423	1643	0.90	0.90	1.00	1479	OK	1479	OK

(2) 限界状態 3 に対する照査

			軸力 N (kN)	最大曲げモーメントM (kN･m)		限界状態 3 に対する照査								
						M_{uc} (kN･m)	ξ_1		ξ_2	Φ_u	M_{ud} (kN･m)			
				正曲げ	負曲げ		正曲げ	負曲げ			正曲げ		負曲げ	
①	D+TF(D)	永続作用支配状況	1504	0	0	3017	0.90	0.90	0.90	0.80	1955	OK	1955	OK
①	D+TF(U)+U		1289	0	0	2954	0.90	0.90	0.90	0.80	1914	OK	1914	OK
②	D+L+TF(D)	変動作用支配状況	1810	0	0	3104	0.90	0.90	0.90	0.80	2011	OK	2011	OK
②	D+L+TF(U)+U		1594	0	0	3043	0.90	0.90	0.90	0.80	1972	OK	1972	OK
③	D+TH+TF(D)		968	86	-112	2856	0.90	0.90	0.90	0.80	1851	OK	1851	OK
③	D+TH+TF(U)+U		752	86	-112	2789	0.90	0.90	0.90	0.80	1807	OK	1807	OK
⑤	D+L+TH+TF(D)		1392	65	-84	2984	0.90	0.90	0.90	0.80	1934	OK	1934	OK
⑤	D+L+TH+TF(U)+U		1177	65	-84	2920	0.90	0.90	0.90	0.80	1892	OK	1892	OK
⑨	D+TH+EQ+TF(D)		405	186	-271	2677	0.90	0.90	0.90	0.80	1735	OK	1735	OK
⑨	D+TH+EQ+TF(U)+U		190	186	-271	2606	0.90	0.90	0.90	0.80	1689	OK	1689	OK
⑩	D+EQ(L1)+TF(D)	変動作用支配状況⑩	-187	346	-423	2479	0.90	0.90	0.90	1.00	2008	OK	2008	OK
⑩	D+EQ(L1)+TF(U)+U		-402	346	-423	2404	0.90	0.90	0.90	1.00	1947	OK	1947	OK

ξ_1
Ⅳ編
表-10.8.2(b)
Φ_y
Ⅲ編 5.5.1
式(5.5.1)
表-5.5.1

ξ_1
Ⅳ編
表-10.8.2(b)
ξ_2，Φ_u
Ⅲ編 5.8.1
式(5.8.1)
表-5.8.1

表- 3.6.7　曲げモーメントによる照査結果（橋軸直角方向）

(1) 限界状態１に対する照査

			軸力 N (kN)	最大曲げモーメントM (kN･m)		限界状態１に対する照査							
						M_{yc} (kN･m)	ξ_1		Φ_y	M_{yd} (kN･m)			
				正曲げ	負曲げ		正曲げ	負曲げ		正曲げ		負曲げ	
①	D+TF(D)	永続作用支配状況	1504	0	0	2003	0.90	0.90	0.85	1532	OK	1532	OK
①	D+TF(U)+U		1289	0	0	1996	0.90	0.90	0.85	1527	OK	1527	OK
②	D+L+TF(D)	変動作用支配状況	1810	0	0	2013	0.90	0.90	0.85	1540	OK	1540	OK
②	D+L+TF(U)+U		1594	0	0	2006	0.90	0.90	0.85	1534	OK	1534	OK
⑥	D+L+WS+WL+TF(D)		1432	38	-74	2000	0.90	0.90	0.85	1530	OK	1530	OK
⑥	D+L+WS+WL+TF(U)+U		1217	38	-74	1994	0.90	0.90	0.85	1525	OK	1525	OK
⑧	D+WS+TF(D)		944	68	-115	1987	0.90	0.90	0.85	1520	OK	1520	OK
⑧	D+WS+TF(U)+U		729	68	-115	1982	0.90	0.90	0.85	1516	OK	1516	OK
⑨	D+TH+EQ+TF(D)		828	137	-169	1984	0.90	0.90	0.85	1518	OK	1518	OK
⑨	D+TH+EQ+TF(U)+U		613	137	-169	1979	0.90	0.90	0.85	1514	OK	1514	OK
⑩	D+EQ(L1)+TF(D)	変動作用支配状況⑩	151	275	-338	1829	0.90	0.90	1.00	1646	OK	1646	OK
⑩	D+EQ(L1)+TF(U)+U		-64	275	-338	1757	0.90	0.90	1.00	1581	OK	1581	OK

(2) 限界状態３に対する照査

			軸力 N (kN)	最大曲げモーメントM (kN･m)		限界状態３に対する照査								
						M_{uc} (kN･m)	ξ_1		ξ_2	Φ_u	M_{ud} (kN･m)			
				正曲げ	負曲げ		正曲げ	負曲げ			正曲げ		負曲げ	
①	D+TF(D)	永続作用支配状況	1504	0	0	3017	0.90	0.90	0.90	0.80	1955	OK	1955	OK
①	D+TF(U)+U		1289	0	0	2954	0.90	0.90	0.90	0.80	1914	OK	1914	OK
②	D+L+TF(D)	変動作用支配状況	1810	0	0	3104	0.90	0.90	0.90	0.80	2011	OK	2011	OK
②	D+L+TF(U)+U		1594	0	0	3043	0.90	0.90	0.90	0.80	1972	OK	1972	OK
⑥	D+L+WS+WL+TF(D)		1432	38	-74	2996	0.90	0.90	0.90	0.80	1941	OK	1941	OK
⑥	D+L+WS+WL+TF(U)+U		1217	38	-74	2932	0.90	0.90	0.90	0.80	1900	OK	1900	OK
⑧	D+WS+TF(D)		944	68	-115	2849	0.90	0.90	0.90	0.80	1846	OK	1846	OK
⑧	D+WS+TF(U)+U		729	68	-115	2781	0.90	0.90	0.90	0.80	1802	OK	1802	OK
⑨	D+TH+EQ+TF(D)		828	137	-169	2813	0.90	0.90	0.90	0.80	1823	OK	1823	OK
⑨	D+TH+EQ+TF(U)+U		613	137	-169	2744	0.90	0.90	0.90	0.80	1778	OK	1778	OK
⑩	D+EQ(L1)+TF(D)	変動作用支配状況⑩	151	275	-338	2593	0.90	0.90	0.90	1.00	2100	OK	2100	OK
⑩	D+EQ(L1)+TF(U)+U		-64	275	-338	2521	0.90	0.90	0.90	1.00	2042	OK	2042	OK

ξ_1
Ⅳ編
表-10.8.2(b)
Φ_y
Ⅲ編 5.5.1
式(5.5.1)
表-5.5.1

ξ_1
Ⅳ編
表-10.8.2(b)
ξ_2, Φ_u
Ⅲ編 5.8.1
式(5.8.1)
表-5.8.1

(3) せん断力による照査

せん断力による照査結果を表- 3.6.8 及び表- 3.6.9 に示す。

```
【補足】
・本書では，せん断力が生じない作用の組合せに対する照査は記載を省略し
 ている。
```

　道示Ⅳ編 10.10.5(3)2)に規定される構造細目から決まるフーチング下面から杭径の２倍の範囲内に配置する帯鉄筋量（側断面積の 0.2%以上）は，鉄筋径 D16，深さ方向の間隔 150mm で満足するが，後述する橋軸直角方向のタイプⅡ地震動（浮力無視）において杭基礎に生じるせん断力がせん断力の制限値を超えたため，鉄筋径を D19 とした。 【Ⅳ編 10.10.5(3)2)】

　変動作用支配状況における平均せん断応力度又はせん断力は，限界状態３に対する平均せん断応力度の制限値，斜引張破壊に対するせん断力の制限値及びコンクリートの圧壊に対するせん断力の制限値を超えないことから，限界状態３に対する照査を満足する。なお，コンクリートが負担できるせん断力 S_c の算出においては，道示Ⅳ編 5.2.7(1)解説より，軸方向力の影響を考慮した。 【Ⅳ編 5.2.7(1)解説】

　S_c の算出における軸方向力の影響を求めるにあたって，部材断面に作用する曲げモーメント M_d には，安全側に曲げモーメントの上限値を見込んで，表- 3.6.6 又は表- 3.6.7 に示した杭頭における限界状態１（部材降伏）に対する曲げモーメントの制限値 M_{yd} を用いている。

　以上のように，杭体に生じるせん断力は永続作用支配状況及び変動作用支配状況において限界状態３を超えない。ゆえに，道示Ⅲ編 5.5.2(1)の規定により限界状態１に対する照査も満足する。 【Ⅲ編 5.5.2(1)】

```
【補足】
・本書では，杭体のせん断力による照査は，卓越する杭頭における発生せん
 断力を用いた結果のみを記載し，地中部において発生するせん断力による
 照査の記載は省略している。
```

表-3.6.8 せん断力による照査結果（橋軸方向）

			③D+TH+TF		⑤D+L+TH+TF		⑨D+TH+EQ+TF		⑩D+EQ(L1)+TF		
			浮力無視	浮力考慮	浮力無視	浮力考慮	浮力無視	浮力考慮	浮力無視	浮力考慮	
せん断力	S	kN	89	89	67	67	247	247	405	405	
断面寸法	D	m	1.200								IV編 5.2.7
	b	m	1.063								式(5.2.1)
	h	m	1.063								表-5.2.4
	d	m	0.928								III編 5.8.2
軸方向引張鉄筋量	A_s	mm²	(D32-22本)/2 = 8736.2								表-5.8.5
	p_t	%	0.885								表-5.8.7
平均せん断応力度	τ_m	N/mm²	0.09	0.09	0.07	0.07	0.25	0.25	0.41	0.41	
	制限値	N/mm²	2.6	2.6	2.6	2.6	2.6	2.6	2.6	2.6	
	判定	—	OK	OK	OK	OK	OK	OK	OK	OK	
コンクリートが負担できる平均せん断応力度	τ_c	N/mm²	0.35								c_{pt}
	c_e	—	1.041								IV編表-5.2.3
	c_{pt}	—	1.431								III編
	c_{dc}	—	1.000								τ_r式(5.8.4)
	c_c	—	1.000								S_c
	τ_r	N/mm²	0.521								式(5.8.3)
コンクリートが負担できるせん断力	k	—	1.30								表-5.8.6
	$k\,\tau_r\,b\,d$	kN	669								M_0
	N	kN	968	752	1392	1177	405	190	-187	-402	式(解5.8.7)
	M_0	kN·m	145	113	209	177	61	29	-28	-60	
	M_d	kN·m	1520	1516	1529	1524	1463	1409	1544	1479	
	S_0M_0/M_d	kN	8.5	6.6	9.1	7.7	10.3	5.0	0.0	0.0	
	$\tau_{c\,max}$	N/mm²	1.2								
	$\tau_{c\,max}bd$	kN	1184								
	S_c	kN	677	675	678	677	679	674	669	669	
せん断補強鉄筋の断面積及び間隔	A_w	mm²	D19-2本= 573.0								
	a	mm	150								
せん断補強鉄筋が負担できるせん断力	c_{ds}	—	1.000								S_s
	k	—	1.30								式(5.8.5)
	σ_{sy}	N/mm²	345								
	S_s	kN	1382								
斜引張破壊に対するせん断力の制限値	ξ_1	—	0.90	0.90	0.90	0.90	0.90	0.90	0.90	0.90	
	ξ_2	—	0.85	0.85	0.85	0.85	0.85	0.85	0.85	0.85	
	Φ_{uc}	—	0.65	0.65	0.65	0.65	0.65	0.65	0.95	0.95	S_{usd}
	Φ_{us}	—	0.65	0.65	0.65	0.65	0.65	0.65	0.95	0.95	式(5.8.2)
	S_{usd}	kN	1024	1023	1024	1024	1025	1022	1491	1491	表-5.8.3
	判定	—	$S \leqq S_{usd}$ OK	$S \leqq S_{usd}$ OK	$S \leqq S_{usd}$ OK	$S \leqq S_{usd}$ OK	$S \leqq S_{usd}$ OK	$S \leqq S_{usd}$ OK	$S \leqq S_{usd}$ OK	$S \leqq S_{usd}$ OK	S_{ucw}
圧壊に対するせん断耐力の特性値	$\tau_{r\,max}$	N/mm²	3.2								式(5.8.8)
	S_{ucw}	kN	3158								表-5.8.10
コンクリートの圧壊に対するせん断力の制限値	ξ_1	—	0.90	0.90	0.90	0.90	0.90	0.90	0.90	0.90	S_{ucd}
	$\xi_2\Phi_{ucw}$	—	0.70	0.70	0.70	0.70	0.70	0.70	1.00	1.00	式(5.8.7)
	S_{ucd}	kN	1989	1989	1989	1989	1989	1989	2842	2842	表-5.8.9
	判定	—	$S \leqq S_{ucd}$ OK	$S \leqq S_{ucd}$ OK	$S \leqq S_{uca}$ OK	$S \leqq S_{ucd}$ OK	$S \leqq S_{ucd}$ OK	$S \leqq S_{ucd}$ OK	$S \leqq S_{ucd}$ OK	$S \leqq S_{ucd}$ OK	

※コンクリートが負担できるせん断力 S_c の算出においては，軸方向力の影響を考慮した。その際，部材断面に作用する曲げモーメント M_d には，表-3.6.6 に示した杭頭における限界状態1（部材降伏）に対する曲げモーメントの制限値 M_{yd} を用いた。

表- 3.6.9　せん断力による照査結果（橋軸直角方向）

			\multicolumn{8}{c}{変動作用支配状況}	
			⑥D+L+WS+WL+TF		⑧D+WS+TF		⑨D+TH+EQ+TF		⑩D+EQ(L1)+TF		
			浮力無視	浮力考慮	浮力無視	浮力考慮	浮力無視	浮力考慮	浮力無視	浮力考慮	
せん断力	S	kN	53	53	85	85	162	162	323	323	
断面寸法	D	m	\multicolumn{8}{c}{1.200}		IV編 5.2.7
	b	m	\multicolumn{8}{c}{1.063}		式(5.2.1)
	h	m	\multicolumn{8}{c}{1.063}		表-5.2.4
	d	m	\multicolumn{8}{c}{0.928}		III編 5.8.2
軸方向引張鉄筋量	A_s	mm²	\multicolumn{8}{c}{(D32-22本)/2 = 8736.2}		表-5.8.5
	p_t	%	\multicolumn{8}{c}{0.885}		表-5.8.7
平均せん断応力度	τ_m	N/mm²	0.05	0.05	0.09	0.09	0.16	0.16	0.33	0.33	c_{pt}
	制限値	N/mm²	2.6	2.6	2.6	2.6	2.6	2.6	2.6	2.6	IV編表-5.2.3
	判定	—	OK	OK	OK	OK	OK	OK	OK	OK	III編
コンクリートが負担できる平均せん断応力度	τ_c	N/mm²	\multicolumn{8}{c}{0.35}		τ_r式(5.8.4)
	c_e	—	\multicolumn{8}{c}{1.041}		S_c
	c_{pt}	—	\multicolumn{8}{c}{1.431}		式(5.8.3)
	c_{dc}	—	\multicolumn{8}{c}{1.000}		表-5.8.6
	c_c	—	\multicolumn{8}{c}{1.000}		M_0
	τ_r	N/mm²	\multicolumn{8}{c}{0.521}		式(解5.8.7)
コンクリートが負担できるせん断力	k	—	\multicolumn{8}{c}{1.30}		
	$k\tau_r bd$	kN	\multicolumn{8}{c}{669}		
	N	kN	1432	1217	944	729	828	613	151	-64	S_s
	M_0	kN·m	215	183	142	109	124	92	23	-10	式(5.8.5)
	M_d	kN·m	1530	1525	1520	1516	1518	1514	1646	1581	
	$S_0 M_0/M_d$	kN	7.4	6.3	7.9	6.1	13.2	9.8	4.5	0.0	
	$\tau_{c max}$	N/mm²	\multicolumn{8}{c}{1.2}		
	$\tau_{c max}bd$	kN	\multicolumn{8}{c}{1184}		
	S_c	kN	676	675	677	675	682	679	673	669	
せん断補強鉄筋の断面積及び間隔	A_w	mm²	\multicolumn{8}{c}{D19-2本= 573.0}		
	a	mm	\multicolumn{8}{c}{150}		
せん断補強鉄筋が負担できるせん断力	c_{ds}	—	\multicolumn{8}{c}{1.000}		
	k	—	\multicolumn{8}{c}{1.30}		
	σ_{sy}	N/mm²	\multicolumn{8}{c}{345}		
	S_s	kN	\multicolumn{8}{c}{1382}		
斜引張破壊に対するせん断力の制限値	ξ_1	—	0.90	0.90	0.90	0.90	0.90	0.90	0.90	0.90	S_{usd}
	ξ_2	—	0.85	0.85	0.85	0.85	0.85	0.85	0.85	0.85	式(5.8.2)
	Φ_{uc}	—	0.65	0.65	0.65	0.65	0.65	0.65	0.95	0.95	表-5.8.3
	Φ_{us}	—	0.65	0.65	0.65	0.65	0.65	0.65	0.95	0.95	S_{ucw}
	S_{usd}	kN	1024	1023	1024	1023	1027	1025	1494	1491	式(5.8.8)
	判定	—	$S \leqq S_{usd}$ OK	$S \leqq S_{usd}$ OK	$S \leqq S_{usd}$ OK	$S \leqq S_{usd}$ OK	$S \leqq S_{usd}$ OK	$S \leqq S_{usd}$ OK	$S \leqq S_{usd}$ OK	$S \leqq S_{usd}$ OK	表-5.8.10
圧壊に対するせん断耐力の特性値	$\tau_{r max}$	N/mm²	\multicolumn{8}{c}{3.2}		S_{ucd}
	S_{ucw}	kN	\multicolumn{8}{c}{3158}		式(5.8.7)
コンクリートの圧壊に対するせん断力の制限値	ξ_1	—	0.90	0.90	0.90	0.90	0.90	0.90	0.90	0.90	表-5.8.9
	$\xi_2 \Phi_{ucw}$	—	0.70	0.70	0.70	0.70	0.70	0.70	1.00	1.00	
	S_{ucd}	kN	1989	1989	1989	1989	1989	1989	2842	2842	
	判定	—	$S \leqq S_{ucd}$ OK	$S \leqq S_{ucd}$ OK	$S \leqq S_{ucd}$ OK	$S \leqq S_{ucd}$ OK	$S \leqq S_{ucd}$ OK	$S \leqq S_{ucd}$ OK	$S \leqq S_{ucd}$ OK	$S \leqq S_{ucd}$ OK	

※コンクリートが負担できるせん断力 S_c の算出においては，軸方向力の影響を考慮した。その際，部材断面に作用する曲げモーメント M_d には，表- 3.6.7 に示した杭頭における限界状態1（部材降伏）に対する曲げモーメントの制限値 M_{yd} を用いた。

3.6.3 断面変化位置の決定及び照査

(1) 断面変化位置の決定

杭体の断面変化位置は，道示Ⅳ編参考資料 9 を参考に決定する。断面変化位置の決定に用いる曲げモーメントは，永続作用支配状況及び変動作用支配状況における曲げモーメントによる照査において，曲げ耐力の制限値に対する最大曲げモーメントの比率が最大となる作用の組合せの結果を用いた。 （Ⅳ編 参考資料 9）

曲げ耐力の制限値に対する最大曲げモーメントの比率が最大となる作用の組合せは，橋軸方向の⑩[D+EQ+TF+U]で，限界状態 1 に対する負曲げの照査であった。橋軸方向の⑩[D+EQ+TF+U]における曲げモーメント図を図- 3.6.1(a)に示す。

第 1 断面の変化位置は，道示Ⅳ編参考資料 9 を参考に次の A，B，C いずれも満足する位置とする。

A. 最大曲げモーメント M_{max} の 1/2 となる位置
B. 地中部最大曲げモーメントの深さ l_{mF} に 1.2 を乗じた深さ
C. 1/2A_s にて曲げモーメントによる照査を満足する位置

本橋脚基礎の杭体の軸方向鉄筋量は，レベル 2 地震動を考慮する設計状況における設計で決定したことから，永続作用支配状況及び変動作用支配状況において生じる曲げモーメントは，曲げ耐力の制限値に対して大きな余裕がある結果となっており，C の位置では決まらない。図- 3.6.1(a)に示すとおり，B の位置よりも A の位置の方が深い位置となるため，第 1 断面の変化位置は杭頭から 9.41m 以深となるように決定する。

第 1 断面変化後の断面②は，断面①(D32-22 本)の鉄筋本数を半分とした(D32-11 本)。第 2 断面変化後の断面③は，鉄筋本数は断面②と同じで，道示Ⅳ編 10.10.5 に規定される最小鉄筋量を満足するように，かつ断面②の鉄筋量の 1/2 程度以上の鉄筋量を確保するように，鉄筋径のみ D25 に変化させた(D25-11 本)。 （Ⅳ編 10.10.5 杭基礎設計便覧 2-6-5(2)）

杭とフーチングの接合部は，杭頭部の軸方向鉄筋をそのまま伸ばし，フーチング下側鉄筋位置から道示Ⅲ編式(5.2.1)に規定される定着長 l_a(＝L_{0f})に 10φ（φは杭体の軸方向鉄筋径）を加えた長さを確保して，フーチング内へ定着させた。 （Ⅳ編 10.8.7 l_a Ⅲ編 5.2.7 式(5.2.1)）

本橋脚基礎において杭体の断面変化位置は，以下に基づき図- 3.6.1(b)に示すように決定した場合を示している。L_{0f}は，所要の長さを 5φラウンドで丸めて 35φとした。また，軸方向鉄筋の重ね継手長も道示Ⅲ編式(5.2.1)に規定される定着長 l_a を 5φラウンドで丸めて 45φとした。鉄筋の継手箇所は道示Ⅲ編 5.2.7(3)に示されるように一断面に集中しないように継手の端部どうしを 25φ以上ずらすように決定した。第 2 断面の変化位置は，断面③が曲げモーメントによる照査に大きな余裕があり，照査で決まる位置からは設定できないため，鉄筋の定着位置の端部どうしを 25φ以上離すように決定した。 （Ⅲ編 5.2.7(3)）

【補足】
・なお，ここで示した断面変化位置の決定方法や鉄筋の重ね継手長，定着長等はあくまでも一例である。設計実務では施工条件等に応じて適切に決定する必要がある。

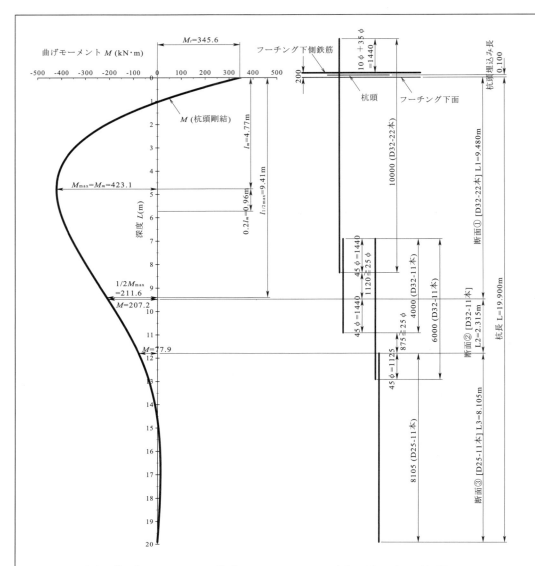

(a) 曲げモーメント分布　　　(b) 断面変化位置

橋軸方向⑩[D+EQ+TF+U]

図- 3.6.1　杭の断面変化

(2) 断面②に対する照査（照査位置：杭頭から9.480m）
1) 耐久性能の照査

杭体の断面変化位置の耐久性能の照査には，道示Ⅲ編6.3.2に規定される鉄筋コンクリート部材の疲労に対する照査を行うための作用の組合せ[1.00(D+L+PS+CR+SH+E+HP+U)]を用いた。

橋軸方向及び橋軸直角方向における照査結果は表- 3.6.10に示すとおりであり，曲げモーメントにより発生する鉄筋及びコンクリートの応力度は，いずれも道示Ⅳ編6.3及びⅢ編6.3.2に規定される鉄筋及びコンクリートの応力度の制限値を超えない。よって，疲労に対する耐久性能の照査を満足する。

Ⅲ編6.3.2

Ⅳ編6.3
Ⅲ編6.3.2

表- 3.6.10 鉄筋の引張応力度及びコンクリートの圧縮応力度の制限値に対する照査結果（断面②）（橋軸方向，橋軸直角方向）

			疲労	
			1.00(D+L+PS+CR+SH+E+HP+U)	
			浮力無視	浮力考慮
曲げモーメント	M	kN・m	0	0
軸　力	N	kN	1661	1488
断面寸法	D	m	1.200	
	d_0	m	0.160	
軸方向鉄筋量	A_s	mm^2	D32-11本 8736.2	
コンクリートの圧縮応力度の照査	σ_c	N/mm^2	1.3	1.2
	制限値	N/mm^2	8.0	8.0
	判　定	―	OK	OK
鉄筋の引張応力度の照査	σ_s	N/mm^2	0	0
	制限値※	N/mm^2	160	160
	判　定	―	OK	OK

※杭体は地下水位以深のため，鉄筋の引張応力度の制限値は道示Ⅳ編表-6.3.1 に規定される値とした。

Ⅲ編 5.4.1
Ⅲ編表-6.3.2

Ⅳ編表-6.3.1

2) 耐荷性能の照査

曲げモーメントによる照査結果は表- 3.6.11 及び表- 3.6.12 に示すとおりであり，曲げモーメントは橋軸方向，橋軸直角方向いずれの方向についても限界状態 1 及び限界状態 3 に対する曲げモーメントの制限値を超えないことから，限界状態 1 及び限界状態 3 に対する照査を満足する。　Ⅳ編 10.8.5

なお，断面②の区間において正曲げは発生していないため，照査は負曲げの照査のみを行った。

表- 3.6.11 曲げモーメントによる照査結果（橋軸方向）
(a) 限界状態 1 に対する照査（断面②）

			軸力 N (kN)	M (kN・m)	限界状態 1 に対する照査				
				負曲げ	M_{yc} (kN・m)	ξ_1 負曲げ	Φ_y	M_{yd} (kN・m) 負曲げ	
①	D+TF(D)	永続作用支配状況	1504	0	1506	0.90	0.85	1152	OK
①	D+TF(U)+U		1289	0	1432	0.90	0.85	1095	OK
②	D+L+TF(D)	変動作用支配状況	1810	0	1550	0.90	0.85	1186	OK
②	D+L+TF(U)+U		1594	0	1528	0.90	0.85	1169	OK
③	D+TH+TF(D)		968	-79	1320	0.90	0.85	1010	OK
③	D+TH+TF(U)+U		752	-79	1243	0.90	0.85	951	OK
⑤	D+L+TH+TF(D)		1392	-59	1467	0.90	0.85	1123	OK
⑤	D+L+TH+TF(U)+U		1177	-59	1393	0.90	0.85	1066	OK
⑨	D+TH+EQ+TF(D)		405	-128	1116	0.90	0.85	854	OK
⑨	D+TH+EQ+TF(U)+U		190	-128	1036	0.90	0.85	793	OK
⑩	D+EQ(L1)+TF(D)	変動作用支配状況⑩	-187	-207	892	0.90	1.00	803	OK
⑩	D+EQ(L1)+TF(U)+U		-402	-207	808	0.90	1.00	727	OK

ξ_1
Ⅳ編
表-10.8.2(b)
Φ_y
Ⅲ編 5.5.1
式(5.5.1)
表-5.5.1

(b) 限界状態３に対する照査（断面②）

			軸力 N (kN)	M (kN･m) 負曲げ	限界状態３に対する照査 M_{uc} (kN･m)	ξ_1 負曲げ	ξ_2	Φ_u	M_{ud} (kN･m) 負曲げ	
①	D+TF(D)	永続作用支配状況	1504	0	1967	0.90	0.90	0.80	1275	OK
①	D+TF(U)+U		1289	0	1892	0.90	0.90	0.80	1226	OK
②	D+L+TF(D)	変動作用支配状況	1810	0	2072	0.90	0.90	0.80	1343	OK
②	D+L+TF(U)+U		1594	0	1999	0.90	0.90	0.80	1295	OK
③	D+TH+TF(D)		968	-79	1776	0.90	0.90	0.80	1151	OK
③	D+TH+TF(U)+U		752	-79	1696	0.90	0.90	0.80	1099	OK
⑤	D+L+TH+TF(D)		1392	-59	1928	0.90	0.90	0.80	1249	OK
⑤	D+L+TH+TF(U)+U		1177	-59	1852	0.90	0.90	0.80	1200	OK
⑨	D+TH+EQ+TF(D)		405	-128	1564	0.90	0.90	0.80	1013	OK
⑨	D+TH+EQ+TF(U)+U		190	-128	1480	0.90	0.90	0.80	959	OK
⑩	D+EQ(L1)+TF(D)	変動作用支配状況⑩	-187	-207	1329	0.90	0.90	1.00	1077	OK
⑩	D+EQ(L1)+TF(U)+U		-402	-207	1241	0.90	0.90	1.00	1005	OK

ξ_1
Ⅳ編
表-10.8.2(b)
ξ_2，Φ_u
Ⅲ編 5.8.1
式(5.8.1)
表-5.8.1

表- 3.6.12 曲げモーメントによる照査結果（橋軸直角方向）

(a) 限界状態１に対する照査（断面②）

			軸力 N (kN)	M (kN･m) 負曲げ	限界状態１に対する照査 M_{yc} (kN･m)	ξ_1 負曲げ	Φ_y	M_{yd} (kN･m) 負曲げ	
①	D+TF(D)	永続作用支配状況	1504	0	1506	0.90	0.85	1152	OK
①	D+TF(U)+U		1289	0	1432	0.90	0.85	1095	OK
②	D+L+TF(D)	変動作用支配状況	1810	0	1550	0.90	0.85	1186	OK
②	D+L+TF(U)+U		1594	0	1528	0.90	0.85	1169	OK
⑥	D+L+WS+WL+TF(D)		1432	-49	1481	0.90	0.85	1133	OK
⑥	D+L+WS+WL+TF(U)+U		1217	-49	1407	0.90	0.85	1076	OK
⑧	D+WS+TF(D)		944	-77	1311	0.90	0.85	1003	OK
⑧	D+WS+TF(U)+U		729	-77	1234	0.90	0.85	944	OK
⑨	D+TH+EQ+TF(D)		828	-83	1270	0.90	0.85	972	OK
⑨	D+TH+EQ+TF(U)+U		613	-83	1192	0.90	0.85	912	OK
⑩	D+EQ(L1)+TF(D)	変動作用支配状況⑩	151	-166	1021	0.90	1.00	919	OK
⑩	D+EQ(L1)+TF(U)+U		-64	-166	940	0.90	1.00	846	OK

ξ_1
Ⅳ編
表-10.8.2(b)
Φ_y
Ⅲ編 5.5.1
式(5.5.1)
表-5.5.1

(b) 限界状態３に対する照査（断面②）

			軸力 N (kN)	M (kN･m) 負曲げ	限界状態３に対する照査 M_{uc} (kN･m)	ξ_1 負曲げ	ξ_2	Φ_u	M_{ud} (kN･m) 負曲げ	
①	D+TF(D)	永続作用支配状況	1504	0	1967	0.90	0.90	0.80	1275	OK
①	D+TF(U)+U		1289	0	1892	0.90	0.90	0.80	1226	OK
②	D+L+TF(D)	変動作用支配状況	1810	0	2072	0.90	0.90	0.80	1343	OK
②	D+L+TF(U)+U		1594	0	1999	0.90	0.90	0.80	1295	OK
⑥	D+L+WS+WL+TF(D)		1432	-49	1942	0.90	0.90	0.80	1259	OK
⑥	D+L+WS+WL+TF(U)+U		1217	-49	1866	0.90	0.90	0.80	1209	OK
⑧	D+WS+TF(D)		944	-77	1767	0.90	0.90	0.80	1145	OK
⑧	D+WS+TF(U)+U		729	-77	1687	0.90	0.90	0.80	1093	OK
⑨	D+TH+EQ+TF(D)		828	-83	1724	0.90	0.90	0.80	1117	OK
⑨	D+TH+EQ+TF(U)+U		613	-83	1643	0.90	0.90	0.80	1065	OK
⑩	D+EQ(L1)+TF(D)	変動作用支配状況⑩	151	-166	1465	0.90	0.90	1.00	1187	OK
⑩	D+EQ(L1)+TF(U)+U		-64	-166	1379	0.90	0.90	1.00	1117	OK

ξ_1
Ⅳ編
表-10.8.2(b)
ξ_2，Φ_u
Ⅲ編 5.8.1
式(5.8.1)
表-5.8.1

(3) 断面③に対する照査（照査位置：杭頭から 11.795m）

1) 耐久性能の照査

杭体の断面変化位置の耐久性能の照査には，道示Ⅲ編 6.3.2 に規定される鉄筋コンクリート部材の疲労に対する照査を行うための作用の組合せ[1.00(D+L+PS+CR+SH+E+HP+U)]を用いた。

Ⅲ編 6.3.2

橋軸方向及び橋軸直角方向における照査結果は表- 3.6.13 に示すとおりで

あり，曲げモーメントにより発生する鉄筋及びコンクリートの応力度は，いずれも道示Ⅳ編6.3及びⅢ編6.3.2に規定される鉄筋及びコンクリートの応力度の制限値を超えない。よって，疲労に対する耐久性能の照査を満足する。

Ⅳ編6.3
Ⅲ編6.3.2

表- 3.6.13　鉄筋の引張応力度及びコンクリートの圧縮応力度の制限値に対する照査結果（断面③）（橋軸方向，橋軸直角方向）

			疲労 1.00(D+L+PS+CR+SH+E+HP+U) 浮力無視	疲労 1.00(D+L+PS+CR+SH+E+HP+U) 浮力考慮
曲げモーメント	M	kN・m	0	0
軸　力	N	kN	1561	1488
断面寸法	D	m	1.200	
	d_0	m	0.160	
軸方向鉄筋量	A_s	mm^2	D25-11本 5573.7	
コンクリートの圧縮応力度の照査	σ_c	N/mm^2	1.4	1.2
	制限値	N/mm^2	8.0	8.0
	判　定	—	OK	OK
鉄筋の引張応力度の照査	σ_s	N/mm^2	0	0
	制限値※	N/mm^2	160	160
	判　定	—	OK	OK

※杭体は地下水位以深のため，鉄筋の引張応力度の制限値は道示Ⅳ編表-6.3.1に規定される値とした。

Ⅲ編5.4.1
Ⅲ編表-6.3.2

Ⅳ編表-6.3.1

2）耐荷性能の照査

曲げモーメントによる照査結果は，表- 3.6.14及び表- 3.6.15に示すとおりであり，曲げモーメントは橋軸方向，橋軸直角方向いずれの方向についても限界状態1及び限界状態3に対する曲げモーメントの制限値を超えないことから，限界状態1及び限界状態3に対する照査を満足する。

Ⅳ編10.8.5

【補足】
・本書では，杭先端付近で正曲げが発生しているが，曲げモーメントは非常に小さく，この正曲げが支配的にならないことは明らかであるため，曲げモーメントによる照査は負曲げの照査のみを示している。

表- 3.6.14　曲げモーメントによる照査結果（橋軸方向）
(a) 限界状態1に対する照査（断面③）

			軸力 N (kN)	M (kN・m) 負曲げ	限界状態1に対する照査 M_{yc} (kN・m)	ξ_1 負曲げ	Φ_y	M_{yd} (kN・m) 負曲げ	
①	D+TF(D)	永続作用支配状況	1504	0	1220	0.90	0.85	933	OK
①	D+TF(U)+U		1289	0	1142	0.90	0.85	874	OK
②	D+L+TF(D)	変動作用支配状況	1810	0	1328	0.90	0.85	1016	OK
②	D+L+TF(U)+U		1594	0	1252	0.90	0.85	958	OK
③	D+TH+TF(D)		968	-47	1024	0.90	0.85	783	OK
③	D+TH+TF(U)+U		752	-47	942	0.90	0.85	721	OK
⑤	D+L+TH+TF(D)		1392	-35	1180	0.90	0.85	902	OK
⑤	D+L+TH+TF(U)+U		1177	-35	1101	0.90	0.85	842	OK
⑨	D+TH+EQ+TF(D)		405	-46	807	0.90	0.85	618	OK
⑨	D+TH+EQ+TF(U)+U		190	-46	722	0.90	0.85	552	OK
⑩	D+EQ(L1)+TF(D)	変動作用支配状況⑩	-187	-78	567	0.90	1.00	510	OK
⑩	D+EQ(L1)+TF(U)+U		-402	-78	476	0.90	1.00	428	OK

ξ_1
Ⅳ編
表-10.8.2(b)
Φ_y
Ⅲ編5.5.1
式(5.5.1)
表-5.5.1

(b) 限界状態３に対する照査（断面③）

			軸力 N (kN)	M (kN・m) 負曲げ	限界状態３に対する照査					
					M_{uc} (kN・m)	ξ_1 負曲げ	ξ_2	Φ_u	M_{ud} (kN・m) 負曲げ	
①	D+TF(D)	永続作用支配状況	1504	0	1560	0.90	0.90	0.80	1011	OK
①	D+TF(U)+U		1289	0	1479	0.90	0.90	0.80	958	OK
②	D+L+TF(D)	変動作用支配状況	1810	0	1673	0.90	0.90	0.80	1084	OK
②	D+L+TF(U)+U		1594	0	1594	0.90	0.90	0.80	1033	OK
③	D+TH+TF(D)		968	-47	1353	0.90	0.90	0.80	877	OK
③	D+TH+TF(U)+U		752	-47	1267	0.90	0.90	0.80	821	OK
⑤	D+L+TH+TF(D)		1392	-35	1518	0.90	0.90	0.80	984	OK
⑤	D+L+TH+TF(U)+U		1177	-35	1436	0.90	0.90	0.80	930	OK
⑨	D+TH+EQ+TF(D)		405	-46	1124	0.90	0.90	0.80	728	OK
⑨	D+TH+EQ+TF(U)+U		190	-46	1033	0.90	0.90	0.80	669	OK
⑩	D+EQ(L1)+TF(D)	変動作用支配状況⑩	-187	-78	869	0.90	0.90	1.00	704	OK
⑩	D+EQ(L1)+TF(U)+U		-402	-78	773	0.90	0.90	1.00	626	OK

ξ_1
Ⅳ編
表-10.8.2(b)
ξ_2，Φ_u
Ⅲ編 5.8.1
式(5.8.1)
表-5.8.1

表- 3.6.15 曲げモーメントによる照査結果（橋軸直角方向）

(a) 限界状態１に対する照査（断面③）

			軸力 N (kN)	M (kN・m) 負曲げ	限界状態１に対する照査				
					M_{yc} (kN・m)	ξ_1 負曲げ	Φ_y	M_{yd} (kN・m) 負曲げ	
①	D+TF(D)	永続作用支配状況	1504	0	1220	0.90	0.85	933	OK
①	D+TF(U)+U		1289	0	1142	0.90	0.85	874	OK
②	D+L+TF(D)	変動作用支配状況	1810	0	1328	0.90	0.85	1016	OK
②	D+L+TF(U)+U		1594	0	1252	0.90	0.85	958	OK
⑥	D+L+WS+WL+TF(D)		1432	-28	1194	0.90	0.85	913	OK
⑥	D+L+WS+WL+TF(U)+U		1217	-28	1116	0.90	0.85	854	OK
⑧	D+WS+TF(D)		944	-45	1015	0.90	0.85	776	OK
⑧	D+WS+TF(U)+U		729	-45	933	0.90	0.85	714	OK
⑨	D+TH+EQ+TF(D)		828	-31	971	0.90	0.85	743	OK
⑨	D+TH+EQ+TF(U)+U		613	-31	889	0.90	0.85	680	OK
⑩	D+EQ(L1)+TF(D)	変動作用支配状況⑩	151	-62	706	0.90	1.00	635	OK
⑩	D+EQ(L1)+TF(U)+U		-64	-62	618	0.90	1.00	556	OK

ξ_1
Ⅳ編
表-10.8.2(b)
Φ_y
Ⅲ編 5.5.1
式(5.5.1)
表-5.5.1

(b) 限界状態３に対する照査（断面③）

			軸力 N (kN)	M (kN・m) 負曲げ	限界状態３に対する照査					
					M_{uc} (kN・m)	ξ_1 負曲げ	ξ_2	Φ_u	M_{ud} (kN・m) 負曲げ	
①	D+TF(D)	永続作用支配状況	1504	0	1560	0.90	0.90	0.80	1011	OK
①	D+TF(U)+U		1289	0	1479	0.90	0.90	0.80	958	OK
②	D+L+TF(D)	変動作用支配状況	1810	0	1673	0.90	0.90	0.80	1084	OK
②	D+L+TF(U)+U		1594	0	1594	0.90	0.90	0.80	1033	OK
⑥	D+L+WS+WL+TF(D)		1432	-28	1533	0.90	0.90	0.80	994	OK
⑥	D+L+WS+WL+TF(U)+U		1217	-28	1451	0.90	0.90	0.80	940	OK
⑧	D+WS+TF(D)		944	-45	1344	0.90	0.90	0.80	871	OK
⑧	D+WS+TF(U)+U		729	-45	1258	0.90	0.90	0.80	815	OK
⑨	D+TH+EQ+TF(D)		828	-31	1298	0.90	0.90	0.80	841	OK
⑨	D+TH+EQ+TF(U)+U		613	-31	1210	0.90	0.90	0.80	784	OK
⑩	D+EQ(L1)+TF(D)	変動作用支配状況⑩	151	-62	1016	0.90	0.90	1.00	823	OK
⑩	D+EQ(L1)+TF(U)+U		-64	-62	923	0.90	0.90	1.00	748	OK

ξ_1
Ⅳ編
表-10.8.2(b)
ξ_2，Φ_u
Ⅲ編 5.8.1
式(5.8.1)
表-5.8.1

3.7 フーチングの設計

耐荷性能を確保するために，永続作用支配状況及び変動作用支配状況においては，部材の限界状態１及び限界状態３を超えないことを照査する。

レベル２地震動を考慮する設計状況においては，塑性化を期待しない部材として設計することから，部材の限界状態１及び限界状態３を超えないことを照査する。なお，レベル２地震動を考慮する設計状況におけるフーチングの設計

は 4.4.4 に示す。

　耐久性能の照査については，表- 3.7.2 に示すように土中にある部材として，内部鋼材の腐食及び疲労に対する照査を行う。

3.7.1 フーチングの剛体判定

　フーチングは，道示IV編 7.7.2 に規定されるフーチングを剛体として扱える判定を満足する厚さを有している。

IV編 7.7.2

【補足】
・本書では剛体判定の計算結果の記載は省略している。

3.7.2 フーチングの配筋

　フーチングの配筋を図- 3.7.1 に示す。(a)は鉄筋の配置を示す平面図，(b)は軸方向鉄筋位置を示している。

　本橋脚におけるフーチング下面の主鉄筋の位置は，道示IV編 5.2.2 に規定される鉄筋のかぶりを確保するとともに，杭との干渉や施工性を考慮して，橋軸方向の主鉄筋の中心位置をフーチング下面から 200㎜ とした。フーチング上面の主鉄筋の位置は，道示IV編 5.2.2 に規定される鉄筋のかぶりを確保するように，橋軸方向の主鉄筋の中心位置をフーチング上面から 150㎜ とした。

　なお，橋軸直角方向の主鉄筋は橋軸方向の軸方向鉄筋の外側に配置することから，橋軸直角方向の部材の有効高は橋軸方向のそれに比べて若干大きくなる（下面引張の場合 34㎜，上面引張の場合 27㎜）。

　一方，フーチング厚さは十分厚いため，橋軸直角方向の部材の有効高が若干大きくなることによる部材照査への影響はごくわずかであり，かつ安全側の評価にもなる。よって，本橋脚では，橋軸直角方向の主鉄筋は橋軸方向の主鉄筋と同じ位置（フーチング下面から 200㎜，フーチング上面から 150㎜）にあると仮定して，橋軸直角方向の部材照査を行っている。

IV編 5.2.2
IV編 10.8.7
解説

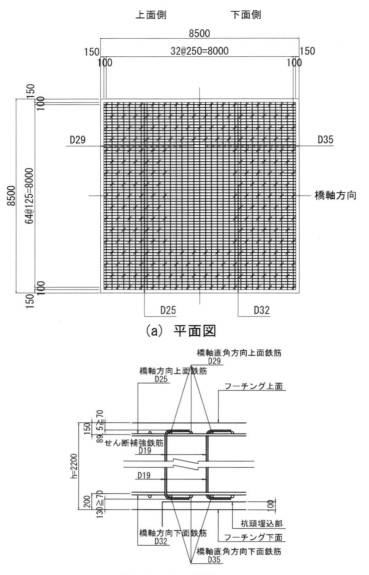

(a) 平面図

(b) 軸方向鉄筋位置
図- 3.7.1 フーチングの配筋

【補足】
・上図に示すせん断補強鉄筋のフック形状や定着方法，かぶりなどは，耐荷性能及び耐久性能を最低限満足する一例であり，設計実務では，実際の施工条件等を考慮したうえで，適切に定める必要がある。例えば，フーチング下面鉄筋のかぶりについては，杭頭の施工誤差なども考慮して，必要なかぶりを確保する。

3.7.3 橋軸方向の設計
(1) 設計断面位置
曲げモーメントに対する設計断面は柱前面位置（断面①，断面④），せん断力に対する設計断面は柱前面からフーチング厚さ h の1/2離れた位置（断面②，断面⑤）及びその外側の杭中心位置（断面③，断面⑥）となる（図- 3.7.2 参照）。

IV編 7.7.3(2)
IV編 7.7.4(2)

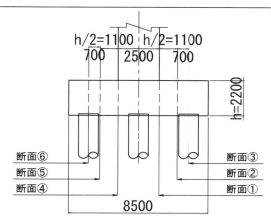

図- 3.7.2 設計断面位置(橋軸方向)

曲げモーメントによる照査に用いる有効幅を表- 3.7.1 に示す。

表- 3.7.1 曲げモーメントによる照査に用いる有効幅(橋軸方向)

引張側	柱幅 t_c (mm)	有効高 d (mm)	有効幅 b (mm)
下面側	4000	2000	8000
上面側		2050	6050

IV編 7.7.3(5)
式(7.7.1)

せん断力による照査に用いるフーチングの有効幅は全幅とする。

IV編 7.7.4(4)

(2) 耐久性能の照査

1.2.3 及び 1.4.2 の設計方針に従い,フーチングの耐久性能に関しては表- 3.7.2 に示す項目により照査を行う。

フーチングの耐久性能の照査には,道示IV編 6.3 の規定に従い,道示III編 6.3.2 に規定される鉄筋コンクリート部材の疲労に対する照査を行うための作用の組合せ[1.00(D+L+PS+CR+SH+E+HP+U)]を用いた。なお,内部鋼材の防食については,道示IV編 5.2.2 に規定されるかぶりを確保する。

III編 6.3.2

IV編 5.2.2

表- 3.7.2 フーチングの耐久性能の照査に関する主な照査項目

照査項目	耐久性確保の方法
内部鋼材の腐食	・かぶりによる内部鋼材の防食 　かぶり≧道示IV編 5.2.2(4)の最小かぶり 　　　　　　　　　　　　　　　・・・道示IV編 6.2(2)
疲労	・鉄筋の引張応力度の照査 　鉄筋の引張応力度 σ_s≦鉄筋の引張応力度の制限値 　　　　　　　　　　　　　　　・・・道示IV編 6.3(2) ・コンクリートの圧縮応力度の照査 　コンクリートの圧縮応力度 σ_c≦コンクリートの圧縮応力度の制限値 　　　　　　　　　　　　　　　・・・道示IV編 6.3(2)

1) 耐久性能の照査に用いる設計断面力

表- 3.5.7(a)に示した杭の軸方向反力(杭頭鉛直反力)及び荷重係数を考慮したフーチング重量,フーチング上の土砂重量,浮力から算出したフーチングに作用する各設計断面における設計断面力を表- 3.7.3 に示す。なお,曲げモーメントの符号は下面側が引張となる場合を正,上面側が引張となる場合を負としている。

表- 3.7.3　耐久性能の照査に用いる各設計断面
における設計断面力（橋軸方向）

(1)断面①（右側：柱前面位置）

作用の組合せ　　　設計荷重		M (kN·m)	S (kN)
1.00(D+L+PS+CR	浮力無視	6563.1	3378.9
+SH+E+HP+U)	浮力考慮	6453.2	3409.4

(2)断面②（右側：h/2位置）

作用の組合せ　　　設計荷重		M (kN·m)	S (kN)
1.00(D+L+PS+CR	浮力無視	2522.9	3967.0
+SH+E+HP+U)	浮力考慮	2490.2	3795.9

(3)断面③（右側：杭位置）

作用の組合せ　　　設計荷重		M (kN·m)	S (kN)
1.00(D+L+PS+CR	浮力無視	−385.0	4341.2
+SH+E+HP+U)	浮力考慮	−253.0	4041.9

(4)断面④（左側：柱前面位置）

作用の組合せ　　　設計荷重		M (kN·m)	S (kN)
1.00(D+L+PS+CR	浮力無視	6563.1	3378.9
+SH+E+HP+U)	浮力考慮	6453.2	3409.4

(5)断面⑤（左側：h/2位置）

作用の組合せ　　　設計荷重		M (kN·m)	S (kN)
1.00(D+L+PS+CR	浮力無視	2522.9	3967.0
+SH+E+HP+U)	浮力考慮	2490.2	3795.9

(6)断面⑥（左側：杭位置）

作用の組合せ　　　設計荷重		M (kN·m)	S (kN)
1.00(D+L+PS+CR	浮力無視	−385.0	4341.2
+SH+E+HP+U)	浮力考慮	−253.0	4041.9

2) 内部鋼材の腐食に対する耐久性能の照査

　フーチングの鉄筋のかぶりは，道示Ⅳ編 5.2.2(4)に規定される最小かぶり以上のかぶりを有している。よって，内部鋼材の腐食に対する耐久性能の照査を満足する。

　Ⅳ編 5.2.2(4)
　Ⅳ編 6.2

【補足】
・かぶりの設計は道示Ⅳ編 5.2.2（耐荷性能），道示Ⅳ編 6.2（耐久性能）に規定される最小かぶりに施工誤差等を考慮して設定することとなる。施工条件，施工誤差等によるかぶりの増厚分の値は，実施工事例などを調査し設定することとなる。

3) 疲労に対する耐久性能の照査
① 曲げモーメントによる照査

　表- 3.7.3(1)に示した設計曲げモーメントのうち大きい方の曲げモーメントを用いて，疲労に対する照査を行った。曲げモーメントによる耐久性能の照

査結果は表-3.7.4に示すとおりであり，曲げモーメントにより発生する鉄筋及びコンクリートの応力度は，いずれも道示Ⅳ編6.3及びⅢ編6.3.2に規定される鉄筋及びコンクリートの応力度の制限値を超えないことから，疲労に対する耐久性能の照査を満足する。

Ⅳ編6.3
Ⅲ編6.3.2

表-3.7.4 曲げモーメントにより発生する鉄筋の引張応力度，コンクリートの圧縮応力度の制限値に対する照査結果（橋軸方向：断面①）

			下面引張
			疲労
			1.00(D+L+PS+CR+SH+E+HP+U)
曲げモーメント	M	kN·m	6563
断面寸法	b	m	8.000
	h	m	2.200
	d_0	m	0.200
	d	m	2.000
軸方向引張鉄筋量	A_s	mm²	D32-65本(ctc125) 51623.0
コンクリートの圧縮応力度の照査	σ_c	N/mm²	1.7
	制限値	N/mm²	8.0
	判定	—	OK
鉄筋の引張応力度の照査	σ_s	N/mm²	70
	制限値※	N/mm²	160
	判定	—	OK

Ⅲ編5.4.1
Ⅲ編表-6.3.2

Ⅳ編表-6.3.1

※フーチングは地下水位以深のため，鉄筋の引張応力度の制限値は道示Ⅳ編表-6.3.1に規定される値とした。

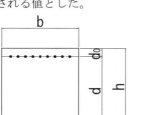

② せん断力による照査

表-3.7.3(2),(3)に示した設計せん断力のうち大きい方のせん断力を用いて，疲労に対する照査を行った。せん断力による照査結果は表-3.7.5に示すとおりであり，断面②，断面③いずれの設計断面においてもせん断補強鉄筋に生じる応力度は，道示Ⅳ編6.3に規定される応力度の制限値を超えないことから，疲労に対する耐久性能の照査を満足する。なお，コンクリートが負担できる平均せん断応力度の算出においては，せん断スパン比の影響を考慮した。フーチングはタイドアーチ的な耐荷機構を形成する部材のため，道示Ⅲ編5.4.1(5)よりコンクリートが負担できるせん断力 S_{cd} には $\Phi_{uc} \tau_{cmax} bd/k$ の上限を考慮していない。

Ⅳ編7.7.4(3)

Ⅳ編6.3
Ⅲ編5.4.1(5)
Ⅳ編5.2.7(1)
解説

**表-3.7.5 せん断力により発生する鉄筋の引張応力度
の制限値に対する照査結果（橋軸方向）
【下面側が引張となる場合】**

			1.00(D+L+PS+CR+SH+E+HP+U)	
			断面②	断面③
せん断力	S	kN	3967	4341
断面寸法	b	m	8.500	
	h	m	2.200	
	d_0	m	0.200	
	d	m	2.000	
軸方向引張鉄筋量	A_s	mm²	D32-67本(ctc125) 53211.4	
	p_t	%	0.313	
せん断スパン比	a	m	1.800	
	a/d	—	0.900	
コンクリートが負担できる平均せん断応力度	τ_c	N/mm²	0.35	
	c_e	—	0.850	
	c_{pt}	—	1.013	
	c_{dc}	—	4.480	
	c_c	—	1.000	
	τ_r	N/mm²	1.350	
コンクリートが負担できるせん断力	Φ_{uc}	—	0.65	
	S_{cd}	kN	14919	
せん断補強鉄筋が負担するせん断力	S_s	kN	0	0
せん断補強鉄筋の断面積及び間隔	A_w	mm²	D19-8.5本=2435.25	
	a	mm	250	
せん断補強鉄筋に生じる応力度の照査	c_{ds}	—	0.360	
	σ_s	N/mm²	0	0
	制限値※	N/mm²	160	160
	判定	—	OK	OK

Ⅲ編5.8.2
表-5.8.5
表-5.8.7
Ⅳ編
c_{pt} 表-5.2.3
c_{dc} 表-7.7.1
Ⅲ編
τ_r式(5.8.4)
Ⅲ編5.4.1
S_{cd}式(5.4.3)
Ⅲ編表-5.8.3
S_s式(5.4.2)
c_{ds}
Ⅳ編式(7.7.3)

Ⅲ編5.4.1
式(5.4.1)
Ⅳ編表-6.3.1

※フーチングは地下水位以深のため，鉄筋の引張応力度の制限値
は道示Ⅳ編表-6.3.1に規定される値とした。

③ 耐久性能の照査

①，②より，疲労に対する耐久性能の照査を満足する。

(3) 耐荷性能の照査

フーチングの耐荷性能の照査に関する主な照査項目を表-3.7.6に示す。耐荷性能の照査は道示Ⅳ編5.1に規定されるとおり，コンクリート部材は道示Ⅳ編5.2の規定に従ったうえで，道示Ⅲ編5章の規定によることから，表-2.2.8には直接道示Ⅲ編の規定を挙げている。

なお，表-3.7.6に記載の照査項目のうち，本章では永続作用や変動作用が支配的な状況における照査を示し，偶発作用が支配的な状況（レベル2地震動を考慮する設計状況）における照査は4.4.4に示す。

表- 3.7.6　フーチングの耐荷性能の照査に関する主な照査項目

状況 \ 状態	主として機能面からの橋の状態		構造安全面からの橋の状態
	部材等としての荷重を支持する能力が確保されている限界の状態（部材の限界状態1）	部材等として荷重を支持する能力は低下しているもののあらかじめ想定する能力の範囲にある状態（部材の限界状態2）	これを超えると部材等としての荷重を支持する能力が完全に失われる限界の状態（部材の限界状態3）
永続作用や変動作用が支配的な状況	・曲げモーメント 　$M_d \leq M_{yd} = \xi_1 \Phi_y M_{yc}$ 　　・・・ 道示III編 5.5.1(3) ・せん断力 　　　　　　同右 　　・・・ 道示III編 5.5.2(1)		・曲げモーメント 　$M_d \leq M_{ud} = \xi_1 \xi_2 \Phi_u M_{uc}$ 　　・・・ 道示III編 5.7.1(3), 5.8.1(3) ・せん断力 【耐荷性能の前提】 　$\tau_m \leq$ コンクリートのせん断応力度の制限値 　　・・・ 道示IV編 5.2.7(3) 【斜引張破壊】 　$S_d \leq S_{usd} = \xi_1 \xi_2 (\Phi_{uc} S_c + \Phi_{us} S_s)$ 　　・・・ 道示III編 5.7.2(3), 5.8.2(3) 【コンクリートの圧壊】 　$S_d \leq S_{ucd} = \xi_1 \xi_2 \Phi_{ucw} S_{ucw}$ 　　・・・ 道示III編 5.7.2(4), 5.8.2(4)
偶発作用が支配的な状況	・曲げモーメント 　$M_d \leq M_{yd} = \xi_1 \Phi_y M_{yc}$ 　　・・・ 道示III編 5.5.1(3) ・せん断力 　　　　　　同右 　　・・・ 道示III編 5.5.2(1)		・曲げモーメント 　$M_d \leq M_{ud} = \xi_1 \xi_2 \Phi_u M_{uc}$ 　　・・・ 道示III編 5.7.1(3), 5.8.1(3) ・せん断力 【斜引張破壊】 　$S_d \leq S_{usd} = \xi_1 \xi_2 (\Phi_{uc} S_c + \Phi_{us} S_s)$ 　　・・・ 道示III編 5.7.2(3), 5.8.2(3) 【コンクリートの圧壊】 　$S_d \leq S_{ucd} = \xi_1 \xi_2 \Phi_{ucw} S_{ucw}$ 　　・・・ 道示III編 5.7.2(4), 5.8.2(4)

1) 耐荷性能の照査に用いる設計断面力

表- 3.5.5(a)に示した杭の軸方向反力（杭頭鉛直反力）及び，荷重係数を考慮したフーチング重量，フーチング上の土砂重量，浮力から算出したフーチングに作用する各設計断面における設計断面力を表- 3.7.7に示す。なお，曲げモーメントの符号は下面側が引張となる場合を正，上面側が引張となる場合を負としている。

表- 3.7.7　耐荷性能の照査に用いる各設計断面における設計断面力（橋軸方向）

(1) 断面①（右側：柱前面位置）

作用の組合せ		設計断面力	M (kN·m)	S (kN)
①	D+TF(D)	永続作用支配状況	5595.3	2827.8
①	D+TF(U)+U		5299.9	2759.9
②	D+L+TF(D)	変動作用支配状況	7245.3	3744.5
②	D+L+TF(U)+U		6949.9	3676.6
③	D+TH+TF(D)		8492.2	4437.2
③	D+TH+TF(U)+U		8196.8	4369.3
⑤	D+L+TH+TF(D)		9335.5	4905.7
⑤	D+L+TH+TF(U)+U		9040.1	4837.8
⑨	D+TH+EQ+TF(D)		11528.8	6124.2
⑨	D+TH+EQ+TF(U)+U		11233.4	6056.3
⑩	D+EQ(L1)+TF(D)	変動作用支配状況⑩	14724.2	7899.4
⑩	D+EQ(L1)+TF(U)+U		14428.8	7831.5

-476-

(2) 断面② （右側：h/2位置）

作用の組合せ		設計断面力	M (kN·m)	S (kN)
①	D+TF(D)	永続作用 支配状況	2145.1	3445.3
①	D+TF(U)+U		2040.8	3165.7
②	D+L+TF(D)		2786.7	4362.0
②	D+L+TF(U)+U		2682.4	4082.4
③	D+TH+TF(D)		3271.6	5054.7
③	D+TH+TF(U)+U	変動作用 支配状況	3167.4	4775.2
⑤	D+L+TH+TF(D)		3599.6	5523.2
⑤	D+L+TH+TF(U)+U		3495.3	5243.6
⑨	D+TH+EQ+TF(D)		4452.5	6741.7
⑨	D+TH+EQ+TF(U)+U		4348.2	6462.1
⑩	D+EQ(L1)+TF(D)	変動作用 支配状況⑩	5695.2	8516.9
⑩	D+EQ(L1)+TF(U)+U		5590.9	8237.4

(3) 断面③ （右側：杭位置）

作用の組合せ		設計断面力	M (kN·m)	S (kN)
①	D+TF(D)	永続作用 支配状況	-404.2	3838.3
①	D+TF(U)+U		-265.7	3424.0
②	D+L+TF(D)		-404.2	4754.9
②	D+L+TF(U)+U		-265.7	4340.7
③	D+TH+TF(D)		-404.2	5447.7
③	D+TH+TF(U)+U	変動作用 支配状況	-265.7	5033.4
⑤	D+L+TH+TF(D)		-404.2	5916.2
⑤	D+L+TH+TF(U)+U		-265.7	5501.9
⑨	D+TH+EQ+TF(D)		-404.2	7134.7
⑨	D+TH+EQ+TF(U)+U		-265.7	6720.4
⑩	D+EQ(L1)+TF(D)	変動作用 支配状況⑩	-404.2	8909.9
⑩	D+EQ(L1)+TF(U)+U		-265.7	8495.6

(4) 断面④ （左側：柱前面位置）

作用の組合せ		設計断面力	M (kN·m)	S (kN)
①	D+TF(D)	永続作用 支配状況	5595.3	2827.8
①	D+TF(U)+U		5299.9	2759.9
②	D+L+TF(D)		7245.3	3744.5
②	D+L+TF(U)+U		6949.9	3676.6
③	D+TH+TF(D)		2698.3	1218.4
③	D+TH+TF(U)+U	変動作用 支配状況	2402.9	1150.5
⑤	D+L+TH+TF(D)		4990.0	2491.6
⑤	D+L+TH+TF(U)+U		4694.7	2423.7
⑨	D+TH+EQ+TF(D)		-338.2	-468.6
⑨	D+TH+EQ+TF(U)+U		-633.6	-536.5
⑩	D+EQ(L1)+TF(D)	変動作用 支配状況⑩	-3533.7	-2243.8
⑩	D+EQ(L1)+TF(U)+U		-3829.1	-2311.7

(5) 断面⑤(左側:h/2位置)

作用の組合せ ＼ 設計断面力			M (kN･m)	S (kN)
①	D+TF(D)	永続作用支配状況	2145.1	3445.3
①	D+TF(U)+U		2040.8	3165.7
②	D+L+TF(D)	変動作用支配状況	2786.7	4362.0
②	D+L+TF(U)+U		2682.4	4082.4
③	D+TH+TF(D)		1018.5	1835.9
③	D+TH+TF(U)+U		914.2	1556.3
⑤	D+L+TH+TF(D)		1909.7	3109.1
⑤	D+L+TH+TF(U)+U		1805.4	2829.5
⑨	D+TH+EQ+TF(D)		-162.4	148.9
⑨	D+TH+EQ+TF(U)+U		-266.7	-130.6
⑩	D+EQ(L1)+TF(D)	変動作用支配状況⑩	-1405.1	-1626.3
⑩	D+EQ(L1)+TF(U)+U		-1509.4	-1905.9

(6) 断面⑥(左側:杭位置)

作用の組合せ ＼ 設計断面力			M (kN･m)	S (kN)
①	D+TF(D)	永続作用支配状況	-404.2	3838.3
①	D+TF(U)+U		-265.7	3424.0
②	D+L+TF(D)	変動作用支配状況	-404.2	4754.9
②	D+L+TF(U)+U		-265.7	4340.7
③	D+TH+TF(D)		-404.2	2228.9
③	D+TH+TF(U)+U		-265.7	1814.6
⑤	D+L+TH+TF(D)		-404.2	3502.0
⑤	D+L+TH+TF(U)+U		-265.7	3087.8
⑨	D+TH+EQ+TF(D)		-404.2	-673.7
⑨	D+TH+EQ+TF(U)+U		-265.7	-442.8
⑩	D+EQ(L1)+TF(D)	変動作用支配状況⑩	-404.2	-1233.4
⑩	D+EQ(L1)+TF(U)+U		-265.7	-1647.6

2) 曲げモーメントによる照査

曲げモーメントによる照査は，表- 3.7.7(1),(4)に示した各設計状況の作用の組合せにおける設計曲げモーメントがそれぞれ最大（太線囲み）となる作用の組合せに対して行った。

曲げモーメントによる照査結果は表- 3.7.8 に示すとおりであり，曲げモーメントが限界状態1及び限界状態3に対する曲げモーメントの制限値を超えないことから，限界状態 1 及び限界状態 3 に対する照査を満足する。 Ⅲ編 5.5.1 Ⅲ編 5.7.1

最大抵抗曲げモーメント M_u はコンクリートのひび割れ曲げモーメント M_c 以上となることから，最小鉄筋量の規定を満足する。また，軸方向引張鉄筋量は部材の有効断面積の 2%以下で，かつ軸方向鉄筋量は部材の全断面積の 6%以下であり，最大鉄筋量の規定を満足する。 Ⅳ編 5.2.1

表- 3.7.8　曲げモーメントによる照査結果（橋軸方向）

			断面①：下面引張			断面④：上面引張		
			永続支配	変動支配		変動支配		
			①D+TF	⑨D+TH+EQ+TF	⑩D+EQ+TF	⑨D+TH+EQ+TF+U	⑩D+EQ+TF+U	
曲げモーメント	M	kN·m	5595	11529	14724	634	3829	
断面寸法	b	m	8.000			6.050		
	h	m	2.200			2.200		
	d_0	m	0.200			0.150		
	d	m	2.000			2.050		
軸方向引張鉄筋量	A_s	mm²	D32-65本(ctc125) 51623.0			D25-49本(ctc125) 24828.3		
限界状態1に対する照査	M_{yc}	kN·m	32815	32815	32815	16458	16458	Ⅲ編 5.5.1 式(5.5.1) 表-5.5.1
	ξ_1	—	0.90	0.90	0.90	0.90	0.90	
	Φ_y	—	0.85	0.85	1.00	0.85	1.00	
	M_{yd}	kN·m	25104	25104	29534	12590	14812	
	判定	—	$M \leqq M_{yd}$ OK	$M \leqq M_{yd}$ OK	$M \leqq M_{yd}$ OK	$M \leqq M_{yd}$ OK	$M \leqq M_{yd}$ OK	
限界状態3に対する照査	M_{uc}	kN·m	34621	34621	34621	17254	17254	Ⅲ編 5.8.1 式(5.8.1) 表-5.8.1
	ξ_1	—	0.90	0.90	0.90	0.90	0.90	
	ξ_2	—	0.90	0.90	0.90	0.90	0.90	
	Φ_u	—	0.80	0.80	1.00	0.80	1.00	
	M_{ud}	kN·m	22435	22435	28043	11181	13976	
	判定	—	$M \leqq M_{ud}$ OK	$M \leqq M_{ud}$ OK	$M \leqq M_{ud}$ OK	$M \leqq M_{ud}$ OK	$M \leqq M_{ud}$ OK	
最小鉄筋量の照査	M_c	kN·m	12350	12350	12350	9339	9339	Ⅳ編 5.2.1
	M_u	kN·m	34621	34621	34621	17254	17254	
	$1.7M$	kN·m	9512	19599	25031	1077	6509	
	判定	—	$M_c \leqq M_u$ OK	$M_c \leqq M_u$ OK	$M_c \leqq M_u$ OK	$M_c \leqq M_u$ OK	$M_c \leqq M_u$ OK	

3) せん断力による照査

　せん断力による照査は，表- 3.7.7(2), (3), (5), (6)に示した各設計状況の作用の組合せにおける設計せん断力がそれぞれ最大（太線囲み）となる作用の組合せに対して行った。

　下面側が引張となる場合のせん断力による照査結果を表- 3.7.9 に示す。永続作用支配状況及び変動作用支配状況において，断面②及び断面③に生じる平均せん断応力度又はせん断力は，限界状態3に対する平均せん断応力度の制限値，斜引張破壊に対するせん断力の制限値及びコンクリートの圧壊に対するせん断力の制限値を超えないことから限界状態3に対する照査を満足する。

　上面側が引張となる場合のせん断力による照査結果を表- 3.7.10 に示す。変動作用支配状況において，断面⑤及び断面⑥に生じる平均せん断応力度又はせん断力が，限界状態3に対する平均せん断応力度の制限値，斜引張破壊に対するせん断力の制限値及びコンクリートの圧壊に対するせん断力の制限値を超えないことから限界状態3に対する照査を満足する。なお，永続作用支配状況においては，上面側が引張とならないため，照査は省略した。

　なお，コンクリートが負担できるせん断力及びせん断補強引張鉄筋が負担できるせん断力の算出においては，せん断スパン比の影響c_{dc}及びc_{ds}を考慮した。フーチングはタイドアーチ的な耐荷機構を形成する部材のため，道示Ⅲ編5.8.2(3)よりコンクリートが負担できるせん断力の特性値S_cには$\tau_{cmax}bd$の上限を考慮していない。

　以上のように，フーチングに生じるせん断力は永続作用支配状況及び変動作

Ⅳ編 7.7.4(3)
Ⅲ編 5.8.2(3)
Ⅳ編 5.2.7(1)
解説

用支配状況において限界状態 3 の制限値を超えない。ゆえに，道示Ⅲ編5.5.2(1)の規定により限界状態1に対する照査も満足する。

Ⅲ編 5.5.2(1)

表- 3.7.9 せん断力による照査結果（橋軸方向）
【下面側が引張となる場合】

			断面②（h/2位置）			断面③（杭位置）		
			永続支配	変動支配		永続支配	変動支配	
			①D+TF	⑨D+TH+EQ+TF	⑩D+EQ+TF	①D+TF	⑨D+TH+EQ+TF	⑩D+EQ+TF
せん断力	S	kN	3445	6742	8517	3838	7135	8910
断面寸法	b	m	8.500			8.500		
	h	m	2.200			2.200		
	d_0	m	0.200			0.200		
	d	m	2.000			2.000		
軸方向引張鉄筋量	A_s	mm^2	D32-67本(ctc125) 53211.4			D32-67本(ctc125) 53211.4		
	p_t	%	0.313			0.313		
平均せん断応力度	τ_m	N/mm^2	0.20	0.40	0.50	0.23	0.42	0.52
	制限値	N/mm^2	1.7	2.6	2.6	1.7	2.6	2.6
	判　定	—	OK	OK	OK	OK	OK	OK
せん断スパン比	a	m	1.800			1.800		
	a/d	—	0.900			0.900		
コンクリートが負担できる平均せん断応力度	τ_c	N/mm^2	0.35			0.35		
	c_e	—	0.850			0.850		
	c_{pt}	—	1.013			1.013		
	c_{dc}	—	4.480			4.480		
	c_c	—	1.000			1.000		
	τ_r	N/mm^2	1.350			1.350		
コンクリートが負担できるせん断力	k	—	1.30			1.30		
	S_c	kN	29838			29838		
せん断補強鉄筋の断面積及び間隔	A_w	mm^2	D19-8.5本= 2435.25			D19-8.5本= 2435.25		
	a	mm	250			250		
せん断補強鉄筋が負担できるせん断力	c_{ds}	—	0.360			0.360		
	k	—	1.30			1.30		
	σ_{sy}	N/mm^2	345			345		
	S_s	kN	2735			2735		
斜引張破壊に対するせん断力の制限値	ξ_1	—	0.90	0.90	0.90	0.90	0.90	0.90
	ξ_2	—	0.85	0.85	0.85	0.85	0.85	0.85
	Φ_{uc}	—	0.65	0.65	0.95	0.65	0.65	0.95
	Φ_{us}	—	0.65	0.65	0.95	0.65	0.65	0.95
	S_{usd}	kN	16197	16197	23672	16197	16197	23672
	判　定	—	$S \leqq S_{usd}$ OK	$S \leqq S_{usd}$ OK	$S \leqq S_{usd}$ OK	$S \leqq S_{usd}$ OK	$S \leqq S_{usd}$ OK	$S \leqq S_{usd}$ OK
圧壊に対するせん断耐力の特性値	$\tau_{r\,max}$	N/mm^2	3.2			3.2		
	S_{ucw}	kN	54400			54400		
コンクリートの圧壊に対するせん断力の制限値	ξ_1	—	0.90	0.90	0.90	0.90	0.90	0.90
	$\xi_2\Phi_{ucw}$	—	0.70	0.70	1.00	0.70	0.70	1.00
	S_{ucd}	kN	34272	34272	48960	34272	34272	48960
	判　定	—	$S \leqq S_{ucd}$ OK	$S \leqq S_{ucd}$ OK	$S \leqq S_{ucd}$ OK	$S \leqq S_{ucd}$ OK	$S \leqq S_{ucd}$ OK	$S \leqq S_{ucd}$ OK

Ⅳ編 5.2.7
式(5.2.1)
表-5.2.4
Ⅲ編 5.8.2
表-5.8.5
表-5.8.7
Ⅳ編
c_{pt} 表-5.2.3
c_{dc} 表-7.7.1
Ⅲ編
τ_r 式(5.8.4)
S_c
Ⅲ編式(5.8.3)
c_{ds}
Ⅳ編式(7.7.3)
S_s
Ⅲ編式(5.8.5)
S_{usd}
式(5.8.2)
表-5.8.3
S_{ucw}
式(5.8.8)
表-5.8.10
S_{ucd}
式(5.8.7)
表-5.8.9

表- 3.7.10　せん断力による照査結果（橋軸方向）
【上面側が引張となる場合】

			断面⑤（h/2位置）		断面⑥（杭位置）		
			変動支配		変動支配		
			⑨D+TH+EQ+TF	⑩D+EQ+U	⑨D+TH+EQ+TF	⑩D+EQ+U	
せん断力	S	kN	149	1906	674	1648	
断面寸法	b	m	8.500		8.500		IV編 5.2.7
	h	m	2.200		2.200		式(5.2.1)
	d_0	m	0.150		0.150		表-5.2.4
	d	m	2.050		2.050		III編 5.8.2
軸方向引張鉄筋量	A_s	mm²	D25-67本(ctc125) 33948.9		D25-67本(ctc125) 33948.9		表-5.8.5
	p_t	%	0.195		0.195		表-5.8.7
平均せん断応力度	τ_m	N/mm²	0.01	0.11	0.04	0.09	IV編
	制限値	N/mm²	2.6	2.6	2.6	2.6	c_{pt}表-5.2.3
	判定	—	OK	OK	OK	OK	c_{dc}表-7.7.1
せん断スパン比	a	m	3.050		3.050		III編
	a/d	—	1.488		1.488		τ_r式(5.8.4)
コンクリートが負担できる平均せん断応力度	τ_c	N/mm²	0.35		0.35		
	c_e	—	0.843		0.843		
	c_{pt}	—	0.890		0.890		
	c_{dc}	—	2.537		2.537		
	c_c	—	1.000		1.000		
	τ_r	N/mm²	0.666		0.666		
コンクリートが負担できるせん断力	k	—	1.30		1.30		S_c
	S_c	kN	15089		15089		III編式(5.8.3)
せん断補強鉄筋の断面積及び間隔	A_w	mm²	D19-8.5本= 2435.25		D19-8.5本= 2435.25		
	a	mm	250		250		c_{ds}
せん断補強鉄筋が負担できるせん断力	c_{ds}	—	0.595		0.595		IV編式(7.7.3)
	k	—	1.30		1.30		
	σ_{sy}	N/mm²	345		345		S_s
	S_s	kN	4635		4635		III編式(5.8.5)
斜引張破壊に対するせん断力の制限値	ξ_1	—	0.90	0.90	0.90	0.90	
	ξ_2	—	0.85	0.85	0.85	0.85	
	Φ_{uc}	—	0.65	0.95	0.65	0.95	
	Φ_{us}	—	0.65	0.95	0.65	0.95	
	S_{usd}	kN	9807	14334	9807	14334	S_{usd}
	判定	—	$S \leqq S_{usd}$ OK	$S \leqq S_{usd}$ OK	$S \leqq S_{usd}$ OK	$S \leqq S_{usd}$ OK	式(5.8.2) 表-5.8.3
圧壊に対するせん断耐力の特性値	$\tau_{r\,max}$	N/mm²	3.2		3.2		S_{ucw}
	S_{ucw}	kN	55760		55760		式(5.8.8)
コンクリートの圧壊に対するせん断力の制限値	ξ_1	—	0.90	0.90	0.90	0.90	表-5.8.10
	$\xi_2\Phi_{ucw}$	—	0.70	1.00	0.70	1.00	S_{ucd}
	S_{ucd}	kN	35129	50184	35129	50184	式(5.8.7)
	判定	—	$S \leqq S_{ucd}$ OK	$S \leqq S_{ucd}$ OK	$S \leqq S_{ucd}$ OK	$S \leqq S_{ucd}$ OK	表-5.8.9

3.7.4　橋軸直角方向の設計

(1) 設計断面位置

　曲げモーメントに対する設計断面は柱前面位置（断面①，断面③），せん断力に対する設計断面は柱前面からフーチング厚さ h の 1/2 離れた位置（断面②，断面④）となる（図- 3.7.3 参照）。

IV編 7.7.3(2)
IV編 7.7.4(2)

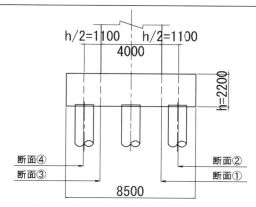

図- 3.7.3　設計断面位置（橋軸直角方向）

曲げモーメントによる照査に用いる有効幅を表- 3.7.11 に示す。

表- 3.7.11　曲げモーメントによる照査に用いる有効幅
（橋軸直角方向）

引張側	柱幅 t_c (mm)	有効高 d (mm)	有効幅 b (mm)
下面側	2500	2000	6500
上面側		2050	4550

IV編 7.7.3(5)
式(7.7.1)

せん断力による照査に用いるフーチングの有効幅は全幅とする。

IV編 7.7.4(4)

(2) 耐久性能の照査

1.2.3 及び 1.4.2 の設計方針に従い，フーチングの耐久性能に関しては表- 3.7.12 に示す項目により照査を行う。

フーチングの耐久性能の照査には，道示IV編 6.3 の規定に従い，道示III編 6.3.2 に規定される鉄筋コンクリート部材の疲労に対する照査を行うための作用の組合せ[1.00(D+L+PS+CR+SH+E+HP+U)]を用いた。なお，内部鋼材の防食については，道示IV編 5.2.2 に規定されるかぶりを確保する。

III編 6.3.2

IV編 5.2.2

表- 3.7.12　フーチングの耐久性能の照査に関する主な照査項目

照査項目	耐久性確保の方法
内部鋼材の腐食	・かぶりによる内部鋼材の防食 　かぶり≧道示IV編 5.2.2(4)の最小かぶり 　　　　　　　　　　　　　　　・・・道示IV編 6.2(2)
疲労	・鉄筋の引張応力度の照査 　鉄筋の引張応力度 σ_s≦鉄筋の引張応力度の制限値 　　　　　　　　　　　　　　　・・・道示IV編 6.3(2) ・コンクリートの圧縮応力度の照査 　コンクリートの圧縮応力度 σ_c≦コンクリートの圧縮応力度の制限値 　　　　　　　　　　　　　　　・・・道示IV編 6.3(2)

1) 耐久性能の照査に用いる設計断面力

表- 3.5.7(b)に示した杭の軸方向反力（杭頭鉛直反力）及び，荷重係数を考慮したフーチング重量，フーチング上の土砂重量，浮力から算出した荷重係数を考慮した各設計断面における設計断面力を表- 3.7.13 に示す。なお，曲げモーメントの符号は下面側が引張となる場合を正，上面側が引張となる場合を負としている。

表- 3.7.13　耐久性能の照査に用いる各設計断面における設計断面力（橋軸直角方向）

(1) 断面①（右側：柱前面位置）

作用の組合せ	設計荷重	M (kN·m)	S (kN)
1.00(D+L+PS+CR	浮力無視	3878.6	3779.8
+SH+E+HP+U)	浮力考慮	3797.3	3672.9

(2) 断面②（右側：h/2位置）

作用の組合せ	設計荷重	M (kN·m)	S (kN)
1.00(D+L+PS+CR	浮力無視	-353.5	-614.9
+SH+E+HP+U)	浮力考慮	-232.4	-404.1

(3) 断面③（左側：柱前面位置）

作用の組合せ	設計荷重	M (kN·m)	S (kN)
1.00(D+L+PS+CR	浮力無視	3878.6	3779.8
+SH+E+HP+U)	浮力考慮	3797.3	672.9

(4) 断面④（左側：h/2位置）

作用の組合せ	設計荷重	M (kN·m)	S (kN)
1.00(D+L+PS+CR	浮力無視	-353.5	-614.9
+SH+E+HP+U)	浮力考慮	-232.4	-404.1

2) 内部鋼材の腐食に対する耐久性能の照査

　フーチングの鉄筋のかぶりは，道示Ⅳ編 5.2.2(4)に規定される最小かぶり以上のかぶりを有している。よって，内部鋼材の腐食に対する耐久性能の照査を満足する。

（右欄：IV編 5.2.2(4)　IV編 6.2）

【補足】
・かぶりの設計は道示Ⅳ編 5.2.2（耐荷性能），道示Ⅳ編 6.2（耐久性能）に規定される最小かぶりに施工誤差等を考慮して設定することとなる。施工条件，施工誤差等によるかぶりの増厚分の値は，実施工事例などを調査し設定することとなる。

3) 疲労に対する耐久性能の照査
① 曲げモーメントによる照査

　表- 3.7.13(1)に示した設計曲げモーメントのうち大きい方の曲げモーメントを用いて疲労に対する照査を行った。曲げモーメントによる耐久性能の照査結果は表- 3.7.14 に示すとおりであり，曲げモーメントにより発生する鉄筋及びコンクリートの応力度は，いずれも道示Ⅳ編 6.3及びⅢ編 6.3.2に規定される鉄筋及びコンクリートの応力度の制限値を超えないことから，疲労に対する耐久性能の照査を満足する。

（右欄：IV編 6.3　Ⅲ編 6.3.2）

表- 3.7.14 曲げモーメントにより発生する鉄筋の引張応力度，コンクリート
の圧縮応力度の制限値に対する照査結果（橋軸直角方向：断面①）

			下面引張
			疲労
			1.00(D+L+PS+CR+SH+E+HP+U)
曲げモーメント	M	kN·m	3879
断面寸法	b	m	6.500
	h	m	2.200
	d_0	m	0.200
	d	m	2.000
軸方向引張鉄筋量	A_s	mm²	D35-27本(ctc250) 25828.2
コンクリートの圧縮応力度の照査	σ_c	N/mm²	1.5
	制限値	N/mm²	8.0
	判定	—	OK
鉄筋の引張応力度の照査	σ_s	N/mm²	81
	制限値※	N/mm²	160
	判定	—	OK

Ⅲ編 5.4.1
Ⅲ編表-6.3.2

Ⅳ編表-6.3.1

※フーチングは地下水位以深のため，鉄筋の引張応力度の制限値は道示
Ⅳ編表-6.3.1に規定される値とした。

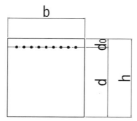

② せん断力による照査

　表- 3.7.13(2)に示した設計せん断力のうち大きい方のせん断力を用いて疲労に対する照査を行った。せん断力による照査結果は表- 3.7.15 に示すとおりであり，せん断補強鉄筋に生じる応力度は，道示Ⅳ編 6.3 に規定される応力度の制限値を超えないことから，疲労に対する耐久性能の照査を満足する。

　本橋脚は橋軸直角方向についてはせん断力に対する設計断面位置が杭位置より外側にあるため，コンクリートが負担できる平均せん断応力度の算出において，せん断スパン比の影響を考慮していない。

Ⅳ編 6.3

表- 3.7.15　せん断力により発生する鉄筋の引張応力度の
制限値に対する照査結果（橋軸直角方向）
断面②（h/2 位置）【下面側が引張となる場合】

			1.00(D+L+PS+CR +SH+E+HP+U)
			断面②
せん断力	S	kN	615
断面寸法	b	m	8.500
	h	m	2.200
	d_0	m	0.200
	d	m	2.000
軸方向 引張鉄筋量	A_s	mm^2	D35-35本(ctc250) 33481.0
	p_t	%	0.197
コンクリートが負担できる平均せん断応力度	τ_c	N/mm^2	0.35
	c_e	—	0.850
	c_{pt}	—	0.894
	c_{dc}	—	1.000
	c_c	—	1.000
	τ_r	N/mm^2	0.266
コンクリートが負担できるせん断力	Φ_{uc}	—	0.65
	S_{cd}	kN	2939
せん断補強鉄筋が負担するせん断力	S_s	kN	0
せん断補強鉄筋の断面積及び間隔	A_w	mm^2	D19-16.5本=4727.25
	a	mm	500
せん断補強鉄筋に生じる応力度の照査	c_{ds}	—	1.000
	σ_s	N/mm^2	0
	制限値※	N/mm^2	160
	判定	—	OK

※フーチングは地下水位以深のため，鉄筋の引張応力度の制限値
　は道示IV編表-6.3.1 に規定される値とした。

Ⅲ編 5.8.2
表-5.8.5
表-5.8.7
c_{pt}
Ⅳ編表-5.2.3
Ⅲ編
τ_r式(5.8.4)
Ⅲ編 5.4.1
S_{cd}式(5.4.3)
Ⅲ編表-5.8.3

S_s式(5.4.2)

Ⅲ編 5.4.1
式(5.4.1)
Ⅳ編表-6.3.1

③ 耐久性能の照査

①，②より，疲労に対する耐久性能の照査を満足する。

(3) 耐荷性能の照査

フーチングの耐久性能の照査に関する主な照査項目を表- 3.7.16 に示す。耐荷性能の照査は道示IV編 5.1 に規定されるとおり，コンクリート部材は道示IV編 5.2 の規定に従ったうえで，道示Ⅲ編 5 章の規定によることから，表- 2.2.8 には直接道示Ⅲ編の規定を挙げている。

なお，表- 3.7.16 に記載の照査項目のうち，本章では永続作用や変動作用が支配的な状況における照査を示し，偶発作用が支配的な状況（レベル 2 地震動を考慮する設計状況）における照査は 4.4.4 に示す。

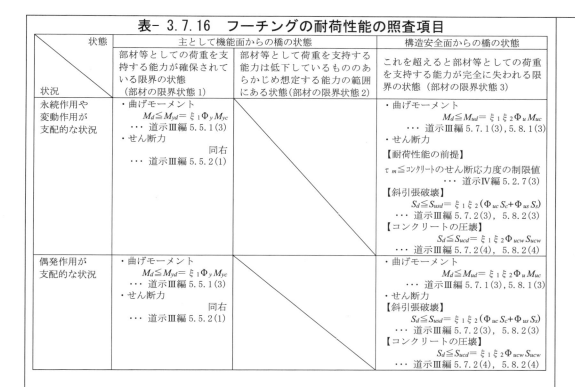

表- 3.7.16　フーチングの耐荷性能の照査項目

状況＼状態	主として機能面からの橋の状態 部材等としての荷重を支持する能力が確保されている限界の状態 （部材の限界状態 1）	主として機能面からの橋の状態 部材等として荷重を支持する能力は低下しているもののあらかじめ想定する能力の範囲にある状態（部材の限界状態 2）	構造安全面からの橋の状態 これを超えると部材等としての荷重を支持する能力が完全に失われる限界の状態（部材の限界状態 3）
永続作用や変動作用が支配的な状況	・曲げモーメント $M_d \leqq M_{yd} = \xi_1 \Phi_y M_{yc}$ ・・・ 道示Ⅲ編 5.5.1(3) ・せん断力 同右 ・・・ 道示Ⅲ編 5.5.2(1)		・曲げモーメント $M_d \leqq M_{ud} = \xi_1 \xi_2 \Phi_u M_{uc}$ ・・・ 道示Ⅲ編 5.7.1(3), 5.8.1(3) ・せん断力 【耐荷性能の前提】 $\tau_m \leqq$ コンクリートのせん断応力度の制限値 ・・・ 道示Ⅳ編 5.2.7(3) 【斜引張破壊】 $S_d \leqq S_{usd} = \xi_1 \xi_2 (\Phi_{uc} S_c + \Phi_{us} S_s)$ ・・・ 道示Ⅲ編 5.7.2(3), 5.8.2(3) 【コンクリートの圧壊】 $S_d \leqq S_{ucd} = \xi_1 \xi_2 \Phi_{ucw} S_{ucw}$ ・・・ 道示Ⅲ編 5.7.2(4), 5.8.2(4)
偶発作用が支配的な状況	・曲げモーメント $M_d \leqq M_{yd} = \xi_1 \Phi_y M_{yc}$ ・・・ 道示Ⅲ編 5.5.1(3) ・せん断力 同右 ・・・ 道示Ⅲ編 5.5.2(1)		・曲げモーメント $M_d \leqq M_{ud} = \xi_1 \xi_2 \Phi_u M_{uc}$ ・・・ 道示Ⅲ編 5.7.1(3), 5.8.1(3) ・せん断力 【斜引張破壊】 $S_d \leqq S_{usd} = \xi_1 \xi_2 (\Phi_{uc} S_c + \Phi_{us} S_s)$ ・・・ 道示Ⅲ編 5.7.2(3), 5.8.2(3) 【コンクリートの圧壊】 $S_d \leqq S_{ucd} = \xi_1 \xi_2 \Phi_{ucw} S_{ucw}$ ・・・ 道示Ⅲ編 5.7.2(4), 5.8.2(4)

1) 耐荷性能の照査に用いる設計断面力

表- 3.5.5(b)に示した杭の軸方向反力（杭頭鉛直反力）及び，荷重係数を考慮したフーチング重量，フーチング上の土砂重量，浮力から算出したフーチングに作用する各設計断面における設計断面力を表- 3.7.17 に示す。なお，曲げモーメントの符号は下面側が引張となる場合を正，上面側が引張となる場合を負としている。

表- 3.7.17　耐荷性能の照査に用いる各設計断面における設計断面力（橋軸直角方向）

(1) 断面①（右側：柱前面位置）

作用の組合せ＼設計断面力			M (kN・m)	S (kN)
①	D+TF(D)	永続作用支配状況	3316.5	3248.8
①	D+TF(U)+U		3126.2	3036.6
②	D+L+TF(D)	変動作用支配状況	4279.0	4165.5
②	D+L+TF(U)+U		4088.7	3953.3
⑥	D+L+WS+WL+TF(D)		5371.8	5206.3
⑥	D+L+WS+WL+TF(U)+U		5181.5	4994.0
⑧	D+WS+TF(D)		5081.8	4930.0
⑧	D+WS+TF(U)+U		4891.4	4717.8
⑨	D+TH+EQ+TF(D)		5446.8	5277.6
⑨	D+TH+EQ+TF(U)+U		5256.4	5065.4
⑩	D+EQ(L1)+TF(D)	変動作用支配状況⑩	7577.0	7306.5
⑩	D+EQ(L1)+TF(U)+U		7386.7	7094.2

(2) 断面②（右側：h/2位置）

作用の組合せ ＼ 設計断面力			M (kN・m)	S (kN)
①	D+TF(D)	永続作用支配状況	-371.2	**-645.6**
①	D+TF(U)+U		-244.0	-424.3
②	D+L+TF(D)	変動作用支配状況	-371.2	-645.6
②	D+L+TF(U)+U		-244.0	-424.3
⑥	D+L+WS+WL+TF(D)		-371.2	-645.6
⑥	D+L+WS+WL+TF(U)+U		-244.0	-424.3
⑧	D+WS+TF(D)		-371.2	-645.6
⑧	D+WS+TF(U)+U		-244.0	-424.3
⑨	D+TH+EQ+TF(D)		-371.2	-645.6
⑨	D+TH+EQ+TF(U)+U		-244.0	-424.3
⑩	D+EQ(L1)+TF(D)	変動作用支配状況⑩	-371.2	-645.6
⑩	D+EQ(L1)+TF(U)+U		-244.0	-424.3

(3) 断面③（左側：柱前面位置）

作用の組合せ ＼ 設計断面力			M (kN・m)	S (kN)
①	D+TF(D)	永続作用支配状況	3316.5	3248.8
①	D+TF(U)+U		3126.2	3036.6
②	D+L+TF(D)	変動作用支配状況	4279.0	4165.5
②	D+L+TF(U)+U		4088.7	3953.3
⑥	D+L+WS+WL+TF(D)		3090.0	3033.1
⑥	D+L+WS+WL+TF(U)+U		2899.6	2820.8
⑧	D+WS+TF(D)		1551.3	1567.6
⑧	D+WS+TF(U)+U		1360.9	1355.4
⑨	D+TH+EQ+TF(D)		1186.3	1220.0
⑨	D+TH+EQ+TF(U)+U		995.9	1007.8
⑩	D+EQ(L1)+TF(D)	変動作用支配状況⑩	-944.0	-808.8
⑩	D+EQ(L1)+TF(U)+U		**-1134.3**	-1021.0

(4) 断面④（左側：h/2位置）

作用の組合せ ＼ 設計断面力			M (kN・m)	S (kN)
①	D+TF(D)	永続作用支配状況	-371.2	-645.6
①	D+TF(U)+U		-244.0	-424.3
②	D+L+TF(D)	変動作用支配状況	-371.2	-645.6
②	D+L+TF(U)+U		-244.0	-424.3
⑥	D+L+WS+WL+TF(D)		-371.2	-645.6
⑥	D+L+WS+WL+TF(U)+U		-244.0	-424.3
⑧	D+WS+TF(D)		-371.2	-645.6
⑧	D+WS+TF(U)+U		-244.0	-424.3
⑨	D+TH+EQ+TF(D)		-371.2	-645.6
⑨	D+TH+EQ+TF(U)+U		-244.0	-424.3
⑩	D+EQ(L1)+TF(D)	変動作用支配状況⑩	-371.2	**-645.6**
⑩	D+EQ(L1)+TF(U)+U		-244.0	-424.3

2) 曲げモーメントによる照査

曲げモーメントによる耐荷性能の照査は，表- 3.7.17(1),(3)に示した各設計状況の作用の組合せにおける設計曲げモーメントがそれぞれ最大（太線囲み）となる作用の組合せに対して行った。

曲げモーメントによる耐荷性能の照査結果は表- 3.7.18 に示すとおりであり，曲げモーメントが限界状態1及び限界状態3に対する曲げモーメントの制限値を超えないことから，限界状態1及び限界状態3に対する照査を満足する。 Ⅲ編 5.5.1 Ⅲ編 5.7.1

最大抵抗曲げモーメント M_u はコンクリートのひび割れ曲げモーメント M_c

以上となることから，最小鉄筋量の規定を満足する。また，軸方向引張鉄筋量は部材の有効断面積の 2%以下で，かつ軸方向鉄筋量は部材の全断面積の 6%以下であり，最大鉄筋量の規定を満足する。

Ⅳ編 5.2.1

表- 3.7.18　曲げモーメントによる照査結果（橋軸直角方向）

			断面①：下面引張			断面③：上面引張
			永続支配	変動支配		変動支配
			①D+TF	⑨D+TH+EQ+TF	⑩D+EQ+TF	⑩D+EQ+TF+U
曲げモーメント	M	kN･m	3317	5447	7577	1134
断面寸法	b	m	6.500			4.550
	h	m	2.200			2.200
	d_0	m	0.200			0.150
	d	m	2.000			2.050
軸方向引張鉄筋量	A_s	mm^2	D35-27本(ctc250) 25828.2			D29-19本(ctc250) 12205.6
限界状態1に対する照査	M_{yc}	kN･m	16707	16707	16707	8191
	ξ_1	－	0.90	0.90	0.90	0.90
	Φ_y	－	0.85	0.85	1.00	1.00
	M_{yd}	kN･m	12781	12781	15037	7372
	判　定	－	$M \leqq M_{yd}$ OK	$M \leqq M_{yd}$ OK	$M \leqq M_{yd}$ OK	$M \leqq M_{yd}$ OK
限界状態3に対する照査	M_{uc}	kN･m	17514	17514	17514	8534
	ξ_1	－	0.90	0.90	0.90	0.90
	ξ_2	－	0.90	0.90	0.90	0.90
	Φ_u	－	0.80	0.80	1.00	1.00
	M_{ud}	kN･m	11349	11349	14186	6913
	判　定	－	$M \leqq M_{ud}$ OK	$M \leqq M_{ud}$ OK	$M \leqq M_{ud}$ OK	$M \leqq M_{ud}$ OK
最小鉄筋量の照査	M_c	kN･m	10034	10034	10034	7024
	M_u	kN･m	17514	17514	17514	8534
	$1.7M$	kN･m	5638	9260	12881	1928
	判　定	－	$M_c \leqq M_u$ OK	$M_c \leqq M_u$ OK	$M_c \leqq M_u$ OK	$M_c \leqq M_u$ OK

Ⅲ編 5.5.1
式(5.5.1)
表-5.5.1

Ⅲ編 5.8.1
式(5.8.1)
表-5.8.1

Ⅳ編 5.2.1

3) せん断力による照査

せん断力による耐荷性能の照査は，表- 3.7.17(2),(4)に示した各設計状況の作用の組合せにおける設計せん断力がそれぞれ最大（太線囲み）となる作用の組合せに対して行った。

下面側が引張となる場合のせん断力による耐荷性能の照査結果を表- 3.7.19 に示す。永続作用支配状況において，断面②に生じる平均せん断応力度又はせん断力は，限界状態 3 に対する平均せん断応力度の制限値，斜引張破壊に対するせん断力の制限値及びコンクリートの圧壊に対するせん断力の制限値を超えないことから限界状態 3 に対する照査を満足する。なお，変動作用支配状況におけるせん断力は，永続作用支配状況におけるせん断力と同一のため，照査は省略した。

上面側が引張となる場合のせん断力による耐荷性能の照査結果を表- 3.7.20 に示す。変動作用支配状況において，断面④に生じる平均せん断応力度又はせん断力は，限界状態 3 に対する平均せん断応力度の制限値，斜引張破壊に対するせん断力の制限値及びコンクリートの圧壊に対するせん断力の制限値を超えないことから限界状態 3 に対する照査を満足する。なお，永続作用支配状況においては，上面側が引張とならないため，照査は省略した。

本橋脚ではコンクリートが負担できる平均せん断応力度の算出において，耐久性能の照査の場合と同様の理由により，せん断スパン比の影響を考慮していない。

　以上のように，フーチングに生じるせん断力は永続作用支配状況及び変動作用支配状況において限界状態 3 の制限値を超えない。ゆえに，道示Ⅲ編 5.5.2(1) の規定により限界状態 1 に対する照査も満足する。

Ⅲ編 5.5.2(1)

表- 3.7.19　せん断力による照査結果（橋軸直角方向）
断面②（h/2 位置）【下面側が引張となる場合】

			永続支配
			①D+TF
せん断力	S	kN	646
断面寸法	b	m	8.500
	h	m	2.200
	d_0	m	0.200
	d	m	2.000
軸方向引張鉄筋量	A_s	mm^2	D35-35本(ctc250) 33481.0
	p_t	%	0.197
平均せん断応力度	τ_m	N/mm^2	0.04
	制限値	N/mm^2	1.7
	判定	—	OK
コンクリートが負担できる平均せん断応力度	τ_c	N/mm^2	0.35
	c_e	—	0.850
	c_{pt}	—	0.894
	c_{dc}	—	1.000
	c_c	—	1.000
	τ_r	N/mm^2	0.266
コンクリートが負担できるせん断力	k	—	1.30
	S_c	kN	5878
せん断補強鉄筋の断面積及び間隔	A_w	mm^2	D19-16.5本=4727.25
	a	mm	500
せん断補強鉄筋が負担できるせん断力	c_{ds}	—	1.000
	k	—	1.30
	σ_{sy}	N/mm^2	345
	S_s	kN	7375
斜引張破壊に対するせん断力の制限値	ξ_1	—	0.90
	ξ_2	—	0.85
	Φ_{uc}	—	0.65
	Φ_{us}	—	0.65
	S_{usd}	kN	6590
	判定	—	$S \leqq S_{usd}$ OK
圧壊に対するせん断耐力の特性値	τ_{rmax}	N/mm^2	3.2
	S_{ucw}	kN	54400
コンクリートの圧壊に対するせん断力の制限値	ξ_1	—	0.90
	$\xi_2\Phi_{ucw}$	—	0.70
	S_{ucd}	kN	34272
	判定	—	$S \leqq S_{ucd}$ OK

Ⅳ編 5.2.7
式(5.2.1)
表-5.2.4
Ⅲ編 5.8.2
表-5.8.5
表-5.8.7
Ⅳ編
c_{pt} 表-5.2.3
Ⅲ編
τ_r 式(5.8.4)
S_c
式(5.8.3)
S_s
式(5.8.5)

S_{usd}
式(5.8.2)
表-5.8.3

S_{ucw}
式(5.8.8)
表-5.8.10
S_{ucd}
式(5.8.7)
表-5.8.9

表-3.7.20 せん断力による照査結果（橋軸直角方向）
断面④（h/2位置）【上面側が引張となる場合】

			変動支配 ⑩D+EQ+TF	
せん断力	S	kN	646	IV編 5.2.7
断面寸法	b	m	8.500	式(5.2.1)
	h	m	2.200	表-5.2.4
	d_0	m	0.150	III編 5.8.2
	d	m	2.050	表-5.8.5
軸方向引張鉄筋量	A_s	mm²	D29-35本(ctc250) 22484.0	表-5.8.7 IV編
	p_t	%	0.129	c_{pt}表-5.2.3
平均せん断応力度	τ_m	N/mm²	0.04	III編
	制限値	N/mm²	2.6	τ_r式(5.8.4)
	判定	—	OK	S_c
コンクリートが負担できる平均せん断応力度	τ_c	N/mm²	0.35	式(5.8.3)
	c_e	—	0.843	S_s
	c_{pt}	—	0.758	式(5.8.5)
	c_{dc}	—	1.000	
	c_c	—	1.000	
	τ_r	N/mm²	0.224	
コンクリートが負担できるせん断力	k	—	1.30	
	S_c	kN	5066	
せん断補強鉄筋の断面積及び間隔	A_w	mm²	D19-16.5本=4727.25	
	a	mm	500	
せん断補強鉄筋が負担できるせん断力	c_{ds}	—	1.000	
	k	—	1.30	S_{usd}
	σ_{sy}	N/mm²	345	式(5.8.2)
	S_s	kN	7559	表-5.8.3
斜引張破壊に対するせん断力の制限値	ξ_1	—	0.90	
	ξ_2	—	0.85	
	Φ_{uc}	—	0.95	S_{ucw}
	Φ_{us}	—	0.95	式(5.8.8)
	S_{usd}	kN	9175	表-5.8.10
	判定	—	$S \leqq S_{usd}$ OK	S_{ucd}
圧壊に対するせん断耐力の特性値	$\tau_{r\,max}$	N/mm²	3.2	式(5.8.7)
	S_{ucw}	kN	55760	表-5.8.9
コンクリートの圧壊に対するせん断力の制限値	ξ_1	—	0.90	
	$\xi_2\Phi_{ucw}$	—	1.00	
	S_{ucd}	kN	50184	
	判定	—	$S \leqq S_{ucd}$ OK	

4章 偶発作用支配状況（レベル2地震動を考慮する設計状況）における耐荷性能の照査

本章では，偶発作用支配状況（レベル2地震動を考慮する設計状況）における橋脚を構成する部材の設計を示す。

4.1 張出ばりの設計

張出ばりは，レベル2地震動を考慮する設計状況において塑性化を期待しない部材として設計することから，部材の限界状態1及び限界状態3を超えないことを照査する。

4.1.1 鉛直方向（橋軸直角方向）の設計

(1) 設計断面位置及び設計断面における荷重の特性値から算出した断面力

設計断面は，図-2.2.1に示した永続作用支配状況及び変動作用支配状況における張出ばりの設計断面位置と同じである。 〔IV編7.3.2(4)〕 〔III編5.8.2(6)〕 〔図-5.8.4〕

各設計断面における荷重の特性値から算出した断面力の集計結果を表-4.1.1に示す。

表-4.1.1 各設計断面における荷重の特性値から算出した断面力（鉛直方向）

(1) 断面①（つけ根）

荷重又は影響	特性値から算出した断面力	曲げモーメント M (kN·m)	せん断力 S (kN)
死荷重	D	4351.0	2619.0
レベル2地震動の影響	EQ	10237.5	3166.0

(2) 断面②（h/2位置）

荷重又は影響	特性値から算出した断面力	曲げモーメント M (kN·m)	せん断力 S (kN)
死荷重	D	2019.0	1593.5
レベル2地震動の影響	EQ	4871.7	2092.0

(3) 断面③（G5けた位置）

荷重又は影響	特性値から算出した断面力	曲げモーメント M (kN·m)	せん断力 S (kN)
死荷重	D	47.8	1444.9
レベル2地震動の影響	EQ	1704.5	2092.0

(2) 耐荷性能の照査

1) 耐荷性能の照査に用いる設計断面力

レベル2地震動を考慮する設計状況における張出ばりの設計断面力を表-4.1.2に示す。設計断面力は，表-4.1.1に整理した断面力を用いて式(2.2.1)に基づいて算出した。

地震の影響による断面力の算出にあたっては，地震の影響による荷重組合せ係数及び荷重係数のほか，死荷重の荷重組合せ係数及び荷重係数を考慮した。 〔V編2.5(4)解説〕

-491-

表- 4.1.2　耐荷性能の照査に用いる各設計断面
における設計断面力（鉛直方向）

（1）断面①（つけ根）

設計断面力 作用の組合せ	M (kN·m)	N (kN)	S (kN)
⑪ D+EQ(L2)	15317.9	0.0	6074.2

（2）断面②（h/2 位置）

設計断面力 作用の組合せ	M (kN·m)	N (kN)	S (kN)	S_h (kN)
⑪ D+EQ(L2)	7235.2	0.0	3869.8	2589.2

（3）断面③（G5 けた位置）

設計断面力 作用の組合せ	M (kN·m)	N (kN)	S (kN)	S_h (kN)
⑪ D+EQ(L2)	1839.9	0.0	3713.7	3290.7

S_h
Ⅲ編 5.8.2
式(5.8.9)

2）曲げモーメントによる照査

　曲げモーメントによる照査は，表- 4.1.2(1)に示した設計曲げモーメントを用いて行った。

　曲げモーメントによる照査結果は表- 4.1.3 に示すとおりであり，曲げモーメントが限界状態1及び限界状態3に対する曲げモーメントの制限値を超えないことから，限界状態1及び限界状態3に対する照査を満足する。

　最大抵抗曲げモーメント M_u はコンクリートのひび割れ曲げモーメント M_c 以上となることから，最小鉄筋量の規定を満足する。

Ⅲ編 5.5.1
Ⅲ編 5.7.1

Ⅳ編 5.2.1

表- 4.1.3　曲げモーメントによる照査結果（断面①）

			偶発支配
			⑪D+EQ
曲げモーメント	M	kN・m	15318
断面寸法	b	m	2.500
	h	m	2.500
	d_0	m	0.200
	d	m	2.300
軸方向 引張鉄筋量	A_s	mm²	D32-15本×2段配筋 23826.0
限界状態1 に対する照査	M_{yc}	kN・m	16755
	ξ_1	—	1.00
	Φ_y	—	1.00
	M_{yd}	kN・m	16755
	判　定	—	$M \leqq M_{yd}$ OK
限界状態3 に対する照査	M_{uc}	kN・m	18225
	ξ_1	—	1.00
	ξ_2	—	0.90
	Φ_u	—	1.00
	M_{ud}	kN・m	16403
	判　定	—	$M \leqq M_{ud}$ OK
最小鉄筋量 の照査	M_c	kN・m	4984
	M_u	kN・m	18225
	$1.7M$	kN・m	26040
	判　定	—	$M_c \leqq M_u$ OK

（右欄参照）
Ⅲ編 5.5.1 式(5.5.1) 表-5.5.1

Ⅲ編 5.8.1 式(5.8.1) 表-5.8.1

Ⅳ編 5.2.1

3）せん断力による照査

せん断力による照査は，表- 4.1.2(2)，(3)に示した設計せん断力を用いて行った。

せん断力による照査結果を表- 4.1.4に示す。断面②及び断面③に生じるせん断力が，斜引張破壊に対するせん断力の制限値及びコンクリートの圧壊に対するせん断力の制限値を超えないことから限界状態 3 に対する照査を満足する。

以上のように，せん断力はレベル 2 地震動を考慮する設計状況において限界状態 3 の制限値を超えない。ゆえに，道示Ⅲ編 5.5.2(1)の規定により限界状態 1 に対する照査も満足する。　　　　　　　　　　　　　　　　　　Ⅲ編 5.5.2(1)

なお，張出ばりの部材高は変化するため，各設計断面における有効な側面鉄筋の本数の評価は煩雑となる。せん断力による照査における軸方向引張鋼材に関する補正係数 c_{pt} は，軸方向引張鉄筋量を少なく見込んだ方が安全側の設計となることから，本橋脚では軸方向引張鉄筋比 p_t の算出において，側面鉄筋を考慮していない。

-493-

表- 4.1.4 せん断力による照査結果
(1) 断面② (h/2 位置)

			偶発支配
			⑪D+EQ
せん断力	S_h	kN	2589
断面寸法	b	m	2.500
	h	m	2.083
	d_0	m	0.200
	d	m	1.883
軸方向引張鉄筋量	A_s	mm²	D32-15本×2段配筋 23826.0
	p_t	%	0.506
コンクリートが負担できる平均せん断応力度	τ_c	N/mm²	0.35
	c_e	—	0.868
	c_{pt}	—	1.204
	c_{dc}	—	1.000
	c_c	—	1.000
	τ_r	N/mm²	0.366
コンクリートが負担できるせん断力	k	—	1.30
	$\tau_{c\,max}$	N/mm²	1.2
	$\tau_{c\,max}bd$	kN	5649
	S_c	kN	2238
せん断補強鉄筋の断面積及び間隔	A_w	mm²	D22-4本=1548.4
	a	mm	150
せん断補強鉄筋が負担できるせん断力	c_{ds}	—	1.000
	k	—	1.30
	σ_{sy}	N/mm²	345
	S_s	kN	7581
斜引張破壊に対するせん断力の制限値	ξ_1	—	1.00
	ξ_2	—	0.85
	Φ_{uc}	—	0.95
	Φ_{us}	—	0.95
	S_{usd}	kN	7929
	判定	—	$S_h \leqq S_{usd}$ OK
圧壊に対するせん断耐力の特性値	$\tau_{r\,max}$	N/mm²	3.2
	S_{ucw}	kN	15064
コンクリートの圧壊に対するせん断力の制限値	ξ_1	—	1.00
	$\xi_2\Phi_{ucw}$	—	1.00
	S_{ucd}	kN	15064
	判定	—	$S_h \leqq S_{ucd}$ OK

Ⅲ編 5.8.2
表-5.8.5
表-5.8.7
c_{pt}
Ⅳ編表-5.2.3
Ⅲ編
τ_r式(5.8.4)
S_c
式(5.8.3)
表-5.8.6

S_s
式(5.8.5)

S_{usd}
式(5.8.2)
表-5.8.3

S_{ucw}
式(5.8.8)
表-5.8.10
S_{ucd}
式(5.8.7)
表-5.8.9

-494-

（2）断面③（G5 けた位置）

			偶発支配
			⑪D+EQ
せん断力	S_h	kN	3291
断面寸法	b	m	2.500
	h	m	1.650
	d_0	m	0.200
	d	m	1.450
軸方向引張鉄筋量	A_s	mm^2	D32-15本×2段配筋 23826.0
	p_t	%	0.657
コンクリートが負担できる平均せん断応力度	τ_c	N/mm^2	0.35
	c_e	—	0.933
	c_{pt}	—	1.294
	c_{dc}	—	1.000
	c_c	—	1.000
	τ_r	N/mm^2	0.423
コンクリートが負担できるせん断力	k	—	1.30
	$\tau_{c\,max}$	N/mm^2	1.2
	$\tau_{c\,max}bd$	kN	4350
	S_c	kN	1991
せん断補強鉄筋の断面積及び間隔	A_w	mm^2	D22-4本=1548.4
	a	mm	150
せん断補強鉄筋が負担できるせん断力	c_{ds}	—	1.000
	k	—	1.30
	σ_{sy}	N/mm^2	345
	S_s	kN	5837
斜引張破壊に対するせん断力の制限値	ξ_1	—	1.00
	ξ_2	—	0.85
	Φ_{uc}	—	0.95
	Φ_{us}	—	0.95
	S_{usd}	kN	6322
	判 定	—	$S_h \leqq S_{usd}$ OK
圧壊に対するせん断耐力の特性値	$\tau_{r\,max}$	N/mm^2	3.2
	S_{ucw}	kN	11600
コンクリートの圧壊に対するせん断力の制限値	ξ_1	—	1.00
	$\xi_2\Phi_{ucw}$	—	1.00
	S_{ucd}	kN	11600
	判 定	—	$S_h \leqq S_{ucd}$ OK

Ⅲ編 5.8.2
表-5.8.5
表-5.8.7
c_{pt}
Ⅳ編表-5.2.3
Ⅲ編
τ_r式(5.8.4)
S_c
式(5.8.3)
表-5.8.6

S_s
式(5.8.5)

S_{usd}
式(5.8.2)
表-5.8.3

S_{ucw}
式(5.8.8)
表-5.8.10
S_{ucd}
式(5.8.7)
表-5.8.9

4.1.2 水平方向（橋軸方向）の設計

（1）設計断面位置及び各設計断面における荷重の特性値から算出した断面力

設計断面は，図-2.2.2 に示した永続作用支配状況及び変動作用支配状況における張出ばりの設計断面位置と同じである。

各設計断面における荷重の特性値から算出した断面力の計算結果を表-4.1.5 に示す。

本橋脚ではレベル 2 地震動を考慮する設計状況における橋脚の応答値の算出には静的解析を用いており，かつ，橋軸方向においては橋脚に塑性化を期待するため，支承部からの水平荷重には橋脚の終局水平耐力 P_u を用いている。橋脚の終局水平耐力 P_u は張出ばりの慣性力も考慮した上での耐力であることから，表-4.1.5 に示すレベル 2 地震動の影響による断面力の算出においては，張出

Ⅳ編 7.3.2(4)
Ⅲ編 5.8.2(6)
解説
図-解5.8.8

ばりの慣性力は考慮していない。

表- 4.1.5　各設計断面における荷重の特性値から算出した断面力（水平方向）

(1) 断面①（つけ根）

荷重又は影響 ＼ 特性値から算出した断面力		曲げモーメント M (kN・m)	せん断力 S (kN)
レベル2地震動の影響	EQ	4773.7	3080.0

(2) 断面②（G4 けた位置）

荷重又は影響 ＼ 特性値から算出した断面力		曲げモーメント M (kN・m)	せん断力 S (kN)
レベル2地震動の影響	EQ	3926.7	3080.0

(3) 断面③（G5 けた位置）

荷重又は影響 ＼ 特性値から算出した断面力		曲げモーメント M (kN・m)	せん断力 S (kN)
レベル2地震動の影響	EQ	0.0	1726.0

(2) 耐荷性能の照査

1) 耐荷性能の照査に用いる設計断面力

レベル 2 地震動を考慮する設計状況における張出ばりの設計断面力を表-4.1.6 に示す。設計断面力は，表- 4.1.5 に整理した断面力を用いて式 (2.2.1) に基づいて算出した。

ただし，(1)に示したように，橋軸方向の支承部からの水平荷重には橋脚の終局水平耐力 P_u を用いている。橋脚の照査は，死荷重の荷重組合せ係数及び荷重係数を考慮した等価重量を用いて行っていることから，支承部からの水平荷重による断面力には，死荷重の荷重組合せ係数及び荷重係数を考慮していない。

表- 4.1.6　耐荷性能の照査に用いる各設計断面
における設計断面力（水平方向）

(1) 断面①（つけ根）

作用の組合せ ＼ 設計断面力		M (kN・m)	N (kN)	S (kN)
⑪	D+EQ(L2)	4773.7	0.0	3080.0

(2) 断面②（G4 けた位置）

作用の組合せ ＼ 設計断面力		M (kN・m)	N (kN)	S (kN)
⑪	D+EQ(L2)	3926.7	0.0	3080.0

(3) 断面③（G5 けた位置）

作用の組合せ ＼ 設計断面力		M (kN・m)	N (kN)	S (kN)
⑪	D+EQ(L2)	0.0	0.0	1726.0

2) 曲げモーメントによる照査

曲げモーメントによる照査は，表- 4.1.6 (1)に示した設計曲げモーメントを用いて行った。

曲げモーメントによる照査結果は表-4.1.7に示すとおりであり，曲げモーメントが限界状態1及び限界状態3に対する曲げモーメントの制限値を超えないことから，限界状態1及び限界状態3に対する照査を満足する。 `Ⅲ編 5.5.1` `Ⅲ編 5.7.1`

　最大抵抗曲げモーメント M_u はコンクリートのひび割れ曲げモーメント M_c 以上となることから，最小鉄筋量の規定を満足する。 `Ⅳ編 5.2.1`

表-4.1.7　曲げモーメントによる照査結果（断面①）

			偶発支配
			⑪D+EQ
曲げモーメント	M	kN·m	4774
断面寸法	b	m	2.500
	h	m	2.500
	d_0	m	0.150
	d	m	2.350
軸方向引張鉄筋量	A_s	mm²	D29-12本 7708.8
限界状態1に対する照査	M_{yc}	kN·m	5930
	ξ_1	—	1.00
	Φ_y	—	1.00
	M_{yd}	kN·m	5930
	判定	—	$M \leqq M_{yd}$ OK
限界状態3に対する照査	M_{uc}	kN·m	6179
	ξ_1	—	1.00
	ξ_2	—	0.90
	Φ_u	—	1.00
	M_{ud}	kN·m	5561
	判定	—	$M \leqq M_{ud}$ OK
最小鉄筋量の照査	M_c	kN·m	4984
	M_u	kN·m	6179
	1.7M	kN·m	8115
	判定	—	$M_c \leqq M_u$ OK

（限界状態1に対する照査）欄右: `Ⅲ編 5.5.1 式（5.5.1）表-5.5.1`
（限界状態3に対する照査）欄右: `Ⅲ編 5.8.1 式（5.8.1）表-5.8.1`
（最小鉄筋量の照査）欄右: `Ⅳ編 5.2.1`

3）せん断力による照査

　せん断力による照査は，表-4.1.6(1)～(3)に示した設計せん断力を用いて行った。

　せん断力による耐荷性能の照査結果を表-4.1.8に示す。レベル2地震動を考慮する設計状況において，全ての設計断面に生じるせん断力が，斜引張破壊に対するせん断力の制限値及びコンクリートの圧壊に対するせん断力の制限値を超えないことから限界状態3に対する照査を満足する。

　以上のように，せん断力はレベル2地震動を考慮する設計状況において限界状態3の制限値を超えない。ゆえに，道示Ⅲ編5.5.2(1)の規定により限界状態1に対する照査も満足する。 `Ⅲ編 5.5.2(1)`

　なお，軸方向引張鉄筋比 p_t の算出については，鉛直方向の設計の場合と同様の理由により，張出ばりの側面鉄筋を考慮しないこととしている。

表- 4.1.8 せん断力による照査結果
(1) 断面①（つけ根）

			偶発支配 ⑪D+EQ
せん断力	S	kN	3080
断面寸法	b	m	2.500
	h	m	2.500
	d_0	m	0.150
	d	m	2.350
軸方向 引張鉄筋量	A_s	mm^2	(D32-30本+D29-15本)/2 16731.0
	p_t	%	0.285
コンクリートが負担できる平均せん断応力度	τ_c	N/mm^2	0.35
	c_e	—	0.798
	c_{pt}	—	0.985
	c_{dc}	—	1.000
	c_c	—	1.000
	τ_r	N/mm^2	0.275
コンクリートが負担できるせん断力	k	—	1.30
	$\tau_{c\,max}$	N/mm^2	1.2
	$\tau_{c\,max}\,bd$	kN	7050
	S_c	kN	2101
せん断補強鉄筋の断面積及び間隔	A_w	mm^2	D22-2本=774.2
	a	mm	150
せん断補強鉄筋が負担できるせん断力	c_{ds}	—	1.000
	k	—	1.30
	σ_{sy}	N/mm^2	345
	S_s	kN	4730
斜引張破壊に対するせん断力の制限値	ξ_1	—	1.00
	ξ_2	—	0.85
	Φ_{uc}	—	0.95
	Φ_{us}	—	0.95
	S_{usd}	kN	5516
	判 定	—	$S \leqq S_{usd}$ OK
圧壊に対するせん断耐力の特性値	$\tau_{r\,max}$	N/mm^2	3.2
	S_{ucw}	kN	18800
コンクリートの圧壊に対するせん断力の制限値	ξ_1	—	1.00
	$\xi_2\Phi_{ucw}$	—	1.00
	S_{ucd}	kN	18800
	判 定	—	$S \leqq S_{ucd}$ OK

Ⅲ編 5.8.2
表-5.8.5
表-5.8.7
c_{pt}
Ⅳ編表-5.2.3
Ⅲ編
τ_r式(5.8.4)
S_c
式(5.8.3)
表-5.8.6

S_s
式(5.8.5)

S_{usd}
式(5.8.2)
表-5.8.3

S_{ucw}
式(5.8.8)
表-5.8.10
S_{ucd}
式(5.8.7)
表-5.8.9

（2）断面②（G4 けた位置）

			偶発支配
			⑪D+EQ
せん断力	S	kN	3080
断面寸法	b	m	2.408
	h	m	2.500
	d_0	m	0.150
	d	m	2.350
軸方向引張鉄筋量	A_s	mm^2	(D32-30本+D29-15本)/2 16731.0
	p_t	%	0.296
コンクリートが負担できる平均せん断応力度	τ_c	N/mm^2	0.35
	c_e	—	0.798
	c_{pt}	—	0.996
	c_{dc}	—	1.000
	c_c	—	1.000
	τ_r	N/mm^2	0.278
コンクリートが負担できるせん断力	k	—	1.30
	$\tau_{c\,max}$	N/mm^2	1.2
	$\tau_{c\,max}\,bd$	kN	6791
	S_c	kN	2046
せん断補強鉄筋の断面積及び間隔	A_w	mm^2	D22-2本=774.2
	a	mm	150
せん断補強鉄筋が負担できるせん断力	c_{ds}	—	1.000
	k	—	1.30
	σ_{sy}	N/mm^2	345
	S_s	kN	4730
斜引張破壊に対するせん断力の制限値	ξ_1	—	1.00
	ξ_2	—	0.85
	Φ_{uc}	—	0.95
	Φ_{us}	—	0.95
	S_{usd}	kN	5472
	判定	—	$S \leqq S_{usd}$ OK
圧壊に対するせん断耐力の特性値	$\tau_{r\,max}$	N/mm^2	3.2
	S_{ucw}	kN	18108
コンクリートの圧壊に対するせん断力の制限値	ξ_1	—	1.00
	$\xi_2\Phi_{ucw}$	—	1.00
	S_{ucd}	kN	18108
	判定	—	$S \leqq S_{ucd}$ OK

Ⅲ編 5.8.2
表-5.8.5
表-5.8.7
c_{pt}
Ⅳ編表-5.2.3
Ⅲ編
τ_r式(5.8.4)
S_c
式(5.8.3)
表-5.8.6

S_s
式(5.8.5)

S_{usd}
式(5.8.2)
表-5.8.3

S_{ucw}
式(5.8.8)
表-5.8.10
S_{ucd}
式(5.8.7)
表-5.8.9

（3）断面③（G5 けた位置）

			偶発支配 ⑪D+EQ	
せん断力	S	kN	1726	
断面寸法	b	m	1.650	
	h	m	2.500	
	d_0	m	0.150	
	d	m	2.350	
軸方向 引張鉄筋量	A_s	mm^2	(D32-30本+D29-15本)/2 16731.0	
	p_t	%	0.431	III編 5.8.2
コンクリートが負担できる平均せん断応力度	τ_c	N/mm^2	0.35	表-5.8.5
	c_e	—	0.798	表-5.8.7
	c_{pt}	—	1.131	c_{pt}
	c_{dc}	—	1.000	IV編表-5.2.3
	c_c	—	1.000	III編
	τ_r	N/mm^2	0.316	τ_r式(5.8.4)
コンクリートが負担できるせん断力	k	—	1.30	S_c
	$\tau_{c\,max}$	N/mm^2	1.2	式(5.8.3)
	$\tau_{c\,max}bd$	kN	4653	表-5.8.6
	S_c	kN	1592	
せん断補強鉄筋の断面積及び間隔	A_w	mm^2	D22-2本=774.2	
	a	mm	150	
せん断補強鉄筋が負担できるせん断力	c_{ds}	—	1.000	S_s
	k	—	1.30	式(5.8.5)
	σ_{sy}	N/mm^2	345	
	S_s	kN	4730	
斜引張破壊に対するせん断力の制限値	ξ_1	—	1.00	
	ξ_2	—	0.85	
	Φ_{uc}	—	0.95	S_{usd}
	Φ_{us}	—	0.95	式(5.8.2)
	S_{usd}	kN	5106	表-5.8.3
	判定	—	$S \leqq S_{usd}$ OK	
圧壊に対するせん断耐力の特性値	$\tau_{r\,max}$	N/mm^2	3.2	S_{ucw}
	S_{ucw}	kN	12408	式(5.8.8) 表-5.8.10
コンクリートの圧壊に対するせん断力の制限値	ξ_1	—	1.00	S_{ucd}
	$\xi_2\Phi_{ucw}$	—	1.00	式(5.8.7)
	S_{ucd}	kN	12408	表-5.8.9
	判定	—	$S \leqq S_{ucd}$ OK	

4.2 橋座部の設計

　　　＜省略＞

【補足】
・橋座部はレベル2地震動を考慮する設計状況において，破壊しないように，道示IV編 7.6 の規定に従い，支承部から作用する荷重を躯体に確実に伝達できる構造となるように設計する。

IV編 7.6

・本書では支承縁端距離の照査や，橋座部の耐力に対するレベル2地震動を考慮する設計状況において支承部から作用する水平力の照査の記載は省略している。なお，橋座部の耐力に対する照査の設計計算例については，Ⅲ.1.(2)ポストテンション方式連続PC箱桁橋の設計計算例を参照のこと。

4.3 橋脚の設計
4.3.1　構造解析手法
　橋の耐震設計にあたって，応答値の算出は動的解析を標準とするが，本橋は，以下の①～③に該当するため，道示Ⅴ編5.3に規定される静的解析により応答値を算出する。

V編5.1
V編5.3

　　　　　① 1次の固有振動モードが卓越している。
　　　　　② 塑性化の生じる部材及び部位が明確である。
　　　　　③ エネルギー一定則の適用性が検証されている。

　本橋では，レベル2地震動を考慮する設計状況において塑性化を期待する部材は，橋軸方向及び橋軸直角方向のタイプⅠ地震動においては橋脚の柱基部，橋軸直角方向のタイプⅡ地震動においては橋脚基礎としている。ただし，橋軸直角方向については，道示Ⅴ編2.5(13)の規定に従い，基礎が塑性化すると仮定した場合の基礎の照査と，基礎は塑性化しないと仮定した場合の橋脚柱の照査を行っている。

V編2.5(13)

　橋脚の柱基部の配筋は図-2.3.2に示したとおりであり，道示Ⅴ編6.2.5及び8.9.2に規定される構造細目を満たしており，本橋では帯鉄筋及び中間帯鉄筋はせん断補強鉄筋としての機能に加え，横拘束鉄筋としての機能も満足するように設計している。

V編6.2.5
V編8.9.2

4.3.2　橋脚の水平力－水平変位関係
(1) コンクリートの応力度－ひずみ曲線
　橋脚柱のコンクリートの応力度－ひずみ曲線の計算結果を表-4.3.1及び図-4.3.1に示す。

表- 4.3.1 コンクリートの応力度－ひずみ曲線

			橋軸方向	橋軸直角方向
コンクリート設計基準強度	σ_{ck}	N/mm²	24.0	24.0
コンクリートのヤング係数	E_c	N/mm²	25000	25000
横拘束鉄筋の降伏強度（≦345N/mm²）	σ_{sy}	N/mm²	345.0	345.0
横拘束鉄筋の径	D_h	mm	D22	D22
横拘束鉄筋1本あたりの断面積	A_h	mm²	387.1	387.1
横拘束鉄筋の間隔	s	mm	200	200
横拘束鉄筋の有効長	d	mm	1000	1000
横拘束鉄筋の体積比（≦0.018）	ρ_s	—	0.007742	0.007742
断面補正係数	α	—	0.2	0.2
	β	—	0.4	0.4
横拘束鉄筋で拘束されたコンクリートの最大圧縮応力度	σ_{cc}	N/mm²	26.03	26.03
最大圧縮応力度に達するときのひずみ	ε_{cc}	—	0.003469	0.003469
下降勾配	E_{des}	N/mm²	2415	2415
横拘束鉄筋で拘束されたコンクリートの限界圧縮ひずみ	ε_{ccl}	—	0.008858	0.008858

V編 6.2.3(1)

ρ_s 式(6.2.6)

σ_{cc} 式(6.2.3)
ε_{cc} 式(6.2.4)
E_{des} 式(6.2.5)
V編 8.5
ε_{ccl} 式(8.5.1)
n 式(6.2.2)

σ_c 式(6.2.1)

$$n = \frac{E_c \varepsilon_{cc}}{E_c \varepsilon_{cc} - \sigma_{cc}}$$

$$\begin{cases} \sigma_c = E_c \varepsilon_c \left\{ 1 - \frac{1}{n} \left(\frac{\varepsilon_c}{\varepsilon_{cc}} \right)^{n-1} \right\} & (0 \leq \varepsilon_c \leq \varepsilon_{cc}) \\ \sigma_c = \sigma_{cc} - E_{des}(\varepsilon_c - \varepsilon_{cc}) & (\varepsilon_{cc} < \varepsilon_c \leq \varepsilon_{ccl}) \end{cases}$$

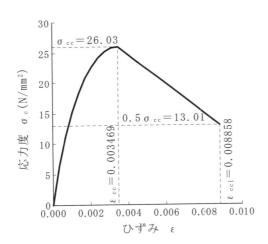

図- 4.3.1 コンクリートの応力度－ひずみ曲線
（橋軸方向，橋軸直角方向）

(2) 軸方向鉄筋の応力度－ひずみ関係及び塑性ヒンジ長

軸方向鉄筋の応力度－ひずみ関係及び塑性ヒンジ長の計算結果を表- 4.3.2 及び図- 4.3.2 に示す。

表- 4.3.2　軸方向鉄筋の応力度－ひずみ関係及び塑性ヒンジ長

			橋軸方向	橋軸直角方向	
軸方向鉄筋の降伏強度	σ_{sy}	N/mm²	345.0	345.0	
軸方向鉄筋のヤング係数	E_s	N/mm²	200000	200000	V編 6.2.3(2)
軸方向鉄筋の降伏ひずみ	ε_{sy}	－	0.001725	0.001725	ε_{sy}式(6.2.8)
軸方向鉄筋の径	D	mm	D35	D35	V編 8.5
軸方向鉄筋の引張ひずみを算出するための軸方向鉄筋の直径	ϕ	mm	35	35	
塑性ヒンジ長を算出するための軸方向鉄筋の直径（≦40mm）	ϕ'	mm	35	35	III編 5.1.1(3)
横拘束鉄筋のヤング係数	E_0	N/mm²	200000	200000	
横拘束鉄筋の径	D_h	mm	D22	D22	
横拘束鉄筋の断面二次モーメント[※1]	I_h	mm⁴	11923	11923	
塑性ヒンジ長を算出するための横拘束鉄筋の有効長	d'	mm	1000	1000	
横拘束鉄筋の間隔	s	mm	200	200	
横拘束鉄筋の有効長で囲まれるコンクリート部分に配置される圧縮側軸方向鉄筋の本数[※2]	n_s	本	18	9	
最外縁の軸方向鉄筋の最外面からコンクリート表面までの距離	c_0	mm	132.5	132.5	V編 8.5
横拘束鉄筋の抵抗を表すばね定数	β_s	N/mm²	0.2544	0.5087	β_s式(8.5.6)
かぶりコンクリートの抵抗を表すばね定数	β_{c0}	N/mm²	1.3250	1.3250	β_{c0}式(8.5.7)
軸方向鉄筋のはらみ出しに対する抵抗を表すばね定数	β_n	N/mm²	1.5794	1.8337	β_n式(8.5.5)
橋脚基部から上部構造慣性力の作用位置までの高さ	h	mm	9100	11600	L_p式(8.5.4)
塑性ヒンジ長（≦0.15h）	L_p	mm	756.1	719.4	
限界状態2に相当する軸方向鉄筋の引張ひずみ	ε_{st2}	－	0.032070	0.036565	ε_{st2}式(8.5.2)
限界状態3に相当する軸方向鉄筋の引張ひずみ	ε_{st3}	－	0.044898	0.051190	ε_{st3}式(8.5.3)

※1) 横拘束鉄筋の断面二次モーメントは横拘束鉄筋の公称直径を用いて算出した。
※2) n_sは下式の要領で算出した。
　　1段配筋の場合を例に，$n_s = n_s' + 1$（小数点以下切り捨て），$n_s' = d'/a$
　　ここに，aは軸方向鉄筋間隔

$$\begin{cases} \sigma_s = -\sigma_{sy} & (\varepsilon_s < -\varepsilon_{sy}) \\ \sigma_s = E_s \varepsilon_s & (-\varepsilon_{sy} \leq \varepsilon_s \leq \varepsilon_{sy}) \\ \sigma_s = \sigma_{sy} & (\varepsilon_{sy} < \varepsilon_s \leq \varepsilon_{st2}) \end{cases}$$

V編 6.2.3(2)
σ_s式(6.2.7)

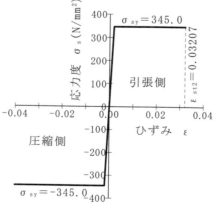

(a) 橋軸方向　　(b) 橋軸直角方向
図- 4.3.2　軸方向鉄筋の応力度－ひずみ関係

(3) 橋脚の限界状態に対応する水平耐力及び水平変位

橋脚基部の曲げモーメント－曲率関係及び橋脚の限界状態に対応する水平耐力及び水平変位の算出結果を表-4.3.3に示す。なお，橋脚の曲げモーメント－曲率関係の算出に用いた軸力には，道示Ⅴ編6.2.2解説より表-1.5.8に示した死荷重の荷重組合せ係数及び荷重係数を考慮した。

Ⅴ編6.2.2解説

表-4.3.3 橋脚の限界状態に対応する水平耐力及び水平変位

				橋軸方向	橋軸直角方向
橋脚基部の曲げモーメント－曲率関係	ひび割れ時	M_c	kN・m	13623	20599
		ϕ_c	1/m	8.617E-5	5.385E-5
	初降伏時	M_{y0}	kN・m	53827	68704
		ϕ_{y0}	1/m	1.107E-3	6.687E-4
	降伏時	ϕ_y	1/m	1.267E-3	9.143E-4
	軸方向鉄筋の引張ひずみが限界状態2に相当する引張ひずみに達するとき	M_{st}	kN・m	61611	93946
		ϕ_{st}	1/m	1.632E-2	1.214E-2
	コンクリートの圧縮ひずみがコンクリートの圧縮限界ひずみに達するとき	M_{ccl}	kN・m	61191	93533
		ϕ_{ccl}	1/m	3.791E-2	1.274E-2
	限界状態2に相当する曲げモーメント及び曲率	先行※	—	鉄筋	鉄筋
		M_{ls2}	kN・m	61611	93946
		ϕ_{ls2}	1/m	1.632E-2	1.214E-2
橋脚の限界状態に対応する水平耐力及び水平変位	ひび割れ水平耐力	P_c	kN	1497	1776
	初降伏水平耐力及び初降伏水平変位	P_{y0}	kN	5915	5923
		δ_{y0}	m	0.0272	0.0248
	降伏水平耐力及び限界状態1に相当する水平変位の特性値	P_y	kN	6770	8099
		δ_{yE}	m	0.0311	0.0339
	終局水平耐力及び限界状態2に相当する水平変位の特性値	P_u	kN	6770	8099
		k_2	—	1.3	1.3
		δ_{ls2}	m	0.1695	0.1621

Ⅴ編6.2.2
Ⅴ編8.5
ϕ_y 式(8.5.13)

Ⅴ編8.5
P_c 式(8.3.4)
P_{y0} 式(8.5.10)
P_y 式(8.5.8)
δ_{yE} 式(8.5.9)
P_u 式(8.5.11)
δ_{ls2} 式(8.5.12)

※限界状態2は，コンクリートの圧縮ひずみの限界又は軸方向鉄筋の引張ひずみの限界を用いて設定するため，コンクリートと鉄筋のうち先行してその限界に達するのがどちらかを示している。

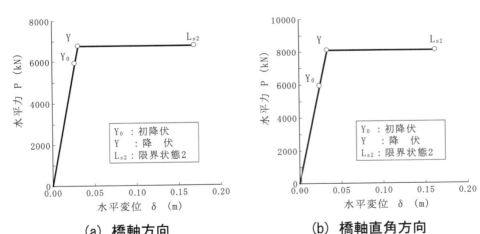

(a) 橋軸方向　　　(b) 橋軸直角方向

図-4.3.3 橋脚の水平力－水平変位関係

4.3.3 橋軸方向の耐荷性能の照査

（1）橋脚のせん断力の制限値

橋脚のせん断力の制限値の算出結果を表- 4.3.4 に示す。

表- 4.3.4　橋脚のせん断力の制限値（橋軸方向）

			P_s		P_{s0}
			タイプⅠ	タイプⅡ	
断面寸法	b	m	4.000		
	h	m	2.500		
	d_0	m	0.200		
	d	m	2.300		
軸方向引張鉄筋量	A_s	mm²	D35-77本 ＝ 73658.2		
	p_t	%	0.801		
コンクリートが負担できる平均せん断応力度	τ_c	N/mm²	0.35		
	c_e	—	0.805		
	c_{pt}	—	1.380		
	c_{dc}	—	1.000		
	c_c	—	0.600	0.800	1.000
	τ_r	N/mm²	0.233	0.311	0.389
コンクリートが負担できるせん断力	k	—	1.30		
	$\tau_{c\,max}$	N/mm²	1.2		
	$\tau_{c\,max}bd$	kN	11040		
	S_c	kN	2790	3720	4650
せん断補強鉄筋の断面積及び間隔	A_w	mm²	D22-5本 ＝ 1935.5		
	a	mm	200		
せん断補強鉄筋が負担できるせん断力	c_{ds}	—	1.000		
	k	—	1.30		
	σ_{sy}	N/mm²	345		
	S_s	kN	8681		
斜引張破壊に対するせん断力の制限値	ξ_1	—	1.00		
	ξ_2	—	0.85		
	Φ_{uc}	—	0.95		
	Φ_{us}	—	0.95		
	S_{usd}	kN	P_s: 9263	10014	P_{s0}: 10765
圧壊に対するせん断耐力の特性値	$\tau_{r\,max}$	N/mm²	3.2		
	S_{ucw}	kN	29440		
コンクリートの圧壊に対するせん断力の制限値	ξ_1	—	1.00		
	$\xi_2\Phi_{ucw}$	—	1.00		
	S_{ucd}	kN	29440		

V編 6.2.4
τ_r
Ⅲ編 5.8.2
式(5.8.4)
表-5.8.5
$c_e, c_{pt}, c_{dc}, c_c, c_{ds}$
V編 6.2.4(3)
S_c
Ⅲ編 5.8.2
式(5.8.3)
表-5.8.6

S_s
式(5.8.5)

S_{usd}
式(5.8.2)
表-5.8.3
S_{ucw}
式(5.8.8)
表-5.8.10
S_{ucd}
式(5.8.7)
表-5.8.9

（2）破壊形態の判定

橋脚の破壊形態の判定結果を表- 4.3.5 に示す。橋脚は $P_u \leqq P_s$ であり曲げ破壊型と判定される。また，曲げ破壊型の場合の $P_c < P_u$ の規定も満足している。

表- 4.3.5　橋脚の破壊形態の判定（橋軸方向）

			タイプI	タイプII
終局水平耐力	P_u	kN	6770	6770
せん断力の制限値	P_s	kN	9263	10014
	P_{s0}	kN	10765	10765
破壊形態		—	$P_u \leqq P_s$ 曲げ破壊型	$P_u \leqq P_s$ 曲げ破壊型
			$P_c < P_u$ OK	$P_c < P_u$ OK

V編 8.3
式(8.3.1)
式(8.3.3)

(3) 橋脚の耐荷性能の照査

橋脚は曲げ破壊型となるため，鉄筋コンクリート橋脚の限界状態2に対しては，鉄筋コンクリート橋脚に生じる水平変位が水平変位の制限値を超えないこと，鉄筋コンクリート橋脚に生じるせん断力がせん断力の制限値を超えないこと，鉄筋コンクリート橋脚に生じる残留変位が残留変位の制限値を超えないことを照査する。

V編 8.4(2)

橋脚の耐荷性能の照査結果は表- 4.3.6 に示すとおりであり，最大応答変位及び残留変位は，限界状態2に対する制限値を超えず，構造細目としての耐力の下限値は下回らないことから限界状態2に対する照査を満足する。なお，等価重量の算出においては道示V編 8.4 解説より，表- 1.5.8 に示した死荷重の荷重組合せ係数及び荷重係数を考慮した。

V編 8.9.1(4)

V編 8.4 解説

本橋脚の照査は静的解析により応答値を算出して行っており，橋脚は橋軸方向について曲げ破壊型であることから，橋脚に生じるせん断力は，道示V編 8.6 及び 6.2.4 に規定される斜引張破壊に対するせん断力の制限値は超えないと判断して照査の記載はしていない。

V編 8.6
V編 6.2.4

また，表- 4.3.4 に示したようにコンクリートの圧壊に対するせん断力の制限値は，斜引張破壊に対するせん断力の制限値以上であるため，橋脚に生じるせん断力は，コンクリートの圧壊に対するせん断力の制限値も超えないと判断して照査の記載はしていない。

表- 4.3.2 に示したとおり限界状態3に相当する軸方向鉄筋の引張ひずみは限界状態2のそれよりも大きく，かつそれぞれの限界状態に対応する水平変位の制限値の算出に用いる調査・解析係数及び抵抗係数等を乗じた値は同等である。このため，限界状態3に対応する水平変位の制限値は，限界状態2のそれよりも大きいことから，本橋脚はレベル2地震動を考慮する設計状況において，限界状態3を超えないと判断できる。よって，限界状態3に対する照査を満足する。

V編 8.4(3)

-506-

表- 4.3.6 限界状態2に対する橋脚に生じる水平変位による照査結果
（橋軸方向）

				タイプⅠ	タイプⅡ	
最大応答変位の照査	塑性ヒンジ長	L_p	m	0.756		V編8.4 式(8.4.5)
	設計水平震度	$c_{2z} \cdot k_{2h0}$	—	1.30	1.75	
	支持している上部構造の重量	W_U	kN	7350		P_a
	橋脚の重量	W_P	kN	3144		V編8.3 式(8.3.3)
	等価重量算出係数	c_P	—	0.5	0.5	
	等価重量	W	kN	8922	8922	
	地震時保有水平耐力	P_a	kN	6770	6770	
	最大応答塑性率	μ_r	—	1.967	3.159	μ_r
	降伏変位	δ_{yE}	m	0.0311		V編8.4(2) 式(8.4.4)
	最大応答変位（$\mu_r \cdot \delta_{yE}$）	δ_r	m	0.0612	0.0982	
	限界状態2に対応する水平変位の制限値	δ_{ls2}	m	0.1695		δ_{ls2d} 式(8.4.2)
		ξ_1	—	1.00		
		ϕ_s	—	0.65		
		δ_{ls2d}	m	0.1101（μ_{ls2d}=3.542)		
		判　定	—	$\delta_r \leqq \delta_{ls2d}$ OK	$\delta_r \leqq \delta_{ls2d}$ OK	
残留変位の照査	残留変位	c_R	—	0.6		δ_R 式(8.4.3)
		δ_R	m	0.018	0.040	
		制限値	m	0.091		
		判　定	—	OK	OK	式(8.9.1)
構造細目	地震時保有水平耐力の下限値の照査（$P_a \geqq 0.4c_{2z} \cdot W$）	$0.4c_{2z} \cdot W$	kN	3569	3569	
		判　定	—	OK	OK	

※水平変位の制限値の塑性率 $\mu_{ls2d} = \delta_{ls2d} / \delta_{yE}$

4.3.4　橋軸直角方向の耐荷性能の照査

（1）橋脚のせん断力の制限値

橋脚のせん断力の制限値の算出結果を表- 4.3.7 に示す。

表- 4.3.7　橋脚のせん断力の制限値（橋軸直角方向）

			P_s タイプⅠ	P_s タイプⅡ	P_{s0}	
断面寸法	b	m	2.500			
	h	m	4.000			
	d_0	m	0.150			
	d	m	3.850			
軸方向引張鉄筋量	A_s	mm^2	D35-77本 ＝ 73658.2			V編6.2.4
	p_t	%	0.765			τ_r
コンクリートが負担できる平均せん断応力度	τ_c	N/mm^2	0.35			Ⅲ編5.8.2
	c_e	—	0.658			式(5.8.4)
	c_{pt}	—	1.359			表-5.8.5
	c_{dc}	—	1.000			$c_e,c_{pt},c_{dc},c_c,c_{ds}$
	c_c	—	0.600	0.800	1.000	V編6.2.4(3)
	τ_r	N/mm^2	0.188	0.250	0.313	S_c
コンクリートが負担できるせん断力	k	—	1.30			Ⅲ編5.8.2
	$\tau_{c\,max}$	N/mm^2	1.2			式(5.8.3)
	$\tau_{c\,max}bd$	kN	11550			表-5.8.6
	S_c	kN	2350	3133	3916	
せん断補強鉄筋の断面積及び間隔	A_w	mm^2	D22-5本 ＝ 1935.5			S_s
	a	mm	200			式(5.8.5)
せん断補強鉄筋が負担できるせん断力	c_{ds}	—	1.000			
	k	—	1.30			
	σ_{sy}	N/mm^2	345			
	S_s	kN	14531			
斜引張破壊に対するせん断力の制限値	ξ_1	—	1.00			S_{usd}
	ξ_2	—	0.85			式(5.8.2)
	Φ_{uc}	—	0.95			表-5.8.3
	Φ_{us}	—	0.95			S_{ucw}
	S_{usd}	kN	P_s 13631	P_s 14263	P_{s0} 14896	式(5.8.8)
圧壊に対するせん断耐力の特性値	$\tau_{r\,max}$	N/mm^2	3.2			表-5.8.10
	S_{ucw}	kN	30800			S_{ucd}
コンクリートの圧壊に対するせん断力の制限値	ξ_1	—	1.00			式(5.8.7)
	$\xi_2\Phi_{ucw}$	—	1.00			表-5.8.9
	S_{ucd}	kN	30800			

(2) 破壊形態の判定

橋脚の破壊形態の判定結果を表- 4.3.8 に示す。橋脚は $P_u \leqq P_s$ であり曲げ破壊型と判定される。また，曲げ破壊型の場合の $P_c < P_u$ の規定も満たしている。

表- 4.3.8　橋脚の破壊形態の判定（橋軸直角方向）

			タイプⅠ	タイプⅡ	
終局水平耐力	P_u	kN	8099	8099	
せん断力の制限値	P_s	kN	13631	14263	
	P_{s0}	kN	14896	14896	V編8.3
破壊形態		—	$P_u \leqq P_s$ 曲げ破壊型	$P_u \leqq P_s$ 曲げ破壊型	式(8.3.1)
			$P_c < P_u$ OK	$P_c < P_u$ OK	式(8.3.3)

-508-

(3) 橋脚の耐荷性能の照査

　橋脚は曲げ破壊型となるため，鉄筋コンクリート橋脚の限界状態2に対しては，鉄筋コンクリート橋脚に生じる水平変位が水平変位の制限値を超えないこと，鉄筋コンクリート橋脚に生じるせん断力がせん断力の制限値を超えないこと，鉄筋コンクリート橋脚に生じる残留変位が残留変位の制限値を超えないことを照査する。

　橋脚基礎は塑性化しないものとして，橋脚の耐荷性能の照査を行った。橋脚の耐荷性能の照査結果は表-4.3.9に示すとおりであり，最大応答変位及び残留変位は，限界状態2に対する制限値を超えず，構造細目としての耐力の下限値は下回らないことから限界状態2に対する照査を満足する。タイプI地震動に対して橋脚は塑性化しない（限界状態1を超えていない）。なお，等価重量の算出においては道示V編8.4解説より，表-1.5.8に示した死荷重の荷重組合せ係数及び荷重係数を考慮した。 　　　　V編2.5(13)

V編8.9.1(4)

V編8.4解説

　本橋脚の照査は静的解析により応答値を算出して行っており，橋脚は橋軸直角方向についても曲げ破壊型であることから，橋脚に生じるせん断力は，道示V編8.6及び6.2.4に規定される斜引張破壊に対するせん断力の制限値は超えないと判断して照査の記載はしていない。

　また，表-4.3.7に示したようにコンクリートの圧壊に対するせん断力の制限値は，斜引張破壊に対するせん断力の制限値以上であるため，橋脚に生じるせん断力は，コンクリートの圧壊に対するせん断力の制限値も超えないと判断して照査の記載はしていない。 　　　　V編8.6

V編6.2.4

　表-4.3.2に示したとおり限界状態3に相当する軸方向鉄筋の引張ひずみは限界状態2のそれよりも大きく，かつそれぞれの限界状態に対応する水平変位の制限値の算出に用いる荷重係数及び抵抗係数は同等の値である。このため，限界状態3に対応する水平変位の制限値は，限界状態2のそれよりも大きいことから，本橋脚はレベル2地震動を考慮する設計状況において，限界状態3を超えないと判断できる。よって，限界状態3に対する照査を満足する。 　　　　V編8.4(3)

表- 4.3.9　限界状態2に対する橋脚に生じる水平変位による照査結果（橋軸直角方向）

				タイプI	タイプII	
最大応答変位の照査	塑性ヒンジ長	L_p	m	\multicolumn{2}{c}{0.719}	V編8.4 式(8.4.5) P_a
	設計水平震度	$c_{2z} \cdot k_{2h0}$	—	1.30	1.75	
	支持している上部構造の重量	W_U	kN	4200		
	橋脚の重量	W_P	kN	3144		
	等価重量算出係数	c_P	—	0.5	0.5	
	等価重量	W	kN	5772	5772	
	地震時保有水平耐力	P_a	kN	8099	8099	V編8.3 式(8.3.3) μ_r
	最大応答塑性率	μ_r	—	0.929	1.278	
	降伏変位	δ_{yE}	m	0.0339		V編8.4(2) 式(8.4.4) δ_{ls2d} 式(8.4.2)
	最大応答変位（$\mu_r \cdot \delta_{yE}$）	δ_r	m	0.0315	0.0434	
	限界状態2に対応する水平変位の制限値	δ_{ls2}	m	0.1621		
		ξ_1	—	1.00		
		ϕ_s	—	0.65		
		δ_{ls2d}	m	0.1054（μ_{ls2d}=3.104)		
		判定	—	$\delta_r \leqq \delta_{ls2d}$ OK	$\delta_r \leqq \delta_{ls2d}$ OK	
残留変位の照査	残留変位	c_R	—	0.6		δ_R 式(8.4.3)
		δ_R	m	0.000	0.006	
		制限値	m	0.116		
		判定	—	OK	OK	
構造細目	地震時保有水平耐力の下限値の照査（$P_a \geqq 0.4c_{2z} \cdot W$）	$0.4c_{2z} \cdot W$	kN	2309	2309	式(8.9.1)
		判定	—	OK	OK	

※水平変位の制限値の塑性率 $\mu_{ls2d} = \delta_{ls2d} / \delta_{yE}$

4.4 杭基礎の設計

4.4.1　杭の抵抗特性

(1) 杭の軸方向の抵抗特性

　杭の軸方向の抵抗特性は道示IV編10.9.4(2)1)より，表- 4.4.1に示す杭の軸方向ばね定数K_Vを初期勾配とし，押込み支持力の上限値P_{NU}及び引抜き抵抗力の上限値P_{TU}から構成されるバイリニア型でモデル化する。

IV編10.9.4 (2)1)

表- 4.4.1　杭の軸方向の抵抗特性

杭の軸方向ばね定数(表- 3.3.3 参照)		K_V	kN/m	492627
杭の押込み支持力の上限値	地盤から決まる杭の極限支持力の特性値(表- 3.3.2 参照)	R_u	kN	13775.3
	杭体から決まる押込み支持力の特性値	σ_{ck}	kN/m²	24×10^3
		A_c	m²	1.131
		σ_y	kN/m²	345×10^3
		A_s	m²	0.017472
		R_{PU}	kN	29099.8
	押込み支持力の上限値	P_{NU}	kN	13775
杭の引抜き抵抗力の上限値	地盤から決まる杭の極限引抜き抵抗力の特性値(表- 3.3.2 参照)	P_u	kN	5270.3
	杭の有効重量(表- 3.3.2 参照)	W	kN	330.8
	杭体から決まる引抜き抵抗力の特性値	σ_y	kN/m²	345×10^3
		A_s	m²	0.017472
		P_{PU}	kN	6028.0
	引抜き抵抗力の上限値	P_{TU}	kN	5601

K_V
IV編 10.9.4
(2)1) i)
(2)1) ii)

R_{PU}
式(10.9.3)
P_{NU}
式(10.9.2)

P_{PU}
式(10.9.5)
P_{TU}
式(10.9.4)
IV編 10.9.4
(2)1)解説

※杭の有効重量 W に荷重係数は考慮しない。

(2) 杭の水平方向の抵抗特性

杭の水平方向の抵抗特性は道示IV編 10.9.4(2)2)より，表- 4.4.2 に示すレベル 2 地震動を考慮する設計状況における杭前面の水平方向地盤反力係数 k_{HE} を初期勾配とし，表- 4.4.3 に示す杭前面の水平地盤反力度の上限値 p_{HU} から構成されるバイリニア型でモデル化する。本橋脚基礎は，橋軸方向と橋軸直角方向の杭配置は同一なので，杭の水平方向の抵抗特性も同じである。

IV編 10.9.4
(2)2)

【補足】
・本書ではフーチング前面の地盤抵抗は考慮していない。

表- 4.4.2　水平方向地盤反力係数 k_{HE}

地盤の種類	層厚(m)	水平方向地盤反力係数 k_H (kN/m³)	$\eta_k \alpha_k$※	水平方向地盤反力係数 k_{HE} (kN/m³)
粘性土	10.50	16899	1.000	16899
砂質土	8.00	55449	1.000	55449
砂れき	1.40	184831	1.000	184831

k_{HE}
式(10.9.6)
α_k
表-10.9.1

※ $\eta_k = 2/3$, $\alpha_k =$ (粘性土) 1.5, (砂質土) 1.5

表- 4.4.3　杭前面の水平地盤反力度の上限値 p_{HU}
（橋軸方向，橋軸直角方向）
（1）浮力無視（水位無視）

地盤の種類	層厚 (m)	粘着力 c (kN/m²)	せん断抵抗角 ϕ (度)	壁面摩擦角 δ (度)	単位体積重量 γ (kN/m³)	受働土圧係数 K_{EP}	土の有効重量 (kN/m²)	受働土圧強度 p_U (kN/m²)	$\eta_P\alpha_P$	水平地盤反力度の上限値 p_{HU} (kN/m²) 1列目	2列目以後
粘性土	10.50	60	0	0.000	7	1.000	43.2	163.2	1.500	244.8	244.8
							116.7	236.7		355.1	355.1
砂質土	8.00	0	32	-5.333	9	3.873	116.7	451.9	2.542	1148.7	574.3
							188.7	730.8		1857.4	928.7
砂れき	1.40	0	36	-6.000	11	4.778	188.7	901.6	2.542	2291.5	1145.8
							204.1	975.2		2478.6	1239.3

p_{HU} 式(10.9.7)
K_{EP} 式(10.9.8)
$\eta_P\alpha_P$ 式(10.9.9)
α_P 表-10.9.1

（2）浮力考慮（水位考慮）

地盤の種類	層厚 (m)	粘着力 c (kN/m²)	せん断抵抗角 ϕ (度)	壁面摩擦角 δ (度)	単位体積重量 γ' (kN/m³)	受働土圧係数 K_{EP}	土の有効重量 (kN/m²)	受働土圧強度 p_U (kN/m²)	$\eta_P\alpha_P$	水平地盤反力度の上限値 p_{HU} (kN/m²) 1列目	2列目以後
粘性土	10.50	60	0	0.000	7	1.000	23.4	143.4	1.500	215.1	215.1
							96.9	216.9		325.4	325.4
砂質土	8.00	0	32	-5.333	9	3.873	96.9	375.3	2.542	953.8	476.9
							168.9	654.1		1662.5	831.2
砂れき	1.40	0	36	-6.000	11	4.778	168.9	807.0	2.542	2051.1	1025.5
							184.3	880.6		2238.1	1119.1

p_{HU} 式(10.9.7)
K_{EP} 式(10.9.8)
$\eta_P\alpha_P$ 式(10.9.9)
α_P 表-10.9.1

（3）杭体の曲げモーメント－曲率関係

　場所打ち杭の杭体の曲げモーメント M －曲率 ϕ 関係は，道示Ⅳ編 10.9.4 (2)3)解説に示されるコンクリート及び鉄筋の応力度－ひずみ関係を用いて，トリリニア型にモデル化する。計算上の杭体の配筋は表- 4.4.4 に示すとおりである。

　杭体の曲げモーメント M －曲率 ϕ 関係の算出結果を表- 4.4.5 に示す。杭体の M － ϕ 関係は，杭群図心位置から押込み側の杭では死荷重が作用したときの杭頭反力を軸力として算出した M － ϕ 関係を，引抜き側の杭では軸力を零として算出した M － ϕ 関係を用いる。なお，死荷重による軸力は道示Ⅳ編 10.9.4(2)3)解説より，表- 1.5.8 に示した死荷重の荷重組合せ係数及び荷重係数を考慮して算出した。

Ⅳ編 10.9.4 (2)3)解説

表- 4.4.4　杭体の配筋

杭頭からの深さ(m)	軸方向鉄筋	帯鉄筋
0.000 ～ 2.400	D32-22 本	D19@150
2.400 ～ 9.480		D19@300
9.480 ～ 11.795	D32-11 本	
11.795 ～ 19.900	D25-11 本	

-512-

表- 4.4.5　杭体の曲げモーメントM－曲率φ関係

				死荷重による軸力		軸力＝0
				浮力無視	浮力考慮	
軸　力		N	kN	1487.3	1305.6	0.0
杭頭 ～2.40m	軸方向鉄筋	A_s	mm^2	D32-22本＝17472.4		
	帯鉄筋 （横拘束鉄筋）	A_h	mm^2	(D19) 286.5		
		s	mm	150		
		d	mm	880		
		ρ_s	—	0.008682		
	ひび割れ	M_c	kN・m	592.8	565.3	367.8
		ϕ_c	1/m	2.056E-4	1.961E-4	1.276E-4
	降　伏	M_y	kN・m	2218.6	2163.5	1752.2
		ϕ_y	1/m	2.898E-3	2.864E-3	2.618E-3
	終　局	M_u	kN・m	3323.5	3258.0	2766.1
		ϕ_u	1/m	3.551E-2	3.614E-2	4.123E-2
2.40m～ 9.48m	軸方向鉄筋	A_s	mm^2	D32-22本＝17472.4		
	帯鉄筋 （横拘束鉄筋）	A_h	mm^2	(D19) 286.5		
		s	mm	300		
		d	mm	880		
		ρ_s	—	0.004341		
	ひび割れ	M_c	kN・m	592.8	565.3	367.8
		ϕ_c	1/m	2.056E-4	1.961E-4	1.276E-4
	降　伏	M_y	kN・m	2246.0	2190.0	1772.2
		ϕ_y	1/m	2.848E-3	2.816E-3	2.582E-3
	終　局	M_u	kN・m	3214.7	3153.3	2687.9
		ϕ_u	1/m	1.847E-2	1.881E-2	2.159E-2
9.48m～ 11.795m	軸方向鉄筋	A_s	mm^2	D32-11本＝8736.2		
	帯鉄筋 （横拘束鉄筋）	A_h	mm^2	(D19) 286.5		
		s	mm	300		
		d	mm	880		
		ρ_s	—	0.004341		
	ひび割れ	M_c	kN・m	570.3	542.9	346.2
		ϕ_c	1/m	2.101E-4	2.001E-4	1.276E-4
	降　伏	M_y	kN・m	1493.1	1431.2	961.5
		ϕ_y	1/m	2.680E-3	2.641E-3	2.346E-3
	終　局	M_u	kN・m	2077.3	2006.2	1469.4
		ϕ_u	1/m	2.256E-2	2.316E-2	2.859E-2
11.795m ～19.90m	軸方向鉄筋	A_s	mm^2	D25-11本＝5573.7		
	帯鉄筋 （横拘束鉄筋）	A_h	mm^2	(D19) 286.5		
		s	mm	300		
		d	mm	880		
		ρ_s	—	0.004341		
	ひび割れ	M_c	kN・m	562.2	534.8	338.4
		ϕ_c	1/m	2.119E-4	2.016E-4	1.276E-4
	降　伏	M_y	kN・m	1208.1	1143.0	643.2
		ϕ_y	1/m	2.602E-3	2.560E-3	2.223E-3
	終　局	M_u	kN・m	1636.3	1560.9	990.1
		ϕ_u	1/m	2.532E-2	2.619E-2	3.524E-2

4.4.2　橋脚基礎の設計水平震度

　橋脚基礎の設計水平震度を表- 4.4.6 に示す。橋軸直角方向のタイプⅠ地震動に対して橋脚は塑性化しないため，橋軸直角方向のタイプⅠ地震動における橋脚基礎の設計水平震度 k_{hp} には k_{Ih}＝1.30（表- 1.5.11）を用いる。橋脚基礎には図- 4.4.1 に示すような上部構造，橋脚躯体及びフーチングに作用させる水平震度を用いて荷重漸増載荷解析を行う。

　4.3.1 に示したように，本橋では橋軸方向及び橋軸直角方向のタイプⅠ地震動において塑性化を期待する部材は橋脚の柱基部としているので，橋脚基礎は表- 4.4.6 に示す設計水平震度に相当する慣性力を橋脚基礎に作用させたとき

Ⅴ編 5.3

に塑性化しないことを照査する。なお，杭基礎の降伏は，道示Ⅳ編10.9.2解説に示される次のいずれかの状態に最初に達するときを目安とする。
　①全ての杭において杭体が塑性化する。
　②一列の杭頭反力が押込み支持力の上限に達する。

　橋の耐震設計の検討過程において，橋軸直角方向のタイプⅡ地震動に対しては，橋脚の柱基部より先に橋脚基礎が塑性化することがわかった。このため，橋軸直角方向のタイプⅡ地震動においては，橋脚基礎のみに塑性化が生じるように橋脚が設計水平震度に対して十分大きな地震時保有水平耐力を有していることを確認した（表-4.4.7参照）。

【補足】
- 表-4.4.7に示す k_{hc}（橋脚に許容される塑性化の程度に応じて，設計上必要とされる最低限の地震時保有水平耐力に相当する水平震度）は，エネルギー一定則を用いて下式により算出した。

$$k_{hc} = \frac{k_{2h}}{\sqrt{2\mu_{ls2d}-1}} \geq 0.4 c_{2z} \quad \cdots (4.4.1)$$

$k_{2h} = (タイプⅠ) k_{Ih}，(タイプⅡ) k_{Ⅱh}$
$\mu_{ls2d} = \delta_{ls2d} / \delta_{yE}$

表-4.4.6　基礎の設計水平震度

			橋軸方向		橋軸直角方向	
			タイプⅠ	タイプⅡ	タイプⅠ	タイプⅡ
レベル2地震動に対する橋脚の状態	—	—	塑性化する	塑性化する	塑性化しない	塑性化する
橋脚の設計水平震度	k_{2h}※	—	1.30	1.75	1.30	1.75
終局水平耐力	P_u	kN	6770		8099	
等価重量	W	kN	8922		5772	
断面力算出震度(P_u/W)	k_{hN}	—	0.759		1.403	
補正係数	c_{dF}	—	1.10	1.10	—	1.10
基礎の設計水平震度	k_{hp}	—	0.83	0.83	1.30	1.54
地盤面の設計水平震度	k_{hg}	—	0.45	0.70	0.45	0.70

※k_{2h}：(タイプⅠ) $k_{Ih}=1.30$，(タイプⅡ) $k_{Ⅱh}=1.75$

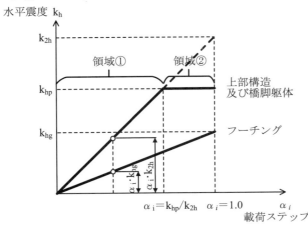

図-4.4.1　上部構造，橋脚躯体及びフーチングに作用させる水平震度の増加方法

<table>
<tr><td colspan="8" align="center">表- 4.4.7　橋脚が設計水平震度に対して十分大きな地震時
保有水平耐力を有していることの確認</td></tr>
</table>

			橋軸方向		橋軸直角方向	
			タイプⅠ	タイプⅡ	タイプⅠ	タイプⅡ
水平変位の制限値の塑性率(表－4.3.6，表－4.3.9参照)	μ_{ls2d}	—	3.542		3.104	
橋脚の設計水平震度	k_{2h}	—	1.30	1.75	1.30	1.75
設計上必要とされる最低限の地震時保有水平耐力に相当する水平震度（$\geqq 0.4c_{2z}$）	k_{hc}	—	0.527	0.709	0.570	0.767
$1.5k_{hc}W$		kN	7053	9488	4935	6640
地震時保有水平耐力	P_a	kN	6770		8099	
橋脚は設計水平震度に対して十分大きな地震時保有水平耐力を有しているか（$P_a \geqq 1.5k_{hc}W$）。	—		有していない	有していない	有している	有している

V編2.4.5
式(解2.4.1)

4.4.3　杭基礎の照査

(1) 橋軸方向

　レベル 2 地震動を考慮する設計状況における杭基礎の照査結果を表- 4.4.8 に，せん断力の制限値の算出結果を表- 4.4.9 に示す。表- 4.4.6 に示した基礎の設計水平震度に相当する慣性力を作用させたときに，タイプⅠ及びタイプⅡいずれの地震動においても前述の杭基礎の降伏の目安に達していない。このため，道示Ⅳ編10.9.2解説より，本橋脚基礎は橋軸方向のレベル 2 地震動を考慮する設計状況において，限界状態 1 に対する照査を満足する。ゆえに，道示Ⅳ編10.9.1(3)の規定により限界状態 3 に対する照査も満足する。

IV編10.9.2
解説
IV編10.9.1(3)

　また，杭基礎に作用するせん断力は，杭基礎全体のせん断力の制限値を超えないため，レベル 2 地震動を考慮する設計状況において，限界状態 3 を超えない。ゆえに，道示Ⅲ編5.5.2(1)の規定により限界状態 1 に対する照査も満足する。

Ⅲ編5.5.2(1)

　杭基礎のせん断力の制限値の算出にあたっては，コンクリートが負担できるせん断力 S_c の算出において，死荷重による杭頭での軸力を軸方向力の影響として考慮した。なお，死荷重による軸力は道示Ⅳ編10.9.1解説より，表- 1.5.8 に示した死荷重の荷重組合せ係数及び荷重係数を考慮して算出した。

IV編10.9.1
解説

　S_c の算出における軸方向力の影響を求めるにあたって，部材断面に作用する曲げモーメント M_d には，安全側に曲げモーメントの上限値を見込んで，表-4.4.5 に示した杭頭における死荷重による軸力を考慮した終局曲げモーメントの特性値 M_u を用いている。

　応答値が最も大きかったタイプⅡ地震動（浮力考慮）の設計荷重を作用させた時の曲げモーメント図及びせん断力図を図- 4.4.2 及び図- 4.4.3 に示す。

表- 4.4.8 杭基礎の照査結果（橋軸方向）
(1) タイプⅠ地震動

| | | | | タイプⅠ地震動 | | | |
| | | | | 浮力無視
（設計荷重） | | 浮力考慮
（設計荷重） | |
				押込み側杭	引抜き側杭	押込み側杭	引抜き側杭
フーチング下面中心における作用荷重	鉛直力	V	kN	13386		11750	
	水平力	H	kN	10550		10550	
	モーメント	M	kN·m	90677		90677	
杭頭反力	鉛直反力	P_N	kN	7145	-4171	7049	-4438
		P_{NU},P_{TU}	kN	13775	-5601	13775	-5601
		—	—	$P_N < P_{NU}$	—	$P_N < P_{NU}$	—
	水平反力	P_H	kN	1213	1152	1210	1153
	モーメント	M_t	kN·m	1479	1404	1664	1573
地中部最大モーメント		M_m	kN·m	-1032	-861	-1059	-908
最大曲げモーメント		M_{max}	kN·m	1479	1404	1664	1573
降伏曲げモーメント		M_y	kN·m	2219	1752	2164	1752
				$M < M_y$	$M < M_y$	$M < M_y$	$M < M_y$
基礎の降伏の判定		—	—	基礎は降伏しない OK		基礎は降伏しない OK	
杭基礎に生じるせん断力		S	kN	10550		10550	
斜引張破壊に対するせん断力の照査	制限値	ΣS_{usd}	kN	15479		15419	
	判定	—	—	$S \leqq \Sigma S_{usd}$ OK		$S \leqq \Sigma S_{usd}$ OK	
コンクリートの圧壊に対するせん断力の照査	制限値	ΣS_{ucd}	kN	28419		28419	
	判定	—	—	$S \leqq \Sigma S_{ucd}$ OK		$S \leqq \Sigma S_{ucd}$ OK	

V編 10.3

(2) タイプⅡ地震動

| | | | | タイプⅡ地震動 | | | |
| | | | | 浮力無視
（設計荷重） | | 浮力考慮
（設計荷重） | |
				押込み側杭	引抜き側杭	押込み側杭	引抜き側杭
フーチング下面中心における作用荷重	鉛直力	V	kN	13386		11750	
	水平力	H	kN	11572		11572	
	モーメント	M	kN·m	91802		91802	
杭頭反力	鉛直反力	P_N	kN	7361	-4386	7280	-4669
		P_{NU},P_{TU}	kN	13775	-5601	13775	-5601
		—	—	$P_N < P_{NU}$	—	$P_N < P_{NU}$	—
	水平反力	P_H	kN	1334	1262	1330	1264
	モーメント	M_t	kN·m	1818	1705	2060	1893
地中部最大モーメント		M_m	kN·m	-1111	-937	-1163	-1009
最大曲げモーメント		M_{max}	kN·m	1818	1705	2060	1893
降伏曲げモーメント		M_y	kN·m	2219	1752	2164	1752
				$M < M_y$	$M < M_y$	$M < M_y$	$M \geqq M_y$
基礎の降伏の判定		—	—	基礎は降伏しない OK		基礎は降伏しない OK	
杭基礎に生じるせん断力		S	kN	11572		11572	
斜引張破壊に対するせん断力の照査	制限値	ΣS_{usd}	kN	15534		15469	
	判定	—	—	$S \leqq \Sigma S_{usd}$ OK		$S \leqq \Sigma S_{usd}$ OK	
コンクリートの圧壊に対するせん断力の照査	制限値	ΣS_{ucd}	kN	28419		28419	
	判定	—	—	$S \leqq \Sigma S_{ucd}$ OK		$S \leqq \Sigma S_{ucd}$ OK	

表-4.4.9 杭基礎のせん断力の制限値（橋軸方向）

			タイプI地震動		タイプII地震動	
			浮力無視	浮力考慮	浮力無視	浮力考慮
断面寸法	D	m	1.200			
	b	m	1.063			
	h	m	1.063			
	d	m	0.928			
軸方向 引張鉄筋量	A_s	mm^2	(D32-22本)/2 ＝ 8736.2			
	p_t	%	0.885			
コンクリートが負担できる平均せん断応力度	τ_c	N/mm^2	0.35			
	c_e	—	1.041			
	c_{pt}	—	1.431			
	c_{dc}	—	1.000			
	c_c	—	1.000			
	τ_r	N/mm^2	0.521			
コンクリートが負担できるせん断力	k	—	1.30			
	$k\tau_r bd$	kN/本	669			
	S_d	kN/本	1172	1172	1286	1286
	N	kN/本	1487	1306	1487	1306
	M_0	kN・m/本	223	196	223	196
	M_d	kN・m/本	3324	3258	3324	3258
	$S_d M_0/M_d$	kN/本	79	70	86	77
	$\tau_{c max}$	N/mm^2	1.2	1.2	1.2	1.2
	$\tau_{c max} bd$	kN/本	1184	1184	1184	1184
	S_c	kN/本	748	739	755	746
せん断補強鉄筋の断面積及び間隔	A_w	mm^2	D19-2本＝ 573.0			
	a	mm	150			
せん断補強鉄筋が負担できるせん断力	c_{ds}	—	1.000			
	k	—	1.30			
	σ_{sy}	N/mm^2	345			
	S_s	kN/本	1382			
斜引張破壊に対するせん断力の制限値	ξ_1	—	1.00			
	ξ_2	—	0.85			
	Φ_{uc}	—	0.95			
	Φ_{us}	—	0.95			
	S_{usd}	kN/本	1720	1713	1726	1719
	(9本)ΣS_{usd}	kN	15479	15419	15534	15469
圧壊に対するせん断耐力の特性値	$\tau_{r max}$	N/mm^2	3.2			
	S_{ucw}	kN/本	3158			
コンクリートの圧壊に対するせん断力の制限値	ξ_1	—	1.00			
	$\xi_2 \Phi_{ucw}$	—	1.00			
	S_{ucd}	kN/本	3158			
	(9本)ΣS_{ucd}	kN	28419			

※コンクリートが負担できるせん断力 S_c の算出においては，軸方向力の影響を考慮した。その際，部材断面に作用する曲げモーメント M_d には，表-4.4.5に示した杭頭における終局曲げモーメント M_u を用いた。また，軸方向力の影響の算出に用いるせん断力 S_d には，杭基礎に生じるせん断力を杭本数で除した値を用いた。

III編 5.8.2
表-5.8.5
表-5.8.7
c_{pt}
IV編表-5.2.3
III編
τ_r式(5.8.4)
S_c
式(5.8.3)
表-5.8.6
M_0
式(解5.8.7)

S_s
式(5.8.5)

S_{usd}
式(5.8.2)
表-5.8.3

S_{ucw}
式(5.8.8)
表-5.8.10
S_{ucd}
式(5.8.7)
表-5.8.9

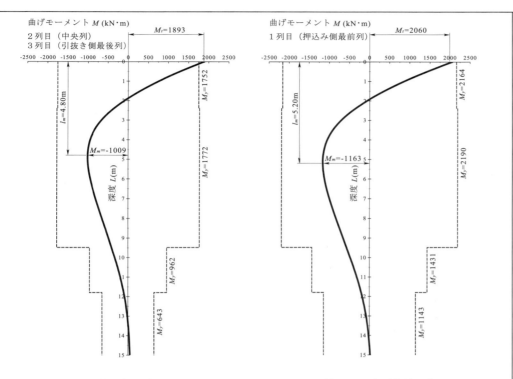

2列目（中央列）
3列目（引抜き側最後列）　　　1列目（押込み側最前列）

図- 4.4.2　曲げモーメント図（橋軸方向：タイプⅡ・浮力考慮）
【設計荷重を作用させたとき】

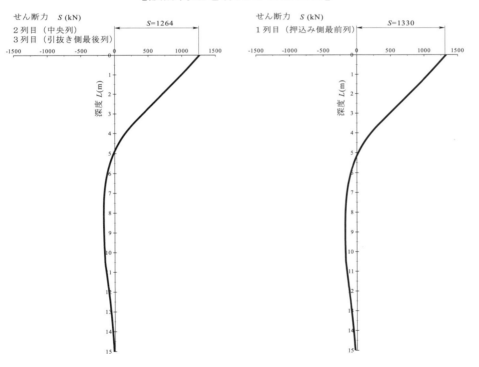

2列目（中央列）
3列目（引抜き側最後列）　　　1列目（押込み側最前列）

図- 4.4.3　せん断力図（橋軸方向：タイプⅡ・浮力考慮）
【設計荷重を作用させたとき】

(2) 橋軸直角方向

レベル2地震動を考慮する設計状況における杭基礎の照査結果を表- 4.4.10に, せん断力の制限値の算出結果を表- 4.4.11に示す。表- 4.4.6に示した基礎の設計水平震度に相当する慣性力を作用させたときに, タイプⅠ地震動においては前述の杭基礎の降伏の目安に達していない。このため, 道示Ⅳ編10.9.2解説より, レベル2地震動（タイプⅠ）を考慮する設計状況において, 限界状態1に対する照査を満足する。 　　　Ⅳ編10.9.2 解説

タイプⅡ地震動においては, 橋脚基礎の塑性化を期待した設計を行った。その結果, 基礎は降伏するものの, 杭基礎の降伏震度 k_{hyF} は橋脚基礎に塑性化を期待する場合の橋脚基礎の設計水平震度 k_{hF} を上回っており, 基礎に降伏が生じるが基礎本体あるいは基礎周辺地盤に塑性化が生じることにより減衰の影響が大きくなるので, 基礎の損傷はそれ以上に進展しないと判断される。応答変位（フーチング回転角）は制限値以下のため, 橋軸直角方向のレベル2地震動（タイプⅡ）を考慮する設計状況において, 限界状態2に対する照査を満足する。 　　　Ⅳ編10.9.3

よって, タイプⅠ地震動においては, 限界状態1を超えないため, 限界状態3に対する照査も満足する。タイプⅡ地震動においては, 限界状態2を超えないため, 限界状態3に対する照査も満足する。 　　　Ⅳ編10.9.1(3)

また, 杭基礎に作用するせん断力は, 杭基礎全体のせん断力の制限値を超えないため, レベル2地震動を考慮する設計状況において限界状態3を超えない。ゆえに, 道示Ⅲ編5.5.2(1)の規定により限界状態1に対する照査も満足する。 　　　Ⅲ編5.5.2(1)

杭基礎のせん断力の制限値の算出にあたっては, コンクリートが負担できるせん断力 S_c の算出において, 死荷重による杭頭での軸力を軸方向力の影響として考慮した。なお, 死荷重による軸力は道示Ⅳ編10.9.1解説より, 表- 1.5.8に示した死荷重の荷重組合せ係数及び荷重係数を考慮して算出した。 　　　Ⅳ編10.9.1 解説

S_c の算出における軸方向力の影響を求めるにあたっては, 部材断面に作用する曲げモーメント M_d には, 安全側に曲げモーメントの上限値を見込んで, 表- 4.4.5に示した杭頭における死荷重による軸力を考慮した終局曲げモーメントの特性値 M_u を用いている。

なお, 道示Ⅳ編10.10.5(3)2)に規定される構造細目から決まるフーチング下面から杭径の2倍の範囲内に配置する帯鉄筋量（側断面積の0.2%以上）は, 鉄筋径 D16, 深さ方向の間隔 150mm で満足するが, タイプⅡ地震動（浮力無視）において, 杭基礎に生じるせん断力がせん断力の制限値を超えたため, 鉄筋径を D19 とした。 　　　Ⅳ編 10.10.5(3)2)

応答値が最も大きかったタイプⅡ地震動（浮力考慮）の基礎の降伏に達した時の曲げモーメント図及びせん断力図を図- 4.4.4及び図- 4.4.5に示す。

表- 4.4.10　杭基礎の照査結果（橋軸直角方向）

(1) タイプⅠ地震動

				タイプⅠ地震動			
				浮力無視（設計荷重）		浮力考慮（設計荷重）	
				押込み側杭	引抜き側杭	押込み側杭	引抜き側杭
フーチング下面中心における作用荷重	鉛直力	V	kN	13386		11750	
	水平力	H	kN	11387		11387	
	モーメント	M	kN·m	108255		108255	
杭頭反力	鉛直反力	P_N	kN	8201	−5226	8123	−5511
		P_{NU}, P_{TU}	kN	13775	−5601	13775	−5601
		—	—	$P_N < P_{NU}$	—	$P_N < P_{NU}$	—
	水平反力	P_H	kN	1306	1245	1304	1246
	モーメント	M_t	kN·m	1679	1593	1901	1799
地中部最大モーメント		M_m	kN·m	−1150	−974	−1192	−1034
最大曲げモーメント		M_{max}	kN·m	1679	1593	1901	1799
降伏曲げモーメント		M_y	kN·m	2219	1752	2164	1752
				$M < M_y$	$M < M_y$	$M < M_y$	$M \geqq M_y$
基礎の降伏の判定		—	—	基礎は降伏しない OK		基礎は降伏しない OK	
杭基礎に生じるせん断力		S	kN	11387		11387	
斜引張破壊に対するせん断力の照査	制限値	ΣS_{usd}	kN	15524		15460	
	判定	—	—	$S \leqq \Sigma S_{usd}$ OK		$S \leqq \Sigma S_{usd}$ OK	
コンクリートの圧壊に対するせん断力の照査	制限値	ΣS_{ucd}	kN	28419		28419	
	判定	—	—	$S \leqq \Sigma S_{ucd}$ OK		$S \leqq \Sigma S_{ucd}$ OK	

V編 10.3

(2) タイプⅡ地震動

				タイプⅡ地震動			
				浮力無視（基礎が降伏した時）		浮力考慮（基礎が降伏した時）	
				押込み側杭	引抜き側杭	押込み側杭	引抜き側杭
フーチング下面中心における作用荷重	鉛直力	V	kN	13386		11750	
	水平力	H	kN	13139		12073	
	モーメント	M	kN·m	122205		112294	
杭頭反力	鉛直反力	P_N	kN	9771	−5601	8649	−5601
		P_{NU}, P_{TU}	kN	13775	−5601	13775	−5601
		—	—	$P_N < P_{NU}$	—	$P_N < P_{NU}$	—
	水平反力	P_H	kN	1522	1429	1394	1315
	モーメント	M_t	kN·m	2219	1966	2164	1934
地中部最大モーメント		M_m	kN·m	−1477	−1298	−1323	−1170
最大曲げモーメント		M_{max}	kN·m	2219	1966	2164	1934
降伏曲げモーメント		M_y	kN·m	2219	1752	2164	1752
				$M \geqq M_y$	$M \geqq M_y$	$M \geqq M_y$	$M \geqq M_y$
基礎の降伏の判定		—	—	基礎は降伏する		基礎は降伏する	
基礎の降伏震度		k_{hyF}	—	1.46		1.35	
基礎の塑性化を期待する場合の基礎の設計水平震度		c_D	—	2/3		2/3	
		k_{hF}	—	1.17		1.17	
基礎の変位	応答塑性率	μ_{Fr}	m	— $\leqq$ 4 OK		— $\leqq$ 4 OK	
	フーチング回転角	α_{F0}	rad	0.006 $\leqq$ 0.02 OK		0.005 $\leqq$ 0.02 OK	
杭基礎に生じるせん断力		S	kN	13139		12073	
斜引張破壊に対するせん断力の照査	制限値	ΣS_{usd}	kN	15619		15493	
	判定	—	—	$S \leqq \Sigma S_{usd}$ OK		$S \leqq \Sigma S_{usd}$ OK	
コンクリートの圧壊に対するせん断力の照査	制限値	ΣS_{ucd}	kN	28419		28419	
	判定	—	—	$S \leqq \Sigma S_{ucd}$ OK		$S \leqq \Sigma S_{ucd}$ OK	

V編 10.4
k_{hF}式（10.4.3）
μ_{Fr}
式（10.4.1）

表- 4.4.11　杭基礎のせん断力の制限値（橋軸直角方向）

			タイプⅠ地震動		タイプⅡ地震動	
			浮力無視	浮力考慮	浮力無視	浮力考慮
断面寸法	D	m	1.200			
	b	m	1.063			
	h	m	1.063			
	d	m	0.928			
軸方向引張鉄筋量	A_s	mm^2	(D32-22本)/2 ＝ 8736.2			
	p_t	%	0.885			
コンクリートが負担できる平均せん断応力度	τ_c	N/mm^2	0.35			
	c_e	—	1.041			
	c_{pt}	—	1.431			
	c_{dc}	—	1.000			
	c_c	—	1.000			
	τ_r	N/mm^2	0.521			
コンクリートが負担できるせん断力	k	—	1.30			
	$k\tau_r bd$	kN/本	669			
	S_d	kN/本	1265	1265	1460	1341
	N	kN/本	1487	1306	1487	1306
	M_0	kN・m/本	223	196	223	196
	M_d	kN・m/本	3324	3258	3324	3258
	$S_d M_0/M_d$	kN/本	85	76	98	81
	τ_{cmax}	N/mm^2	1.2	1.2	1.2	1.2
	$\tau_{cmax}bd$	kN/本	1184	1184	1184	1184
	S_c	kN/本	754	745	767	749
せん断補強鉄筋の断面積及び間隔	A_w	mm^2	D19-2本= 573.0			
	a	mm	150			
せん断補強鉄筋が負担できるせん断力	c_{ds}	—	1.000			
	k	—	1.30			
	σ_{sy}	N/mm^2	345			
	S_s	kN/本	1382			
斜引張破壊に対するせん断力の制限値	ξ_1	—	1.00			
	ξ_2	—	0.85			
	Φ_{uc}	—	0.95			
	Φ_{us}	—	0.95			
	S_{usd}	kN/本	1725	1718	1735	1721
	(9本)ΣS_{usd}	kN	15524	15460	15619	15493
圧壊に対するせん断耐力の特性値	τ_{rmax}	N/mm^2	3.2			
	S_{ucw}	kN/本	3158			
コンクリートの圧壊に対するせん断力の制限値	ξ_1	—	1.00			
	$\xi_2\Phi_{ucw}$	—	1.00			
	S_{ucd}	kN/本	3158			
	(9本)ΣS_{ucd}	kN	28419			

※コンクリートが負担できるせん断力 S_c の算出においては，軸方向力の影響を考慮した。その際，部材断面に作用する曲げモーメント M_d には，表- 4.4.5に示した杭頭における終局曲げモーメント M_u を用いた。また，軸方向力の影響の算出に用いるせん断力 S_d には，杭基礎に生じるせん断力を杭本数で除した値を用いた。

Ⅲ編5.8.2
表-5.8.5
表-5.8.7
c_{pt}
Ⅳ編表-5.2.3
Ⅲ編
τ_r式(5.8.4)
S_c
式(5.8.3)
表-5.8.6
M_0
式(解5.8.7)

S_s
式(5.8.5)

S_{usd}
式(5.8.2)
表-5.8.3

S_{ucw}
式(5.8.8)
表-5.8.10
S_{ucd}
式(5.8.7)
表-5.8.9

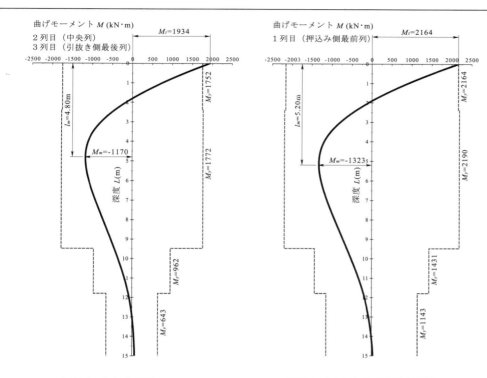

2列目（中央列）
3列目（引抜き側最後列）

図- 4.4.4　曲げモーメント図（橋軸直角方向：タイプⅡ・浮力考慮）
【基礎の降伏に達したとき】

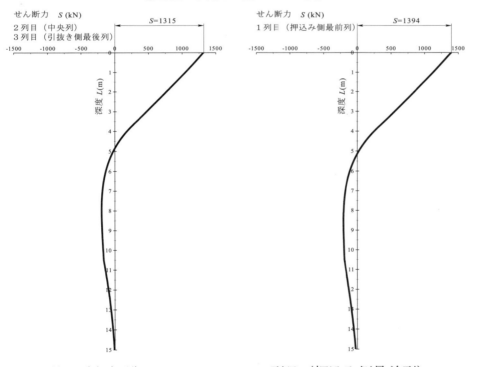

2列目（中央列）
3列目（引抜き側最後列）

図- 4.4.5　せん断力図（橋軸直角方向：タイプⅡ・浮力考慮）
【基礎の降伏に達したとき】

4.4.4 フーチングの設計

(1) 橋軸方向

1) 設計断面位置及び設計断面力

設計断面は，図- 3.7.2 に示した永続作用支配状況及び変動作用支配状況におけるフーチングの設計断面位置と同じである。 （IV編 7.7.3(2)／IV編 7.7.4(2)）

表- 4.4.8 に示した杭頭鉛直反力，杭頭水平反力，杭頭曲げモーメント及び荷重係数を考慮したフーチング自重，フーチング上の土砂重量，浮力から算出したフーチングに作用する各設計断面における設計断面力を表- 4.4.12 に示す。なお，曲げモーメントの符号は下面側が引張となる場合を正，上面側が引張となる場合を負としている。

表の(1)断面①及び(4)断面④の中に示すM(鉛直)は，柱前面のフーチング全面積に作用する鉛直荷重による曲げモーメントであり，せん断力による照査を行う場合のフーチングの引張主鉄筋を判定するためのものである。 （IV編 7.7.4 (2)3)）

表- 4.4.12 耐荷性能の照査に用いる各設計断面における設計断面力
（橋軸方向）

(1) 断面①（右側：柱前面位置）

		M (kN・m)	S (kN)	M(鉛直) (kN・m)
タイプⅠ地震動	浮力無視	27620.5	19751.5	36058.0
	浮力考慮	27420.0	20040.6	36405.2
タイプⅡ地震動	浮力無視	27365.4	20398.4	37222.4
	浮力考慮	27085.3	20734.4	37654.0

(2) 断面②（右側：h/2位置）

		M (kN・m)	S (kN)
タイプⅠ地震動	浮力無視	5554.2	20369.1
	浮力考慮	5152.1	20446.5
タイプⅡ地震動	浮力無視	4587.5	21015.9
	浮力考慮	4054.2	21140.3

(3) 断面③（右側：杭位置）

		M (kN・m)	S (kN)
タイプⅠ地震動	浮力無視	-8841.7	20762.0
	浮力考慮	-9250.8	20704.7
タイプⅡ地震動	浮力無視	-10261.1	21408.9
	浮力考慮	-10834.4	21398.5

(4) 断面④（左側：柱前面位置）

		M (kN・m)	S (kN)	M(鉛直) (kN・m)
タイプⅠ地震動	浮力無視	-17032.6	-14195.9	-25047.4
	浮力考慮	-17100.6	-14420.9	-25625.5
タイプⅡ地震動	浮力無視	-16933.7	-14842.8	-26211.8
	浮力考慮	-17025.2	-15114.6	-26874.3

(5) 断面⑤（左側：h/2位置）

		M (kN·m)	S (kN)
タイプⅠ地震動	浮力無視	−1756.7	−13578.4
	浮力考慮	−1460.9	−14015.0
タイプⅡ地震動	浮力無視	−946.3	−14225.3
	浮力考慮	−622.3	−14708.8

(6) 断面⑥（左側：杭位置）

		M (kN·m)	S (kN)
タイプⅠ地震動	浮力無視	7610.7	−13185.4
	浮力考慮	8259.2	−13756.7
タイプⅡ地震動	浮力無視	8873.9	−13832.3
	浮力考慮	9583.5	−14450.5

　レベル2地震動を考慮する設計状況における曲げモーメントによる照査に用いる有効幅を表-4.4.13に示す。

表- 4.4.13　曲げモーメントによる照査に用いる有効幅（橋軸方向）

引張側	柱幅 t_c (mm)	有効高 d (mm)	有効幅 b (mm)
下面側	4000	2000	全幅 8500
上面側		2050	7075

Ⅳ編 7.7.3(5)
式(7.7.2)

　せん断力による照査に用いるフーチングの有効幅は全幅とする。

Ⅳ編 7.7.4(4)

2) 耐荷性能の照査
a) 曲げモーメントによる照査

　曲げモーメントによる耐荷性能の照査は，表-4.4.12(1)，(4)に示した各作用の組合せにおける設計曲げモーメントが下側引張及び上側引張でそれぞれ最大（太線囲み）となるケースに対して行った。

　曲げモーメントによる耐荷性能の照査結果は表-4.4.14に示すとおりであり，曲げモーメントは限界状態1及び限界状態3に対する曲げモーメントの制限値を超えないことから，限界状態1及び限界状態3に対する照査を満足する。

Ⅲ編 5.5.1
Ⅲ編 5.7.1

　なお，下面引張，上面引張いずれにおいても最大抵抗曲げモーメント M_u はコンクリートのひび割れ曲げモーメント M_c 以上となることから，最小鉄筋量の規定を満足する。

Ⅳ編 5.2.1

　また，道示Ⅳ編7.7.3(5)に従い，引張鉄筋量が釣合い鉄筋量の1/2以下であることを確認した。

Ⅳ編 7.7.3(5)

表-4.4.14 曲げモーメントによる照査結果

			断面① 下面引張	断面④ 上面引張	
			タイプⅠ (浮力無視)	タイプⅠ (浮力考慮)	
曲げモーメント	M	kN·m	27621	17101	
断面寸法	b	m	8.500	7.075	
	h	m	2.200	2.200	
	d_0	m	0.200	0.150	
	d	m	2.000	2.050	
軸方向 引張鉄筋量	A_s	mm^2	D32-67本(ctc125) 53211.4	D25-57本(ctc125) 28881.9	
限界状態1 に対する照査	M_{yc}	kN·m	33866	19148	Ⅲ編 5.5.1 式(5.5.1) 表-5.5.1
	ξ_1	—	1.00	1.00	
	Φ_y	—	1.00	1.00	
	M_{yd}	kN·m	33866	19148	
	判 定	—	$M \leqq M_{yd}$ OK	$M \leqq M_{yd}$ OK	
限界状態3 に対する照査	M_{uc}	kN·m	35717	20073	Ⅲ編 5.8.1 式(5.8.1) 表-5.8.1
	ξ_1	—	1.00	1.00	
	ξ_2	—	0.90	0.90	
	Φ_u	—	1.00	1.00	
	M_{ud}	kN·m	32145	18066	
	判 定	—	$M \leqq M_{ud}$ OK	$M \leqq M_{ud}$ OK	
最小鉄筋量 の照査	M_c	kN·m	13121	10922	Ⅳ編 5.2.1
	M_u	kN·m	35717	20073	
	$1.7M$	kN·m	46955	29071	
	判 定	—	$M_c \leqq M_u$ OK	$M_c \leqq M_u$ OK	
1/2釣合い鉄筋量	$p_b (=A_{sb}/bd)$	—	0.0317	0.0317	Ⅲ編.5.8.1 式(解5.8.4)
	$1/2A_{sb}$	mm^2	269341	229791	
	判 定	—	$A_s \leqq 1/2A_{sb}$ OK	$A_s \leqq 1/2A_{sb}$ OK	

b) せん断力による照査

レベル 2 地震動を考慮する設計状況における設計では杭基礎フーチングの場合, 必要に応じてはりとしてのせん断の照査と版としてのせん断の照査を行う必要があるが, 図-4.4.6に示すように本橋脚においては, 道示Ⅳ編7.7.4(5)解説より, 柱前面から照査断面の間に杭が存在するため, 版としてのせん断の照査は省略する。

Ⅳ編7.7.4(5)解説

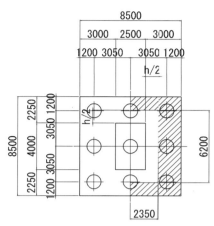

図- 4.4.6　版としてのせん断に対する照査断面

　せん断力による耐荷性能の照査は，表- 4.4.12(2),(3),(5),(6)に示した作用の組合せにおける引張主鉄筋の向きが下側引張及び上側引張のそれぞれ最大（太線囲み）となる作用の組合せに対して行った。

　はりとしてのせん断力による耐荷性能の照査結果を表- 4.4.15 に示す。断面②,断面③,断面⑤及び断面⑥に生じるせん断力が，限界状態3に対する斜引張破壊に対するせん断力の制限値及びコンクリートの圧壊に対するせん断力の制限値を超えないことから限界状態3に対する照査を満足する。

　なお，コンクリートが負担できるせん断力及びせん断補強引張鉄筋が負担できるせん断力の算出においては，せん断スパン比の影響c_{dc}及びc_{ds}を考慮した。| IV編 7.7.4(3)

　以上のように，フーチングに生じるせん断力は，レベル2地震動を考慮する設計状況において限界状態3の制限値を超えない。ゆえに，道示III編 5.5.2(1)の規定により限界状態1に対する照査も満足する。| III編 5.5.2(1)

表- 4.4.15　はりとしてのせん断力による照査結果（橋軸方向）

			下側引張		上側引張		
			断面② (h/2位置)	断面③ (杭位置)	断面⑤ (h/2位置)	断面⑥ (杭位置)	
			タイプⅡ (浮力考慮)	タイプⅡ (浮力無視)	タイプⅡ (浮力考慮)	タイプⅡ (浮力考慮)	
せん断力	S	kN	21140	21409	14709	14451	
断面寸法	b	m	8.500		8.500		
	h	m	2.200		2.200		
	d_0	m	0.200		0.150		
	d	m	2.000		2.050		
軸方向 引張鉄筋量	A_s	mm^2	D32-67本(ctc125) 53211.4		D25-67本(ctc125) 33948.9		
	p_t	%	0.313		0.195		
せん断スパン比	a	m	1.800		3.050		Ⅲ編 5.8.2
	a/d	—	0.900		1.488		表-5.8.5
コンクリートが負担できる平均せん断応力度	τ_c	N/mm^2	0.35		0.35		表-5.8.7
	c_e	—	0.850		0.843		Ⅳ編
	c_{pt}	—	1.013		0.890		c_{pt} 表-5.2.3
	c_{dc}	—	4.480		2.537		c_{dc} 表-7.7.1
	c_c	—	1.000		1.000		Ⅲ編
	τ_r	N/mm^2	1.350		0.666		τ_r 式(5.8.4)
コンクリートが負担できるせん断力	k	—	1.30		1.30		S_c
	S_c	kN	29838		15089		Ⅲ編式(5.8.3)
せん断補強鉄筋の断面積及び間隔	A_w	mm^2	D19-8.5本= 2435.25		D19-8.5本= 2435.25		
	a	mm	250		250		
せん断補強鉄筋が負担できるせん断力	c_{ds}	—	0.360		0.595		c_{ds}
	k	—	1.30		1.30		Ⅳ編式(7.7.3)
	σ_{sy}	N/mm^2	345		345		S_s
	S_s	kN	2735		4635		Ⅲ編式(5.8.5)
斜引張破壊に対するせん断力の制限値	ξ_1	—	1.00		1.00		
	ξ_2	—	0.85		0.85		S_{usd}
	Φ_{uc}	—	0.95		0.95		式(5.8.2)
	Φ_{us}	—	0.95		0.95		表-5.8.3
	S_{usd}	kN	26303		15927		
	判定	—	$S \leqq S_{usd}$ OK	$S \leqq S_{usd}$ OK	$S \leqq S_{usd}$ OK	$S \leqq S_{usd}$ OK	
圧壊に対するせん断耐力の特性値	$\tau_{r\,max}$	N/mm^2	3.2		3.2		S_{ucw} 式(5.8.8)
	S_{ucw}	kN	54400		55760		表-5.8.10
コンクリートの圧壊に対するせん断力の制限値	ξ_1	—	1.00		1.00		
	$\xi_2\Phi_{ucw}$	—	1.00		1.00		S_{ucd}
	S_{ucd}	kN	54400		55760		式(5.8.7)
	判定	—	$S \leqq S_{ucd}$ OK	$S \leqq S_{ucd}$ OK	$S \leqq S_{ucd}$ OK	$S \leqq S_{ucd}$ OK	表-5.8.9

(2) 橋軸直角方向

1) 設計断面位置及び設計断面力

　設計断面は，図- 3.7.3 に示した永続作用支配状況及び変動作用支配状況におけるフーチングの設計断面位置と同じである。

　本橋脚においては，最外縁の杭中心位置が柱前面からフーチング厚 h の $h/2$ 以内にあるので，レベル 2 地震動を考慮する設計状況におけるせん断力による照査は省略する。

　表- 4.4.10 に示した杭頭鉛直反力，杭頭水平反力，杭頭曲げモーメント及び荷重係数を考慮したフーチング自重，フーチング上の土砂重量，浮力から算

Ⅳ編 7.7.3(2)
Ⅳ編 7.7.4(2)

出したフーチングに作用する各設計断面における設計断面力を表- 4.4.16 に示す。なお，曲げモーメントの符号は下面側が引張となる場合を正，上面側が引張となる場合を負としている。

表- 4.4.16　耐荷性能の照査に用いる各設計断面における設計断面力
（橋軸直角方向）

(1) 断面①（右側：柱前面位置）

		M (kN·m)	S (kN)
タイプⅠ地震動	浮力無視	15065.4	23338.4
	浮力考慮	14645.4	23537.6
タイプⅡ地震動	浮力無視	17681.1	28051.3
	浮力考慮	15218.1	25116.4

(2) 断面③（左側：柱前面位置）

		M (kN·m)	S (kN)
タイプⅠ地震動	浮力無視	-8994.2	-16940.8
	浮力考慮	-8787.6	-17364.4
タイプⅡ地震動	浮力無視	-8450.4	-18066.1
	浮力考慮	-8436.8	-17633.2

　レベル 2 地震動を考慮する設計状況における曲げモーメントによる照査に用いる有効幅を表- 4.4.17 に示す。

表- 4.4.17　曲げモーメントによる照査に用いる有効幅
（橋軸直角方向）

引張側	柱幅 t_c (mm)	有効高 d (mm)	有効幅 b (mm)
下面側	2500	2000	全幅 8500
上面側		2050	5575

Ⅳ編 7.7.3(5)
式(7.7.2)

2) 耐荷性能の照査

a) 曲げモーメントによる照査

　曲げモーメントによる耐荷性能の照査は，表- 4.4.16 に示した各作用の組合せにおける設計曲げモーメントが下側引張及び上側引張でそれぞれ最大（太線囲み）となるケースに対して行った。

　曲げモーメントによる耐荷性能の照査結果は表- 4.4.18 に示すとおりであり，曲げモーメントは限界状態 1 及び限界状態 3 に対する曲げモーメントの制限値を超えないことから，限界状態 1 及び限界状態 3 に対する照査を満足する。

Ⅲ編 5.5.1
Ⅲ編 5.7.1

　なお，下面引張，上面引張いずれにおいても最大抵抗曲げモーメント M_u はコンクリートのひび割れ曲げモーメント M_c 以上となることから，最小鉄筋量の規定を満足する。

Ⅳ編 5.2.1

　また，道示Ⅳ編 7.7.3(5)に従い，引張鉄筋量が釣合い鉄筋量の 1/2 以下であることを確認した。

Ⅳ編 7.7.3(5)

表- 4.4.18 曲げモーメントによる照査結果

			断面① 下面引張 タイプⅡ (浮力無視)	断面③ 上面引張 タイプⅠ (浮力無視)	
曲げモーメント	M	kN·m	17681	8994	
断面寸法	b	m	8.500	5.575	
	h	m	2.200	2.200	
	d_0	m	0.200	0.150	
	d	m	2.000	2.050	
軸方向 引張鉄筋量	A_s	mm²	D35-35本(ctc250) 33481.0	D29-23本(ctc250) 14775.2	
限界状態1 に対する照査	M_{yc}	kN·m	21664	9918	Ⅲ編 5.5.1 式(5.5.1) 表-5.5.1
	ξ_1	—	1.00	1.00	
	Φ_y	—	1.00	1.00	
	M_{yd}	kN·m	21664	9918	
	判 定	—	$M \leqq M_{yd}$ OK	$M \leqq M_{yd}$ OK	
限界状態3 に対する照査	M_{uc}	kN·m	22706	10332	Ⅲ編 5.8.1 式(5.8.1) 表-5.8.1
	ξ_1	—	1.00	1.00	
	ξ_2	—	0.90	0.90	
	Φ_u	—	1.00	1.00	
	M_{ud}	kN·m	20436	9299	
	判 定	—	$M \leqq M_{ud}$ OK	$M \leqq M_{ud}$ OK	
最小鉄筋量 の照査	M_c	kN·m	13121	8606	Ⅳ編 5.2.1
	M_u	kN·m	22706	10332	
	$1.7M$	kN·m	30058	15290	
	判 定	—	$M_c \leqq M_u$ OK	$M_c \leqq M_u$ OK	
1/2釣合い鉄筋量	$p_b(=A_{sb}/bd)$	—	0.0317	0.0317	Ⅲ編.5.8.1 式(解5.8.4)
	$1/2A_{sb}$	mm²	269341	181072	
	判 定	—	$A_s \leqq 1/2A_{sb}$ OK	$A_s \leqq 1/2A_{sb}$ OK	

b) せん断力による照査

前述のとおり本橋脚においては，最外縁の杭中心位置が柱前面からフーチング厚 h の $h/2$ 以内にあるので，レベル2地震動を考慮する設計状況におけるせん断力による照査は省略した。

5章 柱とフーチングの接合部の設計

柱とフーチングの接合部は，柱及びフーチングが限界状態3に達する状態で破壊しないように設計する。

柱とフーチングの接合部は，道示Ⅳ編7.5に規定されるフーチング内部への柱の軸方向鉄筋の定着方法などを満足する構造とし，部材の接合部でない箇所が限界状態3に達したときの断面力も含めて，部材相互の断面力を確実に伝達できる構造とした。

Ⅳ編7.5

6章 杭とフーチングの接合部の設計

杭とフーチングの接合部は，杭が限界状態3に達する状態で破壊しないように設計する。

杭とフーチングの接合部は，道示Ⅳ編 10.8.7(3)に規定されるフーチング厚

Ⅳ編 10.8.7(3)

さ，杭配置及び図-3.6.1に示したフーチング内への接合鉄筋の定着方法など全て満足する構造とし，杭が限界状態3に達したときの断面力も含めて，部材相互の断面力を確実に伝達できる構造とした。

7章 施工・維持管理に引き継ぐ事項
　　＜省略＞

【補足】
　設計にあたり前提とした条件や，適切な施工・維持管理が行われるための留意点について以下に示すこととなる。

7.1 施工に引き継ぐ事項
　　＜省略＞

I編1.9
I編12.3

【補足】
　施工に引き継ぐ事項を整理するにあたってのポイントの例を以下に挙げる。
　　　①設計における留意点
　　　②協議の必要な事項
　　　など

　施工に引き継ぐ事項の例を以下に示す。

（1）設計における留意点
1）上部構造工事について
　本編では，記載を省略している。

2）下部構造工事について
　設計で求める強度や耐久性等を確保するため，道示IV編15章の規定に従うこと。

（2）協議の必要な事項
1）上部構造工事について
　本編では，記載を省略している。

2）下部構造工事について
・基礎施工時の地下水への対策
　地下水の被圧の有無とそれに対する対策などを示す。

　本書では，架橋位置の地下水は被圧されたものではなく，また，流量も下部構造を施工するために掘削する範囲程度であればポンプで排出し，工事に支障をきたすものでない場合を示している。

3）排水計画について
・ 本書では，橋面の排水を下部構造下端に導くまでを計画した場合を示している。
・ 流末までの排水計画は橋梁前後の土工部の排水計画と調整が必要である。

7.2 維持管理に引き継ぐ事項
　＜省略＞

【補足】
　維持管理に引き継ぐ事項を整理するにあたってのポイントの例を以下に挙げる。
　　　①設計における留意点
　　　②協議の必要な事項
　　　など

　維持管理に引き継ぐ事項の例を以下に示す。

（1）設計における留意点
1）上部構造について
　本編では，記載を省略している。

2）下部構造について
・ 定期点検等の日常的な点検を実施にあたって
　　本橋では，橋下の土地利用状況や地盤面から桁下までの離隔等を踏まえ，検査路などの常設の点検設備を設けていない。
　　日常的な点検を実施するにあたっては，高所作業車等の使用を想定している。設計図書に整理しているため確認のこと。

・ 災害時の緊急点検の実施にあたって
　　本橋では，レベル2地震動を考慮する設計状況に対して，橋脚基部又は橋脚基礎に塑性化が生じることを想定している。
　　このため，大規模地震発生後に，橋脚の傾斜などの変状に特に注意して緊急点検を行う必要がある。大きな変状が見られた場合には，橋脚基部や橋脚基礎の点検を行うのがよい。
　　一方，橋脚基部や橋脚基礎以外に変状等の異常がみられた場合には，設計で想定していない力が作用し，損傷が生じた可能性があるため，慎重に点検や復旧方法の検討を実施する必要がある。

3）補修・補強，部材の取替え工事にあたって
　日常的な点検で異常が発見された場合，県道X号線は補修や補強工事のための長期の通行止めができない条件のため，本橋は県道X号線の建築限界と桁下の空間を5m程度の離隔を確保しており，吊り足場を設けて工事を実施することを想定している。

（2）協議の必要な事項
 1）上部構造について
　　本編では，記載を省略している。

 2）下部構造について
　　県道 X 号線との交差部については，県道の夜間の通行止めが可能であることから，事前に道路管理者等の関係機関と協議を行うこと。

平成29 年道路橋示方書に基づく
道路橋の設計計算例

平成 30 年 6 月 4 日　初版第 1 刷発行
令和 3 年 5 月 13 日　　　第 4 刷発行

編　集　公益社団法人　日 本 道 路 協 会
発行所　　　　　東京都千代田区霞が関 3-3-1

印刷所　神 谷 印 刷 株 式 会 社

発売所　丸 善 出 版 株 式 会 社
　　　　東京都千代田区神田神保町 2-17

ISBN978-4-88950-284-8　C2051

日本道路協会出版図書案内

図　書　名	ページ	定価(円)	発行年
交通工学			
クロソイドポケットブック（改訂版）	369	3,300	S49. 8
自転車道等の設計基準解説	73	1,320	S49.10
立体横断施設技術基準・同解説	98	2,090	S54. 1
道路照明施設設置基準・同解説（改訂版）	240	5,500	H19.10
附属物（標識・照明）点検必携 ～標識・照明施設の点検に関する参考資料～	212	2,200	H29. 7
視線誘導標設置基準・同解説	74	2,310	S59.10
道路緑化技術基準・同解説	82	6,600	H28. 3
道路の交通容量	169	2,970	S59. 9
道路反射鏡設置指針	74	1,650	S55.12
視覚障害者誘導用ブロック設置指針・同解説	48	1,100	S60. 9
駐車場設計・施工指針同解説	289	8,470	H 4.11
道路構造令の解説と運用（改訂版）	742	9,350	R 3. 3
防護柵の設置基準・同解説（改訂版） ホラードの設置便覧	246	3,850	R 3. 3
車両用防護柵標準仕様・同解説（改訂版）	164	2,200	H16. 3
路上自転車・自動二輪車等駐車場設置指針 同解説	74	1,320	H19. 1
自転車利用環境整備のためのキーポイント	140	3,080	H25. 6
道路政策の変遷	668	2,200	H30. 3
地域ニーズに応じた道路構造基準等の取組事例集（増補改訂版）	214	3,300	H29. 3
道路標識設置基準・同解説（令和2年6月版）	413	7,150	R 2. 6
道路標識構造便覧（令和2年6月版）	389	7,150	R 2. 6
橋　梁			
道路橋示方書・同解説（Ⅰ共通編）（平成29年版）	196	2,200	H29.11
〃（Ⅱ鋼橋・鋼部材編）（平成29年版）	700	6,600	H29.11
〃（Ⅲコンクリート橋・コンクリート部材編）（平成29年版）	404	4,400	H29.11
〃（Ⅳ下部構造編）（平成29年版）	572	5,500	H29.11
〃（Ⅴ耐震設計編）（平成29年版）	302	3,300	H29.11
平成29年道路橋示方書に基づく道路橋の設計計算例	564	2,200	H30. 6
道路橋支承便覧（平成30年版）	592	9,350	H31. 2
プレキャストブロック工法によるプレストレスト コンクリートTげた道路橋設計施工指針	81	2,090	H 4.10
小規模吊橋指針・同解説	161	4,620	S59. 4
道路橋耐風設計便覧（平成19年改訂版）	300	7,700	H20. 1

日本道路協会出版図書案内

図　書　名	ページ	定価(円)	発行年
鋼　道　路　橋　設　計　便　覧	652	7,700	R 2.10
鋼　道　路　橋　疲　労　設　計　便　覧	330	3,850	R 2. 9
鋼　道　路　橋　施　工　便　覧	694	8,250	R 2. 9
コ　ン　ク　リ　ー　ト　道　路　橋　設　計　便　覧	496	8,800	R 2. 9
コ　ン　ク　リ　ー　ト　道　路　橋　施　工　便　覧	522	8,800	R 2. 9
杭　基　礎　設　計　便　覧　（令和 2 年度改訂版）	489	7,700	R 2. 9
杭　基　礎　施　工　便　覧　（令和 2 年度改訂版）	348	6,600	R 2. 9
道　路　橋　の　耐　震　設　計　に　関　す　る　資　料	472	2,200	H 9. 3
既　設　道　路　橋　の　耐　震　補　強　に　関　す　る　参　考　資　料	199	2,200	H 9. 9
鋼　管　矢　板　基　礎　設　計　施　工　便　覧	318	6,600	H 9.12
道　路　橋　の　耐　震　設　計　に　関　す　る　資　料 （PCラーメン橋・RCアーチ橋・PC斜張橋等の耐震設計計算例）	440	3,300	H10. 1
既　設　道　路　橋　基　礎　の　補　強　に　関　す　る　参　考　資　料	248	3,300	H12. 2
鋼　道　路　橋　塗　装　・　防　食　便　覧　資　料　集	132	3,080	H22. 9
道　路　橋　床　版　防　水　便　覧	240	5,500	H19. 3
道　路　橋　補　修　・　補　強　事　例　集　（２０１２年版）	296	5,500	H24. 3
斜　面　上　の　深　礎　基　礎　設　計　施　工　便　覧	290	5,500	H24. 4
鋼　道　路　橋　防　食　便　覧	592	8,250	H26. 3
道　路　橋　点　検　必　携　〜　橋　梁　点　検　に　関　す　る　参　考　資　料　〜	480	2,750	H27. 4
道　路　橋　示　方　書　・　同　解　説Ⅴ耐震設計編に関する参考資料	305	4,950	H27. 4

舗　装

図　書　名	ページ	定価(円)	発行年
ア　ス　フ　ァ　ル　ト　舗　装　工　事　共　通　仕　様　書　解　説　（改訂版）	216	4,180	H 4.12
ア　ス　フ　ァ　ル　ト　混　合　所　便　覧　（平成 8 年版）	162	2,860	H 8.10
舗　装　の　構　造　に　関　す　る　技　術　基　準　・　同　解　説	104	3,300	H13. 9
舗　装　再　生　便　覧　（　平　成　２　２　年　版　）	290	5,500	H22.11
舗装性能評価法（平成25年版）―必須および主要な性能指標編―	130	3,080	H25. 4
舗　装　性　能　評　価　法　別　冊 ―必要に応じ定める性能指標の評価法編―	188	3,850	H20. 3
舗　装　設　計　施　工　指　針　（平　成　１　８　年　版）	345	5,500	H18. 2
舗　装　施　工　便　覧　（平　成　１　８　年　版）	374	5,500	H18. 2
舗　装　設　計　便　覧	316	5,500	H18. 2
透　水　性　舗　装　ガ　イ　ド　ブ　ッ　ク　２　０　０　７	76	1,650	H19. 3
コ　ン　ク　リ　ー　ト　舗　装　に　関　す　る　技　術　資　料	70	1,650	H21. 8
コ　ン　ク　リ　ー　ト　舗　装　ガ　イ　ド　ブ　ッ　ク　２　０　１　６	348	6,600	H28. 3
舗　装　の　維　持　修　繕　ガ　イ　ド　ブ　ッ　ク　２　０　１　３	250	5,500	H25.11

日本道路協会出版図書案内

図　書　名	ページ	定価(円)	発行年
舗　装　点　検　必　携	228	2,750	H29. 4
舗装点検要領に基づく舗装マネジメント指針	166	4,400	H30. 9
舗装調査・試験法便覧（全4分冊）（平成31年版）	1,929	27,500	H31. 3
舗装の長期保証制度に関するガイドブック	100	3,300	R 3. 3
道路土工			
道路土工構造物技術基準・同解説	100	4,400	H29. 3
道路土工構造物点検必携（令和2年版）	378	3,300	R 2.12
道路土工要綱（平成21年度版）	450	7,700	H21. 6
道路土工－切土工・斜面安定工指針（平成21年度版）	570	8,250	H21. 6
道路土工－カルバート工指針（平成21年度版）	350	6,050	H22. 3
道路土工－盛土工指針（平成22年度版）	328	5,500	H22. 4
道路土工－擁壁工指針（平成24年度版）	350	5,500	H24. 7
道路土工－軟弱地盤対策工指針（平成24年度版）	400	7,150	H24. 8
道路土工－仮設構造物工指針	378	6,380	H11. 3
落　石　対　策　便　覧	414	6,600	H29.12
共　同　溝　設　計　指　針	196	3,520	S61. 3
道　路　防　雪　便　覧	383	10,670	H 2. 5
落石対策便覧に関する参考資料 ―落石シミュレーション手法の調査研究資料―	448	6,380	H14. 4
トンネル			
道路トンネル観察・計測指針（平成21年改訂版）	290	6,600	H21. 2
道路トンネル維持管理便覧【本体工編】（令和2年版）	520	7,700	R 2. 8
道路トンネル維持管理便覧【付属施設編】	338	7,700	H28.11
道路トンネル安全施工技術指針	457	7,260	H 8.10
道路トンネル技術基準（換気編）・同解説（平成20年改訂版）	280	6,600	H20.10
道路トンネル技術基準（構造編）・同解説	322	6,270	H15.11
シールドトンネル設計・施工指針	426	7,700	H21. 2
道路トンネル非常用施設設置基準・同解説	140	5,500	R 1. 9
道路震災対策			
道路震災対策便覧（震前対策編）平成18年度版	388	6,380	H18. 9
道路震災対策便覧（震災復旧編）平成18年度版	410	6,380	H19. 3
道路震災対策便覧（震災危機管理編）（令和元年7月版）	326	5,500	R 1. 8
道路維持修繕			
道　路　の　維　持　管　理	104	2,750	H30. 3

日本道路協会出版図書案内

図　書　名	ページ	定価(円)	発行年
英語版			
道路橋示方書（Ⅰ共通編）〔2012年版〕（英語版）	160	3,300	H27. 1
道路橋示方書（Ⅱ鋼橋編）〔2012年版〕（英語版）	436	7,700	H29. 1
道路橋示方書（Ⅲコンクリート橋編）〔2012年版〕（英語版）	340	6,600	H26.12
道路橋示方書（Ⅳ下部構造編）〔2012年版〕（英語版）	586	8,800	H29. 7
道路橋示方書（Ⅴ耐震設計編）〔2012年版〕（英語版）	378	7,700	H28.11
舗装の維持修繕ガイドブック2013（英語版）	306	7,150	H29. 4
アスファルト舗装要綱（英語版）	232	7,150	H31. 3

※消費税10%を含みます。

発行所（公社)日本道路協会　☎(03)3581-2211
発売所 丸善出版株式会社　☎(03)3512-3256
　　　　丸善雄松堂株式会社　学術情報ソリューション事業部
　　　　法人営業統括部　カスタマーグループ
　　　　TEL：03-6367-6094　FAX：03-6367-6192　Email：6gtokyo@maruzen.co.jp